ALLES, WAS WIR WISSEN

UND WAS NICHT

Die englische Originalausgabe erschien unter dem Titel *Britannica All New Children's Encyclopedia. What We Know & What We Don't.*
Text © 2020 What on Earth Publishing Ltd. and Britannica, Inc.
Illustrationen © What on Earth Publishing Ltd. and Britannica, Inc.;
Ausnahmen s. S. 384–385

Diese Ausgabe erscheint gemäß der Vereinbarung mit What on Earth Publishing Ltd. in deutscher Erstübersetzung bei der Wissenschaftlichen Buchgesellschaft, Darmstadt. Übersetzung aus dem Englischen von Michaela Jancauskas, Elena Mohr, Daniela Papenberg
Copyright der deutschen Übersetzung © 2021 Wissenschaftliche Buchgesellschaft, Darmstadt

Die Deutsche Nationalbibliothek verzeichnet diese Publikation in der Deutschen Nationalbibliografie; detaillierte bibliografische Daten sind im Internet über www.dnb.de abrufbar.

Der Theiss Verlag ist ein Imprint der wbg.

© 2021 by wbg (Wissenschaftliche Buchgesellschaft), Darmstadt
Die Herausgabe des Werkes wurde durch die Vereinsmitglieder der WBG ermöglicht.
Redaktion und Satz: Dr. Rainer Schöttle Verlagsservice
Herausgeber: Christopher Llyod
Texte: Jonathan O'Callaghan (Kap. 1 u. 8), John Farndon (Kap. 2 u. 3),
Michael Bright (Kap. 4), Cynthia O'Brien (Kap. 5), Dr. Jacob Field (Kap. 6),
Abigail Mitchell (Kap. 7)
Covergestaltung: Justin Poulter
Layout: Mark Ruffle und Jack Tite
Gedruckt auf säurefreiem und alterungsbeständigem Papier
Printed in Germany

Besuchen Sie uns im Internet: www.wbg-wissenverbindet.de
978-3-8062-4311-6

ALLES, WAS WIR WISSEN

UND WAS NICHT

Über Raketen,
Vulkane, Mumien,
Bienen, Kriege,
das Gehirn und
unsere Zukunft

wbg THEISS

INHALT

Einleitung von Christopher Lloyd 7

KAPITEL 1
UNIVERSUM
von **Jonathan O'Callaghan**

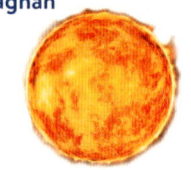

8

Der Urknall 10 • Galaxien 12 • Die Milchstraße 14 • Sterne 16 • Nebel 18
Sternbilder 20 • Weltraumbeobachtung aus dem All 22 • Schwarze
Löcher 24 • Exoplaneten 26 • Unser Sonnensystem 28 • Die Sonne 30
Planetenerfoschung 32 • Gesteinsplaneten 34 • Gasriesen 36 • Monde 38
Asteroiden 40 • Der Kuipergürtel 42 • Raketen 44 • Künstliche
Satelliten 46 • Bemanntes Raumschiff 48 • Raumsonden 50 • Das Ende
des Universums 52

KAPITEL 2
DIE ERDE
von **John Farndon**

54

Die Geburt der Erde 56 • Die Erde im All 58 • Vermessung der Erde 60
Im Inneren der Erde 62 • Die Erde 64 • Plattentektonik 66
Vulkane 68 • Erdbeben und Tsunamis 70 • Berge 72 • Gestein und
Minerale 74 • Riesenkristalle 76 • Reichtümer der Erde 78 • Fossilien 80
Dinosaurierfunde 82 • Fossile Brennstoffe 84 • Wasserwelt 86 • Das Eis
der Erde 88 • Die Atmosphäre 90 • Wetter 92 • Wirbelstürme 94 • Klima
96 • Natürlicher Klimawandel 98

KAPITEL 3
MATERIE
von **John Farndon**

100

Das Atom 102 • Elemente 104 • Radioaktivität 106 • Verbindungen 108
Verbrennung 110 • Feststoffe, Flüssigkeiten und Gase 112 • Plasma 114
Metalle 116 • Nichtmetalle 118 • Plastik/Kunststoff 120 • Die Chemie des
Lebens 122 • Energie 124 • Schall 126 • Elektrizität 128 • Licht 130
Die schnellsten Fahrzeuge 132 • Kräfte 134 • Schwerkraft 136
Druck 138 • Leichter als Luft 140 • Biegen und Brechen 142
Einfache Maschinen 144

KAPITEL 4
LEBEN
von **Michael Bright**

146

Der Ursprung des Lebens 148 • Evolution in Aktion 150 • Leben
klassifizieren 152 • Die Mikrowelt 154 • Pflanzen und Pilze 156 • Tiere 158
Insekten 160 Ökologie 162 • Der Regenwald 164 • Taiga und gemäßigte
Wälder 166 Grasland 168 • Mount Everest 170 • Wüsten 172 • Leben im
Süßwasser 174 Die Küsten 176 • Korallenriffe in der Krise 178 • Das offene
Meer 180 • Die Tiefsee 182 • Die Enden der Welt 184 • Schmelzendes Eis 186
Wildtiere in der Stadt 188 • Domestizierung 190

KAPITEL 5
MENSCHEN

von **Cynthia O'Brien**

192

Mensch werden 194 • Der menschliche Körper 196 • DNA und Genetik 198 Das Gehirn 200 • Gefühle 202 • Die Sinne 204 • Nahrung und Küche 206 Kleidung und Körperschmuck 208 • Religiöser Glaube 210 • Konflikt und Krieg 212 • Sprache und Geschichten 214 • Lesen und schreiben 216 Kunst 218 • Darstellende Künste 220 • Kalender 222 • Geld 224 • Gesetz und Verbrechen 226 • Bildung 228 • Arbeit 230 • Spiel und Sport 232 • Feste 234 • Sterberituale 236

KAPITEL 6
ALTERTUM UND MITTEL-ALTER

von **Dr. Jacob Field**

238

Die ersten Australier 240 • Der Fruchtbare Halbmond 242 • Das alte Mesopotamien 244 • Stonehenge 246 • Die ersten chinesischen Dynastien 248 • Das alte Ägypten 250 • Alte Götter 252 • Anden-Kulturen 254 • Besiedlung des Pazifiks 256 • Minoer, Mykener und Phönizier 258 • Olmeken und Maya 260 • Das Perserreich 262 • Antikes Griechenland 264 • Alexander der Große 266 • Das Maurya-Reich 268 Die Terrakotta-Armee 270 • Das Römische Reich 272 • Die Welt von Byzanz 274 • Alte afrikanische Königreiche 276 • Tang-Dynastie 278 Das Goldene Zeitalter des Islam 280 • Europa im Mittelalter 282

KAPITEL 7
MODERNE ZEITEN

von **Abigail Mitchell**

284

Afrikanische Reiche 286 • Die Renaissance 288 • Azteken und Inka 290 Zeitalter der Entdeckungen 292 • Das Mogul-Reich 294 • Japans großer Frieden 296 • Neue Reiche 298 • Britische und französische Kolonien in Nordamerika 300 • Sklaverei in Nord- und Südamerika 302 • Zeitalter der Revolutionen 304 • Meilensteine der Medizin 306 • Die Industrielle Revolution 308 • Erster Weltkrieg 310 • Frauenwahlrecht 312 • Der Aufstieg des Kommunismus 314 • Aufschwung und Niedergang 316 • Zweiter Weltkrieg 318 • Der Kalte Krieg 320 • Entkolonisierung 322 • Bürgerrechte 324 Neue Spannungen, neue Hoffnungen 326 • Politische Weltkarte 328

KAPITEL 8
HEUTE UND MORGEN

von **Jonathan O'Callaghan**

330

Eine Welt 332 • Internationaler Handel 334 • Ungleichheit 336 • Die Welternährung 338 • Strom für den Planeten 340 • Moderne Kriegsführung 342 • Die Superreichen 344 • Städte 346 • Das Internet 348 Die Medien 350 • Künstliche Materialien 352 • Medizintechnik 354 Smart-Tech und anderes 356 • Ökologische Herausforderungen 358 Massenaussterben 360 • Gefährdet 362 • Die Folgen des Klimawandels 364 Den Klimawandel stoppen 366 • Atomenergie 368 • Erneuerbare Energie 370 • Städte von morgen 372 • Der Mensch der Zukunft 374

Quellennachweis 376 • Bildnachweis 384 • Mitarbeiter an diesem Buch 386

EINLEITUNG

Bist du ein Morgenmensch? Manche Leute springen ja förmlich aus dem Bett, während sich andere mehrere Wecker stellen müssen. Ich gehörte immer zu Letzteren. Doch jetzt nicht mehr!

Vielleicht überrascht es dich, dass ich frühmorgens leicht aus dem Bett komme, seit ich anfing, Bücher zu schreiben. Warum? Je mehr mir klar wurde, wie viel ich nicht wusste, desto aufregender fand ich es, Neues zu lernen. Und das ist heute noch so. Schon beim Aufwachen platze ich fast vor Neugier, auf wen oder auf welche Geschichten ich stoßen könnte. Das alltägliche Leben ist einfach so verrückt und wunderbar!

Stell dir eine Substanz vor, die sich in Luft auflöst, wenn du sie erhitzt. Vielleicht ein Zaubertrick? Nein, einfach nur Wasser.

Oder denk an den nächtlichen Sternenhimmel. Du siehst die Sterne nicht, wie sie heute sind, sondern wie sie zu den unterschiedlichsten Zeitpunkten in der Vergangenheit waren – manche schon vor 15 000 Jahren! So lange braucht nämlich das Licht von vielen dieser Sterne, um zur Erde zu gelangen.

Ich fing an, Bücher zu schreiben, nachdem ich gesehen hatte, wie gern meine zwei Töchter etwas Neues erfuhren über Dinge, für die sie sich interessierten. Die ältere, Matilda, liebte Pinguine. Auf Seite 185 erfährst du mehr über diese Tiere! Die jüngere, Verity, hatte dagegen eine Vorliebe für alles, was mit Essen zu tun hatte. Darum geht es auf Seite 206.

Um jedermanns Interessen gerecht werden zu können, mussten wir es also schaffen, all die faszinierenden Themen miteinander zu verknüpfen. Aus diesem Grund findest du am Ende jeder linken Seite in diesem Buch Querverweise. Interessierst du dich für bestimmte Themen auf einer Seite, zeigen dir diese Querverweise, wo du noch mehr darüber erfahren kannst.

Spring ruhig hin und her in diesem Buch. Dafür haben wir es gemacht. Aber wenn du es lieber von vorn nach hinten durchliest, darfst du das natürlich auch. Du wirst auf eine Reise gehen – vom Urknall durch die Geschichte unseres Planeten, von der Entstehung allen Lebens bis hin zu den Menschen.

Und gegen Ende wirst du nicht nur im Heute ankommen, sondern sogar einen Blick darauf werfen können, was das Morgen möglicherweise bringt.

Eines habe ich auf jeden Fall gelernt während meiner Forschungsarbeit: Jede Antwort führt zu einer Vielzahl neuer Fragen. So stelle ich mir mittlerweile alle Antworten als Abzweigungen und Kreuzpunkte einer Straße voller Entdeckungen vor, die zu jeweils einem Dutzend neuer Fragen führen, von denen ich bisher noch nicht einmal wusste, dass sie überhaupt schon gestellt wurden. Und auf viele dieser neuen Fragen gibt es noch keine endgültigen Antworten. Wir bezeichnen diese Rätsel als „Bekannte Unbekannte", und es hat großen Spaß gemacht, sie für dieses Buch zu entdecken.

Ich war natürlich nicht der einzige Wissenschaftler, der an der Entstehung dieser Enzyklopädie beteiligt war. Neben den Autorinnen und Autoren, die für die jeweiligen Kapitel recherchierten, standen uns glücklicherweise auch mehr als 100 Experten mit Rat und Tat zur Seite.

Wirst du zu den Experten von morgen gehören? Für welche Themen – von Weltraum bis Natur, von Archäologie bis Technologie – interessierst du dich am meisten? Es ist so schön, dass wir uns alle für unterschiedliche Dinge begeistern können, sodass wir in der Lage sind, gemeinsam eine Menge über die Welt um uns herum herauszufinden. Und ich hoffe ganz besonders, dass du – nach eingehender Beschäftigung mit diesem Buch – voller Forscherdrang durchs Leben gehst, angespornt durch das Wissen, dass es noch so viel Aufregendes in der Geschichte des Lebens auf der Erde gibt, das nur darauf wartet, von uns entdeckt zu werden.

Christopher Lloyd

Die Sonne ist ein gigantischer Feuerball aus Plasma. Sie besteht aus so heißen Atomen, dass sie über keine feste Oberfläche verfügt. Die ungeheuren Mengen an Hitze und Licht, die von der Sonne erzeugt werden, sind Antriebsquelle für die meisten Prozesse auf der Erde, auch wenn sie ungefähr 147 Millionen Kilometer von uns entfernt ist.

KAPITEL 1
UNIVERSUM

Schnall dich an für eine unglaubliche Reise durch unser Universum. In diesem Moment befindest du dich auf einer riesigen Steinkugel, die mit Tausenden Kilometern pro Stunde durchs All fliegt, in einer wirbelnden Galaxie aus Milliarden von gigantischen Feuerbällen. Diese Steinkugel ist natürlich unsere Erde. Und die gigantischen Feuerbälle sind Sterne, darunter unsere eigene Sonne. Ich hoffe, diese Tatsachen haben dich schon davon überzeugen können, dass die Realität so viel erstaunlicher ist als alles, was man sich ausdenken könnte.

Das folgende Kapitel lassen wir mit einem unvorstellbar winzigen Stückchen unendlicher Energie beginnen, aus dem das Universum vor 13,8 Milliarden Jahren in einer Art Explosion entstanden ist, und wir beenden es mit der Frage, wie, wann und ob das Universum ein Ende finden wird. Was uns wiederum daran erinnert, dass nach jeder Antwort, die wir finden, ein Dutzend weiterer Fragen wartet: Gibt es irgendwo im Universum noch intelligentes Leben? Wieso gibt es mehr Materie als Antimaterie? Was würde passieren, wenn ein Astronaut in ein schwarzes Loch fiele? Es gibt viel zu entdecken, auch wenn manches (bislang) unbeantwortet bleibt.

DER URKNALL

Als Urknall wird der Moment bezeichnet, in dem sich vor 13,8 Milliarden Jahren ein winzig kleiner Punkt plötzlich mit Überlichtgeschwindigkeit ausdehnte und dabei das gesamte Universum erschuf. Der belgische Astronom Georges Lemaître, der diese Theorie 1931 formulierte, nannte diesen Punkt „Uratom". Alle Materie im Universum steckte in diesem winzigen Punkt und wurde letztlich zu allem, was du heute um dich herum sehen kannst.

Was passierte beim Urknall?

Der Urknall dauerte nur den Bruchteil einer Sekunde. Wissenschaftler gehen dabei eher von einer Ausdehnung als von einer Explosion aus. Zu Beginn war alles unglaublich heiß, Milliarden Grad hohe Temperaturen, dann kühlte es ab. Als nur noch Tausende Grad Celsius herrschten, entstanden Atome, die wiederum Materie bildeten. Die Materie „verklumpte" und formte Sterne, Galaxien, Sonnensysteme und Planeten.

1 SEKUNDE

3 MINUTEN

300 000 JAHRE

1 MILLIARDE JAHRE

13,8 MILLIARDEN JAHRE

1

Der Anfang
Das Universum beginnt als winziger Punkt, in dem alle bekannte Materie und Energie vereint ist.

2

Gewaltige Ausdehnung
In Sekundenbruchteilen dehnt sich der Punkt aus: Erst ist er kleiner als ein Atom, dann etwa 20 Lichtjahre groß.

3

Schlüsselelemente
Drei Minuten nach dem Urknall hat sich das Universum so weit abgekühlt, dass sich Wasserstoff- und Helium-Atome bilden konnten.

4

Reise des Lichts
Etwa 300 000 Jahre nach dem Urknall kann sich das Licht erstmals frei durch das Universum bewegen.

5

Ausformung
Wasserstoff und Helium bilden Gaswolken, die zur Entstehung der ersten Sterne und Galaxien führen.

6

Das heutige Universum
Die Sterne explodieren und bringen neue Elemente hervor, die wiederum Planeten, Monde und alles Leben auf der Erde entstehen lassen.

Beratende Expertin: Sarah Tuttle **Siehe auch:** Galaxien, S. 12–13; Sterne, S. 16–17; Nebel, S. 18–19; Weltraumbeobachtung aus dem All, S. 22–23; Schwarze Löcher, S. 24–25; Das Ende des Universums, S. 52–53; Das Atom, S. 102–103; Elemente, S. 104–105; Energie, S. 124–125; Elektrizität, S. 128–129; Schwerkraft, S. 136–137

Beweise für den Urknall

Den besten Beweis für die Urknalltheorie liefert uns die kosmische Mikrowellenhintergrundstrahlung (CMB), die man auf diesem Foto vom nächtlichen Himmel sehen kann. Es zeigt Hitze, die noch vom Urknall herrührt und sich ganz fein im Universum verteilt. Das Bild wurde mithilfe der NASA-Raumsonde Wilkinson Micro-wave Anisotropy Probe (WMAP) aufgenommen.

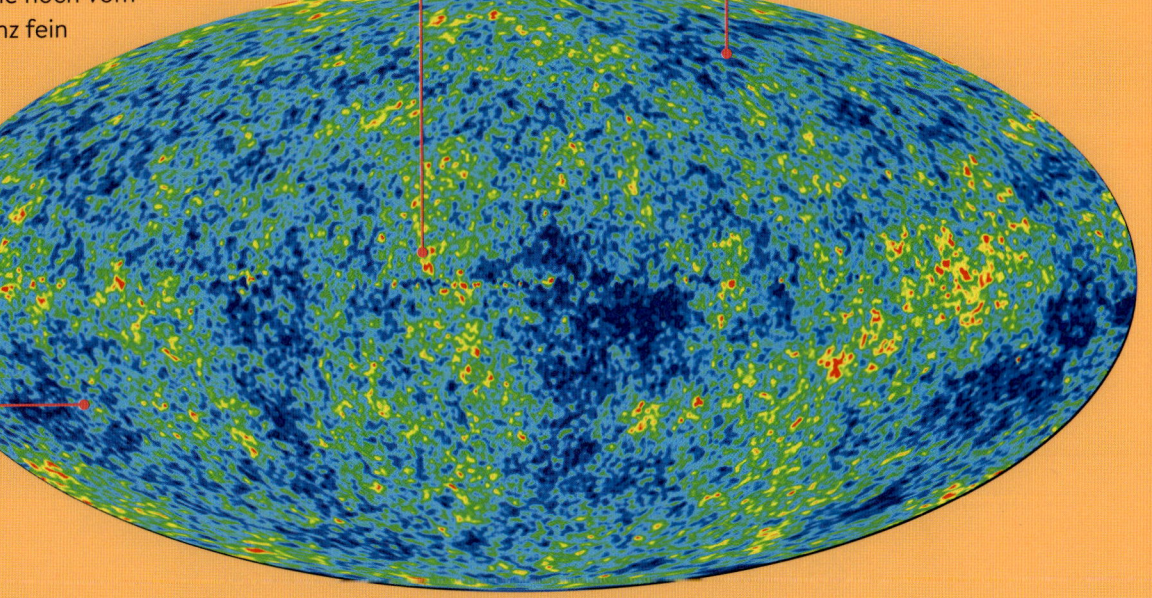

Orte, an denen Materie verklumpt ist und Galaxien gebildet hat, erscheinen heißer in der CMB.

In einigen Galaxien ist die Materie nicht verklumpt.

Farben zeigen die Temperaturunterschiede im Universum. Kühlere Regionen werden blau, heißere rot dargestellt.

Taubeninterferenz

1965 nutzten die US-Astronomen Arno Penzias und Robert Wilson ein Radioteleskop und stießen dabei auf eine Reihe elektrostatischer Interferenzen (ähnlich einer schlechten Verbindung beim Videoanruf). Sie hielten anfangs Taubenkot für die Ursache, da zwei Tauben in ihrem Teleskop brüteten. Doch selbst nachdem die Tauben eingefangen waren, war das Rauschen noch zu hören. Da begriffen die beiden, dass sie das Echo der kosmischen Hintergrundstrahlung hörten – ein Beweis für die Urknalltheorie!

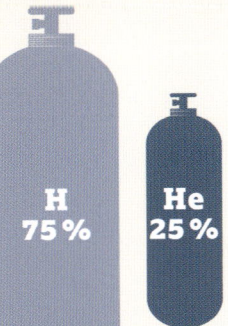

H 75 %   **He 25 %**

FAKTastisch!

Wasserstoff und Helium waren die einzigen Elemente zu Beginn des Universums. Sie bildeten riesige Sterne. In deren Kern entstanden neue Elemente. Als die Sterne explodierten, wurden diese neuen Elemente ins All freigesetzt.

BEKANNTE UNBEKANNTE

Wieso gibt es mehr Materie als Antimaterie im Universum?

Das Gegenteil von Materie (Masse, Stoff) ist Antimaterie. Beim Zusammenstoß von Materie und Antimaterie werden beide vernichtet und Energie wird freigesetzt. Wissenschaftler gehen davon aus, dass beim Urknall beide zu gleichen Teilen erzeugt wurden – wieso löschte die Antimaterie also nicht die Materie aus? Das wissen wir noch nicht.

Expertinnen-Kommentar

SARAH TUTTLE
Astronomin

Professorin Sarah Tuttle ist auf die Beobachtung nahe gelegener Galaxien spezialisiert. Sie ist fasziniert davon, dass man mit einem Teleskop in den Nachthimmel schauen und quasi dem Beginn des Universums entgegenblicken kann. Sie denkt darüber nach, wie das Universum entstand – und was es vor dem Urknall gab.

„Reisen wir durch die Zeit? Oder den Raum? Oder beides?"

GALAXIEN

Der Großteil des Universums besteht aus Galaxien – riesigen Ansammlungen von Sternen, Staub und Gas, zusammengehalten von der Schwerkraft. Wissenschaftlern zufolge könnte es 100 Milliarden Galaxien im Universum geben. Viele davon sind fast so alt wie das Universum selbst.

Wie sieht eine Galaxie von der Erde aus?

Die meisten mit bloßem Auge sichtbaren Sterne gehören zu unserer Milchstraße. Allerdings ist Andromeda, die nächste Galaxie zur Erde, auf der nördlichen Halbkugel (nördlich des Äquators) auch ohne Teleskop sichtbar. Auf der Südhalbkugel können Sterngucker manchmal einen Blick auf die Magellanschen Wolken erhaschen, zwei Galaxien, die die Milchstraße umkreisen.

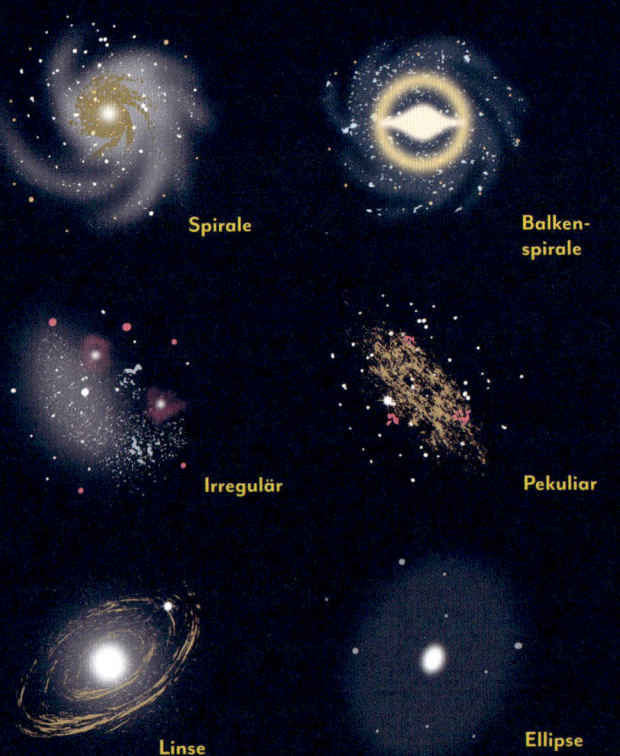

Spirale
Balkenspirale
Irregulär
Pekuliar
Linse
Ellipse

Galaxienformen

Astronomen ordnen Galaxien anhand ihrer Form ein. In einer Spiralgalaxie breiten sich „Arme" um ein Zentrum aus. Eine Balkenspiralgalaxie wie unsere Milchstraße ist ähnlich aufgebaut, von ihrem Zentrum geht jedoch ein Balken aus Sternen ab. Irreguläre und pekuliare Galaxien sind weniger definiert, eine Spiralgalaxie ohne Arme wird linsenförmig genannt. Elliptische Galaxien sind eiförmig.

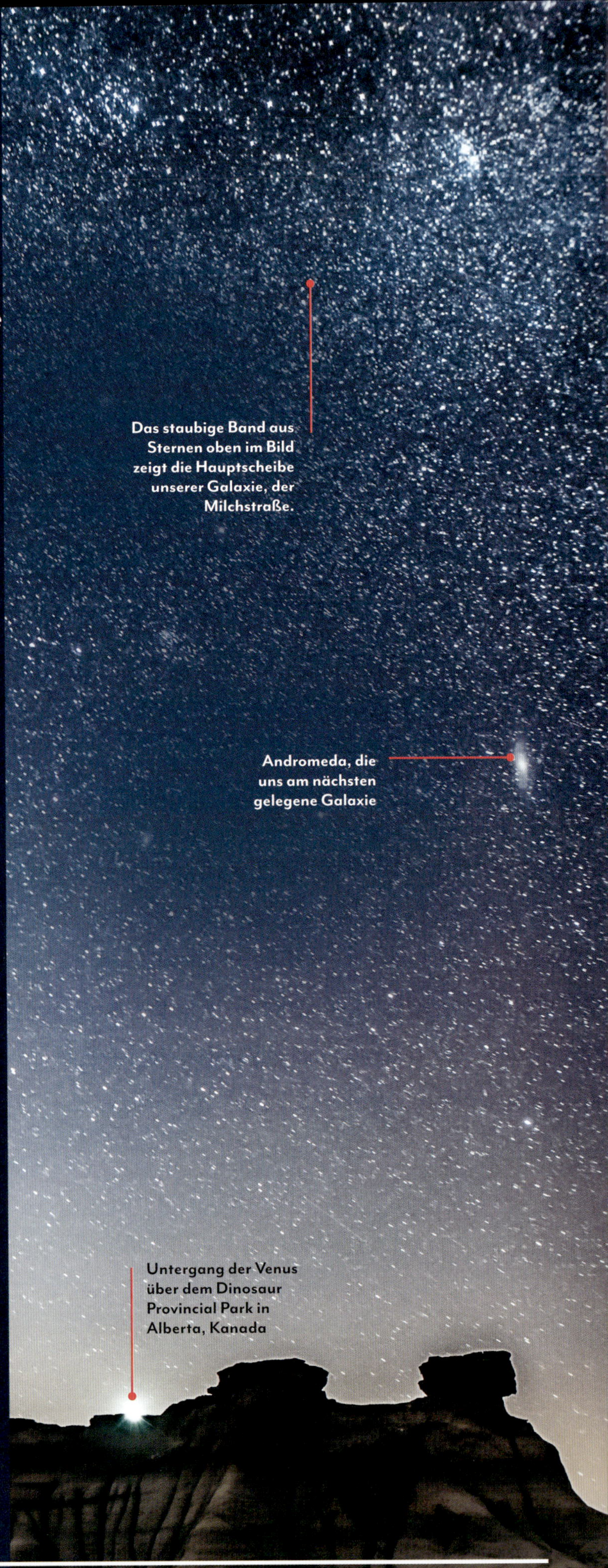
Das staubige Band aus Sternen oben im Bild zeigt die Hauptscheibe unserer Galaxie, der Milchstraße.
Andromeda, die uns am nächsten gelegene Galaxie
Untergang der Venus über dem Dinosaur Provincial Park in Alberta, Kanada

Beratender Experte: Toby Brown **Siehe auch:** Urknall, S. 10–11; Milchstraße, S. 14–15; Sterne, S. 16–17; Weltraumbeobachtung aus dem All, S. 22–23; Exoplaneten, S. 26–27; Das Ende des Universums, S. 52–53; Schwerkraft, S. 136–137

Wenn Galaxien kollidieren

Alles im Universum ist in Bewegung. Dieses Bild zeigt Galaxie NGC 6052, eine neue Galaxie, die sich aus zwei kollidierenden Galaxien zusammensetzt. In etwa 4,5 Milliarden Jahren wird unsere Milchstraße mit der Andromeda-Galaxie verschmelzen. Die daraus resultierende Galaxie hat von Wissenschaftlern den Spitznamen „Milkomeda" bekommen.

UND DANN KAM ...

HENRIETTA SWAN LEAVITT

Astronomin, 1868–1921, USA

Lange hielt man unsere Milchstraße für das gesamte Universum. 1912 jedoch entdeckte die US-Astronomin Henrietta Leavitt eine Methode, um die Entfernung zu den Sternen zu berechnen, und bewies, dass einige Sterne zu weit entfernt sind, um noch zu unserer Galaxie zu gehören. 1924 konnte Edwin Hubble mithilfe Leavitts Methode nachweisen, dass Andromeda eine eigene Galaxie ist.

BEKANNTE UNBEKANNTE

Werden wir im Universum noch anderes intelligentes Leben finden?

Die schier unglaubliche Zahl der Galaxien, Sterne und Sonnensysteme sowie die Gesetze der Physik deuten darauf hin, dass es noch andere Planeten wie unsere Erde geben muss, auf denen sich intelligentes Leben entwickelt haben könnte. Viele Wissenschaftler fragen nicht, ob es noch irgendwo im Universum intelligentes Leben gibt, sondern, wie es aussieht und wie wir es finden könnten.

DIE MILCHSTRASSE

Unser eigenes Sonnensystem ist Teil einer Galaxie namens Milchstraße, die man in dunklen Nächten als Sternenband am Himmel sehen kann. Die Milchstraße, wie wir sie heute kennen, setzt sich zusammen aus vielen kleineren Galaxien, die während der letzten 13,5 Milliarden Jahre kollidierten und aufeinander einwirkten. Die riesige Spiralgalaxie weist zwei größere und zwei kleinere rotierende Arme aus Sternen auf, die sich von ihrem Zentrum ausbreiten.

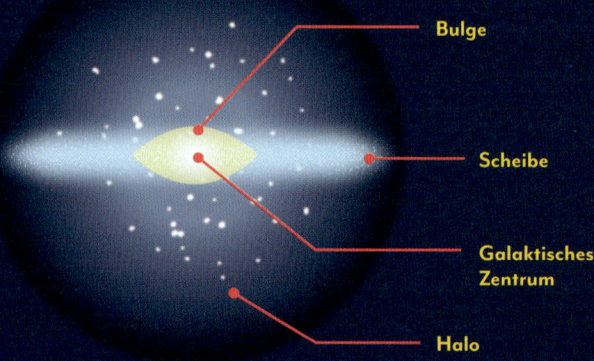

Bulge

Scheibe

Galaktisches Zentrum

Halo

Zentrale Lichtwölbung

Die Form unserer Galaxie und ihres zentralen Bulges (engl. Wölbung) versteht man am besten in der Seitenansicht. Die meisten ihrer Milliarden Sterne sind Teil der flachen Scheibe, die den Bulge umgibt, einige befinden sich weiter entfernt in einem Halo (Lichthof) um das galaktische Zentrum herum.

Die Milchstraße in Zahlen
AUFGELISTET

1. **1,12 Billionen Jahre:** Die Zeit, die ein Auto benötigen würde, um die Milchstraße mit 96 km/h zu durchqueren.
2. **13,5 Milliarden:** Die Anzahl der Jahre, vor denen die Milchstraße im frühen Universum entstanden ist.
3. **25 000 Lichtjahre:** Die Entfernung unseres Sonnensystems vom Zentrum der Milchstraße.
4. **100–400 Milliarden:** Die Anzahl der Sterne, die Wissenschaftler in der Milchstraße vermuten.
5. **Hunderte Milliarden:** Die Anzahl der Planeten in der Milchstraße, wenn jeder Stern von einem oder mehreren Planeten umkreist wird.
6. **240 Millionen Jahre:** Die Zeit, in der die Milchstraße einmal rotiert.
7. **4,5 Milliarden Jahre:** Die Anzahl der Jahre, bis die Milchstraße mit der benachbarten Galaxie Andromeda kollidieren soll.

Der Scutum-Centaurus-Arm schwindet ab einer Entfernung von 55 000–60 000 Lichtjahren zur Erde.

Der Äußere Arm gilt als äußerer Teil des Norma-Arms.

Ein Halo aus dunkler Materie umgibt die Milchstraße und macht ungefähr 90 Prozent ihrer Masse aus.

Beratende Expertin: Michelle Thaller **Siehe auch:** Urknall, S. 10–11; Galaxien, S. 12–13; Sterne, S. 16–17; Nebel, S. 18–19; Sternbilder, S. 20–21; Weltraumbeobachtung aus dem All, S. 22–23; Schwarze Löcher, S. 24–25; Unser Sonnensystem, S. 28–29

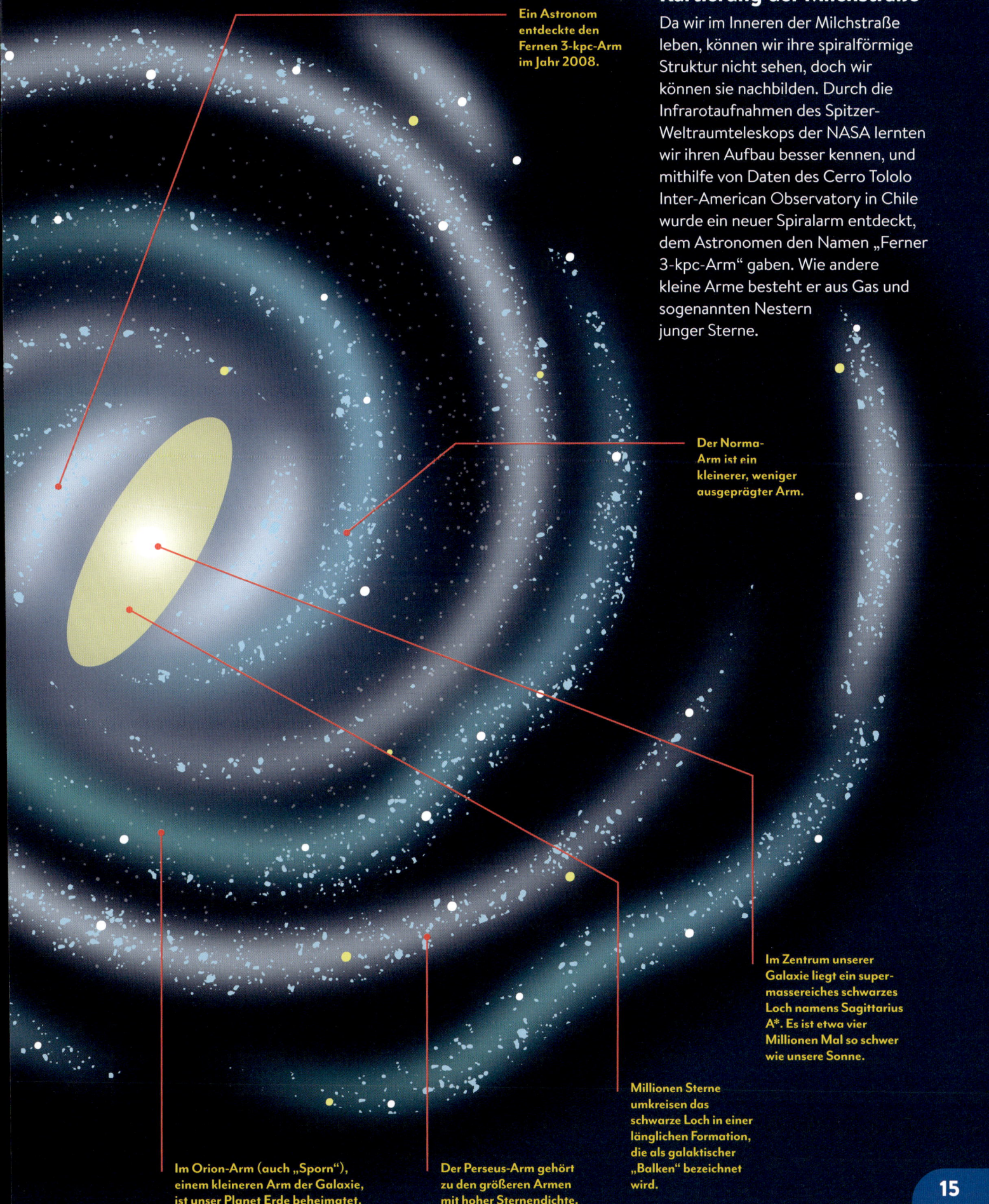

Ein Astronom entdeckte den Fernen 3-kpc-Arm im Jahr 2008.

Da wir im Inneren der Milchstraße leben, können wir ihre spiralförmige Struktur nicht sehen, doch wir können sie nachbilden. Durch die Infrarotaufnahmen des Spitzer-Weltraumteleskops der NASA lernten wir ihren Aufbau besser kennen, und mithilfe von Daten des Cerro Tololo Inter-American Observatory in Chile wurde ein neuer Spiralarm entdeckt, dem Astronomen den Namen „Ferner 3-kpc-Arm" gaben. Wie andere kleine Arme besteht er aus Gas und sogenannten Nestern junger Sterne.

Der Norma-Arm ist ein kleinerer, weniger ausgeprägter Arm.

Im Zentrum unserer Galaxie liegt ein supermassereiches schwarzes Loch namens Sagittarius A*. Es ist etwa vier Millionen Mal so schwer wie unsere Sonne.

Millionen Sterne umkreisen das schwarze Loch in einer länglichen Formation, die als galaktischer „Balken" bezeichnet wird.

Im Orion-Arm (auch „Sporn"), einem kleineren Arm der Galaxie, ist unser Planet Erde beheimatet.

Der Perseus-Arm gehört zu den größeren Armen mit hoher Sternendichte.

STERNE

Sterne sind riesige Kugeln aus Gas. Von ihnen gibt es eine ungeheuer große Anzahl im Universum. Ein Prozess namens Kernfusion findet im Inneren dieser Gaskugeln statt und erzeugt riesige Mengen an Energie in Form von Licht und Hitze. Wie hell ein Stern leuchtet, hängt davon ab, wie viel Energie er abstrahlt und in welcher Phase seines Lebenszyklus er sich befindet. Die meisten Sterne, wie unsere Sonne, werden von Planeten umkreist.

Am sogenannten Okular kann der Vergrößerungsfaktor eingestellt werden.

Durch Teleskope sehen wir viel mehr Sterne als die wenigen Tausend, die man mit dem bloßen Auge erkennen kann.

Wieso funkeln Sterne?

Sterne funkeln aufgrund unserer Atmosphäre. Wenn das Licht ferner Sterne unseren Planeten erreicht, bricht es sich an den unterschiedlichen Temperaturen und der ungleichmäßigen Dichte der Atmosphäre. Dass Sterne scheinbar funkeln, liegt also daran, dass ihr Licht im Zickzack auf uns zukommt.

Der italienische Wissenschaftler Galileo Galilei benutzte 1609 erstmals ein Teleskop, um Objekte im Weltall zu betrachten.

Sternenbeobachtung

Um Sterne genauer untersuchen zu können, brauchen wir ein Teleskop. Das Linsenteleskop sammelt Sternenlicht mithilfe von Linsen (gekrümmten Glasscheiben) und einem langen Rohr. Sobald die Lichtstrahlen eines Sterns in das Rohr gelangen, bündeln die Linsen sie zu einem Brennpunkt und erzeugen so ein Bild des Sterns. Eine andere Linse (das Okular) vergrößert dann das Bild.

Beratender Experte: Ian Morison **Siehe auch:** Urknall, S. 10–11; Galaxien, S. 12–13; Nebel, S. 18–19; Sternbilder, S. 20–21; Die Sonne, S. 30–31; Das Ende des Universums, S. 52–53; Die Atmosphäre, 90–91; Feststoffe, Flüssigkeiten und Gase, S. 112–113; Licht, 130–131; Schwerkraft, 136–137; Druck, 138–139

Lebenszyklus eines Sterns

Wie lange Sterne leben, hängt davon ab, wie viel Materie sie enthalten. Je größer ein Stern ist, desto schneller verbrennt er seinen Kraftstoff und desto kürzer wird er leben. Unsere Sonne wird sich in etwa fünf Milliarden Jahren von einem Gelben Zwerg zu einem Roten Riesen aufblähen und dann explodieren. Das kompakte Objekt, das dann von ihr übrig bleibt, bezeichnet man als Weißen Zwerg.

Sterne bilden sich aus Wolken von Staub und Gas, sogenannten Nebeln, die sich unter ihrer eigenen Schwerkraft zusammenziehen.

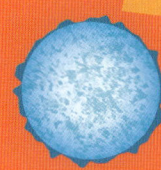

Aus einem Haufen Gas und Staub kann ein äußerst massereicher Stern entstehen.

Wenn weniger Staub und Gas vorhanden sind, bilden sich oft kleinere Zwergsterne.

Unsere Sonne ist ein Gelber Zwerg und damit ein ziemlich durchschnittlicher Stern.

Eine der größten Sternarten im Universum bezeichnet man als Überriesen.

Gegen Ende ihres Lebens wird sich unsere Sonne zu einem Roten Riesen aufblähen.

Wenn ein Überriese das Ende seiner Lebenszeit erreicht, kann er in einer Supernova explodieren.

Unsere Sonne wird daraufhin ihre äußeren Schichten verlieren. Übrig bleiben wird ihr Kern in einem Nebel aus Gas.

Wenn der Überriese sehr groß war, hinterlässt er ein schwarzes Loch, nachdem er zur Supernova geworden ist.

War er nicht groß genug, bleibt ein kompakter kleiner Neutronenstern übrig.

Der übrig bleibende Kern unserer Sonne wird ein Weißer Zwerg sein, der noch Billionen Jahre weiterleuchtet.

FAKTastisch!

Ein Blick zu den Sternen ist ein Blick in die Vergangenheit. Das liegt daran, dass sich das Licht der Sterne mit Lichtgeschwindigkeit bewegt und Zeit benötigt, um zu uns zu gelangen. Unser Nachbarstern, Proxima Centauri, liegt 4,2 Lichtjahre von uns entfernt und ist somit 4,2 Jahre älter, als wir ihn heute sehen. Die Andromeda-Galaxie ist 2,5 Millionen Lichtjahre entfernt.

Experten-Kommentar

IAN MORISON
Astronom

Professor Ian Morisons Interesse am Universum wurde geweckt, als er mit zwölf ein Teleskop baute. Er schreibt Bücher für Hobbyastronomen und war am Projekt Phoenix beteiligt – einer Suchaktion nach außerirdischem Leben.

„Sterne bringen Elemente wie Kohlenstoff, Sauerstoff, Silizium und Eisen hervor, was die Entstehung von Planeten und Leben ermöglicht."

NEBEL

Im interstellaren Raum – dem Gebiet zwischen den Sternen einer Galaxie – entstehen aus umherwirbelndem Staub und Gasen wie Helium und Wasserstoff Wolken, die man als Nebel bezeichnet. Mal verklumpt dieses Gas-Staub-Gemisch infolge der Schwerkraft, mal wird es von sterbenden Sternen ausgestoßen. Einige der eindrucksvollsten Nebel stammen von Supernova-Explosionen – bei denen mitunter auch ganz neue Sterne entstehen können.

Winde von nahen Sternen formen Türme aus Gas und Staub.

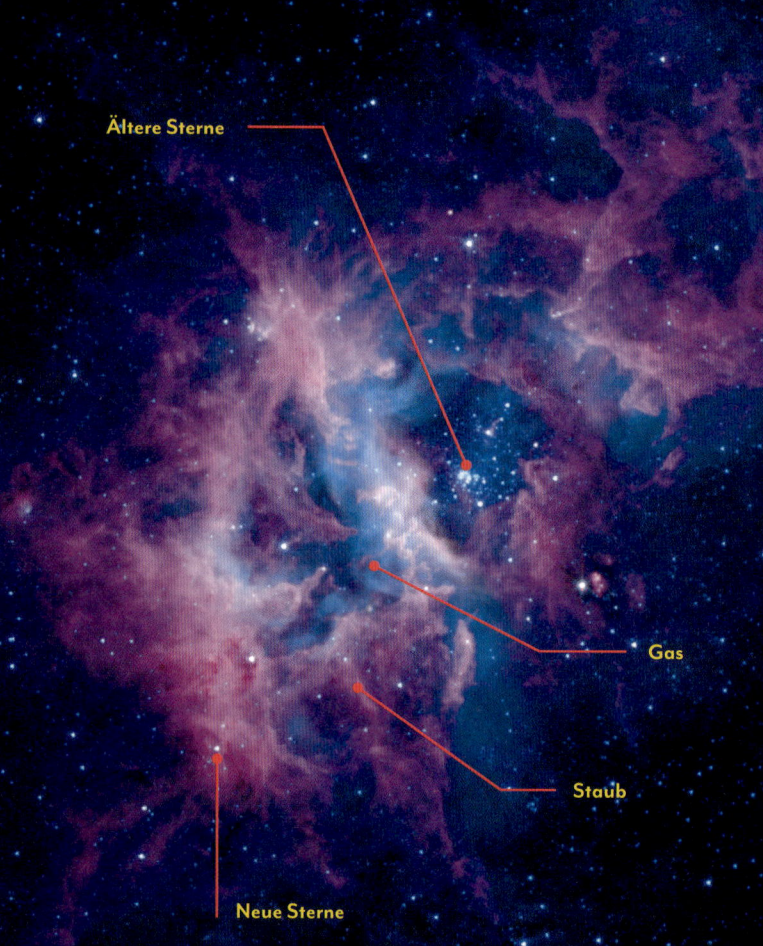

Ältere Sterne

Gas

Staub

Neue Sterne

Stellare Geburtsstätte

Der Nebel RCW 49 im südlichen Sternbild Carina ist eine Geburtsstätte für mehr als 2000 neue Sterne. Gewöhnlich verdeckt dunkler Staub den Nebel, doch diese Infrarotaufnahme des Spitzer-Weltraumteleskops der NASA bildet Materie ab, die Infrarotstrahlung (eine Lichtart, die wir als Wärme empfinden) aussendet, die Staub und Gas durchdringt. Sie zeigt alte Sterne (im Zentrum) und viele neue Sterne.

Die Säulen der Schöpfung

Zu den berühmtesten Nebeln gehört der Adlernebel, insbesondere die darin befindliche Formation „Säulen der Schöpfung". Ungefähr 6500 Lichtjahre von der Erde entfernt, im Orion-Spiralarm der Milchstraße, liegt diese spektakuläre Ansammlung von Staub und Gas mit säulenförmigen Wolken, die fünf Lichtjahre hoch sind. Der gesamte Adlernebel ist annähernd 15 Lichtjahre groß.

Beratender Experte: Ian Morison **Siehe auch:** Urknall, S. 10–11; Galaxien, S. 12–13; Milchstraße, S. 14–15; Sterne, S. 16–17; Gasriesen, S. 36–37; Feststoffe, Flüssigkeiten und Gase, S. 112–113; Schwerkraft, S. 136–137

Verschiedene Nebelarten

Nebel können riesengroß – mit einem Durchmesser von ein paar Hundert Lichtjahren – und fantastisch geformt sein, während planetarische Nebel, die von einem Zentrum ausgehen, oft kleiner (etwa zwei Lichtjahre Durchmesser) und gleichmäßig geformt sind. Nebel werden grob unterteilt in helle und dunkle Nebel.

Planetarische Nebel, die zwar von sterbenden Sternen, doch nicht von Supernovae erzeugt werden, sind oft rund.

Wasserstoffatome in Emissionsnebeln werden angeregt durch ultraviolettes Licht von sehr heißen Sternen und leuchten meist rot.

Der Staub in Reflexionsnebeln reflektiert bzw. streut das blaue Licht sehr heißer benachbarter Sterne. Der Nebel selbst erzeugt nicht viel Licht.

Der Pferdekopfnebel im Sternbild Orion ist ein dunkler Nebel, in dem dichter Staub das Licht absorbiert.

Eine Supernova

In Sternen herrscht ein Kräftegleichgewicht – nach innen wirkt die Schwerkraft und nach außen der Druck von Hitze und Gas aus dem Kern. Hat ein großer Stern seine Brennstoffe aufgebraucht, kann er der Schwerkraft nicht mehr standhalten und fällt in sich zusammen. Trifft die äußere Hülle auf den Kern, wird sie wieder zurückkatapultiert. Diese gewaltige Explosion nennt man Supernova. Aus Staub und Gasen, die dabei ins All geschleudert werden, können sich Nebel bilden; manchmal bleibt auch ein kompaktes Objekt zurück – ein schwarzes Loch.

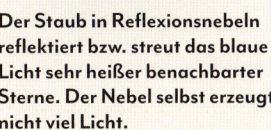

Schwerkraft

Hitze

Kern

Druck

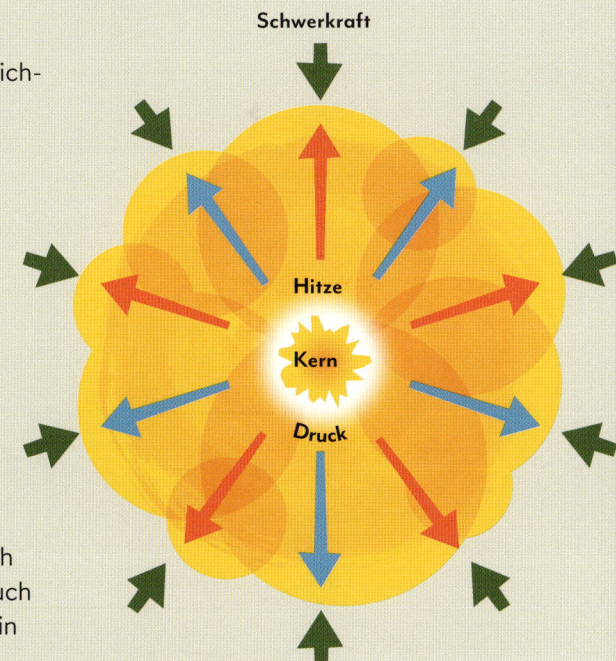

FAKTastisch!

Eine Nebelwolke in der Größe der Erde würde so viel wiegen wie ein kleiner Sack Kartoffeln! Staub und Gas in dem Nebel sind sehr leicht. Wenn sich das Staub-Gas-Gemisch aber über Lichtjahre erstreckt, sind genug Masse und Schwerkraft vorhanden, dass der Nebel in sich zusammenfällt und neue Sterne hervorbringt.

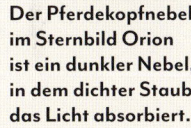

STERNBILDER

Ein Sternbild ist eine Gruppe von Sternen, die ein bestimmtes Muster am Himmel abbilden. Die meisten der heute gebräuchlichen Sternbilder stammen aus dem antiken Griechenland. Welche Sternbilder man sieht, hängt davon ab, ob man nördlich oder südlich des Äquators steht und wo auf ihrer Reise um die Sonne sich die Erde gerade befindet.

Nördliche Halbkugel

Folgende Sternbilder sind nördlich des Äquators leicht zu erkennen: Kassiopeia, das die Form eines W aufweist, Orion (drei Sterne bilden den Oriongürtel) und der Schwan (lat. Cygnus) in der Form eines Kreuzes.

Mythische Wesen

Der Große Bär (Ursa Major) gehört zu den hellsten Sternbildern auf der nördlichen Halbkugel. Die alten Griechen sahen in Ursa Major die Nymphe Kallisto, die einem Mythos zufolge in einen Bären verwandelt wurde. Der Große Wagen ist ein Teil davon.

Sieben Sterne an Schwanz und Hinterteil formen den Großen Wagen.

Einige der besten, dunkelsten Orte für die Beobachtung eines klaren Sternenhimmels

Death-Valley-Nationalpark, USA

Teide-Observatorium, Teneriffa

Wüste Gobi, Mongolei

Atacama-Wüste, Chile

NamibRand-Naturreservat, Namibia

Mauna Kea, Hawaii, USA

Aoraki Mackenzie, Neuseeland

Beratender Experte: Ian Morison **Siehe auch:** Galaxien, S. 10–11; Die Milchstraße, S. 14–15; Sterne, S. 16–17; Zeitalter der Entdeckungen, S. 292–293

Spica ist der hellste Stern im Sternbild Jungfrau, dem zweitgrößten Sternbild des Himmels.

Die Wasserschlange (Hydra) erstreckt sich weit über den südlichen Himmel.

Jungfrau

Rabe

Wasserschlange

Waage

Zentaur

Segel des Schiffs

Kleiner Hund

Skorpion

Schiff Argo

Kreuz des Südens

Kiel des Schiffs

Großer Hund

Pfau

Oktant

Taube

Einhorn

Netz

Schwertfisch

Schütze

Kranich

Schwertfisch

Hase

Steinbock

Eridanus

Phönix

Südlicher Fisch

Südliche Halbkugel

Eines der hellsten Sternbilder auf der südlichen Halbkugel ist das Kreuz des Südens, das wie ein Flugdrachen aussieht. Es dient als Wegweiser nach Süden.

Eine drehbare Scheibe namens Rete zeigt die Position der Sterne am Himmel an.

Jede Spitze an der Rete steht für einen hellen Stern.

Die Grundplatte unter der Rete symbolisiert das Universum.

Kartierung der Sterne

Astrolabien ermöglichten den griechischen Astronomen der Antike erstmals, präzise Karten des Nachthimmels zu erstellen. Mit einem Astrolabium konnten sie die Position eines Sterns oder Himmelsobjekts abschätzen. Islamische Gelehrte nutzten Astrolabien auch als Zeitmesser oder um die Heilige Stadt Mekka zu lokalisieren und damit die Gebetsrichtung festzustellen. Ab dem 15. Jahrhundert verwendeten die frühen Seefahrer Astrolabien, um sich auf den Weltmeeren zurechtzufinden.

Himmelspole

Die frühen Seefahrer und Entdecker orientierten sich am Polarstern oberhalb des Nordpols, um den Weg nach Norden zu finden, und am Kreuz des Südens (siehe oben im Bild), um in den Süden zu gelangen.

Der Sekundärspiegel lenkt Infrarotlicht vom Primärspiegel zum Teleskop. Von dort werden die Daten zur Erde übermittelt.

Ein riesiger Schild (in der Größe eines Tennisplatzes) ermöglicht es dem James-Webb-Weltraumteleskop, das Universum zu beobachten, ohne von der Sonne geblendet oder zu stark erhitzt zu werden.

WELTRAUMBEOBACHTUNG AUS DEM ALL

Welche Geheimnisse liegen in den Sternen? Dank der neuesten Teleskop-Technologie können wir das Universum mittlerweile bis ins Detail analysieren. Das Hubble-Weltraumteleskop (HST), das 1990 von der NASA gestartet wurde, dürfte das bisher bekannteste sein. Doch nun soll eine neue Generation von Superteleskopen das Universum noch tiefer erkunden. Das erste von ihnen, das James-Webb-Weltraumteleskop (JWST), verfügt über einen riesigen goldbeschichteten Spiegel und wird das Universum mittels Infrarot untersuchen. Das heißt, es ermittelt, wo von Objekten Wärme abgegeben wird.

Beratender Experte: Clifford Cunningham **Siehe auch:** Urknall, S. 10–11; Schwarze Löcher, S. 24–25; Exoplaneten, S. 26–27; Unser Sonnensystem, S. 28–29; Die Sonne, S. 30–31; Gesteinsplaneten, S. 34–35; Gasriesen, S. 36–37; Monde, S. 38–39; Künstliche Satelliten, S. 46–47; Raumsonden, S. 50–51

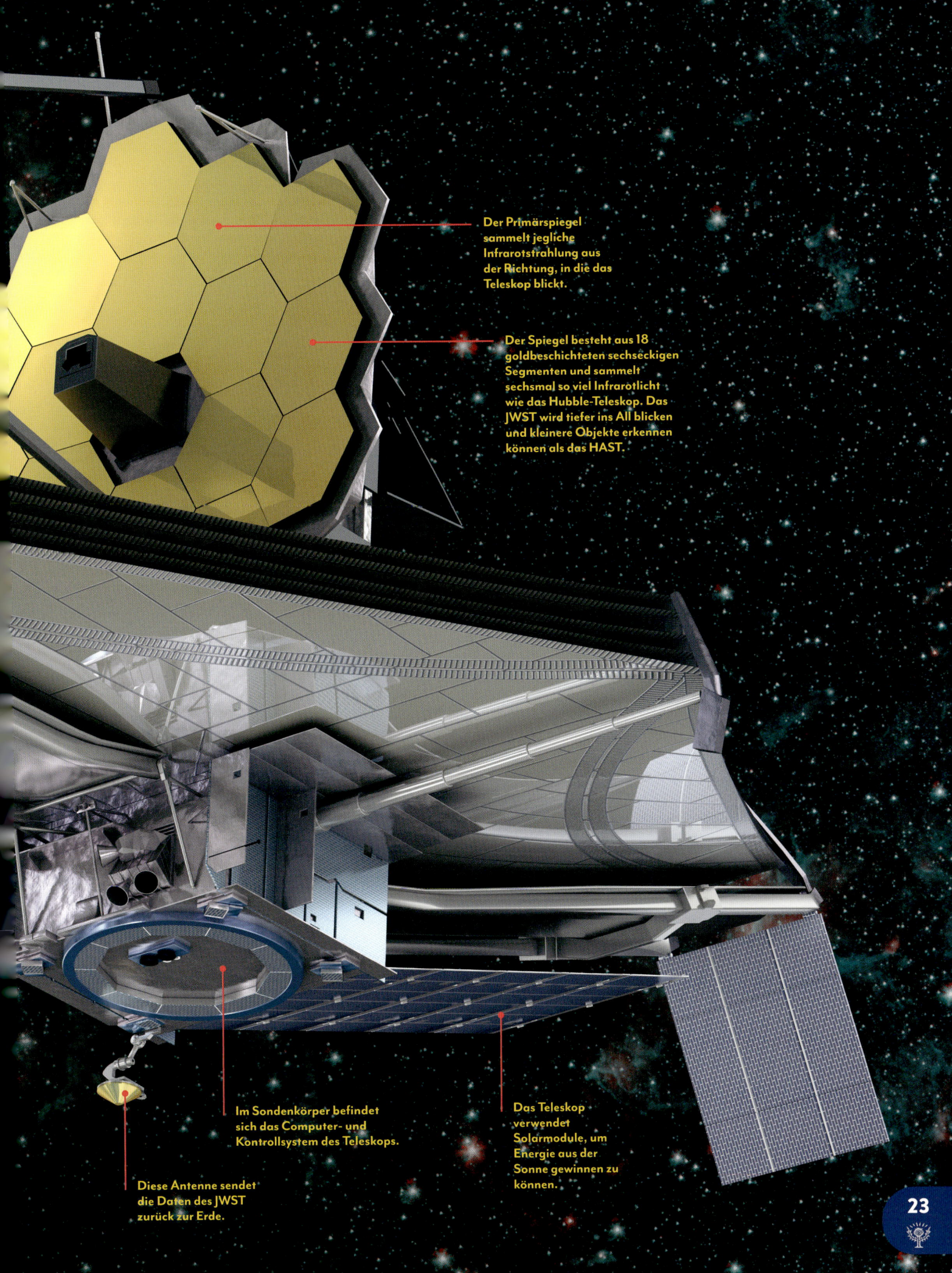

Der Primärspiegel sammelt jegliche Infrarotstrahlung aus der Richtung, in die das Teleskop blickt.

Der Spiegel besteht aus 18 goldbeschichteten sechseckigen Segmenten und sammelt sechsmal so viel Infrarotlicht wie das Hubble-Teleskop. Das JWST wird tiefer ins All blicken und kleinere Objekte erkennen können als das HAST.

Im Sondenkörper befindet sich das Computer- und Kontrollsystem des Teleskops.

Das Teleskop verwendet Solarmodule, um Energie aus der Sonne gewinnen zu können.

Diese Antenne sendet die Daten des JWST zurück zur Erde.

Dieses schwarze Loch verfügt über 6,5 Milliarden Mal so viel Masse wie unsere Sonne.

Dieser dunkle Kreis ist der „Schatten" eines schwarzen Lochs, wo das Licht gekrümmt wird.

SCHWARZE LÖCHER

Ein schwarzes Loch ist ein Objekt im Weltall, dessen Schwerkraft so stark ist, dass ihm nichts entweichen kann. Es entsteht, wenn ein massereicher Stern stirbt und seine Materie zu einem extrem kompakten Objekt in sich zusammenfällt. Schwarze Löcher gibt es von der Größe eines Atoms (das die Masse eines Bergs aufweist) bis hin zu supermassereichen Gebilden im Zentrum von Galaxien.

Eines der ersten Bilder

Nicht einmal Licht kann einem schwarzen Loch entweichen, sodass sie quasi unsichtbar sind. Doch im Jahr 2019 entdeckten Astronomen im Zentrum der Galaxie M87 helle Gase um ein schwarzes Loch herum. Vor der Entwicklung des Event Horizon Telescope (EHT) waren schwarze Löcher nur anhand ihrer Anziehung von Sternen und Gasen zu erkennen.

Beratende Expertin: Michelle Thaller **Siehe auch:** Urknall, S. 10–11; Nebel, S. 18–19; Die Erde im All, S. 58–59; Das Atom, S. 102–103; Energie, S. 124–125; Elektrizität, S. 128–129; Licht, S. 130–131; Kräfte, S. 134–135; Schwerkraft, S. 136–137

Aufbau schwarzer Löcher

Die Anziehungskraft eines schwarzen Lochs nimmt zu seinem Zentrum hin zu. An den Rändern bilden Staub und Gas eine Akkretionsscheibe, die bis zu 100 Millionen Grad heiß werden kann, während sie um das schwarze Loch rotiert. Im Inneren liegt der Ereignishorizont, aus dem nichts entweichen kann. Das Zentrum des schwarzen Lochs könnte eine Singularität darstellen – einen Punkt, an dem Materie so stark gepresst ist, dass sie unendliche Dichte erlangt.

Fast alle Galaxien haben in ihrem Zentrum supermassereiche schwarze Löcher. Dasjenige im Zentrum der Milchstraße heißt Sagittarius A*.

Staub und Gas bilden eine extrem heiße Akkretionsscheibe, die sich sehr schnell um das schwarze Loch dreht und dabei elektromagnetische Strahlung erzeugt.

Der sphärische Ereignishorizont stellt den Punkt dar, ab dem der Anziehungskraft des schwarzen Lochs nichts mehr entkommen kann. In seinem Zentrum liegt eine Singularität, ein winziger Punkt mit unendlicher Dichte.

UND DANN KAM ...

STEPHEN HAWKING
Physiker, 1942–2018, Großbritannien

Der britische Physiker Stephen Hawking revolutionierte unser Verständnis von schwarzen Löchern. Er hielt es für möglich, dass schwarzen Löchern doch etwas entweichen könnte, nämlich eine Art Licht. Diese bezeichnete er als „Hawking-Strahlung", die zur Energiereduktion von schwarzen Löchern führen würde. Bisher hat noch kein Wissenschaftler diese Strahlung gefunden, doch es wird weiter nach ihr gesucht.

Verrückte Physik

Die Anziehungskraft im Zentrum schwarzer Löcher ist so stark, dass dort seltsame Dinge passieren könnten – Dinge, die die physikalischen Gesetze außer Kraft setzen, die das Universum beherrschen. Eine derartige Schwerkraft könnte die Zeit anhalten oder sogar „Wurmlöcher" (Tunnel) zu anderen Orten im Universum erzeugen.

BEKANNTE UNBEKANNTE

Was würde geschehen, wenn ein Astronaut in ein schwarzes Loch fiele?

Wissenschaftlern zufolge würde ein Körper, der über den Ereignishorizont eines schwarzen Lochs gezogen wird, „spaghettisiert", also von der Anziehungskraft lang gestreckt. Aber man weiß nicht, was mit dem Astronauten im Zentrum des schwarzen Lochs passieren würde.

EXOPLANETEN

Unsere Sonne ist nicht der einzige Stern, der von Planeten umkreist wird. Es gibt Milliarden von Sternen in unserer Galaxie, und fast alle von ihnen sollen Planeten haben. Planeten außerhalb unseres Sonnensystems bezeichnen wir als Exoplaneten. Bisher haben Wissenschaftler mehr als 4000 davon gefunden. Manche von ihnen sind kleiner als die Erde, andere dagegen viel größer als Jupiter.

Kepler-Teleskop

Das Kepler-Teleskop der NASA machte den Großteil der bisher entdeckten Exoplaneten ausfindig. Das Teleskop folgte der Erde auf ihrer Umlaufbahn um die Sonne von 2009 bis 2018, bis der Treibstoff ausging. Es spürte Planeten auf, indem es nach einem Lichtabfall ferner Sterne Ausschau hielt, wenn Planeten an ihnen vorbeikamen.

Kometen sind Überreste der Entstehung eines Sonnensystems und bestehen aus Eis und Fels.

Jedes Sonnensystem beherbergt einen Stern im Zentrum. Die Sonne ist der Stern im Zentrum unseres Sonnensystems.

Gasriesen entstehen meist weit entfernt von ihrem Stern, wo sie mehr Staub und Gas sammeln können.

Neue Planeten bahnen sich ihren Weg durch die Staubscheibe ihres Sterns.

Asteroiden sind Gesteinsbrocken, die nicht in Planeten integriert werden konnten. Manchmal stoßen sie mit Planeten zusammen

Wie entsteht ein Sonnensystem?

Ein Sonnensystem entsteht, wenn sich ein Stern im Zentrum einer Gas- und Staubscheibe herausbildet. Die Drehung des Sterns führt zu Verklumpungen im Gas-Staub-Gemisch, aus denen immer größere Objekte werden. Über Millionen von Jahren können daraus Planeten entstehen. Auch viele kleinere Objekte bilden sich in dieser Zeit, darunter Asteroiden und Kometen.

Beratende Experten: Tracy M. Becker und Erik Gregersen **Siehe auch:** Galaxien, S. 12–13; Die Milchstraße, S. 14–15; Sterne, S. 16–17; Weltraumbeobachtung aus dem All, S. 22–23; Unser Sonnensystem, S. 28–29; Die Sonne, S. 30–31; Planetenerforschung, S. 32–33; Gesteinsplaneten, S. 34–35; Gasriesen, S. 36–37

FAKTastisch!

Ein Jahr auf dem Exoplaneten NGTS-10b dauert nur etwa 18 Stunden!
Der 2019 entdeckte NGTS-10b umläuft seinen Stern so dicht, dass er für eine komplette Umkreisung nur 18 Stunden benötigt. Man geht davon aus, dass solche Jupiter-ähnlichen Planeten weiter draußen im Sonnensystem entstehen, bevor sie nach innen gedrängt werden. Sie können Temperaturen von Tausenden Grad erreichen (deshalb auch der Spitzname „Heiße Röster"). Irgendwann werden sie von ihren Sternen auseinandergerissen.

Exoplaneten
CHRONIK

1984 Entdeckung der ersten planetaren Scheibe um einen Stern herum.

1992 Die Existenz von Planeten, die einen anderen Stern umkreisen, wird offiziell bestätigt.

1995 Astronomen finden den ersten Planeten, der einen sonnenähnlichen Stern umkreist (51 Pegasi b).

2004 Astronomen gelingt es erstmals, eine Aufnahme von einem Exoplaneten zu machen; er trägt den Namen 2M1207b.

2009 Start des Kepler-Weltraumteleskops der NASA, das im Lauf seiner Mission Tausende neuer Planeten finden sollte.

2015 Entdeckung des Planeten Kepler-452b, der als potenziell bewohnbar (wie die Erde) gilt.

2016 Entdeckung des Planeten Proxima Centauri b, der den Nachbarstern unserer Sonne umkreist.

2017 Wissenschaftler stellen fest, dass Kepler-90 so viele Planeten besitzt wie unser Sonnensystem; ebenfalls wird bekannt, dass TRAPPIST-1 über sieben Planeten verfügt, die ähnlich groß wie unsere Erde sind.

2018 Start des neuen Weltraumteleskops der NASA, TESS, das nach Exoplaneten suchen soll.

BEKANNTE UNBEKANNTE

Gibt es eine Erde 2.0? – Tausende von Exoplaneten wurden bereits gefunden, doch keiner davon gilt als Erde 2.0. Wissenschaftler haben noch keinen Planeten wie unsere Erde entdeckt, der einen Stern wie unsere Sonne umkreist. Ein solcher Planet könnte Leben beherbergen wie die Erde. Astronomen suchen nach Planeten, die einen Stern in der bewohnbaren Zone umkreisen – also genauso weit von einem Stern entfernt, dass die Grundlagen für Leben vorhanden sein könnten.

Experten-Kommentar

ERIK GREGERSEN
Astronomieredakteur

Gregersen ist beim Verlag Britannica der Experte für Astronomie und Weltraumforschung. Er liebt die Astronomie, weil es dort immer etwas Neues und Erstaunliches zu entdecken gibt.

„Die ständig wachsende Zahl an Exoplaneten gehört aktuell zu den aufregendsten Entwicklungen in der Astronomie."

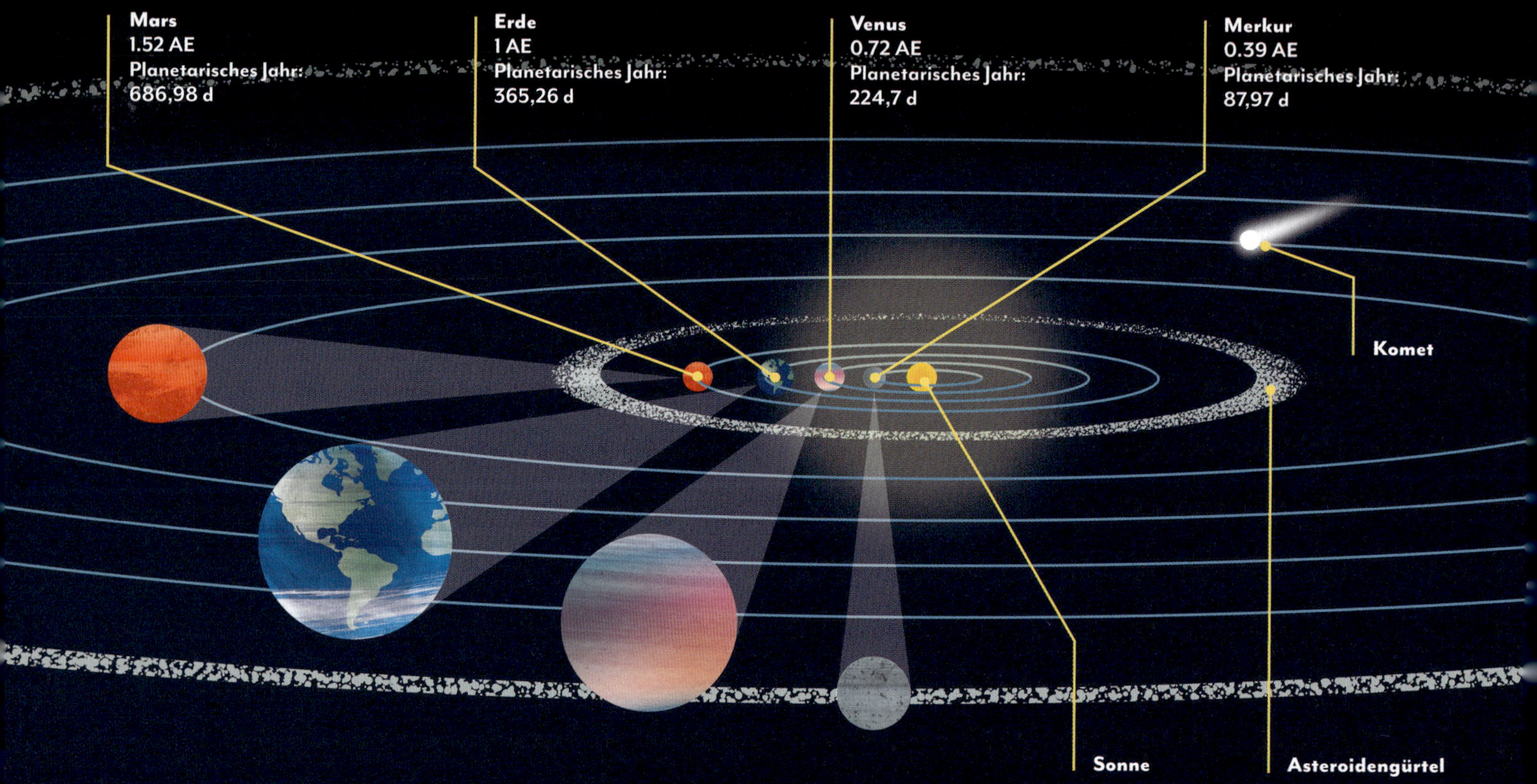

Mars
1.52 AE
Planetarisches Jahr:
686,98 d

Erde
1 AE
Planetarisches Jahr:
365,26 d

Venus
0.72 AE
Planetarisches Jahr:
224,7 d

Merkur
0.39 AE
Planetarisches Jahr:
87,97 d

Komet

Sonne

Asteroidengürtel

UNSER SONNENSYSTEM

Unser Sonnensystem umfasst die Sonne, die Planeten, Asteroiden und andere Objekte, die um die Sonne kreisen. Es gibt dort acht (Haupt-)Planeten, vom kleinsten, Merkur, bis hin zum größten, Jupiter. Zwischen Mars und Jupiter befindet sich der Asteroidengürtel, ein riesiges Gebiet voller Asteroiden. Außerhalb der Neptunbahn liegt ein ringförmiges Band aus Kometen und Asteroiden: der Kuipergürtel. Noch weiter draußen folgt ein Ring aus Kometen, die Oortsche Wolke.

AE = Astronomische Einheit – 1 AE ist der mittlere Abstand zwischen Erde und Sonne

s = eine Erdsekunde
min = eine Erdminute
h = eine Erdstunde
d = ein Erdtag
y = ein Erdjahr

Eine Umdrehung

Die Zeit, die ein Planet dafür benötigt, sich einmal um die eigene Achse zu drehen (durch die gelbe gestrichelte Linie dargestellt), wird in Erdtagen gemessen. Ein durchschnittlicher Erdtag dauert mit 23 h 56 min 4 s knapp unter 24 h. Ein Tag auf Jupiter vergeht am schnellsten mit weniger als einem halben Erdtag.

Merkur
58,65 d

Venus
243,02 d

Erde
0,99 d

Mars
1,03 d

Jupiter
0,41 d

Saturn
0,44 d

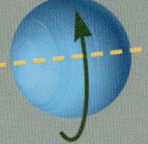
Uranus
0,72 d

Neptun
0,67 d

FAKTastisch!

Der Computer in den beiden Voyager-Sonden hat nur 70 KB Speicherkapazität, was einem niedrig aufgelösten Bild aus dem Internet entspricht. Und dennoch erforscht man damit seit mehr als 40 Jahren das Sonnensystem.

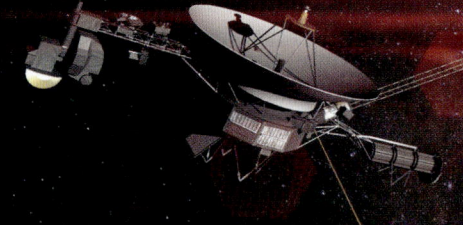

Beratender Experte: Rudi Kuhn **Siehe auch:** Milchstraße, S. 14–15; Sterne, S. 16–17; Exoplaneten, S. 26–27; Die Sonne, S. 30–31; Planetenerforschung, S. 32–33; Gesteinsplaneten, S. 34–35; Gasriesen, S. 36–37; Monde, S. 38–39; Asteroiden, S. 40–41; Der Kuipergürtel, S. 42–43

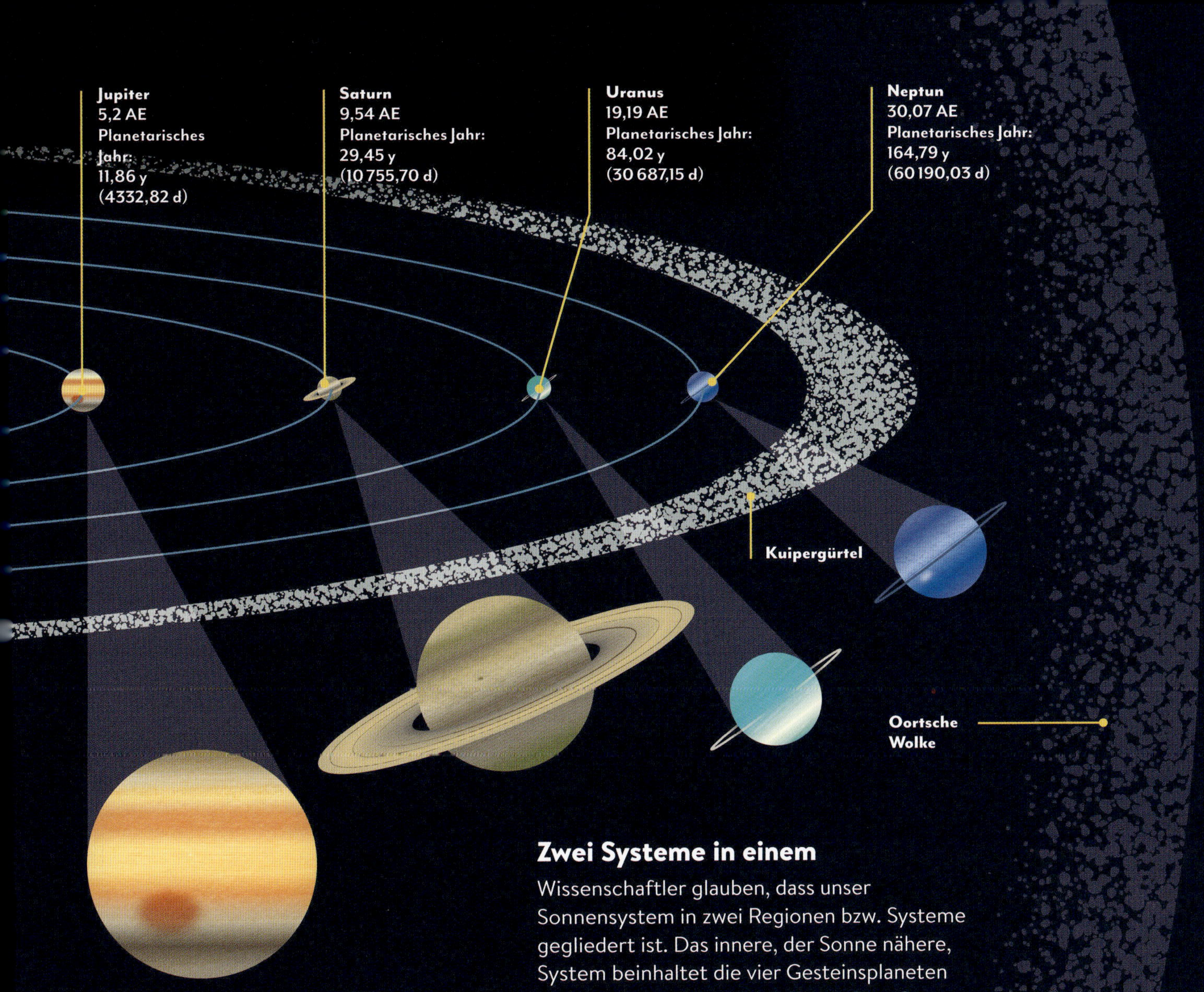

Jupiter
5,2 AE
Planetarisches Jahr:
11,86 y
(4332,82 d)

Saturn
9,54 AE
Planetarisches Jahr:
29,45 y
(10 755,70 d)

Uranus
19,19 AE
Planetarisches Jahr:
84,02 y
(30 687,15 d)

Neptun
30,07 AE
Planetarisches Jahr:
164,79 y
(60 190,03 d)

Kuipergürtel

Oortsche Wolke

Zwei Systeme in einem

Wissenschaftler glauben, dass unser
Sonnensystem in zwei Regionen bzw. Systeme
gegliedert ist. Das innere, der Sonne nähere,
System beinhaltet die vier Gesteinsplaneten
und den Asteroidengürtel. Das äußere System
liegt außerhalb des Asteroidengürtels. In
diesem Bereich befinden sich die Gasriesen.

UND DANN KAM ...

NIKOLAUS KOPERNIKUS

Astronom, 1473–1543, Polen

Viele Jahrhunderte lang glaubten
die meisten Europäer, die Erde sei
das Zentrum des Universums. Im
16. Jahrhundert erklärte Nikolaus
Kopernikus jedoch, dass die Erde
und die anderen Planeten die Sonne
umkreisen. Seine Theorie veränderte
unser Verständnis des Universums.

*„Zu wissen, dass wir wissen, was
wir wissen – und zu wissen, dass wir
nicht wissen, was wir nicht wissen, ist
wahres Wissen."*

Sonnenfinsternis

Zu einer Sonnenfinsternis kommt es, wenn sich
der Mond zwischen Erde und Sonne schiebt.
Bilden alle drei eine Linie, blockiert der
Mond das Licht der Sonne und wirft
seinen Schatten auf die Erde.
Während es gefährlich ist, direkt
in die Sonne zu blicken, kann
man eine Sonnenfinsternis
mit speziellen Brillen
betrachten.

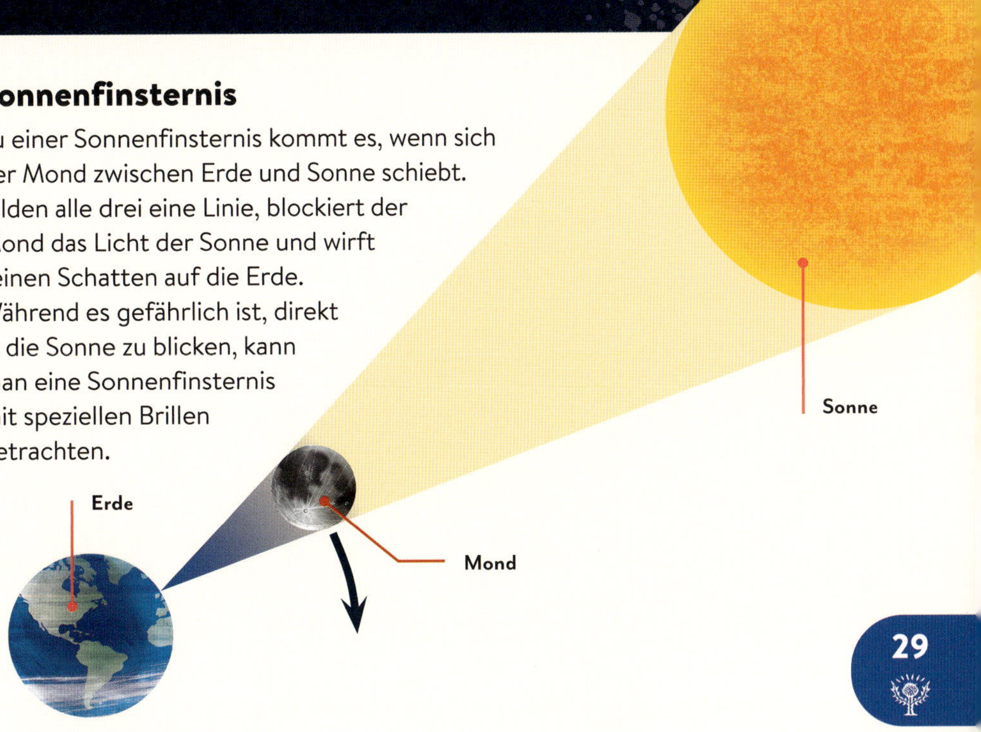

Sonne

Erde

Mond

DIE SONNE

Die Sonne ist der Stern, der unser Sonnensystem mit Energie versorgt. Aus einem Nebel aus Staub und Gas vor ca. 4,5 Milliarden Jahren entstanden, ist sie heute eine gigantische Gaskugel, die man als Gelben Zwerg bezeichnet. Sie hat einen Durchmesser von 1,4 Millionen Kilometern und besteht hauptsächlich aus Wasserstoff und Helium, wobei sich in ihrem Kern schwerere Metalle befinden. Im Kern kann es bis zu 15 000 000 °C heiß werden!

Lebensspender

Die Energie der Sonne wird in ihrem Kern erzeugt. Dort wird Wasserstoff zu Helium fusioniert, was riesige Mengen an Energie freisetzt. Es folgt eine Ausstrahlung von Licht und Hitze ins gesamte Sonnensystem. Das Überleben auf der Erde hängt von dieser Strahlung ab, doch auch woanders zeigt die Sonne Wirkung. Ihre Hitze macht Leben auf der Venus unmöglich, und ihre Strahlen reichen bis zur Oberfläche des Pluto im äußeren Sonnensystem.

Sonnenstrahlen
AUFGELISTET

1. Lichtstrahlung Ein Großteil des Lichts, das von der Sonne kommt, ist sichtbar, doch auch ultraviolette und infrarote Strahlung sendet sie aus.

2. Sonnenwind Von der Oberfläche der Sonne geht ständig ein Strom geladener Teilchen ab. Diese Sonnenwindteilchen interagieren mit Atomen in der Atmosphäre eines Planeten und erzeugen Polarlichter (farbige Bänder aus Licht) auf Jupiter und Saturn sowie auf der Erde. Die Polarlichter auf der Erde werden auch Nord- und Südlichter genannt.

3. Sonneneruptionen Helle Strahlungsausbrüche auf der Sonne, sogenannte Sonneneruptionen, geben Unmengen von Energie ins All ab.

4. Koronale Massenauswürfe Manchmal schleudert die Sonne sehr viel Materie in den Weltraum; dies nennt man koronalen Massenauswurf. Gelangen diese Auswürfe bis zur Erde, bringen sie deren Magnetfeld durcheinander. Wie Sonneneruptionen können auch sie technologische Störungen hervorrufen, bei Kommunikationssystemen oder Stromnetzen.

Die Temperaturen auf der Sonnenoberfläche betragen etwa 5500 °C, doch in ihrer äußeren Atmosphäre, der sogenannten Korona, sind es Millionen Grad. Niemand weiß, wieso die Atmosphäre so viel heißer ist.

Dies ist eine Protuberanz: ein Bogen aus Materie, die vom Magnetfeld der Sonne in die Atmosphäre geschleudert wird.

Beratender Experte: Ian Morison **Siehe auch:** Milchstraße, S. 14–15; Weltraumbeobachtung aus dem All, S. 22–23; Unser Sonnensystem, S. 28–29; Das Ende des Universums, S. 52–53; Die Atmosphäre, S. 90–91; Das Atom, S. 102–103; Feststoffe, Flüssigkeiten und Gase, S. 112–113; Energie, S. 124–125

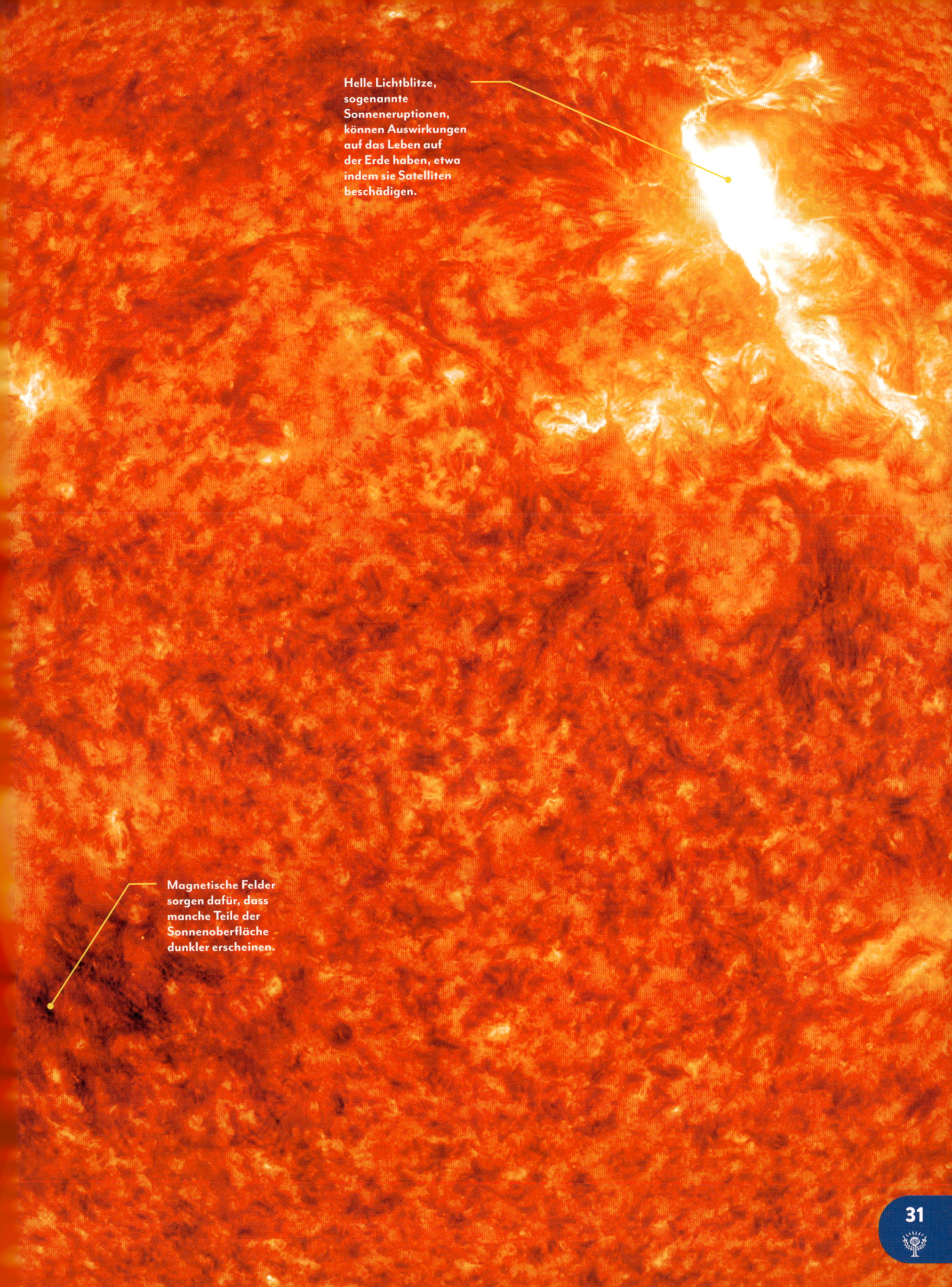

Helle Lichtblitze, sogenannte Sonneneruptionen, können Auswirkungen auf das Leben auf der Erde haben, etwa indem sie Satelliten beschädigen.

Magnetische Felder sorgen dafür, dass manche Teile der Sonnenoberfläche dunkler erscheinen.

PLANETENERFORSCHUNG

Schon seit den 1960er-Jahren werden Missionen zu anderen Planeten entsandt. Mehrere Länder schickten Sonden zur Venus, von den russischen konnten sogar viele dort landen. Sie funktionierten zwar nur kurz, doch übermittelten sie vorher noch erstaunliche Bilder. Die USA, Russland, China, Japan, Indien und Europa sandten Missionen zum Mond. Sogar zum Mars wurden Rover geschickt, um nach Lebenszeichen zu suchen.

Curiosity auf dem Mars

Der NASA-Rover Curiosity (engl. Neugier) landete am 6. August 2012 auf dem Mars. Seitdem rumpelt er über die Oberfläche und sucht nach Anzeichen alter Lebensformen. Er erkannte, dass sich an seiner Landestelle, dem Gale-Krater, einst ein See befand. Auch auf Kieselsteine stieß er – ein Beweis dafür, dass es vor Milliarden Jahren Flussläufe auf dem Mars gab.

Der Rover hat einige Kameras, darunter diese erhöht angebrachte, um Bilder von der Planetenoberfläche zu machen.

Curiosity verfügt über elf Instrumente zur Erkundung der Marsoberfläche.

Die Kameras ermöglichen dem Rover, Gestein bis ins Detail zu untersuchen.

Curiosity verwendet einen kleinen Bohrer, um Gesteinsproben zu sammeln und zu analysieren.

Mit der Zeit haben Felsen und Staub auf dem Mars den Rover abgenutzt und seine Räder beschädigt.

Beratender Experte: Rudi Kuhn **Siehe auch:** Unser Sonnensystem, S. 28–29; Gesteinsplaneten, S. 34–35; Gasriesen, S. 36–37; Asteroiden, S. 40–41; Der Kuipergürtel, S. 42–43; Atomenergie, S. 368–369

Man geht davon aus, dass Huygens in einem ausgetrockneten Flussbett gelandet ist.

Die Huygens-Sonde überlebte nur gut eine Stunde auf Titan.

FAKTastisch!

Auf dem Saturnmond Titan gibt es Seen und Ozeane.
Soweit wir wissen, ist Titan – abgesehen von der Erde – der einzige Himmelskörper, der Flüssigkeiten auf seiner Oberfläche beherbergt. Allerdings ähneln diese Substanzen auf Titan eher Benzin als Wasser. 2005 schickte die NASA zusammen mit der European Space Agency (ESA) die Huygens-Sonde zu Titan; sie machte bei ihrer Landung die ersten Bilder von dessen Oberfläche.

Landungen im Sonnensystem
AUFGELISTET

Raumsonden von der Erde landeten auf Asteroiden, Kometen, Planeten und Monden. Manche dieser Missionen waren sehr kurzlebig, andere sind bis heute in Funktion. Überall im Sonnensystem hat die Menschheit so ihre Spuren hinterlassen.

1. Mond Sechs bemannte Missionen besuchten den Mond.

2. Mars Mehrere Landefahrzeuge und Rover landeten auf dem Mars, darunter Curiosity. Die Forschungsmission dauert an.

3. Venus Die meisten Landefahrzeuge überstehen hier weniger als eine Stunde, weil Temperatur und Druck so hoch sind.

4. Titan Mit der Huygens-Sonde gelang die bisher einzige Landung auf Titan.

5. Asteroide Mehrere Raumfahrzeuge landeten auf Asteroiden; manche kehrten mit Proben zur Erde zurück.

6. Komet 2014 gelang es der Europäischen Weltraumorganisation ESA erstmals, eine Sonde namens Philae auf einem Kometen zu landen.

Experten-Kommentar

RUDI KUHN
Astronom

Dr. Rudi Kuhn arbeitet an einem der größten Teleskope der Welt, dem Southern African Large Telescope (SALT). Sein aktuelles Forschungsgebiet ist die Entdeckung von Exoplaneten.

„Oft darf ich als erster Mensch überhaupt einige der unglaublichsten Dinge im All sehen – beispielsweise Planeten, die um weit entfernte Sterne kreisen, explodierende Sterne oder kollidierende Galaxien."

BEKANNTE UNBEKANNTE

Gibt es aktive Vulkane auf der Venus?
Die Atmosphäre der Venus ist so dicht, dass man nicht hindurchsehen kann. Mittels Infrarot- und Radarbildern suchen Forscher nach Anzeichen für aktive Vulkane. Gibt es welche, ist die Venus unserer Erde ähnlicher, als wir dachten.

Durch Infrarot- und Radaraufnahmen können wir die Oberfläche der Venus analysieren.

GESTEINSPLANETEN

Gesteinsplaneten bestehen weitgehend aus Fels. Die vier inneren Planeten unseres Sonnensystems sind Gesteinsplaneten: Merkur, Erde, Venus und Mars. Jeder hat eine feste Oberfläche und setzt sich zusammen aus Metallen und Mineralen (sog. Silikaten), zum Beispiel Quarz. Alle haben einen überwiegend metallischen Kern. Manche von ihnen sind umgeben von einer gasförmigen Hülle, der Atmosphäre.

Steiniges Innenleben

Gesteinsplaneten entstehen, wenn Staub und Gas über einen längeren Zeitraum verklumpen. Das Gemisch formt sich zu einer Kugel. Wenn diese groß und heiß genug ist, bildet sie Gesteins- und Metallschichten aus. Das metallische Zentrum des Planeten bezeichnet man als Kern. Ihn umgibt eine Gesteinsschicht namens Mantel. Die steinige Außenschicht des Planeten nennt man Kruste.

Planeten-Querschnitt (maßstabsgetreu)

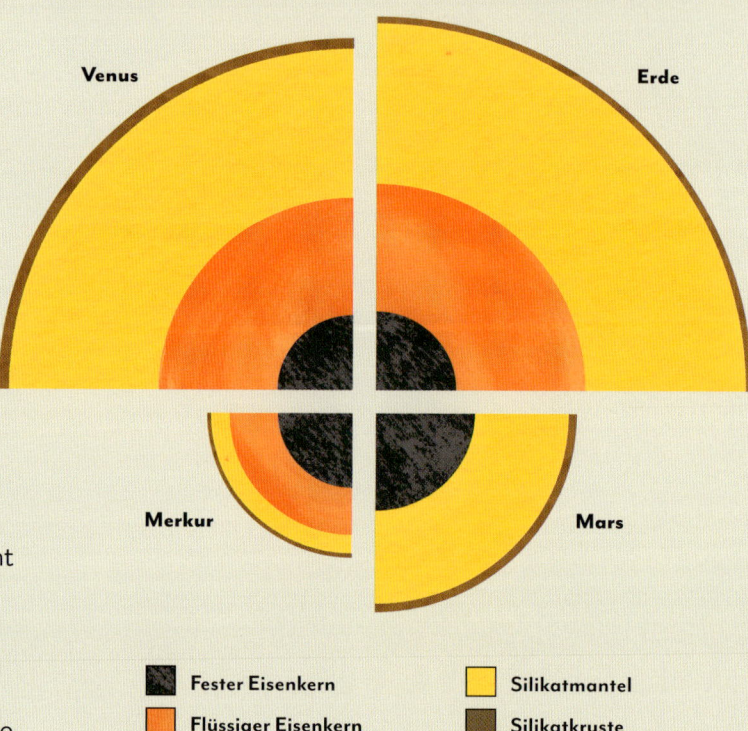

Venus

Erde

Merkur

Mars

- ■ Fester Eisenkern
- ■ Flüssiger Eisenkern
- ■ Silikatmantel
- ■ Silikatkruste

FAKTastisch!

Der Himmelskörper, der das Caloris-Becken formte, schlug mit solcher Wucht auf Merkur ein, dass sich auf der gegenüberliegenden Seite des Planeten Berge auffalteten. Der Einschlag geschah bereits vor vier Milliarden Jahren. Er hinterließ einen Krater mit 1525 Kilometer Durchmesser.

Caloris-Becken

Die erstickende Atmosphäre der Venus

Venus hat die dichteste Atmosphäre unter den Gesteinsplaneten. Ihre Gashülle schließt viel Hitze ein, was Venus zum heißesten Planeten unseres Sonnensystems macht. Die Atmosphäre der Venus ist außerdem giftig, weil sie ätzende Schwefelsäure enthält.

Der Großteil des Sonnenlichts wird von dichten Schwefelsäurewolken reflektiert.

Das durchgedrungene Sonnenlicht wird von den Wolken eingeschlossen und verbleibt auf der Planetenoberfläche.

Die Wolken schließen auch Gase wie Kohlendioxid ein, die den Planeten noch mehr aufheizen.

Beratende Expertin: Tracy M. Becker **Siehe auch:** Milchstraße, S. 14–15; Sterne, S. 16–17; Exoplaneten, S. 26–27; Unser Sonnensystem, S. 28–29; Die Sonne, S. 30–31; Planetenerforschung, S. 32–33; Gasriesen, S. 36–37; Monde, S. 38–39; Asteroiden, S. 40–41; Der Kuipergürtel, S. 42–43

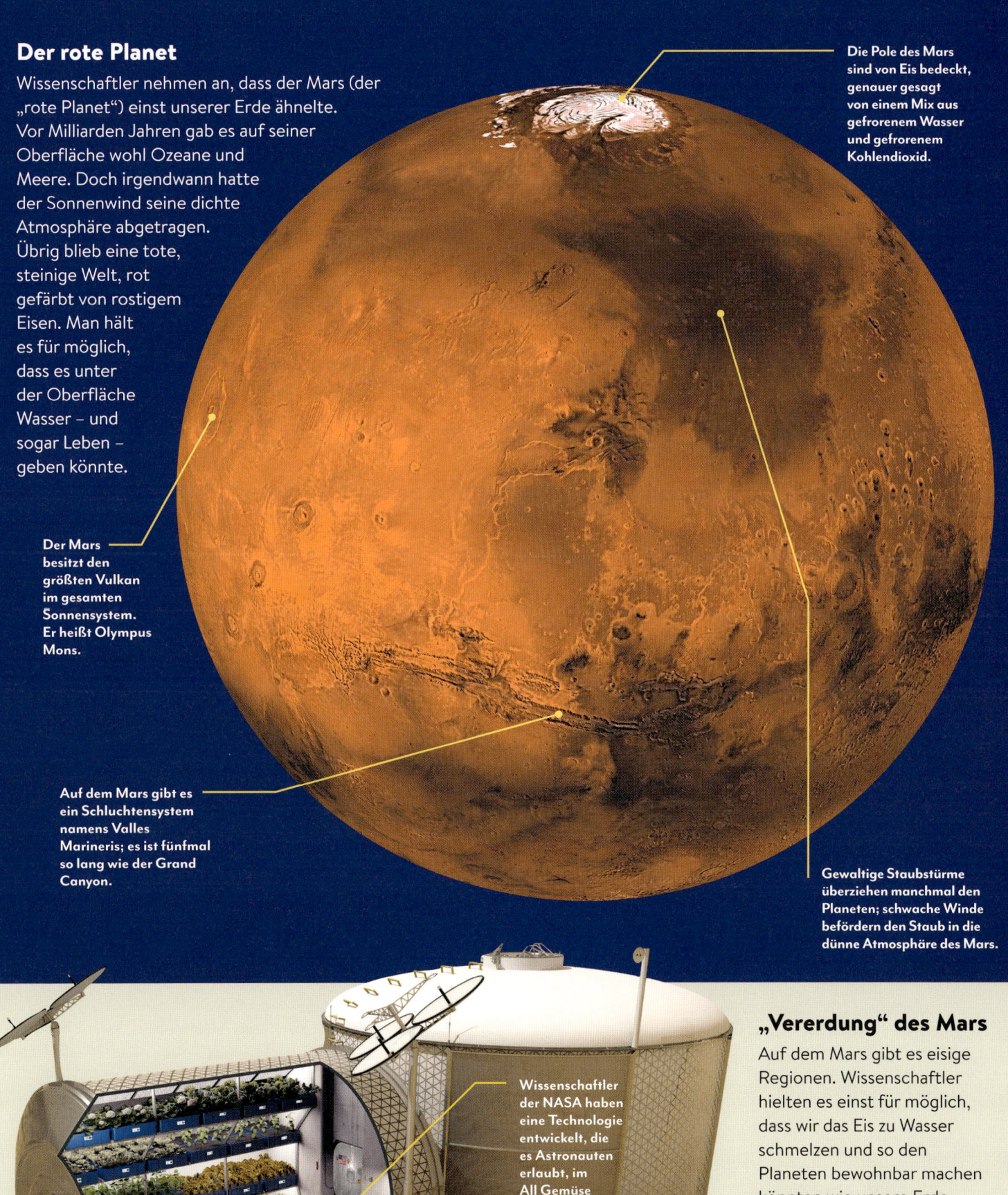

Der rote Planet

Wissenschaftler nehmen an, dass der Mars (der „rote Planet") einst unserer Erde ähnelte. Vor Milliarden Jahren gab es auf seiner Oberfläche wohl Ozeane und Meere. Doch irgendwann hatte der Sonnenwind seine dichte Atmosphäre abgetragen. Übrig blieb eine tote, steinige Welt, rot gefärbt von rostigem Eisen. Man hält es für möglich, dass es unter der Oberfläche Wasser – und sogar Leben – geben könnte.

Die Pole des Mars sind von Eis bedeckt, genauer gesagt von einem Mix aus gefrorenem Wasser und gefrorenem Kohlendioxid.

Der Mars besitzt den größten Vulkan im gesamten Sonnensystem. Er heißt Olympus Mons.

Auf dem Mars gibt es ein Schluchtensystem namens Valles Marineris; es ist fünfmal so lang wie der Grand Canyon.

Gewaltige Staubstürme überziehen manchmal den Planeten; schwache Winde befördern den Staub in die dünne Atmosphäre des Mars.

Wissenschaftler der NASA haben eine Technologie entwickelt, die es Astronauten erlaubt, im All Gemüse anzubauen.

„Vererdung" des Mars

Auf dem Mars gibt es eisige Regionen. Wissenschaftler hielten es einst für möglich, dass wir das Eis zu Wasser schmelzen und so den Planeten bewohnbar machen könnten wie unsere Erde. Doch die Atmosphäre des Mars ist so dünn, dass Wasser auf seiner Oberfläche nicht flüssig bleibt, sondern verdunsten oder wieder gefrieren würde, bevor man es verwenden könnte.

35

GASRIESEN

Gasriesen sind Planeten, die fast ausschließlich aus Helium und Wasserstoff bestehen. Die Temperaturen und der Druck im Inneren führen zur Verflüssigung der Gase. Die Gasriesen in unserem Sonnensystem heißen Jupiter, Saturn, Uranus und Neptun. Oft ziehen sich dicke Wolkenbänder durch ihre äußere Atmosphäre. Im Gegensatz zu Gesteinsplaneten besitzen sie keine feste Oberfläche, doch können Hurrikans und gewaltige Gewitterstürme auftreten.

Geburt eines Gasriesen

Gasriesen entstehen, wenn Wolken aus Staub und Gas sich zusammenziehen und einen größeren Himmelskörper bilden. Die Größe eines Gasriesen erzeugt hohen Druck in seinem Inneren. Dadurch umgeben Flüssigkeiten wie metallischer Wasserstoff ein wahrscheinlich felsiges Zentrum bzw. den Kern.

Planeten-Querschnitt (maßstabsgetreu)

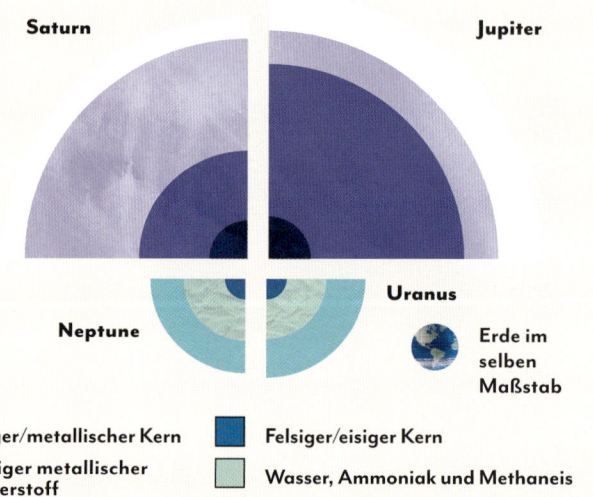

Saturn

Jupiter

Neptune

Uranus

Erde im selben Maßstab

- Felsiger/metallischer Kern
- Flüssiger metallischer Wasserstoff
- Flüssiger Wasserstoff
- Wasserstoffgas
- Felsiger/eisiger Kern
- Wasser, Ammoniak und Methaneis
- Wasserstoff, Helium und Methangas

Saturn

Saturn, der zweitgrößte Planet unseres Sonnensystems (nach Jupiter), ist vor allem für sein gigantisches Ringsystem bekannt. Die Hauptringe liegen ungefähr 140 000 Kilometer vom Zentrum des Planeten entfernt. Mit einem Teleskop kannst du sie von der Erde aus sehen. Der Planet hat mehr als 80 Monde. An seinem Nordpol tobt ein sechseckig geformter Sturm, den die Wissenschaftler bisher nicht erklären können.

Der Planet ist umgeben von gewaltigen Sturmbändern, wenn Winde durch seine Atmosphäre tosen.

Die Ringe des Saturn bestehen aus Wassereispartikeln; manche von ihnen sind klein wie ein Staubkorn, andere dagegen so groß wie ein Haus.

Auch andere Gasriesen haben Ringe, doch die des Saturn sind besonders eindrucksvoll

Beratende Experten: Tracy M. Becker und Erik Gregersen **Siehe auch:** Milchstraße, S. 14–15; Sterne, S. 16–17; Exoplaneten, Qs. 26–27; Unser Sonnensystem, S. 28–29; Die Sonne, S. 30–31; Planetenerforschung, S. 32–33; Gesteinsplaneten, S. 34–35; Monde, S. 38–39; Asteroiden, S. 40–41; Der Kuipergürtel, S. 42–43

Jupiters Großer Roter Fleck

Auf Jupiter (siehe unten) tobt der größte Sturm unseres Sonnensystems, und das schon seit über 400 Jahren: ein gewaltiger Zyklon namens Großer Roter Fleck (siehe Nahaufnahme rechts). Es gab eine Zeit, zu der er größer war als die Erde. In den letzten Jahren wurde der Sturm immer kleiner, doch sein Ende steht wohl noch nicht unmittelbar bevor.

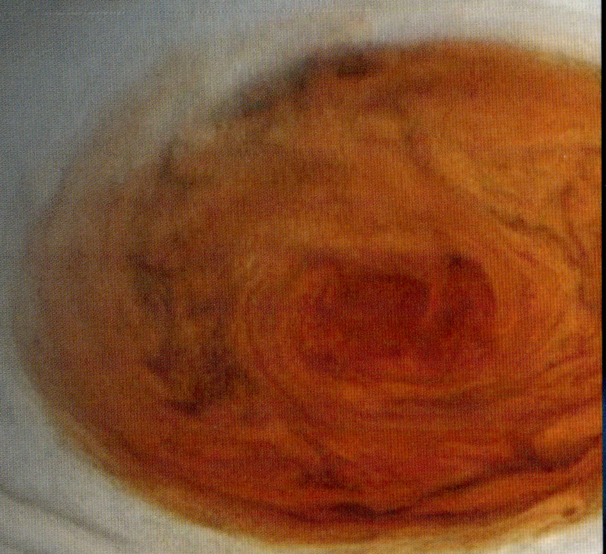

FAKTastisch!

Uranus ist der einzige unserer Planeten, der auf der Seite rotiert: Während sich die meisten Planeten in die Richtung drehen, in der sie die Sonne umkreisen, rotiert Uranus mit einer 90-Grad-Neigung zu seiner Umlaufbahn. Der Grund könnte ein gewaltiger Einschlag in frühen Jahren sein.

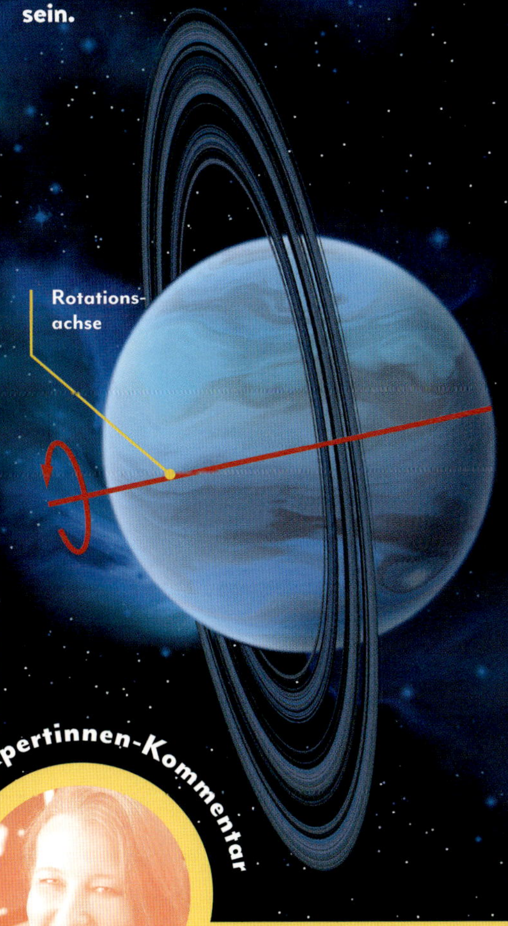

Rotations-achse

Farbenfrohe Giganten

Neptun fällt vor allem durch seine blaue Farbe auf, die durch Methangas in seiner Atmosphäre erzeugt wird. Erst ein einziges Mal konnten wir Neptun aus der Nähe betrachten, mithilfe der Raumsonde Voyager 2 im Jahr 1989. Mit leistungsstarken Teleskopen lassen sich gewaltige Stürme und Winde in seiner blauen Atmosphäre von der Erde aus erkennen.

Expertinnen-Kommentar

TRACY M. BECKER
Planetenforscherin

Dr. Becker schätzt an ihrer Arbeit besonders, dass sie ihren Fragen zu Planeten, Monden und Asteroiden nachgehen kann. In einem ihrer ersten Projekte untersuchte sie die Eispartikel, aus denen die Saturnringe bestehen. Jetzt möchte sie herausfinden, wie diese entstanden sind.

„Die eingehende Untersuchung der Saturnringe beantwortete viele wissenschaftliche Fragen, doch sie warf auch Dutzende neue auf."

ERDE (1 Mond)	MARS (2 Monde)	JUPITER (79 bekannte Monde)	SATURN (82 bekannte Monde)	URANUS (27 bekannte Monde)	NEPTUNE (14 bekannte Monde)

ERDE (1 Mond)

Mond

Der Durchmesser des Erdmondes beträgt 3474 km.

MARS (2 Monde)

Phobos

Deimos

JUPITER (79 bekannte Monde)

Io

Europa

Ganymed

Kallisto

SATURN (82 bekannte Monde)

Mimas

Enceladus

Tethys

Dione

Rhea

Titan

Hyperion

Iapetus

Phoebe

URANUS (27 bekannte Monde)

Puck

Miranda

Ariel

Umbriel

Titania

Oberon

NEPTUNE (14 bekannte Monde)

Proteus

Triton

Nereid

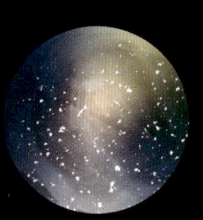

FAKTastisch!

Der Mond bewegt sich etwa 3,8 cm pro Jahr von der Erde weg. Mit einer ähnlichen Geschwindigkeit wachsen auch unsere Fingernägel!

Der Planet Erde im selben Maßstab wie die Monde

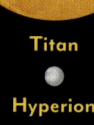

Die Hauptmonde der Planeten

Mindestens 214 Monde gibt es in unserem Sonnensystem; sie verteilen sich auf alle Planeten außer Merkur und Venus. Vor Kurzem fand man heraus, dass Saturn über 20 Monde mehr hat als ursprünglich angenommen, nämlich insgesamt 82 – und damit mehr als jeder andere Planet.

MONDE

Die Monde in unserem Sonnensystem kommen in allen Formen und Größen vor. Viele sind kugelrund wie der Erdmond. Andere, darunter die Saturnmonde Pan, Daphnis und Atlas, erinnern eher an Ravioli. Es gibt auch sehr kleine Monde, wie den Marsmond Deimos, der nur 15 km in der Breite misst. Der Jupitermond Ganymed ist dagegen größer als der Planet Merkur.

Erforschung des Erdmondes

Der Erdmond ist der einzige Ort im All, an dem bereits Menschen gelandet sind. Zwischen 1969 und 1972 gelang es den USA, sechs Apollo-Missionen auf dem Mond zu landen. Unbemannte Sonden finden sich allerdings viele dort, darunter auch Chinas Chang'e-4, die 2019 zur Mondrückseite geschickt wurde.

Beratende Expertin: Tracy M. Becker **Siehe auch:** Unser Sonnensystem, S. 28–29; Die Sonne, S. 30–31; Gesteinsplaneten, S. 34–35; Asteroiden, S. 40–41; Raketen, S. 44–45; Elemente, S. 104–105; Schwerkraft, S. 136–137; Der Ursprung des Lebens, S. 148–149; Der Mensch der Zukunft, S. 374–375

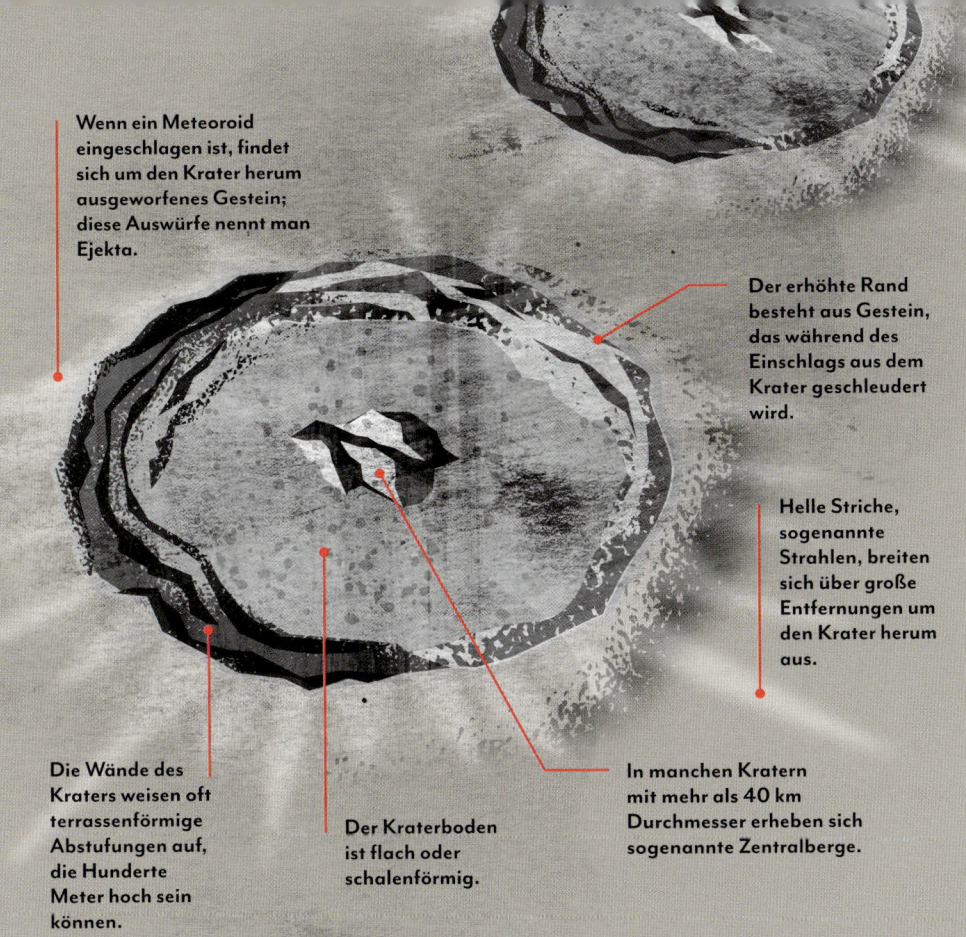

Wenn ein Meteoroid eingeschlagen ist, findet sich um den Krater herum ausgeworfenes Gestein; diese Auswürfe nennt man Ejekta.

Der erhöhte Rand besteht aus Gestein, das während des Einschlags aus dem Krater geschleudert wird.

Helle Striche, sogenannte Strahlen, breiten sich über große Entfernungen um den Krater herum aus.

Die Wände des Kraters weisen oft terrassenförmige Abstufungen auf, die Hunderte Meter hoch sein können.

Der Kraterboden ist flach oder schalenförmig.

In manchen Kratern mit mehr als 40 km Durchmesser erheben sich sogenannte Zentralberge.

Mondkrater

Unser Mond ist übersät mit Kratern – kreisförmigen Vertiefungen, die durch den Einschlag eines Himmelskörpers, z. B. eines Asteroiden oder Meteoroiden, entstehen. Der größte Krater ist das Südpol-Aitken-Becken mit 2575 Kilometer Durchmesser. Wissenschaftler gehen davon aus, dass Teile des Asteroiden, der den Krater verursachte, noch unter der Oberfläche liegen könnten.

Die Struktur unseres Mondes

Unser Mond hat unterschiedliche Schichten. Im Zentrum befindet sich ein metallischer Kern aus Eisen und Nickel. Dieser ist umschlossen von einem flüssigen äußeren Kern sowie einer festen Mantelschicht. Die Kruste bzw. Oberfläche ist etwa 35 Kilometer dick. Er besitzt Berge, Krater und flache Ebenen, die man Maria (lat. Meere) nennt, darunter das Mare Tranquillitatis (Meer der Ruhe).

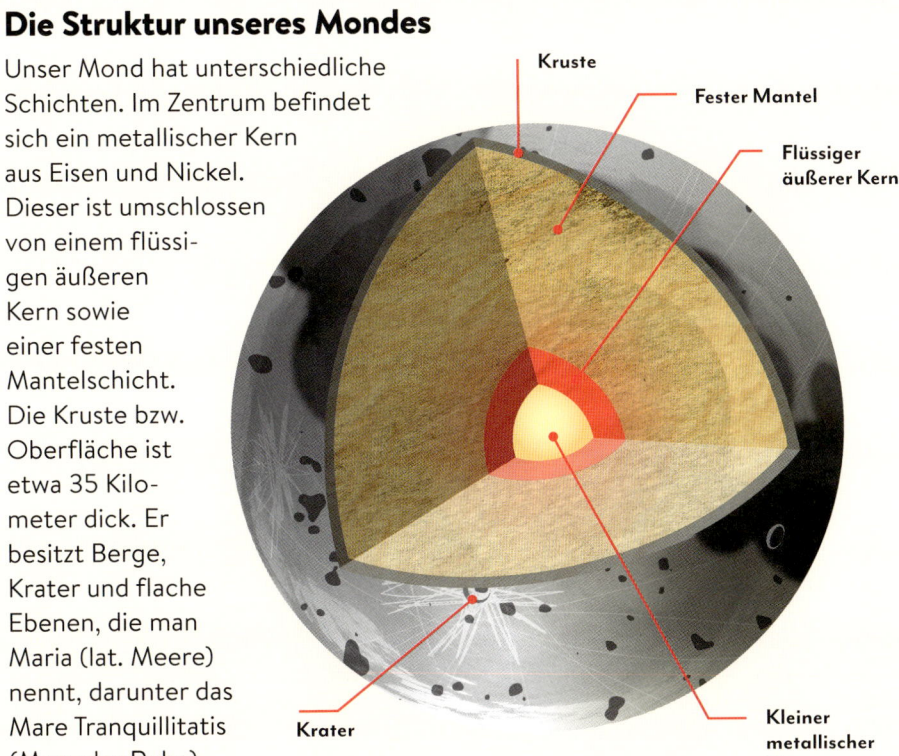

Kruste

Fester Mantel

Flüssiger äußerer Kern

Krater

Kleiner metallischer Kern

Ein Körnchen Mondstaub

So sieht Mondstaub, sogenanntes Regolith, durchs Elektronenmikroskop aus. Er entsteht dadurch, dass (heute wie schon seit Milliarden von Jahren) Meteoroiden aus dem All das Mondgestein zertrümmern. Astronauten zufolge soll der Mondstaub nach Schießpulver riechen.

BEKANNTE UNBEKANNTE

Könnten Menschen auf dem Mond leben?

Wissenschaftler in den USA und in Europa arbeiten an Plänen, Siedlungen auf dem Mond zu errichten. Sie halten es für möglich, dass man aus dem Eis unter der Mondoberfläche Wasser gewinnen könnte. In jedem Fall wäre das Leben rau bei Temperaturen von -133 °C bis 121 °C. Und: Ein Mondtag dauert ungefähr 14 Erdtage, gefolgt von einer genauso langen Mondnacht.

ASTEROIDEN

Asteroiden sind Gesteinsbrocken, die bereits aus einer frühen Phase unseres Sonnensystems stammen (vor etwa 4,6 Milliarden Jahren) und die sich nicht zu Planeten entwickeln konnten. Heute gibt es Millionen von Asteroiden im Sonnensystem. Sie können von wenigen Metern bis zu Hunderten Kilometern groß sein. Die meisten befinden sich im Asteroidengürtel, einem ungeheuer großen Gebiet zwischen den Planeten Mars and Jupiter. Asteroiden, die der Erdumlaufbahn nahe kommen, werden als erdnahe Objekte (NEO) bezeichnet.

Steiniger Überrest

Manchmal durchdringen Asteroiden die Erd-atmosphäre und schlagen in den Boden ein. Sie hinterlassen Krater oder Gesteinsbrocken namens Meteoriten. An den Steinen wird untersucht, woher der Asteroid stammt.

Massenhaftes Aussterben

Wissenschaftler nehmen an, dass im Lauf der Geschichte schon ein paar Mal ein großer Asteroid unseren Planeten getroffen hat. Die bemerkenswerteste Kollision führte zum Aussterben der Dinosaurier (mit Ausnahme der Sauriervögel) vor 66 Millionen Jahren. Durch den Einschlag des Asteroiden wurde der Chicxulub-Krater in Mexiko verursacht und vermutlich 75 Prozent allen Lebens auf der Erde getötet.

Beratende Expertin: Tracy M. Becker **Siehe auch:** Exoplaneten, S. 26–27; Unser Sonnensystem, S. 28–29; Planetenerforschung, S. 32–33; Gesteinsplaneten, S. 34–35; Gasriesen, S. 36–37; Der Kuipergürtel, S. 42–43

Meteor, Meteoroid oder Meteorit?

Diese drei Begriffe klingen vielleicht ähnlich, doch stehen sie für unterschiedliche Dinge. Wir erklären dir, was sie bedeuten und wie du sie unterscheiden kannst.

Ein Asteroid ist ein Gesteinsbrocken im Weltraum; er ist nicht groß genug, um einen Planeten zu bilden.

Ein Meteoroid ist ein Stück Fels, das weniger als einen Meter breit ist.

Ein Meteor ist ein Meteoroid, der in der Erdatmosphäre verglüht und dabei einen Lichtstreifen erzeugt (eine Sternschnuppe).

Ein Meteorit ist ein Stück Meteoroid, das unversehrt den Boden erreicht.

FAKTastisch!

Die Erde wird jährlich von etwa 500 Meteoriten getroffen. Die meisten von ihnen fallen in unbewohntes Gebiet – mitten in einen Ozean zum Beispiel. Manchmal stürzen Meteoriten in Menschennähe ab, jedoch ist dabei noch nie jemand ums Leben gekommen.

BEKANNTE UNBEKANNTE

Kam das Leben auf Asteroiden und Kometen zu uns?

Manche Wissenschaftler glauben, dass das Leben mittels Asteroiden oder Kometen auf die Erde gelangte. Mikroskopische Lebensformen wie Bakterien könnten eine Weltraumfahrt auf einem Felsbrocken überstehen. Bei der Ankunft auf der Erde hätte dieses Leben in unserem Lebensraum gedeihen können.

Bausteine des Lebens wie z. B. Aminosäuren könnten durch das All gereist sein.

So könnte DNA-basiertes Leben, also auch die Menschen, auf der Erde entstanden sein.

Asteroidmissionen

Wissenschaftler haben bereits mehrere Missionen zur Erforschung von Asteroiden ins All geschickt. 2019 hat die japanische Raumsonde Hayabusa2 auf dem Asteroiden Ryugu Gesteinsproben entnommen, um sie zur Erde zurückzubringen. Die OSIRIS-REx-Mission der NASA macht dasselbe auf dem Asteroiden Bennu.

DER KUIPERGÜRTEL

Außerhalb der Neptunbahn liegt der Kuipergürtel. Ähnlich dem Asteroidengürtel enthält dieses Gebiet Gesteinsmaterial, das aus einer frühen Phase unseres Sonnensystems stammt. Kuipergürtelobjekte (KBO) sind so weit von der Sonne entfernt, dass sie meist vereist sind. Gelangen sie ins innere Sonnensystem, kommt es zur Sublimation (das Eis wird zu Gas), und die KBO werden zu Kometen.

Pluto

Neptun

Wissenschaftler nehmen an, dass sich Millionen Objekte im Kuipergürtel befinden – Tausende von ihnen haben einen Durchmesser von mehr als 100 km.

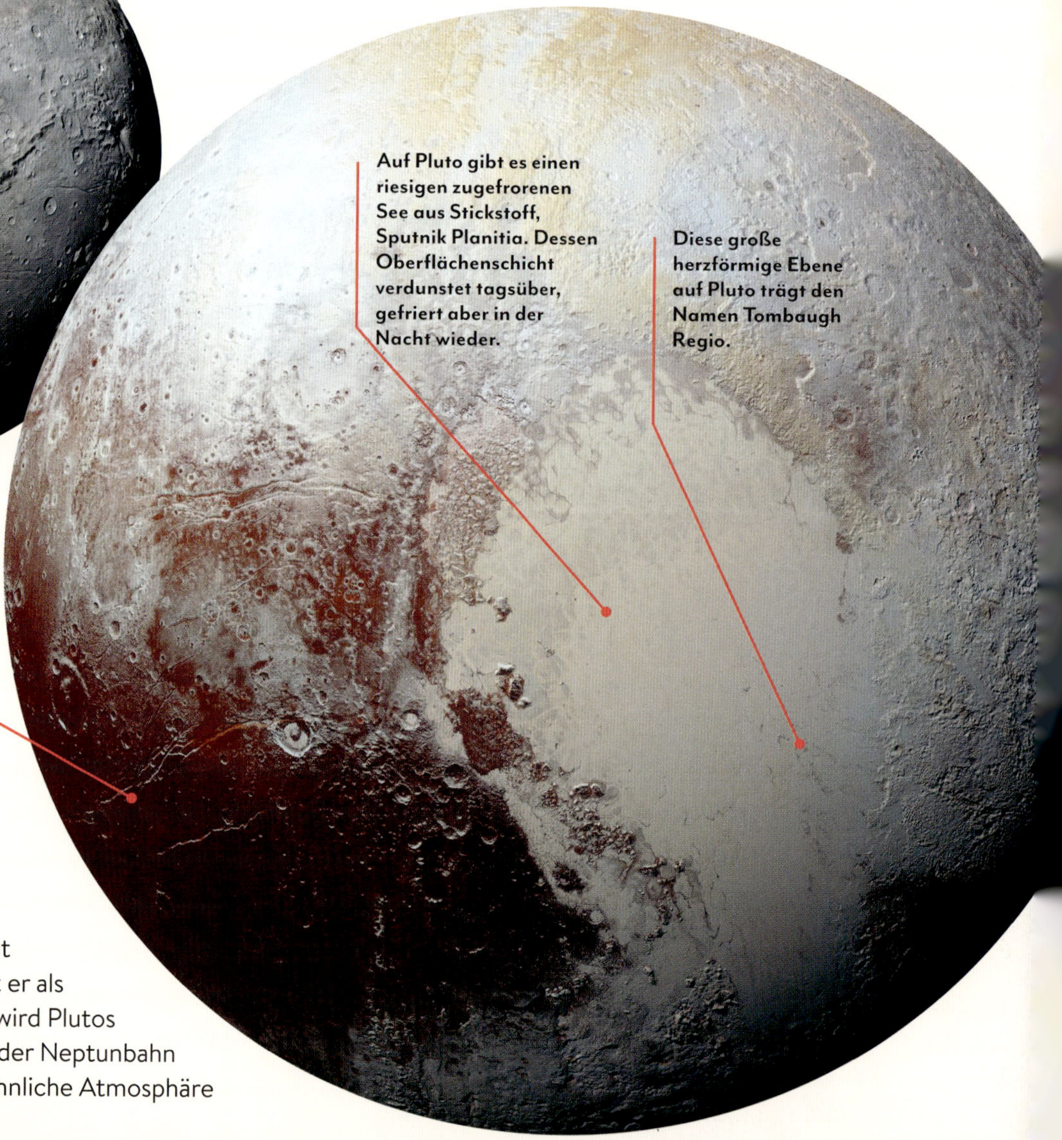

Auf Pluto gibt es einen riesigen zugefrorenen See aus Stickstoff, Sputnik Planitia. Dessen Oberflächenschicht verdunstet tagsüber, gefriert aber in der Nacht wieder.

Diese große herzförmige Ebene auf Pluto trägt den Namen Tombaugh Regio.

Pluto besitzt fünf Monde. Der größte ist Charon. Er hat einen Durchmesser von etwa 1200 km, was ungefähr der Hälfte von Pluto entspricht.

Einige Teile von Pluto erscheinen rot wegen der Tholine, die sich in der Atmosphäre bilden und auf die Planetenoberfläche fallen.

Zwergplanet Pluto

Pluto gehört zum Kuipergürtel und ist kleiner als unser Mond. Bis 2006 galt er als „echter" Planet. In über 200 Jahren wird Plutos Umlaufbahn eine Zeit lang innerhalb der Neptunbahn liegen. Pluto besitzt eine außergewöhnliche Atmosphäre und Berge.

Beratende Expertin: Tracy M. Becker **Siehe auch:** Unser Sonnensystem, S. 28–29; Planetenerforschung, S. 32–33; Gesteinsplaneten, S. 34–35; Gasriesen, S. 36–37; Monde, S. 38–39; Asteroiden, S. 40–41

Was ist ein Komet?

Kometen unterscheiden sich von Asteroiden darin, dass sie große Mengen Eis enthalten. Dieses Eis umgibt einen Kern aus Stein, den man Nukleus nennt. Kometen entstehen im äußeren Sonnensystem, doch manchmal bewegen sie sich in Richtung Sonne. Wenn das passiert, wird das feste Eis zu Gas, was als heller Schweif zu beobachten ist.

Der Schweif eines Kometen besteht aus Gas und Staub. Da die Sonnenwinde das Gas „verblasen", befindet sich der Schweif vor dem Kometen, wenn er sich von der Sonne wegbewegt.

Die Koma ist eine Wolke aus Staub und Gas, die den Kometen umgibt.

Das Zentrum eines Kometen nennt man Nukleus. Er besteht hauptsächlich aus Eis und Staub.

Kern und Koma zusammen bezeichnet man auch als Kopf des Kometen.

Zwergplaneten
AUFGELISTET

Ein kleiner Planet, der seine Umlaufbahn mit anderen Objekten teilt, heißt Zwergplanet. Die meisten bekannten Zwergplaneten gehören zum Kuipergürtel.

1. Ceres Mit einem Durchmesser von 945 Kilometern ist Ceres das größte Objekt im Asteroidengürtel. Die NASA-Raumsonde Dawn erreichte ihn 2015.

2. Pluto Im Jahr 2006 entschieden Astronomen, dass Pluto seine Umlaufbahn mit zu vielen Objekten teilt, um ein echter Planet zu sein.

3. Eris befindet sich im Kuipergürtel in einer gestreuten Scheibe aus Objekten.

4. Haumea liegt im Kuipergürtel und misst etwa 1240 Kilometer im Durchmesser. Sie hat sowohl Ringe als auch Monde.

5. Makemake ist ebenso im Kuipergürtel beheimatet und mit 1430 Kilometer Durchmesser etwas größer als Haumea.

Entfernter Vorbeiflug

Im Juli 2015 flog die Raumsonde New Horizons als erstes Weltraumfahrzeug an Pluto vorbei. Sie sollte ein weiteres Objekt im Kuipergürtel untersuchen: Arrokoth. Dieses sonderbare Objekt sieht mit seinen zwei zusammenhängenden Teilen wie ein kleiner Schneemann aus.

Oortsche Wolke

Jenseits des Kuipergürtels befindet sich die Oortsche Wolke. Sie ist fast 70-mal weiter von der Sonne entfernt als Neptun und dehnt sich über ein Viertel der Strecke bis zum nächst gelegenen Stern aus. Die Oortsche Wolke soll mehr als eine Billion Eiskörper enthalten, die unser Sonnensystem umgeben.

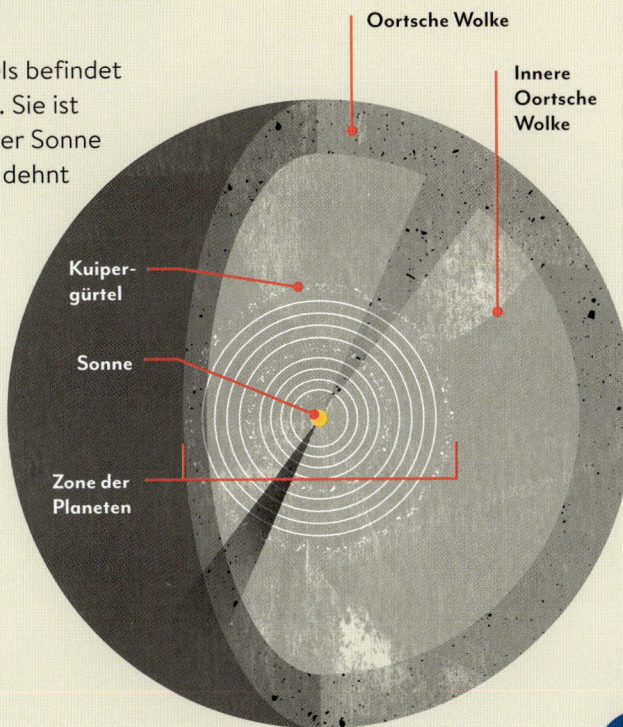

Oortsche Wolke

Innere Oortsche Wolke

Kuipergürtel

Sonne

Zone der Planeten

RAKETEN

Um ins All fliegen zu können, braucht man eine Rakete, die die Erdanziehung überwinden kann. Raketen werden verwendet, um Satelliten oder Raumsonden zu starten und bemannte Raumschiffe zur Internationalen Raumstation zu schicken. Sie bestehen aus mehreren Teilen bzw. Stufen, die übereinander angeordnet sind. Sobald eine Stufe ihren Treibstoff aufgebraucht hat, wird sie abgetrennt und fällt zurück auf die Erde.

FAKTASTISCH!

Die ersten Raketen stellte man in China aus Bambusrohren her. Die Rohre wurden mit Schießpulver gefüllt, an Pfeile gebunden und mit Bogen abgeschossen. Während der Schlacht von Kai-Keng 1232 setzten die Chinesen „Pfeile aus fliegendem Feuer" ein, um die Mongolen abzuwehren.

Wie funktionieren Raketen?

Raketen wandeln Treibstoff in Gas um, indem sie ihm Sauerstoff beimischen und das Ganze verbrennen. Früher wurden oft feste Brennstoffe verwendet, bei moderneren Raketen kommen überwiegend flüssige wie Flüssigwasserstoff zum Einsatz. Die Triebwerke sorgen dafür, dass das Gas aus dem Boden der Rakete strömt, wodurch eine Schubkraft entsteht, die die Rakete aufsteigen lässt.

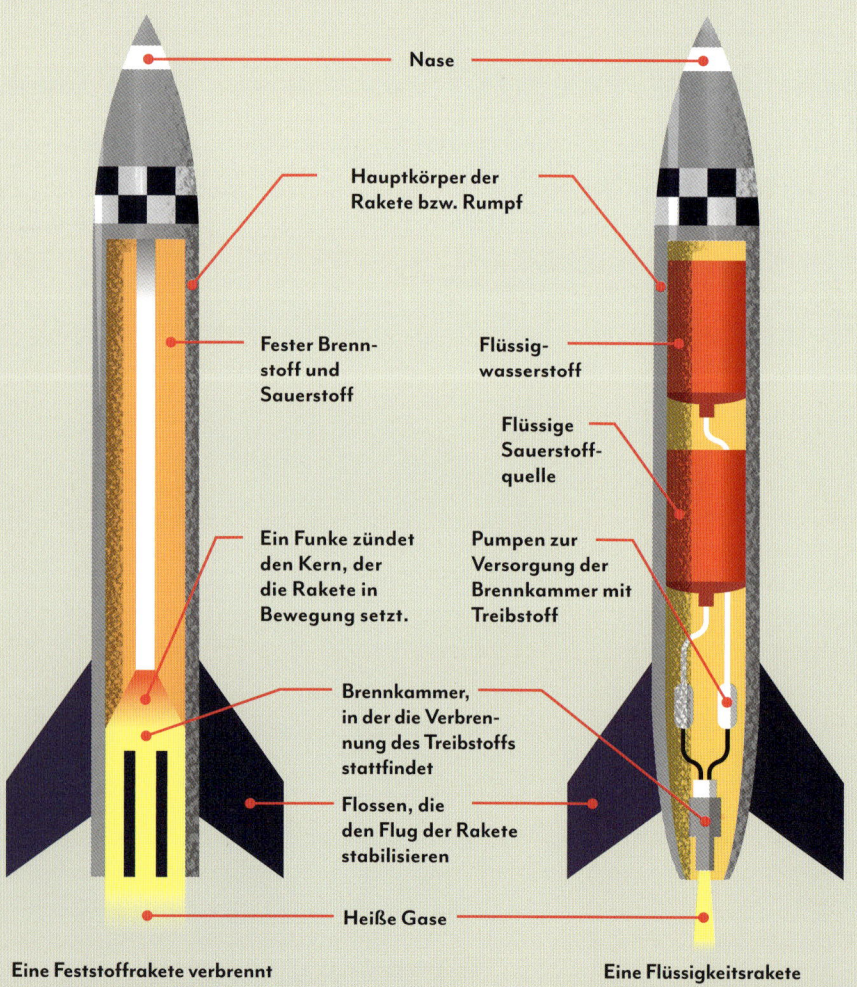

Nase

Hauptkörper der Rakete bzw. Rumpf

Fester Brennstoff und Sauerstoff

Flüssigwasserstoff

Flüssige Sauerstoffquelle

Ein Funke zündet den Kern, der die Rakete in Bewegung setzt.

Pumpen zur Versorgung der Brennkammer mit Treibstoff

Brennkammer, in der die Verbrennung des Treibstoffs stattfindet

Flossen, die den Flug der Rakete stabilisieren

Heiße Gase

Eine Feststoffrakete verbrennt während einer Mission kontinuierlich Treibstoff.

Eine Flüssigkeitsrakete kontrolliert die Treibstoffmenge, die in die Brennkammer gelangt.

Die ersten Raketen
CHRONIK

Um 1200 In China werden die ersten Feststoffraketen hergestellt.

1903 Dem russischen Forscher Konstantin Ziolkowski gelingt es, die Treibstoffmenge zu berechnen, die unterschiedlich große Raketen für den Flug ins All benötigen.

1926 Der amerikanische Wissenschaftler Robert Goddard startet die erste flüssigkeitsgetriebene Rakete. Sie erreicht eine Flughöhe von 12,5 Metern.

1942 In Deutschland wird die V2 entwickelt – die erste Rakete, die den Weltraum erreichen kann. Erstmals zum Einsatz kommt sie als Waffe gegen London im Zweiten Weltkrieg.

1957 Die Sowjetunion schickt den ersten künstlichen Satelliten in die Erdumlaufbahn: Sputnik 1.

1961 Der sowjetische Kosmonaut Juri Gagarin fliegt als erster Mensch ins All. Er umrundet dabei einmal die Erde.

1969 Die Mondmission Apollo 11 startet in den USA mit einer Saturn-V-Rakete. Die Astronauten Neil Armstrong und Buzz Aldrin betreten als erste Menschen den Mond.

Beratender Experte: Michael G. Smith **Siehe auch:** Planetenerforschung, S. 32–33; Monde, S. 38–39; Verbrennung, S. 110–111; Feststoffe, Flüssigkeiten und Gase, S. 112–113; Energie, S. 124–125; Kräfte, S. 13–135; Schwerkraft, S. 136–137; Der Zweite Weltkrieg, S. 318–319; Der Kalte Krieg, S. 320–321

Wiederverwendbare Raketen

Die meisten Raketen verbrennen nach Gebrauch, ihre Rückstände fallen in unsere Ozeane. Doch manche Raketen sind wiederverwendbar wie Flugzeuge. Das Unternehmen SpaceX hat Raketen wie diese (oben) gebaut, die einen Teil ihres Treibstoffs für die Landung auf der Erde verwenden. Dadurch können sie öfter zum Einsatz kommen, was die Raumforschung kostengünstiger und nachhaltiger macht.

BEKANNTE UNBEKANNTE

Können wir Raketen von anderen Planeten aus starten?

Seit Jahrzehnten starten wir Raketen von der Erde und vom Mond aus, doch noch nie von einem anderen Planeten. Wissenschaftler wollen dies versuchen, um Gesteins- und Bodenproben mit Raketen auf die Erde bringen und Planetenforscher zurückholen zu können.

Mega-Raketen

Als leistungsstärkste Rakete, die je im Einsatz war, gilt die US-amerikanische Saturn V. Sie war so hoch wie ein 36-stöckiges Gebäude und so schwer wie 400 Elefanten. Zwischen 1969 und 1972 beförderte dieses Raketenmodell mehr als 20 Menschen zum Mond. Heutzutage werden neue Mega-Raketen gebaut, wie die Starship-Rakete von SpaceX oder das NASA-Space-Launch-System (SLS). Sie sollen Menschen zum Mars bringen, vielleicht schon in den 2020er-Jahren.

Die Crew sitzt in der Spitze der Rakete.

Schwarze Muster helfen dem Bodenpersonal, die Rotation der Rakete einzuschätzen.

Die unterste Raketenstufe wird als Erste abgetrennt.

KÜNSTLICHE SATELLITEN

Satelliten sind Objekte, die um ein anderes Objekt im All kreisen. Es gibt natürliche Satelliten wie unseren Mond und künstliche Satelliten, die von Menschen gebaut und in die Umlaufbahn von Planeten gebracht werden, um dort Aufgaben zu erledigen. Tausende künstliche Satelliten kreisen um die Erde. Einige von ihnen sind so groß wie Busse, andere kleiner als ein Toaster.

Um die Erde herum

Satelliten werden mithilfe von Raketen gestartet. Doch würde man sie senkrecht nach oben schicken, würden sie infolge der Erdanziehungskraft wieder zurück auf den Boden fallen. Um Satelliten in eine Umlaufbahn zu schicken, werden sie nach oben und zur Seite gleichzeitig gestartet. Dadurch erreichen sie eine Geschwindigkeit von über 27 000 km/h. Sie „fallen" also permanent in Richtung des Planeten, doch erreichen ihn nie: Sie befinden sich auf einer Umlaufbahn.

SORCE

Mit dem Satelliten Solar Radiation and Climate Experiment (SORCE) wird die Energie der Sonne gemessen, um herauszufinden, wie diese den langfristigen Klimawandel auf der Erde beeinflusst.

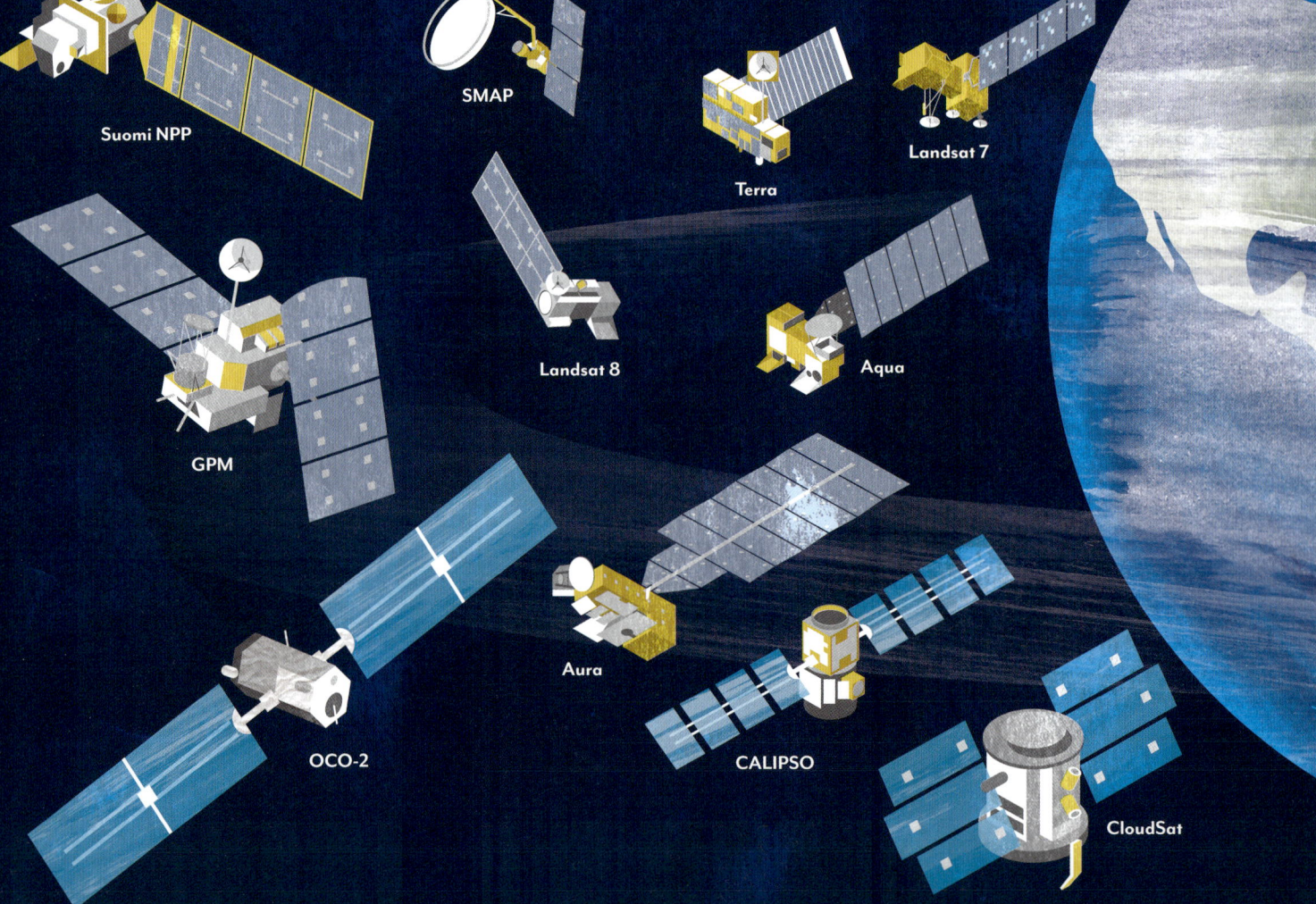

Suomi NPP

SMAP

Terra

Landsat 7

Landsat 8

Aqua

GPM

Aura

OCO-2

CALIPSO

CloudSat

Beratender Experte: Clifford Cunningham **Siehe auch:** Weltraumbeobachtung aus dem All, S. 22–23; Unser Sonnensystem, S. 28–29; Planetenerforschung, S. 32–33; Monde, S. 38–39; Vermessung der Erde, S. 60–61; Atmosphäre, S. 90–91; Wetter, S. 92–93; Wirbelstürme, S. 94–95; Kräfte, S. 134–135; Schwerkraft, S. 136–137

Aufgaben von Satelliten
AUFGELISTET

1. Das Universum beobachten
Wissenschaftliche Satelliten wie das Hubble-Weltraumteleskop beobachten andere Planeten und das ferne Universum. Sie senden unglaubliche Fotos zur Erde.

2. Daten übertragen Manche Satelliten haben Antennenflächen wie riesige Spiegel, die Signale von einem Ort der Erde zu einem anderen reflektieren. Das macht es uns möglich, weltweite Telefonanrufe zu tätigen, das Internet zu nutzen oder fernzusehen.

3. Andere Länder ausspionieren
Militärische Satelliten überwachen die Aktivitäten in anderen Ländern, beispielsweise Truppenbewegungen.

4. Wetter und Klima beobachten
Satelliten können uns sagen, wann und wo es regnen wird und wie sehr sich der Planet infolge des Klimawandels aufheizt.

5. Uns beim Navigieren helfen
Die GPS-Satelliten können genau bestimmen, wo du dich befindest.

CubeSats

Raketen können zusätzlich zu größeren Satelliten auch Miniatursatelliten (CubeSats) mitnehmen. Die sind hilfreich bei Experimenten und Messungen. Mehrere CubeSats können zusammengefügt werden, um verschiedene Aufgaben zu erfüllen. Aufgrund ihrer geringen Größe verglühen CubeSats, wenn sie wieder in die Erdatmosphäre eintreten.

Weltraumschrott

Rund 3000 alte Satelliten, die nicht mehr im Einsatz sind, kreisen um die Erde, zusammen mit Millionen von Maschinenteilen. Stößt solcher Weltraumschrott mit aktiven Satelliten zusammen, könnte er sie zerstören. Wissenschaftler versuchen, ausgediente Satelliten aus der Umlaufbahn zu beseitigen. Für das Jahr 2025 plant die Europäische Weltraumorganisation ESA, ClearSpace-1 auf den Weg zu bringen: die erste Mission zur Entsorgung von Weltraumschrott.

ClearSpace-1 soll ein großes Stück von einer zurückgelassenen Rakete entsorgen, die in 800 km Höhe um die Erde kreist.

Die Raumsonde hat Roboterarme, um den Weltraumschrott greifen zu können.

FAKTastisch!

Im Pazifischen Ozean gibt es einen Raumschifffriedhof! Gegen Ende ihrer Mission werden viele Satelliten und Raketen gezielt zum Absturz gebracht, an einem Ort namens Point Nemo. Er befindet sich östlich von Neuseeland und ist die Stelle auf der Erde, die am weitesten von Land entfernt ist. Hunderte Raumschiffe fanden dort ihre letzte Ruhe.

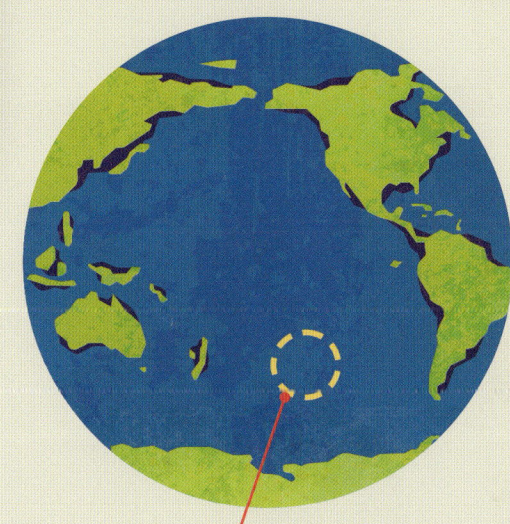

Point Nemo liegt mehr als 2500 km vom nächsten Festland entfernt.

Experten-Kommentar

CLIFFORD CUNNINGHAM
Planetenforscher

Dr. Clifford Cunningham interessiert sich für die Geschichte der Astronomie, insbesondere für die Entdeckungen der alten Griechen und Römer. Er glaubt, dass sich jede Mühe lohnt, wenn sie neue Erkenntnisse oder zivilisatorischen Fortschritt bedeuten kann.

„Satelliten nehmen das menschliche Wissen mit ins All."

Die Internationale Raumstation

Manchmal kann man am Nachthimmel die Internationale Raumstation (ISS) in etwa 400 km Höhe erspähen. Bis zu sechs Astronauten leben gleichzeitig auf der Station, wo sie Experimente und Forschungsarbeiten durchführen. Es gibt dort viele Räume, darunter eine Küche und ein WC, aber auch Labore. Und einen Raum mit sieben großen Fenstern gibt es, damit die Astronauten auf die Erde heruntersehen können.

Die Wände bestehen aus mehreren Schichten, um Kleinstmeteoriten und Weltraumschrott abzuhalten.

Solarpaneele erzeugen Energie, indem sie Sonnenwärme sammeln. Innerhalb eines Tages erlebt die ISS 16 Sonnenauf- und -untergänge, da sie die Erde alle 90 Minuten umkreist.

Dieses zentrale Modul namens Sarja war 1998 das erste ISS-Element im All.

Das japanische Kibó-Modul ist das größte Einzelmodul der ISS.

BEMANNTES RAUMSCHIFF

Seit 1961 fliegen Menschen ins All, in Raketen oder Raumschiffen. In naher Zukunft sollen neuartige Raumschiffe Menschen über die Erdumlaufbahn hinaus befördern. Das US-amerikanische Raumfahrtunternehmen SpaceX arbeitet bereits an einer neuen Rakete namens Starship, die 100 Menschen auf einmal zum Mars bringen soll.

Essen im All

Weil im All der Zug der Schwerkraft geringer ausfällt, schwebt dort alles herum, auch Essen. Astronauten benutzen deshalb Beutel statt Teller. Ansonsten ist Astronautennahrung gar nicht so anders als unser Essen: Es gibt auf der ISS Pizza und Tacos, und frisches Obst und Brot werden von Frachtraumschiffen geliefert.

Beratender Experte: Pablo de León **Siehe auch:** Exoplaneten, S. 26–27; Unser Sonnensystem, S. 28–29; Planetenerforschung, S. 32–33; Monde, S. 38–39; Raketen, S. 44–45; Die Atmosphäre, S. 90–91; Schwerkraft, S. 136–137

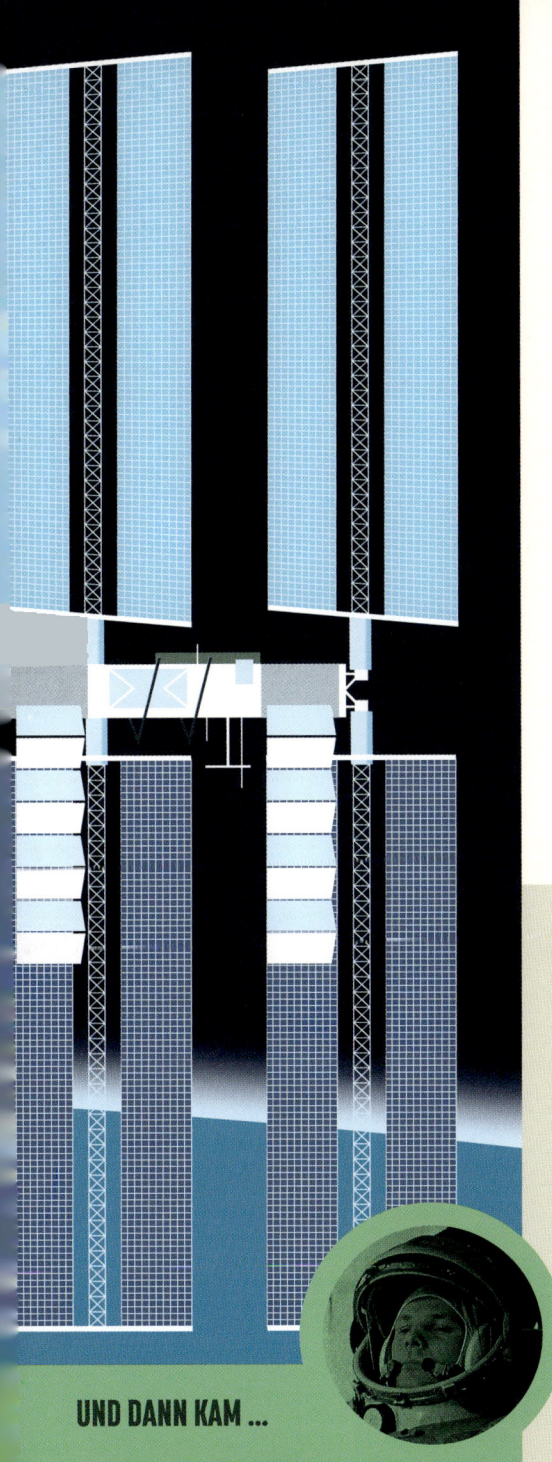

BEKANNTE UNBEKANNTE

Welche Langzeitfolgen haben monate- oder jahrelange Aufenthalte im Weltraum?

Bereits nach kurzer Zeit im All sind Astronauten im Durchschnitt 5 cm größer. Das liegt an der geringeren Schwerkraft. Wir wissen jedoch nicht, wie der Körper mit einem Langzeitaufenthalt im Weltraum zurechtkommt. Daher untersucht man langfristig die ISS-Astronauten, von denen manche ein Jahr lang im All bleiben.

Weltraumarbeit

Von Zeit zu Zeit müssen Astronauten ihr Raumschiff verlassen, um Reparaturen vorzunehmen. Im Jahr 2019 absolvierten die amerikanischen Astronautinnen Christina Koch und Jessica Meir den ersten ausschließlich weiblich besetzten Weltraumspaziergang. Sie tauschten ein Gerät aus, das mit der Solaranlage verbunden ist und die Batterien der Internationalen Raumstation aufladen soll.

Roboter-Hotel

Im Dezember 2019 schickte die NASA ein neues Wohnmodul zur ISS – für Roboter statt Menschen. Astronauten montierten das Robotic Tool Stowage (RiTS) im Rahmen eines Weltraumspaziergangs an der Außenseite der ISS. Mithilfe von Sensoren und Instrumenten an dem Modul können Roboter wichtige Messungen im kalten Vakuum des Weltalls vornehmen. Zu ihren Aufgaben gehört auch das Aufspüren von austretenden Gasen.

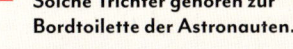

Solche Trichter gehören zur Bordtoilette der Astronauten.

FAKTastisch!

Eine Weltraumtoilette kostete 16 Millionen Euro! Weltraumtoiletten kannst du dir wie spezielle Staubsauger vorstellen. Sie benötigen eine Reihe von Leitungen und Schläuchen, um die Hinterlassenschaften abzusaugen und zu trocknen. Das daraus gewonnene Wasser wird wiederaufbereitet, während die festen Abfälle eingelagert werden. Später werden sie zurück in die Erdatmosphäre geschickt, wo sie wie Sternschnuppen verglühen.

UND DANN KAM ...

JURI GAGARIN
Kosmonaut, 1934–1968, Sowjetunion

Am 12. April 1961 flog der russische Kosmonaut Juri Gagarin als erster Mensch ins All. Er umrundete an Bord der Wostok 1 einmal die Erde und kehrte danach wohlbehalten zurück. Seine Erdumkreisung dauerte eine Stunde und 29 Minuten. Die Mission brachte ihm weltweiten Ruhm ein und führte zu einem Wettlauf zwischen der Sowjetunion und den USA, wer zuerst Menschen zum Mond schicken würde. Die USA gewannen das Rennen 1969.

RAUMSONDEN
AUFGELISTET

RAUMSONDEN, DIE ZURZEIT DAS SONNENSYSTEM ERKUNDEN
(von sonnennah nach sonnenfern)

1. Parker Solar Probe Umkreist die Sonne in großer Nähe, um den Sonnenwind, das Sonnenmagnetfeld sowie den Energiefluss in der äußeren Sonnenatmosphäre zu beobachten.

2. Akatsuki Untersucht die Atmosphäre und das Wolkensystem der Venus.

3. ARTEMIS 1/P2 Erforscht den Einfluss des Sonnenwinds auf den Mond.

4. Chandrayaan-2 Untersucht den Mond und forscht nach Wassereis auf oder unter dessen Oberfläche.

5. Chang'e-4 (Lander) Erkundet erstmals in der Geschichte die erdabgewandte Seite des Mondes.

6. BepiColombo Ist auf dem Weg zum Merkur, wo er 2025 ankommen soll.

7. Mars Reconnaissance Orbiter Analysiert die Marsoberfläche und sucht nach Mineralen und Eis auf dem Mars.

8. Curiosity Rover (Lander) Sucht nach Anzeichen von Leben auf dem Mars und erkundet den Gale-Krater, in dem er 2012 gelandet ist.

9. Mangalyaan Entwickelt Technologien für zukünftige Raumfahrtmissionen, während er den Mars umkreist.

10. MAVEN Erforscht die Gründe für das Verschwinden der Marsatmosphäre.

11. Trace Gas Orbiter Untersucht die Gase in der Marsatmosphäre.

12. InSight (Lander) Analysiert das Marsinnere sowie die Struktur des Planeten und hält Ausschau nach „Marsbeben".

13. Hayabusa2 Untersucht den Asteroiden (162173) Ryugu und entnimmt dabei Bodenproben.

14. OSIRIS-REx Untersucht den Asteroiden (101955) Bennu und entnimmt dabei Bodenproben.

15. Juno Soll herausfinden, woraus Jupiter besteht und wie er entstanden ist.

16. New Horizons Untersucht Pluto und erforscht den äußeren Rand unseres Sonnensystems.

Die Raumsonde Juno umkreist Jupiter seit 2016.

Das ist Junos Hauptantenne. Sie dient zur Kommunikation mit der Erde.

Juno ist die am weitesten von der Sonne entfernte Raumsonde, die mit Sonnenenergie betrieben wird.

Beratender Experte: Clifford Cunningham **Siehe auch:** Weltraumbeobachtung aus dem All, S. 22–23; Unser Sonnensystem, S. 28–29; Die Sonne, S. 30–31; Planetenerforschung, S. 32–33; Gesteinsplaneten, S. 34–35; Gasriesen, S. 36–37; Monde, S. 38–39; Asteroiden, S. 40–41

Die weißen Wirbel sind gewaltige Stürme, die in der Atmosphäre des Planeten toben.

Der Planet Jupiter

Jupiter ist ein Gasriese und der größte Planet in unserem Sonnensystem. Die Aufnahme von ihm stammt von der Raumsonde Juno und zeigt insbesondere den Südpol des Planeten (er befindet sich am blauen Ende dieses Bildes).

DAS ENDE DES UNIVERSUMS

In etwa fünf Milliarden Jahren wird die Energie unserer Sonne zur Neige gehen, sie wird sich zu einem roten Riesen aufblähen und dabei die Erde zerstören. Die meisten Wissenschaftler glauben, dass das Universum sterben wird, doch sie sind sich uneins über das Wann und Wie. Einer Theorie zufolge wird sich das Universum immer schneller ausdehnen, bis alles so weit verstreut ist, dass sich nichts Neues mehr daraus bilden kann.

Wissen durch Hubble

Alles im Universum ist in Bewegung. Durch den Einsatz von Teleskopen wie Hubble wurde festgestellt, dass sich die Galaxien schneller voneinander wegbewegen als früher. Demnach beschleunigt sich die Ausdehnung des Universums.

WIE WIRD DAS UNIVERSUM ENDEN?

Es gibt drei konkurrierende Theorien darüber, wie das Universum enden könnte: den *Big Crunch*, den *Big Freeze* und den *Big Rip*. Die meisten Wissenschaftler halten mittlerweile den *Big Freeze*, auch bekannt als *Wärmetod*, für am wahrscheinlichsten.

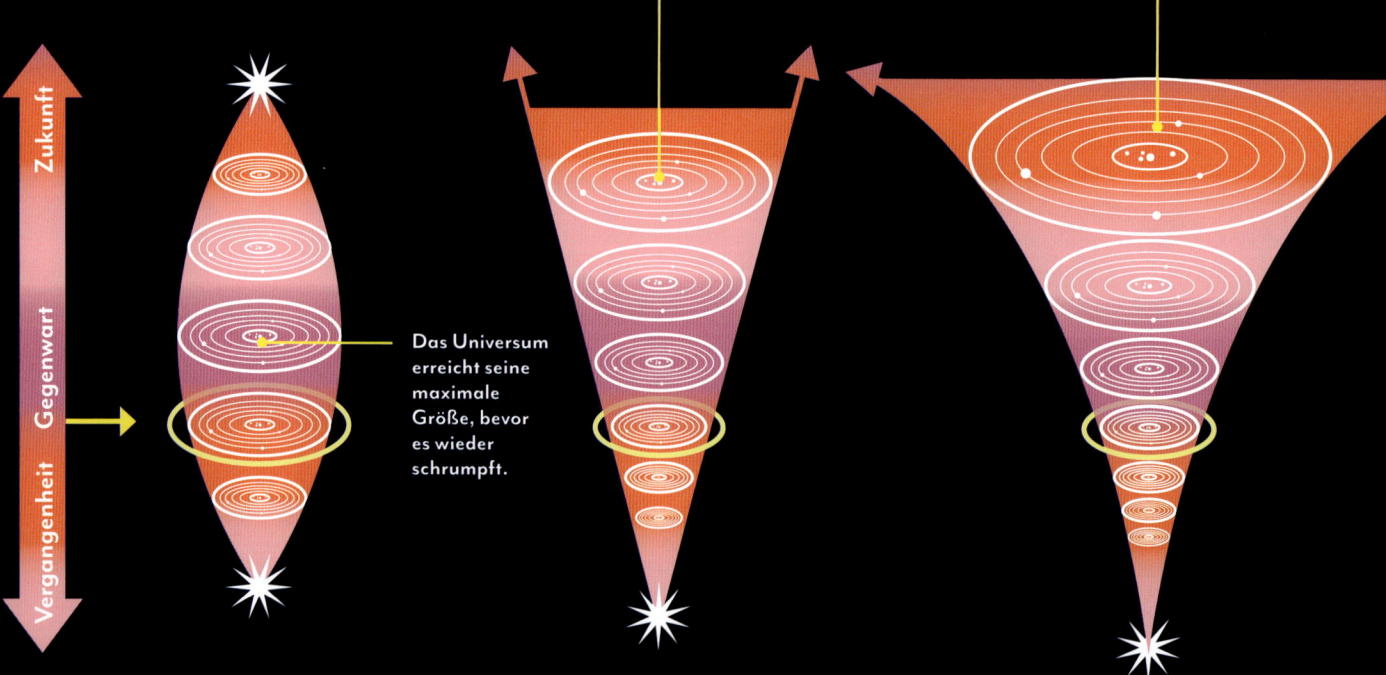

Die Energie des Universums zerstreut sich immer weiter.

Der Big Rip zerreißt alles im Universum, bis nichts mehr übrig ist.

Das Universum erreicht seine maximale Größe, bevor es wieder schrumpft.

Zukunft · Gegenwart · Vergangenheit

Der Big Crunch

Die Ausdehnung des Universums verlangsamt sich erst und verläuft dann umgekehrt, was zum „großen Knirschen" führt. An der Stelle könnte es einen neuen Urknall geben, und das Universum würde erneut beginnen!

Der Big Freeze

Das Universum dehnt sich immer weiter aus, bis seine Energie so weit verstreut ist, dass sich keine neuen Sterne oder Planeten mehr bilden können. Den Zustand bezeichnet man als „großes Einfrieren" oder „Wärmetod".

Der Big Rip

Die Ausdehnung des Universums beschleunigt sich so stark, dass alles auseinandergerissen wird – erst die Galaxien, dann die Sterne und Planeten und schließlich sogar die Atome.

Beratende Expertin: Michelle Thaller **Siehe auch:** Urknall, S. 10–11; Sterne, S. 16–17; Nebel, S. 18–19; Weltraumbeobachtung aus dem All, S. 22–23;

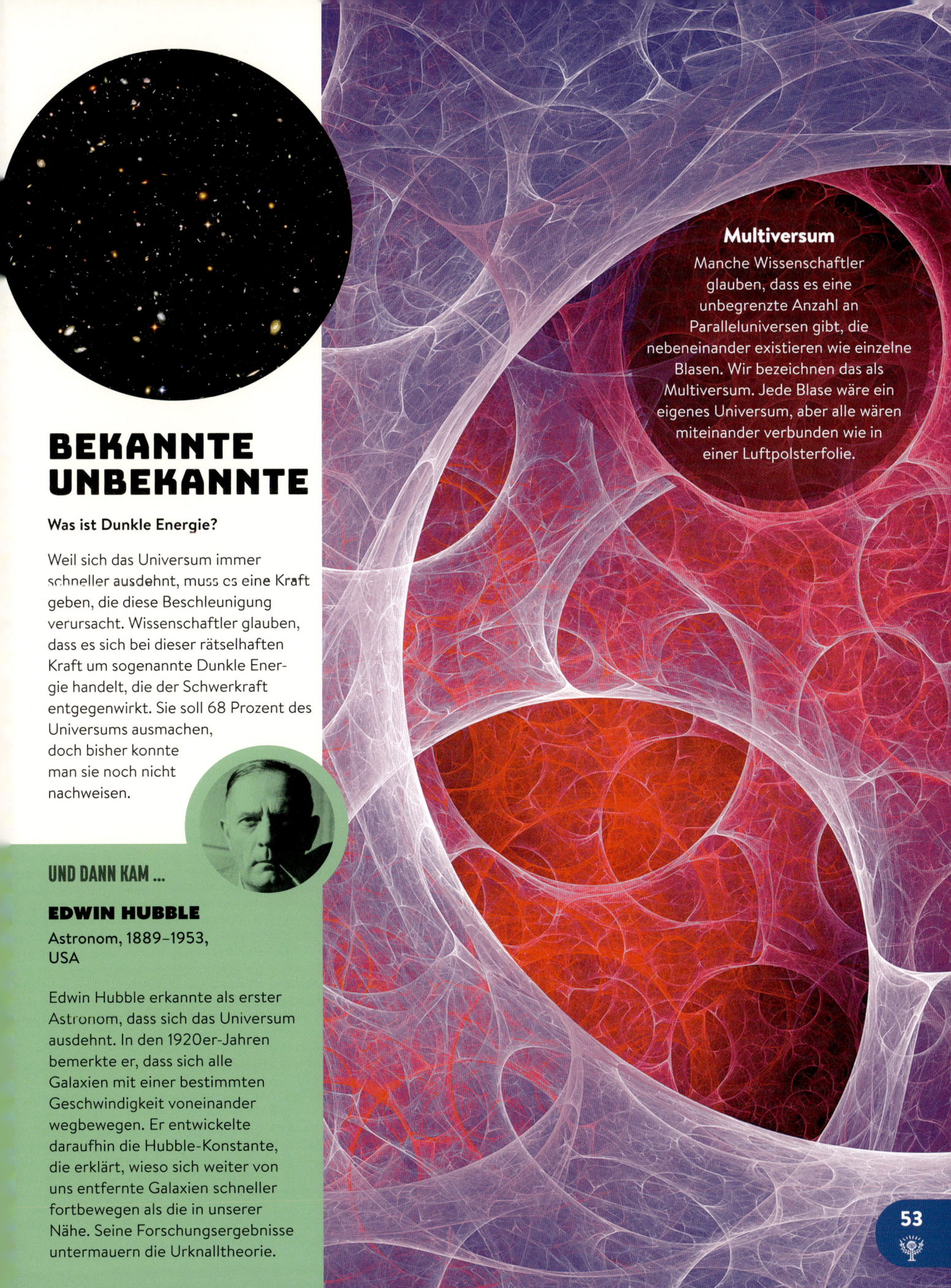

BEKANNTE UNBEKANNTE

Was ist Dunkle Energie?

Weil sich das Universum immer schneller ausdehnt, muss es eine Kraft geben, die diese Beschleunigung verursacht. Wissenschaftler glauben, dass es sich bei dieser rätselhaften Kraft um sogenannte Dunkle Energie handelt, die der Schwerkraft entgegenwirkt. Sie soll 68 Prozent des Universums ausmachen, doch bisher konnte man sie noch nicht nachweisen.

UND DANN KAM ...

EDWIN HUBBLE
Astronom, 1889–1953, USA

Edwin Hubble erkannte als erster Astronom, dass sich das Universum ausdehnt. In den 1920er-Jahren bemerkte er, dass sich alle Galaxien mit einer bestimmten Geschwindigkeit voneinander wegbewegen. Er entwickelte daraufhin die Hubble-Konstante, die erklärt, wieso sich weiter von uns entfernte Galaxien schneller fortbewegen als die in unserer Nähe. Seine Forschungsergebnisse untermauern die Urknalltheorie.

Multiversum

Manche Wissenschaftler glauben, dass es eine unbegrenzte Anzahl an Paralleluniversen gibt, die nebeneinander existieren wie einzelne Blasen. Wir bezeichnen das als Multiversum. Jede Blase wäre ein eigenes Universum, aber alle wären miteinander verbunden wie in einer Luftpolsterfolie.

Das Foto „Earthrise" (engl. Erdaufgang) wurde von Astronaut Bill Anders gemacht, als er während der Apollo-8-Mission den Mond umkreiste. Nachdem er das legendäre Bild aufgenommen hatte, sagte Anders: „Wir sind den ganzen weiten Weg gereist, um den Mond zu erforschen. Aber was wir wirklich entdeckt haben, ist die Erde."

KAPITEL 2
DIE ERDE

Jahrtausendelang konnten wir Menschen uns Sonnen- und Mondaufgänge ansehen, doch erst 1968 konnten wir einen ersten Blick auf den Erdaufgang erhaschen. Stell dir unseren riesigen wunderschönen blauen Planeten vor, wie er vor dem schwarzen Nichts des unendlichen Weltraums aufsteigt. Wie unglaublich das für den Apollo-8-Astronauten Bill Anders gewesen sein muss. Er fotografierte den Erdaufgang als erster Mensch überhaupt! Unsere Erde war umgeben von einer strahlenden Lufthülle und ein Großteil ihrer Oberfläche glitzerte blau. Fedrig-weiße Wolken offenbarten hie und da grün-braune Flecken Land.

Im folgenden Kapitel erfährst du, wie der Zusammenstoß unseres Planeten mit einem anderen dafür sorgte, dass unsere Jahreszeiten entstanden. Du wirst erfahren, dass sich unsere Heimat aus Fels und Wasser mit mehr als 1600 Kilometern pro Stunde um ihre eigene Achse dreht. Und falls dir dann noch nicht schwindelig ist, kannst du dich auf ein paar noch unbeantwortete Fragen stürzen, zum Beispiel, ob Tiere Erdbeben vorhersagen können.

Lass dich inspirieren vom natürlichen Reichtum unseres Planeten an Fossilien, Mineralen, Edelsteinen und Kristallen. Und staune über die unglaubliche Kraft der Natur in Form von Vulkanen, Erdbeben, Hurrikans und Tsunamis.

DIE GEBURT DER ERDE

Forscher nehmen an, dass die Erde vor 4,6 Milliarden Jahren als kleine, feste Kugel ihren Anfang nahm, entstanden aus Bruchstücken, die um die neugeborene Sonne herumwirbelten. Die schwereren Bestandteile verklumpten zu einem superdichten Kern. Doch aufgrund ständiger Kollisionen mit anderen Trümmern war die Oberfläche ein brodelndes Meer aus glühend heißem Magma. Später kühlte es ab und bildete eine steinige Kruste. Kondensiertes Wasser formte den ersten Ozean der Erde.

Warum ist die Erde eine Kugel?

Die Gravitation ist die Schwerkraft, die alles zum Zentrum des Planeten hinzieht. Sie wirkt gleichmäßig in alle Richtungen. Darum ist die Entfernung vom Zentrum bis zum Rand überall gleich groß. So ergibt sich eine Kugel.

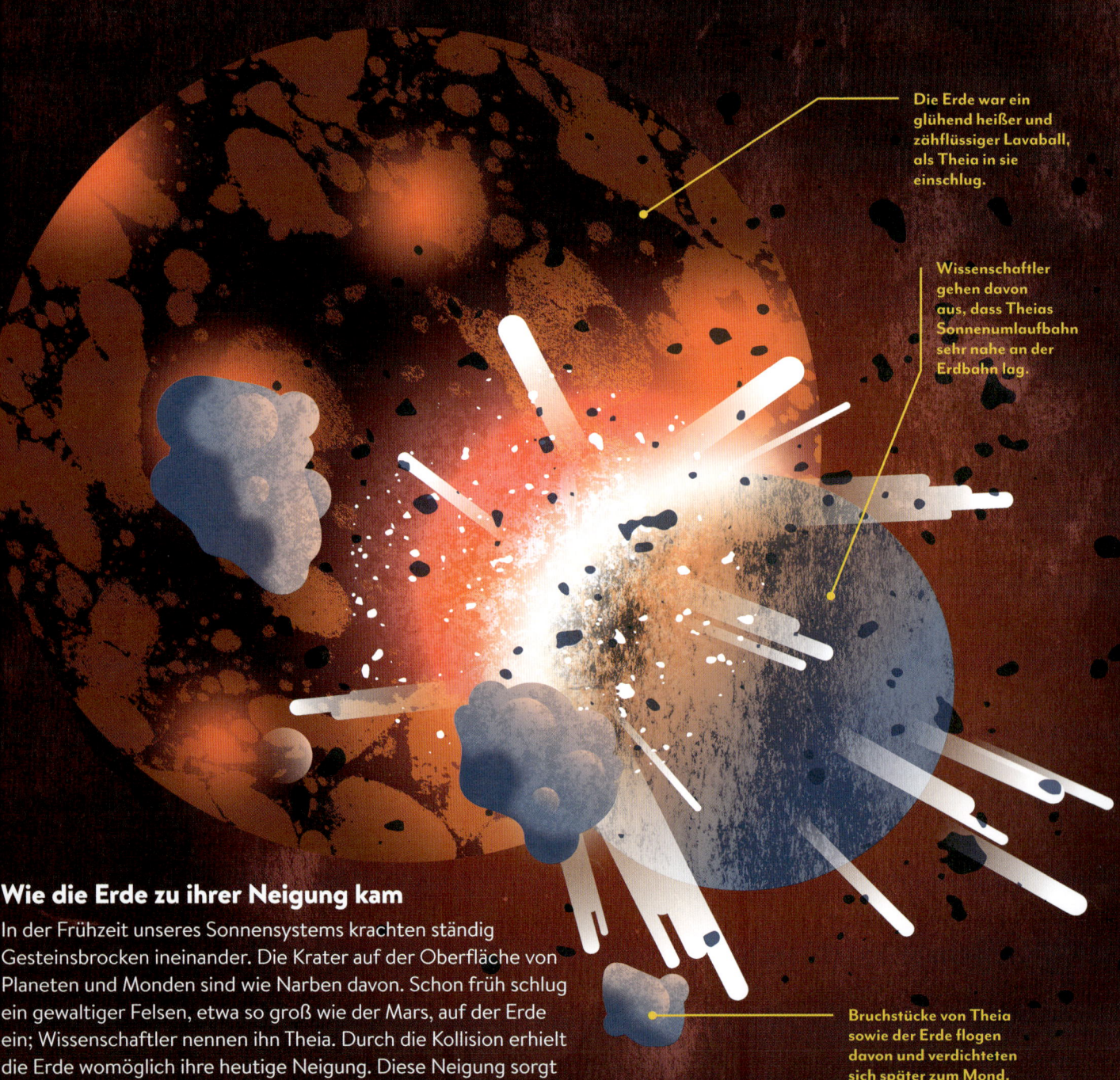

Die Erde war ein glühend heißer und zähflüssiger Lavaball, als Theia in sie einschlug.

Wissenschaftler gehen davon aus, dass Theias Sonnenumlaufbahn sehr nahe an der Erdbahn lag.

Bruchstücke von Theia sowie der Erde flogen davon und verdichteten sich später zum Mond.

Wie die Erde zu ihrer Neigung kam

In der Frühzeit unseres Sonnensystems krachten ständig Gesteinsbrocken ineinander. Die Krater auf der Oberfläche von Planeten und Monden sind wie Narben davon. Schon früh schlug ein gewaltiger Felsen, etwa so groß wie der Mars, auf der Erde ein; Wissenschaftler nennen ihn Theia. Durch die Kollision erhielt die Erde womöglich ihre heutige Neigung. Diese Neigung sorgt für die Jahreszeiten auf der Erde.

Beratender Experte: Lewis Dartnell **Siehe auch:** Der Urknall, S. 10–11; Exoplaneten, S. 26–27; Unser Sonnensystem, S. 28–29; Gesteinsplaneten, S. 34–35; Monde, S. 38–39; Im Inneren der Erde, S. 62–63; Berge, S. 72–73; Gesteine und Minerale, S. 74–75

FAKTastisch!

Der Mond ist eiförmig! Er sieht zwar rund aus, doch nur auf der uns zugewandten Seite. Tatsächlich hat er eher die Form eines Eis. Wissenschaftler glauben, dass die Erdanziehung den Mond so verformte, als die dünne Mondkruste noch auf heißem, flüssigem Gestein schwamm. Auch heute noch zerrt die Erdanziehung am Mond und sorgt dafür, dass er sich wölbt.

Mythische Ursprünge

Aus alten Kulturen stammen Geschichten über den Ursprung der Welt. In der chinesischen Mythologie brachte Pan Gu, der erste Mensch, Sonne, Mond, Sterne und Planeten an ihre Position, teilte die Ozeane der Erde und formte das Land nach der Philosophie von Yin und Yang – der zufolge alles zwei Seiten hat. Eine andere chinesische Legende besagt, dass die Erde aus Pan Gus riesenhaftem Körper gemacht worden sei. Seine Augen wurden dabei zu Sonne und Mond, sein Blut zu Flüssen und sein Haar zu Bäumen und Pflanzen.

Der mythische Schöpfer Pan Gu hält das Yin-Yang-Symbol.

Ältestes Gestein der Welt

Wieso finden sich keine Felsen aus den ersten Jahren der Erde? Gesteinsproben von Meteoriten und Mond beweisen, dass die Erde 4,6 Milliarden Jahre alt ist. Aber der älteste Felsbrocken hier ist nur 4,28 Milliarden Jahre alt. Vermutlich zerstörten tektonische Aktivitäten unseres Planeten sein ursprüngliches Krustengestein.

Das Gestein des kanadischen Acasta-Gneises ist etwa vier Milliarden Jahre alt; der Nuvvuagittuq-Grünsteingürtel in Kanada etwa 4,28 Milliarden Jahre.

Experten-Kommentar

LEWIS DARTNELL
Astrobiologe

Professor Lewis Dartnell untersucht, inwieweit bestimmte Eigenschaften der Erde das Leben beeinflussen. Er vertritt die Theorie, dass das Wasser mittels wasserführender Asteroiden und Kometen zur Erde kam, nachdem sie mit Theia kollidiert war.

„Die Erde ist ein herrlich aktiver Planet, der mit der Zeit ständig sein Aussehen verändert. Sie kann ziemlich launenhaft sein."

DIE ERDE IM ALL

Von allen Planeten unseres Sonnensystems beherbergt nur die Erde Leben. Sie ist einzigartig, weil ein Großteil ihrer Oberfläche aus Gestein besteht, es weder zu heiß noch zu kalt ist und sie lebensnotwendiges Wasser bereithält. Vor mehr als 3,5 Milliarden Jahren soll es auf der Erde einen Urvorfahren – von Wissenschaftlern LUCA (Last Universal Common Ancestor) genannt – gegeben haben, von dem alle Lebensformen der Erde abstammen!

Die Erde vom All aus

Fotos von Satelliten zeigen, wie die Erde aus der Ferne aussieht. Satelliten können nicht die ganze Erdkugel auf einmal abbilden, da sie sie zu nahe umkreisen, daher werden die Bilder aus mehreren Aufnahmen zusammengesetzt. Oft werden die Farben verstärkt, um die Erde noch schöner aussehen zu lassen.

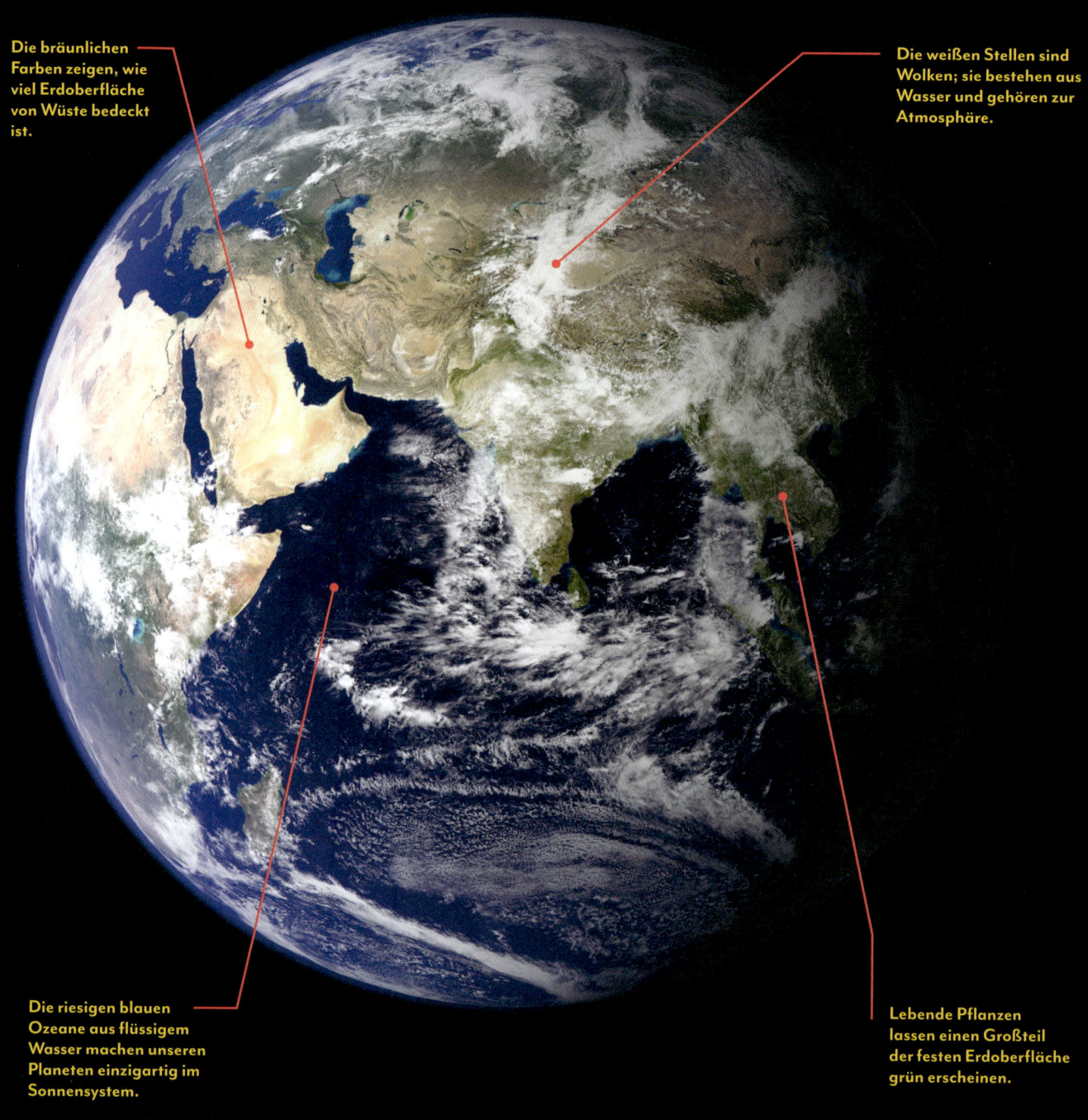

Die bräunlichen Farben zeigen, wie viel Erdoberfläche von Wüste bedeckt ist.

Die weißen Stellen sind Wolken; sie bestehen aus Wasser und gehören zur Atmosphäre.

Die riesigen blauen Ozeane aus flüssigem Wasser machen unseren Planeten einzigartig im Sonnensystem.

Lebende Pflanzen lassen einen Großteil der festen Erdoberfläche grün erscheinen.

Beratender Experte: Paolo Forti **Siehe auch:** Unser Sonnensystem, S. 28–29; Die Sonne, S. 30–31; Planetenerforschung, S. 32–33; Monde, S. 38–39; Die Geburt der Erde, S. 56–57; Vermessung der Erde, S. 60–61; Die Erde, S. 64–65; Wasserwelt, S. 86–87; Die Atmosphäre, S. 90–91

Goldlöckchen-Zone

Die Erde befindet sich genau an der richtigen Stelle – nicht zu heiß, nicht zu kalt –, sodass es flüssiges Wasser auf der Oberfläche geben kann. Manchmal wird dieser Bereich „Goldlöckchen-Zone" genannt; die wissenschaftliche Bezeichnung lautet jedoch zirkumstellare habitable Zone (CHZ).

Jupiter, Saturn und die Planeten darüber hinaus sind zu weit von der Sonne entfernt und zu kalt, um bewohnbar zu sein.

Der Mars befindet sich zwar in der habitablen Zone und ist der Erde ähnlich, aber zu klein, um eine schützende Atmosphäre zu haben.

Merkur und Venus sowie deren Monde sind der Sonne zu nah und daher zu heiß, um Leben zu ermöglichen.

 Saturn
 Jupiter
 Mars
Erde
Venus
 Merkur

Sonne

Die Jahreszeiten

In den Polarregionen ist es kalt und in den Tropen (der nördlich und südlich des Äquators liegenden Zone) ist es warm. Zwischen Pol und Tropen gliedert sich das Jahr in vier spürbare Jahreszeiten: Frühling, Sommer, Herbst und Winter. Das liegt daran, dass unser Planet schief steht und sich der Winkel, in dem das Sonnenlicht auf die Erde trifft, ständig verändert, während wir die Sonne umkreisen. Ist die nördliche Halbkugel zur Sonne geneigt, herrscht dort Sommer und im Süden Winter. Sechs Monate später ist es umgekehrt.

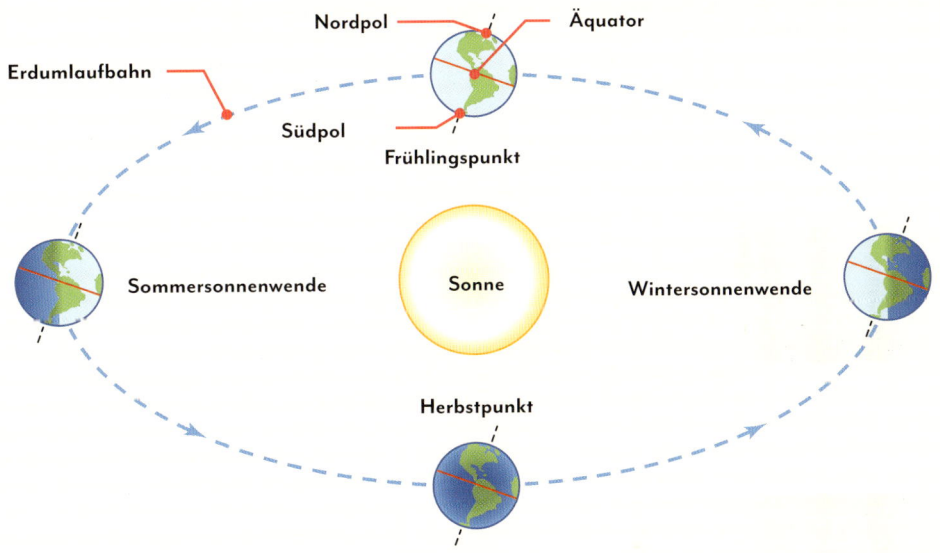

Nordpol · Äquator · Erdumlaufbahn · Südpol · Frühlingspunkt · Sommersonnenwende · Sonne · Wintersonnenwende · Herbstpunkt

Die Erdmagnetosphäre

Kernreaktionen in der Sonne erzeugen einen Strom hochenergetischer Teilchen, den Sonnenwind. Das Magnetfeld der Erde, das sich bis ins Weltall erstreckt (Magnetosphäre), wirkt wie ein Schutzschild vor dieser tödlichen Gefahr.

Warum gibt es die Gezeiten?

Die Gravitation von Sonne und Mond zerrt an den Ozeanen der Erde und verursacht so Hoch- und Niedrigwasser. Je zweimal pro Tag kommt es zu Ebbe und Flut. Wenn sich Sonne und Mond auf derselben Seite der Erde befinden, läuft das Hochwasser noch höher auf, als wenn die Erde zwischen Sonne und Mond steht.

Die Erde in Zahlen
AUFGELISTET

1. Die Erde umkreist die Sonne mit 107 000 km/h.

2. Die Erde benötigt 365,2564 Tage für eine Sonnenumkreisung (nicht 365 Tage). Deshalb hat der Februar alle vier Jahre 29 Tage („Schaltjahr"). Dadurch kann der Kalender Schritt halten.

3. Die Erdmasse besteht zu mehr als 90 Prozent aus Eisen, Sauerstoff, Silizium und Magnesium.

4. Die Erde ist der dichteste Planet des Sonnensystems. Ein Kubikzentimeter der Erde wiegt ca. 5,5 Gramm.

5. Die Erdatmosphäre wiegt 5 Billiarden Tonnen.

6. Die Erde dreht sich mit 674 km/h in 24 Stunden einmal um die eigene Achse. Doch unser Planet wird langsamer! In etwa 140 Millionen Jahren wird er für eine ganze Umdrehung 25 Stunden (statt der jetzigen 24) benötigen.

VERMESSUNG DER ERDE

Die Erde ist eine riesige Kugel aus Stein. Sie ist zwar rund, aber nicht perfekt rund, und Wissenschaftler beschreiben diese Form als „geoid", was schlicht erdförmig bedeutet. An den Polen ist sie ein wenig abgeflacht, am Äquator etwas breiter (ihr mittlerer Umfang beträgt 40 024 Kilometer). Satellitenbilder zeigen, dass die Erde hie und da kleine Dellen aufweist. Diese Unebenheiten sind so winzig, dass man sie nur durch genaue Messungen aufspürt.

Wie viel wiegt die Erde?

Die Erde wiegt mehr als 6 Trilliarden Tonnen. Natürlich kann man sie nicht wiegen, also wie kommen Forscher darauf? Sie können das anhand der Anziehungskraft berechnen, mit der die Erde auf ihre Nachbarplaneten einwirkt. Die Gravitation eines Objekts ist proportional zu seiner Masse – der Menge an Material, aus der das Objekt besteht.

Breitengrad und Längengrad

Jeder beliebige Ort auf der Erde kann präzise lokalisiert werden, indem man ein Gitter aus Längen- und Breitengraden verwendet. Breitengrade sind imaginäre Linien, die parallel zum Äquator einmal um die Erde herum verlaufen, weshalb sie oft auch als Parallelen bezeichnet werden. Längengrade sind dagegen Linien bzw. Kreise, die zwischen Nord- und Südpol verlaufen und so die Erdkugel unterteilen, als wären es die Spalten einer Orange. Längengrade werden auch Meridiane genannt.

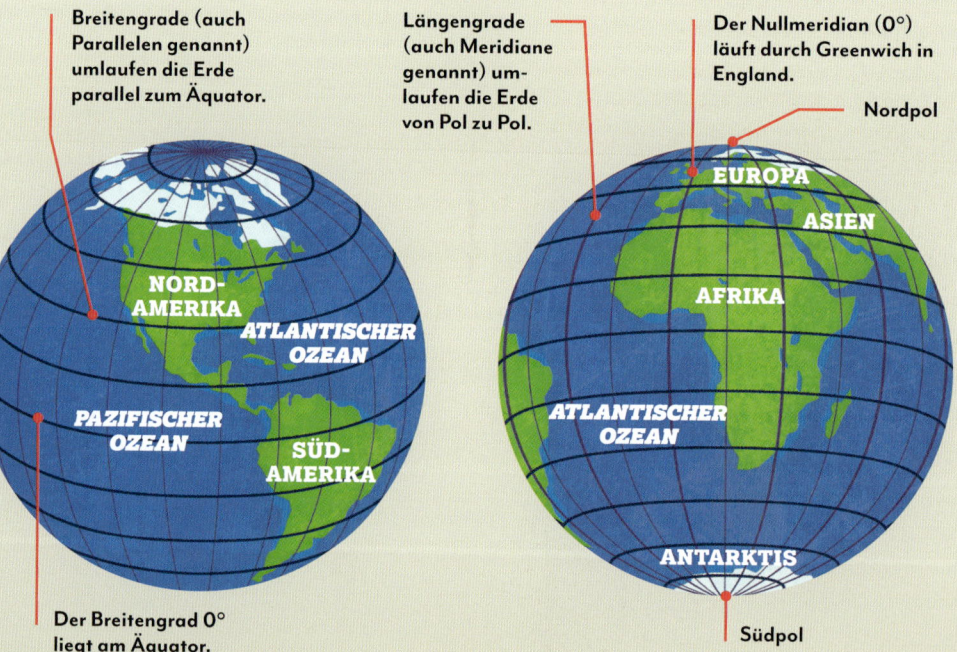

Breitengrade (auch Parallelen genannt) umlaufen die Erde parallel zum Äquator.

Längengrade (auch Meridiane genannt) umlaufen die Erde von Pol zu Pol.

Der Nullmeridian (0°) läuft durch Greenwich in England.

Nordpol

EUROPA

ASIEN

AFRIKA

ATLANTISCHER OZEAN

ANTARKTIS

Südpol

NORD-AMERIKA

ATLANTISCHER OZEAN

PAZIFISCHER OZEAN

SÜD-AMERIKA

Der Breitengrad 0° liegt am Äquator.

Satellitenmessung

Satelliten können kleinste Höhenunterschiede auf der Erdoberfläche erkennen und sogar den Meeresboden kartieren, indem sie kleine Unebenheiten an der Meeresoberfläche feststellen. Da die gravitative Anziehung schwankt, spiegeln diese Unebenheiten quasi den Meeresboden wider. Auf der Satellitenkarte (links) sind die Bereiche am Meeresboden, wo die Anziehung am stärksten ist – Berge und Meeresrücken –, orange und rot markiert.

Beratender Experte: Paolo Forti **Siehe auch:** Künstliche Satelliten, S. 46–47; Die Erde im All, S. 58–59; Im Inneren der Erde, S. 62–63; Die Erde, S. 64–65; Licht, S. 130–131; Schwerkraft, S. 136–137; Kalender, S. 222–223

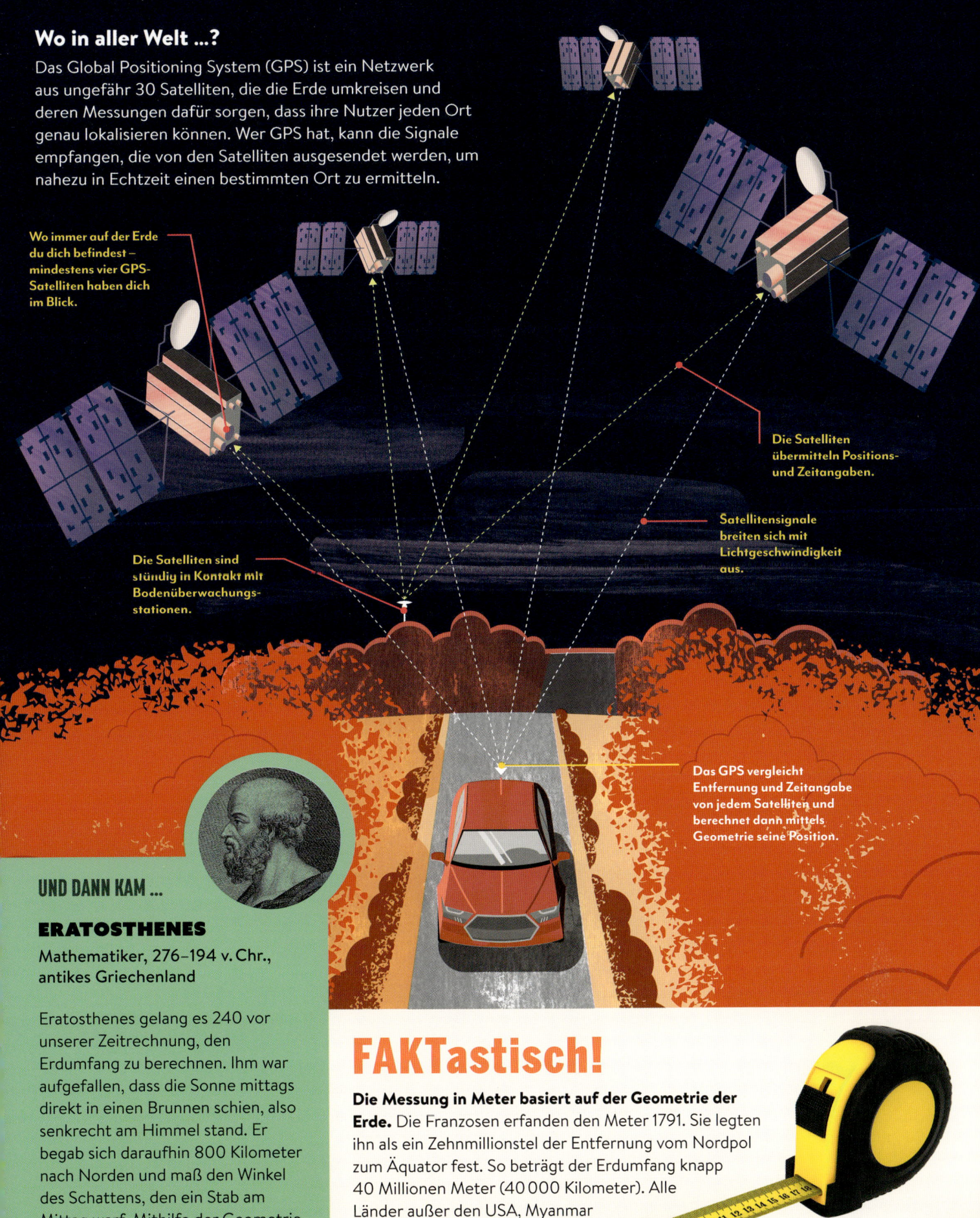

Wo in aller Welt ...?

Das Global Positioning System (GPS) ist ein Netzwerk aus ungefähr 30 Satelliten, die die Erde umkreisen und deren Messungen dafür sorgen, dass ihre Nutzer jeden Ort genau lokalisieren können. Wer GPS hat, kann die Signale empfangen, die von den Satelliten ausgesendet werden, um nahezu in Echtzeit einen bestimmten Ort zu ermitteln.

Wo immer auf der Erde du dich befindest – mindestens vier GPS-Satelliten haben dich im Blick.

Die Satelliten sind ständig in Kontakt mit Bodenüberwachungsstationen.

Die Satelliten übermitteln Positions- und Zeitangaben.

Satellitensignale breiten sich mit Lichtgeschwindigkeit aus.

Das GPS vergleicht Entfernung und Zeitangabe von jedem Satelliten und berechnet dann mittels Geometrie seine Position.

UND DANN KAM ...

ERATOSTHENES
Mathematiker, 276–194 v. Chr., antikes Griechenland

Eratosthenes gelang es 240 vor unserer Zeitrechnung, den Erdumfang zu berechnen. Ihm war aufgefallen, dass die Sonne mittags direkt in einen Brunnen schien, also senkrecht am Himmel stand. Er begab sich daraufhin 800 Kilometer nach Norden und maß den Winkel des Schattens, den ein Stab am Mittag warf. Mithilfe der Geometrie fand er heraus, dass der Umfang der Erde 40 000 Kilometer beträgt.

FAKTastisch!

Die Messung in Meter basiert auf der Geometrie der Erde. Die Franzosen erfanden den Meter 1791. Sie legten ihn als ein Zehnmillionstel der Entfernung vom Nordpol zum Äquator fest. So beträgt der Erdumfang knapp 40 Millionen Meter (40 000 Kilometer). Alle Länder außer den USA, Myanmar und Liberia verwenden das metrische System.

IM INNEREN DER ERDE

Die Erde unterteilt sich grob in drei Schichten: Kruste, Mantel und Kern. Sie setzen sich wiederum aus Schichten zusammen. Die Erdkruste ist die dünne Außenhülle aus festem Gestein. Der Mantel ist eine dicke Schicht aus teilweise geschmolzenem Gestein. Der Kern, das Zentrum der Erde, besteht aus dem inneren und dem äußeren Kern. Der innere enthält unglaublich dichte Metalle, die so heiß sind wie die Oberfläche der Sonne!

Die Schichten des Planeten

Nur die äußere Kruste der Erde ist kühl. Darunter werden die Temperaturen immer höher. Extreme Hitze hält das Gestein im Mantel teils geschmolzen und es brodelt. Der noch heißere äußere Kern besteht aus flüssigem Metall, doch der innere hat eine feste Form. Der Kern enthält bis zu 90 Prozent des gesamten Eisens auf der Erde.

Der Magnet Erde

Da die Erde sich dreht, macht das herumwirbelnde, flüssige Metall des äußeren Kerns sie zu einem riesigen Magneten. Die magnetische Kraft ist in der Nähe zu den Polen am stärksten. Deshalb zeigen Kompasse immer zu einer Stelle nahe dem Nordpol, die man magnetischen Norden nennt.

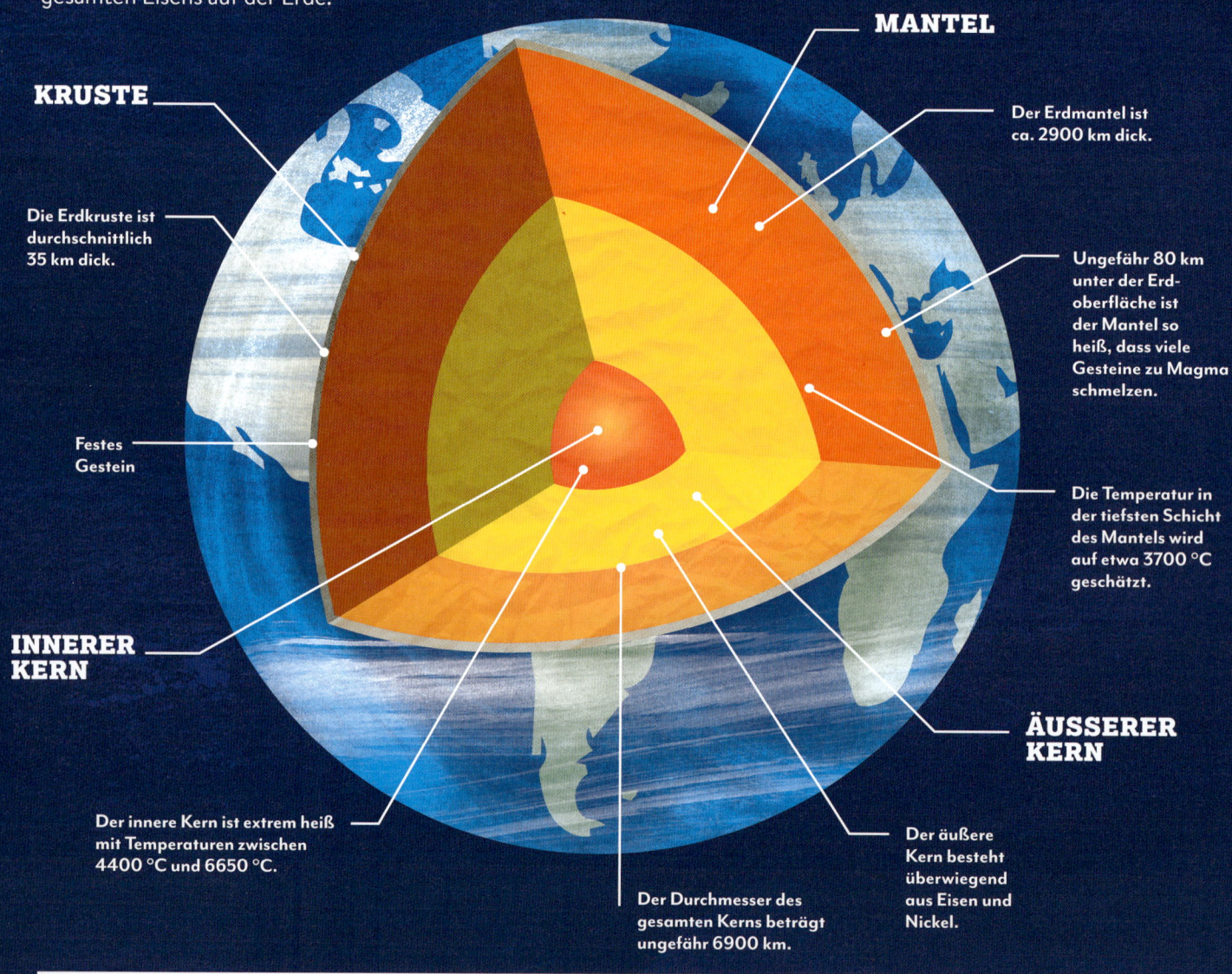

MANTEL

Der Erdmantel ist ca. 2900 km dick.

KRUSTE

Die Erdkruste ist durchschnittlich 35 km dick.

Ungefähr 80 km unter der Erdoberfläche ist der Mantel so heiß, dass viele Gesteine zu Magma schmelzen.

Festes Gestein

Die Temperatur in der tiefsten Schicht des Mantels wird auf etwa 3700 °C geschätzt.

INNERER KERN

ÄUSSERER KERN

Der innere Kern ist extrem heiß mit Temperaturen zwischen 4400 °C und 6650 °C.

Der Durchmesser des gesamten Kerns beträgt ungefähr 6900 km.

Der äußere Kern besteht überwiegend aus Eisen und Nickel.

Beratender Experte: Lewis Dartnell **Siehe auch:** Die Erde im All, S. 58–59; Plattentektonik, S. 66–67; Vulkane, S. 68–69; Erdbeben und Tsunamis, S. 70–71; Berge, S. 62–73; Gestein und Minerale, S. 74–75; Reichtümer der Erde, S. 78–79; Elemente, S. 104–105; Metalle, S. 116–117; Elektrizität, S. 128–129

Erdkruste und Erdmantel

Es gibt zwei Arten von Kruste: die äußere Hülle der Erde, eine dicke „kontinentale" Kruste, die das Festland bildet, und eine dünne, jüngere, „ozeanische" Kruste unter dem Meer. Die oberste Schicht des Mantels ist mit der Kruste verbunden; zusammen bilden sie die starre Lithosphäre. Darunter, in Tiefen von 100 bis 700 Kilometer, liegt die fließfähigere Asthenosphäre.

Die ozeanische Kruste ist 5 bis 10 km dick – viel dünner und dichter als die kontinentale Kruste.

Die kontinentale Kruste ist 25 bis 70 km mächtig. Sie „schwimmt" höher auf dem Mantel, weil sie eine geringere Dichte aufweist als die ozeanische Kruste.

OZEAN

LITHOSPHÄRE

LITHOSPHÄRE

TIEFE (KM)

10

100

200

300

400

Festes Gestein

Teilschmelze von Gestein

ASTHENOSPHÄRE

Die dichtere ozeanische Kruste taucht unter die kontinentale Kruste und bis in den Mantel ab. Diesen Bereich nennt man Subduktionszone.

OBERER ERDMANTEL

Unterirdisches Gebirge

Mithilfe von Erdbebendaten und seismischer Tomografie (ähnlich dem Ultraschall, den wir einsetzen, um Ungeborene im Mutterleib zu sehen) haben Forscher erstaunliche Entdeckungen gemacht. Sie gehen davon aus, dass der Mantel in Schichten untergliedert ist, mit markanten Unterbrechungen in 410 und 660 km Tiefe. Bei der 660-km-Grenze soll es ein Gebirge geben, das womöglich höher ist als der Mount Everest.

Vergrabene Schätze

Diamanten entstehen ca. 160 Kilometer tief im Erdmantel. Sie werden unter extrem hohem Druck geformt. Die Diamanten, die wir abbauen, wurden vor langer Zeit nach oben befördert, von tief reichenden Vulkanausbrüchen, die zu „Kimberlit-Schloten" erstarrten. Womöglich befinden sich noch eine Billiarde Tonnen Diamanten im Mantel, außerhalb unserer Reichweite.

BEKANNTE UNBEKANNTE

Was steckt sonst noch im Erdkern?

Das Herz unseres Planeten ist uns ein Rätsel. Lange ging man davon aus, dass sich die innerste Schicht der Erde komplett aus Eisen und Nickel zusammensetzt. Doch der Kern ist zu leicht, um nur aus Metall zu bestehen. Nun glauben Wissenschaftler, dass der fehlende Bestandteil womöglich Silikon sein könnte.

DIE ERDE

Aus der Ferne sieht die Erde so glatt aus wie eine Murmel. Dabei ist sie uneben. Ozeane bedecken fast 71 Prozent der Erdoberfläche, doch selbst unter dem Meer gibt es Berge und Täler. Zwischen dem höchsten Punkt, dem Gipfel des Mount Everest, und dem tiefsten, dem Challengertief im Pazifischen Ozean, liegen etwa 20 000 Meter. Und zwischen den beiden wiederum liegen all die Höhen und Tiefen, die die Erde so vielfältig machen.

ARKTISCHER OZEAN

nördlicher Polarkreis

NORD-ATLANTIK

NORD-AMERIKA

Der Pazifische Feuerring ist ein aktiver Vulkangürtel und oft das Epizentrum von Erdbeben.

Rocky Mountains

Der Mittel-atlantische Rücken ist der längste der mittelozeanischen Rücken, die sich über den Globus erstrecken.

nördlicher Wendekreis

PAZIFIK

Äquator

SÜD-AMERIKA

südlicher Wendekreis

Anden

SÜD-ATLANTIK

Maßstab am Äquator

| 0 | 1000 | 2000 | 3000 | 4000 | 5000 Kilomet |

| 0 | 500 | 1000 | 1500 | 2000 | 2500 | 3000 Meilen |

südlicher Polarkreis

Extreme der Erde
AUFGELISTET

Unser Planet weist erstaunliche Extremwerte auf.

1. Die Sahara ist mit mehr als 8,6 Millionen Quadratkilometern die weltweit größte Trockenwüste.

2. Das ozeanische Rückensystem, eine Reihe vulkanisch aktiver Gebirgszüge unter dem Meer, ist die längste Gebirgskette der Erde. Mit 80 000 Kilometern umspannt sie den ganzen Planeten.

3. Im Himalaja sind über 110 Gipfel höher als 7300 Meter.

4. Das Great Barrier Reef ist die größte zusammenhängende Struktur von Lebewesen — Korallen, Algen und winzigen Moostierchen. Seine über 2000 Einzelriffe bedecken ein Gebiet von etwa 350 000 Quadratkilometern.

5. Das Challengertief ist mit 10 994 Metern die tiefste Stelle der Weltmeere.

Beratender Experte: Lewis Dartnell **Siehe auch:** Die Erde im All, S. 58–59; Vulkane, S. 68–69; Erdbeben und Tsunamis, S. 70–71; Berge, S. 72–73; Regenwald, S. 164–165; Taiga und gemäßigte Wälder, S. 166–167; Grasland, S. 168–169; Mount Everest, S. 170–171; Die Enden der Welt, S. 184–185

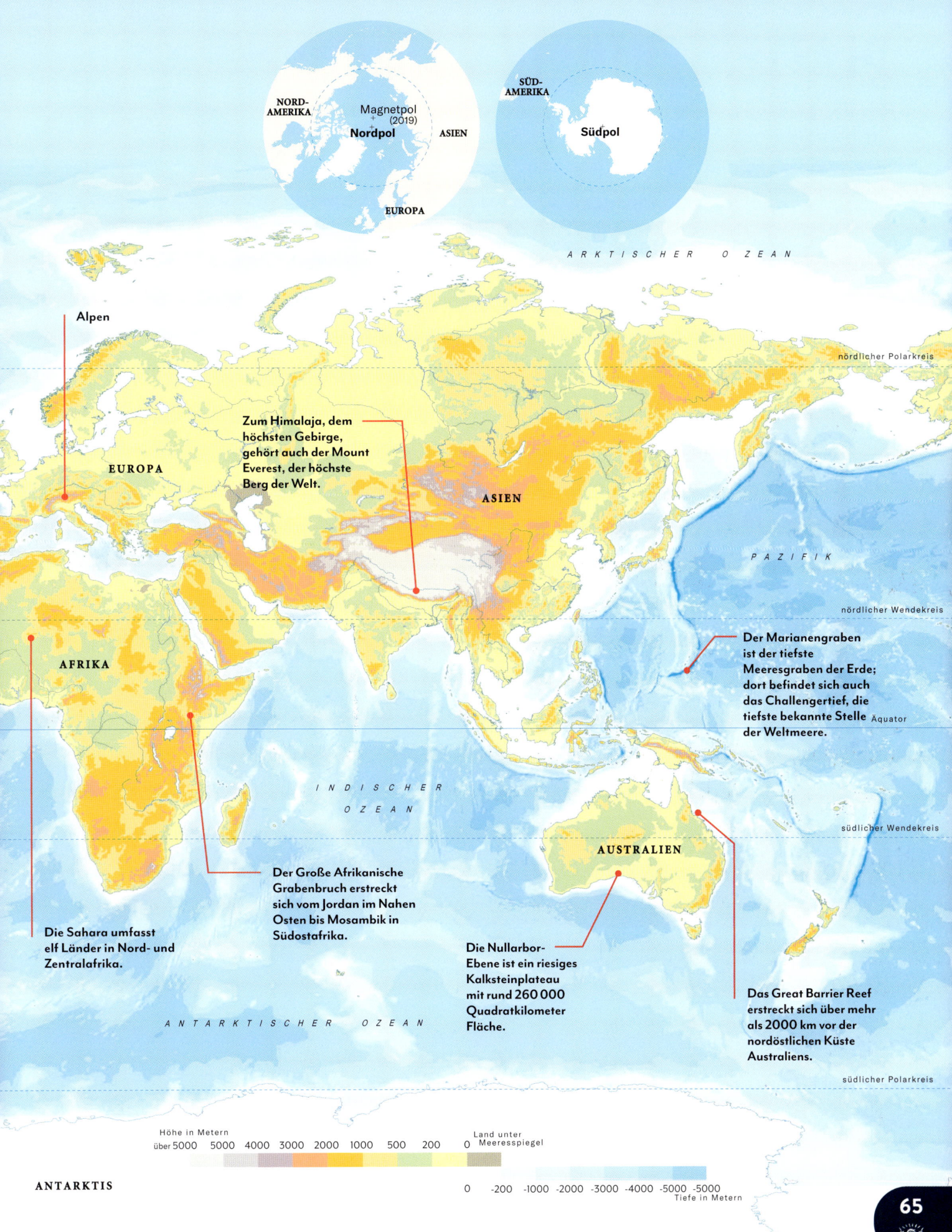

NORD-
AMERIKA

Magnetpol
+
(2019)

Nordpol

ASIEN

EUROPA

SÜD-
AMERIKA

Südpol

ARKTISCHER OZEAN

nördlicher Polarkreis

Alpen

EUROPA

Zum Himalaja, dem
höchsten Gebirge,
gehört auch der Mount
Everest, der höchste
Berg der Welt.

ASIEN

PAZIFIK

nördlicher Wendekreis

AFRIKA

Der Marianengraben
ist der tiefste
Meeresgraben der Erde;
dort befindet sich auch
das Challengertief, die
tiefste bekannte Stelle
der Weltmeere.

Äquator

INDISCHER
OZEAN

AUSTRALIEN

südlicher Wendekreis

Der Große Afrikanische
Grabenbruch erstreckt
sich vom Jordan im Nahen
Osten bis Mosambik in
Südostafrika.

Die Sahara umfasst
elf Länder in Nord- und
Zentralafrika.

Die Nullarbor-
Ebene ist ein riesiges
Kalksteinplateau
mit rund 260 000
Quadratkilometer
Fläche.

Das Great Barrier Reef
erstreckt sich über mehr
als 2000 km vor der
nordöstlichen Küste
Australiens.

ANTARKTISCHER OZEAN

südlicher Polarkreis

Höhe in Metern

über 5000 5000 4000 3000 2000 1000 500 200

Land unter
0 Meeresspiegel

ANTARKTIS

0   -200 -1000 -2000 -3000 -4000 -5000 -5000

Tiefe in Metern

PLATTENTEKTONIK

Die starre äußere Erdhülle besteht aus riesigen Steinplatten. Manche dieser tektonischen Platten sind größer als Kontinente, andere dagegen viel kleiner. Sie schwimmen auf einer weichen, zähflüssigen Gesteinsschicht, der Asthenosphäre, die 100 bis 700 Kilometer unter der Oberfläche liegt. Wenn sie aneinanderstoßen, können Erdbeben und Vulkane entstehen. Die Platten bewegen sich sehr langsam – ca. 2,5 Zentimeter pro Jahr. Doch über Jahrmillionen lassen sie Berge wachsen und Ozeane größer werden.

FAKTastisch!

Die Kontinente waren einst verbunden in einem einzigen großen Super-kontinent, darum ein riesiger Ozean. Das ist 335 Millionen Jahre her. Diesen Superkontinent nannte man Pangea. Vor ca. 180 Millionen Jahren brach Pangea langsam auseinander, wodurch der Atlantik und die heutigen Kontinente entstanden.

Dynamische Erde

Die meisten Vulkane und Erdbeben treten dort auf, wo die tektonischen Platten aufeinandertreffen – an den Plattengrenzen. Davon gibt es unterschiedliche Arten: An divergierenden Plattengrenzen driften Platten auseinander, wodurch geschmolzenes Gestein (Magma) nach oben steigen kann. An konvergierenden Plattengrenzen stoßen Platten zusammen, woraufhin eine unter die andere abtaucht (Subduktion). An konservativen Plattengrenzen schieben sich die beiden Platten aneinander vorbei.

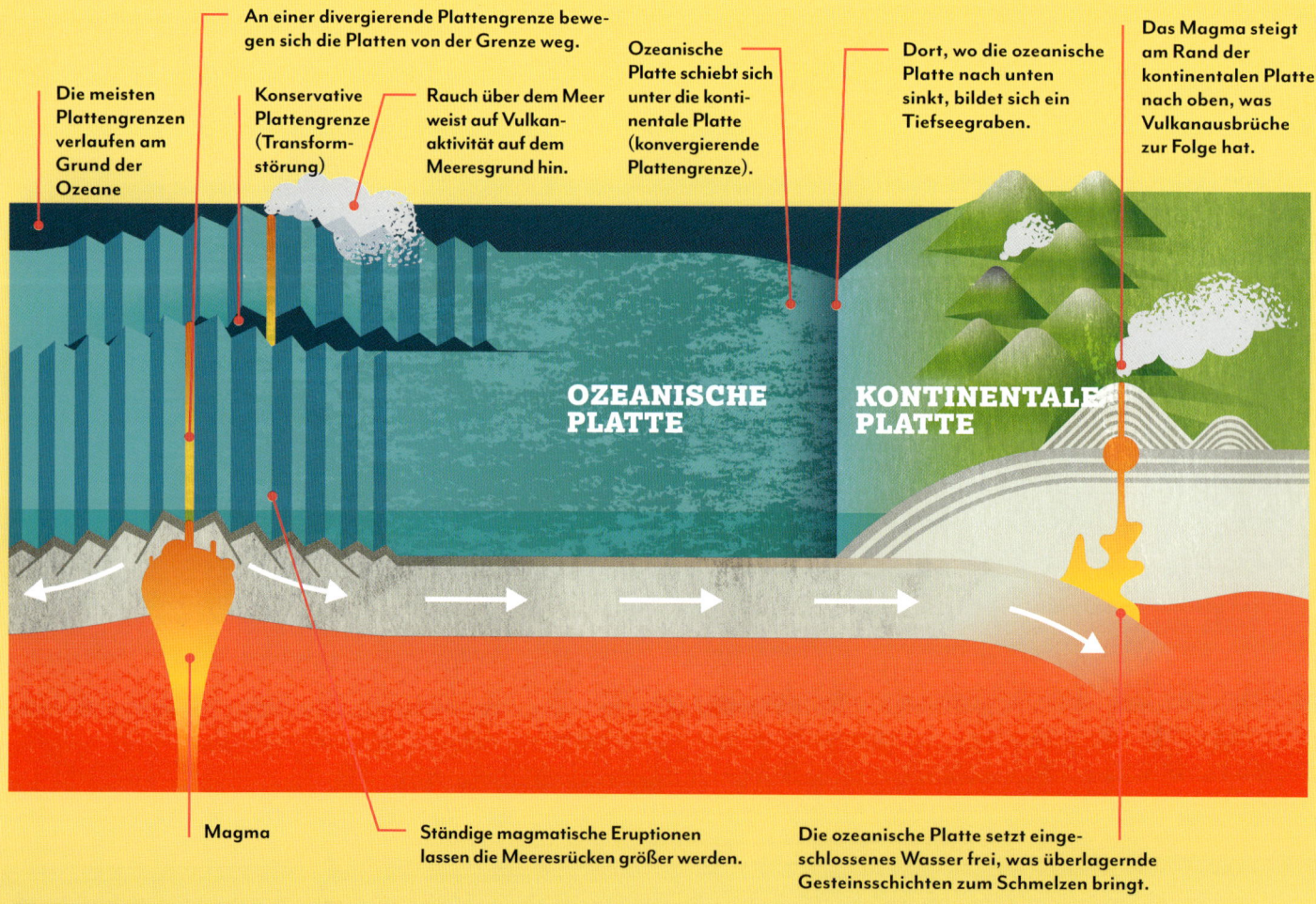

An einer divergierende Plattengrenze bewegen sich die Platten von der Grenze weg.

Die meisten Plattengrenzen verlaufen am Grund der Ozeane

Konservative Plattengrenze (Transform-störung)

Rauch über dem Meer weist auf Vulkan-aktivität auf dem Meeresgrund hin.

Ozeanische Platte schiebt sich unter die konti-nentale Platte (konvergierende Plattengrenze).

Dort, wo die ozeanische Platte nach unten sinkt, bildet sich ein Tiefseegraben.

Das Magma steigt am Rand der kontinentalen Platte nach oben, was Vulkanausbrüche zur Folge hat.

OZEANISCHE PLATTE

KONTINENTALE PLATTE

Magma

Ständige magmatische Eruptionen lassen die Meeresrücken größer werden.

Die ozeanische Platte setzt einge-schlossenes Wasser frei, was überlagernde Gesteinsschichten zum Schmelzen bringt.

Beratender Experte: Brendan Murphy **Siehe auch:** Die Geburt der Erde, S. 52–53; Im Inneren der Erde, S. 62–63; Die Erde, S. 64–65; Vulkane, S. 68–69; Berge, S. 72–73; Gestein und Minerale, S. 74–75; Feststoffe, Flüssigkeiten und Gase, S. 112–113; Energie, S. 124–125; Druck, S. 138–139

Auftauchende Inseln

1963 tauchte eine neue Insel vor der isländischen Küste auf. Sie erhielt den Namen Surtsey, in Anspielung auf den nordischen Feuergott Surt. Zu ihrer Entstehung führte ein Vulkanausbruch am Grunde des Meeres, der fast vier Jahre lang andauerte. Surtsey liegt oberhalb einer Spalte am Meeresboden, wo die Platten unter dem Atlantik auseinanderdriften. Das vulkanische Material, das aus solchen Spalten hervorbricht, formt auch den mittelatlantischen Rücken am Ozeangrund.

Kugeln aus Lava

Entlang der Senken an den Plattengrenzen tritt ständig heißes Magma (geschmolzenes Gestein) vom Meeresgrund auf (und wird zu Lava). Sobald es auf das kühle Wasser des Ozeans trifft, erstarrt die Lava zu festen Kugeln. Der Meeresgrund hier ist übersät mit solchen Lavakugeln; man nennt sie Kissenlava, weil sie wie ein Haufen Kissen aussehen.

Aktuelle tektonische Platten

Es gibt sieben Hauptplatten – eine riesige unter dem Pazifik und sechs andere, die sich unter Festland und Ozeanen befinden. Neben den größeren Hauptplatten gibt es 15 kleinere. Die noch kleineren Mikroplatten füllen die Lücken zwischen den größeren und den kleineren Platten. Tektonische Platten können bis zu 200 km dick sein und bestehen aus festem Gestein. Da die Ozeanböden dichter und schwerer sind, liegen sie tiefer als die Kontinente.

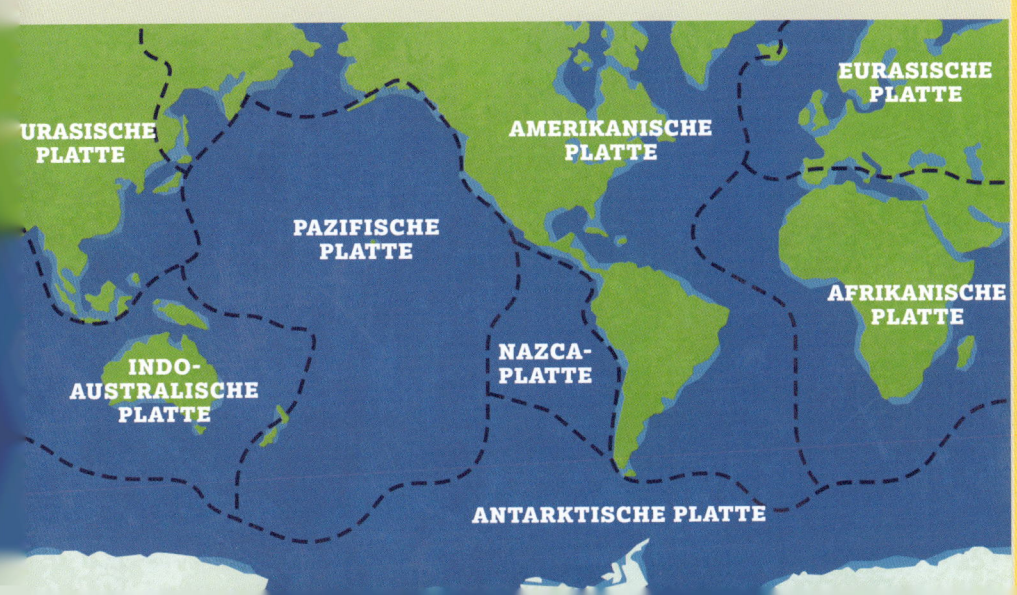

URASISCHE PLATTE

EURASISCHE PLATTE

AMERIKANISCHE PLATTE

PAZIFISCHE PLATTE

AFRIKANISCHE PLATTE

INDO-AUSTRALISCHE PLATTE

NAZCA-PLATTE

ANTARKTISCHE PLATTE

Beweise für Plattentektonik
AUFGELISTET

Wir wissen, dass sich die Platten der Erde verschoben haben und verschieben:

1. Man findet **Fossilien** von gleichartigen Landbewohnern auf verschiedenen Kontinenten. Gruppen von Lebewesen wurden getrennt, als sich die Kontinente verschoben.

2. Im östlichen Nordamerika entstanden vor 300 Millionen Jahren **Kohlenlagerstätten**. Damals lag Nordamerika noch am Äquator.

3. Gletscher hinterließen Spuren in Indien, Afrika, Australien und in der Antarktis. Sie deuten darauf hin, dass Afrika einst in der Nähe des Südpols lag.

4. Viele **Erdbeben und Vulkane** entstehen durch die Kräfte der Plattentektonik.

5. Beim **Satellite Laser Ranging (SLR)** sind aus dem All Bewegungen von GPS-Empfängern feststellbar. So lässt sich die Bewegung der Kontinente verfolgen.

Experten-Kommentar

BRENDAN MURPHY
Geologe

Professor Murphy interessiert sich besonders für den Superkontinent-Zyklus: Er möchte herausfinden, wieso Kontinente erst zusammenstoßen und gewaltige Berge erschaffen und dann wieder auseinanderdriften, nur um sich gut 400 Millionen Jahre später wieder zusammenzuschließen.

„Was würde ich wohl sehen, wenn ich zum Mittelpunkt der Erde reisen könnte?"

VULKANE

Wir wissen, wo sich der Großteil der Vulkane auf der Erde befindet, aber nicht, wann sie ausbrechen. Manche ruhen über Tausende von Jahren, bevor sie plötzlich ausbrechen. Vulkanexperten suchen nach Hinweisen darauf, z. B. Bewegungen im Gestein des Vulkans oder ungewöhnliche Gase, die aus seinem Schlot kommen. Manchmal werden auch Drohnen hineingeflogen, um das Gas zu messen und andere mögliche Anzeichen für gefährliche Aktivitäten zu erkennen.

Stromboli-Ausbrüche

Vulkane brechen auf unterschiedliche Weisen aus. Bei strombolianischen Eruptionen, die nach dem italienischen Vulkan Stromboli benannt sind, wird heißes, geschmolzenes Gestein, sogenannte Lava, in Form einer Feuerfontäne ausgeworfen. Andere sprudeln ruhig vor sich hin, Jahr für Jahr. Und wieder andere explodieren ganz plötzlich und schleudern Gas, Vulkanasche und Stücke von blasig erstarrter Lava (Bimsstein) hoch in die Luft.

Feuerfontänen schießen heiße Lava Hunderte Meter in die Luft.

Die Gase sind ein Mix aus Wasserdampf, Kohlendioxid und Schwefelgasen.

Krater und Spalten spucken spektakuläre Lavafontänen aus.

Der Schlot, durch den das Magma herausströmt

Feuerfontänen können eine Reihe kurzer Explosionen oder ein durchgehender Strahl sein.

Wolken aus Asche und Gesteinsbrocken bedecken die Vulkanhänge.

Beratender Experte: Erik Klemetti **Siehe auch:** Im Inneren der Erde, S. 62–63; Plattentektonik, S. 66–67; Erdbeben und Tsunamis, S. 70–71; Gestein und Minerale, S. 74–75; Feststoffe, Flüssigkeiten und Gase, S. 112–113; Energie, S. 124–125; Kräfte, S. 134–135; Der Ursprung des Lebens, S. 148–149

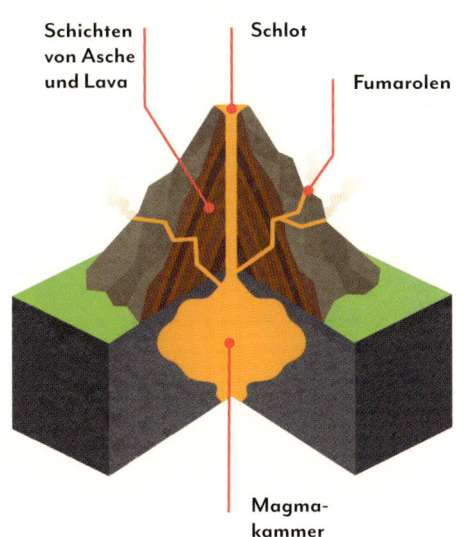

Schichten von Asche und Lava

Schlot

Fumarolen

Magmakammer

Im Inneren eines Vulkans

Unter den meisten Vulkanen befindet sich ein Hohlraum, der mit geschmolzenem Gestein (Magma) gefüllt ist. Manchmal treten Gase aus der Magmakammer aus und gelangen über Spalten (Fumarolen) an die Oberfläche. Im Lauf der Zeit steigt das Magma nach oben. Dadurch baut sich Druck auf, der das Magma durch den Schlot hinausdrängt. Das Magma wird zu Lava; es kann bis zu 1250 °C heiß werden.

FAKTastisch!

Asche und Lava können bis zu 700 km/h schnell werden. Als der Vesuv in Italien im Jahr 79 ausbrach, begrub er die Städte Pompeji und Herculaneum unter einer sechs Meter dicken Schicht aus Asche; die Bewohner waren sofort tot. Die Asche „konservierte" die Körperhaltung der Opfer im Moment ihres Todes.

BEKANNTE UNBEKANNTE

Wann wird der Yellowstone ausbrechen?

Im US-amerikanischen Yellowstone-Nationalpark gibt es Spalten im Boden, aus denen Wasserdampf schießt (sogenannte Geysire). Nicht nur deshalb vermuten Wissenschaftler viel Magma unterhalb des Parks. Der Yellowstone-Vulkan bricht ungefähr alle 600 000 Jahre einmal aus, sein letzter Ausbruch liegt bereits 640 000 Jahre zurück. Damals brachte er so viel Lava hervor, dass man damit den Grand Canyon hätte füllen können. Ein weiterer Ausbruch könnte einen Großteil der Westhälfte der USA unter einer meterhohen Ascheschicht begraben.

Feuerring

Drei Viertel der Vulkane auf der Erde – mehr als 450 – bilden den Feuerring um den Pazifik. Dort krachen riesige tektonische Platten unter dem Meer ineinander, wodurch die untere Platte ins heiße Erdinnere geschoben wird. Wenn das Gestein schmilzt, schießen Magmaklumpen als Vulkane nach oben.

Drei Viertel aller aktiven Vulkane weltweit liegen im Pazifischen Feuerring.

Hawaii (USA)

Yellowstone (USA)

Vesuv (Italien)

Stromboli (Italien)

ASIEN

NORD-AMERIKA

ATLANTISCHER OZEAN

EUROPA

ASIEN

AFRIKA

PAZIFISCHER OZEAN

SÜD-AMERIKA

AUSTRALIEN

In Indonesien befinden sich die aktivsten Vulkane der Welt. Auch in anderen Ländern gibt es aktive Vulkane, z. B. in Japan oder in den USA.

Japan

ATLANTISCHER OZEAN

ANTARKTIS

ERDBEBEN UND TSUNAMIS

Wenn der Boden spürbar schwankt, könnte es sich um ein Erdbeben handeln. Pro Jahr gibt es ungefähr 50 000 Erdbeben. Die meisten fallen so gering aus, dass man sie nur mit einem speziellen Gerät, einem Seismografen, feststellen kann. Manche jedoch sind so heftig, dass sie schwere Schäden anrichten, Gebäude zum Einsturz bringen oder Todesopfer fordern. Ein Erdbeben unter dem Meer kann auch einen Tsunami erzeugen, eine gewaltige Welle, die noch mehr Zerstörung mit sich bringt.

Eine Luftaufnahme der San-Andreas-Verwerfung in Kalifornien. Sie ist mehr als 1300 km lang.

Tsunami – Monsterwelle

Tsunamis sind ungeheuer große Wellen, die wie aus dem Nichts bis zu 30 Meter hoch werden können. Tsunamis entstehen, wenn infolge eines Erdbebens oder Vulkanausbruchs eine Menge Wasser unter dem Meer verdrängt wird. Die Impulse des Wassers breiten sich daraufhin über den Meeresboden mit einer Geschwindigkeit von bis zu 800 km/h aus – so schnell wie ein Düsenflieger. Wenn der Tsunami flacheres Wasser erreicht, schwillt er zu einer gewaltigen Wasserwand an und schwemmt alles weg, was auf seinem Weg liegt.

Bruch und Beben

Fast alle größeren Erdbeben ereignen sich entlang gigantischer Bruchstellen, die man Verwerfungen nennt. Sie entstehen, wenn Kräfte auf Gestein einwirken, das zu kalt oder hart ist, um sich verbiegen zu lassen. Tektonische Platten können sich verhaken, während sie aneinander vorbeidriften. Wenn sich dabei Druck aufbaut und die Platten mit einem Ruck aneinander vorbeischrammen, werden Stoßwellen erzeugt, die wiederum große Erdbeben nach sich ziehen können.

Plötzliche Verschiebungen am Meeresgrund (während eines unterseeischen Erdbebens) können eine ungeheure Menge Wasser verdrängen.

Die Bewegung löst kräftige Impulswellen aus, die sich im Abstand von 100 bis 200 km über den Meeresgrund ausbreiten.

Die fortlaufenden Wellen sind nicht höher als 60 cm – kaum wahrnehmbar an der Meeresoberfläche.

Die Impulswellen rauschen mit bis zu 800 km/h über den Meeresboden.

Beratender Experte: Erik Klemetti **Siehe auch:** Im Inneren der Erde, S. 62–63; Plattentektonik, S. 66–67; Vulkane, S. 68–69

Stoßwellen

Erdbeben verursachen heftige Stoßwellen, die sich rasant ausbreiten. Zuerst kommen die superschnellen P- bzw. Primärwellen; sie strecken und stauchen das Gestein, während sie mit sechs Kilometern pro Sekunde voranpreschen. Nur ein paar Sekunden später treffen die S- bzw. Sekundärwellen ein und schütteln den Boden hin und her. Es folgen die Oberflächenwellen, die für den Großteil der Erschütterung und der Zerstörungen verantwortlich sind.

BEKANNTE UNEKANNTE

Können Tiere Erdbeben vorhersagen?

Immer wieder berichten Menschen darüber, dass sich Fische, Vögel, Reptilien und Insekten vor einem Erdbeben seltsam verhielten – manchmal schon Wochen vorher. Wissenschaftler versuchen herauszufinden, ob ihnen diese Tiere dabei helfen könnten, Erdbeben frühzeitig vorherzusagen, um so Menschenleben zu retten. Bisher gibt es jedoch noch keinen wissenschaftlichen Nachweis dafür.

FAKTastisch!

Im Jahr 2011 verschob eines der größten Erdbeben, das je in Japan gemessen wurde, dessen Hauptinsel Honshu um 2,4 Meter nach Osten. Das ist mehr als die Länge eines Kleinwagens! Bei dem Beben wurden 400 Kilometer der japanischen Küstenlinie um 0,6 Meter abgesenkt, und Tausende Menschen kamen ums Leben. Dabei dauerte es nur sechs Minuten.

Wenn die Impulse auf flaches Wasser treffen, werden sie abgebremst, woraufhin sie sich auftürmen und immer größer werden.

Irgendwann haben sich die Wellen zu einem Berg aus Wasser aufgetürmt, der auf die Küste prallt und dabei Menschen, Autos und Boote weit ins Landesinnere mit sich reißt.

BERGE

Auf jedem Kontinent gibt es Berge. Einige davon stehen frei, weil sie vulkanischen Ursprungs sind, wie der Kilimandscharo in Kenia oder der Fudschijama in Japan. Doch die meisten Berge sind Teil von großen Gebirgszügen wie den Anden in Südamerika oder den Rocky Mountains in Nordamerika. Da die Temperaturen sinken, je höher man kommt, sind die höchsten Gipfel immer von Schnee bedeckt – zumindest ab einer gewissen Höhe, die man als Schneefallgrenze bezeichnet. Diese sinkt immer tiefer, je weiter man sich vom Äquator entfernt.

FAKTastisch!

Die Höhe eines Berges lässt sich berechnen, indem man Wasser kocht! Der Siedepunkt von Wasser verringert sich alle 304 Höhenmeter um 1°C. Er hängt nämlich vom Umgebungsdruck ab, und der nimmt mit zunehmender Höhe ab. Je höher man steigt, desto schneller kocht das Wasser.

Welcher Gipfel ist der höchste?

Die Höhe eines Berges misst man vom Meeresspiegel bis zum Berggipfel. Demnach gilt der Mount Everest im Himalaja als höchster Berg. Der Mauna Kea auf Hawaii ist genau genommen höher, wenn man ihn vom Fuß bis zur Spitze misst, doch er befindet sich zum größten Teil unter Wasser. Am weitesten vom Erdmittelpunkt entfernt ist der Gipfel des Chimborazo in Ecuador. Das liegt daran, dass die Erde eben keine perfekte Kugel und an dieser Stelle breiter ist.

Der Mount Everest im Himalaja ist mit 8850 Metern der höchste Berg der Welt.

Zwei Drittel des Mauna Kea liegen unter Wasser.

MOUNT EVEREST

Der Mauna Kea misst nur 4207 Meter über dem Meeresspiegel, doch sage und schreibe 10 203 Meter, wenn man den Teil unter Wasser mit einbezieht.

MAUNA KEA

Beratender Experte: Erik Klemetti **Siehe auch:** Im Inneren der Erde, S. 62–63; Die Erde, S. 64–65; Plattentektonik, S. 66–67; Vulkane, S. 68–69; Gestein und Minerale, S. 74–75; Fossilien, S. 80–81; Druck, S. 138–139; Mount Everest, S. 170–171

Bergtypen

Manche Berge entstehen durch vulkanische Aktivität oder durch Erdbeben, doch die meisten der weltweit größten Gebirgsketten, z. B. die Alpen in Europa oder der Kaukasus, der zwischen Europa und Asien liegt, sind Faltengebirge. Diese werden nach und nach in die Höhe getrieben infolge der langsamen Verschiebung der tektonischen Platten.

Vulkane entstehen, wenn geschmolzenes Gestein aus dem Erdinneren die Kruste durchbricht und sich auftürmt.

Bruchschollengebirge
Tektonische Spannungen erzeugen Verwerfungen und treiben Gesteinsblöcke (Bruchschollen) in die Höhe.

Kryptodome/Quellkuppen entstehen, wenn das Magma im Erdinneren die Kruste domartig aufwölbt und dann aushärtet.

Faltengebirge
Bewegungen der tektonischen Platten pressen Gesteinsschichten aneinander, bis sie verformt und emporgedrückt werden.

Die größten Gebirgszüge

Die größten Gebirgszüge (auf der Karte braun) entstanden entlang der Grenzen der tektonischen Platten, der wandernden Steinplatten, die unsere Erdoberfläche ausmachen. Dazu zählen die Gebirgs- und Vulkanketten an der Westküste Nord- und Südamerikas (die Rocky Mountains und die Anden), die Alpen und der Kaukasus in Europa sowie der Himalaja, der im Norden Indiens emporragt.

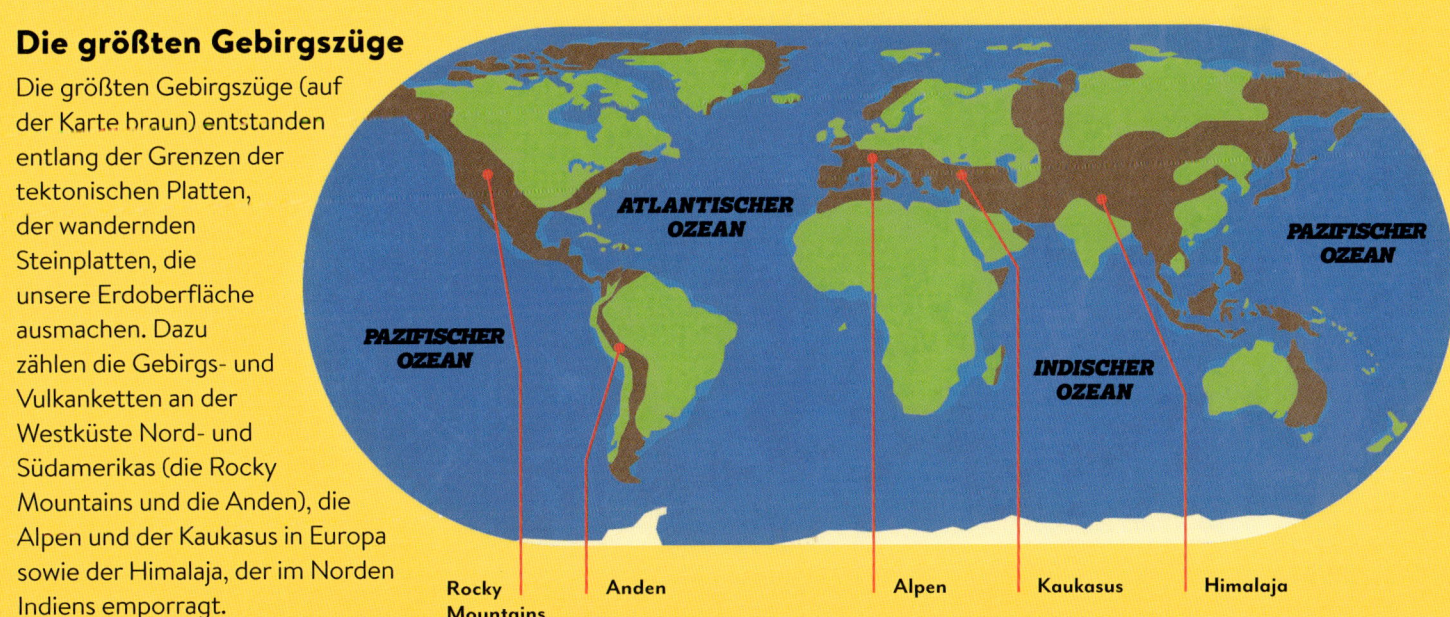

ATLANTISCHER OZEAN

PAZIFISCHER OZEAN

PAZIFISCHER OZEAN

INDISCHER OZEAN

Rocky Mountains | Anden | Alpen | Kaukasus | Himalaja

Kein Gipfel ist weiter vom Erdmittelpunkt entfernt als der des Chimborazo auf 6310 m.

Der Kilimandscharo ist 5895 m hoch. Er besitzt den weltweit längsten Anstieg von der Basis zur Spitze.

CHIMBORAZO

KILIMANDSCHARO

GESTEIN UND MINERALE

Gestein ist der Grundbaustein der Erdoberfläche. Die meisten Gesteinsarten bestehen aus einem oder mehreren Mineralen, die miteinander verkittet oder verschmolzen sind. Von den Tausenden unterschiedlichen Mineralen – von harten, funkelnden Diamanten bis hin zu weichem Gips – kommen nur etwa 40 häufig in Gesteinen vor. Die verschiedenen Gesteinsarten lassen sich in drei Hauptgruppen unterteilen: magmatisch, sedimentär und metamorph.

FAKTastisch!

Aus Gestein wird Erde! Wenn es vom Wetter zu Pulver zermahlen ist und sich mit pflanzlichen und tierischen Stoffen vermischt, dient es Pflanzen und deren Wurzeln als Lebensgrundlage.

Der Kreislauf der Gesteine

Gesteine verändern sich über Millionen von Jahren. An der Erdoberfläche zerbröseln sie und lagern sich als Sedimentgestein ab. Im Inneren der Erde werden sie unter erhöhtem Druck und Hitze zu metamorphem Gestein. Oder sie schmelzen und erstarren zu magmatischem Gestein, das an die Oberfläche wandert. Ist es dort freigelegt, fängt es an zu zerbröseln, und der Kreislauf beginnt von Neuem.

Magmatisches Gestein wird bei Vulkanausbrüchen als Lava ausgestoßen und so der Witterung ausgesetzt.

Erstarrung

Winzige Stückchen von zerbröseltem Gestein und toten Organismen setzen sich auf dem Meeresgrund ab. Über Jahrmillionen härtet das Sediment aus und wird zu Gestein.

Witterung, fließendes Wasser und Wurzeln lassen das Gestein zerbröseln.

MAGMATISCHES GESTEIN (EXTRUSIV)

Durch Hebung wird das Sedimentgestein der Witterung ausgesetzt.

Durch Hebung werden metamorphes und magmatisches Gestein der Witterung ausgesetzt.

Mit der Zeit wird das Lockersediment von immer mehr Sedimentschichten bedeckt.

SEDIMENT-GESTEIN

MAGMATISCHES GESTEIN (INTRUSIV)

Die darüberliegenden Schichten pressen das Lockersediment zu Sedimentgestein zusammen.

Hitze und Druck verwandeln magmatisches in metamorphes Gestein.

METAMORPHES GESTEIN

Hitze und Druck verwandeln Sedimentgestein in metamorphes Gestein.

Magma kühlt ab und kristallisiert zu magmatischem Gestein aus.

Magmatisches Gestein schmilzt und wird zu Magma.

Metamorphes Gestein schmilzt und wird zu Magma.

MAGMA

Beratender Experte: Brendan Murphy **Siehe auch:** Gesteinsplaneten, S. 34–35; Im Inneren der Erde, S. 62–63; Plattentektonik, S. 66–67; Vulkane, S. 68–69; Berge, S. 72–73; Riesenkristalle, S. 76–77; Reichtümer der Erde, S. 78–79; Fossilien, S. 80–81; Fossile Brennstoffe, S. 84–85; Elemente, S. 104–105

Gesteinsarten

Gesteine lassen sich in dreierlei Arten untergliedern,
je nach Entstehungsprozess und Grundsubstanzen.

Magmatisches Gestein
Superheißes, zähflüssiges Magma steigt tief
aus der Erde nach oben, wo es abkühlt und zu
magmatischem Gestein wird. Erstarrt es, bevor es
an die Oberfläche gelangt, nennt man es intrusiv;
sonst heißt es extrusiv.

Sedimentgestein
Schlamm, Sand oder die Überreste toter
Organismen setzen sich am Grund von Meeren
und Seen als Sedimente ab. Immer neue Schichten
bilden sich darauf. Über Millionen von Jahren
härtet das Sediment zu festem Schichtgestein aus.

Metamorphes Gestein
Minerale im Gestein werden instabil, wenn sie
von Magma stark erhitzt oder von kollidierenden
tektonischen Platten zusammengepresst werden.
Neue stabile Minerale kristallisieren daraufhin
und bilden sogenanntes metamorphes Gestein.

Minerale

Jedes Mineral hat eine bestimmte chemische
Zusammensetzung. Manche, wie z. B. Gold,
bestehen nur aus einem chemischen
Element. Die meisten sind jedoch
Verbindungen aus zwei oder
mehreren Elementen. Winzige
Spuren anderer Elemente können
das Aussehen der Minerale
verändern, Kupfer z. B. bewirkt
oft eine Grünfärbung.

Wie Kristalle entstehen

Wenn Minerale ungehindert wachsen können,
bilden sie perfekt geformte Kristalle.
Geoden sind Steine mit Hohlräumen,
in denen Kristalle wachsen. Bricht
man sie auf, so offenbaren sie
oft wunderschöne Minerale
wie diese glitzernden
Amethyste. Geoden-
Kristalle entwickeln sich
aus mineralreichen
Flüssigkeiten, die in
einer Blase im Gestein
eingeschlossen sind.
Die meisten, aber nicht
alle Geoden-Kristalle sind
winzig.

**Funkelnde
Amethyste in
einer Geode**

Härtegrade

Die Mohs'sche Härteskala wurde
1812 von dem deutschen Geologen
Friedrich Mohs entwickelt. Er
wählte dafür zehn Minerale mit den
Härtegraden 1 bis 10 als Testobjekte
aus. Um herauszufinden, wie hart ein
unbekanntes Gestein ist, versucht
man es erst mit Talk zu ritzen, einem
sehr weichen Mineral. Wenn das
nicht funktioniert, probiert man es
mit Gips und so weiter – bis hin zum
Diamanten – und stoppt dann bei
der Gesteinsart, die das Probestück
anritzt. Ein Beispiel: Wenn man die
Gesteinsprobe mit Topas, aber nicht
mit Quarz ritzen kann, weiß man,
dass die Probe härter als Quarz und
weicher als Topas ist.

1. Talk
2. Gips
3. Calcit
4. Fluorit
5. Apatit
6. Orthoklas
7. Quarz
8. Topas
9. Korund
10. Diamant

RIESENKRISTALLE

2006 untersuchten Wissenschaftler riesige Kristalle in einer heißen und dampfigen Höhle in der Mine von Naica im mexikanischen Bundesstaat Chihuahua. Die Kristalle sind bis zu zwölf Meter lang und einen Meter breit und bestehen aus sulfidhaltigem Wasser, das in die Höhle sickert. Die Höhle liegt oberhalb einer Magmakammer – einem unterirdischen Hohlraum voll geschmolzenem Gestein. Eine konstante Temperatur von etwa 55 °C sorgte dafür, dass die Kristalle sehr langsam, über einen Zeitraum von 250 000 Jahren, wachsen konnten. Minenarbeiter hatten die Höhle zu Forschungszwecken trockengelegt, doch danach ist wieder Wasser eingedrungen.

Die Kristalle bestehen aus einer Gipsvarietät namens Marienglas (Selenit).

Die Lufttemperatur in der trockengelegten Höhle betrug 50 °C. Es war so heiß, dass die Wissenschaftler spezielle Anzüge tragen mussten, um arbeiten zu können, und keiner von ihnen blieb länger als 90 Minuten dort.

REICHTÜMER DER ERDE

Die Gesteine der Erde sind ein wahrer Schatz. Sie liefern die Materialien zur Stahlerzeugung für Autos, seltene Minerale für Computer und Mobiltelefone und sogar den Großteil des Salzes, das wir in unser Essen mischen. Alle Grundstoffe finden sich in der Erdkruste, auch Eisen, Aluminium, Kupfer und Zinn. Natürliche Prozesse führen zur Anreicherung von Metallen in speziellem Gestein namens Erz.

Heiße Luft

Wir müssen die Erze erhitzen und behandeln, um Metalle aus dem Gestein lösen zu können. Eisen zum Beispiel ist ein superhartes Metall. Um es aus dem Gestein zu bekommen, muss Eisenerz stark erhitzt werden. Das geschieht in einem gigantischen Hochofen, in den Luft geblasen wird, um die Temperatur weiter zu erhöhen. Diesen Vorgang nennt man Verhüttung.

Minen

Es ist schwierig, Eisenerz aus dem Boden zu holen. Teilweise wird es in riesigen Bergwerken gefördert, was man Tagebau nennt. Einige der weltweit größten Eisenerzminen befinden sich in Australien, wo allein die Minen von Rio Tinto mehr als 300 Millionen Tonnen pro Jahr fördern.

Beratender Experte: Brendan Murphy **Siehe auch:** Im Inneren der Erde, S. 62–63; Gestein und Minerale, S. 74–75; Riesenkristalle, S. 76–77; Fossile Brennstoffe, S. 84–85; Metalle, S. 116–117; Plastik/Kunststoff, S. 120–121; Ökologische Herausforderungen, S. 358–359

Abbau von Bodenschätzen
AUFGELISTET

Wir entnehmen unserem Planeten jedes Jahr Milliarden Tonnen Material.

1. Kohle 7,8 Milliarden Tonnen. Kohle ist das am häufigsten abgebaute Material auf der Welt. China ist der größte Produzent.

2. Eisenerz 1,5 Milliarden Tonnen. Eisen ist das mit Abstand meistverwendete Metall. Ein großer Teil davon wird zu Stahl verarbeitet.

3. Bauxit 370 Millionen Tonnen. Bauxit ist eher ein erdig-weiches Erz als ein festes Gestein. Es ist das Haupterz für Aluminium.

4. Phosphorit 240 Millionen Tonnen. Phosphat ist der Hauptnährstoff von Phosphordüngern. Etwa die Hälfte davon kommt aus China.

5. Gips 140 Millionen Tonnen. Gips wird in Baumaterialien verarbeitet, z. B. in Wandbauplatten oder Zement.

UND DANN KAM ...

HENRY BESSEMER
Erfinder, 1813–1898, Großbritannien

1856 erfand der britische Ingenieur Henry Bessemer einen Hochofen, der Stahl aus Eisen erzeugen konnte. Stahl ist ein robuster Werkstoff für vielerlei Dinge, von Wolkenkratzern bis hin zu Besteck. Im Inneren der „Bessemerbirne" wird Luft in das geschmolzene Eisen geblasen, um Verunreinigungen zu beseitigen. Ein Arbeiter fügt dann noch andere Elemente hinzu, je nachdem, wofür der Stahl verwendet werden soll.

Kostbare Edelsteine

Funkelnde farbige Kristalle sind selten und wertvoll. Wenn sie hart genug sind, um sie zu einem Juwel zu schleifen, nennt man sie Edelsteine. Dazu gehören Diamanten, Rubine, Smaragde und Saphire. Edelsteine entstehen nur unter außergewöhnlichen Bedingungen, weshalb sie auch so selten vorkommen. Ungefähr 2000 verschiedene Minerale gibt es auf der Erde, aber nicht einmal 100 von ihnen gelten als Edelsteine.

95 %

5 %

Dosen-Recycling

Aluminium ist sehr leicht und rostet nicht. Getränkedosen werden daraus gemacht. Wenn man altes Aluminium recycelt, werden nur 5 Prozent der Energie verbraucht und 5 Prozent der Treibhausgase erzeugt, die entstehen würden, wenn man Aluminium neu herstellt. Dosen-Recycling ist wichtig.

Das Displayglas besteht aus Aluminiumoxid und Siliziumdioxid mit einer ultradünnen Schicht Indiumzinnoxid.

Rohstoffe wie Gold, Kupfer und Silber werden für die Drähte im Telefon verwendet.

Die Metalle Platin und Wolfram sind Teil der elektronischen Schaltung.

Woraus besteht ein Mobiltelefon?

Mobiltelefone enthalten spezielle, seltene Materialien. Dennoch werden mehr als 100 Millionen Mobiltelefone pro Jahr weggeworfen. Eine Million dieser ausrangierten Geräte bedeuten 16 Tonnen Kupfer und 34 Kilo Gold, gar nicht zu reden von wertvollen seltenen Metallen wie Lithium und Platin. Das ist viel Abfall und Verschwendung!

Batterien enthalten das seltene Metall Lithium-Cobalt-Oxid und Kohlegrafit.

FOSSILIEN

Als Fossilien bezeichnet man die Überreste oder Spuren vergangenen Lebens, die in Gestein konserviert wurden. Normalerweise sind nur die Hartteile von Tieren – Gehäuse, Knochen und Zähne – oder deren Abdruck als Fossilien erhalten. Fossile Schalentiere kommen so häufig vor, dass manche Gesteine fast vollständig daraus bestehen. Fossilien von größeren Tierarten sind weitaus seltener.

FAKTastisch!

Fossilienjäger haben versteinerten Dinosaurierkot gefunden! Solche fossilen Exkremente werden als Koprolithe bezeichnet. Anhand ihrer Form und Größe sowie ihres Fundorts können Experten feststellen, von welcher Tierart die Hinterlassenschaften stammen. Koprolithe geben auch Hinweise auf die Ernährung des Tiers.

WIE FOSSILIEN ENTSTEHEN

Die meisten Tiere werden nie zu Fossilien. Ihre Körper verwesen oder werden gefressen. Zur Fossilisation kommt es, wenn ein Körper gleich nach dem Tod von Sediment bedeckt wird.

Im Ganzen begraben

Ein Lebewesen, z. B. ein Dinosaurier, stirbt und wird von Sediment begraben. Mal wird dieses Sediment von einem Fluss angespült, mal stirbt das Tier im Schlamm und versinkt darin.

Knochen werden zu Stein

Während das Fleisch des Sauriers verwest, werden die Knochen vom Schlamm konserviert, das Skelett wird immer tiefer begraben. Minerale im Grundwasser füllen Hohlräume in den Knochen aus und ersetzen die ursprünglichen Minerale darin; die Knochen werden zu Stein.

Verborgen über Jahrmillionen

Die Minerale, die die Knochen aufgefüllt und ersetzt haben, behalten die ursprüngliche Knochenform bei. Über Jahrmillionen versteinert der Schlamm und kapselt das Fossil ein. Wenn das Gestein aufbricht, kommt das Fossil zum Vorschein.

Ein Dinosaurier stirbt am Ufer eines Sees.

Schlammige Sedimentschichten liegen am Grund des Sees.

Das Fleisch verwest, nur Knochen und Zähne bleiben übrig.

Das Skelett versinkt im Schlamm.

Manchmal drückt das Gewicht des Schlamms das Skelett platt oder zerbricht es.

Das Fossil ist so alt wie das Gestein, in dem es begraben ist. So können Wissenschaftler Fossilien recht genau datieren.

Beratender Experte: Nathan Smith **Siehe auch:** Gesteinsplaneten, S. 34–35; Asteroiden, S. 40–41; Im Inneren der Erde, S. 62–63; Gestein und Minerale, S. 74–75; Dinosaurierfunde, S. 82–83; Fossile Brennstoffe, S. 84–85; Die Mikrowelt, S. 154–155

Gewaltiger Triceratops

Triceratops war ein pflanzenfressender Dinosaurier, der vor 68 bis 66 Millionen Jahren lebte. Er wurde neun Meter lang und hatte einen der größten Schädel aller bisher existierenden Lebewesen mit drei Hörnern und einem riesigen Nackenschild von bis zu einem Meter Breite. Seine Hörner benutzte der *Triceratops*, um Angriffe von Raubsauriern wie dem *Tyrannosaurus rex* abzuwehren.

Die ältesten Fossilienarten
AUFGELISTET

Fossilien helfen uns dabei, die Evolution des Lebens auf der Erde zu verstehen. Dies sind einige der ältesten bekannten Fossilienarten:

1. Pflanzen Die ältesten Pflanzenfossilien sind eine Milliarde Jahre alt. Man fand sie 2019 in China.

2. Schalentiere Brachiopoden (Armfüßer) gehörten zu den ersten Schalentieren. Ihre Fossilien, die aussehen wie Muscheln, sind bis zu 550 Millionen Jahre alt.

3. Fische Gestein mit einem Alter von 530 Millionen Jahren enthält Fossilien der ersten bekannten Fische – lange, dünne, kieferlose Wesen, die Aalen ähneln.

4. Insekten Der 400 Millionen Jahre alte Stein Rhynie Chert in Schottland enthält die versteinerten Überreste winziger Lebewesen, die Springschwänzen ähneln. Sie sind die ältesten jemals gefundenen Insekten.

5. Dinosaurier Der kleine, langhalsige *Nyasasaurus* ist womöglich der älteste Dinosaurier. Forscher entdeckten seine Überreste in 243 Millionen Jahre altem Gestein in Tansania. Bis heute wurden etwa 800 Dinosaurierarten fossil nachgewiesen, doch es könnte noch viele weitere geben.

6. Säugetiere Das älteste Säugetierfossil stammt von einem Spitzmaus-ähnlichen Lebewesen namens *Ambondro mahabo*. Es wurde im Mahajanga-Becken in Madagaskar entdeckt. Das Fossil ist circa 167 Millionen Jahre alt.

Große Füße

Auf der ganzen Welt findet man die Fußspuren von Dinosauriern, wie diese im Torotoro-Nationalpark in Bolivien. Die Abdrücke wurden in weichem Lehm hinterlassen und dann von der Sonne hart gebrannt, bevor sie zu Stein wurden. Die Fußspuren von Sauropoden, die zu den größten Dinosauriern zählen, können einen Durchmesser von 1,7 Metern haben. Experten können zwar nicht direkt die Dinosaurierart benennen, den Abdruck aber einer Gruppe von Dinosauriern zuordnen – und manchmal sogar die Laufgeschwindigkeit feststellen.

Experten-Kommentar

NATHAN SMITH
Paläontologe

Dr. Nathan Smith arbeitet am Natural History Museum von Los Angeles. Er wendet verschiedene Methoden an, um Fragen zur Geschichte des Lebens zu beantworten. Am meisten interessiert ihn, was die Dinosaurier so erfolgreich machte.

„Zwischen uns und dem Tyrannosaurus liegt weniger Zeit (66 Millionen Jahre) als zwischen Tyrannosaurus und Allosaurus (84 Millionen Jahre)!"

Beratender Experte: Nathan Smith **Siehe auch:** Berge, S. 72–73; Fossilien, S. 80–81; Tiere, S. 158–159; Ökologie, S. 162–63; Taiga und gemäßigte Wälder, S. 166–167

DINOSAURIERFUNDE

Chinesische Straßenbauarbeiter stießen 2015 zufällig auf dieses gewaltige Fossil eines pflanzenfressenden Dinosauriers. Er ist ein Vertreter des *Lufengosaurus magnus* (große Lufeng-Echse), benannt nach dem Bezirk Lufeng in der Provinz Yunnan, wo er gefunden wurde. Minerale im Grundwasser lassen Dinosaurierknochen über Jahrmillionen zu Fossilien werden. Heutzutage finden wir mehr Dinosaurier als je zuvor — etwa 50 neue Arten finden wir jedes Jahr. Das liegt daran, dass immer neue Fundstätten freigelegt werden.

Lufengosaurus magnus war ein Pflanzenfresser. Wie eine Giraffe erreichte er mit seinem langen Hals die oberen Blätter an den Bäumen.

Lufengosaurus magnus

Anhand der fossilen Überreste des *Lufengosaurus magnus* können Forscher herausfinden, wie der Dinosaurier aussah, wie schwer er ungefähr war und wovon er sich ernährte. Demzufolge hatte er einen langen Schwanz und einen langen Hals und wog an die 1,7 Tonnen.

Der *Lufengosaurus magnus* hatte kräftige Hinterbeine mit krallenbewehrten Füßen, während seine kleineren Vorderbeine Armen ähnelten.

In den Rippen des Dinosauriers fanden Wissenschaftler ein Kollagen-Protein, das 195 Millionen Jahre alt ist!

Der *Lufengosaurus magnus* erreichte wahrscheinlich eine Gesamtlänge von 9 Metern und besaß einen langen, kräftigen Schwanz.

FOSSILE BRENNSTOFFE

Der Ursprung von Brennstoffen wie Kohle und Mineralöl liegt in Fossilien – gepressten kohlenstoffreichen Überresten von Pflanzen oder Einzellern, die vor Millionen Jahren lebten. Der Großteil der Energie, die wir verbrauchen, entsteht durch Verbrennung fossiler Brennstoffe, die wir der Erdkruste entnehmen. Doch ihre Nutzung schadet der Umwelt, und irgendwann werden sie aufgebraucht sein.

Ihre Entstehung

Kohle entstand aus den Überresten von Bäumen, die im Karbonzeitalter vor 300 bis 360 Millionen Jahren in tropischen Sümpfen wuchsen, lange vor der Zeit der Saurier. Mit den Baumresten wurden winzige Wasserorganismen begraben und von Bakterien zu einer Substanz namens Kerogen umgewandelt, die unter Einwirkung der Erdwärme wiederum zu Öl oder Gas wird.

Eine der am häufigsten vorkommenden Pflanzen im Karbonzeitalter war der Schuppenbaum.

Pflanzen binden Kohlenstoff aus der Luft.

Fossile Brennstoffarten

Es gibt drei Hauptarten fossiler Brennstoffe: Kohle, Erdöl und Erdgas.

Kohle
Ein Großteil der Kohle befindet sich tief unter der Erde. Für ihren Abbau werden Minen gegraben. Kohle, die näher an der Oberfläche liegt, wird in riesigen Bergwerksgruben gefördert. Der Transport erfolgt mit Zügen oder Schiffen.

Öl
Erdöl (Mineralöl) ist flüssig. Riesige Bohrer graben tief in die Erde und pumpen das Öl ab, wobei es teilweise auch von allein aus dem Boden schießt. Über Rohrleitungen (Pipelines) und mit Tankern gelangt es an seinen Zielort.

Erdgas
Manchmal wird Erdgas zusammen mit Kohle oder Erdöl gefunden, manchmal tritt es aber auch allein auf. Erdgas wird in Tanks gelagert und über Rohrleitungen transportiert.

Beratender Experte: John P. Rafferty **Siehe auch:** Plattentektonik, S. 66–67; Gestein und Minerale, S. 74–75; Reichtümer der Erde, S. 78–79; Fossilien, S. 80–81; Die Chemie des Lebens, S. 122–123; Druck, S. 138–139; Der Ursprung des Lebens, S. 148–149; Die Folgen des Klimawandels, S. 364–365

Was ist Fracking?

Schiefergestein weist wie ein Schwamm winzige Löcher auf, in denen Öl eingeschlossen sein kann. Der einzige Weg, das Öl dort herauszubekommen, ist Fracking (hydraulisches Aufbrechen). Wasser, Sand und Chemikalien werden mit hohem Druck ins Gestein gepumpt, um das Öl oder Gas freizusetzen. Fracking ist umstritten, da es Süßwasserquellen vergiften und kleinere Erdbeben auslösen kann.

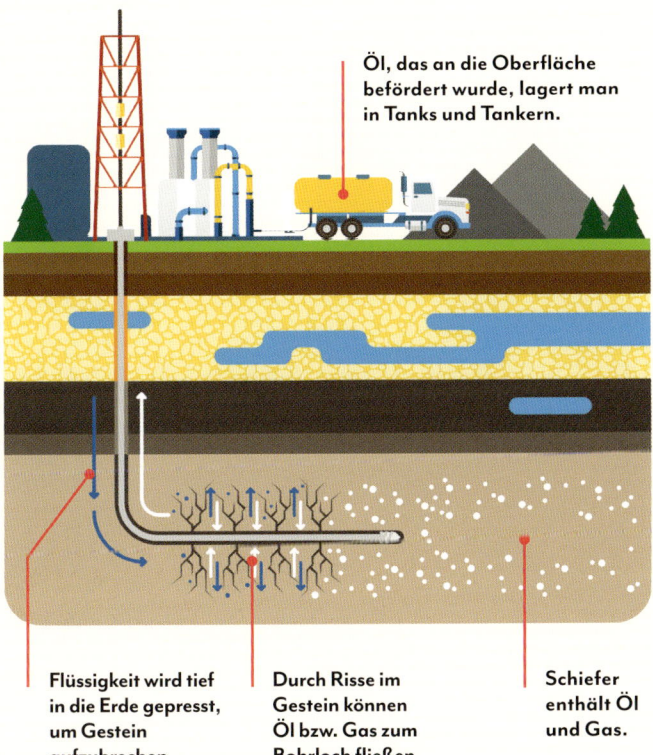

Öl, das an die Oberfläche befördert wurde, lagert man in Tanks und Tankern.

Flüssigkeit wird tief in die Erde gepresst, um Gestein aufzubrechen.

Durch Risse im Gestein können Öl bzw. Gas zum Bohrloch fließen.

Schiefer enthält Öl und Gas.

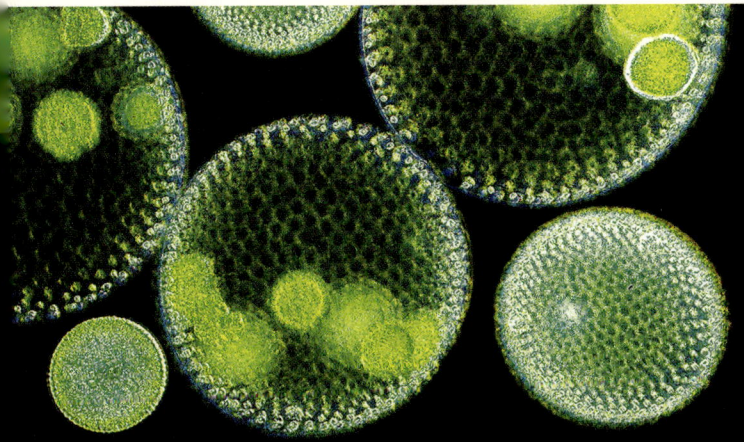

FAKTastisch!

Ein Öltropfen ist wie eine Batterie, aufgeladen vom Sonnenlicht. Vor Millionen Jahren fand die Aufladung statt, als die Sonne auf Pflanzen und winzige Meeresorganismen namens Phytoplankton schien. Diese Lebensformen wandelten mithilfe der Sonnenenergie chemische Stoffe in Nahrung um – der Prozess heißt Photosynthese. Als sie nach ihrem Tod zu Öl wurden, wurde die eingeschlossene Energie konzentriert und das Öl zu einer Energiequelle.

Folgen der Nutzung fossiler Brennstoffe
AUFGELISTET

Fossile Brennstoffe sind wichtige Energiequellen, doch können sie auf vielfältige Weise die Umwelt schädigen.

1. Landschaftsschäden Das Abbauen, Fördern, Verarbeiten sowie der Transport von Öl, Gas und Kohle verändern das Landschaftsbild und stören die Tierwelt.

2. Wasserverunreinigungen Die Förderung fossiler Brennstoffe kann Trinkwasser wie das Grundwasser (unterirdisches Wasser) verunreinigen; Grundwasser macht 30 % des weltweiten Süßwasservorrats aus.

3. Gesundheitsrisiken Beim Abbau fossiler Brennstoffe gelangen oft giftige Chemikalien in die Luft. Die können Krankheiten und sogar Todesfälle verursachen.

4. Globale Erwärmung Beim Verbrennen fossiler Energieträger werden große Mengen an Kohlendioxid freigesetzt. Dies führt zum Anstieg der Erderwärmung.

5. Schadstoffemissionen Kohlekraftwerke stoßen giftige Stoffe wie z. B. Quecksilber und Schwefel aus.

6. Smog Benzin- und dieselbetriebene Fahrzeuge blasen giftiges Kohlenmonoxid sowie Stickstoffoxid in die Luft und erzeugen so – an heißen Tagen – eine Mischung aus Rauch und Nebel, die man Smog nennt.

7. Ozeanversauerung Verbrennung fossiler Brennstoffe verändert die chemische Zusammensetzung des Meerwassers, was sich schädlich auf Korallen und andere Meereslebewesen auswirkt.

BEKANNTE UNBEKANNTE

Wann sind die fossilen Brennstoffe aufgebraucht?

Wenn die fossilen Brennstoffe unter der Erde herausgeholt sind, gibt es keinen Nachschub mehr. Wir wissen nicht, wie viel davon noch übrig ist. Experten gehen davon aus, dass wir knapp die Hälfte der fossilen Brennstoffe unseres Planeten verbraucht haben. So könnten wir bis zum Ende des 21. Jahrhunderts Öl und Gas und bis Anfang des 22. Jahrhunderts die ganze Kohle aufgebraucht haben.

50%?

85

WASSERWELT

Ozeane, Seen und Flüsse bedecken drei Viertel der Erde. Etwa 97 Prozent sind Salzwasser in den Ozeanen, etwa 2 Prozent Gletscher und Eisdecken, ein halbes Prozent liegt unter der Erde. Nur ein winziger Teil ist trinkbares, oberirdisches Süßwasser. Es wird auch für menschliche Aktivitäten wie Baugewerbe, Industrie und Landwirtschaft gebraucht.

Der Wasserkreislauf

Das Süßwasser auf der Welt wird ständig von der Natur wiederaufbereitet. Die Verdunstung von Ozeanen, Seen und Pflanzenblättern setzt der Luft Wasserdampf zu. Der Dampf kühlt ab und kondensiert zu winzigen Wassertröpfchen, aus denen sich Wolken bilden. Die Tröpfchen verbinden sich und fallen in Form von Regen oder Schnee wieder auf den Boden.

FAKTastisch!

Das Wasser, das du trinkst, könnte bereits von Dinosauriern getrunken worden sein! Wasser gibt es auf der Erde seit Anbeginn unseres Planeten – sprich 4,6 Milliarden Jahre. Das meiste davon ist altes Wasser, das immer und immer wiederverwendet wurde.

Wenn Wasserdampf aufsteigt, kühlt die Luft ab, und der Dampf kondensiert zu Wolkentröpfchen.

Wolken bestehen aus Wassertropfen und Eiskristallen, die so winzig sind, dass sie in der Luft schweben.

In Städten, wo alles mit Gebäuden und Straßen bedeckt ist, kann weniger Regenwasser in den Grund sickern. Die Menschen erzeugen Abwasser, zu Hause und in Unternehmen.

Wenn die Wassertropfen und Eiskristalle zu groß werden, fallen sie als Regen oder Schnee auf den Boden.

Regenwasser und geschmolzener Schnee fließen übers Festland in Flüsse und Bäche, die sie zurück ins Meer befördern.

Gefrorenes Wasser lagert in Form von Schnee oder Gletschern.

Wasser verdunstet von der Oberfläche von Blättern. Diesen Vorgang nennt man Transpiration.

Ein Teil des Regenwassers sickert in den Boden ein. Pflanzen nehmen etwas davon durch ihre Wurzeln auf.

Ein Teil des Grundwassers – das Wasser von Regen und Schnee, das sich im Boden oder in Felsspalten hält – sickert in Fließgewässer.

Beratender Experte: David M. Hannah **Siehe auch:** Asteroiden, S. 40–41; Die Geburt der Erde, S. 56–57; Das Eis der Erde, S. 88–89; Die Atmosphäre, S. 90–91; Wetter, S. 92–93; Wirbelstürme, S. 94–95; Klima, S. 96–97; Natürlicher Klimawandel, S. 98–99

BEKANNTE UNBEKANNTE

Woher stammt das Wasser auf der Erde?

Die Erde ist unter den Gesteinsplaneten unseres Sonnensystems einzigartig, weil es Ozeane aus flüssigem Wasser auf seiner Oberfläche gibt. Wissenschaftler glauben, dass das Oberflächenwasser der Erde von vereisten Asteroiden stammt, die in frühester Zeit hier einschlugen: Im Wasser unserer Ozeane und in dem von Asteroiden liegt die Wasserstoffvariante Deuterium in gleichem Umfang vor. Es gibt aber auch Wasser tief im Inneren der Erde, das eingeschlossen wurde, als die Erde entstand; somit könnte ein Großteil unseres Wassers schon von Anfang an hier gewesen sein.

Die längsten Flüsse
AUFGELISTET

Experten sind oft uneins, wo die Flüsse jeweils beginnen und enden. Die Liste enthält auch Flusssysteme.

1. Der Nil ist ca. 6650 Kilometer lang und besitzt zwei Quellflüsse, den Weißen Nil und den Blauen Nil. Er fließt durch den Nordosten Afrikas ins Mittelmeer.

2. Der Amazonas fließt über 6400 Kilometer durch Südamerika in den Atlantik. Er führt mehr Wasser als jeder andere Fluss.

3. Der Jangtse ist 6300 Kilometer lang und der längste Fluss, der vollständig in einem Land fließt, nämlich China. Er mündet ins Ostchinesische Meer.

4. Das Missouri-Mississippi-System ist 5971 Kilometer lang und fließt durch 31 amerikanische Staaten sowie zwei kanadische Provinzen. Es mündet in den Golf von Mexiko.

5. Das Jenissej-Angara-Selenga-System ist 5540 Kilometer lang. Es beginnt als Selenga in der Mongolei, fließt dann in die Angara und den Jenissej und schließlich quer durch Russland in den Arktischen Ozean im Norden.

6. Der Gelbe Fluss, auch Huang He, ist 5464 Kilometer lang. Er fließt durch China und mündet nahe Peking ins Ostchinesische Meer.

7. Das Ob-Irtysch-System ist 5410 Kilometer lang, entspringt im Nordwesten Chinas und fließt durch Kasachstan und Russland in die Karasee, ein Randmeer des Arktischen Ozeans.

Wieso schlängeln sich Flüsse?

Alle Flüsse winden sich. Wenn sie dem Meer näher kommen, fließen sie über weite weiche Ebenen aus Schluff (Erde und Gesteinskörner). Sie bilden S-förmige Schleifen, die man als Mäander bezeichnet. An den Biegungsaußenseiten, wo das Wasser schneller fließt, tragen sie die Ufer ab, und an den Innenseiten, wo der Fluss langsamer fließt, lagern sie Silt ab.

Experten-Kommentar

DAVID M. HANNAH
Hydrologe

Er ist fasziniert vom Kreislauf des Wassers: Woher kommt es, wohin geht es und was passiert auf seinem Weg? Professor Hannah meint, die größte Herausforderung in Zukunft wird die Sicherstellung der Wasserversorgung für alle Menschen sein.

„Wir müssen verstehen, wie Menschen und Wasserkreislauf einander beeinflussen, um uns diese wertvolle Ressource nachhaltig zu bewahren."

87

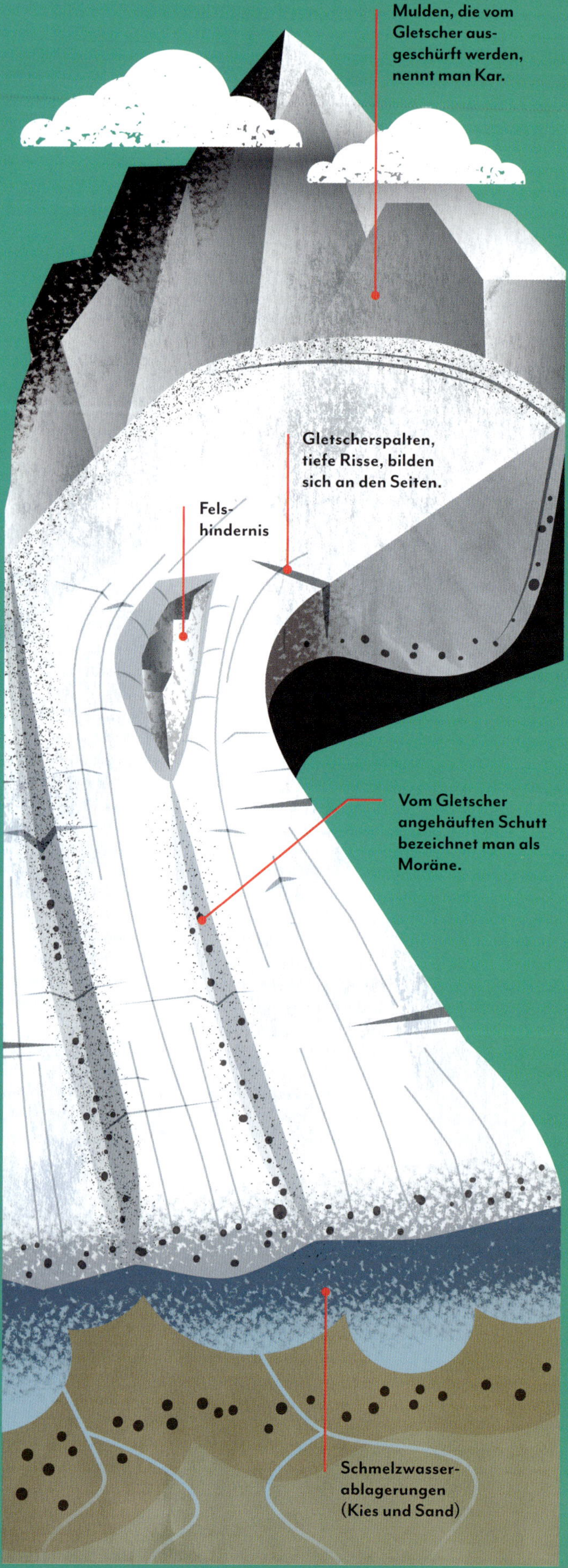

Mulden, die vom Gletscher ausgeschürft werden, nennt man Kar.

Gletscherspalten, tiefe Risse, bilden sich an den Seiten.

Felshindernis

Vom Gletscher angehäuften Schutt bezeichnet man als Moräne.

Schmelzwasserablagerungen (Kies und Sand)

DAS EIS DER ERDE

Zwei Drittel unserer Süßwasservorräte sind gefroren. Ein Teil davon ist Schnee, ein Teil ist in Gletschern eingeschlossen. Doch der Großteil des gefrorenen Wassers auf der Erde liegt in zwei gigantischen Eisschilden. Das war nicht immer so. Zu verschiedenen Zeitpunkten der Erdgeschichte war der Planet so gut wie eisfrei. Zu anderen Zeiten war die Erde vielleicht ein Schneeball und komplett zugefroren. Über längere Zeitabschnitte, die man Eiszeiten nennt, blieb das Wetter sehr kalt und Eisschilde bedeckten jahrtausendelang ein Drittel der Landfläche.

Talgletscher

Gletscher entstehen, wenn sich Schnee in Gebirgstälern auftürmt und zu festem Eis verhärtet. Das Eis fängt schließlich an, den Berg als Gletscher hinabzurutschen – ein zäh fließender Fluss aus Eis, der sich etwa 25 Zentimeter am Tag fortbewegt. Aufgrund des immensen Gewichts ihres Eises können Gletscher tiefe U-förmige Täler aushöhlen.

BEKANNTE UNBEKANNTE

Wieso sind manche Eisberge grün?

Die meisten Eisberge haben eine bläuliche Färbung, doch in der Antarktis sind manche grün (sie werden Jadeberge genannt). Wir wissen nicht, wieso. Eine Theorie besagt, dass gelblich-rote Eisenoxidpartikel, die von Gletschern abgeschabt wurden, die Eisberge im Zusammenspiel mit ihrer gewöhnlichen blauen Farbe grün erscheinen lassen.

Beratender Experte: Mark C. Serreze **Siehe auch:** Die Erde, S. 64–65; Wasserwelt, S. 86–87; Wetter, S. 92–93; Klima, S. 96–97; Natürlicher Klimawandel, S. 98–99; Die Enden der Welt, S. 184–185; Schmelzendes Eis, S. 186–187

Eisschilde

Eisflächen, die sich über 50 000 Quadratkilometer oder mehr erstrecken, bezeichnet man als Eisschilde. Sie entstehen da, wo im Winter viel Schnee fällt, der im Sommer nicht schmilz. Die zwei großen Eisschilde, die Grönland und die Antarktis bedecken, speichern den Großteil des weltweiten Süßwasservorrats. Sollte die antarktische Eisdecke schmelzen, würde der Pegel der Weltmeere um etwa 60 Meter steigen, was das Aussehen unseres Planeten deutlich verändern würde.

Gewaltige Eisblöcke können am Rand von Gletschern abbrechen und Eisberge bilden. Diesen Prozess nennt man Kalben.

Eisberge sehen blau aus, wenn ihr Eis eine hohe Dichte aufweist. Weiß erscheinende Eisberge enthalten dagegen sehr viele Luftbläschen.

Meereis

Der Nordpol liegt mitten im Arktischen Ozean, nicht an Land wie der Südpol. Der Arktische Ozean ist bedeckt von schwimmendem Eis, dessen Ränder im Winter wachsen und im Sommer schmelzen. Die Erderwärmung lässt das Meereis dramatisch zurückgehen, und 95 Prozent des alten Eises – Eis, das älter als vier Jahre ist – sind bereits geschmolzen. Das mehrjährige Eis ist dick und hält das restliche Eis zusammen. Fehlt es, bricht das Eis auseinander und schmilzt noch schneller.

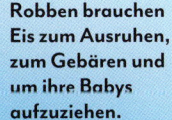

Robben brauchen Eis zum Ausruhen, zum Gebären und um ihre Babys aufzuziehen.

DIE ATMOSPHÄRE

Die Erde ist eigehüllt in eine dicke Decke aus Gasen: ihre Atmosphäre. Ohne sie wäre Leben auf der Erde nicht möglich. Sie versorgt uns mit der Luft, die wir atmen, und dem Wasser, das wir trinken. Sie speichert die Wärme der Sonne und schützt uns gleichzeitig vor gefährlichen Sonnenstrahlen sowie vor Meteoroiden. Die Atmosphäre besteht aus fünf Schichten, von denen jede ihre eigene Gasdichte und Temperatur hat. Sie setzt sich zusammen aus 78 Prozent Stickstoff und 21 Prozent Sauerstoff. Alle anderen Gase machen lediglich ein Prozent aus.

EXOSPHÄRE: 600–10.000 KM ÜBER DER ERDOBERFLÄCHE

THERMOSPHÄRE: 85–600 KM ÜBER DER ERDOBERFLÄCHE

MESOSPHÄRE: 50–85 KM ÜBER DER ERDOBERFLÄCHE

STRATOSPHÄRE: 14,5–50 KM ÜBER DER ERDOBERFLÄCHE

TROPOSPHÄRE VON DER ERDOBERFLÄCHE BIS IN 8–14,5 KM HÖHE

Meteore
Gesteinsbrocken, die beim Eintritt in die Erdatmosphäre zu leuchten beginnen; die meisten verglühen in der Mesosphäre.

Polarlichter
Wenn hochenergetische Teilchen von der Sonne auf die Gase der Thermosphäre treffen, erscheinen am Polarhimmel farbige Lichter.

Wetter
Das Wetter auf der Erde entsteht in der Troposphäre, wobei die Gewitterwolken der stärksten Tropenstürme bis an den Rand der Stratosphäre reichen können.

Leuchtende Nachtwolken
Diese Wolken aus Eis werden im Sommer manchmal in der Mesosphäre sichtbar, nachdem die Sonne untergegangen ist.

Beratender Experte: Paul Ullrich **Siehe auch:** Unser Sonnensystem, S. 28–29; Raketen, S. 44–45; Künstliche Satelliten, S. 46–47; Bemanntes Raumschiff, S. 48–49; Wasserwelt, S. 86–87; Wetter, S. 92–93; Klima, S. 96–97; Natürlicher Klimawandel, S. 98–99

Geostationäre Satelliten
Insbesondere Fernseh- und Wettersatelliten bleiben in derselben Position über der Erde und umkreisen sie in einer Höhe von 36 000 km.

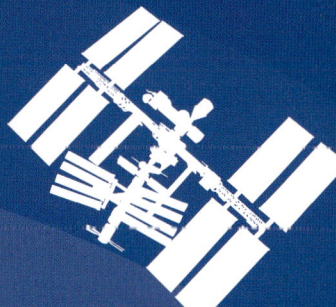

ISS
Die Internationale Raumstation (ISS), auf der Astronauten leben und arbeiten, umkreist die Erde in der Thermosphäre in 400 km Entfernung.

Raumschiffe
Raumschiffe können die Erde in einer erdnahen Umlaufbahn (Low Earth Orbit) umkreisen, die sich in einer Höhe zwischen 160 und 1600 km befindet.

Fallschirmspringer
In den USA stellte 2014 Alan Eustace den Weltrekord für den längsten freien Fall bei einem Fallschirmsprung auf, als er aus 41,4 km Höhe sprang.

Passagierflugzeuge
Um unangenehme Turbulenzen zu vermeiden, die Luftströmungen in der unteren Atmosphäre auslösen könnten, fliegen Passagierflugzeuge bis zu 11 km hoch.

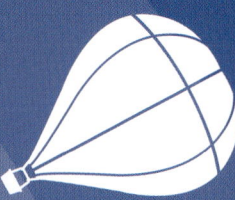

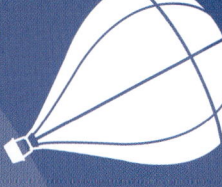

Wetterballons
Wetterballons beobachten das Wetter aus etwa 37 km Höhe. Im Jahr 2002 erreichte der Ballon BU60-1 eine Rekordhöhe von 53 km.

Kampfjets
Im Jahr 1977 erreichte eine sowjetische MIG-25M, geflogen von Alexander Fedotow, eine Rekordhöhe von 37,7 km.

WETTER

Die Wärme der Sonne lässt das Wasser auf der Erde verdunsten. So wird die unterste Schicht der Erdatmosphäre mit Feuchtigkeit versorgt, aus der wiederum Wolken und Regen erzeugt werden. Luftbewegungen zeigen sich in Form von Wind. Das wechselnde Zusammenspiel von Temperaturen, Luftdruck, Wind und Feuchtigkeit in der unteren Atmosphäre ist die Ursache für jegliche Wetterlage.

Polarhoch
Westwindzone
Subtropischer Hochdruckgürtel
Nordostpassat
Innertropische Konvergenzzone (ITC)
Südostpassat
Subtropischer Hochdruckgürtel
Westwindzone

Globale Winde

Wind bläst meistens in eine vorherrschende Richtung. Es gibt drei große Windsysteme auf jeder Seite des Äquators: Ostwinde (von Osten kommend) in den Polargebieten, Westwinde (von Westen kommend) in den gemäßigten oder mittleren Breiten sowie Ostwinde in den Tropen.

Cirrus (Federwolken)
Hoch stehende, zarte Wolken aus Eiskristallen

Cirrocumulus
Böige Luft vermischt stark unterkühlte Wassertröpfchen mit Eiskristallen und häuft Cirruswolken wellig an.

Cirrostratus (Schleierwolken)
Luft steigt auf und breitet einen dünnen Schleier aus Eiskristallen aus, der einen Halo um die Sonne erzeugen kann.

Altocumulus
Diese Wolkenflecken bilden sich in der Nähe von Bergen, wo der Wind die Luft zu Wellen verwirbelt.

Altostratus
Sie entstehen, wenn Cirro-stratuswolken absinken und sich deren Eis mit Wasser vermischt.

Stratocumulus
Diese klumpigen Wolken entstehen manchmal, wenn Stratuswolken aufbrechen.

Nimbostratus
Diese dunklen Regenwolken bilden sich, wenn sich Altostratuswolken verdichten.

Stratus
Diese niederen Schichtwolken entstehen, wenn feuchte Luft über kühleren Gebieten aufsteigt.

Cumulonimbus
Diese riesigen Gewitterwolken türmen sich so hoch auf, dass an ihrer Spitze eisige Cirruswolken stehen; sie bringen Donner, Blitze und starken Regen.

Cumulus (Schäfchenwolken)
Diese bauschigen Wolken entstehen, wenn die Sonne den Boden aufheizt und warme Luft stoßweise in den Himmel aufsteigt.

8 KM ÜBER DEM BODEN

4,8 KM ÜBER DEM BODEN

1,6 KM ÜBER DEM BODEN

Woraus bestehen Wolken?

Es gibt drei Haupttypen: Cirruswolken sind zarte Wolken aus Eiskristallen. Cumuluswolken sind bauschige Haufenwolken, die sich auftürmen, wenn warme Luft aufsteigt. Sie bestehen aus Eiskristallen, Wasser oder einem Mix aus beidem. Stratuswolken – flache, niedere Wolken, die den Himmel mit einer grauen oder weißen Schicht überziehen – können ebenfalls aus Wasser und/oder Eis bestehen.

Beratender Experte: Paul Ullrich **Siehe auch:** Die Erde im All, S. 58–59; Wasserwelt, S. 86–87; Die Atmosphäre, S. 90–91; Wirbelstürme, S. 94–95; Feststoffe, Flüssigkeiten und Gase, S. 112–113; Ökologie, S. 162–163; Das offene Meer, S. 180–181

FAKTastisch!

Eine durchschnittliche Cumuluswolke wiegt so viel wie 100 Elefanten!
Forscher haben berechnet, dass 0,5 Gramm Wasser in jedem Kubikzentimeter Wolke stecken. Die Größe einer Durchschnittswolke beträgt ungefähr eine Milliarde Kubikmeter. Somit wiegt sie eine halbe Million Kilogramm.

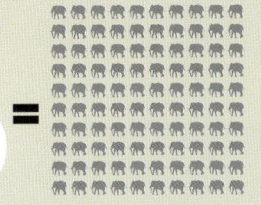

Es regnet!

Es fängt an zu regnen, wenn die Tröpfchen oder Eiskristalle in Wolken so groß und schwer geworden sind, dass sie nicht mehr in der Luft schweben können. In warmen tropischen Wolken verschmelzen die Tröpfchen, wenn sie aneinandergedrängt werden, und fallen als Regentropfen zum Boden. In eisigen Wolken dagegen werden die Eiskristalle Stück für Stück größer und schmelzen zu Regenwasser, während sie nach unten fallen.

Schneeflocken

Jede Schneeflocke hat ihre eigene, einzigartige Form, die unter dem Mikroskop sichtbar wird. Doch besitzen die meisten Schneeflocken sechs Spitzen oder sechs Seiten und stellen eine von sieben Grundformen dar: Plättchen, Säulen, Säulen mit „Deckeln", Sterne, Nadeln, Dendriten (mit kleinen Zweigen) und irreguläre Formen (typischerweise beschädigte Schneeflocken). Welche Form eine Schneeflocke annimmt, hängt von der Temperatur und dem Feuchtigkeitsgehalt ihrer Wolke ab.

Plättchen

Säule

Gedeckelte Säule

Stern   **Nadel**

Dendrit

Irregulär

Wetterkarten lesen

Meteorologen beobachten die Witterungsverhältnisse: Temperatur, Wind, Druck, Luftfeuchtigkeit und Niederschlag. Wenn sie diese Informationen mit früheren Mustern vergleichen und mithilfe von Computern die Atmosphäre simulieren, können sie angeben, wie sich das Wetter wahrscheinlich entwickeln wird. Linien und Symbole auf Wetterkarten zeigen die Art von Niederschlag (Regen oder Schnee), den Grad der Bewölkung sowie Windstärke und -richtung an.

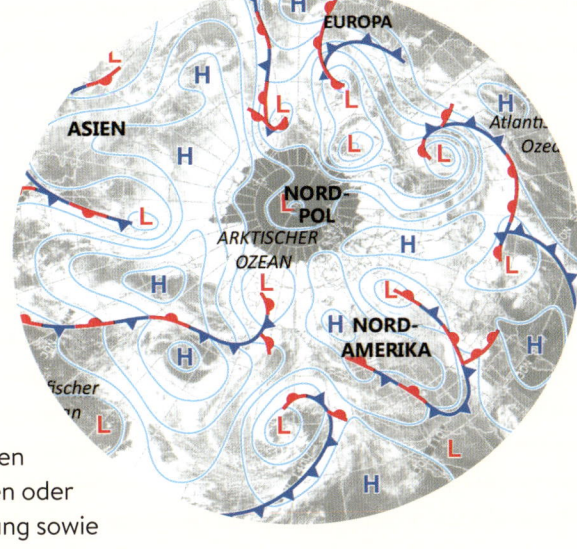

Kaltfront
Kalte Luft verdrängt warme Luft.

Warmfront
Warme Luft verdrängt kalte Luft.

Okklusionsfront
Eine Kaltfront überlagert eine Warmfront.

Stationäre Front
Warm- und Kaltfronten strömen gegeneinander.

H Hochdruckgebiet
Ein Gebiet, in dem kühle trockene Luft zu einem klaren Himmel führt.

L Tiefdruckgebiet
Ein Gebiet, in dem warme feuchte Luft zu einem bewölkten Himmel führt.

Isobaren
Je näher die Isobaren beieinanderliegen, desto stärker ist der Wind.

Aus einer Wolke, der „Superzelle", entwickelt sich der Tornado.

Eine Trichterwolke wächst aus der Superzelle nach unten und rotiert in einer immer enger werdenden Spirale, je näher sie dem Boden kommt.

Wirbelstürme live

Tornados entwickeln sich aus gewaltigen Gewitterwolken nach unten. Sie dröhnen wie ein Zug, während sie mit Geschwindigkeiten von 50 bis 120 km/h übers Land rasen, reißen dabei Gebäude ein, entwurzeln Bäume, schleudern Autos in die Luft. Der Wind wirbelt mit 100 bis 500 km/h oder noch mehr um den Tornado herum und erzeugt dabei einen solchen Unterdruck im Zentrum, dass Objekte wie von einem gigantischen Staubsauger nach oben gezogen werden.

Schutt und Staub werden nach oben geschleudert, wo der Tornado aufsetzt.

WIRBELSTÜRME

Hurrikans sind riesige Wirbelstürme, die Hunderte Kilometer Durchmesser haben können. Sie ziehen meist vom Atlantik in den Golf von Mexiko. Als Taifune und Zyklone werden Hurrikans im Indischen und Pazifischen Ozean bezeichnet. Tornados sind davon abzugrenzen, da sie einige Meilen übers Land fegen, bevor sie abflauen.

Hurrikan im Anmarsch

Mittels Satelliten können wir Hurrikans verfolgen. Sie entstehen in Äquatornähe über dem Meer und ziehen westwärts, bevor sie nach Nordosten abdrehen. Auf der nördlichen Halbkugel drehen sie gegen den Uhrzeigersinn, auf der Südhalbkugel im Uhrzeigersinn.

Spiralförmige Gewitterwolken bringen schwere Regenfälle.

Das Zentrum eines Hurrikans, das Auge, ist wolkenlos und windstill. An der „Eyewall" um das Auge herum fällt der Wind dagegen am stärksten aus.

Beratender Experte: Paul Ullrich **Siehe auch:** Wetter, S. 92–93; Klima, S. 96–97; Die Folgen des Klimawandels, S. 364–365

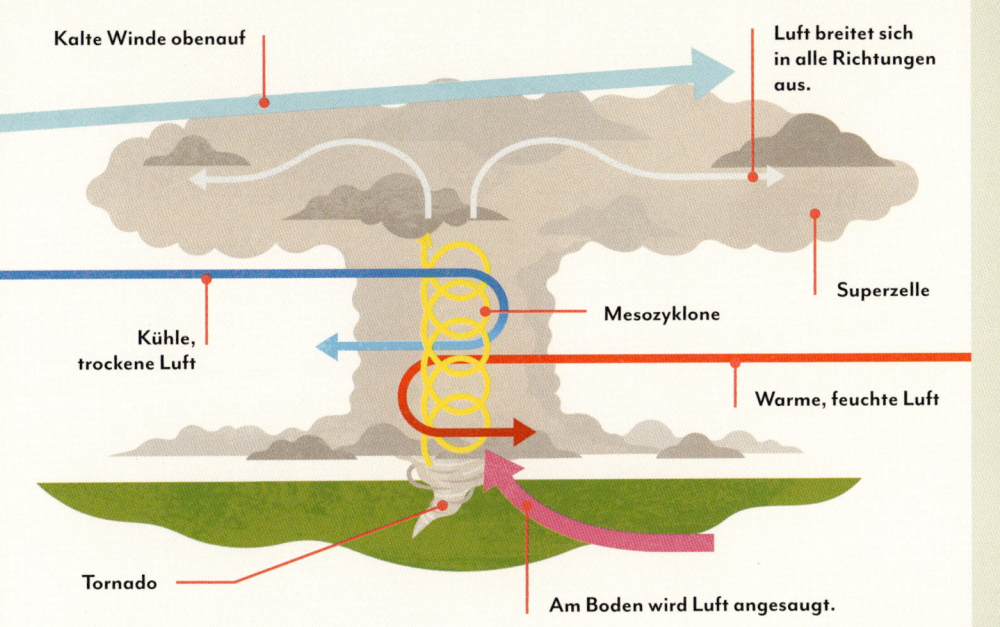

Kalte Winde obenauf

Luft breitet sich in alle Richtungen aus.

Kühle, trockene Luft

Mesozyklone

Superzelle

Warme, feuchte Luft

Tornado

Am Boden wird Luft angesaugt.

Der Beginn eines Tornados

Ein starker Aufwind bündelt sich zu einer wirbelnden Luftsäule mit 10 bis 20 Kilometer Durchmesser. Diese Luftsäule, Mesozyklone genannt, rotiert anfangs nur schwach, doch wird der Wirbel durch nachströmende Luft verstärkt. Von einem Tornado spricht man, sobald sein wirbelndes Zentrum den Boden erreicht.

Sturmjäger

Manche Leute sind so von Tornados fasziniert, dass sie ihr Leben riskieren, um welche aus der Nähe zu sehen. Der amerikanische Sturmjäger Sean Casey hat zwei gepanzerte Tornado-Abfang-Fahrzeuge (engl. TIV) gebaut, um innerhalb eines Tornados mit einer IMAX-Kamera zu filmen. Die TIV verfügen über ein drehbares Kamerastativ, Wettersensoren, kugelsichere Fenster und Metallschürzen, die den Unterboden des Fahrzeugs schützen.

FAKTastisch!

2012 schleuderte ein Tornado in Dallas 18-rädrige Trucks in die Luft. Der gewaltige Wirbelsturm riss die 30 bis 40 Tonnen schweren Trucks mit sich wie Spielzeugautos.

Wie man die Stärke eines Hurrikans misst

Die Stärke eines Hurrikans lässt sich von 1 bis 5 auf der Saffir-Simpson-Skala einstufen, je nach maximaler andauernder Windgeschwindigkeit des Hurrikans. Anhand der Skala lässt sich auch der Schaden an Gebäuden und Bäumen abschätzen. Da Hurrikans ihre Energie aus aufsteigendem Wasserdampf aus dem Meer beziehen, werden sie schwächer, sobald sie auf Festland treffen.

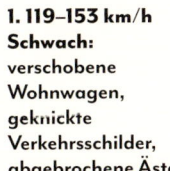

1. 119–153 km/h Schwach: verschobene Wohnwagen, geknickte Verkehrsschilder, abgebrochene Äste

2. 154–177 km/h Mäßig: umgeworfene Wohnwagen, abgedeckte Dächer

3. 178–208 km/h Stark: starke Beschädigung kleinerer Gebäude, einzelne umgestürzte Bäume

4. 209–251 km/h Sehr stark: entwurzelte Bäume überall, enorme Schäden an allen Gebäuden

5. Über 252 km/h Verwüstend: fast alle Gebäude und Straßen zerstört

Die schlimmsten tropischen Wirbelstürme

AUFGELISTET

Tropische Wirbelstürme können tödliche Sturmböen mit sich bringen.

Der tödlichste Sturm
Bhola-Zyklon
Ort: Ostpakistan, heute Bangladesch
Datum: November 1970
Todesopfer: bis zu 500 000 Menschen

Der stärkste Wind
Zyklon Olivia
Ort: Barrow Island, Westaustralien
Datum: April 1996
Windgeschwindigkeit: 408 km/h

Das meiste Wasser
Zyklon Hyacinthe
Ort: La Réunion, Indischer Ozean
Datum: Januar 1980
Gesamtniederschlag: 6083 mm

KLIMA

Jeder Teil der Erde verfügt über ein eigenes Klima, wenn auch viele Orte ein ähnliches Klima aufweisen. Klima und Wetter sind nicht das Gleiche. Das Wetter kann sich von einem Tag auf den anderen ändern. Klima hingegen bezeichnet das durchschnittliche Wetter über einen langen Zeitraum – wie warm oder kalt, nass oder trocken es eben die meiste Zeit ist. Klima beschreibt auch, wie oft an einem Ort unnormale oder extreme Wetterereignisse vorkommen.

Die Klimazonen der Erde

Am wärmsten ist es in den Tropen am Äquator, wo die Sonneneinstrahlung am stärksten ist. Nördlich und südlich davon liegen die (warmen und feuchten) Subtropen. Das kälteste Klima ist in den Polargebieten beheimatet, wo das Sonnenlicht nur schwach ankommt. Dazu gehört auch die baumlose, eisige Tundra. Die gemäßigten Zonen weisen eher mittlere (statt extreme) Temperaturen auf. Und das Hochlandklima zeichnet sich durch große Temperaturunterschiede zwischen Tag und Nacht aus.

Die Rolle der Ozeane

Die Ozeane liefern die Feuchtigkeit, die das Wetter bestimmt. Sie verlangsamen auch den Klimawandel, indem sie Wärme und Kohlendioxid aus der Atmosphäre absorbieren. Doch den Ozeanen geht der Platz dafür aus. Infolgedessen wird die Atmosphäre mehr Wärme speichern, und das Klima auf der Erde könnte extremer und stürmischer werden.

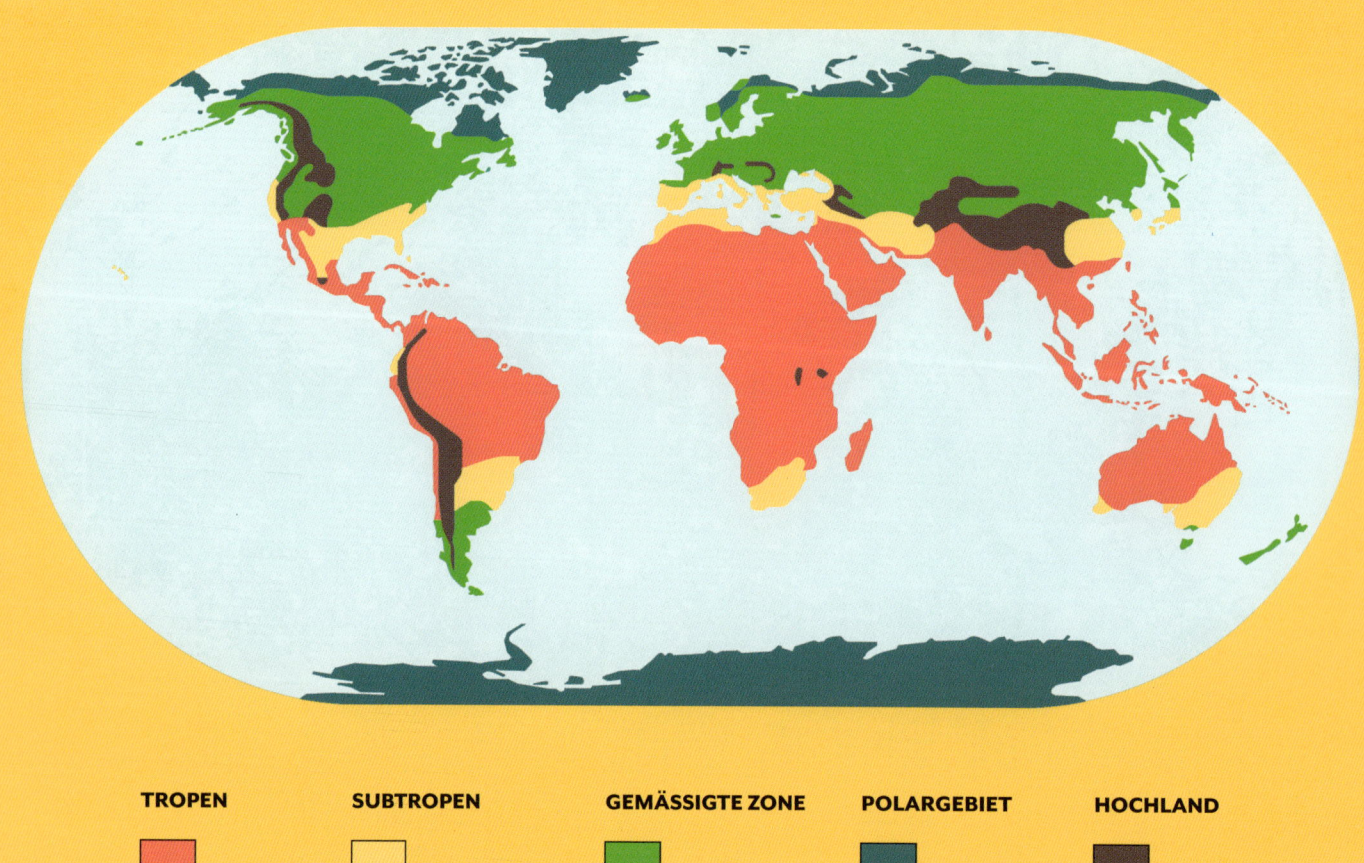

TROPEN   **SUBTROPEN**   **GEMÄSSIGTE ZONE**   **POLARGEBIET**   **HOCHLAND**

Der Treibhauseffekt

In der Luft bildet Kohlendioxid zusammen mit anderen Gasen eine Schicht, die sich wie Glas in einem Treibhaus verhält. Die Gase lassen das Licht hindurch und verlangsamen das Entweichen von Hitze. Das hält die Erde warm. Dieser Treibhauseffekt ist ganz natürlich, jedoch haben ihn die Menschen auf ein schädliches Niveau angehoben, indem sie Kohle und Öl verbrennen und in großem Stil Viehzucht betreiben.

Das Sonnenlicht, das auf die Erde trifft, ist ein Mix aus Lichtstrahlen. Einige davon werden zurück ins Weltall reflektiert.

Sonne

Treibhausgase

Aufgrund der Treibhausgase wird die Hitze langsamer ans All zurückgegeben. Ein Großteil der Wärme, die sie in der Atmosphäre speichern, bleibt eingeschlossen.

Der Boden nimmt einen Teil der Sonnenenergie auf und gibt sie dann als Wärme wieder ab.

Wodurch das Klima beeinflusst wird

Klimazonen werden anhand der monatlichen Durchschnittswerte von Temperatur und Niederschlag in einer Region eingeteilt. Manchmal findet man in Gebieten, die gar nicht weit voneinander entfernt liegen, völlig unterschiedliche Klimata vor. In dem Fall spricht man von Mikroklima. Viele verschiedene Faktoren können ein Mikroklima schaffen, wie z. B. Berge, die Regenwolken zurückhalten, oder Gebäude, die Hitze speichern. Folgende Faktoren beeinflussen das Klima auf natürliche Weise:

Fällt Sonnenlicht in flachem Winkel auf die Erde, verteilt es sich über ein großes Gebiet und ist dadurch schwächer, als wenn die Sonne senkrecht steht.

Wolken blockieren und reflektieren das Sonnenlicht, sodass es nicht so warm wird. Andererseits verhindern sie, dass die Erde schnell abkühlt.

In gemäßigten Zonen sorgen Regen bringende Westwinde für mehr Niederschlag auf der Westseite von Kontinenten.

Gebirgszüge sorgen für Regen, indem sie Regenwolken den Weg versperren, woraufhin diese Feuchtigkeit ablassen müssen, um über den Gipfel zu kommen.

Ozeane bringen Feuchtigkeit und sorgen für ein nasseres Klima an den Küsten. Außerdem brauchen sie länger als Land, um sich zu erwärmen oder abzukühlen.

Bäume geben Feuchtigkeit an die Luft ab und beschatten den Boden, was ein ausgeglichenes Klima fördert. Sie nehmen Kohlendioxid auf und mildern so den Treibhauseffekt.

FAKTastisch!

Ohne ihren natürlichen Treibhauseffekt wäre die Erde überall wie die Antarktis – der kälteste Ort der Welt. Die Temperaturen würden um ungefähr 33 °C fallen und der ganze Planet wäre von Eis bedeckt. Leben, wie wir es kennen, wäre so nicht möglich.

NATÜRLICHER KLIMAWANDEL

Immer wieder gab es Zeiträume, in denen es viel kälter oder wärmer bzw. feuchter oder trockener als heute war. Diese Verschiebungen können durch kleine Schwankungen der Erdneigung oder Veränderungen der Erdumlaufbahn ausgelöst werden, weil sich die Erde dadurch näher zur Sonne hin- oder weiter von ihr wegbewegt. Auch die langsame Bewegung der Landmassen, das Schrumpfen der Eisschilde und die Aktivitäten aller Lebewesen haben Auswirkungen auf das Klima.

Schneeball Erde

Vor ungefähr 650 Millionen Jahren war die Erde so kalt, dass sie womöglich komplett von Eis oder Eisschlamm ummantelt war. Für Lebewesen war diese Schneeball-Erde katastrophal. Ihr Ende könnte zur Entstehung Sauerstoff atmender Organismen geführt haben sowie zur explosionsartigen Verbreitung allen Lebens.

Megawüste

Vor etwa 250 Millionen Jahren waren alle Kontinente der Welt miteinander verbunden in einer gigantischen Landmasse. Das Klima war äußerst heiß, und im Herzen der Landmasse entstand eine schier endlose Sandwüste. Viele Tierarten konnten in dieser glühend heißen Welt nicht überleben und starben aus. Überreste dieser Megawüste sind die gewaltigen Sandsteinfelsen im Monument Valley in Arizona und Utah in den USA.

Beratender Experte: Paul Ullrich **Siehe auch:** Unser Sonnensystem, S. 28–29; Die Sonne, S. 30–31; Plattentektonik, S. 66–67; Wasserwelt, S. 86–87;

ASIEN

NORD-AMERIKA

Über die Beringbrücke konnten Mensch und Tier von Asien nach Nordamerika gelangen.

Veränderungen des Meeresspiegels

Ozeane steigen an und sinken ab, je nachdem, wie sich das Klima ändert. Asien und Nordamerika waren einst durch eine Landbrücke verbunden, die Beringbrücke. Diese Region wurde überflutet, als die gigantischen Eisschilde in Europa und Nordamerika nach der letzten Eiszeit vor 11 700 Jahren schmolzen.

Hinweise auf frühere Klimata

Experten, die nach Hinweisen auf vergangene klimatische Verhältnisse auf der Erde suchen, nennt man Paläoklimatologen. Sie untersuchen Täler, die von eiszeitlichen Gletschern geformt wurden, oder sehen sich Eisbohrkerne, Baumjahresringe oder alte Korallen an. Das hilft zu verstehen, wie das Klima vor Hunderttausenden oder sogar Millionen von Jahren ausgesehen hat.

Eiskerne werden durch Bohrungen im Polareis gewonnen, das sich über lange Zeit gebildet hat. Es enthält Informationen zu Klimaveränderungen.

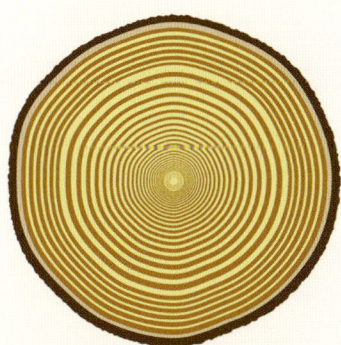

Unterschiedliche Breiten und Muster in Jahresringen offenbaren die wechselnden Witterungsverhältnisse im Leben eines Baums.

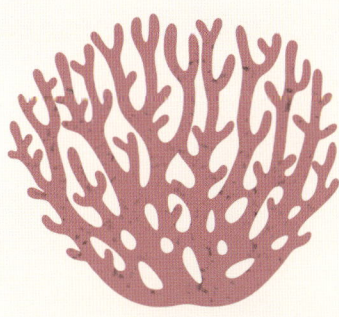

Muster in alten Korallenskeletten können Niederschläge und Temperaturen während einer Wachstumsphase vor vielen Jahren aufzeigen.

BEKANNTE UNBEKANNTE

Ist der Klimawandel die Ursache für das Aussterben der Megafauna?

Vor Zehntausenden Jahren bevölkerten große Tiere, die man auch als Megafauna bezeichnet, unsere Erde. Es gab Otter in der Größe von Wölfen, nashornähnliche Tiere, zweimal so groß wie Elefanten, und einen Verwandten unserer Giraffe, das *Sivatherium giganteum*. Menschliche Jäger haben wohl einige von ihnen getötet. Doch womöglich fielen diese Tiere auch dem Klimawandel zum Opfer, da sie es nicht schafften, sich den raschen Veränderungen ihres Lebensraums anzupassen.

Experten-Kommentar

PAUL ULLRICH
Klimaforscher

Sein Interesse an Klimaforschung war geweckt, nachdem er ein Weltraum-Abenteuer-Videospiel designt und dafür über die Atmosphären verschiedener Planeten nachgedacht hatte. Seither befasst er sich genauer mit den Atmosphären, insbesondere mit der Erdatmosphäre.

„Die große ungelöste Frage in der Klimaforschung lautet: Wie lässt sich das langfristige Überleben unserer Spezies sicherstellen?"

So ein Klumpen Pyrit – auch als Katzengold bezeichnet – kann schon mal mit echtem Gold verwechselt werden. Er schimmert und sieht aus wie Gold, besteht in Wahrheit jedoch aus Eisensulfit und ist fast wertlos. 1577 belud der Pirat Martin Frobisher mit 200 Tonnen davon sein Schiff – in dem Glauben, es sei ein mineralischer Schatz – und segelte damit von Kanada nach England. Pech für ihn, dass es sich um wertlosen Pyrit und nicht um Gold handelte!

KAPITEL 3
MATERIE

Eine faszinierende Vorstellung: Alles Gold der Welt (und alle anderen Metalle, die schwerer sind als Eisen) ist durch einen Zusammenprall von Sternen entstanden, bevor unsere Sonne schien oder die Erde existierte. Demnach sind einige Stoffe um uns herum mehrere Millionen Jahre alt. Plastik dagegen wurde erst vor etwa 150 Jahren von einem Mann erfunden, der nach einer preiswerten Herstellungsmöglichkeit für Billardkugeln suchte.

Die Welt um uns herum und auch wir selbst sind eine ständig in Bewegung befindliche Mischung aus Feststoffen, Flüssigkeiten und Gasen. Alle Materie besteht aus Molekülen, die aus Atomen zusammengesetzt sind, die aus noch kleineren Teilchen bestehen. Zu den kleinsten gehören einige mit so seltsamen Namen wie „Top", „Down", „Strange" oder „Charm". Im Lauf der vergangenen 200 Jahre wurden über 14 Millionen verschiedene Verbindungen beschrieben, und jedes Jahr kommen Millionen weiterer Entdeckungen hinzu. Und jede Verbindung, von Salz bis Beton, hat ihre eigenen, ganz einzigartigen Eigenschaften, von denen viele die Welt, in der wir leben, bestimmt und verändert haben. All diese Stoffe sind auch selbst dem Wandel unterworfen. Sie können brennen, gefrieren oder radioaktiv zerfallen, gedehnt oder gepresst werden ... aber dazu später mehr.
Willkommen in der Welt der Materie!

DAS ATOM

Alle Materie im Universum, ob Luft, Wasser, Pflanzen oder Tiere, besteht aus unglaublich vielen winzigen Atomen. Der menschliche Körper enthält etwa 7 Millionen Milliarden Billionen Atome. Atome sind im Prinzip unscharfe Energiekügelchen. Eigentlich bestehen sie vor allem aus leerem Raum. Darin sind noch kleinere (subatomare) Teilchen enthalten, die Elektronen, die einen winzigen Kern aus Protonen und Neutronen umkreisen.

Elektrisch geladen

Protonen und Elektronen sind elektrisch geladen. Weil Protonen positiv (+) und Elektronen negativ (-) geladen sind, ziehen sie sich gegenseitig an. Dadurch werden die Bestandteile des Atoms zusammengehalten.

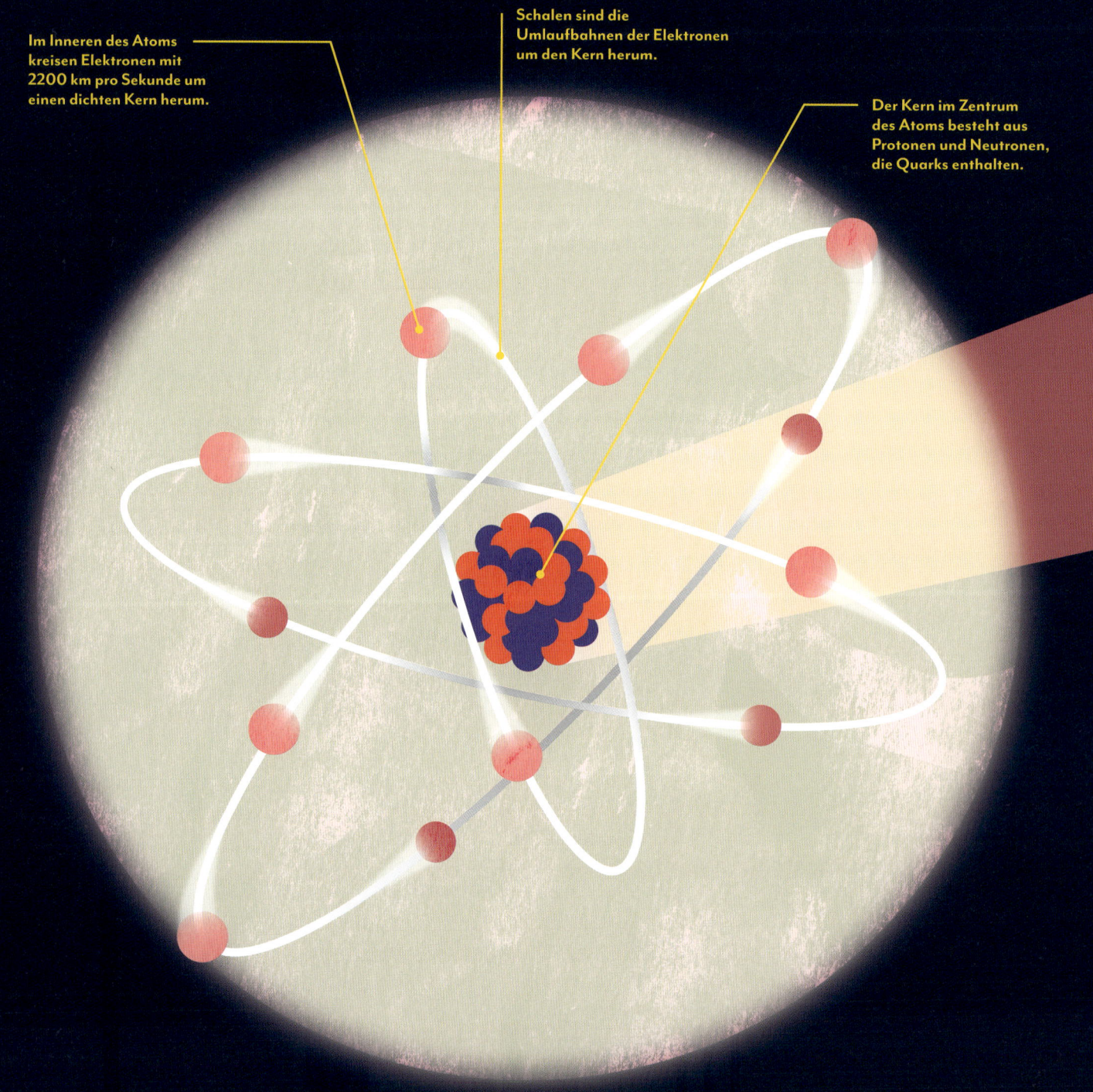

Im Inneren des Atoms kreisen Elektronen mit 2200 km pro Sekunde um einen dichten Kern herum.

Schalen sind die Umlaufbahnen der Elektronen um den Kern herum.

Der Kern im Zentrum des Atoms besteht aus Protonen und Neutronen, die Quarks enthalten.

Beratende Expertin: Cristina Lazzeroni **Siehe auch:** Der Urknall, S. 10–11; Die Sonne, S. 30–31; Elemente, S. 104–105; Radioaktivität, S. 10–107; Feststoffe, Flüssigkeiten und Gase, S. 112–113; Chemie des Lebens, S. 122–123; Kräfte, S. 134–135; Biegen und Brechen, S. 142–143; Der Ursprung des Lebens, S. 148–149

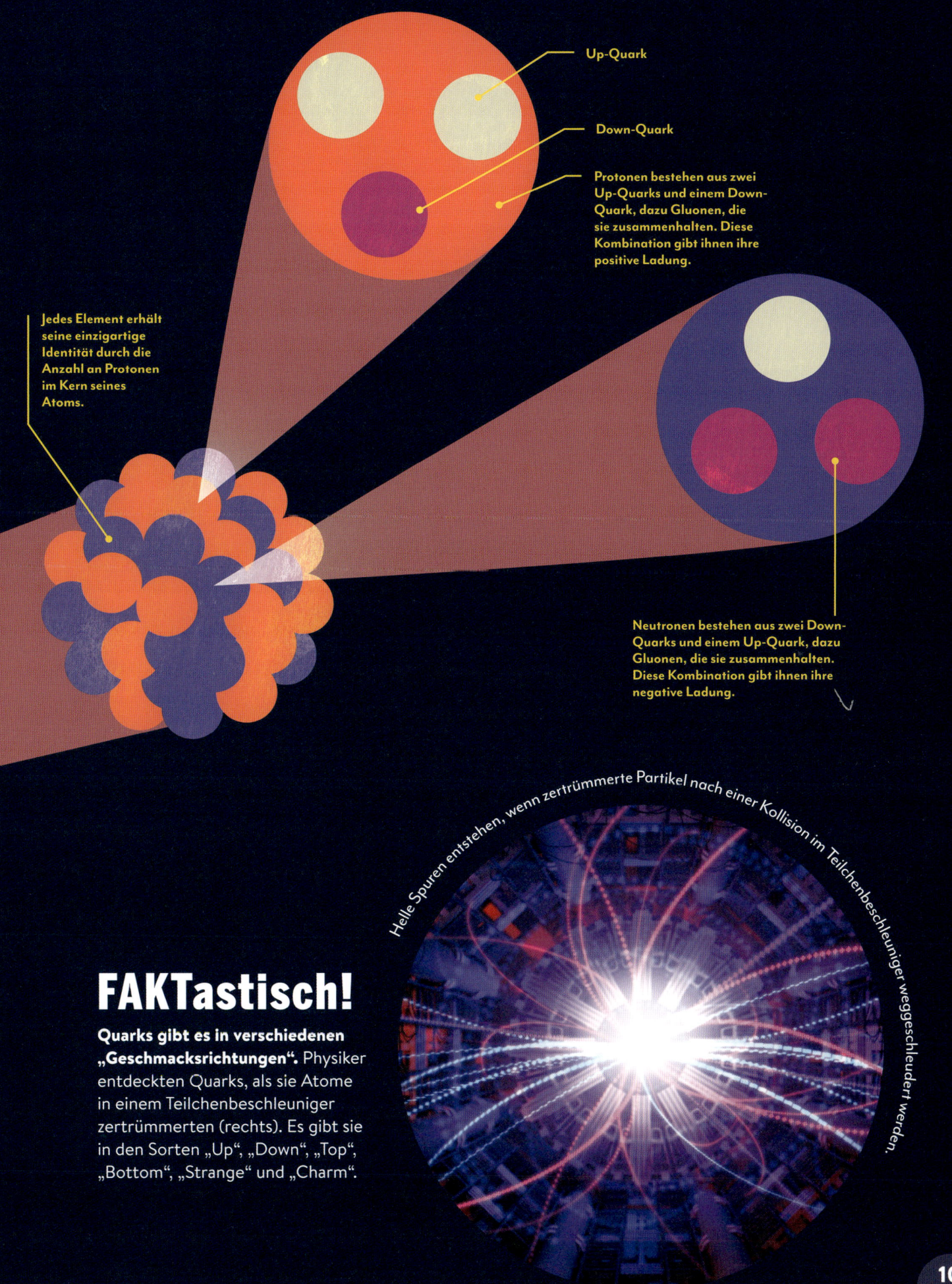

Up-Quark

Down-Quark

Protonen bestehen aus zwei Up-Quarks und einem Down-Quark, dazu Gluonen, die sie zusammenhalten. Diese Kombination gibt ihnen ihre positive Ladung.

Jedes Element erhält seine einzigartige Identität durch die Anzahl an Protonen im Kern seines Atoms.

Neutronen bestehen aus zwei Down-Quarks und einem Up-Quark, dazu Gluonen, die sie zusammenhalten. Diese Kombination gibt ihnen ihre negative Ladung.

Helle Spuren entstehen, wenn zertrümmerte Partikel nach einer Kollision im Teilchenbeschleuniger weggeschleudert werden.

FAKTastisch!

Quarks gibt es in verschiedenen „Geschmacksrichtungen". Physiker entdeckten Quarks, als sie Atome in einem Teilchenbeschleuniger zertrümmerten (rechts). Es gibt sie in den Sorten „Up", „Down", „Top", „Bottom", „Strange" und „Charm".

Was ist Materie?

Materie besteht aus Atomen – kleine Partikel von Elementen. Am Anfang gab es im Universum nur zwei Elemente: Wasserstoff und Helium. Alle anderen entstanden mit der Zeit durch die Verschmelzung von Atomen. Der Druck innerhalb eines Sterns reichte, um einfachen Stickstoff zu erzeugen (das Hauptelement der Luft). Doch um Schwermetalle wie Gold oder Uran zu bilden, war die unglaubliche Kraft von kollidierenden Sternen und Supernovae – explodierenden Riesensternen – nötig.

ELEMENTE

Elemente sind die grundlegendsten Stoffe des Universums – die Stoffe, aus denen alle Dinge bestehen. Sie können nicht in andere Stoffe zerlegt werden. Kaum zu glauben, dass es nur 118 Elemente gibt. Nur 94 kommen auf der Erde natürlich vor wie Gold, Wasserstoff und Sauerstoff. Die anderen 24 ließen Forscher in Laboratorien entstehen. Das Periodensystem verzeichnet und gruppiert alle bekannten Elemente.

FAKTastisch!

Dein Körper enthält genug Phosphor, um 20 000 Streichholzköpfe herzustellen. Dr. Charles Henry Maye schätzt, dass das Eisen in unserem Körper ausreicht, um einen mittelgroßen Nagel herzustellen.

Beratender Experte: A. Jean-Luc Ayitou **Siehe auch:** Atom, S. 102–103; Verbrennung, S. 110–111; Feststoffe, Flüssigkeiten und Gase, S. 112–113; Plasma, S. 114–115; Metalle, S. 116–117; Nichtmetalle, S. 118–119; Plastik/Kunststoff, S. 120–121; Die Chemie des Lebens, S. 122–123

Das Periodensystem

Periode	Gruppe 1*	2	3	4	5	6	7	8	9	10	11	12	13	14	15	16	17	18
1	1 H																	2 He
2	3 Li	4 Be											5 B	6 C	7 N	8 O	9 F	10 Ne
3	11 Na	12 Mg											13 Al	14 Si	15 P	16 S	17 Cl	18 Ar
4	19 K	20 Ca	21 Sc	22 Ti	23 V	24 Cr	25 Mn	26 Fe	27 Co	28 Ni	29 Cu	30 Zn	31 Ga	32 Ge	33 As	34 Se	35 Br	36 Kr
5	37 Rb	38 Sr	39 Y	40 Zr	41 Nb	42 Mo	43 Tc	44 Ru	45 Rh	46 Pd	47 Ag	48 Cd	49 In	50 Sn	51 Sb	52 Te	53 I	54 Xe
6	55 Cs	56 Ba	57 La	72 Hf	73 Ta	74 W	75 Re	76 Os	77 Ir	78 Pt	79 Au	80 Hg	81 Tl	82 Pb	83 Bi	84 Po	85 At	86 Rn
7	87 Fr	88 Ra	89 Ac	104 Rf	105 Db	106 Sg	107 Bh	108 Hs	109 Mt	110 Ds	111 Rg	112 Cn	113 Nh	114 Fl	115 Mc	116 Lv	117 Ts	118 Og

Lanthanoide 6	58 Ce	59 Pr	60 Nd	61 Pm	62 Sm	63 Eu	64 Gd	65 Tb	66 Dy	67 Ho	68 Er	69 Tm	70 Yb	71 Lu
Actinoide 7	90 Th	91 Pa	92 U	93 Np	94 Pu	95 Am	96 Cm	97 Bk	98 Cf	99 Es	100 Fm	101 Md	102 No	103 Lr

20 Ca
20: Ordnungszahl
Ca: Symbol für Kalzium

Das Periodensystem

Die 118 Elemente wurden in einer Tabelle angeordnet. Sie sind in Reihen aufgeführt, den „Perioden", in der Reihenfolge ihrer Ordnungszahl (der Anzahl von Protonen im Atomkern). Die Ordnungszahl 1, Wasserstoff, steht oben links; die Nummer 118, Oganesson, unten rechts. Die Spalten der Tabelle werden Gruppen genannt. In den Reihen stehen also von links nach rechts die Perioden, in den Spalten von oben nach unten die Gruppen. Jedes Element hat einen Namen und eine Abkürzung – Mg steht zum Beispiel für Magnesium, Ni für Nickel. Au kommt beispielsweise von dem lateinischen Wort „aurum" für Gold.

UND DANN KAM ...

DMITRI MENDELEJEW

Chemiker, 1834–1907, Russland

Der russische Chemiker Dmitri Mendelejew schuf 1869 das Periodensystem, als er die Elemente nach ihrem Atomgewicht in sieben Reihen bzw. Perioden anordnete. Das war ein wahrer Geniestreich, denn die Tabelle offenbarte ein aufschlussreiches verstecktes Schema. Es zeigte sich, dass die Elemente am selben Platz jeder Reihe ähnliche Eigenschaften aufweisen. Heute wissen wir, dass dies am Aufbau ihrer Atome liegt.

Titan hat die Ordnungszahl 22

Berkelium hat die Ordnungszahl 97

22 + 97 = 119

Wie neue Elemente gemacht werden

Forscher lassen in einer Maschine, dem Teilchenbeschleuniger, Atome mit unglaublicher Geschwindigkeit aufeinanderprallen. Zurzeit wird versucht, Element 119 herzustellen, indem man Titan und Berkelium zusammenstoßen lässt (oben). Sollte es gelingen, wird das Element nur einen Sekundenbruchteil Bestand haben und dann zerfallen. Neue Elemente haben außerhalb des Labors keinen Verwendungszweck, erweitern aber unsere Kenntnisse über das Universum.

RADIOAKTIVITÄT

Radioaktivität heißt: Teilchen spalten sich vom Kern eines Atoms ab. Bei instabilen Atomen wie Uran geschieht das von selbst – es heißt radioaktiver Zerfall. Natürliche Radioaktivität ist meist schwach und unschädlich, doch langfristig radioaktiver Strahlung oder plötzlichen Kernreaktionen ausgesetzt zu sein, kann lebensgefährlich sein oder Krebs erregen.

Das gefährlichste Spielzeug der Welt?

Als die Radioaktivität gerade neu entdeckt worden war, trugen einige Menschen Armbanduhren mit Radiumzeigern, die im Dunkeln grün leuchteten. Für Kinder gab es sogar Atomkraft-Bausätze zum Spielen, die Uran enthielten – zwar so wenig, dass es unschädlich war, doch die Idee erscheint heute verrückt.

FAKTastisch!

Sogar Bananen sind radioaktiv.
Sie enthalten gerade so viel Kalium, dass einige Messgeräte Strahlungsalarm auslösen. Deshalb wird die geringe Radioaktivität in Nahrungsmitteln auch in Bananenäquivalentdosen (BED) angegeben. Zum Glück ist ein BED viel zu schwach, um schädlich zu sein.

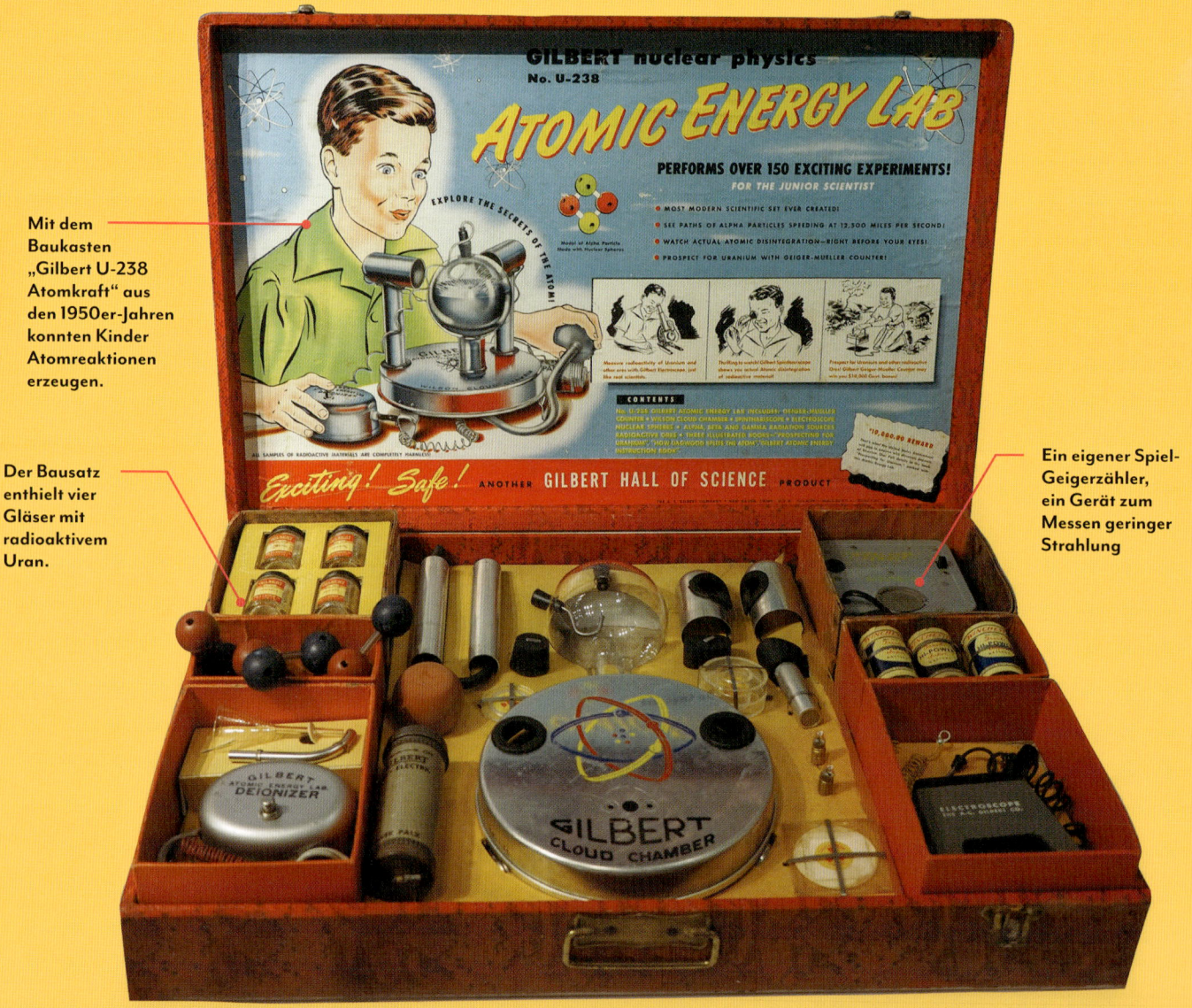

Mit dem Baukasten „Gilbert U-238 Atomkraft" aus den 1950er-Jahren konnten Kinder Atomreaktionen erzeugen.

Der Bausatz enthielt vier Gläser mit radioaktivem Uran.

Ein eigener Spiel-Geigerzähler, ein Gerät zum Messen geringer Strahlung

Beratende Expertin: Cristina Lazzeroni **Siehe auch:** Das Atom, S. 102–103; Elemente, S. 104–105; Elektrizität, S. 128–129; Atomenergie, S. 368–369

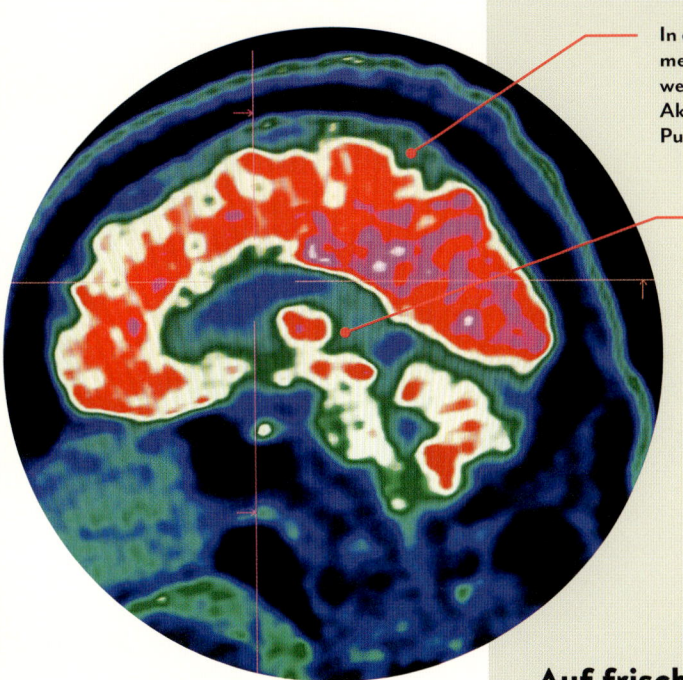

In einem PET-Bild eines menschlichen Gehirns werden hohe chemische Aktivitäten als helle Punkte sichtbar.

Hohe chemische Aktivität kann ein Hinweis auf eine Krankheit sein, zum Beispiel Krebs.

Radioaktive Untersuchung

Bei einigen Erkrankungen können Ärzte Radioaktivität einsetzen, um das Problem zu finden. Bei einer PET-Untersuchung wird dem Patienten eine Substanz gespritzt, die Atome enthält, die harmlose radioaktive Teilchen abgeben. Diese sammeln sich dort, wo im Körper bestimmte chemische Prozesse ablaufen. Der Scanner nimmt das Teilchenmuster wahr und liefert den Ärzten ein Bild davon, was gerade passiert.

Auf frischer Tat

Ein Wilderer, bei dem man Elefanten-Stoßzähne fand, gab an, sie seien aus der Zeit, als das Jagen noch erlaubt war. Doch die Wissenschaft überführte ihn! Wenn ein Lebewesen stirbt, zerfällt nach und nach ein Atom, das C-14 oder Radiokarbon genannt wird. Die Stoßzähne enthielten noch so viel C-14, dass die Elefanten erst kurz zuvor gestorben sein konnten.

Jeden Tag werden etwa 100 Elefanten wegen ihrer Stoßzähne aus Elfenbein illegal getötet.

Elfenbein wird als Material für Luxusobjekte und Souvenirs geschätzt.

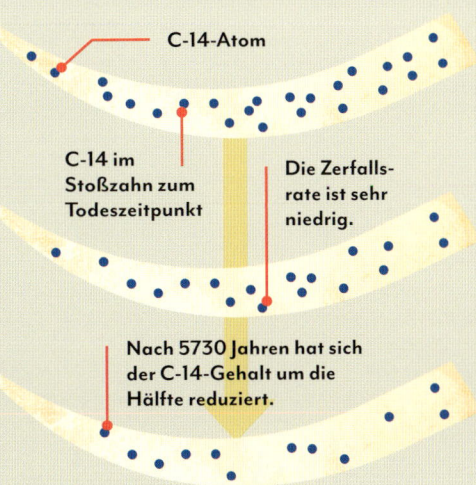

C-14-Atom

C-14 im Stoßzahn zum Todeszeitpunkt

Die Zerfallsrate ist sehr niedrig.

Nach 5730 Jahren hat sich der C-14-Gehalt um die Hälfte reduziert.

Karbondatierung

Das Radioisotop Karbon-14 (eine Art Kohlenstoffatom) ist in allen Lebewesen vorhanden. Wenn Pflanzen und Tiere sterben, lösen sich Teilchen vom Karbon-14, sodass es allmählich zerfällt. Durch Messen des Anteils von C-14-Isotopen in einem gut erhaltenen Bruchstück kann festgestellt werden, wie lange die Pflanze oder das Tier schon tot ist.

107

VERBINDUNGEN

Nur wenige Elemente wie zum Beispiel Gold existieren in Reinform auf der Erde. Meist liegen sie als chemische Zusammensetzungen vor, als Verbindungen. Wasser, Minerale wie Salz und die Chemikalien, aus denen Lebewesen bestehen – fast alle sind Verbindungen. Jede Verbindung besteht aus Atomen von zwei oder mehreren Elementen, die sich auf eine bestimmte Weise zusammenfügen. Diese Atomverbindungen werden Moleküle genannt. Wasser besteht aus Dreiergruppen von Atomen – zwei Wasserstoff- und einem Sauerstoffatom.

Sprengstoffherstellung

Wenn sich Elemente miteinander verbinden, werden sie vollständig verändert. In der Luft ist die Mischung der Elemente Stickstoff und Sauerstoff harmlos. Doch als Nitroglyzerin verbunden, werden sie zu Dynamit – einem hochexplosiven Sprengstoff.

Dynamit wird vor allem in der Bergbau-, Steinbruch-, Bau- und Abbruchindustrie eingesetzt.

Beratender Experte: Duncan Davis **Siehe auch:** Das Atom, S. 102–103; Elemente, S. 104–105; Verbrennung, S. 110–111; Feststoffe, Flüssigkeiten und Gase, S. 112–113; Plasma, S. 114–115; Metalle, S. 116–117; Nichtmetalle, S. 118–119; Plastik/Kunststoff, S. 120–121; Die Chemie des Lebens, S. 122–123

Verbundene Atome

Um sich mit anderen Atomen zu Molekülen zu verbinden, muss ein Atom seine Elektronen, also die winzigen Partikel, die um seinen Kern kreisen, teilen oder austauschen. Das Teilen von Elektronen wird kovalente Bindung genannt, das Tauschen Ionenverbindung. Wassermoleküle besitzen eine besondere Verbindung: die Wasserstoffbrücke.

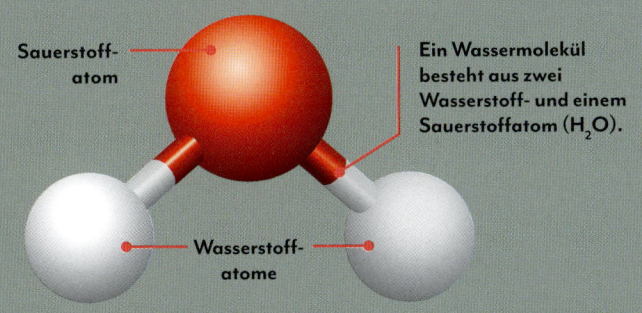

Sauerstoff-atom

Ein Wassermolekül besteht aus zwei Wasserstoff- und einem Sauerstoffatom (H_2O).

Wasserstoff-atome

Chemische Reaktionen

Werden Elemente zusammengebracht, verursachen sie langsame oder schnelle chemische Reaktionen. Einige Chemikalien reagieren heftig miteinander. Eisen reagiert auf Sauerstoff in der Luft nur allmählich und wird zu Rost — wenn Feuchtigkeit vorhanden ist, die die Reaktion fördert.

Neue Chemikalien herstellen

In den vergangenen zwei Jahrhunderten wurden über 14 Millionen Verbindungen entdeckt. Jedes Jahr kommen Tausende weitere hinzu. Jede Verbindung hat einzigartige Eigenschaften, und es wird weiter nach Verbindungen gesucht, die für bestimmte Aufgaben noch besser geeignet sind. Zum Beispiel bei Feuerlöschern: Verbindungen auf der Grundlage des Gases Brom haben sich beim Bekämpfen von Bränden besonders bewährt.

UND DANN KAM ...

ANTOINE-LAURENT DE LAVOISIER

Chemiker, 1743–1794, Frankreich

Im 18. Jahrhundert machte der französische Chemiker Lavoisier eine wichtige Entdeckung: Er zeigte anhand eines einfachen Experiments, dass Kraftstoffe beim Verbrennen der Luft Sauerstoff entziehen. Lavoisier erkannte und benannte sowohl den Sauerstoff als auch den Wasserstoff und erfand Buchstabensymbole für Chemikalien. Er wird auch „Vater der Chemie" genannt.

Farbiges Glas

Schon kleinste Mengen – Spuren – eines Stoffs können Aussehen und Wirkung einer Verbindung völlig verändern. Spurenelemente im menschlichen Körper halten ihn gesund. Dazu gehören Zink und Eisen. Chromspuren geben Rubinen die rote Farbe. Spuren von Verbindungen anderer Metalle werden verwendet, um Glas leuchtende Farben zu verleihen.

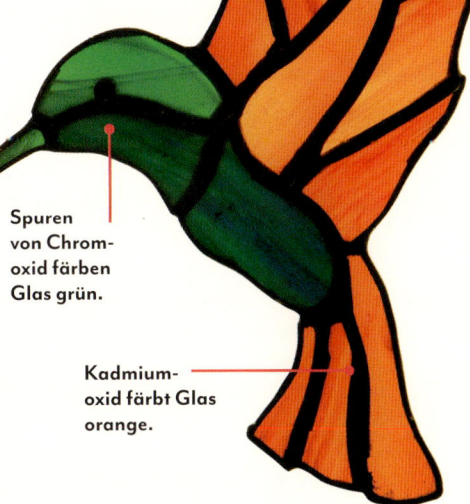

Spuren von Chromoxid färben Glas grün.

Kadmiumoxid färbt Glas orange.

Beratender Experte: David Tong **Siehe auch:** Fossile Brennstoffe, S. 84–85; Elemente, S. 104–105; Feststoffe, Flüssigkeiten und Gase, S. 112–113; Energie, S. 124–125; Tempo-Magier, S. 132–133; Nahrung und Küche, S. 207–207; Die Industrielle Revolution, S. 308–309

Feuer vor 1,7–1 Million Jahren
Unsere Vorfahren, *Homo erectus*, waren wohl die Ersten, die Feuer nutzten.

Kochen vor 1,7–1 Million Jahren
Seit vielleicht mehr als einer Million Jahre kochen die Menschen ihr Essen.

Keramik vor 28 000 Jahren
Die Menschen formen feuchten Ton und brennen ihn zu Keramiken.

Erster Brennofen 6000 v. Chr.
Feuer werden heißer und Keramik feiner, wenn das Feuer von einem Brennofen aus Backsteinen umgeben ist.

Sprengstoff 1000
Im alten China wird die Explosivkraft von Schwarzpulver für Feuerwerke entdeckt.

Eisen 1500 v. Chr.
Als man mit der Verarbeitung von Eisen beginnt, entstehen Brennöfen, die sehr hohe Temperaturen erzeugen.

Verhüttung 5000 v. Chr.
Kupfer wird durch Erhitzen aus kupfer-haltigem Gestein herausgeschmolzen.

Dampfmaschine 1712
In England erfindet Thomas Newcomen die erste einsatzfähige Dampfmaschine.

Gaslampe 1792
Der schottische Erfinder William Murdock entwickelt die ersten gasbetriebenen Straßen-laternen.

Streichhölzer 1805
Der französische Chemiker Jean Chancel taucht Holzspäne, die an der Spitze mit Kaliumchlorat und Zucker versehen sind, in Schwefelsäure.

Verbrennungsmaschine 1859
Der belgische Ingenieur Étienne Lenoir baut einen Motor zur Verbrennung von Treibstoff (Benzin) in einem Zylinder.

Bunsenbrenner 1855
In Deutschland entwirft Robert Bunsen einen Gasbrenner mit einer kontrollierbaren Flamme für Laboratorien.

Rampenlicht 1816
Der schottische Ingenieur Thomas Drummond benutzt weiß glühendes Kalklicht, um helles Licht für Theater zu erzeugen.

VERBRENNUNG

Als die Menschen vor etwa 1,7 Millionen Jahren lernten, Feuer zu machen, war das ein riesiger Fortschritt. Sie hatten die Verbrennung entdeckt – die Mischung aus Sauerstoff, Hitze und Brennstoff in einer sogenannten Oxidationsreaktion. Eine Oxidationsreaktion kann sowohl eine langsame Verbrennung als auch ein ausgewachsener Feuersturm sein. Sie bildete die Grundlage für zahlreiche wichtige Entwicklungen in unserer Geschichte, zum Beispiel die Industrielle Revolution. Die Erfindung der Verbrennungsmaschine 1859 lieferte den Antrieb für Autos und viele andere Maschinen, von Rasenmähern bis hin zu Flugzeugen.

Dynamit 1867
Der schwedische Chemiker und Erfinder Alfred Nobel entdeckt die Explosivkraft von Nitroglyzerin.

Gaskocher 1868
In England erfindet Benjamin Maughan den „Geyser", um für den Hausgebrauch Wasser zu erhitzen.

Verbrennungsofen 1874
Der erste superheiße „Müllverbrenner", der Müll komplett verbrennt, wird im englischen Nottingham konstruiert.

Raketentriebwerk 1926
Der US-amerikanische Ingenieur Robert H. Goddard erfindet das erste Düsentriebwerk für Raketen und die spätere Raumfahrt.

Düsentriebwerk 1939
Der deutsche Wissenschaftler Pabst von Ohain entwickelt das erste flugfähige Flugzeug mit Strahltriebwerk.

Jet Truck 1984
In den USA baut Les Shockley ein Düsentriebwerk in einen Lastwagen ein und erreicht so Rekordgeschwindigkeiten von 605 km/h.

Scramjet 2004
Die X-43A verdankt ihre Geschwindigkeit einem Jet-Triebwerk ohne bewegliche Teile. Sie kann bis zu 11 200 km/h fliegen.

Wie eine Flamme entsteht

Eine Verbrennung vollzieht sich in mehreren Phasen. Bei einer Kerze sind die Wachsdämpfe der Brennstoff. Wird der Docht angezündet, dringt die Hitze am Docht entlang ins Wachs. Dann schmilzt das Wachs und schickt Dämpfe durch den Docht hinauf. Irgendwann sind die Dämpfe heiß genug, um sich zu entzünden – sprich: in Flammen aufzugehen.

Der Docht leitet die Dämpfe des geschmolzenen Wachses weiter.

Für eine Verbrennung werden Hitze, Brennstoff und Sauerstoff benötigt.

FESTSTOFFE, FLÜSSIG-KEITEN UND GASE

Materie befindet sich in einem von drei Aggregatzuständen: fest, flüssig oder gasförmig. Im festen Zustand hat sie eine feste Größe und Form, die sich nicht ohne Weiteres verändern lassen. Im flüssigen Zustand passt sie ihre Form ihrem Behälter an. Gase haben keine feste Größe oder Form. Sie können sich ausdehnen oder zusammengepresst werden.

Flüssige Quecksilberperlen

Quecksilber schmilzt bei einer für Metalle sehr niedrigen Temperatur. Es ist das einzige Metall, das bei Raumtemperatur flüssig ist. Die Anziehungskraft zwischen seinen Molekülen bewirkt, dass es sich zu flüssigen Perlen zusammenzieht.

Aggregatzustände ändern

Stoffe können von einem in den anderen Aggregatzustand übergehen, zum Beispiel durch starke Temperaturveränderungen. So bringt Hitze Wasser zum Verdunsten, es wird zu Wasserdampf – einem Gas. Die Temperatur, bei der eine Flüssigkeiten zu einem Gas wird, nennt man Siedepunkt. Der Unterschied zwischen Aggregatzuständen liegt im Verhalten ihrer Teilchen. Hitze bringt Feststoffe zum Schmelzen und verwandelt Flüssigkeiten in Gas, indem sie ihrer Bewegung Energie zuführt. Kälte kondensiert eine Flüssigkeit (d. h.: macht sie zu Wasser) und lässt sie gefrieren, indem sie ihre Teilchen verlangsamt und ihnen erlaubt, sich zu verbinden.

Feststoff (Eis)

In einem Feststoff sind die Atome und Moleküle aneinander gebunden, sie sorgen für eine feste Form und Größe.

Flüssigkeit (Wasser)

In einer Flüssigkeit vibrieren die Teilchen, sodass sie jede beliebige Form derselben Ausdehnung annehmen kann.

Gas (Wasserdampf)

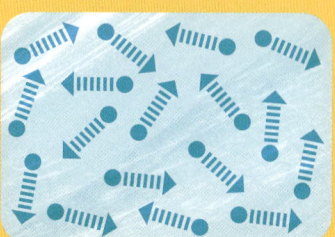

In einem Gas bewegen sich die Teilchen willkürlich, es kann sich beliebig ausdehnen oder schrumpfen.

Beratende Expertin: Kimberly M. Jackson **Siehe auch:** Berge, S. 72–73; Gestein und Minerale, S. 74–75; Wasserwelt, S. 86–87; Das Eis der Erde, S. 88–89; Das Atom, S. 102–103; Elemente, S. 104–105; Plasma, S. 114–115; Plastik/Kunststoff, S. 120–121; Druck, S. 138–139; Leichter als Luft, S. 140–141

Superkalt!

Stickstoff ist eines der Hauptgase in der Luft. Er wird flüssig, wenn er unter -196 °C abgekühlt wird — seinen Siedepunkt. Dies geschieht, indem der Stickstoff in speziellen Behältern komprimiert wird und sich dann allmählich ausdehnen kann. Normales Gefrieren schädigt lebendes Gewebe. Doch flüssiger Stickstoff ist so kalt, dass er Dinge sofort gefriert, ohne sie zu schädigen. Er ist nützlich, um Lebensmitteln gefrierzutrocken oder Speisen kühl zu halten, wenn sie über weite Strecken transportiert werden.

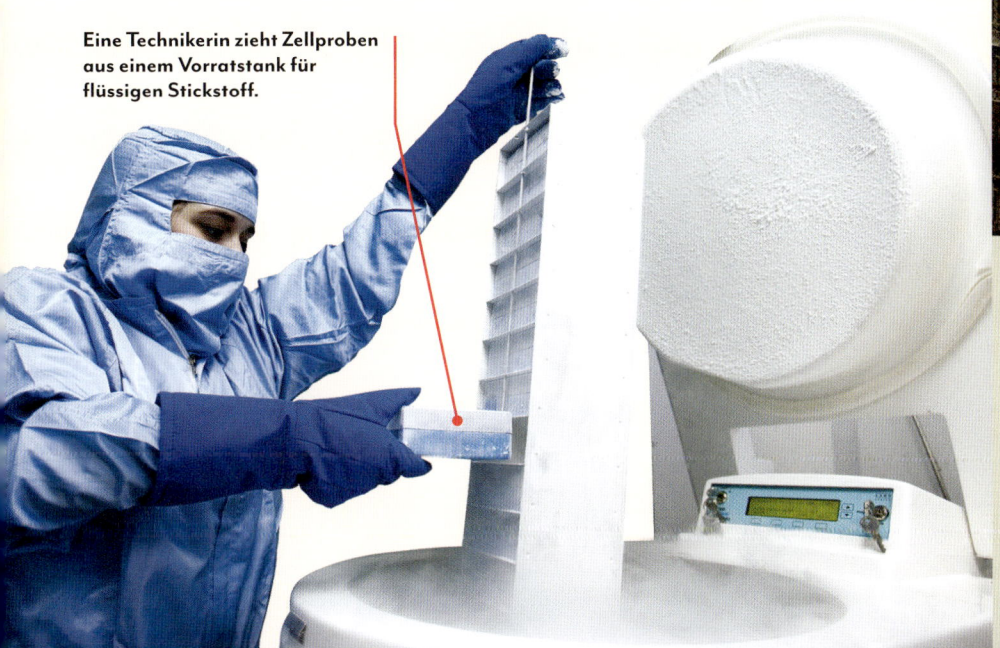

Eine Technikerin zieht Zellproben aus einem Vorratstank für flüssigen Stickstoff.

Gase und Druck

Wenn Gase keine Form haben, warum behalten dann mit Helium gefüllte Figuren ihre Form? Das kommt daher, dass Gasmoleküle herumschwirren, gegen die Innenwand der Figur prallen und so Druck entsteht. Wenn die Figur gefüllt wird, sorgen weitere Moleküle für höheren Druck, die Figur strafft sich so stark, bis sie fest ist.

FAKTastisch!

Nicht alles, was fest aussieht, ist fest.
Lebewesen bestehen überwiegend aus Flüssigkeiten, die von einer nicht viel festeren Hülle zusammengehalten werden. Zum Beispiel ist eine Qualle nur zu etwa fünf Prozent fest, der Rest ist Wasser (rechts). Doch sogar der Körper eines erwachsenen Menschen, der als feste Form erscheint, besteht zu 60 Prozent aus Wasser. Kinder bestehen etwa zu zwei Dritteln aus Wasser, Neugeborene sogar zu 78 Prozent.

PLASMA

Plasma wird manchmal als vierter Aggregatzustand bezeichnet, weil es Eigenschaften aufweist, die Materie in den anderen drei Aggregatzuständen nicht hat. Es ist leicht und formlos wie ein Gas, besteht aber aus elektrisch geladenen Partikeln, die Ionen genannt werden, und Elektronen, die stärker vibrieren als die in Gasen. Ein Großteil des Universums besteht aus Plasma, darunter auch die Sonne und die Sterne. Auf der Erde kommt Plasma in Blitzschlägen, Plasma-Bildschirmen und Plasmalampen wie der hier abgebildeten vor.

Kernfusionsreaktoren

Plasma liefert der Sonne und den Sternen Energie durch Kernfusion. Die Kerne der Atome verschmelzen und setzen dabei Energie frei. Könnte der Prozess technisch nachgeahmt werden, wäre das eine sichere erneuerbare Energiequelle. Dies würde bedeuten, Gase so stark zu erhitzen, dass sie ein Plasma erzeugen, in dem Fusion stattfinden kann. Damit das Plasma heiß genug bleibt, darf es mit keiner anderen Substanz in Berührung kommen. Dies wird zum Beispiel möglich, wenn man das Plasma in einer ringförmigen Anlage namens Tokamak (unten) einschließt und mithilfe von Magnetfeldern zusammenhält.

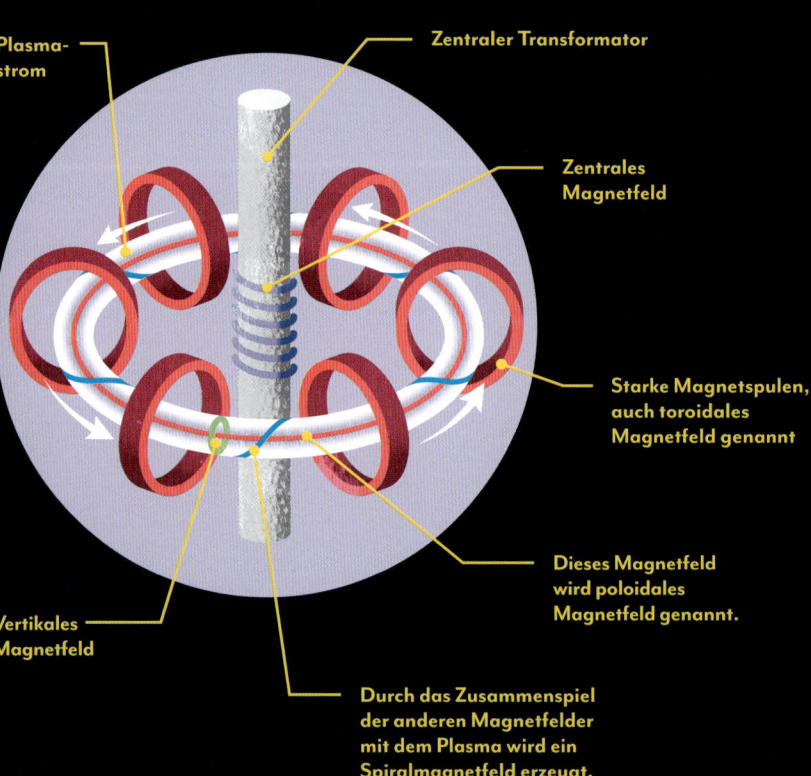

Plasma-strom

Zentraler Transformator

Zentrales Magnetfeld

Starke Magnetspulen, auch toroidales Magnetfeld genannt

Dieses Magnetfeld wird poloidales Magnetfeld genannt.

Vertikales Magnetfeld

Durch das Zusammenspiel der anderen Magnetfelder mit dem Plasma wird ein Spiralmagnetfeld erzeugt.

Beratender Experte: Duncan Davis **Siehe auch:** Sterne, S. 16–17; Die Sonne, S. 30–31; Das Atom, S. 102–103; Elemente, S. 104–105; Feststoffe, Flüssigkeiten und Gase, S. 112–113; Elektrizität, S. 128–129; Licht, S. 130–131

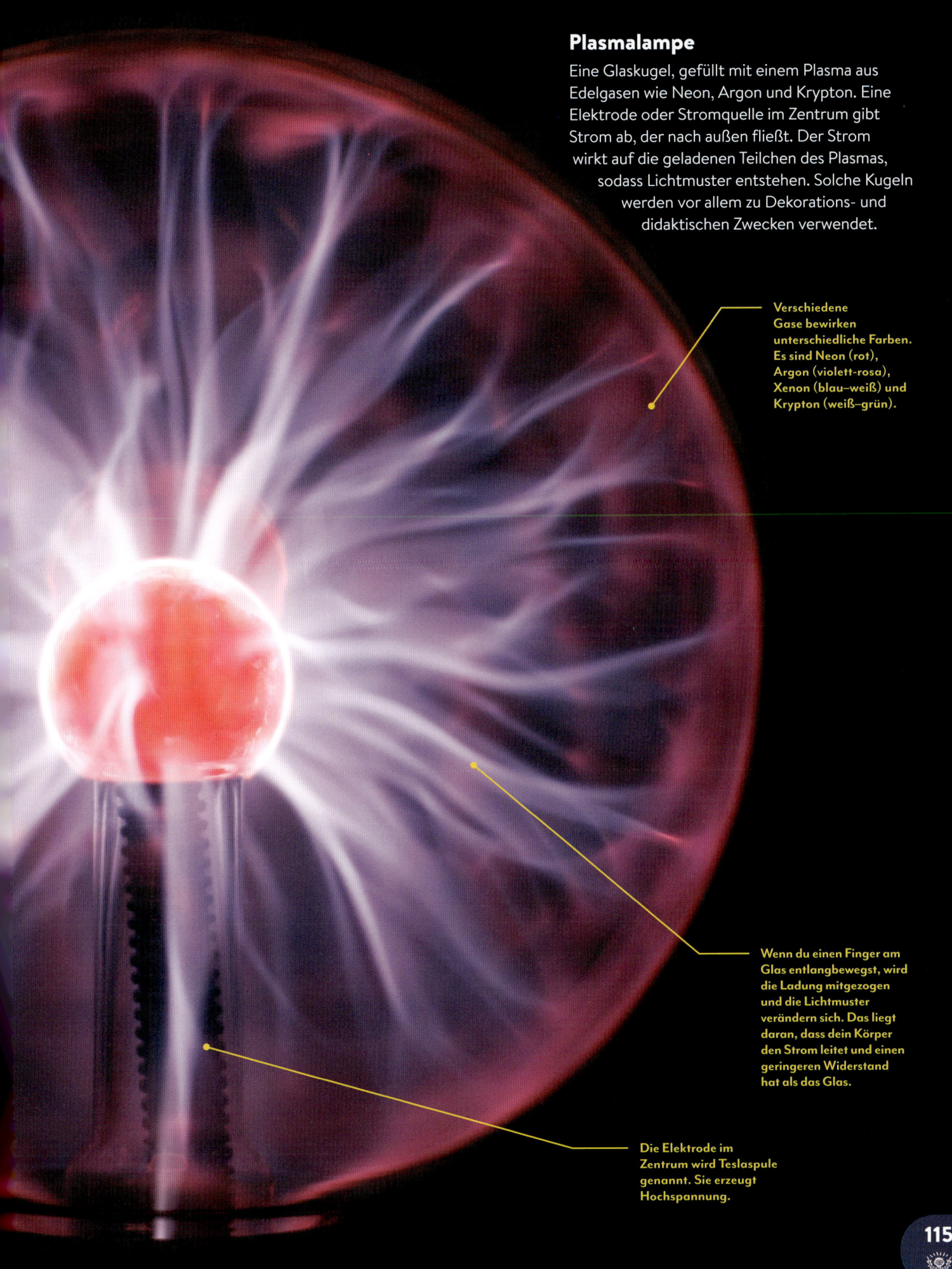

Plasmalampe

Eine Glaskugel, gefüllt mit einem Plasma aus Edelgasen wie Neon, Argon und Krypton. Eine Elektrode oder Stromquelle im Zentrum gibt Strom ab, der nach außen fließt. Der Strom wirkt auf die geladenen Teilchen des Plasmas, sodass Lichtmuster entstehen. Solche Kugeln werden vor allem zu Dekorations- und didaktischen Zwecken verwendet.

Verschiedene Gase bewirken unterschiedliche Farben. Es sind Neon (rot), Argon (violett-rosa), Xenon (blau–weiß) und Krypton (weiß–grün).

Wenn du einen Finger am Glas entlangbewegst, wird die Ladung mitgezogen und die Lichtmuster verändern sich. Das liegt daran, dass dein Körper den Strom leitet und einen geringeren Widerstand hat als das Glas.

Die Elektrode im Zentrum wird Teslaspule genannt. Sie erzeugt Hochspannung.

Gold ist ein weiches Metall, weshalb es sehr gut formbar ist.

METALLE

Etwa drei Viertel der uns bekannten chemischen Elemente sind Metalle. Sie haben gemeinsame Eigenschaften: Sie glänzen an Schnittstellen und sind gute Strom- und Wärmeleiter. Die meisten Metalle sind bei normalen Temperaturen harte Feststoffe, schmelzen aber, wenn sie heiß werden.

Glänzendes Gold

Gold wurde lange Zeit verwendet, um so wertvolle Gegenstände herzustellen wie diese 2500 Jahre alte Plakette aus China. Goldobjekte können Tausende Jahre vergraben oder der Witterung ausgesetzt sein und trotzdem glänzend und gelb bleiben. Gold verändert sich nicht, wenn es in Kontakt mit anderen Elementen kommt. In der Reaktivitätsreihe – einer Tabelle, die anzeigt, wie stark verschiedene Metalle mit Sauerstoff, Wasser oder Säure reagieren – liegt Gold an letzter Stelle, neben Platin.

Kupfer und die Bronzezeit

In der Steinzeit stellten die Menschen Werkzeuge aus Stein her. Dann, vor 7000 Jahren, lernten sie, Kupfer aus Erz zu lösen, indem sie es bis zum Schmelzpunkt erhitzten. Später entdeckten sie, dass Kupfer in die extrem dauerhafte Bronze verwandelt werden kann, wenn man Zinn zufügt.

Die Menschen der Bronzezeit waren die Ersten, die Metall im großen Stil verwendeten und bearbeiteten. Heute ist Kupfer grundlegend für die Herstellung von Elektrokabeln (links), weil es ein sehr guter Leiter ist.

FAKTastisch

Ein Silberdollar, der 1795 geprägt wurde, ist heute unglaubliche 10 Millionen Dollar wert. Der hier abgebildete Dollar war die erste US-Dollarmünze überhaupt. Heute werden Münzen nicht mehr aus Gold oder Silber hergestellt, denn beides ist so wertvoll, dass das Metall der Münzen mehr wert wäre als ihr Nennwert. Stattdessen werden Materialien wie Kupfer und Nickel verwendet.

Beratende Expertin: Cristina Lazzeroni **Siehe auch:** Elemente, S. 104–105; Verbindungen, S. 108–109; Feststoffe, Flüssigkeiten und Gase, S. 112–113; Nichtmetalle, S. 118–119; Plastik/Kunststoff, S. 120–121; Elektrizität, S. 128–129; Druck, S. 138–139

Bauen mit Stahl

Spuren von Kohlenstoff in genau der richtigen Menge (unter 2 Prozent) wandeln Eisen in Stahl um. Stahl ist wohl von allen Metallen das vielseitigste. Er ist nicht nur unglaublich hart, sondern auch günstig in großen Mengen herstellbar. Er wird für Schiffe und Brücken bis hin zu Werkzeugen und Waffen verwendet. Beimischungen kleiner Mengen anderer Metalle können seine Eigenschaften verändern. Fügt man etwa 10 Prozent oder mehr Chrom hinzu, entsteht Edelstahl, der nicht rostet.

Aus Stahl können viele nützliche, dauerhafte Gegenstände hergestellt werden wie beispielsweise Träger für Brücken.

Explosive Metalle

Schiffe werden aus Stahl gebaut. Doch es gibt Metalle, die im Kontakt mit Wasser explodieren. Schon wenige Tropfen Wasser lassen Alkalimetalle wie Natrium, Kalium oder Cäsium in Flammen aufgehen oder sogar explodieren, wobei giftige Gase freigesetzt werden. Solche Metalle gelten daher international als Gefahrstoffe.

Metallermüdung

1954 zerbrachen drei Flugzeuge – alle vom Typ de Havilland Comet, das erste kommerzielle Düsenverkehrsflugzeug der Wert – mitten in der Luft. Ursache war eine fortschreitende Schwächung des Metalls (Metallermüdung). Die Änderung des Luftdrucks in der Kabine am Anfang und Ende jedes Flugs hatte das Metall des Flugzeugrumpfs gedehnt. Kleine Risse hatten sich vergrößert, bis das Metall schließlich nachgab. Heute führen die Fluggesellschaften strenge Inspektionen durch, bei denen mit Ultraschall kleinste Risse aufgespürt werden.

Einige Risse entstanden um die Fenster herum.

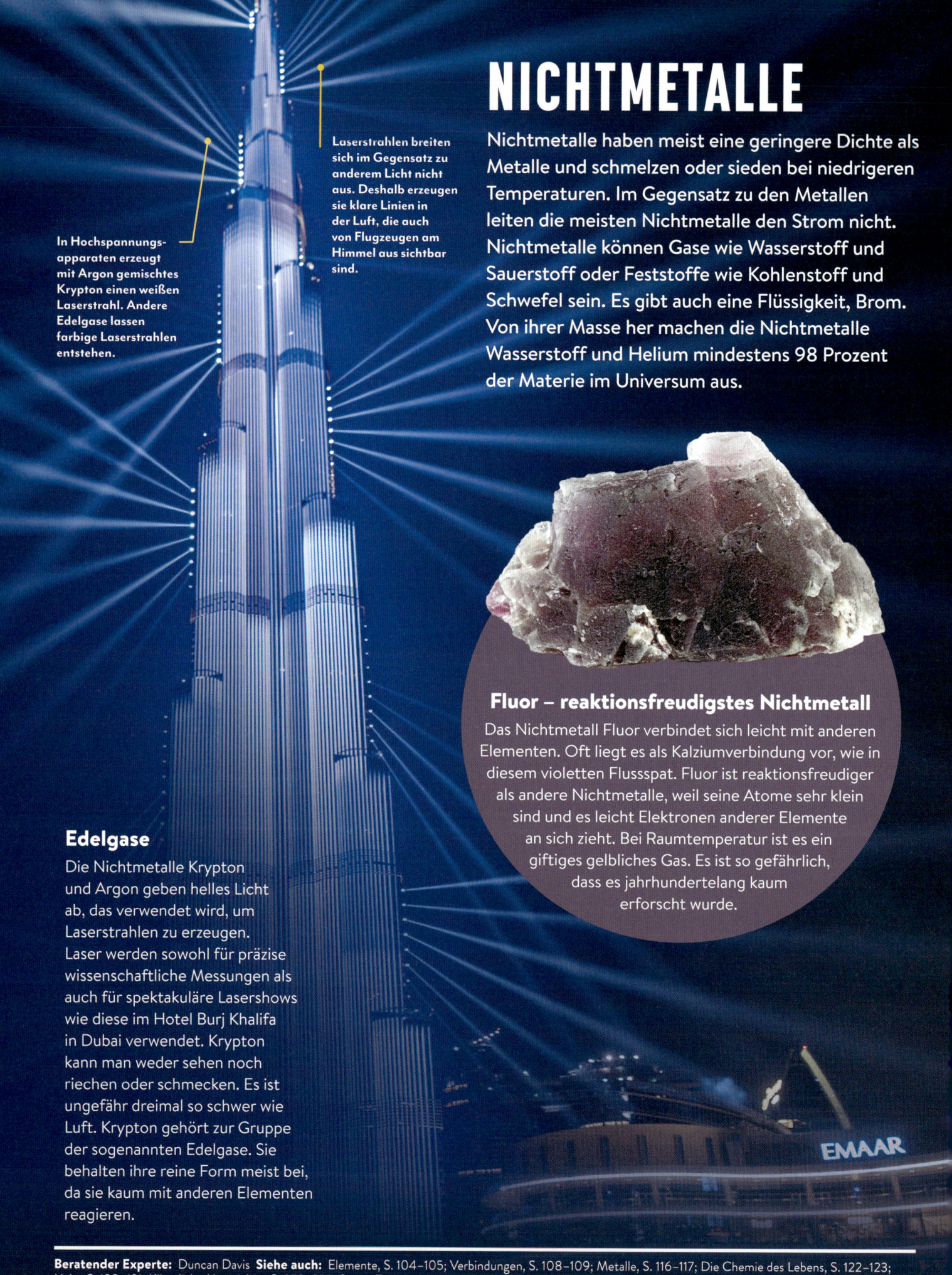

NICHTMETALLE

Nichtmetalle haben meist eine geringere Dichte als Metalle und schmelzen oder sieden bei niedrigeren Temperaturen. Im Gegensatz zu den Metallen leiten die meisten Nichtmetalle den Strom nicht. Nichtmetalle können Gase wie Wasserstoff und Sauerstoff oder Feststoffe wie Kohlenstoff und Schwefel sein. Es gibt auch eine Flüssigkeit, Brom. Von ihrer Masse her machen die Nichtmetalle Wasserstoff und Helium mindestens 98 Prozent der Materie im Universum aus.

Laserstrahlen breiten sich im Gegensatz zu anderem Licht nicht aus. Deshalb erzeugen sie klare Linien in der Luft, die auch von Flugzeugen am Himmel aus sichtbar sind.

In Hochspannungsapparaten erzeugt mit Argon gemischtes Krypton einen weißen Laserstrahl. Andere Edelgase lassen farbige Laserstrahlen entstehen.

Fluor – reaktionsfreudigstes Nichtmetall

Das Nichtmetall Fluor verbindet sich leicht mit anderen Elementen. Oft liegt es als Kalziumverbindung vor, wie in diesem violetten Flussspat. Fluor ist reaktionsfreudiger als andere Nichtmetalle, weil seine Atome sehr klein sind und es leicht Elektronen anderer Elemente an sich zieht. Bei Raumtemperatur ist es ein giftiges gelbliches Gas. Es ist so gefährlich, dass es jahrhundertelang kaum erforscht wurde.

Edelgase

Die Nichtmetalle Krypton und Argon geben helles Licht ab, das verwendet wird, um Laserstrahlen zu erzeugen. Laser werden sowohl für präzise wissenschaftliche Messungen als auch für spektakuläre Lasershows wie diese im Hotel Burj Khalifa in Dubai verwendet. Krypton kann man weder sehen noch riechen oder schmecken. Es ist ungefähr dreimal so schwer wie Luft. Krypton gehört zur Gruppe der sogenannten Edelgase. Sie behalten ihre reine Form meist bei, da sie kaum mit anderen Elementen reagieren.

EMAAR

Beratender Experte: Duncan Davis **Siehe auch:** Elemente, S. 104–105; Verbindungen, S. 108–109; Metalle, S. 116–117; Die Chemie des Lebens, S. 122–123;

Silizium

In der Erdkruste ist mehr Silizium vorhanden als jedes andere Element außer Sauerstoff. Man findet es oft in Stein, Sand oder Erde, meist in Verbindungen wie Kieselsäure (Siliziumdioxid). Silizium wurde jahrhundertelang zur Glasherstellung verwendet. Heute findet es Verwendung bei der Herstellung von Mikrochips für Computer. Silicon Valley, das Zentrum der US-Computerindustrie, ist nach ihm benannt.

Die USA sind ein großer Produzent von Quarzsand. Er entsteht durch die Verarbeitung von kieselsäurehaltigem Gestein wie Quarz und ist vielseitig in der Industrie verwendbar.

FAKTastisch!

Silizium ist das wichtigste Material zum Bau von Computerchips. Um sicherzustellen, dass Silizium frei von Verunreinigungen ist, züchten Wissenschaftler große Kristalle, sogenannte Ingots, die dann in dünne Tranchen geschnitten und vielfach bearbeitet werden, bevor sie in die Formen für winzige Computerchips zerteilt werden.

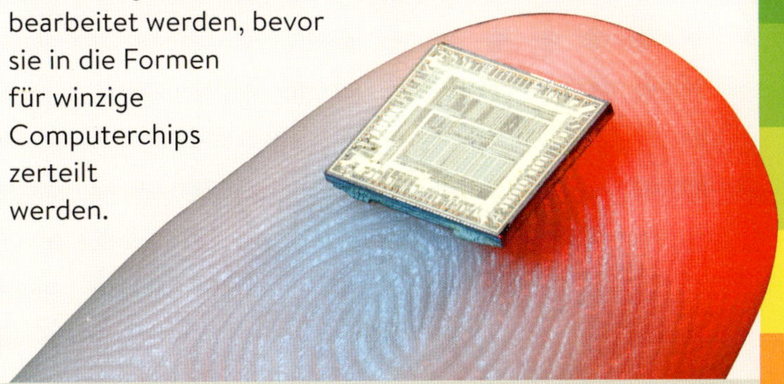

Säuren

Einige Nichtmetalle verbinden sich mit Sauerstoff oder anderen Elementen zu sehr sauren Verbindungen. Sie können Metalle wie diese ausgelaufene Batterie zerfressen. Salzsäure kann zum Beispiel die menschliche Haut verbrennen, und Flusssäure brennt fast alles durch. Saure Gase wie Schwefeldioxid und Kohlendioxid befinden sich in der Luft. Sie lösen sich in Regenwasser und machen Wasser so sauer, dass Bäume davon sterben.

pH-Skala

14 BASE	Abflussreiniger (pH=14)
13	Bleichmittel (pH=13,5)
12	
11	Ammoniak (pH=10,5–11,5)
10	
9	Backpulver (pH=9,5)
8	Meerwasser (pH=8)
7 NEUTRAL	Blut (pH=7,4)
6	Milch (pH=6,3–6,6)
5	Schwarzer Kaffee (pH=5)
4	
3	Grapefruitsaft (ph=2,5–3,5)
2	Zitronensaft (pH=2)
1	
0 SÄURE	Batteriesäure (pH=0)

Die pH-Skala

Für die Wissenschaft ist es wichtig zu wissen, ob Substanzen Säuren oder Laugen sind, weil sie sich bei Reaktionen unterschiedlich verhalten. Der Säuregehalt wird auf der pH-Skala gemessen, die von 0 (sehr sauer) bis 14 (sehr alkalisch) reicht. Um den pH-Wert einer Substanz zu ermitteln, wird spezielles Lackmuspapier verwendet, das seine Farbe je nach pH-Wert ändert.

PLASTIK / KUNSTSTOFF

Eine Welt ohne Plastik ist kaum vorstellbar. Plastik ist ein menschengemachtes Material, das fast jede Form und Farbe annehmen kann. Plastik ist überwiegend robust, widerstandsfähig und leicht. Es ist beständig gegen Wasser, Hitze, Chemikalien und elektrischen Strom. Oft ist es billiger als natürliche Materialien. Plastik wird meist aus Rohstoffen wie natürlichem Gas und Erdöl hergestellt. Aus Plastik kann alles von Flaschen und Einkaufstüten bis hin zu Helmen und Fußbodenbelägen hergestellt werden.

FAKTastisch!

Geckos haben von allen Lebewesen die klebrigsten Füße. Nur an Teflon haften sie nicht. Dieses wachsartige Kunstharz, auch Polytetrafluorethylen (PTFE) genannt, ist so rutschig, dass es zur Herstellung von Antihaft-Pfannen verwendet wird. Die Anziehungskräfte im Teflon sind so gering, dass andere Moleküle sich nicht mit ihm verbinden können.

Geschichte des Plastiks
CHRONIK

Legostein mit Figuren

1856 erfindet der Engländer Alexander Parkes das erste Plastik, Parkesin, als billigen Ersatz für Elfenbein in Billardkugeln.

1872 wird eine Maschine erfunden, mit der Plastik in Gussformen gespritzt werden kann.

1909 stellt Leo Baekeland, ein belgischstämmiger Chemiker, Bakelit her, das erste synthetische Polymer.

1933 wird erstmals Polyethylen produziert, der heute am weitesten verbreitete Kunststoff.

1935 entwickelt der US-Chemiker Wallace Carothers das Nylon, das erste vollsynthetische Gewebe.

1958 lässt Lego sich Spielsteine patentieren, die ursprünglich aus Azetylzellulose hergestellt wurden.

1965 erfindet die US-Chemikerin Stephanie Kwolek das Kevlar, ein Kunststoffgewebe, so stabil, dass es für schusssichere Westen verwendet wird.

Plastik-flasche

1973 werden die ersten Plastik-Trinkflaschen aus Polyethylenterephtalat (PET) fabriziert.

2016 werden in Japan winzige Organismen entdeckt, die im Boden leben und sich von Plastik ernähren können.

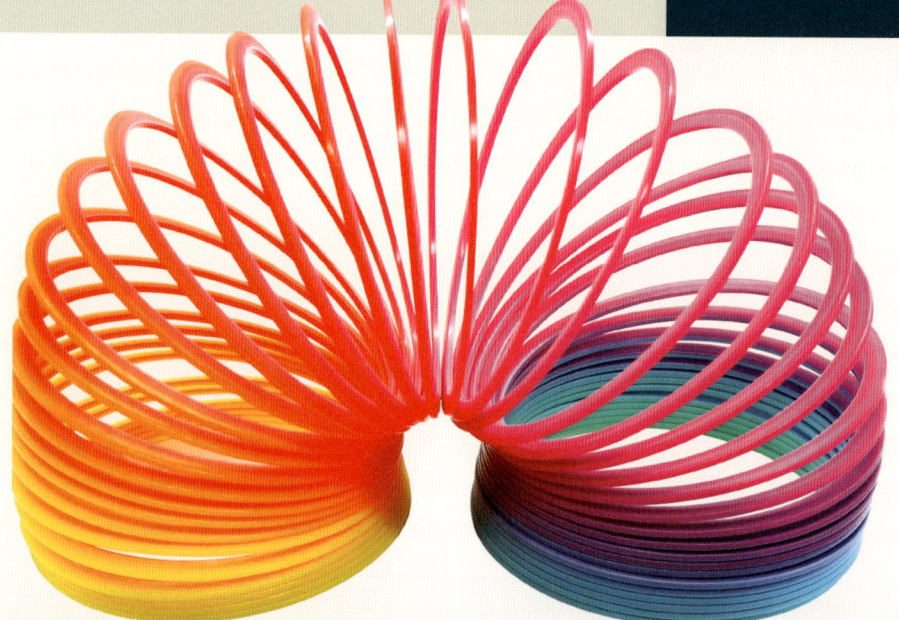

Die Kraft der Polymere

Die meisten Kunststoffe gehören der Chemikalienart der Polymere an. Ein Polymermolekül besteht aus langen Ketten von Kohlenstoff, Wasserstoff und anderen Elementen. Diese Ketten gehen eine feste Verbindung miteinander ein, sind aber flexibel, sodass sie verschiedene Formen annehmen können. Diese Qualität wird Plastizität genannt. Plastik nimmt leicht jede beliebige Form an wie dieses Slinky-Spiralenspiel. „Plastik" kommt vom griechischen Wort für „formen".

Beratender Experte: Duncan Davis **Siehe auch:** Fossile Brennstoffe, S. 84–85; Die Chemie des Lebens, S. 122–123; Das offene Meer, S. 180–181; Künstliche Materialien, S. 352–353; Ökologische Herausforderungen, S. 358–359

Das Plastikproblem

Plastik ist eine der Hauptursachen der Umweltverschmutzung. Es zersetzt sich nur sehr langsam oder auch gar nicht. Es stört die natürlichen Ökosysteme und schadet Tieren. Entsorgtes Plastik landet tonnenweise im Meer. 2019 wurde dort eine Plastiktüte gefunden, wo das Meer am tiefsten ist: am Marianengraben, 11 Kilometer unter der Meeresoberfläche.

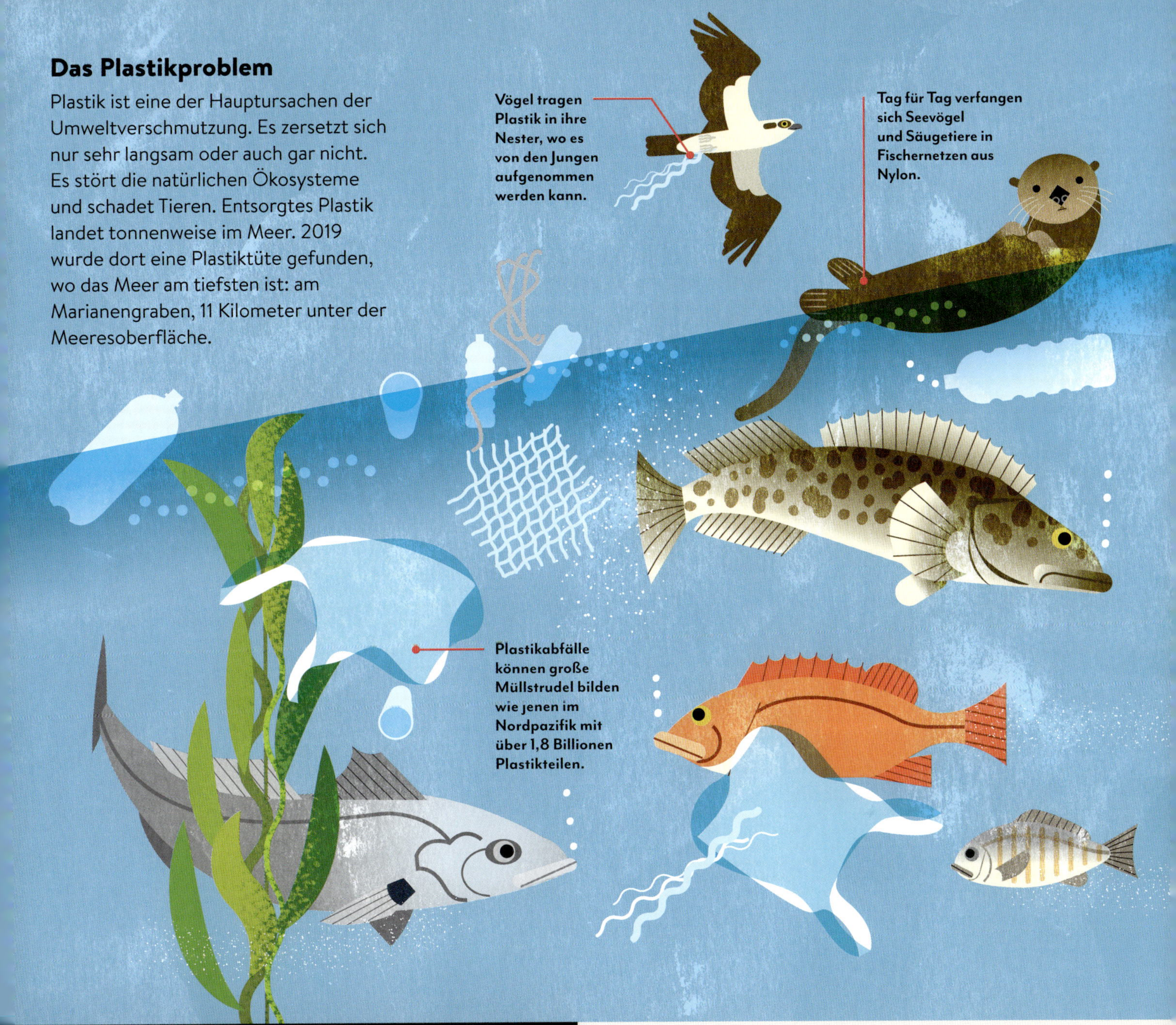

Vögel tragen Plastik in ihre Nester, wo es von den Jungen aufgenommen werden kann.

Tag für Tag verfangen sich Seevögel und Säugetiere in Fischernetzen aus Nylon.

Plastikabfälle können große Müllstrudel bilden wie jenen im Nordpazifik mit über 1,8 Billionen Plastikteilen.

Mikroplastik

Umweltschädigendes Plastik kann so kleinteilig sein, dass es mit bloßem Auge kaum zu sehen ist. Mikroplastik ist 5 Millimeter lang; Tausende Tonnen davon befinden sich in Böden und Meeren. Es besteht zum Teil aus winzigen Mikrokügelchen, wie sie z. B. zur Make-up-Herstellung verwendet werden. Mikroplastik schädigt Lebewesen, die es über die Nahrung aufnehmen, auch den Menschen.

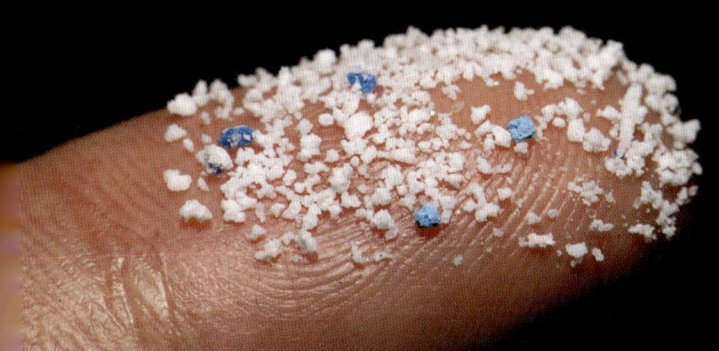

Halten Biokunststoffe, was sie versprechen?

Bioplastik besteht aus pflanzlichem Material wie zum Beispiel Maniok (rechts). Heute werden daraus so alltägliche Dinge wie Geschirr, Besteck und Strohhalme hergestellt. Das schwedische Unternehmen IKEA produziert seit 2018 Möbel aus Bioplastik. Hersteller von Bioplastik werben damit, dass es schneller biologisch abbaubar sei als Plastik aus fossilen Brennstoffen. Aber dies trifft nur auf einen Teil der Bioplastik-Materialien zu.

DIE CHEMIE DES LEBENS

Alles Leben auf der Erde beruht auf einem einzigen chemischen Element: Kohlenstoff. Er hilft, die Zellen aller Lebewesen zu bauen. Kohlenstoff in der Luft verbindet sich mit Sauerstoff zu Kohlendioxid (CO_2). Pflanzen nutzen Kohlendioxid, Wasser und Sonnenlicht, um ihre Nahrung in Form der Kohlenhydrate zu erzeugen. Menschen und Tiere essen Pflanzen, um aus diesen Kohlenhydraten Energie zu erhalten. Mit der Atemluft geben sie dann wieder CO_2 an die Luft ab.

Kalktuff-Türme

Am Mono Lake in Kalifornien hat Kohlenstoff im Lauf von Jahrhunderten Türme aus porösem Kalkstein (Tuff) entstehen lassen. Sie wachsen aus dem Boden des Sees heraus, da der Kohlenstoff im Wasser mit dem Kalzium reagiert und so den Aufbau der Verbindung Kalziumkarbonat verursacht, eines gesteinsbildenden Minerals. Die Türme werden wissenschaftlich erforscht.

Dank seiner Punkte ist ein Leopard beim Jagen optisch Bäumen und Gräsern angeglichen. Eine gute Tarnung.

Muster in der Natur

Chemie ist verantwortlich für die Zeichnung von Tieren, z. B. die Punkte eines Leoparden oder die Streifen eines Zebras. Bevor ein Tier geboren wird, konkurrieren verschiedene Chemikalien darum, seine biologische Entwicklung zu steuern. Leopardenpunkte treten auf, wenn ein chemisches Signal schwarze Farbe in der Haut hervorruft und eine weitere Chemikalie andere Stellen der Haut so programmiert, dass gelbe Pigmente entstehen.

Beratende Expertin: Kimberly M. Jackson **Siehe auch:** Gestein und Minerale, S. 74–75; Riesenkristalle, S. 76–77; Reichtümer der Erde, S. 78–79; Elemente, S. 104–105; Verbindungen, S. 108–109; Festkörper, Flüssigkeiten und Gase, S. 112–113; Pflanzen und Pilze, S. 156–157; Tiere, S. 158–159; Der menschliche Körper, S. 196–197

Aminosäuren

Alle Lebewesen benötigen Proteine, die aus Aminosäuren hergestellt werden, und alle lebenden Organismen brauchen dieselben 20 Aminosäuren. Elf davon kann unser Körper selbst herstellen, die restlichen neun müssen wir durch proteinhaltige Nahrung wie Fleisch, Fisch, Eier, Bohnen und Nüsse zu uns nehmen. Beim Menschen übernehmen Aminosäuren zahlreiche grundlegende Funktionen und unterstützen den Körper dabei, Muskeln aufzubauen und Krankheiten zu bekämpfen.

Bis zu neun Meter hohe Tufftürme haben sich am Ufer des Sees gebildet.

Der Mono Lake ist ein Natronsee. Das Wasser solcher Seen steckt voller Karbonat (in Wasser gelöstes CO_2).

Enzyme

Chemische Reaktionen wie die Umwandlung von Nahrung in Energie erhalten Pflanzen und Tieren lebensfähig. Enzyme, natürlich vorkommende Proteine, steuern die Reaktionen. Sie werden chemische „Katalysatoren" genannt, weil sie eine Reaktion beschleunigen, aber dabei selbst unverändert bleiben. Beim Brotbacken reagieren Enzyme in der Hefe mit anderen Zutaten, sodass der Teig aufgeht.

UND DANN KAM ...

DOROTHY HODGKIN

Chemikerin, 1910–1994, Großbritannien

Sie untersuchte den Aufbau von Chemikalien, indem sie Kristalle mit Röntgenstrahlen beschoss und die entstehenden Muster beobachtete. Im 2. Weltkrieg erforschte sie den Aufbau von Penicillin, eines Medikaments, das Wunden heilt und Infektionen bekämpft. Später fand sie den Aufbau von Vitamin B_{12} und von Insulin heraus, eines Hormons, das den Zucker im Körper kontrolliert.

FAKTastisch!

Aus Erdnussbutter können Diamanten werden! Forscher wollten herausfinden, wie sich Kristalle unter der Erdoberfläche bilden. Sie arbeiteten mit Erdnussbutter, die reich ist an Kohlenstoff, dem Element, aus dem Diamanten bestehen. Beim Pressen der Erdnussbutter entstanden ein gefährliches Gas – und Diamanten!

ENERGIE

Energie ist ein anderes Wort für Kraft. Sie setzt Dinge in Bewegung, darunter auch unseren Körper. Sie ermöglicht, dass Maschinen arbeiten. Dein Körper wäre ohne Energie nicht in der Lage, sich zu bewegen. Sie lässt auch alle Lebewesen wachsen – von Bakterien über Pflanzen, Bäume und Tiere bis zu Menschen.

Kinetische und potenzielle Energie

Kinetische Energie wird durch Bewegung freigesetzt. Je schneller die Bewegung, desto mehr kinetische Energie wird erzeugt. Potenzielle Energie ist gespeicherte Energie. Sie kann von einer Position oder einem Zustand abhängig sein. Eine Kugel, die man hochhält, hat im Schwerefeld der Erde potenzielle Energie. Lässt man die Kugel los, fällt sie und wird schneller. Ihre potenzielle Energie wandelt sich in kinetische Energie um.

Hitze

Hitze ist eine Form von Energie. Sie entsteht durch die Bewegung der Atome und Moleküle in einem Stoff. Je schneller sich diese Partikel bewegen, desto heißer ist der Gegenstand. Bleibt diese Energie in dem Gegenstand, heißt sie Wärmeenergie.

ENERGIE

Energie ist das, was Materie in Bewegung versetzt oder verändert.

KINETISCHE ENERGIE
Die Bewegung eines Gegenstands erzeugt Bewegungsenergie.

Potenzielle Energie
ist in einem Gegenstand gespeichert, bis sie in eine andere Form übergeht.

Wärmeenergie
Sie entsteht durch sich bewegende Moleküle, die Wärme erzeugen.

Gravitationsenergie
Sie wird durch ein Gravitationsfeld erzeugt — je höher man kommt, desto mehr ist davon da.

Mechanische Energie
Wird frei, wenn potenzielle Energie in Bewegungsenergie umgewandelt wird.

Kernenergie
Sie ist in den Atomen gespeichert und wird frei, wenn diese sich spalten oder verbinden.

Schallenergie
Sie entsteht durch Vibrationen in einer Materie.

Elektrische Energie
ist in elektrischen Feldern gespeichert. Bei der chemischen Energie bewirken die elektrischen Felder die Bindung zwischen Atomen und Molekülen.

Beratender Experte: David Tong **Siehe auch:** Der Urknall, S. 10–11; Das Ende des Universums, S. 52–53; Schall, S. 126–127; Licht, S. 130–131; Tempo-Magier, S. 132–133; Schwerkraft, S. 136–137

Energie umwandeln

Es gibt das Naturgesetz der Energieerhaltung. Dieses Gesetz besagt, dass Energie weder hergestellt noch zerstört werden kann. Sie kann nur in eine andere Art von Energie umgewandelt werden. Nehmen wir zum Beispiel ein Wasserrad. Ein abwärts fließender Bach wandelt Gravitationsenergie in Bewegungsenergie um. Das Wasser drückt gegen die Flügel und überträgt so seine kinetische Energie auf das Rad. Das Rad dreht sich um seinen Drehpunkt im Zentrum und bringt eine Achse zum Rotieren, die wiederum eine Maschine, z. B. eine Mühle, antreibt.

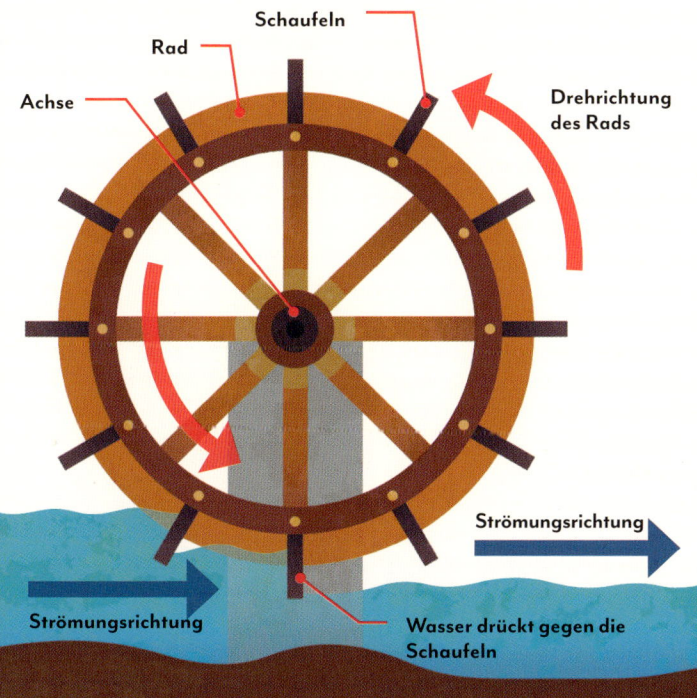

Schaufeln

Rad

Achse

Drehrichtung des Rads

Strömungsrichtung

Strömungsrichtung

Wasser drückt gegen die Schaufeln

Bleibt die Energie für immer erhalten?

Wenn Puffmais erhitzt wird, poppt er. Auch wenn die Wärmezufuhr angehalten wird, kann er nicht wieder in den ungepoppten Zustand zurückgehen. Einige Forscher sind der Meinung, dass solche Prozesse die Entropie im Universum erhöhen. Entropie ist die Energie, die nicht zur Arbeit zur Verfügung steht, weil sie sich in einem unordentlichen oder nicht nutzbaren Zustand befindet. Wenn das stimmt, könnte die verwendbare Energie des Universums eines Tages aufgebraucht sein.

Die 36,5 Meter langen Rotorblätter sind angewinkelt, um den Wind einzufangen.

Der Antrieb dreht sich im Generator, um Strom zu erzeugen.

Windkraftanlagen

Kinetische Energie aus bewegter Luft dreht die Flügel von Windkraftanlagen. Die Rotorblätter bringen eine Antriebswelle zum Drehen, die sich sehr viel schneller in einem Generator dreht. Der Generator wandelt die mechanische Energie in elektrische Energie um, die in großer Entfernung gespeichert werden kann.

Infraschall

Alle Schallwellen breiten sich mit ungefähr derselben Geschwindigkeit aus, aber die Tonhöhe, die du wahrnimmst, hängt von ihrer Frequenz ab, also davon, wie viele Wellen pro Sekunde ankommen. Die niedrigsten Frequenzen, auch Infraschall genannt, können vom menschlichen Ohr nicht wahrgenommen werden, aber einige Tiere, zum Beispiel Elefanten und Buckelwale (rechts), können sie hören. Weil Infraschallwellen sich in Wasser sehr weit fortpflanzen, können Wale sogar über Entfernungen von 160 Kilometern miteinander kommunizieren.

SCHALL

Schall ist die Vibration in der Luft, die wir hören können. Wenn eine Trommel schlägt, jemand ruft oder Donner kracht, sind das nur Vibrationen, die Bewegung erzeugen und die Luft rhythmisch dehnen und zusammendrücken. Diese Vibrationen gelangen zum Trommelfell und versetzen es in Schwingungen. Nerven schicken dann Informationen ans Gehirn, die diese Schwingungen in einen Klang übersetzen, den wir verstehen. Die Schallwellen reisen wie Meereswellen durch die Luft, ohne sie dabei stark zu bewegen, durchdringen sowohl Flüssigkeiten und viele Feststoffe (Metall, Stein, Holz) als auch Luft.

FAKTastisch!

In den endlosen Weiten des Weltalls gibt es keinen Schall. Das liegt daran, dass Schall Moleküle zum Rütteln und Vibrieren braucht, und im All gibt es keine. Selbst wenn riesige Sterne explodieren, geschieht das lautlos.

Beratender Experte: David Tong **Siehe auch:** Licht, S. 130–131; Tempo-Magier, S. 132–133; Die Sinne, S. 204–205; Sprachen und Geschichte, S. 214–215

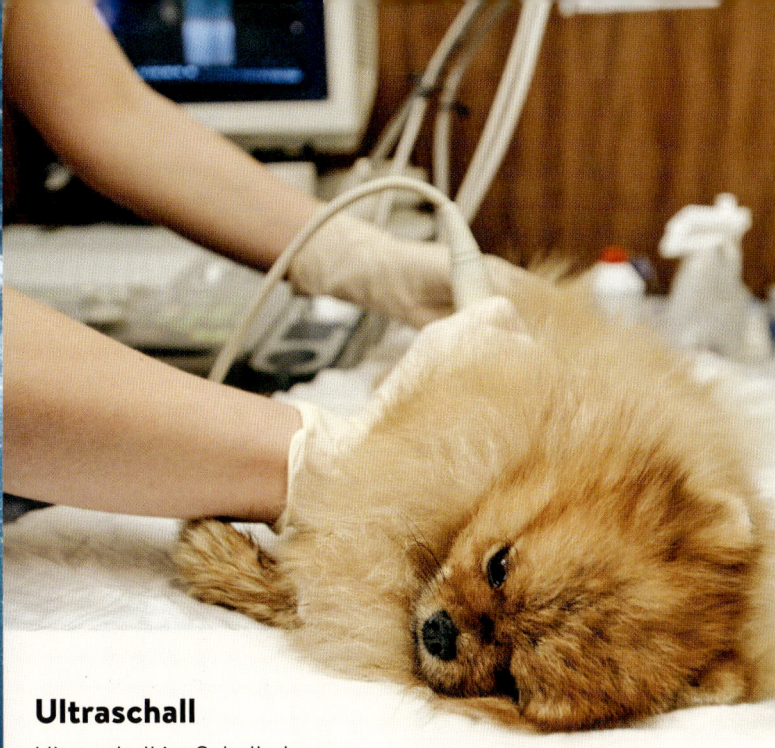

Ultraschall

Ultraschall ist Schall, dessen Frequenz so hoch ist, dass unser Ohr ihn nicht wahrnehmen kann. Manche Tiere, etwa Fledermäuse, können Töne in diesem Frequenzbereich ausstoßen. Ultraschall wird oft in Krankenhäusern eingesetzt. Man kann damit die Ursache von Schmerzen oder einer Entzündung feststellen. Auch Tierärzte nutzen ihn. Er funktioniert sogar durch ein dickes Hundefell hindurch.

Schallgeschwindigkeit

Wenn ein Flugzeug schnell fliegt, wirft es in der Luft vor sich Druckwellen auf. Diese Wellen haben die Geschwindigkeit von Schall. Fliegt das Flugzeug noch schneller als der Schall, kann es die „Schallmauer" durchbrechen. Das bedeutet, es holt die Wellen ein und drückt sie zu einer riesigen Stoßwelle zusammen. Am Boden ist das als lauter, donnernder „Überschallknall" hörbar.

Schalltote Räume

Schalltote Räume (oben) sind die ruhigsten Orte der Welt. Sie sind mit speziellen Schaumstoffkeilen ausgekleidet, die Schallschwingungen absorbieren, und so ruhig, dass dein Herzschlag sich wie Donner anhört. Kaum jemand hält es länger als 45 Minuten darin aus, und man verliert dort leicht das Gleichgewicht. Die NASA bereitet Astronauten in schalltoten Räumen auf die totale Stille im All vor.

Der nach unten weisende Blitz bringt Elektrizität zum höchsten Punkt unterhalb der Wolke.

Blitzableiter schützen hohe Gebäude, indem sie den Strom sicher in den Boden leiten.

ELEKTRIZITÄT

Elektrizität ist die Bewegung von Elektronen — den winzigen Partikeln im äußeren Teil eines Atoms — von einem Atom zum nächsten. Es gibt zwei Arten, statische und dynamische Elektrizität. Durch elektrischen Strom erhalten wir künstliches Licht und betreiben Maschinen. Er entsteht in einem Kraftwerk und fließt durch Leitungen bis zu uns nach Hause. Er kann auch in Batterien gespeichert werden. Statische Aufladung tritt ganz natürlich auf, wenn du zum Beispiel einen Ballon an deinem Haar reibst und ihn dann an die Wand kleben kannst. Ebenso ist es mit den kleinen Stromschlägen, die man manchmal bekommt, wenn man einen Wollpullover auszieht.

Wie Blitze entstehen

Blitze entstehen durch eine Art statischer Aufladung, die im Inneren von Wolken entsteht. In großen Höhen reiben Tropfen von Wasser oder Eis aneinander. Dadurch entsteht Elektrizität, die die Wolke anfüllt. Wenn sich genug Elektrizität angesammelt hat, wird sie in einem Blitz freigesetzt. Die Erde bekommt jeden Tag etwa acht bis neun Millionen Blitzschläge ab.

NEW YORKER

Beratende Expertin: Cristina Lazzeroni **Siehe auch:** Wetter, S. 92–93; Wirbelstürme, S. 94–95; Das Atom, S. 102–103; Strom für den Planeten, S. 340–341; Medizintechnik, S. 354–355

Leiter und Nichtleiter

Materialien, durch die Strom hindurchfließen kann, heißen Leiter. Viele Metalle gehören dazu. Im Gegensatz dazu stehen Nichtleiter. Vögel können auf einer Stromleitung stehen, weil der Strom an ihnen vorbeifließt. Hätte ein Vogel gleichzeitig Kontakt mit zwei Leitungen, würde der Strom durch ihn hindurchfließen, um zum anderen Draht zu gelangen. Der Vogel würde an einem Stromschlag sterben.

Metalldrähte leiten Strom.

Vögel bekommen keinen Schlag, weil kein Strom durch sie fließt.

Statische Aufladung

Die Atome in den meisten Objekten sind neutral, weisen ein ausgeglichenes Verhältnis zwischen positiven und negativen Ladungen auf. Manchmal aber sind mehr Elektronen, negativ geladene Teilchen, vorhanden. Das nennt man statische Aufladung. Das Mädchen im Bild berührt einen Van-de-Graaff-Generator. Die Elektronen, die darin die statische Aufladung bewirken, springen auf ihren Körper über und rasen hindurch bis zu ihren Haarspitzen. Weil alle Elektronen die gleiche Ladung haben, stoßen sie einander ab: Die Haare versuchen, zueinander auf Abstand zu gehen, und stehen zu Berge.

Expertinnen-Kommentar

CRISTINA LAZZERONI
Professorin für Teilchenphysik

Sie befasst sich als Physikerin mit subatomaren Teilchen, den kleinsten und einfachsten Objekten, die es gibt. Ihr großes Forschungsthema sind die Bausteine des Universums.

„Nicht alle Wissenschaftler forschen allein in ihren Labors. Ich arbeite mit Menschen aus vielen Ländern zusammen, die faszinierende Sachen mit Computern, Elektronik und mechanischen Systemen machen."

FAKTastisch!

Zitteraale haben Tausende von Zellen, die Energie wie Minibatterien speichern. Sie betäuben ihre Beute mit einem Schock, der doppelt so stark ist wie der Strom aus einer Haushaltssteckdose. Ein Aal, der im Amazonasbecken in Südamerika gefunden wurde, liefert einen satten 850-Volt-Schock.

LICHT

Licht ist eine Form von Energie, die sich in Wellen von unterschiedlicher Länge ausbreitet. Sichtbares Licht, das von der Sonne kommt, wird „weißes Licht" genannt, besteht aber eigentlich aus verschiedenen Farben. Alle diese Farben werden für uns sichtbar, wenn die Lichtwellen des Sonnenlichts beim Durchdringen von Wassertröpfchen gebrochen werden: Es entsteht ein Regenbogen. Nichts im Universum ist so schnell wie Licht: etwa 300 000 Kilometer pro Sekunde.

Kameras können die Farben der Polarlichter mit mehr Leuchtkraft sehen als das menschliche Auge.

Die Nordlichter erscheinen in verschiedenen Schattierungen von Grün.

Nordlichter

Im Polargebiet ist der Nachthimmel manchmal voller leuchtender Schleier aus farbigem Licht. Man nennt sie *aurora borealis* oder auch Nordlichter. Sie entstehen, wenn Wellen energiereicher Partikel, die von der Sonne abgegeben werden, hoch oben in der Erdatmosphäre auf Atome prallen. Ein ähnliches Phänomen am Südpol wird Südlichter genannt.

Beratender Experte: David Tong **Siehe auch:** Sterne, S. 16–17; Schwarze Löcher, S. 24–25; Die Sonne, S. 30–31; Verbrennung, S. 110–111; Plasma, S. 114–115; Energie, S. 124–125; Elektrizität, S. 128–129; Die Sinne, S. 204–205

Laser
AUFGELISTET

Ein Laser erzeugt einen schmalen, intensiven Lichtstrahl. Laserstrahlen können weite Distanzen zurücklegen und dennoch eine intensive Energiemenge bündeln. Laser werden vielfältig eingesetzt.

1. Barcode-Scanner an Supermarktkassen arbeiten mit einem roten Laserstrahl. Das Licht des Strahls wird von den Streifen des Barcodes reflektiert. Die Information wird in einen Code umgewandelt, der sofort aus einer Datenbank von einem zentralen Computer den Produktpreis liefert.

2. Laserharfen sind Musikinstrumente, die Laserstrahlen in die Luft projizieren. Wird ein Strahl von einer Hand unterbrochen, spielt das Instrument eine bestimmte Note.

3. Diamanten so zu schneiden, dass sie glänzen, ist nicht leicht, denn sie sind der härteste natürliche Stoff der Erde. Anstelle der Diamantsäge von einst verwendet man dazu heute Laser. Laser bündeln extreme Hitze auf der Oberfläche des Diamanten und schneiden ihn sehr präzise.

4. Chirurgen arbeiten mit Laserstrahlen, um Gewebe zu schneiden und so zu verschließen, dass es nicht blutet. Laserchirurgie wird oft eingesetzt, um die Sehschärfe des menschlichen Auges zu verbessern.

5. Teleskope liefern uns mithilfe von Lasern ein schärferes Bild des tiefen Universums. Turbulenzen – Winde, die die Atmosphäre aufwühlen – können das Bild stören. Laser in modernen Teleskopen können Turbulenzen aufzeigen, indem sie eine Schicht der Atmosphäre etwa 100 Kilometer über der Erde erhellen. Diese visuellen Informationen nutzen Teleskope zum Fokussieren.

UV-Licht

Ultraviolettes (UV) Licht hat eine kürzere Wellenlänge als sichtbares Licht. Es bringt Gegenstände zum Fluoreszieren (helles Leuchten). Künstler verwenden fluoreszierende Farben für Körperkunst, die bei ultraviolettem Licht leuchtet. UV-Licht kann die menschliche Haut durchdringen, aber nicht so tief wie Röntgenstrahlung.

Radiowellen
Elektronische Empfänger können sie erkennen.

Mikrowellen
Sie werden zum Kochen genutzt.

Infrarotlicht
Es überträgt Wärme, auch von der Sonne.

Sichtbares Licht
Wie wir es sehen, kann es nach Farben getrennt sein.

Ultraviolettes Licht
Bräunt die Haut. Gefahr von Sonnenbrand!

Röntgenstrahlen
Sie können menschliches Gewebe durchdringen.

Gammastrahlen
Sie werden genutzt, um Krebszellen zu töten.

Lichtbrechung

Licht verbreitet sich geradlinig in gleichbleibender Geschwindigkeit. Doch die ändert sich, wenn es von einem transparenten Material in ein anderes übergeht, zum Beispiel von Luft in ein Glas Wasser. Da Wasser dichter ist als Luft, wird das Licht etwas langsamer. Dies führt zu einer Änderung des Winkels, den der Weg des Lichts nimmt, sodass es scheint, als würde es dort abbiegen. Dieses Abbiegen wird Lichtbrechung genannt.

Licht vom Bleistift wird gebrochen.

Elektromagnetisches Spektrum

Sichtbares Licht ist nur eine Art von Energie, die sich in Form von Strahlen ausbreitet. Andere Strahlenarten sind Infrarotstrahlen, Radiowellen, Röntgen- und Gammastrahlen. Die Strahlen haben unterschiedliche Wellenlängen. Der gesamte Wellenbereich wird elektromagnetisches Spektrum genannt.

Die schnellsten Fahrzeuge

Bloodhound LSR

Der Weltrekord für das schnellste Landfahrzeug liegt bei 1228 km/h und wurde 1997 von dem englischen ThrustSSC aufgestellt. Zurzeit laufen Versuche, diesen Rekord zu brechen. Unter den Herausforderern sind der nordamerikanische Eagle, der neuseeländische Jet Black, der australische Aussie Invader und der englische Bloodhound LSR (unten). Anders als normale Autos haben diese Fahrzeuge Düsentriebwerke. Ihre Teams hoffen, Geschwindigkeiten von 1600 km/h zu erreichen.

Die Reibung der Räder allein reicht nicht, um den Bloodhound LSR bei hohen Geschwindigkeiten auf Kurs zu halten, deshalb hat er eine riesige Heckflosse zur Stabilisierung, wie ein Flugzeug.

Der Hauptantrieb ist ein Düsentriebwerk. Das Auto ist aber so konzipiert, dass es auch mit einem Raketenantrieb ausgestattet werden kann.

Das Auto hat drei Bremssysteme: Erst werden Druckluftbremsen wirksam, dann Fallschirme, und am Schluss wirken konventionelle Bremsen auf die Hinterräder.

Beratender Experte: David Tong **Siehe auch:** Raketen, S. 44–45; Verbrennung, S. 110–111; Energie, S. 124–125; Schall, S. 126–127; Licht, S. 130–131; Kräfte, S. 134–135; Einfache Maschinen, S. 144–145

TEMPO-MAGIER...
AUFGELISTET

DIE SCHNELLSTEN ALLER ZEITEN

1. **Apollo 10** Höchstgeschwindigkeit: 39 900 km/h. Diese Geschwindigkeit – die höchste, mit der sich Menschen je fortbewegt haben – erreichte die Besatzung des Raumschiffs Apollo 10, als es nach seinem Mondbesuch 1969 zur Erde zurückraste.

2. **Der DARPA Falcon HTV-2** Höchstgeschwindigkeit: 20 921 km/h. Diese Geschwindigkeit, am 11. August 2011 erreicht, ist die höchste, mit der jemals ein Flugzeug flog. Der HTV-2 ist ein Gleiter, der hoch über der Erde mittels einer Rakete gestartet wird. Mit ihm wäre die Flugzeit von New York nach Los Angeles nicht einmal 12 Minuten lang, statt wie bisher 5 Stunden.

3. **Das X-15** Höchstgeschwindigkeit: 7274 km/h. Die raketengetriebenen Experimentalflugzeuge X-15 waren die schnellsten bemannten Flugzeuge aller Zeiten. Diese Geschwindigkeit wurde 1967 von dem Piloten Pete Knight in einer Höhe von fast 100 Kilometern erreicht.

4. **Lockheed SR-71** Höchstgeschwindigkeit: 3529,6 km/h. Dieses Flugzeug, das den Spitznamen Blackbird bekam, war der schnellste Jet aller Zeiten. 1974 flog eine Blackbird SR-71 von New York nach London in unter zwei Stunden

5. **ThrustSSC** Höchstgeschwindigkeit: 1228 km/h. Das ist der weltweite Geschwindigkeitsrekord zu Land, erreicht von dem von Richard Noble entwickelten, strahlgetriebenen Auto ThrustSSC. Mit Andy Green als Fahrer durchbrach es am 15. Oktober 1997 die Schallmauer!

6. **Koenigsegg Agera** Höchstgeschwindigkeit: 447,1 km/h. Das ist die höchste jemals gemessene Geschwindigkeit eines für den serienmäßigen Verkauf bestimmten Autos, erreicht 2017. Doch bei einer Fahrt erreichte ein Bugatti Chiron Super Sport 490 km/h.

7. **Der Maglev** Durchschnittsgeschwindigkeit: 430,9 km/h. Der schnellste Zug der Welt in Shanghai basiert auf der Magnetschwebetechnik. Der schnellste konventionelle Zug auf Rädern ist Chinas Harmony CRH-380A, der bis zu 380 km/h fahren kann.

Nur ein Düsentriebwerk bietet ausreichend Beschleunigung und Tempo, wenn Rekordgeschwindigkeiten erreicht werden sollen.

Die Räder sind aus massivem Aluminium, um ein Minimum an Gewicht und Luftwiderstand zu gewährleisten. Sie drehen sich über 10 000-mal pro Minute.

KRÄFTE

Alle Gegenstände haben eine Eigenschaft, die Trägheit genannt wird. Sie bleiben, wie sie sind, bis eine Kraft auf sie wirkt. Eine Kugel in Ruhe bleibt unbewegt, bis eine Kraft sie anstößt. Eine rollende Kugel rollt in derselben Richtung weiter, bis eine Kraft sie ablenkt oder anhält. Es gibt zwei Hauptarten von Kräften. Eine Kontaktkraft berührt den Gegenstand, eine Kraft, die aus der Entfernung wirkt, berührt ihn nicht direkt. Schwerkraft ist eine Kraft, die aus der Entfernung wirkt, ebenso wie Magnetismus.

Teilchenbeschleuniger

Kräfte formen die winzigsten Teilchen in den Atomen. In der Wissenschaft werden Teilchenbeschleuniger wie der Große Hadronen-Speicherring in Genf (unten) verwendet, um Atome bei annähernder Lichtgeschwindigkeit aufeinanderprallen zu lassen. So wird untersucht, wie die Atome aufbrechen, um etwas über die Kräfte zu erfahren, die sie zusammenhalten.

Zentripetalkraft

In einem Kettenkarussell wirst du durch die Zentrifugalkraft nach außen geschleudert. Du wirst aber nicht völlig aus der Bahn geworfen, weil eine Kraft in Richtung des Mittelpunkts wirkt. Sie heißt Zentripetalkraft und wirkt durch die Ketten, an denen die Sitze des Karussells befestigt sind.

Beratender Experte: David Tong **Siehe auch:** Unser Sonnensystem, S. 28–29; Raketen, S. 44–45; Das Ende des Universums, S. 52–53; Das Atom, S. 102–103; Radioaktivität, S. 106–107; Energie, S. 124–125; Elektrizität, S. 128–129; Licht, S. 130–131; Die schnellsten Fahrzeuge, S. 132–133; Schwerkraft, S. 136–137

Grundkräfte
AUFGELISTET

Vier Grundkräfte halten unser Universum am Laufen. Zwei davon sind uns vertraut: Schwerkraft und Magnetismus. Die anderen beiden sind die starke und die schwache Kernkraft. Sie wirken in den Atomen.

1. Schwerkraft hält alle Materie zusammen. Gegenstände mit großen Massen haben mehr Schwerkraft als andere.

2. Elektromagnetismus ist eine Kraft, die wie ein Magnet anziehen oder abstoßen kann. Sie hält Atome zusammen oder auch auseinander – deshalb verbinden sich deine Atome nicht mit denen des Stuhls, auf dem du sitzt.

3. Die starke Kernkraft hält den Kern eines Atoms zusammen. Sie wirkt nur über eine kurze Entfernung, ist aber extrem stark.

4. Die schwache Kraft bewirkt Veränderungen in Atomkernen und setzt Kernreaktionen in Gang, die die Sonne aufheizen.

UND DANN KAM ...

ISAAC NEWTON
Astronom, 1643–1727, Großbritannien

Isaac Newton war einer der wichtigsten Wissenschaftler aller Zeiten. Er formulierte nicht nur die Bewegungsgesetze, sondern entdeckte auch die Schwerkraft – die Anziehung zwischen aller Materie, auch dem Mond und der Erde. Newton war in der Mathematik bahnbrechend und führte ein berühmtes Experiment durch, in dem er das Sonnenlicht in alle Regenbogenfarben zerlegte.

BEKANNTE UNBEKANNTE

Gibt es eine fünfte Kraft?

Das Universum dehnt sich schneller aus, als man angesichts der Menge an Masse, die es durch ihre Schwerkraft zusammenhält, erwarten würde. Eine geheimnisvolle Abstoßungskraft, auch Dunkle Energie genannt, scheint es auseinanderzutreiben. Noch nicht geklärt ist, was es mit der Dunklen Energie auf sich hat.

DIE BEWEGUNGSGESETZE

Im 17. Jahrhundert entdeckte Sir Isaac Newton, dass nahezu jede Bewegung drei einfachen Regeln folgt, den sogenannten Bewegungsgesetzen. Newtons Gesetze erklären jegliche Bewegung von Gegenständen, die wir aus dem Alltag kennen, etwa, warum eine Kugel rollt, warum es schwierig ist, einen vollen Einkaufswagen zu lenken, oder warum eine Rakete ins All steigen kann.

Erstes Gesetz

Ein Gegenstand bewegt sich nicht, bis etwas ihn zur Bewegung zwingt. Er behält Tempo und Richtung bei, bis er zu einer Änderung gezwungen wird. Das nennt man Trägheit.

Eine Kugel, die eine Schräge hinabrollt, hält erst an, wenn sie von etwas gestoppt wird.

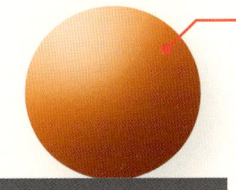

Eine Kugel auf einer ebenen Fläche rollt erst, wenn sie durch etwas angeschoben wird.

Zweites Gesetz

Je größer die Masse eines Gegenstandes, desto mehr Kraft wird benötigt, um Tempo oder Richtung zu ändern.

Ein voller Einkaufswagen ist schwerer zu schieben, lenken und stoppen als ein leerer.

Drittes Gesetz

Auf jede Aktion erfolgt eine gleiche, entgegengesetzte Reaktion. Wird etwas gedrückt, drückt es mit der gleichen Kraft in die Gegenrichtung.

Eine Rakete stößt eine Explosion nach unten. Der Boden drückt mit gleicher Kraft zurück, sodass die Rakete abhebt.

SCHWERKRAFT

Warum ist es schwerer, mit dem Fahrrad bergauf als bergab zu fahren? Warum fallen Dinge zu Boden? Es ist die Schwerkraft, die Gegenstände in Richtung des Erdmittelpunkts zieht. Wenn du auf einer Waage stehst, wirst du von der Schwerkraft in Richtung der Waage gezogen. Die zeigt die Stärke dieser Kraft an, dein Gewicht. Schwerkraft hält die Sonnensysteme und Galaxien zusammen. Ihre Kraft ist größer auf größeren, dichteren Planeten, auf dem Jupiter daher doppelt so groß wie auf der Erde.

Galileos Experiment

Im späten 16. Jahrhundert führte der italienische Wissenschaftler Galileo Galilei Experimente mit der Schwerkraft durch. Sein Schüler Vincenzo Viviani beschrieb ein Experiment, in dem Galileo Kugeln mit unterschiedlichen Gewichten vom Schiefen Turm von Pisa in Mittelitalien fallen ließ, aber es ist unsicher, ob Galileo wirklich so vorging. Seine Feststellung, dass schwere und leichte Gegenstände mit derselben Geschwindigkeit fallen, widersprach der 1900 Jahre zuvor von dem griechischen Philosophen Aristoteles aufgestellten Behauptung, schwere Gegenstände würden schneller fallen.

Galileo soll die fast 300 Stufen des schiefen Turms von Pisa erklommen haben, um von dort oben zwei Kugeln fallen zu lassen.

Wegen der Schwerkraft fallen zwei unterschiedlich schwere Kugeln mit derselben Geschwindigkeit.

Die beiden Kugeln haben dieselbe Größe, aber unterschiedliches Gewicht.

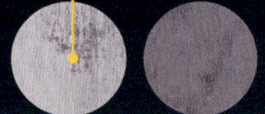

Die Kugeln berühren den Boden fast in demselben Moment, trotz ihres unterschiedlichen Gewichts.

Beratende Expertin: Roma Agrawal **Siehe auch:** Nebel, S. 18–19; Das Ende des Universums, S. 52–53; Die Erde im All, S. 58–59; Vermessung der Erde, S. 60–61; Verbrennung, S. 110–111; Kräfte, S. 134–135; Druck, S. 138–139

Freier Fall

Fallschirmspringer können minutenlang frei fallen, bis sie ihre Fallschirme öffnen. Am Anfang ist die Beschleunigung hoch, da sie von der Schwerkraft Richtung Boden gezogen werden. Nach ca. 15 Sekunden erreichen sie eine konstante Geschwindigkeit, auch Endgeschwindigkeit genannt. Der Zug der Schwerkraft wird durch die Reibung der Luft ausgeglichen, die den Sprung abbremst. Man kann Arme und Beine anlegen, um im freien Fall schneller zu sein, oder sie von sich strecken, um langsamer zu fallen.

Flammen im Weltraum

Die Schwerkraft wirkt sogar auf Feuer. Wenn du auf der Erde ein Streichholz anzündest, zieht die Schwerkraft die Gase in der Flamme an und sorgt für die fußlastige Form, die wir kennen. Hältst du das Streichholz anders, verlagert sich die Flamme, während ihr größerer Teil dem Boden am nächsten bleibt. Doch hoch über der Erde, wo die Internationale Raumstation kreist, ist die Schwerkraft sehr gering. Dort sind Flammen rund und bleiben rund, egal, wie man sie hält.

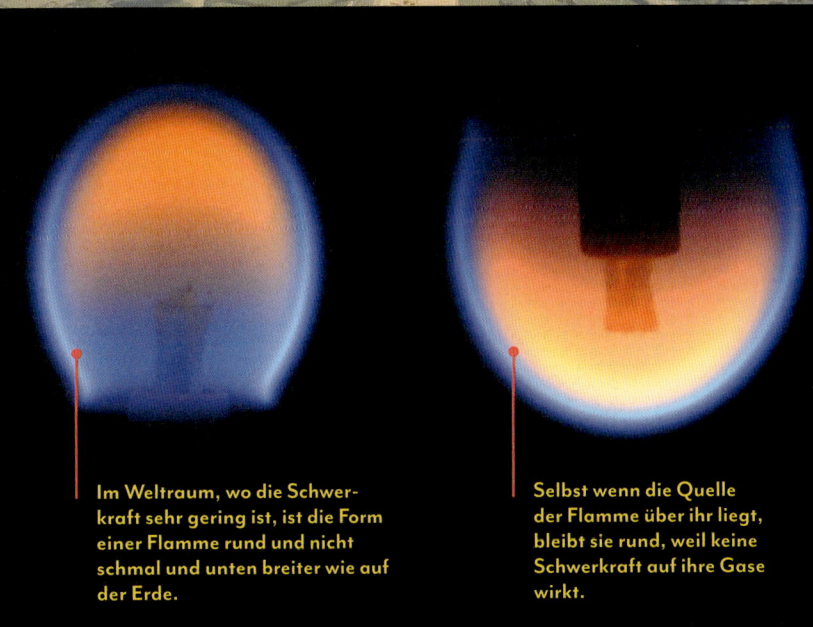

Im Weltraum, wo die Schwerkraft sehr gering ist, ist die Form einer Flamme rund und nicht schmal und unten breiter wie auf der Erde.

Selbst wenn die Quelle der Flamme über ihr liegt, bleibt sie rund, weil keine Schwerkraft auf ihre Gase wirkt.

UND DANN KAM ...

ALBERT EINSTEIN

Physiker, 1879–1955, Deutschland

Einstein fand viel Wichtiges über das Funktionieren des Universums heraus. Eine Regel besagt, dass die Zeit eine Dimension wie Höhe, Länge und Tiefe ist – die drei Dimensionen, die wir normalerweise verwenden, wenn wir Dinge vermessen. Er nannte diese vierdimensionale Kombination Raumzeit und erkannte, dass die Schwerkraft sie krümmen kann. Diese Erkenntnis hilft der Physik, das Verhalten des Universums vorauszusagen.

BEKANNTE UNBEKANNTE

Braucht Leben Schwerkraft?

Alle Lebewesen, die wir kennen, befinden sich auf der Erde, also in der Schwerkraft. Aber bedeutet das, dass sie die Schwerkraft brauchen, um zu existieren? Pflanzen und Tiere auf der Internationalen Raumstation entwickeln sich bisher nicht wie auf der Erde, aber vielleicht werden sich einige Lebewesen an das Leben in geringer Schwerkraft gewöhnen.

Mäuse rannten bei einer Weltraumfahrt im Kreis, möglicherweise, um die Gleichgewichtsorgane im Innenohr anzuregen, mit der Schwerelosigkeit zurechtzukommen.

Spray

Sprühdosen funktionieren mit Druck. Vom Hersteller wird eine Mischung aus Farbe und Gas (oft Kohlenwasserstoff) in die Dose gepresst. Meistens ist der Druck in der Sprühdose zwei- bis achtmal höher als der normale Luftdruck. Wenn du auf den Sprühkopf drückst, kommt etwas von dem zusammengedrückten Gas heraus und transportiert Farbe mit. Beim Ausströmen wird die Farbe durch das Gas in einen feinen Sprühnebel zerlegt.

DRUCK

Druck ist die Kraft, die auf einen Bereich drückt. Er wird in Newton pro Quadratmeter gemessen. Wird stark auf einen kleinen Bereich gedrückt, erzeugt das einen hohen Druck. Drückt man weniger stark auf einen größeren Bereich, ist der Druck niedriger. Wenn du in Schuhen auf Schnee stehst, sinkst du durch den Druck in den Schnee ein. Stehst du dagegen auf Skiern, verteilt sich dein Gewicht über eine größere Fläche, der Druck wird dadurch so gering, dass der Schnee dich trägt. Gase wie Luft und Flüssigkeiten wie Wasser haben einen Druck, weil ihre Moleküle sich in jede Richtung bewegen und drücken.

FAKTastisch!

Ein Kilo Luftdruck wirkt auf jeden Quadratzentimeter deines Körpers. Das ergibt insgesamt über eine Tonne, das Gewicht eines Büffels. Warum merken wir nichts davon? Weil alles Wasser in unserem Körper mit etwa derselben Kraft zurückdrückt.

Beratende Expertin: Roma Agrawal **Siehe auch:** Das Atom, S. 102–103; Elemente, S. 104–105; Verbindungen, S. 108–109; Feststoffe, Flüssigkeiten und Gase, S. 112–113; Die Tiefsee, S. 182–183

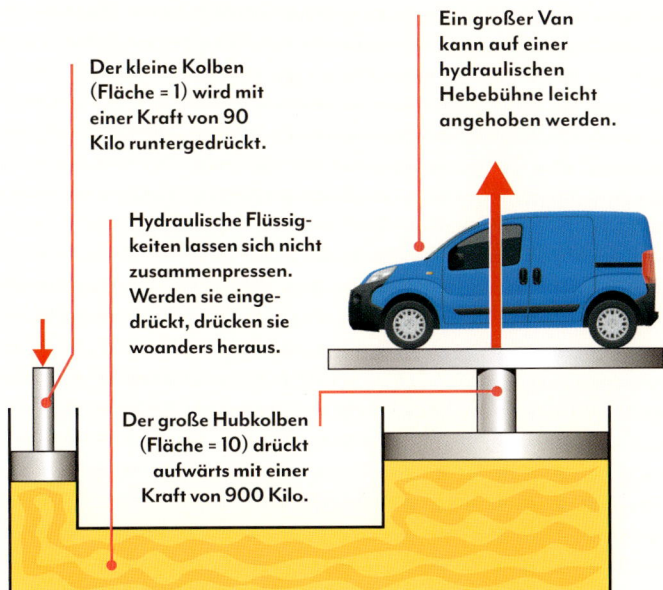

Ein großer Van kann auf einer hydraulischen Hebebühne leicht angehoben werden.

Der kleine Kolben (Fläche = 1) wird mit einer Kraft von 90 Kilo runtergedrückt.

Hydraulische Flüssig-keiten lassen sich nicht zusammenpressen. Werden sie einge-drückt, drücken sie woanders heraus.

Der große Hubkolben (Fläche = 10) drückt aufwärts mit einer Kraft von 900 Kilo.

Hydraulische Maschinen

In hydraulischen Hebebühnen wirkt Druck auf Öl. Wird das Öl auf der einen Seite hinuntergedrückt, drückt es auf der anderen Seite mit demselben Druck nach oben. Doch da der Hubkolben viel größer ist, verteilt sich der Druck über eine größere Fläche und vervielfacht die Kraft, sodass das Auto angehoben wird.

Luftdruck

Die Atmosphäre, die die Erde umgibt, hat Gewicht und drückt auf alles unter ihr. Das Gewicht der Luft über einem bestimmten Bereich der Erdoberfläche wird Luftdruck genannt. Luft wird weiter von der Erdoberfläche entfernt leichter, weil die Luftmoleküle sich über einen größeren Raum verteilen können. Weil die dünnere Luft weniger Sauerstoff enthält, wird in Flugzeugkabinen die Luft auf Normaldruck gehalten, um die Passagiere und die Besatzung zu schützen. Das Hineinpressen von Luft in ein Flugzeug kann Schäden an der Außenhaut der Maschine verursachen und muss daher mit Vorsicht geschehen.

Solange der Ballon unbeschädigt ist, ist der Druck gleichmäßig über die Ballonhaut verteilt.

Wenn du mit einer Nadel in einen Ballon stichst, entweicht die Druckluft darin schlagartig, es gibt einen „Knall".

Einen Ballon platzen lassen

Wenn du einen Ballon aufbläst, drückst du mehr Luft hinein. Das erhöht den Druck im Inneren des Ballons, die Ballonhaut wird stark gedehnt. Wenn du den Ballon anstupst, wirkt der Druck deines Fingers aufs Gummi. Verwendest du jedoch eine Nadel, konzentriert sich dieselbe Kraft auf den winzigen Nadelkopf. Dadurch wird ein so hoher Druck ausgeübt, dass das Gummi durchbohrt wird und reißt oder platzt und eine Druckwelle entsteht – der laute Knall, den du hörst.

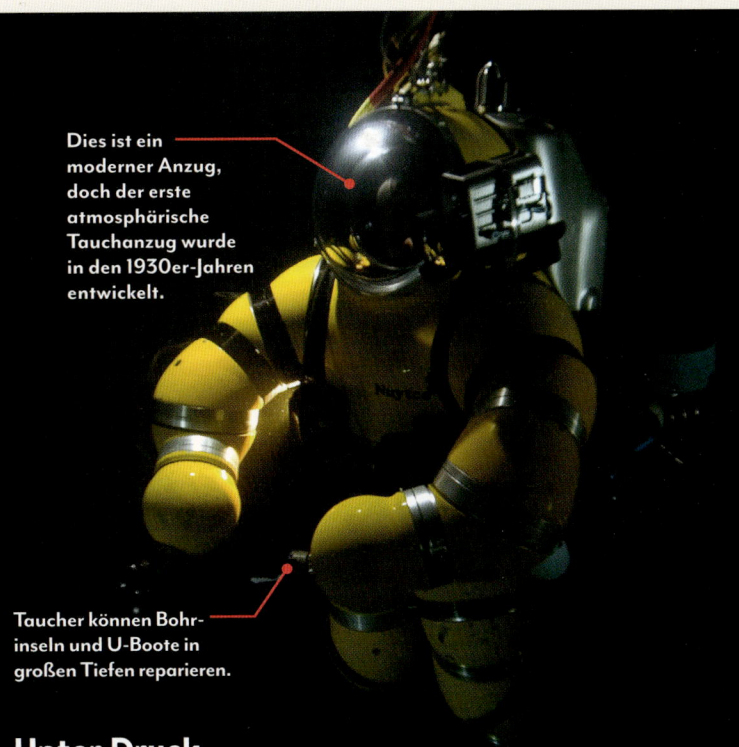

Dies ist ein moderner Anzug, doch der erste atmosphärische Tauchanzug wurde in den 1930er-Jahren entwickelt.

Taucher können Bohr-inseln und U-Boote in großen Tiefen reparieren.

Unter Druck

Je tiefer du tauchst, desto mehr Druck übt das Wasser auf deinen Körper aus. In 10 Meter Tiefe ist der Druck doppelt so hoch wie an der Oberfläche. Man muss langsam auftauchen, damit sich der Druck in der Lunge an den Druck in der Atmosphäre anpassen kann. Kommt man zu schnell nach oben, kann man sehr krank werden. Atmosphärische Tauchanzüge schützen vor den Auswirkungen des Drucks in Tiefen von bis zu 600 Metern.

LEICHTER ALS LUFT

Die ersten Passagiere eines Heißluftballonflugs am
19. September 1783 waren ein Schaf, eine Ente und
ein Hahn. Alle drei überlebten. Menschen erhoben
sich zwei Monate später in einem Ballon in die
Luft. Diese bahnbrechenden Experimente leiteten
die Geschichte der Luftfahrt ein. Sie führten zur
Entwicklung der motorgetriebenen Flugmaschine.
Heißluftballons spielten auch eine wichtige
Rolle bei der Entdeckung der drei Gasgesetze,
die beschreiben, wie die Temperatur, der Druck
und das Volumen eines Gases sich gegenseitig
beeinflussen.

Gasgesetze

Drei „Gesetze" bestimmen unser Wissen
über das Verhalten von Gasen. Das
Boyles'sche Gasgesetz besagt, dass der
Druck eines Gases sinkt, wenn es sich
ausdehnt. Dem Charles'schen Gesetz
zufolge dehnen sich Gase bei steigender
Temperatur proportional aus, solange
sich der Druck nicht ändert. Das Gay-
Lussac'sche Gesetz besagt, dass der
Druck bei steigender Temperatur steigt,
wenn das Volumen unverändert bleibt.

Beratender Experte: David Tong **Siehe auch:** Bemanntes Raumschiff, S. 48–49; Die Atmosphäre, S. 90–91; Das Atom, S. 102–103; Elemente, S. 104–105;

Moderne Heißluftballons bestehen normalerweise aus Materialien wie Ripstop-Nylon oder Dacron (eine Art Polyester), die sehr leicht sind, aber auch sehr fest.

Durch eine mit einem Ventil verschlossene Klappe ganz oben wird heiße Luft abgelassen.

Kühle Luft ist dichter, deshalb sinkt sie.

Heiße Luft füllt den Ballon und lässt ihn steigen.

Der Brenner nutzt Propangas, um heiße Luft zu erzeugen.

Wie Heißluftballons fahren

Um den Ballon steigen zu lassen, wird zum Erhitzen der Luft im Ballon ein Brenner verwendet. Dadurch wird die Luft im Ballon leichter als die umgebende Außenluft. Wie gut der Ballon steigt, hängt vom Temperaturunterschied zwischen der Innen- und der Umgebungsluft ab. Deshalb fahren Ballons bei Sonnenaufgang oder -untergang, wenn die Luft kühler ist.

Beim Aufheizen sind die Ballons am Boden festgemacht, damit sie nicht abheben.

BIEGEN UND BRECHEN

Alle Feststoffe haben eine bestimmte Form, aber viele lassen sich in alle möglichen Richtungen ziehen und biegen, pressen und verdrehen. Manche sind spröde und brechen leicht. Andere sind elastisch und gut bieg- und dehnbar. All das hängt davon ab, wie die Teilchen in dem Material miteinander verbunden sind. Metalle sind sehr elastisch, weil die Bindungen zwischen ihren Atomen sie zusammenhalten. Glas ist dagegen sehr brüchig. Wenn es auch nur ein wenig aus seiner Form gebogen oder gedrückt wird, bricht es.

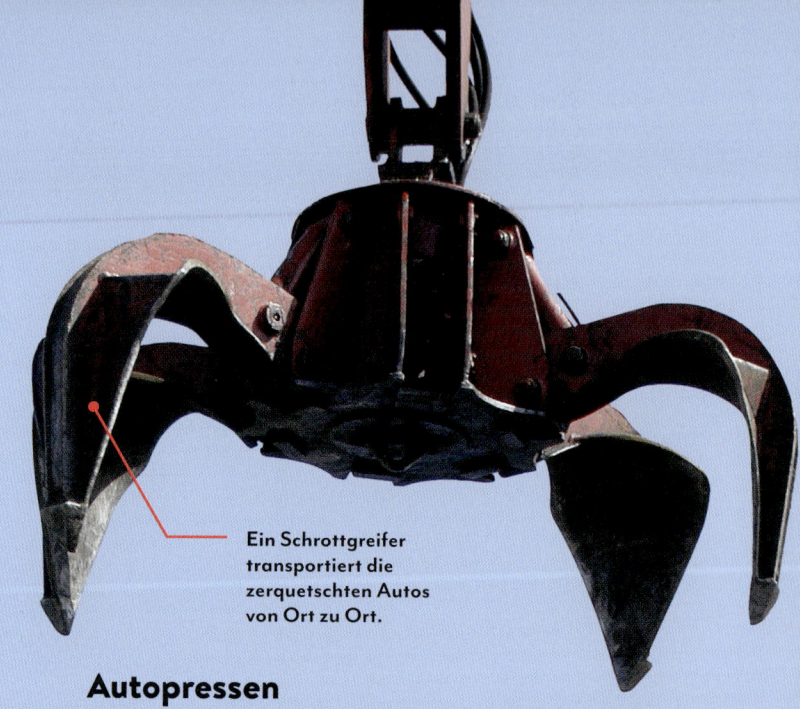

Ein Schrottgreifer transportiert die zerquetschten Autos von Ort zu Ort.

Autopressen

In Pressen werden alte Autos zu Metallschrott gepresst. Die gepressten Autos sind leichter zu lagern. Das Metall biegt und faltet sich, bricht aber nicht. Autos können von einer hydraulischen Presse so möglichst flach gepresst werden. Sie können auch aus mehreren Richtungen zu einem Würfel gepresst werden.

Beratende Expertin: Roma Agrawal **Siehe auch:** Das Atom, S. 102–103; Elemente, S. 104–105; Metalle, S. 116–117; Plastik/Kunststoff, S. 120–121; Kräfte, S. 134–135; Schwerkraft, S. 136–137; Druck, S. 138–139; Künstliche Materialien, S. 352–353

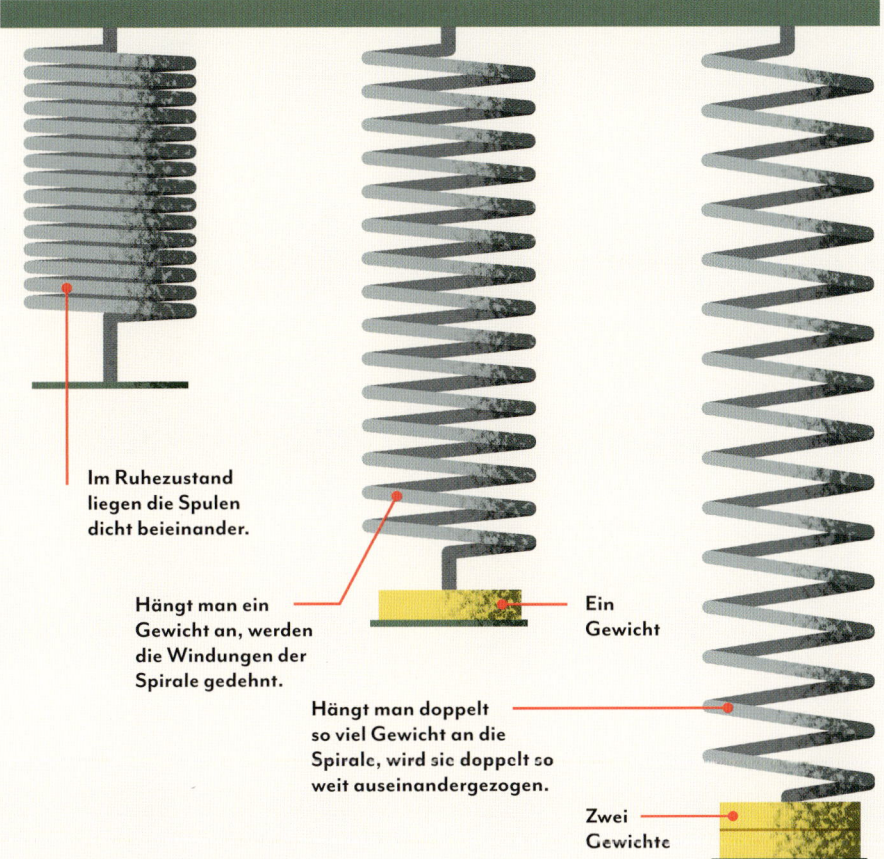

Im Ruhezustand liegen die Spulen dicht beieinander.

Hängt man ein Gewicht an, werden die Windungen der Spirale gedehnt.

Ein Gewicht

Hängt man doppelt so viel Gewicht an die Spirale, wird sie doppelt so weit auseinandergezogen.

Zwei Gewichte

Hooke'sches Gesetz

Wie sehr sich irgendein elastisches Material eindrückt oder biegt, hängt ganz genau davon ab, wie viel Kraft aufgewendet wird. Wird die doppelte Kraft aufgewendet, dehnt es sich doppelt so weit. Das ist das Hooke'sche Gesetz der Elastizität, das 1678 von dem englischen Wissenschaftler Robert Hooke entdeckt wurde.

Hängebrücke

Hängebrücken wie die Golden Gate Bridge in Kalifornien setzen auf die hohe Zugfestigkeit von Stahl. Die riesigen Seile, die zwischen den Türmen hängen, und die vertikalen Seile, die das Fahrbahndeck stützen, bestehen alle aus Stahl. Dank der Zugfestigkeit von Stahl können selbst dünne Kabel enormes Gewicht halten.

Die beiden hohen Türme tragen das Gewicht der Brücke.

Zwischen beiden Türmen sind zwei Stahlseile gespannt.

Die Fahrbahn hängt an den Stahlseilen.

Vier Arten von Dehnung
AUFGELISTET

Die dehnende oder drückende Kraft wird Dehnung genannt, das Ausmaß, in dem etwas gedehnt oder gedrückt werden kann, Spannung. Die Krafteinwirkung kann auf vier Arten erfolgen.

1. Stauchung zerdrückt ein Material, indem sie es zusammenpresst. Kompressionskraft ist die Kraft, die ein Stoff aushält, bevor er sich biegt oder bricht.

2. Zug dehnt ein Material, indem es an seinen Enden zieht. Die Zugkraft ist das Höchstmaß an Zug, das ein Material aushält, bis es auseinandergezogen ist oder reißt.

3. Scherung wirkt, wenn Materialien in entgegengesetzten Richtungen gezogen oder gedrückt werden und reißen, indem sie in entgegengesetzte Richtungen rutschen, parallel zur Kraft.

4. Torsion ist eine Drehung, wenn die Enden in entgegengesetzte Richtungen gedreht werden. Torsionskraft besagt, wie viel Torsion ein Material aushält, bis es bricht.

Expertinnen-Kommentar

ROMA AGRAWAL
**Baustatikerin,
England**

Schwerkraft, Wind, Erdbeben – es gibt viele Kräfte, die auf Gebäude wirken. Ingenieurinnen wie Roma Agrawal sorgen dafür, dass ein Gebäude solchen Kräften standhält. Für sie liegt die größte Herausforderung darin, Bauten umweltfreundlicher zu gestalten.

„Bauen ist kreativ. Man kann etwas entwerfen und dann sehen, wie es Wirklichkeit wird."

143

EINFACHE MASCHINEN

Maschinen können so elementar sein wie ein Hammer oder so komplex wie ein Flugzeug. Viele Maschinen machen körperliche Aufgaben wie Anheben oder Tragen leichter. Einfache Maschinen sind zum Beispiel Rad, Hebel, Flaschenzug oder Schraube. Sie vervielfachen oder konzentrieren die Kraft und liefern einen sogenannten mechanischen Vorteil.

Der Ausleger ist ein langer Arm, der die Last trägt.

Eine Motor-Seilwinde unterstützt den Krafteinsatz.

Drehpunkt

Seile laufen über Rollen, die dem Kran helfen, die Last hochzuziehen.

Ein schweres Gewicht, auch Gegengewicht genannt, gleicht die Last aus.

Kräne

Ohne sehr hohe Kräne zum Anheben von Baumaterialien könnten Wolkenkratzer wie der Jeddah Tower in Jeddah, Saudi-Arabien (im Bild), nicht gebaut werden. Kräne sind Maschinen, die verwendet werden, um schwere Lasten zu heben und zu bewegen. Ihre Hubkraft oder Leistung wird durch eine Seilwinde erbracht. Eine Seilwinde ist ein Motor, der Seile aufwickelt, um die Last hochzuziehen. Die Seilwinde erhält Unterstützung von zwei einfachen Maschinen: einem Hebel und einem Flaschenzug. Der Arm, auch Ausleger des Krans genannt, ist ein Hebel – seine Länge vervielfacht die Kraft. Die Seile laufen über Rollen, welche die Kraft weiter vervielfachen.

Die archimedische Schraube

Schiefe Ebenen sind einfache Maschinen. Mit ihnen kannst du eine Last allmählich anheben und deine Kraft weiter verteilen, als wenn du die Last senkrecht anhebst. Eine Schraube ist eine gewundene schiefe Ebene. Diese Schraube, von dem griechischen Mathematiker Archimedes vor rund 2250 Jahren erfunden, kann Wasser aus einem Fluss zu einem höher gelegenen Feld befördern.

Kurbel

Die Länge der Schraube macht es leichter, viel Wasser mit weniger Kraft anzuheben, als es etwa mit Eimern möglich wäre.

Die Schraube bildet eine lange schiefe Ebene, auf der das Wasser aufwärts bewegt wird.

Jedes Mal, wenn sich die Schraube dreht, hebt sie das Wasser etwas höher hinauf.

Das Wasser wird auf einem höheren Niveau ausgeschüttet.

Gangschaltungen

Gänge sind Zahnräder, die paarweise zusammenpassen. Wenn sich ein Rad dreht, drehen seine Zähne das andere Rad mit. Doch wenn sie unterschiedliche Größen haben, ändern sich Geschwindigkeit und Kraft. Fahrräder nutzen Gangschaltungen, damit es nicht so anstrengend ist, bergauf zu fahren.

Das Antriebsrad hat neun Zähne.

Das angetriebene Rad hat nur acht Zähne, dreht sich also etwas schneller, aber mit weniger Kraft.

Hebel

Hebel sind einfach starre Körper, die dir Extrakraft geben, indem sie sich um einen Ankerpunkt herumdrehen, den sogenannten Drehpunkt. Wenn sich die Last nahe beim Drehpunkt befindet und die Kraft weit davon entfernt, bekommst du viel Extrakraft. Es gibt drei Arten von Hebeln.

Typ 1

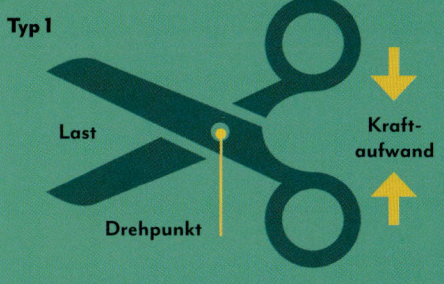

Last

Kraft-aufwand

Drehpunkt

Typ 2

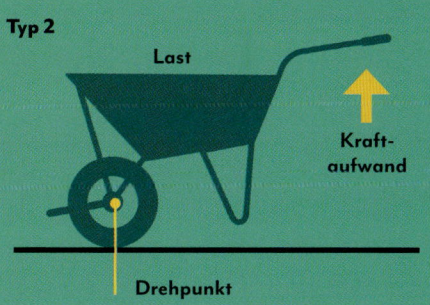

Last

Kraft-aufwand

Drehpunkt

Typ 3

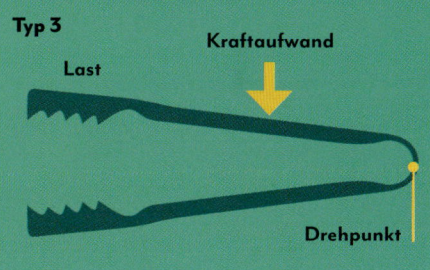

Kraftaufwand

Last

Drehpunkt

Flaschenzüge

Ein Flaschenzug dient dazu, schwere Lasten anzuheben. Er besteht einfach nur aus einem Seil, das um eine Rolle gelegt ist. An einem Ende wird die Last befestigt. Am anderen Ende wird gezogen, um die Last anzuheben. Der benötigte Kraftaufwand wird geringer, wenn die Richtung der Kraftausübung wechselt. So vergrößert sich die Kraft, wenn das Seil um mehrere Rollen gelegt wird.

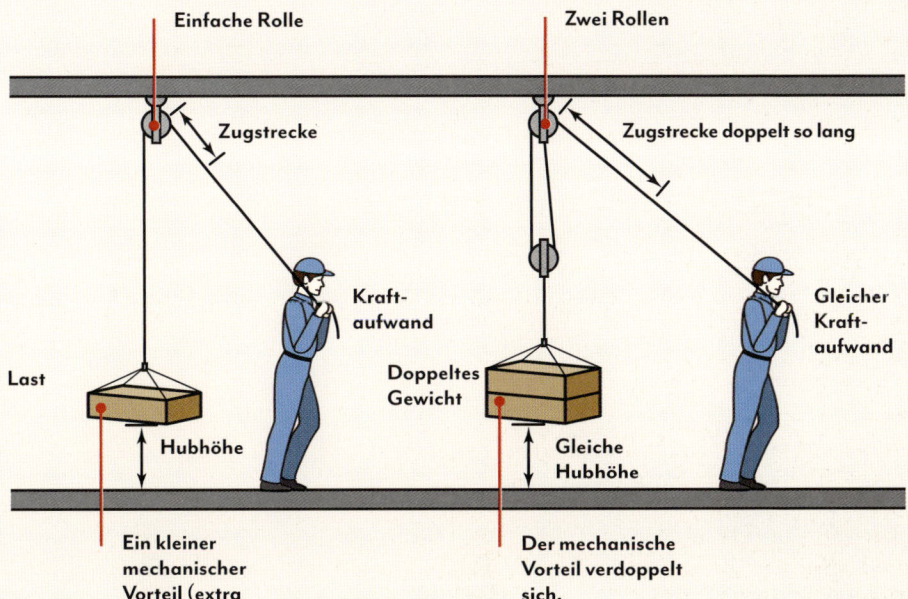

Einfache Rolle

Zugstrecke

Kraft-aufwand

Last

Hubhöhe

Ein kleiner mechanischer Vorteil (extra Hubkraft)

Zwei Rollen

Zugstrecke doppelt so lang

Gleicher Kraft-aufwand

Doppeltes Gewicht

Gleiche Hubhöhe

Der mechanische Vorteil verdoppelt sich.

Käfer sind die Insekten mit dem meisten Artenreichtum. Dieses hübsche Exemplar ist ein Blumenkäfer. Käfer können in nahezu allen Klimazonen überleben und sind auf jedem Kontinent, außer der Antarktis, zu finden. Sie stellen ein perfektes Beispiel für die wunderbare Artenvielfalt des Lebens auf der Erde dar.

KAPITEL 4
LEBEN

Manche Lebewesen bergen erstaunliche Überraschungen: Es gibt Spinnen, die übers Wasser laufen, Fische, die im Dunkeln leuchten, Pflanzen, die Tiere fressen, und sogar Bäume, die über Duftstoffe kommunizieren! Dennoch, wir wissen mehr über die Mondoberfläche als über die Tiefen unserer Ozeane. Obwohl bereits 360 000 Käferarten entdeckt wurden, gehen Forscher davon aus, das noch mehr als eine Million Spezies darauf warten, entdeckt zu werden.

In diesem Kapitel ist zu sehen, wie Leben durch Diversität gedeiht – nur der größtmögliche Artenreichtum ermöglicht ein Leben auf der Erde. Der Grund dafür liegt auf der Hand: Selbst bei massiven Veränderungen unserer Umwelt wird es Arten geben, die sich anpassen und überleben. Aber es gibt ein Problem: Der Mensch zerstört diesen Artenreichtum. Denken wir nur an den großen Müllstrudel im Pazifik und den Schaden, den er anrichtet, und an die Zerstörung des Regenwalds im Amazonas. Je mehr wir darüber wissen, desto besser können wir diese Probleme lösen. Vielleicht findest du hier Anregungen, einen eigenen Beitrag zum Schutz des Lebens auf unserer Erde zu leisten!

Schwarze und weiße Raucher

Eine Theorie zur Entstehung des Lebens besagt, dass es in heißen Quellen begann, hydrothermalen Tiefseequellen, die es überall am Meeresboden gibt. Diese Quellen spucken heißes Wasser aus, das Mineralien aus der Tiefe des Erdinneren enthält. Die Mineralien machen das Wasser trübe wie Rauch. Nicht lebende Moleküle könnten die Energie in diesen Quellen genutzt haben, um sich zu reproduzieren und sich schließlich zu lebenden Zellen zu entwickeln.

Die Farbe der Raucher – schwarz oder weiß – hängt von der Art der Mineralien im heißen Wasser ab.

Die Strukturen, die Ähnlichkeit mit Schornsteinen haben, werden von den herausgeschleuderten Mineralien geformt.

DER URSPRUNG DES LEBENS

Leben entstand vor fast vier Milliarden Jahren. Niemand weiß mit Sicherheit, wie das vor sich ging, aber es war wohl ein allmählicher Prozess über Jahrmillionen. Manche Forscher nehmen an, dass nicht lebende Chemikalien zusammenkamen, sich vervielfältigten und irgendwann lebende Organismen bildeten. Lebend heißt: Sie nutzen Energie, um zu wachsen, sich zu reproduzieren und zu verändern.

FAKTastisch!

In der ersten Milliarde von Jahren nach der Entstehung der Erde waren einzellige Mikroben die einzigen Lebewesen. Die Entwicklung von Organismen war ein großer Schritt vorwärts. Anstatt dass sich jede Zelle um sich selbst kümmerte, teilten sich Gruppen von Zellen nun Aufgaben und Ressourcen. Dies begann vor mindestens 2,5 Milliarden Jahren.

Beratender Experte: Michael D. Bay **Siehe auch:** Plattentektonik, S. 66–67; Vulkane, S. 68–69; Riesenkristalle, S. 76–77; Fossilien, S. 80–81; Die Chemie des Lebens, S. 122–123; Evolution in Aktion, S. 150–151; Die Mikrowelt, S. 154–155; Tiere, S. 158–159

Frühes Leben auf der Erde

Was ist der früheste Beweis für Leben auf der Erde? Lange dachte man, es seien bakterienartige Fossilien in Gestein, das 3,5 Milliarden Jahre alt war. 2016 aber entdeckte man versteinerte Mikroben in 3,7 Milliarden Jahre altem Gestein. Vielleicht werden irgendwann noch ältere Hinweise auf Leben gefunden.

Vor 1 Milliarde Jahren
Entstehung brauner und roter Algen

Vor 4,6 Milliarden Jahren
Entstehung der Erde

Vor 3,7 Milliarden Jahren
Entwicklung mikrobiellen Lebens

Vor 2,3 Milliarden Jahren
Große Sauerstoff-katastrophe

Vor 600 Millionen Jahren
Entwicklung wirbelloser Weichtiere

Große Sauerstoffkatastrophe

In den ersten zwei Milliarden Jahren gab es auf der Erde sehr wenig Sauerstoff. Doch dann entwickelte die einzellige Cyanobakterie die Fähigkeit, Sonnenlicht, Nährstoffe und Wasser in Energie umzuwandeln. Der Prozess setzte als Abfallprodukt Sauerstoff frei. Als die Cyanobakterien mehrzellig wurden, füllten sie die Atmosphäre mit Sauerstoff, eine Entwicklung, die Große Sauerstoffkatastrophe genannt wird. Ohne sie hätte sich wahrscheinlich kein komplexes Leben entwickelt.

Lebende Felsen

Diese Stromatolithen im Hamelin Pool im Westen Australiens bestehen aus Matten lebender Cyanobakterien und winziger Mineralpartikel, die im Wasser schweben. Ähnliche Cyanobakterien füllten vor zwei Milliarden Jahren die Atmosphäre mit Sauerstoff. Vor 500 Millionen bis 2,5 Milliarden Jahren gab es viele Stromatolithen auf der Erde.

Experten-Kommentar

MICHAEL D. BAY
Biologe

Professor Bay forscht über die Entstehung des Lebens auf der Erde, um das Leben in seiner heutigen Gestalt zu verstehen. Er möchte die Gründe dafür herausfinden, dass manche Tierarten bedroht sind, wenn sie ihren bisherigen Lebensraum verlieren, während andere sich neuen Bedingungen anpassen können.

„Die Beobachtung der Tierwelt ist faszinierend und lohnenswert."

EVOLUTION IN AKTION

Evolution ist eine Veränderung von Eigenschaften einer Spezies, die von einer Generation zur nächsten weitergegeben wird. Manchmal werden Merkmale vererbt, weil die Lebewesen, die sie hatten, besser überlebten als andere. So verbreiten sich nützliche Merkmale in einer Population allmählich immer weiter, die Spezies verändert sich – ein Prozess, der auch natürliche Selektion genannt wird.

Brontornis hatte von allen Vogelarten den größten Schädel und einen Schnabel, der zum Zerreißen von Fleisch geeignet war.

Er hatte kleine Flügel, die ihm beim Laufen zur Stabilisierung dienten. Das Flügelschlagen könnte zur Balz gehört haben.

Brontornis hatte etwa 2,80 Meter Standhöhe und war mit einem Gewicht von 400 Kilogramm der drittschwerste Vogel aller Zeiten.

Der Terrorvogel

Vögel sind lebende Dinosaurier. Einige Vögel überlebten das Massenaussterben vor 66 Millionen Jahren und entwickelten sich zu Ungeheuern wie dem *Brontornis*. Die Terrorvögel übernahmen Orte, die ihnen ihre ausgestorbenen Verwandten hinterlassen hatten, und waren bald die wichtigsten Raubtiere Südamerikas.

Mit seinen langen Beinen und den gewaltigen Klauen daran konnte er die Beute treten und festhalten. *Brontornis* war wahrscheinlich eher ein Geher als ein Läufer.

Astrapotherium sah aus wie eine Kreuzung aus Elefant und Tapir, war aber mit keinem von beiden verwandt. Er lebte zur selben Zeit wie *Brontornis* und könnte eines seiner Beutetiere gewesen sein.

Beratender Experte: Michael D. Bay **Siehe auch:** Fossilien, S. 80–81; Dinosaurierfunde, S. 82–83; Der Ursprung des Lebens, S. 148–149; Leben klassifizieren, S. 152–153; Ökologie, S. 162–163; Massenaussterben, S. 360–361

Jüngstes Gestein

Ältestes Gestein

Zeit

Forschung an Fossilien

Ein Vergleich von Fossilien in altem und jungem Gestein zeigt, wie sich eine Gattung mutmaßlich entwickelte. Harte Bestandteile eines Tieres, zum Beispiel die Knochen, sind gut erhalten, Weichteile wie Fleisch dagegen nicht. Forscher untersuchen auch heutige Lebewesen, um herauszufinden, wie deren ausgestorbene Vorfahren ausgesehen haben könnten.

UND DANN KAM ...

CHARLES DARWIN

Naturforscher, 1809–1882, Großbritannien

1858 schockierten Charles Darwin und Alfred Russell Wallace die Welt mit der Behauptung, alle Lebewesen einschließlich des Menschen hätten sich durch natürliche Selektion entwickelt. Dies erkläre die Vielfalt des Lebens auf der Erde. Ein Jahr später veröffentlichte Darwin das Buch *Über die Entstehung der Arten* und brachte Viele gegen sich auf, die glaubten, Gott habe alle Lebewesen in ihrer heutigen Form erschaffen.

Farbwechsel

Birkenspanner sind normalerweise weiß mit schwarzen Sprenkeln. Das bedeutet, dass Vögel sie auf der Rinde von Birken, ihrem natürlichen Lebensraum, nicht sehen können. Einige sind jedoch schwarz. Als die Bäume in England im 19. Jahrhundert vom Ruß der Kohle bedeckt waren, wurden die weißen Birkenspanner gefressen, während die schwarzen überlebten und ihre Zahl stieg.

Während der Industriellen Revolution gediehen in der rußigen Luft englischer Städte schwarze Birkenspanner, weil sie von Vögeln nicht so leicht gesehen wurden.

Die Zahl der weißen Birkenspanner stieg wieder, als die Luftverschmutzung Mitte des 20. Jahrhunderts abnahm.

FAKTastisch!

Über 99 Prozent aller Arten, die je auf der Erde lebten, sind ausgestorben.
Einige verschwanden wegen der Nahrungskonkurrenz, andere, weil sich ihr Lebensraum veränderte. Die meisten Dinosaurier wurden vernichtet, als ein Asteroid die Erde traf. Das Fellmammut starb vor etwa 5000 Jahren aus, auch durch jagende Menschen.

BEKANNTE UNBEKANNTE

Wenn Forscher Saurier-DNA finden würden, könnten sie möglicherweise einen Dinosaurier zum Leben erwecken. Manche hofften, sie in vorzeitlichen blutsaugenden Stechmücken zu finden, die sich in Seesedimenten erhalten hatten. Bisher wurde keine Dinosaurier-DNA gefunden, doch die Suche geht weiter.

LEBEN KLASSIFIZIEREN

In der Biologie werden lebende Organismen nach Gruppen mit gemeinsamen Eigenschaften sortiert, was man Klassifizierung nennt. Im alten Griechenland wurde die natürliche Welt einfach in Tiere und Pflanzen eingeteilt. Spätere Systeme der Klassifizierung berücksichtigten, wie lebende Organismen sich reproduzieren, Sauerstoff erhalten oder Energie verarbeiten. Heute hilft die Genetik, Verbindungen zwischen den Arten aufzudecken.

Fünf Reiche

Ein Hauptklassifizierungssystem teilt die lebende Welt in fünf Reiche ein: Tiere, Pflanzen, Pilze (Schimmel, Hefe und Pilze), Protisten (wie Amöben und Algen) und Prokaryoten (Bakterien). Manche Forscher sagen, dass Urbakterien, von denen viele an so extremen Orten wie in Eis oder kochendem Wasser leben können, anders sind als andere Bakterien und ein eigenes Reich bilden.

REICH DER PROTISTEN

AMÖBEN ALGEN

REICH DER PILZE

PILZE

HEFE

SCHIMMEL

REICH DER PFLANZEN

LAUBBAUM NADELBAUM

FARN MOOS

REICH DER PROKARYOTEN

BAKTERIEN

REICH DER TIERE

INSEKT WEICHTIER

VOGEL SÄUGETIER

AMPHIBIE

REPTIL

FISCH

Beratender Experte Dino J. Martins **Siehe auch:** Evolution in Aktion, S. 150–151; Die Mikrowelt, S. 154–155; Pflanzen und Pilze, S. 156–57; Tiere, S. 158–159; Insekten, S. 160–161; Mensch werden, S. 194–195; DNA und Genetik, S. 198–199

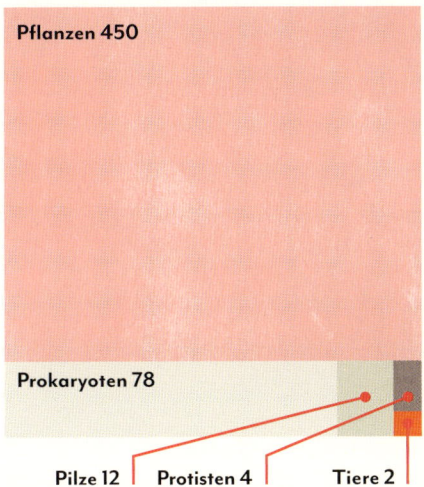

Relative Biomasse in Gigatonnen Kohlenstoff

Pflanzen 450

Prokaryoten 78

Pilze 12 | Protisten 4 | Tiere 2

Biomasse

ist das Gesamtgewicht oder die Zahl von Lebewesen in einem Gebiet. Sie wird mit der Menge an Kohlenstoff gleichgesetzt, die der Organismus oder die Gruppe von Organismen in einem Jahr produziert und speichert. Bakterien mögen zahlreicher sein als etwa Pflanzen, aber Pflanzen haben eine größere Biomasse, weil sie mehr Kohlenstoff enthalten als alle anderen Lebensformen zusammen.

Was ist eine Spezies?

Heute gibt es doppelt so viele dokumentierte Lemurenarten wie früher. Das liegt nicht daran, dass wir sehr viel mehr Arten von Lemuren kennen, sondern dass die DNA entdeckt wurde. Heute spricht man auch bei großer Ähnlichkeit bereits von zwei verschiedenen Spezies, wenn nur zwei Prozent ihrer DNA unterschiedlich sind. Über 100 Lemurenarten sind biologisch anerkannt.

Taxonomischer Rang

Der taxonomische Rang zeigt, welchen größeren Gruppen eine Spezies zugeordnet wird. Zum Beispiel gehört die Spezies Hauskatze (*catus*) zur Familie der Katzen (*felidae*), der auch große Katzen wie Löwen und Tiger angehören. *Felidae* sind Säugetiere (*mammalia*), die wiederum zum Reich der Tiere (*animalia*) gehören. Die oberste Gruppe sind die Eukaryoten – Organismen, deren Zellen einen Zellkern haben.

REICH Animalia
STAMM Chordata
KLASSE Mammalia
ORDNUNG Carnivora
FAMILIE Felidae
GATTUNG Felis
SPEZIES Catus

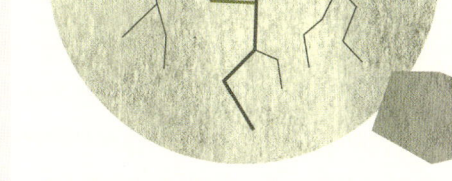

Gemeinsame Eigenschaften

Dass eine Landschildkröte als Reptil klassifiziert wird, liegt daran, dass sie aus einem weichschaligen Ei schlüpft. Die meisten Reptilien haben diese Art Eier. Biologen entscheiden anhand von Eigenschaften wie dieser, zu welcher großen Gruppe eine Art gehört.

BEKANNTE UNBEKANNTE

Niemand weiß, wie viele Spezies auf der Erde leben. Ständig werden neue entdeckt. Die jüngsten Zahlen liegen bei etwa 8,8 Millionen – 6,6 auf dem Land und 2,2 Millionen im Meer –, aber es könnten Millionen mehr sein!

FAKTastisch!

Nach Greta Thunberg wurde ein Käfer benannt! Ein neu entdeckter Käfer aus Kenia erhielt den wissenschaftlichen Namen *Nelloptodes gretae* nach der schwedischen Aktivistin Greta Thunberg. Die Fühler des Käfers erinnerten den Forscher, der ihn entdeckte, an Gretas Zöpfe.

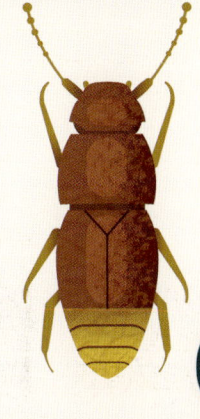

Der röhrenförmige Mund dient dazu, Säfte aus Moos und Algen zu saugen.

Die Stummel-beinchen enden in winzigen Klauen.

Das allerhärteste Tier

Das Bärtierchen, ein Tier, das kleiner ist als ein Mohnsamen, übersteht Nahrungs- und Sauerstoffmangel sowie starke Strahlung. Es kann tiefgefroren werden und überlebte sogar zehn Tage lang im Weltraum. Forschungen zu Bärtierchen könnte helfen, herauszufinden, wie Astronauten auf Flügen zum Mars oder zu anderen Planeten in Zukunft geschützt werden können.

DIE MIKROWELT

Mikroorganismen – die kleinsten aller Lebewesen – sind nur unter dem Mikroskop erkennbar. Zu ihnen gehören etwa Eukaryoten, Archaeen, Bakterien und Viren. Eukaryoten sind Organismen, deren Zellen ein Kontrollzentrum besitzen, einen Zellkern. Archaeen und Bakterienzellen, die ältesten Lebewesen auf der Erde, haben keinen Zellkern. Viren haben keine Zellen und können nur überleben, indem sie in andere lebende Zellen eindringen.

Archaeen

Diese uralten Mikroorganismen sind überall auf der Erde, auch an Orten, wo andere Lebensformen sterben würden. Sie sind in Rauchern (hydrothermalen Tiefseequellen) und hoch oben in der Erdatmosphäre zu finden. *Archaea methanosarcina* (links) lebt in Eingeweiden von Tieren, wo sie Methan bildet.

Beratender Experte: Kevin Foster **Siehe auch:** Exoplaneten, S. 26–27; Unser Sonnensystem, S. 28–29; Die Chemie des Lebens, S. 122–123; Der Ursprung des Lebens, S. 148–149; Leben klassifizieren, S. 152–153; Pflanzen und Pilze, S. 156–157; Tiere, S. 158–159; Die Tiefsee, S. 182–183

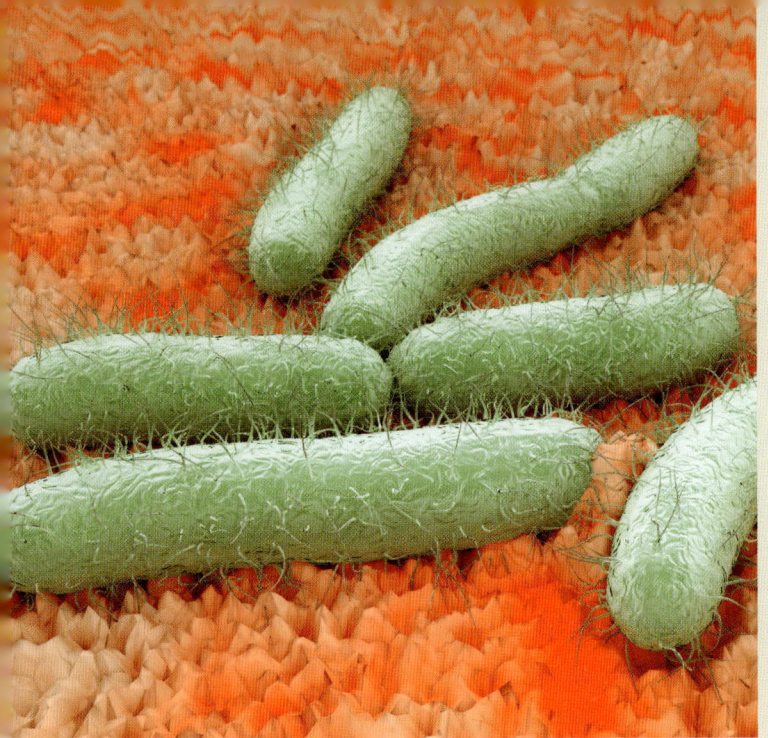

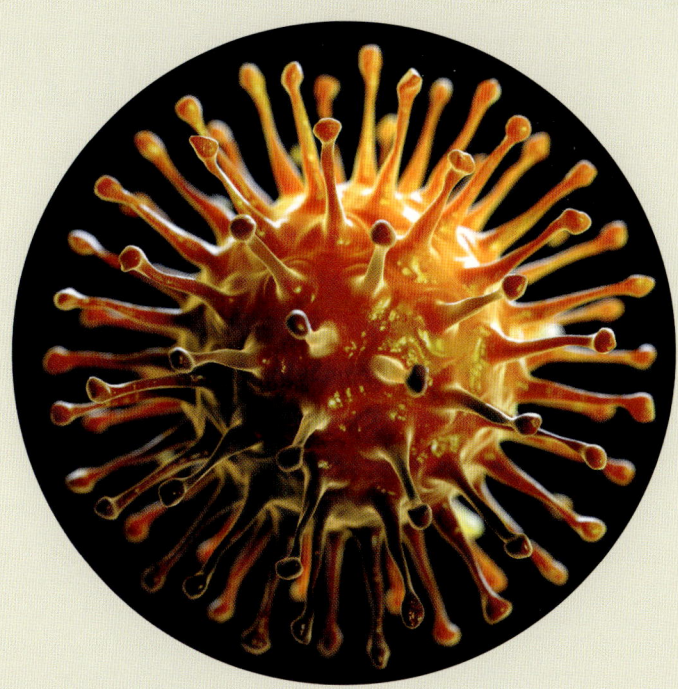

Bakterien

Bakterien sind einzellige Organismen. Sie treten in fünf verschiedenen Formen auf: als Kugel, Stäbchen (oben), Spirale, Komma oder Korkenzieher. Sie können allein existieren oder in Paaren, Ketten oder Clustern. Einige Bakterien sind nützlich, etwa jene, die in unserem Darm leben, oder solche, die Öllachen von Tankern fressen.

Viren

Viren können nicht allein existieren. Sie sind Parasiten – sie müssen eine Gastzelle befallen und übernehmen, um zu gedeihen und sich zu reproduzieren. Sie sind klein und leicht und verbreiten sich in Luft und feinsten Wassertröpfchen. Sie sind der Auslöser vieler Krankheiten wie Grippe, Windpocken, Masern und Covid-19.

Extremophile
AUFGELISTET

Mikroben, die unter Extrembedingungen leben, heißen Extremophile – Liebhaber von Extremen, wie sie in der Frühzeit der Erde geherrscht haben. Extremophile werden erforscht, um herauszufinden, ob es Leben auf Planeten ohne Wasser geben könnte.

1. Es toleriert Strahlung. *Deinococcus radiodurans* kann unterschiedliche Extreme ertragen und in vielen unwirtlichen Umgebungen leben. Wenn es beschädigt ist, kann es sich selbst reparieren, sodass es beispielsweise 1000-mal mehr Strahlung aushält als der Mensch.

2. Es badet in Säure. *Picrophilus torridusis* ist der säuretoleranteste Organismus der Erde. Er wächst unter extrem sauren Bedingungen in der Nähe von heißen Quellen und bei Temperaturen von bis zu 65 °C.

3. Salz ist ihr Element. Am Grund des kalifornischen Mono Lake leben Bakterien in einer Umgebung, die dreimal salziger ist als Meerwasser, ohne Sauerstoff.

4. Sie trotzen der Finsternis. Im Challengertief im Pazifik, dem tiefsten Teil des Marianengrabens, wimmelt es mehr als 10 Kilometer unter dem Meeresspiegel von Mikroben.

Schwefelhaufen, Hokkaido, Japan

5. Es steht auf Eiseskälte. *Chryseobacterium greenlandensis* wurde in einem 120 000 Jahre alten Eisblock lebend gefunden, drei Kilometer tief in einem grönländischen Gletscher.

6. Es sucht die Hitze. *Geogemma barossii* lebt in heißen Quellen der Tiefsee. Es gedeiht und vermehrt sich bei einer Temperatur von 121 °C, viel heißer als kochendes Wasser.

Der schwefelhaltige Mono Lake in Kalifornien

PFLANZEN UND PILZE

Anders als die meisten Lebensformen können Pflanzen ihre Nahrung selbst herstellen. Sie nehmen Kohlendioxid aus der Luft und Wasser aus dem Boden auf und nutzen die Sonnenenergie, um in einem Prozess namens Photosynthese Zucker herzustellen. Pilze sind Tieren ähnlicher als Pflanzen. Viele von ihnen sind auf Nährstoffe von Pflanzen und Tieren angewiesen.

Bestäubung und Insekten

Die Bienen-Ragwurz sieht einer weiblichen Biene so ähnlich, dass männliche Bienen versuchen, sich mit ihr zu paaren. Dabei nehmen sie Pollen auf und tragen sie zu anderen Blumen – dies wird Bestäubung genannt. So wird die Blume befruchtet. Andere Blumen produzieren eine süße Flüssigkeit, den Nektar, um bestäubende Insekten anzuziehen.

Organell

Chloroplast. Hier findet die Photosynthese statt.

Zellmembran, lässt einige Stoffe durch

Plasmodesmen bilden Brücken zu benachbarten Zellen.

Zellwand

Vakuole – mit Flüssigkeit gefüllter Raum

Mitochondrium

Cytoplasma, eine Flüssigkeit auf Wasserbasis

Organell

Zellkern

Chromosomen enthalten das genetische Material der Pflanze.

Eine Pflanzenzelle

Jede Pflanzenzelle hat eine Zellwand. Darin befinden sich ein Zellkern mit Chromosomen aus DNA sowie Strukturen, die Organellen genannt werden. Diese enthalten Chloroplasten, in denen die Photosynthese stattfindet, und Mitochondrien, die Zucker in Energie umwandeln. Plasmodesmen, Kanäle in der Zellwand, bilden Brücken zu anderen Zellen.

Samenverbreitung
AUFGELISTET

Die meisten Pflanzen, die Samen produzieren, sind fest an ihrem Standort verwurzelt. Um neue Standorte zu besetzen und sich fortzupflanzen, müssen sie ihre Samen verbreiten.

1. Flug Ahornbäume und Platanen produzieren Samen, die ähnlich wie Rotorblätter von Hubschraubern durch die Luft wirbeln. Löwenzahnsamen sind wie federleichte Fallschirme.

2. Wasser Kokosnüsse, die Einzelsamen der Kokospalme, fließen mit der Meeresströmung davon.

3. Explosivkraft Die Spritzgurke explodiert, wenn sie reif ist, und schießt ihre Samen hoch in die Luft.

4. Essen und ausscheiden Tiere fressen die Samen vieler Früchte. Nachdem diese den Darm passiert haben, werden die Samen mit dem Kot ausgeschieden, samt ihrem eigenen Klecks Dünger.

5. Von Tieren vergraben Wenn Eichhörnchen Eicheln für den Winter vergraben, vergessen sie sie manchmal. Im Frühjahr wachsen diesen Eicheln Wurzeln.

Propellersamen vom Ahorn

Beratender Experte: Matthew P. Nelsen **Siehe auch:** Leben klassifizieren, S. 152–153; Ökologie, S. 162–163; Der Regenwald, S. 164–165; Taiga und gemäßigte Wälder, S. 166–167; Die Welternährung, S. 338–339; Ökologische Herausforderungen, S. 358–359

Venusfliegenfalle

Pflanzen an Orten wie Mooren, die nicht viele Nährstoffe bieten, erhalten Extranahrung, indem sie Tiere fangen und verdauen. Die Venusfliegenfalle ist so eine fleischfressende Pflanze. Die Enden ihrer Blätter sind wie Fallen. Wenn Insekten auf der verlockenden roten Innenfläche landen, berühren sie kleine Fühlhaare, die die Falle zum Zuschnappen anregen.

2 Wenn die zappelnde Beute die Haare weitere fünf Male berührt, zieht sich die Falle zusammen und die Verdauungssäfte beginnen zu fließen.

1 Wenn ein Insekt auf dem Blatt zweimal innerhalb von 20 Sekunden ein Fühlhaar berührt, schnappt die Falle zu.

3 Nach zehn Tagen ist die Beute verdaut, nur ein leeres Außenskelett bleibt zurück und fliegt weg, wenn die Falle sich nun wieder öffnet.

Experten-Kommentar

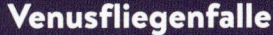

MATTHEW P. NELSEN
Naturforscher

Matthew P. Nelsen ist fasziniert von Pilzen und davon, wie sie mit anderen Organismen in Verbindung stehen. Er beschreibt Pilze als schön, komplex und eigenwillig und will wissen, welchen Einfluss ihre Entwicklung auf die Welt gehabt hat.

„Es gibt so viele noch unentdeckte Spezies. Allein von Flechten bildenden Pilzen gibt es mehr Arten als von Vögeln und Säugetieren zusammen."

Alarmstufe Rot

Pilze ernähren sich von abgestorbenen Pflanzen oder Tieren. Einige wie der Fliegenpilz wachsen in der Nähe von Baumstämmen. Sie helfen dem Baum durch ein Netzwerk aus fadenförmigen Rohren, das sogenannte Mycel, Nährstoffe zu sammeln. Der Baum versorgt den Pilz mit Zuckern. Wie viele andere Pilze pflanzt sich der Fliegenpilz fort, indem er Sporen abgibt – winzige reproduktive Zellen.

157

TIERE

Animalia (Tiere) bilden eines von fünf Reichen der Lebewesen. Anders als Pflanzen können Tiere ihre Nahrung nicht selbst herstellen, sodass sie andere Tiere oder Pflanzen fressen müssen. Pflanzenfresser werden auch Herbivoren genannt, Fleischfresser Karnivoren. Tiere wie Bären, die Pflanzen und Tiere fressen, heißen Omnivoren (Allesfresser). Die meisten Tiere können sich bewegen. Einige Arten, zum Beispiel Korallen, sind zunächst beweglich, in ausgewachsenem Zustand aber fest an einem Ort verankert.

Haben sie eine Wirbelsäule?

Tiere werden meist in zwei Gruppe eingeteilt – Wirbellose, ohne Wirbelsäule, und Wirbeltiere, die eine Wirbelsäule haben. Die Wirbelsäule eines Wirbeltiers schützt das Rückenmark, das Informationen vom Körper zum Gehirn schickt. Anstelle eines Gehirns haben die meisten Wirbellosen Nervenzellen, auch Ganglien genannt.

Lebensspanne

Man nimmt an, dass Grönlandhaie im Nordpolarmeer 400 Jahre oder älter werden. Damit sind sie die langlebigsten Wirbeltiere. Die Weibchen werden sogar erst mit 150 Jahren geschlechtsreif. Elefanten, die oft älter als 60 werden, und Killerwale, die 100 Jahre leben können, gehören zu den Säugetieren, die am ältesten werden. Bei diesen Spezies sind es oft die Großmütter, die aufgrund ihrer großen Erfahrung die Familien anführen.

WIRBELLOSE

Gliederfüßer
Dazu gehören Insekten, Spinnen, Krustentiere (wie Hummer, Krabben und Garnelen) und Tausendfüßler.

Plattwürmer
Zu dieser Gruppe gehören Plattwürmer und Bandwürmer, die Sauerstoff über ihre Haut aufnehmen.

Weichtiere
Zu finden in Flüssen, Bächen, Teichen und Meeren. Zu nennen sind Schnecken, Muscheln und Tintenfische.

Ringelwürmer
Es gibt etwa 9000 Arten von Ringelwürmern, darunter ist der Regenwurm.

Schwämme
Lange wurden Schwämme für Pflanzen gehalten, bis Forscher erkannten, dass sie essen.

Stachelhäuter
Sie haben eine harte, stachelige Haut. Dazu gehören Seesterne und Seeigel, die wie Nadelkissen aussehen.

WIRBELTIERE

    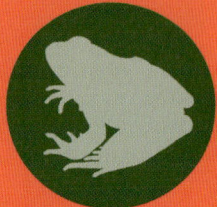

Säugetiere
Sie atmen Luft und ihnen wachsen Haare. Die meisten Weibchen gebären lebende Junge, alle produzieren Milch.

Vögel
Alle haben Federn und Flügel, aber nicht alle können fliegen. Sie legen Eier, statt lebende Junge zu gebären.

Fische
Die meisten haben Schuppen und atmen durch Kiemen. Die Körpertemperatur passt sich der Umgebung an.

Reptilien
Sie atmen Luft, die Haut ist mit Schuppen bedeckt. Mit Ausnahme von Schlangen haben sie in der Regel vier Beine.

Amphibien
Frösche, Kröten und Salamander können an Land und im Wasser leben. Oft atmen sie auf mehr als eine Weise.

Beratende Expertin: Karen McComb **Siehe auch:** Leben klassifizieren, S. 152–153; Pflanzen und Pilze, S. 156–157; Der Regenwald, S. 164–165; Taiga und gemäßigte Wälder, S. 166–167; Grasland, S. 168–169; Wüsten, S. 172–173; Leben im Süßwasser, S. 174–175; Die Küsten, S. 176–177; Das offene Meer, S. 180–181

Eine Tierzelle

Alle tierischen Zellen haben etwa dieselbe Größe. Etwa 10 000 menschliche Zellen passen auf einen Stecknadelkopf. Tierzellen ähneln pflanzlichen Zellen, haben jedoch eine Zellmembran anstatt einer dicken Zellwand. So können nützliche Stoffe in die Zelle eindringen, während schädliche draußen bleiben. Organellen übernehmen die Vitalfunktionen der Zellen wie die Umwandlung von Nahrungsteilchen in Energie und die Produktion von Proteinen.

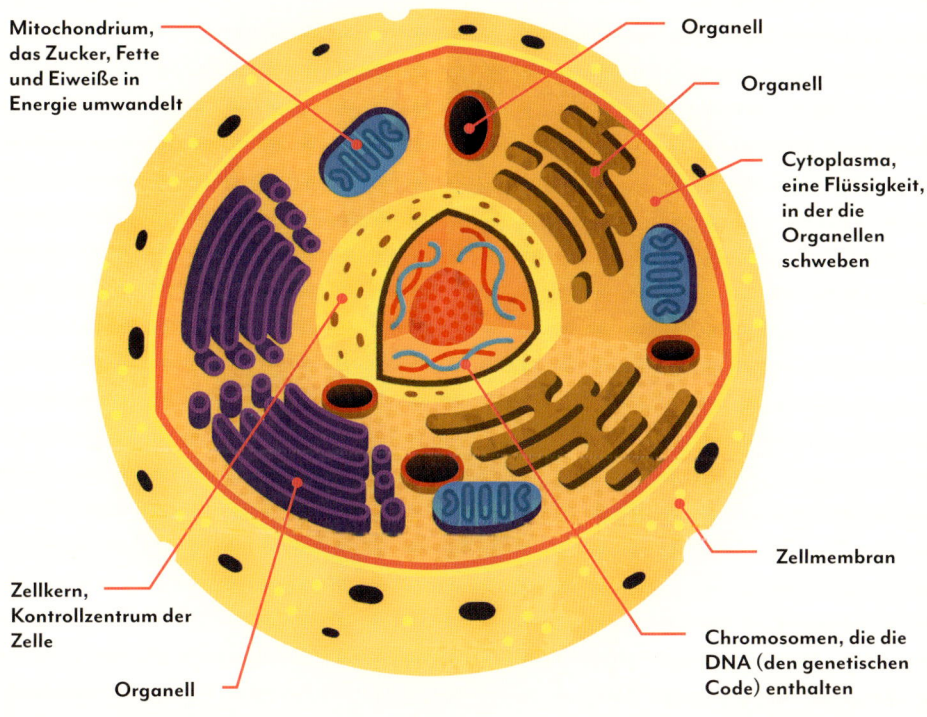

Mitochondrium, das Zucker, Fette und Eiweiße in Energie umwandelt

Organell

Organell

Cytoplasma, eine Flüssigkeit, in der die Organellen schweben

Zellmembran

Zellkern, Kontrollzentrum der Zelle

Organell

Chromosomen, die die DNA (den genetischen Code) enthalten

Tiere, die Werkzeuge gebrauchen

In Australien gibt es drei Vogelarten, die Feuer verwenden, um ihre Beute zu fangen. Sie lassen brennende Zweige auf trockene Vegetation fallen, um kleine Lebewesen wie Mäuse, Ratten und Reptilien aufzuscheuchen. Dies sind die einzigen Tiere, die wie der Mensch das Feuer nutzen, aber viele Tiere verwenden andere Werkzeuge. Zum Beispiel graben Krähen mit Zweigen Larven aus, Elefanten benutzen Äste, um sich zu kratzen, und Orang-Utans nutzen Blätter als Schirme.

FAKTastisch!

Der Koboldmaki hat Augen so groß wie sein Gehirn. Er hat die im Verhältnis zur Körpergröße größten Augen aller Säugetiere. Deshalb kann er extrem gut sehen. Der kleine Primat, der auf Inseln in Südostasien lebt, fängt Insekten und Fledermäuse im Dunkeln.

Expertinnen-Kommentar

KAREN McCOMB
Zoologin

Professorin McComb versucht, zum Bewusstsein von Tieren vorzudringen, indem sie ihnen Aufnahmen ihrer Rufe vorspielt oder ihnen Fotos zeigt. Das hat sie unter anderem mit Löwen, Elefanten und Pferden gemacht. Es begeistert sie, wie Tiere die Fähigkeiten perfektionieren, die für sie wichtig sind.

„Ich möchte gern wissen, wie es ist, die Welt so zu sehen, wie ein Tier sie sieht."

INSEKTEN

Sage und schreibe 80 Prozent aller bekannten Spezies auf der Erde sind Insekten. Dazu gehören Schmetterlinge, Ameisen, Fliegen, Bienen, Wespen, Grashüpfer und viele andere Lebewesen. Käfer bilden die größte Gruppe der Insekten, mit rund 360 000 bekannten und wahrscheinlich über einer Million noch unentdeckten Arten. Ein Käferexperte fand einmal 1200 Käferarten in einem einzigen Regenwaldbaum!

Bockkäfer

Bockkäfer, am zahlreichsten in den Tropen, können bis zu 17 Zentimeter lang sein, zuzüglich Fühler. Ihre Familie, die Cerambycidae, umfasst etwa 25 000 Arten. Ausgewachsen ernähren sie sich von Blumen und Blättern, die Larven fressen Baumrinde.

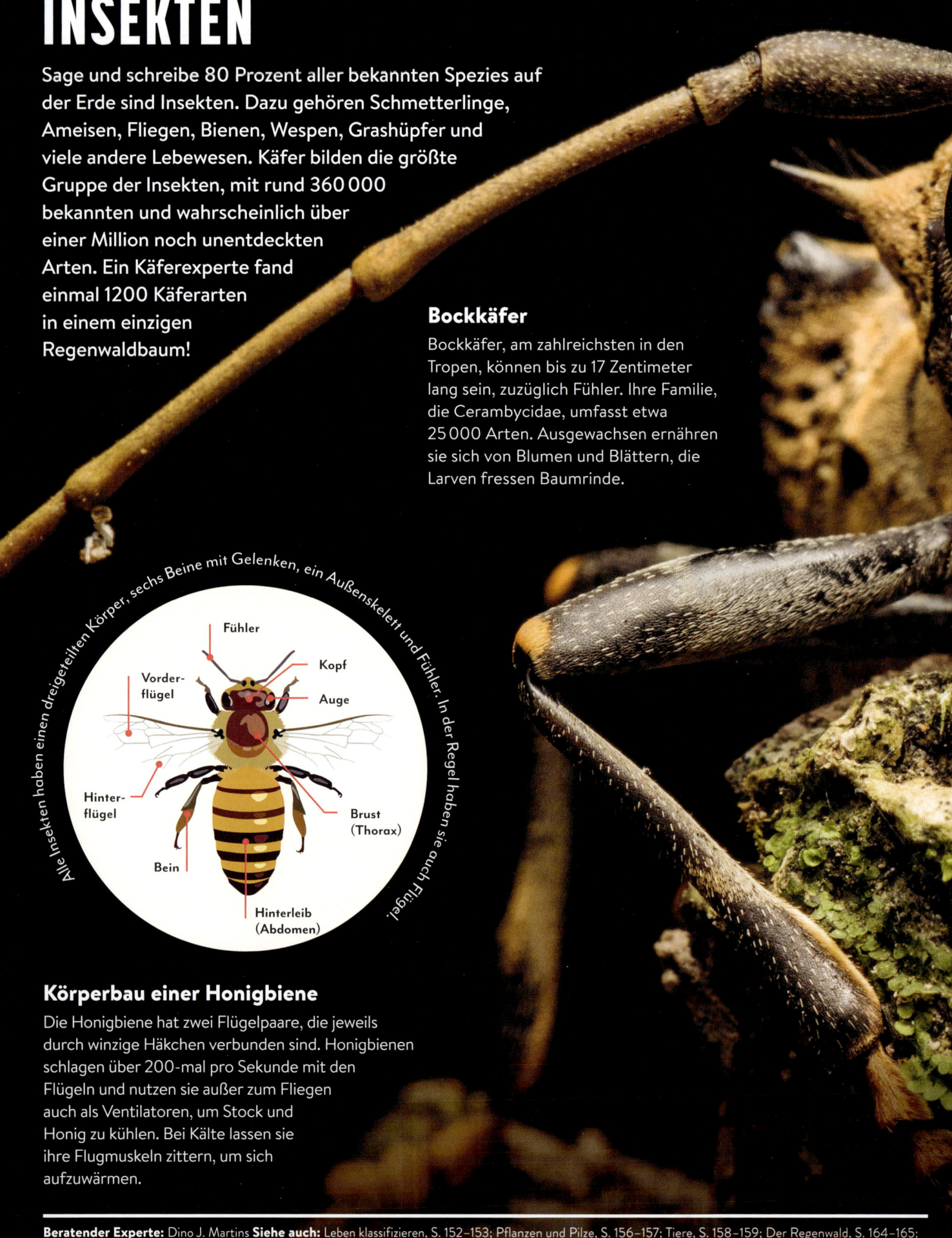

Alle Insekten haben einen dreigeteilten Körper, sechs Beine mit Gelenken, ein Außenskelett und Fühler. In der Regel haben sie auch Flügel.

Fühler
Kopf
Auge
Vorder-flügel
Brust (Thorax)
Hinter-flügel
Bein
Hinterleib (Abdomen)

Körperbau einer Honigbiene

Die Honigbiene hat zwei Flügelpaare, die jeweils durch winzige Häkchen verbunden sind. Honigbienen schlagen über 200-mal pro Sekunde mit den Flügeln und nutzen sie außer zum Fliegen auch als Ventilatoren, um Stock und Honig zu kühlen. Bei Kälte lassen sie ihre Flugmuskeln zittern, um sich aufzuwärmen.

Beratender Experte: Dino J. Martins **Siehe auch:** Leben klassifizieren, S. 152–153; Pflanzen und Pilze, S. 156–157; Tiere, S. 158–159; Der Regenwald, S. 164–165; Massenaussterben, S. 360–361; Die Folgen des Klimawandels, S. 364–365.

Die Fühler, auch Antennen genannt, sind oft länger als der Körper. Sie dienen dazu, die chemischen Geruchsstoffe (Pheromone) möglicher Partner zu erkennen.

Mit seinen Facettenaugen, die wie eine Reihe von Fernsehkameras funktionieren, kann der Käfer ein Mosaik aus Bildern sehen. Jedes Auge besteht aus winzig kleinen Einzelaugen (Ommatidien), die Botschaften ans Hirn senden.

Die Vorderflügel eines Käfers sind nicht zum Fliegen bestimmt. Sie sind zu harten Deckflügeln (Elytren) geworden und schützen die empfindlichen Hinterflügel des Käfers, die er darunter verstaut, wenn er gerade nicht fliegt.

Mandibeln sind harte, kieferartige Mundwerkzeuge zum Kauen. Weibliche Käfer benutzen sie auch, um einen Ort für die Eiablage in Baumrinde zu graben.

Käfer haben Beine mit Gelenken, wie andere Gliederfüßer auch. An den Fußgliedern am Ende befinden sich spezielle Klauen zum Greifen.

ÖKOLOGIE

Lebewesen können nicht isoliert leben. Sie interagieren mit anderen lebenden Organismen und mit den nichtlebenden Teilen der Erde wie Wasser, Gestein, Boden und Wetter. In der Regel lebt ein Organismus an einem bestimmten Ort in einer Gemeinschaft mit Pflanzen und Tieren. Diese Gemeinschaft wird Ökosystem genannt. Die wissenschaftliche Erforschung der Ökosysteme und der Beziehungen in ihnen heißt Ökologie.

Räuber-Beute-Verhältnis

Räuber perfektionieren ihre Art, Beute zu fangen, und Beutetiere entwickeln Strategien wie die Tarnung, um sie auszutricksen. Es gibt immer mehr Beute als Räuber. Wäre es andersherum, gäbe es nicht genug Nahrung für die Räuber.

Was wem schmeckt

Alle Lebewesen sind auf Energie angewiesen, die sie durch Nahrung bekommen. Nahrungsketten zeigen, wie die Energie durch ein Ökosystem fließt – wer wen frisst. An der Spitze der Nahrungskette des Meeres fressen Haie große Fische, die wiederum kleinere Fische fressen. Diese fressen garnelenartige, Krill genannte Lebewesen, die sich von Phytoplankton ernähren, einer winzigen Alge, die ihre Nahrung selbst herstellt. Phytoplankton bildet die Basis der Meeresnahrungskette.

Sonnenlicht

Einzelliges Leben (vergrößert) **Krill (vergrößert)** **Kleine Fische** **Makrele** **Thunfisch** **Weißer Hai**

Biome der Erde

In verschiedenen Klimazonen und Vegetationen entstehen unterschiedliche Arten von Lebensräumen (Biomen). Es gibt Wüsten, Wälder, Regenwälder, Grasland, Gebirge und Polargebiete. Jahrtausendelang gewöhnen sich Pflanzen und Tiere an Biome und können gar nicht mehr woanders leben. Das führt zu Problemen, wenn sich diese Biome durch den Klimawandel verändern.

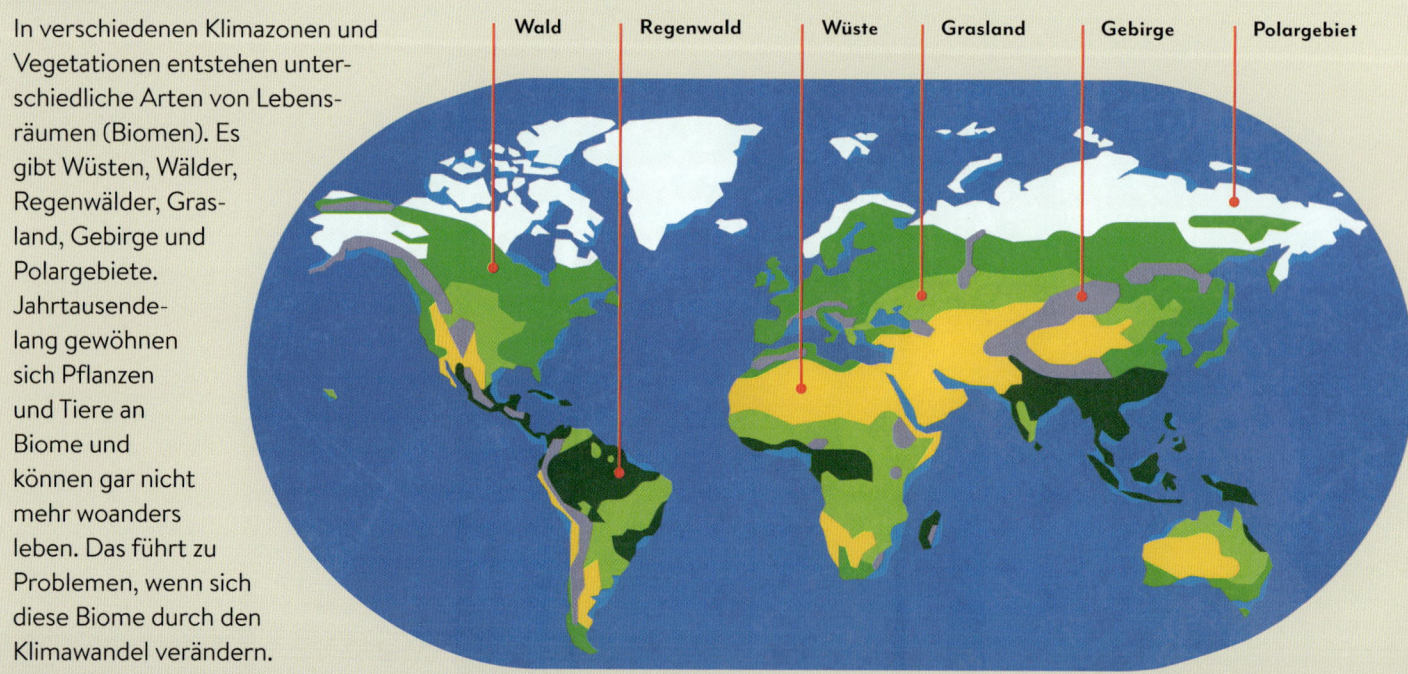

Wald **Regenwald** **Wüste** **Grasland** **Gebirge** **Polargebiet**

Beratender Experte: Tal Avgar **Siehe auch:** Klima, S. 96–97; Der Regenwald, S. 164–165; Taiga und gemäßigte Wälder, S. 166–167; Grasland, S. 168–169; Mount Everest, S. 170–171; Wüsten, S. 172–173; Die Küsten, S. 176–177; Die Enden der Welt, S. 184–185; Schmelzendes Eis, S. 186–187

Schlüsselarten

Ökosysteme haben oft eine Schlüssel-art, von der andere Arten des Systems abhängig sind. Der Biber ist eine Schlüsselart. Er baut Dämme, sodass Feuchtgebiete entstehen, in denen Frösche, Enten und Wasserpflanzen leben. Wenn der Biber verschwindet, gehen die Bestände anderer Organismen des Ökosystems zurück.

FAKTastisch!

In Queensland, Australien, ist es verboten, Kaninchen als Haustiere zu halten. Grund dafür ist, dass sie aus ihrem Käfig entkommen und sich mit anderen Kaninchen paaren könnten. In Australien sind Kaninchen eine invasive, also nicht heimische Art, deren schneller Bestandsanstieg heimische Arten zurückgedrängt hat.

Einzigartig platziert

Riesenpandas leben in Bambuswäldern in China. Wilde Pandas können nirgendwo anders leben. Sie besetzen eine sogenannte einzigartige ökologische Nische – sie leben im Bambuswald, weil Bambus, ihre Nahrungsquelle, hier reichlich vorhanden ist und sie keine Konkurrenten und nur wenige Fressfeinde haben.

Bambus hat einen niedrigen Proteingehalt, ist aber reichlich vorhanden. Pandas fressen im Frühjahr Triebe, in anderen Jahreszeiten Blätter und Stämme.

Riesenpandas fressen etwa 12 Kilo Bambus am Tag und verbringen bis zu 14 Stunden täglich mit Fressen.

Die höchsten Bäume werden Urwaldriesen genannt.

Das dichte Blätterdach lässt kaum Sonnenlicht durch.

Würgefeigen klettern an den Bäumen hinauf und kämpfen um Ressourcen.

Das Unterholz besteht aus kleinen Bäumen und Büschen.

Nur ein Prozent des Lichts erreicht den Boden. Deshalb wachsen hier nur wenige Pflanzen.

Brettwurzeln bieten dem Baum zusätzlichen Halt.

DER REGENWALD

Regenwälder wachsen in besonders feuchten Gebieten der Erde. Sie sind wichtig, weil sie Kohlendioxid aus der Atmosphäre aufnehmen, Sauerstoff produzieren und helfen, das Klima zu stabilisieren. Tropische Regenwälder wie am Amazonas sind heiß und feucht, in Küstennähe sind sie gemäßigter. Mehr als die Hälfte der weltweiten Pflanzen- und Tierarten lebt in Regenwäldern, wo es Nahrung im Überfluss gibt.

Geschichteter Lebensraum

Tropische Regenwälder haben mehrere Stockwerke, die sich in Helligkeit und Feuchtigkeit unterscheiden. Die höchsten Bäume sind über 60 Meter hoch. Sie überragen die dichte „Kronenschicht", in der die Blätter der Bäume sogenannte Träufelspitzen besitzen, von denen das Wasser abtropft. So wird verhindert, dass sich Algen bilden. Die Pflanzen im dunklen Unterholz darunter haben große Blätter, um das wenige Licht einzufangen, das durch die Wipfel fällt.

Flachlandgorillas

Flachlandgorillas leben im kongolesischen Regenwald. Sie treten in kleinen, von einem Männchen, dem Silberrücken, angeführten Familiengruppen auf und ernähren sich überwiegend von Pflanzen. Obwohl der Gorilla groß und schwer ist, ist er ein guter Kletterer. Der Verlust seines Lebensraums und die Wilderei gefährden seine Existenz.

Beratender Experte: Gregory Nowacki **Siehe auch:** Pflanzen und Pilze, S. 156–157; Insekten, S.160–161; Ökologie, S. 162–163, Taiga und gemäßigte Wälder, S. 166–167; Die Folgen des Klimawandels, S. 364–365; Den Klimawandel stoppen, S. 366–367

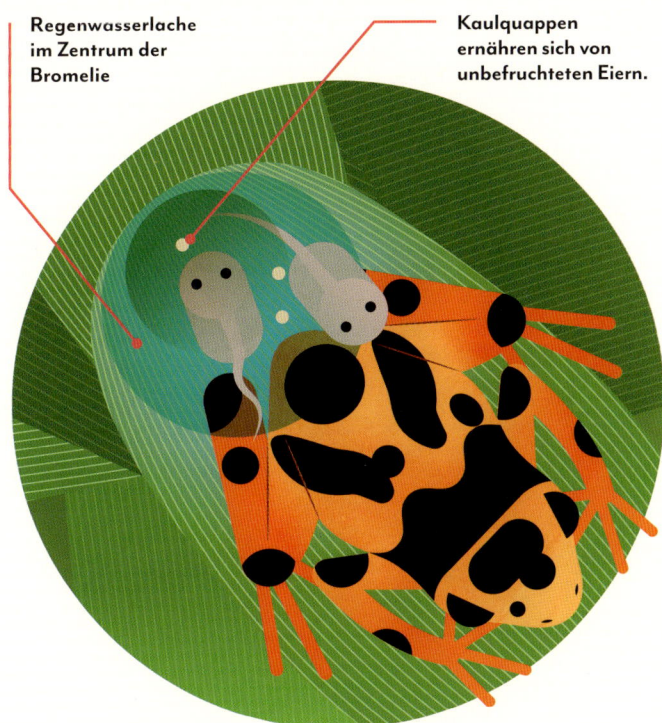

Regenwasserlache
im Zentrum der
Bromelie

Kaulquappen
ernähren sich von
unbefruchteten Eiern.

Pfeilgiftfrösche

Südamerikanische Baumsteigerfrösche leben überwiegend am Boden und im Unterholz des Amazonas-Regenwalds. Ihre leuchtenden Farben warnen Vögel und Affen vor ihrem starken Gift. Das Weibchen legt seine Eier an Land ab. Wenn die Kaulquappen schlüpfen, schleppt das Männchen sie auf dem Rücken hinauf in die Wipfel der Urwaldriesen. Hier sind sie in den kleinen Lachen, die sich in Pflanzen namens Bromelien bilden, in ihrer Wachstumsphase geschützt.

FAKTastisch!

Der nur etwa 5 cm lange Schreckliche Pfeilgiftfrosch ist eines der giftigsten Tiere der Erde. Die Hautabsonderungen eines einzigen Frosches können zehn Menschen töten. In Gefangenschaft aufgezogene Frösche sind meist nicht giftig, wahrscheinlich, weil der Frosch sein Gift nicht selbst herstellt, sondern die Chemikalien aus seiner Nahrung bezieht: kleinen Käfern und Ameisen.

Groß und stattlich

Die größten Bäume weltweit sind die Küsten- und Riesenmammutbäume in den Regenwäldern der US-amerikanischen Westküste, sowohl hinsichtlich ihrer Höhe als auch ihrer Stammumfänge. Der größte zurzeit lebende Baum ist ein 116 Meter hoher Küstenmammutbaum namens Hyperion – „der Lange".

**HYPERION
116 m**

Der untere Bereich
des Stammes
hat wegen des
Mangels an Licht
keine Äste.

Eine Giraffe ist durch-
schnittlich 5,20 Meter
hoch, also ist Hyperion
so hoch wie 22 Giraffen.

Schwanz
Ein Hin-und-her-Bewegen des Schwanzes oder plötzliches Peitschen deutet auf Angriff hin.

Hinterläufe
Mit seinen langen Hinterbeinen kann sich der Tiger gut vom Boden abdrücken und weit springen.

Augen
Eine glänzende Schicht auf den Augen reflektiert das Licht zurück auf die Netzhaut, sodass der Tiger nachts sechsmal so gut sehen kann wie wir.

Schnurrhaare
Sie helfen dem Tiger, vor allem nachts, sich zurechtzufinden, indem sie Luftveränderungen wahrnehmen.

Streifen
Sie sind wie Fingerabdrücke, denn jeder Tiger hat sein individuelles Streifenmuster.

Fell
Zwei Fellschichten sorgen für Wärme.

Tiger in der Taiga

Das größte Raubtier der Taiga ist der Sibirische Tiger. Einst war er die verbreitetste Großkatze überhaupt, doch wegen des Rückgangs von Beutetieren wie dem Wildschwein aufgrund der Jagd durch den Menschen gibt es heute nur noch etwa 500 wild lebende Exemplare. Wildtierschützer hoffen, dass es bald wieder mehr sein werden.

TAIGA UND GEMÄSSIGTE WÄLDER

Die Taiga ist ein Waldband, das sich über die nördlichen Länder Eurasiens und Nordamerikas erstreckt. Die auch borealer Wald genannte Taiga hat vor allem Nadelbäume, deren harte, nadelartige Blätter im Herbst nicht abfallen. In etwas wärmeren Klimazonen gibt es gemäßigte Wälder mit vielen Laubbäumen. Die werfen im Herbst ihre Blätter ab, um den Wasserverlust zu reduzieren und im Winter Energie zu sparen.

Winterpause

Im Winter halten einige Waldtiere, wie dieser Siebenschläfer, Winterschlaf – ein Zustand, der dem Tod nahe ist. Der Energieverbrauch ist gering, Körpertemperatur und Herzfrequenz sinken. Der Waldfrosch in Alaska scheint im Winter zu gefrieren, doch seine Zellen produzieren eine Art Frostschutz, sodass er nicht erfriert. Wenn das Wetter wärmer wird, taut der Frosch auf.

Beratender Experte: Matthew P. Nelsen **Siehe auch:** Klima, S. 96–97; Natürlicher Klimawandel, S. 98–99; Evolution in Aktion, S. 150–151; Pflanzen und Pilze, S. 156–157; Tiere, S. 158–159; Der Regenwald, S. 164–165; Die Sinne, S. 204–205; Massenaussterben, S. 360–361; Die Folgen des Klimawandels, S. 364–365

Meister der Tarnung

Die Flügel eines erwachsenen Zitronenfalters imitieren das Blatt einer Erle – der Pflanze, von der sich seine ebenfalls grünen Raupen ernähren. Wie viele andere Waldlebewesen nutzt er Tarnung, um sich vor Räubern zu verstecken. Den Schneeschuhhasen der Taiga, die im Sommer rotbraun sind, wächst im Winter ein weißes Fell, das sie optisch dem Schnee angleicht.

Was sagen Baumringe aus?

Ein Baumstamm wächst vom Zentrum aus und bildet jedes Jahr einen neuen „Ring". In guten Jahren mit viel Regen und Sonne sind die Ringe breit. In sehr trockenen Jahren sind sie schmal. Das Alter eines abgestorbenen oder gefällten Baums bekommen wir heraus, indem wir seine Ringe zählen.

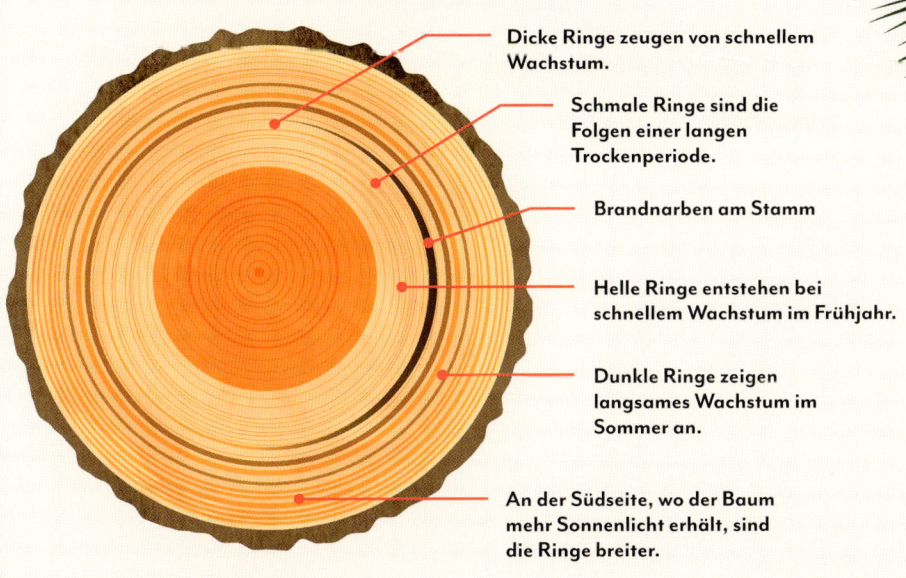

Dicke Ringe zeugen von schnellem Wachstum.

Schmale Ringe sind die Folgen einer langen Trockenperiode.

Brandnarben am Stamm

Helle Ringe entstehen bei schnellem Wachstum im Frühjahr.

Dunkle Ringe zeigen langsames Wachstum im Sommer an.

An der Südseite, wo der Baum mehr Sonnenlicht erhält, sind die Ringe breiter.

Sprechende Bäume

Bäume können kommunizieren. Wird ein Baum von Insekten befallen, produzieren seine Blätter einen Duftstoff, der benachbarte Bäume auffordert, mehr Chemikalien gegen Insekten zu produzieren, zum Beispiel Tannine. Netzwerke von Pilzen, die unter einem Baum wachsen, geben ebenfalls chemische Signale weiter.

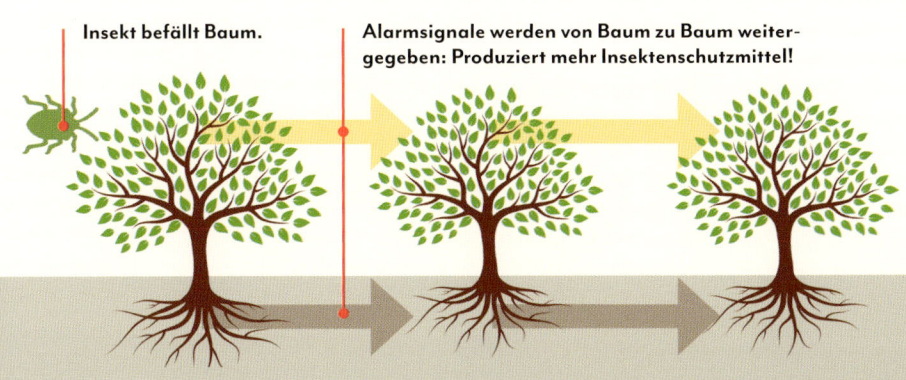

Insekt befällt Baum.

Alarmsignale werden von Baum zu Baum weitergegeben: Produziert mehr Insektenschutzmittel!

Die widerstandsfähigsten Bäume

Nadelbäume wie Kiefern und Fichten können extreme Kälte aushalten. In ihren nadelförmigen Blättern speichern sie Wasser, und der Saft, der Wasser und Nährstoffe durch den Baum transportiert, ist chemisch so verändert, dass er nicht gefriert. Feste, zu dichten Zapfen verpackte Schuppen schützen die Samen.

Die langen, dünnen Blätter werden Nadeln genannt.

Die geschlossenen Schuppen enthalten die Samen.

Wenn die Samen reif sind, öffnet sich der Zapfen und gibt seine Samen frei.

FAKTastisch!

Die langlebigen Kiefern in den Rocky Mountains sind die ältesten Lebewesen der Erde. Sie sind etwa 5000 Jahre alt und lebten schon zur Zeit der letzten Fellmammuts.

GRASLAND

Große Teile der Landoberfläche sind von Grasland bedeckt. Es wird in verschiedenen Teilen der Welt unterschiedlich genannt. In Nordamerika heißt es Prärie, in Eurasien Steppe, in Südamerika Pampa und in Afrika Savanne. Gras ist sehr widerstandsfähig. Es wächst von unten herauf, sodass es kurz über dem Boden von den Tieren abgefressen werden kann. Es wächst sogar nach, wenn es zertrampelt wird.

Herdentiere

Graslandtiere leben oft in Herden und manchmal in gemischten Gruppen, wie diese Gnus, Zebras und Gazellen in der afrikanischen Savanne. Die Gruppe gibt ihnen Sicherheit, denn Räuber können nicht die ganze Herde fressen. Neugeborene Junge sind besonders gefährdet, doch zum Glück können sie bereits wenige Minuten nach der Geburt laufen.

Von Ost nach West

Die eurasische Steppe ist ein Grasland-Korridor zwischen Ostasien und Europa. Jahrhundertelang diente sie als Handelsroute und für kriegerische Vorstöße. Es war einfacher, auf Pferden durch weitläufiges Grasland zu reiten, als Berge zu überwinden.

FAKTastisch!

Der Große Ameisenbär der südamerikanischen Pampa kann über 30 000 Termiten täglich vertilgen. Er buddelt den Termitenhügel auf, steckt seine längliche Nase hinein und leckt die Krabbeltiere mit seiner 60 Zentimeter langen Zunge auf. Sein klebriger Speichel hilft ihm dabei.

Ein Marabu sucht nach Insekten, die von der Herde aufgescheucht wurden.

Der sicherste Ort für ein Individuum ist die Mitte der Herde.

Beratender Experte: Tal Avgar **Siehe auch:** Leben klassifizieren, S. 152–153; Pflanzen und Pilze, S. 156–157; Tiere, S. 158–159; Ökologie, S. 162–163; Domestizierung, S. 190–191; Ökologische Herausforderungen, S. 358–359

Frühwarnsystem

Die nordamerikanischen Präriehunde legen Gang- und Höhlensysteme an, die auch anderen Tieren wie Eulen, Kröten und Frettchen Schutz bieten. Von den Aktivitäten der Präriehunde – Graben, Gänge bauen, Warnung vor Räubern – profitieren laut der Natur- und Umweltschutzorganisation WWF 136 andere Arten.

Kojoten machen Jagd auf Präriehunde und die anderen Tiere, die deren Höhlen und Gänge nutzen.

Auch Kaninchenkauze bauen ihre Nester gern in den Gängen der Präriehunde.

Separate Bereiche in den Höhlen dienen zum Schlafen, für die Aufzucht der jungen Präriehunde und als Toilette.

Die Präriehunde bauen Erdhügel an den Höhleneingängen.

Die Präriehunde stehen auf den Hinterbeinen, um Gefahren zu erspähen. Sie haben verschiedene Alarmrufe für verschiedene Arten von Räubern.

Experten-Kommentar

TAL AVGAR
Umweltforscher

Dr. Avgar meint, dass sich durch die Untersuchung von Tierbewegungen und landschaftlicher Nutzung vorhersagen lässt, wo sich Arten in Zukunft aufhalten und wohin sie sich bewegen werden, wenn die Umwelt ganz anders aussieht. Insekten könnten eine wichtige Rolle bei Standortveränderungen von Pflanzen spielen.

„Ich bin eine Art Detektiv im besten Vergnügungspark der Welt – in der Natur!"

Gnus und Zebras grasen oft gemeinsam. Große gemischte Herden bedeuten, dass mehr Augen nach Räubern wie Löwen und Hyänen Ausschau halten können.

Zebra und Gazelle können sich gut einen Lebensraum teilen. Zebras bevorzugen lange, derbe Gräser, Gazellen die kurzen, zarten.

ALPINE ZONE

Zwischen 3800 und 5500 Metern findet man Gräser und niedrige Gewächse wie die Polsterpflanzen, die Wasser speichern und den trockenen Winden standhalten können. Oberhalb von etwa 4000 Metern, der sogenannten Baumgrenze, wachsen keine Bäume mehr.

SUBALPINE ZONE

In 3000 bis 3800 Meter Höhe wachsen Bäume wie die Tränenkiefer, Himalaja-Tanne und weinender Wacholder (*Juniperus flaccida*) in Bergtälern. Im Sommer sieht man in dieser Zone Kragenbären und Wölfe, die im Winter in niedriger gelegene Bereiche ziehen.

BEWALDETE GEMÄSSIGTE ZONE

Zu den Pflanzen, die von 900 bis 3000 Meter gedeihen, gehören die Gelb-Birke, baumgroße Rhododendren und Bambus. Dazwischen verstecken sich Kleine Pandas, Bergaffen und kleine Moschustiere. Kleine Rudel Buntmarder, die größten asiatischen Marder, jagen die Moschustiere.

Mini-Panda

Der Katzenbär geht nachts auf Futtersuche. Wie der Riesenpanda frisst er Bambus, fängt jedoch auch kleine Säugetiere, Vögel und Fische und sammelt Früchte.

Bergaffe

Der nepalesische Hanuman-Langur ernährt sich vor allem von Knospen, Früchten und Blättern. Man findet ihn hauptsächlich in gemäßigten oder subtropischen Wäldern.

Hochlandfasan

Im Winter gräbt der Himalaja-Glanzfasan im Schnee nach Wurzeln und Insekten. Im Sommer frisst er Larven wie Engerlinge und Raupen, Waldeerbeeren und Pilze.

Spitzenräuber

Schneeleoparden sind die Spitzenräuber der alpinen und subalpinen Zone. Der Tahr ist seine Hauptbeute, doch er lauert auch Wildziegen und -schafen, kleinen Murmeltieren, Pfeifhasen und Wühlmäusen auf.

FAKTastisch!

Kalksteinfelsen in Gipfelnähe des Mount Everest enthalten versteinerte Muschelschalen. Dies beweist, dass der Himalaja einst Meeresboden und dieser Teil der Erde einmal ein Meer war, das zwei Kontinente trennte.

900 Meter

3000 Meter

3780 Meter

Beratender Experte: Tal Avgar

Siehe auch: Berge, S. 68–69; Tiere, S. 158–159; Ökologie, S. 162–163; Taiga und gemäßigte Wälder, S. 166–167

MOUNT EVEREST

Der Mount Everest ist mit 8850 Metern über dem Meeresspiegel der höchste Berg der Welt. Er liegt im Himalaja an der Grenze zwischen Nepal und Tibet. Auf dem Mount Everest und den umliegenden Hängen leben viele Pflanzen und Tiere. Nur wenige Arten können jedoch im Bereich des Gipfels überleben, der felsig und das ganze Jahr vereist ist. Im Winter werden hier Windgeschwindigkeiten von bis zu 120 km/h gemessen, mehr als ein Orkan der Windstärke 5.

Der Mount Everest wird aufgrund von Bewegungen des darunter liegenden Gesteins jedes Jahr 4 Millimeter höher.

Der Bereich oberhalb von 8000 Metern ist bei Bergsteigern als Todeszone bekannt. Hier gibt es nur ein Drittel des Sauerstoffs, den man auf Meereshöhe hat.

8850 Meter

Überflieger

Streifengänse, Zugvögel zwischen Nord- und Südasien, fliegen bis zu 7300 Meter hoch. Sie haben große Lungen, sodass sie in der dünnen Luft tief atmen können, und ein schnell pumpendes Herz.

Springspinne

Die Himalaja-Springspinne wurde einer Höhe von 6700 Metern gesichtet und ist damit die am höchsten lebende Dauerbewohnerin. Sie frisst kleine Insekten, die der Wind von unten heraufweht.

OBERHALB DER SCHNEEGRENZE

Bei 5500 Metern beginnt die klimatische Schneegrenze. Pflanzen sind hier winterfest, es gedeihen Moose sowie niedrig wachsende Distelarten, Korb- und Kreuzblütler. Oberhalb von 6700 Metern wachsen keine Pflanzen mehr, und auch Tiere können hier kaum überleben, da die Luft nur wenig Sauerstoff hat.

Gewandter Kletterer

Der Himalaja-Tahr ernährt sich von Gräsern und Sträuchern. Im Sommer lebt er bis zu 5000 Meter hoch, zieht im Winter jedoch in tiefer gelegenes Gelände. Seine Hufe haben eine gummiartige Sohle, sodass sie auf Fels nicht abrutschen.

5480 Meter

WÜSTEN

Wüsten sind die trockensten Gebiete der Erde. Sie können heiß sein, wie die Sahara in Nordafrika, oder kalt, wie die Wüste Gobi in Asien. Nicht in allen Wüsten gibt es Sanddünen. Viele sind steinig, und manchmal werden die Arktis und auch die Antarktis als Wüsten bezeichnet, obwohl sie von Eis bedeckt sind. Trotz des Wassermangels können einige Pflanzen- und Tierarten dank ihrer Fähigkeit, das wenige vorhandene Wasser zu finden und zu speichern, in der Wüste überleben.

Jede der weißen, wachsartigen Blüten hat bis zu 3000 Staubgefäße, die Pollen produzieren.

Elfenkäuze übernehmen die Nestlöcher anderer Vögel.

Finken, Spechte und Tauben fressen die Früchte.

Gilaspechte hacken auf halber Höhe des Stammes Nestlöcher aus.

Saguaro-Kaktus

Die Saguaro-Kakteen in der Sonara-Wüste in den USA und Mexiko sehen aus wie riesige Kerzenhalter. Sie nehmen Wasser und Nährstoffe über ihr weitverzweigtes Wurzelsystem auf und wachsen langsam, aber stetig. Sie blühen erst im Alter von 75 Jahren und brauchen 200 Jahre, bis sie ihre volle Höhe erreicht haben. Diese kann sehr hoch sein. Ein rekordverdächtiger Kaktus maß 24 Meter.

An einer Pflanze können mehr als 40 Arme wachsen.

Die Dornen wachsen täglich einen Millimeter, bis sie 7 Zentimeter lang sind.

Der dicke Stamm speichert Wasser.

Das Wurzelsystem des Saguaro-Kaktus kann bis zu 30 Meter weit ausgedehnt sein. Die zentrale Pfahlwurzel wird bis zu einem Meter tief.

Hauptbestäuberin

Anders als andere Pflanzen lässt der Saguaro-Kaktus seine Blüten nachts offen, wenn Fledermäuse kommen, um ihren Nektar aufzuschlecken. Wenn die Blütenfledermaus ihre Schnauze in die Blüten schiebt, nimmt sie Pollen auf, die sie an andere Saguaro-Blüten weitergibt.

Beratender Experte: Tal Avgar **Siehe auch:** Wasserwelt, S. 86–87; Evolution in Aktion, S. 150–151; Pflanzen und Pilze, S. 156–157; Ökologie, S. 162–163; Die Enden der Welt, S. 184–185

Nebeltrinker-Käfer

In der afrikanischen Namib-Wüste wartet der Nebeltrinker-Käfer oben auf der Düne mit dem Kopf nach unten auf den Frühnebel. Wenn der Nebel herankommt, sammeln sich Wassertröpfchen auf dem Leib des Käfers und rinnen an seinem Rücken und seinen Beinen hinunter bis zum Mund des Käfers. So kann der Käfer in der trockenen Wüste überleben.

1 Nebel bildet sich auf dem Meer und zieht in die Wüste.

2 Der Nebel kondensiert auf dem Rücken des Käfers und läuft an seinem Leib hinab.

3 Der Käfer trinkt die Wassertröpfchen.

FAKTastisch!

Die Silberameise rennt 86 Zentimeter pro Sekunde. Das entsprächen beim Menschen etwa 200 Meter pro Sekunde. Sie rast mittags über den Sand, wenn kaum Räuber da sind, und sucht nach verendeten Insekten. Auch sie selbst würde sterben, wenn sie nicht schnell zu ihrem Nest zurückkommen würde.

BEKANNTE UNBEKANNTE

Warum leuchten Skorpione im Mondlicht?

Ganz genau weiß es niemand, doch es gibt die Theorie, dass Chemikalien in der Haut des Skorpions schwaches UV-Licht von den Sternen in blaugrünes Licht umwandeln. Möglicherweise ist sein ganzer Körper ein Lichtkollektor, der Räuber verwirren soll. Wirft ein Felsen einen Schatten auf den Körper des Skorpions, nimmt das Leuchten ab. Vermutlich sieht er den Felsen als sicheres Versteck vor Räubern an.

Arabische Oryxantilopen

Die auch als Arabisches Einhorn bekannte Arabische Oryxantilope ist perfekt an ihren heißen Lebensraum angepasst. Sie hat ein dünnes Fell, das das Sonnenlicht reflektiert, und kommt monatelang ohne Wasser aus. Das Gehirn ist das hitzeempfindlichste Organ, weshalb ein spezielles Blutsystem in der Nase der Oryx das Blut auf dem Weg zum Gehirn abkühlt. Dank Naturschutzprojekten wurde die wild lebende Arabische Oryx vor dem Aussterben bewahrt.

Expertinnen-Kommentar

KRISTIN H. BERRY
Umweltforscherin

Kristin H. Berry wuchs in der Mojave-Wüste in Kalifornien auf. Mit acht oder neun Jahren begann sie, Eidechsen zu jagen. Sie wurde Herpetologin (befasst sich wissenschaftlich mit Reptilien und Amphibien) und Populationsökologin. Derzeit forscht sie über Wüstenschildkröten.

„Reptilien sind meine lebenslange Leidenschaft."

LEBEN IM SÜSSWASSER

Das meiste Wasser auf der Erde ist Salzwasser in Ozeanen, Meeren und Salzseen. Nur ein kleiner Bruchteil ist Süßwasser. Die Menschen und die meisten Tiere brauchen es zum Überleben. Süßwasser-Lebensräume – Bäche, Flüsse, Teiche, Seen und Feuchtgebiete – sind auch reiche Ökosysteme voll von tierischem und pflanzlichem Leben. Dank spezieller Anpassungen können Lebewesen im Wasser leben, und einige Arten nutzen die Grenze zwischen Wasser und Luft zu ihrem Vorteil.

Vieraugen

Der in Südamerika und Mexiko heimische vieräugige Fisch hat eigentlich nur zwei Augen, die aber in zwei Teile geteilt sind. Die obere Hälfte sieht über, die untere unter die Wasseroberfläche. So kann der Fisch Insekten auf ihrem Flug hinab zum Wasser fangen, aber auch nach Lebewesen Ausschau halten, die unter Wasser leben.

Fisch mit Wasserpistole

Der in Asien und Australien lebende Schützenfisch schubst Insekten von überhängenden Zweigen, indem er sie mit Wasser bespuckt. Er tut dies, indem er seine Zunge an eine Rinne in seinem Maul drückt, um ein Rohr zu bilden, und dann seine Kiemen so verschließt, dass Wasser aus seinem Maul wie aus einer Wasserpistole gepresst wird.

Übers Wasser laufen

Die Gerandete Jagdspinne sitzt am Rand eines Teichs mit den Vorderbeinen im Wasser, um Vibrationen durch sich nähernde Beutetiere wahrzunehmen. Dann rennt sie über die Wasseroberfläche, indem sie die ihr Gewicht tragende Oberflächenspannung des Wassers ausnutzt, und schnappt sich das Insekt oder den kleinen Fisch, der das Wasser aufgestört hat.

Beratender Experte: Alexander D. Huryn **Siehe auch:** Wasserwelt, S. 86–87; Evolution in Aktion, S. 150–151; Leben klassifizieren, S. 152–153; Tiere, S. 158–159; Insekten, S. 160–161; Die Küsten, S. 176–177; Das offene Meer, S. 180–181; Die Tiefsee, S. 182–183

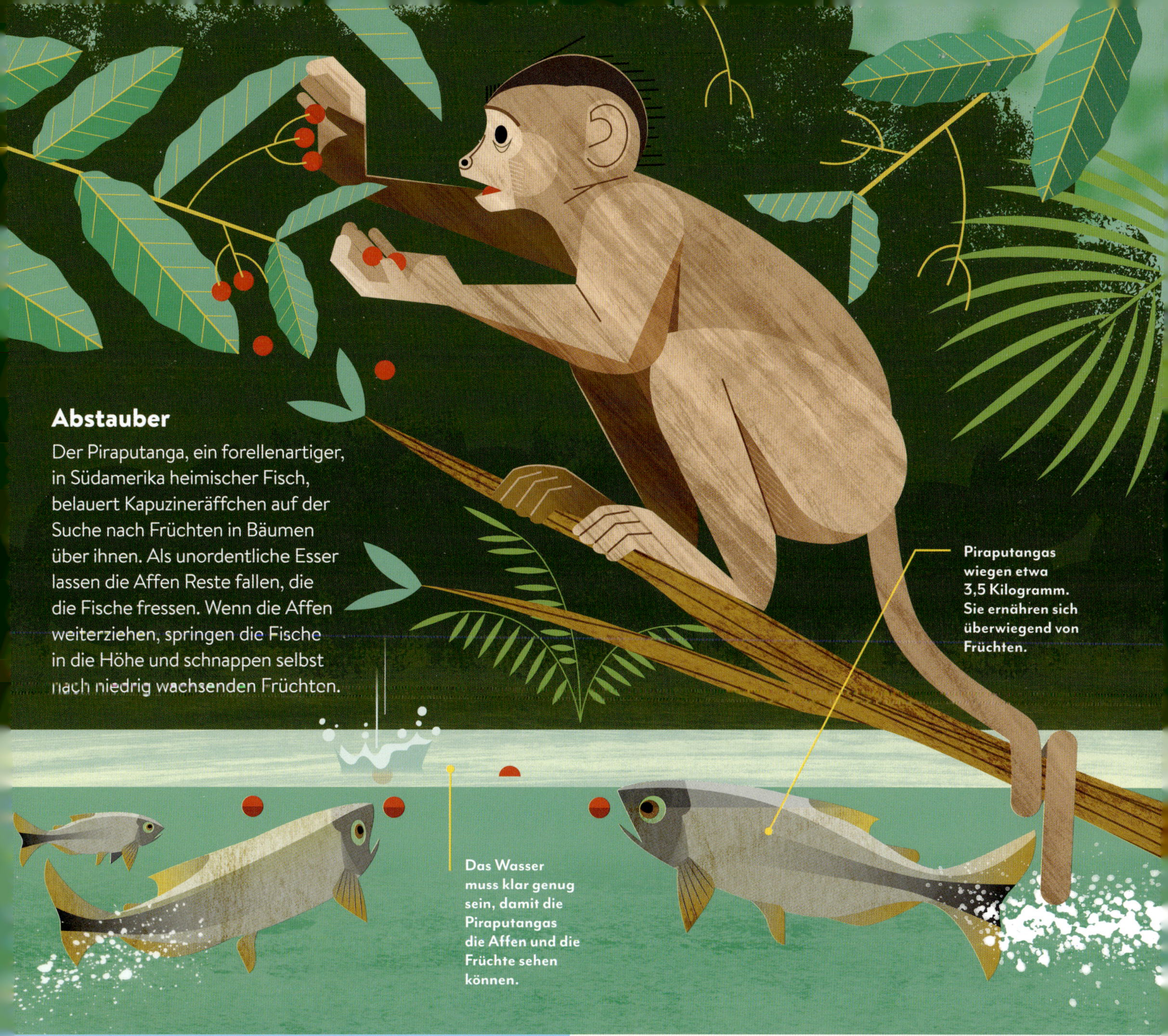

Abstauber

Der Piraputanga, ein forellenartiger, in Südamerika heimischer Fisch, belauert Kapuzineräffchen auf der Suche nach Früchten in Bäumen über ihnen. Als unordentliche Esser lassen die Affen Reste fallen, die die Fische fressen. Wenn die Affen weiterziehen, springen die Fische in die Höhe und schnappen selbst nach niedrig wachsenden Früchten.

Piraputangas wiegen etwa 3,5 Kilogramm. Sie ernähren sich überwiegend von Früchten.

Das Wasser muss klar genug sein, damit die Piraputangas die Affen und die Früchte sehen können.

FAKTastisch!

Gemessen an ihrer Körpergröße – nicht einmal 2,5 Millimeter – ist die Ruderwanze *Micronecta scholtzi* das lauteste Tier der Welt. Wenn das Männchen ein Weibchen anziehen will, reibt es einen haarfeinen Teil seiner Körpers über Kämme auf seinem Unterleib. Das ist derartig laut, dass es sogar ein Spaziergänger am Flussufer hört.

Gewandte Fischer

Braunbären fangen im Frühsommer in Alaska Lachse auf deren Weg zu den Laichorten. Beim Schwimmen über Stromschnellen und Wasserfälle kommen die Lachse dicht an die Oberfläche. Die hungrigen Bären tauchen ins Wasser ein und fangen die Fische mit dem Maul. Die Konkurrenz ist groß, und männliche Bären kämpfen um die besten Plätze zum Fischen.

DIE KÜSTEN

Dort, wo Land und Meer sich treffen, finden sich sandige, felsige und schlammige Strände oder auch Mündungsgebiete, Rohmarschen und Mangroven. Eine dynamische Welt, die sich mit den Gezeiten verändert – alle sechs Stunden steigt und fällt das Wasser, angezogen von der Schwerkraft des Monds und der Sonne. Die Tierwelt hat sich an den Kontrast von warm und kalt, Salz- und Süßwasser, nass und trocken sowie an das Schlagen der Wellen angepasst.

FAKTastisch!

Ein Seestern öffnet Muscheln einen Spaltbreit, wobei er seine röhrenförmigen Füße wie winzige Saugnäpfe benutzt. Dann quetscht er seinen Magen durch die Lücke und verdaut die Weichteile der Muschel in der Schale. Bei manchen Seesternarten können die Arme nachwachsen, wenn sie zum Beispiel bei einem Angriff abgetrennt wurden.

Möwe

Möwen sind die Müllsammler des Strands. Sie suchen die Küste aus der Luft ab und stürzen sich auf alles, was essbar ist. Manche könnten sogar versuchen, dir dein Eis aus der Hand zu klauen!

Austernfischer

Den langen, piepsenden Ruf der Austernfischer kannst du von weither hören. Sie fressen Muscheln, die sie mit ihrem kräftigen Schnabel aufbrechen.

AM STRAND

Sandstrände bilden sich, wenn lose Sandpartikel durch die Einwirkung von Wellen und Strömung angeschwemmt werden. Die Partikel können vom Land kommen, wie erodiertes vulkanisches Gestein, oder aus dem Meer, wie zermahlene Korallen und Muscheln. Sand, Wasser und Luft an einem Sandstrand sind ständig in Bewegung.

Pflanzen wie Strandhafer halten Sanddünen zusammen.

Geisterkrabben

Diese Krabben leben in Erdhöhlen im Gezeitenbereich der Küste – zwischen Hoch- und Niedrigwasserlinie. Geisterkrabben sind sowohl Aasfresser als auch Räuber.

Schwertmuschel

Die harte Schale schützt die Schwertmuschel vor Gefahr. Zusätzlich hat sie noch einen starken „Fuß", mit dem sie sich zum Schutz vor Räubern in den Sand eingraben kann.

Beratender Experte: Gil Rilov **Siehe auch:** Monde, S. 38–39; Die Erde im All, S. 58–59; Plattentektonik, S. 66–67; Berge, S. 72–73; Schwerkraft, S. 136–137; Leben im Süßwasser, S. 174–175; Korallenriffe in der Krise, S. 178–179; Das offene Meer, S. 180–181

BEKANNTE UNBEKANNTE

Warum bestimmt die Temperatur, ob eine Meeresschildkröte männlich oder weiblich wird?

Meeresschildkröten vergraben ihre Eier im Sand. Wenn die Temperatur des Sands über 31 °C liegt, sind die Jungtiere weiblich; liegt sie unter 27,7 °C, sind sie männlich. Warum das so ist und wie sich die Erderwärmung in Zukunft auf die Schildkrötenpopulation auswirken wird, ist noch unbekannt.

Felsküste

Pflanzen und Tiere der Felsküste verbringen die eine Hälfte des Tages im Freien, die andere im Meerwasser. Ihre Anpassungen schützen sie vor dem Austrocknen. Seetang hat zum Beispiel eine glitschige Oberfläche. Viele Tiere leben in Felstümpeln. Sie kommen bei Ebbe aus ihren Verstecken, krabbeln aber schnell in Deckung, wenn die Flut kommt.

Geschöpfe der Mangroven

Schlammspringer leben zwischen den verwickelten Wurzeln von Mangroven – den einzigen Bäumen, die in Salzwasser leben. Die Fische verbringen bis zu 90 Prozent ihrer Zeit auf dem Schlamm und können in der Luft besser sehen als im Wasser. Anders als die meisten Fische erhalten sie eher durch die Haut und den Mundbereich Sauerstoff als durch die Kiemen.

Reiher

Mit seinen langen Beinen kann der Reiher ins Wasser waten und Fische oder Schalentiere mit einem schnellen Stoß seines langen, spitzen Schnabels packen.

Seegras ist eine Blühpflanze, die im warmen, flachen Wasser wächst – einem Ort, an dem viele Meeresbewohner fressen und sich verstecken.

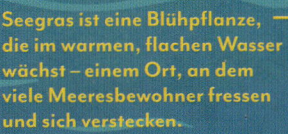

Pfeilschwanz-krebs

Bei Springflut gehen Millionen von Pfeil-schwanzkrebsen an Land, um ihre Eier abzulegen. Watvögel fressen gern die vergrabenen Eier.

Der Pfeilschwanzkrebs hat einen Schwanz. Er hilft ihm, wieder auf die Beine zu kommen, wenn er von einer Welle umgedreht wurde.

Experten-Kommentar

GIL RILOV
Meeresbiologe

Dr. Gil Rilov untersucht, wie sich der Klimawandel auf die Lebensräume von Spezies an der Küste auswirkt. Er lebt in einem Ort am Mittelmeer, wo viele einheimische Arten verschwinden und neue einwandern. Dies beeinträchtigt das ökologische Gleichgewicht.

„Ich fürchte, dass Teile der Natur dem schnellen Wandel unserer Welt nicht gewachsen sein werden."

KORALLENRIFFE IN DER KRISE

Die tropischen Korallenriffe sind der Regenwald des Meeres. In ihnen wimmelt es von verschiedensten Lebewesen. Algen, sogenannte Zooxanthellen, leben in den Korallen, versorgen sie mit Nahrung und geben ihnen ihre Farbe. Korallen mögen Meereswasser mit einer Temperatur von 23 bis 29 °C. Wenn es wärmer wird, stoßen sie die Algen ab und verlieren so ihre Farbe. Die Erwärmung der Meere durch die globale Klimaänderung lässt einige Korallenriffe geisterhaft weiß werden.

Dieser Blaustreifen-Doktorfisch ist abhängig von den Algen, die er in einem gesunden Korallenriff als Futter findet, so wie viele andere Fische, Schildkröten, Schnecken, Schalentiere und Schwämme auch.

Diese Koralle hat ihre Algen verloren, und alles, was wir von ihr noch sehen, ist ihr weißes Skelett. Korallenbleichen kommen heute viel häufiger vor als früher. Forscher nehmen an, dass die Temperaturen schneller steigen, als sich die Koralle an wärmeres Wasser gewöhnen kann.

Beratende Expertin: Janice Lough **Siehe auch:** Evolution in Aktion, S. 150–151; Tiere, S. 158–159; Ökologie, S. 162–163; Die Küste, S. 176–177;

Gib mir Futter!

Korallen sind Tiere, keine Pflanzen.
Sie fressen nachts und fangen mit
ihren Tentakeln winzige Tierchen,
sogenanntes Zooplankton, das im
Wasser treibt. Sie stechen ihre
Beute mithilfe spezieller Zellen,
der Nesselzellen. Algen, winzige
Pflanzen, die in der Koralle leben,
tragen ebenfalls zu deren Ernährung
bei, denn sie nutzen die Energie der
Sonne, um Nahrung herzustellen
(Photosynthese). Im Gegenzug
gewährt die Koralle den Algen
Schutz.

Die Beziehung zwischen Korallen und Zooxanthellen wird Symbiose genannt – sie profitieren von ihrer gegenseitigen Abhängigkeit.

Nematozyste
(Nesselzelle)

Mund

Zooxanthellen
(Algenart)

Tentakeln

Pharynx
(Schlund)

Skelett

Korallen wachsen, indem sie
Korallenriffe bilden – riesige
Plattformen, die aus ihren
Skeletten bestehen. Das
größte Riff ist das Great
Barrier Reef vor Australien.
Es ist 2000 Kilometer lang.

DAS OFFENE MEER

Der Bereich von der Oberfläche des Meeres bis in eine Tiefe von etwa 200 Metern wird als Sonnenlicht- oder epipelagische Zone bezeichnet. Sie erhält so viel Sonnenlicht, dass Kleinstlebewesen (Phytoplankton) Photosynthese betreiben, also mithilfe der Energie des Sonnenlichts Wasser und Kohlendioxid aus der Luft in Nahrung umwandeln können. Phytoplankton bildet als Hersteller von Nahrung die Grundlage für die Nahrungskette des Meeres und ermöglicht zahlreichen Fisch- und Meeressäugetierarten das Leben.

Schnabel
Der Fächerfisch verwendet seinen Schnabel eher wie ein Schwert als wie einen Speer, indem er es hin und her wischt.

Beute
Sardinen leben in großen Schwärmen, die bis zu 7 Kilometer lang, 1,5 Kilometer breit und 20 Meter tief sein können.

Rückenflosse
Diese große Flosse kann aufgestellt werden, um die seitliche Bewegung des Schnabels aufzufangen, wenn der Fächerfisch Beute angreift. Sonst legt der Fisch sie eng an den Körper an.

Kiemen
Fische haben Kiemen, um Sauerstoff aus dem Wasser aufzunehmen.

Haut
Die Muster auf der Haut des Fächerfisches werden dunkler und treten stärker hervor, wenn er angreift.

Schwanzflosse
Starke Schwanzmuskeln helfen Fischen beim Schwimmen.

Schuppen
Überlappende Schuppen ermöglichen es Fischen, sanft durchs Wasser zu gleiten.

Fächerfisch

Der drei Meter lange Fächerfisch schwimmt überwiegend nahe der Meeresoberfläche, taucht aber manchmal 100 Meter tief nach Nahrung. Er ist einer der schnellsten Fische der Welt. Bei der Nahrungsaufnahme saust er mit 36 km/h vorwärts. Viele Fische im offenen Meer sind schnelle Schwimmer, denn sie können sich nirgends vor Räubern verstecken.

Beratende Expertin: Linda J. Walters **Siehe auch:** Klima, S. 96–97; Der Ursprung des Lebens, S. 148–149; Tiere, S. 158–159; Ökologie, S. 162–163; Leben im Süßwasser, S. 174–175; Korallenriffe in der Krise, S. 178–179; Die Tiefsee, S. 182–183; Ökologische Herausforderungen, S. 358–359; Massenaussterben, S. 360–361

Blauwal

Das größte Tier der Welt, der Blauwal, ist 30 Meter lang. Das entspricht der Höhe eines zehnstöckigen Hauses. Er ernährt sich von Schwärmen kleiner, jeweils nur 6 Zentimeter langer Krille. Der Bestand an Blauwalen sank im 20. Jahrhundert drastisch aufgrund des Walfangs. Zurzeit steigen die Zahlen wieder leicht.

Sie folgt der Strömung

Der Körper der Gelben Haarqualle kann 2 Meter Durchmesser bekommen, ihre Tentakeln werden bis zu 30 Meter lang, so lang wie ein Blauwal. Quallen lassen sich, genau wie Meeresschildkröten, von Meeresströmungen treiben. Die Strömungen sind wie riesige Flüsse im Meer. Sie bringen warmes Wasser vom Äquator nach Norden, befördern Wärme auf die andere Seite der Erde und helfen so, unser Klima auszugleichen.

FAKTastisch!

Der Weiße Hai hört nie auf zu schwimmen. Er muss in Bewegung bleiben, damit stets sauerstoffreiches Wasser über seine Kiemen strömt. Wenn der Hai aufhören würde zu schwimmen, würde er ertrinken.

Umweltverschmutzung durch Plastik

Plastikmüll im Meer! Neben dem Schaden, den Plastikteile verursachen, enthält das Abwasser aus Waschmaschinen mikroskopisch kleine Kunststofffasern aus Kleidungsstücken. Wenn sie das Meer erreichen, werden sie von winzigen Organismen gefressen und gelangen in die Nahrungskette.

Western Great Pacific Garbage Patch

Eastern Great Pacific Garbage Patch

Texas

ASIEN

NORD-AMERIKA

PAZIFISCHER OZEAN

Meeresströmungen treiben das Plastik zusammen und lassen riesige Müllstrudel entstehen. Am schlimmsten sind die beiden, die zusammen den Great Pacific Garbage Patch bilden, der dreimal so groß ist wie Texas.

DIE TIEFSEE

Das Meer ist der größte Lebensraum der Erde, der größte Teil davon Tiefsee, doch bisher wurden nur 3 Prozent des Tiefseebodens erforscht. Tatsächlich wissen wir mehr über die Oberfläche des Monds als über die Tiefen des Meers. Dank der Erfindung von Tiefseetauchbooten ändert sich das gerade, und viele Arten seltsamer, faszinierender Kreaturen kommen zum Vorschein.

MEERESSCHICHTEN

Die Wissenschaft teilt das Meer in Schichten ein, je nach Tiefe, Druck und Sonnenlicht, das sie erhalten. In den tiefen Gräben ist der Druck enorm hoch. Auf jedem Quadratzoll (etwa 6 Quadratzentimeter) lastet das Gewicht eines Elefanten.

Sonnenlichtzone (Epipelagial), 0–200 Meter
Druck 0 bis 20-mal höher als an der Oberfläche

Dämmerzone (Mesopelagial), 200–1000 Meter
Druck 20- bis 100-mal höher als an der Oberfläche

Mitternachtszone (Bathypelagial), 1000–4000 Meter
Druck 100- bis 400-mal höher als an der Oberfläche

Abyssische Zone (Abyssal) 4000–6000 Meter
Druck 400- bis 600-mal höher als an der Oberfläche

Tiefseegraben (Hadopelagial) 6000–10 000 Meter
Druck 600- bis 1100-mal höher als an der Oberfläche

Dumbo-Oktopus

Diese Art erreicht die größten Tiefen aller bekannten Oktopusse. Er ist 20 bis 30 Zentimeter hoch und hat seinen Namen von den klappenartigen Flossen, die den Ohren der Disneyfigur Dumbo ähneln.

Dreibeinfisch

Der 30 bis 40 Zentimeter lange Dreibeinfisch steht auf seinen stelzenartigen Bauch- und Schwanzflossen. So kann er mit der Strömung vorbeischwimmende Beutefische fangen.

Scheibenbauch

Der aalartige Scheibenbauch wird 15 Zentimeter lang. 2017 filmten japanische Wissenschaftler einen Scheibenbauch in 8200 Meter Tiefe im Marianengraben im Pazifik – dort, wo die Erde am tiefsten ist.

Beratende Expertin: Monika Bright **Siehe auch:** Im Inneren der Erde, S. 62–63; Plattentektonik, S. 66–67; Erdbeben und Tsunamis, S. 70–71; Druck, S. 138–139; Das offene Meer, S. 180–181

Leuchten im Dunkeln

Viele Tiere der Tiefsee haben Biolumineszenz – sie leuchten im Dunkeln. Das können sie aufgrund einer chemischen Reaktion in ihrem Körper oder in Bakterien, die bei ihnen leben. Weibliche Tiefsee-Anglerfische, die in der Dämmer- und der Mitternachtszone leben, haben einen mit Bakterien gefüllten lumineszierenden Köder am Ende einer langen Flosse, ähnlich einer Angelrute. Das Licht lockt Beutetiere in die Nähe ihres zahnbewehrten Mauls.

Nur weibliche Tiefsee-Anglerfische haben einen lumineszierenden Köder.

Weibliche Tiefsee-Anglerfische werden 18 Zentimeter lang. Die Männchen bringen es nur auf etwa 3 Zentimeter.

Das große Maul mit den vielen spitzen Zähnen verleiht dem Tiefsee-Anglerfisch ein grimmiges Aussehen. Er frisst andere Fische und Garnelen.

Der Tiefsee-Anglerfisch hat keine Schuppen an der Unterseite seines Körpers. Manche Arten männlicher Anglerfische klammern sich mit den Zähnen an den Körper eines Weibchens und verbinden sich für den Rest ihres Lebens mit ihm.

Die Mägen von Tiefsee-Anglerfischen sind unglaublich dehnbar. Dadurch können sie Beutetiere fressen, die viel größer sind als sie selbst.

Tiefsee-Erkundung

Tiefseetauchboote sind speziell verstärkt, um hohen Druck und große Tiefen auszuhalten. So können die Forscher Tiefseetiere beobachten. Manchmal bringen sie Lebewesen in gekühlten, unter Druck stehenden Behältern mit an die Oberfläche, um sie im Labor zu untersuchen.

Die Forscher sitzen in einer kugelförmigen Kapsel mit Panoramablick.

Expertinnen-Kommentar

MONIKA BRIGHT
Meeresbiologin

Im Urlaub als Kind war Monika Bright zum ersten Mal am Meer. Seit dieser Zeit ist sie fasziniert von der Vielfalt der Meerestiere, und später studierte sie Zoologie und Meeresbiologie.

„Erst wenn man einmal mit einem Tiefseetauchboot auf dem Grund des Ozeans gewesen ist, kann man wirklich ermessen, wie groß dieser Lebensraum ist."

DIE ENDEN DER WELT

Die Polargebiete werden vom Eis beherrscht. Im hohen Norden ist das nördliche Eismeer neun Monate im Jahr gefroren und von Eistundra umgeben, in der nur wenig wachsen kann. Im Süden ist die Antarktis von einer rund 2 Kilometer dicken Eiskappe bedeckt. Satelliten haben auf dem östlichen Polarplateau, dem kältesten Ort der Erde, Wintertemperaturen von -98°C registriert.

Küstenseeschwalben wiegen etwa 100 Gramm – so viel wie ein mittelgroßer Apfel – und haben lange, schmale Flügel, die ideal sind zum Gleiten und Segeln.

Küstenseeschwalben nisten am Boden in Grönland. Die Küken werden mit Kapelanen gefüttert, kleinen Fischen, die es reichlich gibt.

Auf der Reise nach Süden legen die Seeschwalben einen fast einmonatigen Zwischenstopp zum Fressen mitten im Atlantik ein.

Ab Nordwestafrika überquert etwa die Hälfte der Vögel den Atlantik, um an der südamerikanischen Küste entlang nach Süden zu fliegen.

GRÖNLAND

ARKTIS

ATLANTISCHER OZEAN

AFRIKA

SÜD-AMERIKA

ATLANTISCHER OZEAN

Während des südlichen Sommers suchen die Vögel ihr Futter im antarktischen Weddellmeer, das reich ist an kleinen Fischen.

ANTARKTIS

Auf dem Rückweg fliegen die Vögel täglich 520 Kilometer und brauchen so 40 Tage, um Grönland zu erreichen. Der Wind hilft ihnen dabei, und sie fressen und schlafen im Flug.

Langstreckenflug

Die Küstenseeschwalbe fliegt alljährlich von der Arktis zur Antarktis und zurück, um die langen Sommertage an beiden Enden der Erde auszunutzen. Der Rundtrip ist etwa 70 900 Kilometer lang. In ihrer 30-jährigen Lebenszeit fliegt die Küstenseeschwalbe fast so weit wie dreimal zum Mond und wieder zurück.

Beratende Experten: Tal Avgar, John P. Rafferty **Siehe auch:** Klima, S. 96–97; Evolution in Aktion, S. 150–151; Leben klassifizieren, S. 152–153; Tiere, S. 158–159; Ökologie, S. 162–163; Mount Everest, S. 170–171; Schmelzendes Eis, S. 186–187; Die Folgen des Klimawandels, S. 364–365

Auftauchen und Luft schnappen

Wie können Meeressäugetiere, die Luft brauchen, atmen, wenn das Meer zugefroren ist? Weddellrobben, die in der Antarktis leben, beißen mit den Zähnen Löcher ins Eis. In der Arktis suchen Weißwale, Narwale und Grönlandwale Wasserrinnen auf, die durch Risse im Eis entstanden.

BEKANNTE UNBEKANNTE

Warum sind Asselspinnen so groß?

Asselspinnen sind so groß wie Teller und leben unter dem antarktischen Meereseis. Ihre Größe verblüfft die Forscher. Der hohe Sauerstoffgehalt des kalten Wassers und der langsame Stoffwechsel der Spinne könnten damit zu tun haben.

Kampf ums Überleben

In der Antarktis teilen sich die Kaiserpinguin-Paare die Aufzucht der Küken. Sobald das Weibchen ein Ei gelegt hat, übernimmt das Männchen. Es balanciert das Ei und später das Junge auf seinen Füßen und bleibt auf dem Eis. Das Weibchen marschiert zum Fressen über 100 Kilometer ans Meer und taucht bis zu 500 Meter tief, um Fische und Tintenfische zu fangen.

Eine gemütliche Bruttasche unter dem Bauch des Männchens schützt das Küken.

Experten-Kommentar

Pinguine drängen sich zusammen, um sich vor den eiskalten 140-km/h-Windböen zu schützen.

JOHN P. RAFFERTY
Wissenschaftsredakteur

John P. Rafferty arbeitet für den Verlag Britannica und ist Experte für die Entwicklungsprozesse auf der Erde. Ihn interessieren die Wechselbeziehungen zwischen der Erde und den auf ihr gedeihenden Lebewesen.

„Die Erde ist der einzige bekannte Planet, auf dem es Leben gibt, selbst in Gebieten mit extremen Temperaturen und extremen Druckverhältnissen."

Für dieses Klima gebaut

Moschusochsen überleben die arktischen Winter wegen ihres mehrschichtigen Fells und des dicken, hohlen Haars um ihre Füße. Ohne dieses Haar könnten die Füße am Boden festfrieren. Sie haben große Körper und kurze Beine wie Eisbären, das heißt, sie verlieren weniger Wärme über ihre Körper als kleinere Tiere.

SCHMELZENDES EIS

Wegen der globalen Erwärmung gibt es im Arktischen Meer immer weniger Eis. Das wirkt sich auf die Eisbären aus, die auf der Suche nach Ringelrobben übers Eis laufen. Vor Hunger steuern die meisten Bären das Festland an und kommen mit Vogeleiern, Beeren und Seetang aus. Die Bären der Hudson Bay in Kanada hingegen haben gelernt, auf Felsen zu stehen und Weißwale zu fangen, die mit der Tide hereinschwimmen.

Der Eisbär ist einer der größten Bären. Er wird als Meeressäugetier klassifiziert, weil er die meiste Zeit seines Lebens auf dem Meereseis oder im Meer schwimmend verbringt.

Weißwale gehören wie Delfine zu der Gruppe von Meeressäugern, die Zahnwale genannt wird. Im Gegensatz zu den Delfinen haben sie keine Rückenfinne, da diese sich unterm Eis verfangen könnte.

Beratender Experte: John P. Rafferty **Siehe auch:** Das Eis der Erde, S. 88–89; Natürlicher Klimawandel, S. 98–99; Evolution in Aktion, S. 150–151; Ökologie, S. 162–163; Das offene Meer, S. 180–181; Die Enden der Welt, S. 184–185; Die Folgen des Klimawandels, S. 364–365; Den Klimawandel stoppen, S. 366–367

Eisbärenjunge

Eisbärenweibchen gebären im Winter in Schneehöhlen. Ein bis drei Junge bekommen sie üblicherweise. Die werden blind geboren und wiegen weniger als ein Sack Zucker, nehmen aber schnell zu, da sie mit gehaltvoller Muttermilch gefüttert werden. Im Frühjahr verlassen sie die Höhle im Alter von drei bis vier Monaten.

Die Jungen bleiben etwa drei Jahre bei ihrer Mutter, lernen schwimmen, Robben jagen und wie man in der rauen Umgebung überlebt.

Die Babys bleiben dicht bei ihren Müttern. Weißwale kommunizieren durch Rufe, ähnlich wie Vögel. Deshalb werden sie auch „Kanarienvögel der Meere" genannt.

Sommergäste

Jeden Sommer suchen Weißwale das Mündungsgebiet des Seal River in der Hudson Bay auf, wo sie sich häuten und ihre Jungen gebären. Das Wasser ist hier etwas wärmer als in der Bucht und deshalb gut geeignet für die Aufzucht der neugeborenen Weißwale.

Tagsüber in der Stadt

Seemöwen und Greifvögel nisten auf Gebäudevorsprüngen, weil sie felsigen Küsten, ihren natürlichen Nistplätzen, ähneln. Möwen suchen auf Müllhalden nach Futter, und Wanderfalken machen in den Schluchten zwischen den Hochhäusern Jagd auf Stadttauben.

Wanderfalken wurden absichtlich an Städte gewöhnt, um Tauben zu jagen, die vielerorts als Plage gelten.

Nistplätze sind auf Gebäuden in der Stadt oft sicherer als in der Wildnis. Räuber, etwa Füchse, kommen nicht an sie heran.

Eichhörnchen sind normalerweise tagaktiv, doch in der Wärme und dem Licht der Städte gehen sie auch nachts auf Jagd.

WILDTIERE IN DER STADT

Wildtiere durchstreifen unsere Städte bei Tag und Nacht, oft auf der Suche nach Nahrung. Waschbären und Kojoten suchen Essbares in Nordamerika, Füchse und Dachse in Europa, Affen, Beuteltiere oder auch Reptilien in anderen Teilen der Erde.

Soprane der Natur

Um sich in Städten Gehör zu verschaffen, singen Singvögel kürzer, schneller und höher als Vögel auf dem Land. Die Stimmlage ist so stark verändert, dass Landvögel die Lieder der Stadtvögel nicht erkennen.

Großstadt-Echsen

In der Karibikregion haben Rotkehlanolis-Echsen längere Beine und klebrigere Füße entwickelt, die ihnen helfen, an Glas und Beton hinaufzuklettern. Damit können sie städtischen Lebensraum nutzen und sind nicht auf Waldstücke angewiesen.

Die Echse stellt ihren Kehllappen auf, um alle zu warnen, die sich ihrem Territorium nähern wollen.

Beratender Experte: Michael D. Bay **Siehe auch:** Evolution in Aktion, S. 150–151; Leben klassifizieren, S. 152–153; Tiere, S. 158–159; Ökologie, S. 162–163; Domestizierung, S. 190–191

Nachts in der Stadt

Wenn sich die Menschen in den Städten schlafen legen, übernimmt die Nachtschicht. Dazu gehören Baumwollmäuse und Wiesenwühlmäuse, die größere Gehirne entwickelt haben als ihre Verwandten auf dem Land. Forscher vermuten, dass das an der Komplexität des Stadtlebens liegt.

Streifenkäuze leben in Städten. Sie bewohnen Parks und Gärten, in denen sie Mäuse, Ratten und Eichhörnchen fangen.

Kakerlaken leben in Häusern. Sie genießen die Vorteile einer warmen, geschützten Umgebung, in der sie reichlich Nahrung finden.

Waschbären durchsuchen Mülleimer und dringen sogar durch Katzenklappen in Häuser ein, um nach Essbarem zu suchen. Mittlerweile werden sie auch Müllpandas genannt.

Stadtaffen machen sich breit

In Südasien haben sich Languren-Affen in Städten eingerichtet. Sie klauen Essen, beißen alle, die ihnen Angst machen, und turnen auf Häusern und an Stromleitungen herum. Manche Leute wollen ihre Anzahl begrenzen, doch Hindus verehren Affen als lebende Stellvertreter des Gottes Hanuman und haben sie gern in ihrer Nähe. Traditionell geben Hindus den Affen an Dienstagen und Samstagen etwas zu fressen.

FAKTastisch!

Es gibt einen Berglöwen, der wild in Los Angeles lebt!
P-22, wie er genannt wird, geht auf Jagd im Griffith Park, einer kleinen Naturinsel inmitten von Autobahnen in den Hollywood Hills. Forscher sind ihm auf der Spur, aber bisher haben ihn nur wenige der in dieser Gegend lebenden Promis oder der zehn Millionen jährlichen Touristen gesehen.

DOMESTIZIERUNG

Vor etwa 15 000 Jahren begannen unsere Vorfahren, in Dörfern zu leben, anstatt als Jäger und Sammler umherzuziehen. Um sich zuverlässige Nahrungsquellen zu sichern, nahmen sie Tiere und Pflanzen aus der Wildnis und gestatteten nur Exemplaren mit bestimmten Eigenschaften, sich zu vermehren. Dies taten sie auch mit den folgenden Generationen. Irgendwann hatten alle Exemplare die Merkmale, die die Menschen sich wünschten. Dieser Prozess wird Domestizierung genannt.

Wilder Ursprung

Bevor Menschen Pferde domestizierten, jagten sie Wildpferde wie diese, die vor mehr als 30 000 Jahren an die Wände der Chauvet-Höhle in Frankreich gemalt wurden. Sie aßen das Fleisch ebenso wie das von Bisons, Rotwild und Auerochsen.

Selektive Züchtung

Die Menschen domestizierten Pferde vor rund 6000 Jahren, erst zum Reiten und zur Kriegsführung, später für besondere Aufgaben wie das Ziehen schwerer Lasten und in jüngerer Zeit für den Sport. Bauern suchten besonders starke Tiere aus, doch Besitzer von Rennpferden züchteten Pferde mit langen, starken Beinen, die schnell laufen konnten.

Zugpferde müssen sowohl ein ruhiges Temperament als auch Kraft haben.

Ackerpferde wurden groß und stark gezüchtet, damit sie Pflüge, Wagen und Baumstämme ziehen können.

Beratender Experte: Michael D. Bay **Siehe auch:** Leben klassifizieren, S. 152–153; Grasland, S. 168–169; Wildtiere in der Stadt, S .188–189; Darstellende Künste, S. 220–221; Der Fruchtbare Halbmond, S. 242–243; Tang-Dynastie, S. 278–279; Die Welternährung, S. 338–339

Alle von einer

Alle diese Pflanzen gehören der Art *Brassica oleracea* an, obwohl sie unterschiedlich aussehen und schmecken. Sie stammen vom Ackersenf ab, der zwischen Südeuropa und Zentralasien wild wächst. Brokkoli und Blumenkohl wurden erzeugt, indem man über viele Generationen Exemplare mit großen Blütenknospen auswählte. Die Auswahl von Exemplaren mit großen Wurzeln führte zur Produktion von Rüben, durch die Auswahl von Exemplaren mit vielen Blättern entstand Grünkohl.

Brokkoli
Auswahl nach Blütenknospen

Grünkohl
Auswahl nach Blättern

Blumenkohl
Auswahl nach Blütenknospen

Kohlkopf
Auswahl nach Endknospe

Rüben
Auswahl nach Wurzeln

Kohlrabi
Auswahl nach Stiel

Brassica oleracea
Wilder Gemüsekohl

Arktische Hirten

Die Samen in Nordskandinavien und Russland hüten Rentierherden. Rentiere gelten als halbdomestiziert. Sie bieten den Samen Fleisch, Felle, Milch und Transportmittel.

Sie werden immer größer

Es gibt mehr als 20 Milliarden Hühner auf der Welt, mehr als von jeder anderen Vogelart. Eine Kombination aus selektiver Züchtung und dem Anreichern des Futters mit Zusätzen lässt die Hühner schneller wachsen und größer werden, wodurch oft Probleme mit der Gesundheit und dem Tierwohl entstehen. Hühner werden heute viermal so groß wie vor 60 Jahren.

FAKTastisch!

Über 400 Hunderassen haben sich aus einer Urart des Wolfs entwickelt.
Das liegt daran, dass die Menschen sie selektiv für verschiedene Zwecke gezüchtet haben, zum Beispiel für die Jagd und zum Hüten, aber auch zum Schmusen. Die jüngsten „Designerhunde" sind Kreuzungen wie der Cockapoo, eine Mischung aus Cockerspaniel und Pudel.

Chihuahua · Dackel · Border Terrier · Französische Bulldogge · Cavalier King Charles Spaniel · Zwergpinscher · Englische Bulldogge · Border Collie · Labrador · Magyar Vizsla · Deutscher Schäferhund · Berner Sennenhund · Wolf

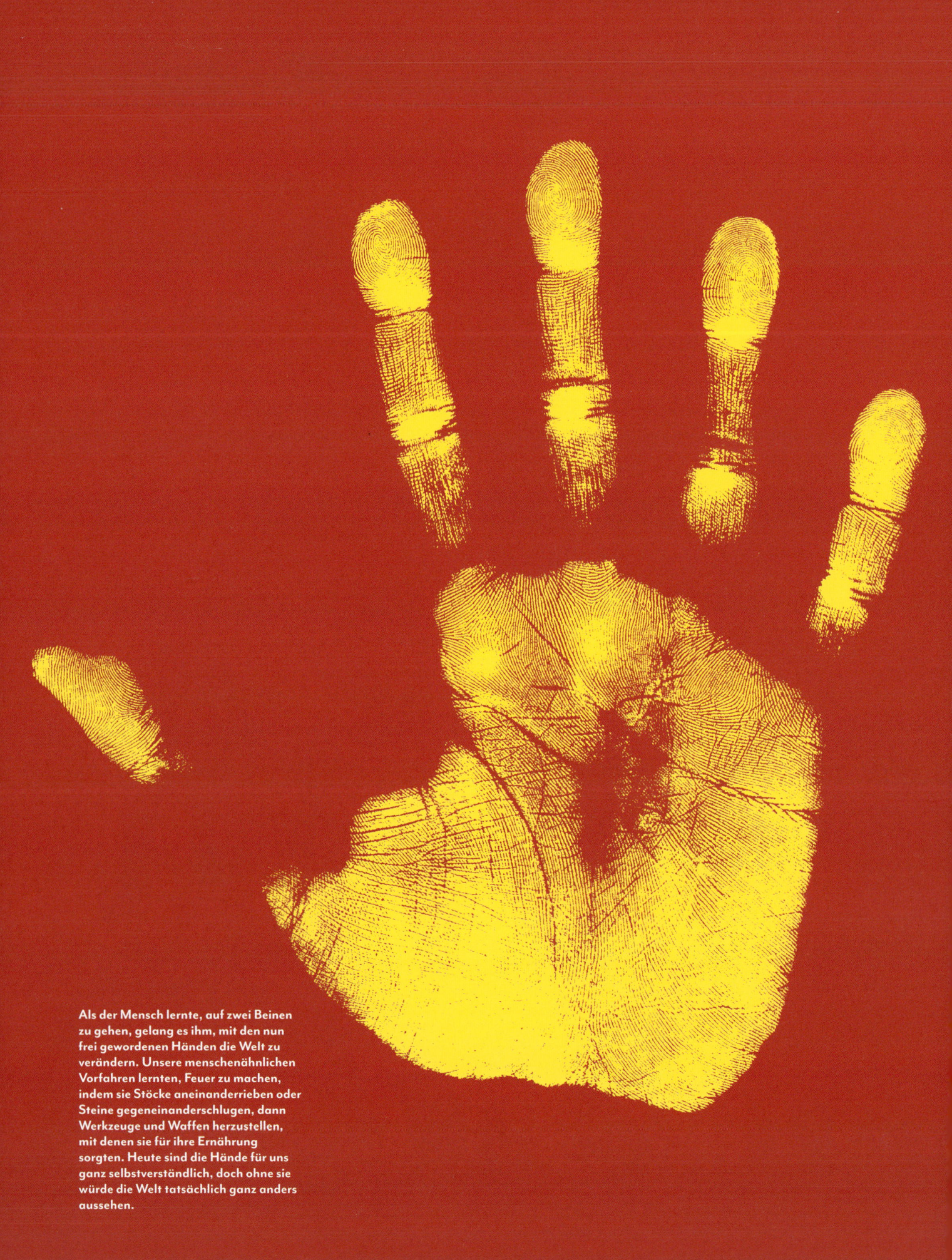

Als der Mensch lernte, auf zwei Beinen zu gehen, gelang es ihm, mit den nun frei gewordenen Händen die Welt zu verändern. Unsere menschenähnlichen Vorfahren lernten, Feuer zu machen, indem sie Stöcke aneinanderrieben oder Steine gegeneinanderschlugen, dann Werkzeuge und Waffen herzustellen, mit denen sie für ihre Ernährung sorgten. Heute sind die Hände für uns ganz selbstverständlich, doch ohne sie würde die Welt tatsächlich ganz anders aussehen.

KAPITEL 5
MENSCHEN

Was bedeutet es, Mensch zu sein? Die Geschichte der Menschheit beginnt vor einigen Millionen Jahren, als unsere entfernten Verwandten anfingen, auf zwei Beinen zu gehen. Diese Lebewesen der Gattung *Homo* sind anpassungsfähig. Sie nutzen ihre Hände, um Feuer zu machen, Waffen zu schmieden und Werkzeuge herzustellen. Vor etwa 10 000 Jahren tauscht der *Homo sapiens*, die einzige überlebende Art der Gattung, bereits Getreide gegen Schmuck, Wolle gegen Gefäße und Leder gegen Karren mit Rollen. Und es dauert nicht lange, bis Geld den Tauschhandel vereinfachen wird.

Nach und nach bringen die Menschen eine unverwechselbare Kultur hervor, mit der sie die Welt gestalten und verändern. Wir teilen Ideen durch Literatur, Kunst, Musik, Tanz, Video und das Internet. Wir töten einander im Krieg, aber begegnen uns friedlich im Sport und im Spiel, beeinflussen uns durch Erfindungen und Entdeckungen, durch Kleidung. Wir setzen Regierungen ein, die unser Handeln lenken, und wir feiern Feste bei freudigen Ereignissen. Wir trauern auf unterschiedliche Weise um die Toten. Mehr noch als der aufrechte Gang ist es die vielschichtige Kultur, die uns Menschen zu etwas Besonderem macht.

MENSCH WERDEN

Die Menschen sahen nicht immer so aus wie heute. Der moderne Mensch hat sich über Millionen von Jahren entwickelt. In der Vergangenheit gab es mehrere Arten von Menschen, die meisten davon nennt man *Homo*. Im Lauf der Zeit veränderte sich der menschliche Körper und passte sich den verschiedenen Umgebungen an. Das menschliche Gehirn wurde dabei dreimal so groß wie das unserer frühesten menschenähnlichen Vorfahren.

FAKTastisch!

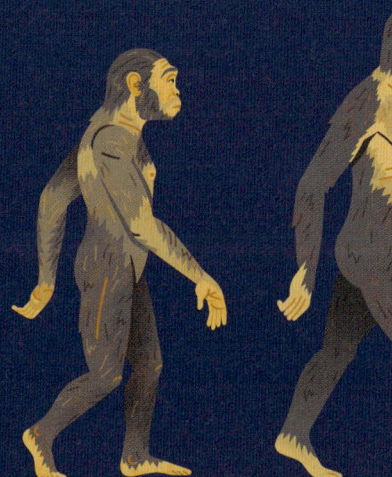

Gänsehaut hielt unsere Vorfahren warm. Wenn es kalt ist, reagiert unsere Haut und stellt die Körperhärchen auf. So kann sich Luft ansammeln, die die Haut warm hält. Damals funktionierte das gut, denn unsere Vorfahren waren viel behaarter als wir.

Der *Homo neanderthalensis* war kleiner als der moderne Mensch, doch sein Gehirn war bereits genauso groß.

Nur die modernen Menschen haben eine flache, hohe Stirn.

Homo erectus bedeutet der aufgerichtete Mensch. Diese Art lebte in Afrika und Asien.

VERWANDTE DES MENSCHEN

Heutzutage existiert nur noch eine Art der Gattung *Homo* – der moderne Mensch, genannt *Homo sapiens*. Alle Lebewesen der Gattung *Homo* sind jedoch eng miteinander verwandt. Einige sind hier zu sehen, von rechts nach links, in der Reihenfolge, wie sie aufgetaucht sein könnten.

Homo neanderthalensis

Der vor 200 000 Jahren aufgetauchte *Homo neanderthalensis* ist der nächste, ausgestorbene Verwandte des Menschen.

Homo sapiens

Alle Menschen gehören zu der Art des *Homo sapiens*, die vor 315 000 Jahren in Afrika ihren Anfang nahm. *Homo sapiens* bedeutet verstehender Mensch.

Homo erectus

Diese Art entstand vor rund 1,9 Millionen Jahren. Der *Homo erectus* ist der erste unserer nahen Verwandten, der Feuer erzeugen und kontrollieren konnte.

Homo habilis

Sie lebten vor 2,4 bis 1,5 Millionen Jahren in Afrika, hatten menschenähnliche Hände und Füße und lebten zur gleichen Zeit wie andere frühe Menschenarten.

Australopithecus afarensis

Über 400 Fossilien von ihnen wurden gefunden, die meisten in Äthiopien. Sie stammen aus der Zeit vor 3,8 bis 2,9 Millionen Jahren.

Beratender Experte: John P. Rafferty **Siehe auch:** Fossilien, S. 80–81; Verbrennung, S. 110–111; Der Ursprung des Lebens, S. 148–149; Evolution in Aktion, S. 150–151; Leben klassifizieren, S. 152–153; Der menschliche Körper, S. 196–197; Das Gehirn, S. 200–201; Gefährdet, S. 362–363

Auf zwei Beinen

Wir sind die einzigen Primaten, die immer auf zwei Beinen gehen oder laufen. Das nennt man Zweibeinigkeit. Wir wissen nicht genau, warum unsere menschenähnlichen Vorfahren angefangen haben, auf zwei Beinen zu gehen. Nicht einmal Usain Bolt, der 2009 für den 100-Meter-Lauf nur 9,58 Sekunden benötigte, ist so schnell wie ein vierbeiniges Tier.

Lucys Gehirn war nur ein Drittel so groß wie das eines modernen Menschen.

Lucys breiter Kiefer ragte nach vorn.

Wer ist Lucy?

So hat man ein 3,2 Millionen Jahre altes Skelett genannt, das 1974 in Äthiopien gefunden wurde. Lucy gehörte zur Art des *Australopithecus afarensis*, einer Gemeinschaft früher menschlicher Vorfahren. Sie hatte lange Arme und kurze Beine, aber schon Beckenknochen wie moderne Menschen. Und sie ging auf zwei Beinen wie wir.

BEKANNTE UNBEKANNTE

Ein gemeinsamer Verwandter?

Menschen und Schimpansen stammen von einem gemeinsamen Vorfahren ab, doch wissen wir nicht genau, wer es war. Vermutlich haben sich die Menschen vor mindestens 6 Millionen Jahren unabhängig von anderen Affen entwickelt.

Wie alt sind die Menschen?

Die Erde ist 4,6 Millionen Jahre alt. Der *Homo sapiens* kam vermutlich vor rund 315 000 Jahren in Afrika auf, auch wenn sich unsere zweibeinigen Vorfahren schon zu einem früheren Zeitpunkt in den letzten 6 Millionen Jahren entwickelt hatten. Komplexe Sprachen, Kunst und Technologien entstanden erst in den letzten 100 000 Jahren.

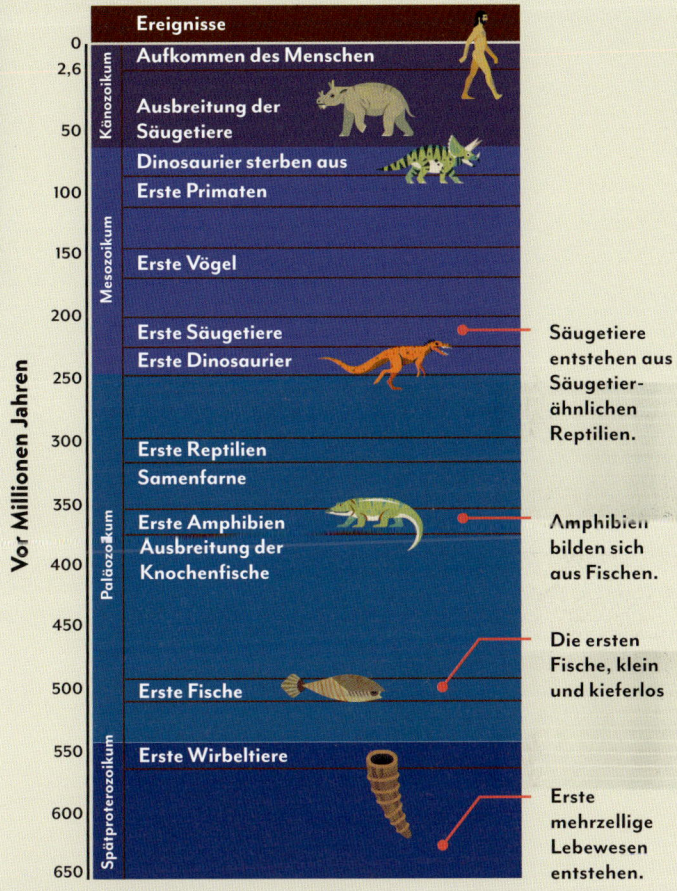

Vor Millionen Jahren

Ereignisse	
0 / Känozoikum	Aufkommen des Menschen
2,6	Ausbreitung der Säugetiere
50	Dinosaurier sterben aus
100	Erste Primaten
150 / Mesozoikum	Erste Vögel
200	Erste Säugetiere
250	Erste Dinosaurier
300 / Paläozoikum	Erste Reptilien / Samenfarne
350	Erste Amphibien / Ausbreitung der Knochenfische
400	
450	
500	Erste Fische
550 / Spätproterozoikum	Erste Wirbeltiere
600	
650	

Säugetiere entstehen aus Säugetier-ähnlichen Reptilien.

Amphibien bilden sich aus Fischen.

Die ersten Fische, klein und kieferlos

Erste mehrzellige Lebewesen entstehen.

Feuer und Blitz

Vermutlich haben Primaten vor über 1,4 Millionen Jahren entdeckt, wie man Feuer macht. Davor waren sie von natürlichen Feuerquellen wie Blitzeinschlägen abhängig. Nur die Gattung *Homo* hat gelernt, Feuer zu machen und zu kontrollieren. So lernten sie zu kochen, was weitere große Fortschritte brachte.

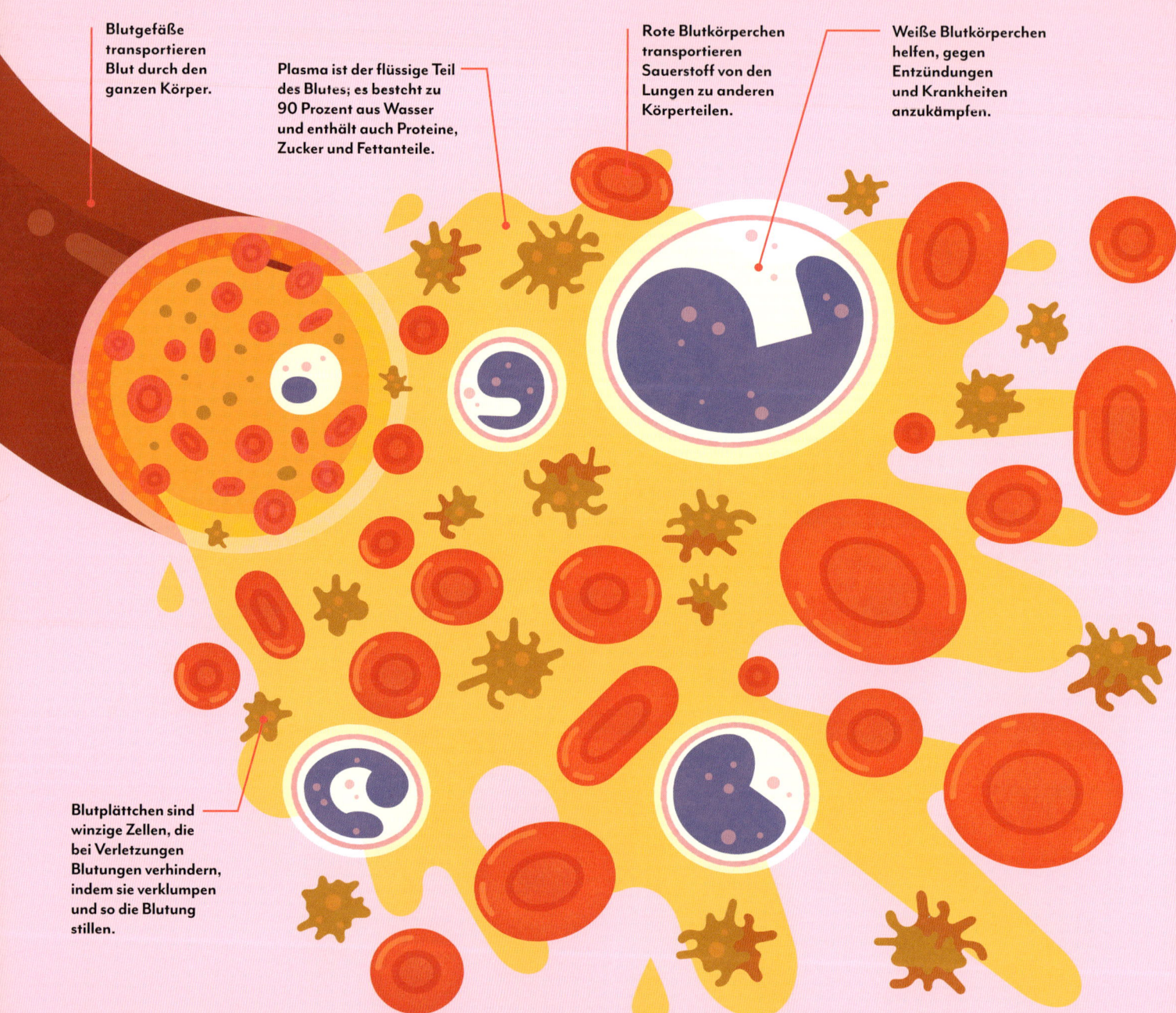

Blutgefäße transportieren Blut durch den ganzen Körper.

Plasma ist der flüssige Teil des Blutes; es bescht zu 90 Prozent aus Wasser und enthält auch Proteine, Zucker und Fettanteile.

Rote Blutkörperchen transportieren Sauerstoff von den Lungen zu anderen Körperteilen.

Weiße Blutkörperchen helfen, gegen Entzündungen und Krankheiten anzukämpfen.

Blutplättchen sind winzige Zellen, die bei Verletzungen Blutungen verhindern, indem sie verklumpen und so die Blutung stillen.

DER MENSCHLICHE KÖRPER

Der menschliche Körper ist ein faszinierender Organismus, der aus mehr als 30 Billionen Zellen gebildet wird. Er besteht zu 60 Prozent aus Wasser, enthält aber auch Proteine, Kohlenhydrate und andere biochemische Bestandteile. Aus Zellen bestehen die vier Hauptgewebe des Körpers einschließlich der Muskeln, die zur Bewegung benutzt werden. Auch die vielen Organe des Körpers werden aus Gewebe gebildet. Sie arbeiten zusammen in Körpersystemen, durch die der Mensch denken, sich bewegen, Nahrung verdauen kann und vieles mehr.

Blut und Zellen

Alle Lebewesen bestehen aus Zellen. Sie wachsen, teilen sich und kommen in verschiedenen Formen und Größen vor. Jede Form dient einem bestimmten Zweck. Blutzellen bestehen aus Knochenmark, dem Gewebe im Inneren der meisten Knochen. Knochenmark produziert rote und weiße Blutkörperchen und Blutplättchen. Das Blut muss Sauerstoff, Proteine und Nährstoffe zu den Zellen transportieren. Es nimmt aber auch Schadstoffe mit, wie etwa Kohlendioxid.

Beratende Expertin: Kara Rogers **Siehe auch:** DNA und Genetik, S. 198–199; Das Gehirn, S. 200–201; Die Sinne, S. 204–205; Meilensteine der Medizin, S. 306–307

Menschliche Körpersysteme
AUFGELISTET

Im menschlichen Körper arbeitet eine Reihe von Systemen zusammen und übernimmt ganz bestimmte Aufgaben.

1. Skelett Knochen und Knorpel geben dem Körper Struktur. Sie unterstützen Bewegung und schützen die inneren Organe. Knochen enthalten Knochenmark, das Blutzellen produziert.

2. Muskeln Sie sind an Knochen und Organen verankert, stützen den Körper und erlauben ihm, sich zu bewegen. Muskeln helfen auch dabei, eine gesunde Temperatur beizubehalten.

3. Atmung Wenn wir atmen, gelangt durch Nase und Mund Luft in unsere Lunge. Das Blut entnimmt Sauerstoff aus der Lunge und liefert ihn an alle Zellen des Körpers. Lunge, Nase und Mund atmen Kohlendioxid als Abfallprodukt aus.

4. Kreislauf Das Blut zirkuliert ständig im Körper. Das Herz schlägt etwa 72-mal in einer Minute und pumpt Blut durch Arterien, Venen und Kapillaren.

5. Verdauung Magen und Darm verarbeiten Nahrung zu Nährstoffen, die der Körper benötigt, um gesund zu bleiben.

6. Nerven Gehirn, Rückenmark, Nerven und Sinnesorgane übertragen Signale im ganzen Körper.

BEKANNTE UNBEKANNTE

Wie viele Knochen hast du?
Im Durchschnitt besitzt das Skelett eines Erwachsenen 206 Knochen. Beim Baby sind es 270 Knochen, weil noch nicht alle zusammengewachsen sind. In den Zahlen sind nicht die sogenannten Sesambeine enthalten, das sind winzige Knochen, die in Form und Anzahl bei jedem Menschen unterschiedlich sein können.

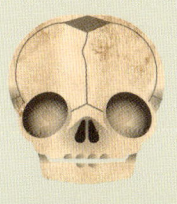

UND DANN KAM ...

TROTA VON SALERNO
Ärztin, lebte im 12. Jh., Italien

Trota schrieb Bücher über Medizin und Heilungsmethoden für Frauen. In Frankreich und England war sie berühmt. Eines ihrer Bücher finden wir in der sogenannten Trotula – das sind drei Werke zur Frauenheilkunde, die in Salerno, Italien, entstanden. Bis ins späte 19. und frühe 20. Jahrhundert dachte man, sie seien von Männern geschrieben worden. Dann stellten Historiker fest, dass ein Teil der Trotula aus einem Buch von Trota stammt.

Rundum beweglich

Das menschliche Skelett ist aus Knochen aufgebaut, die den Körper stützen und seine Organe schützen. Zusammen mit den Muskeln bewegt es den Körper. Knochen bestehen aus Mineralien, Wasser und Proteinfasern. Sie treffen an den Gelenken aufeinander. Von diesen gibt es fünf Hauptarten im menschlichen Körper.

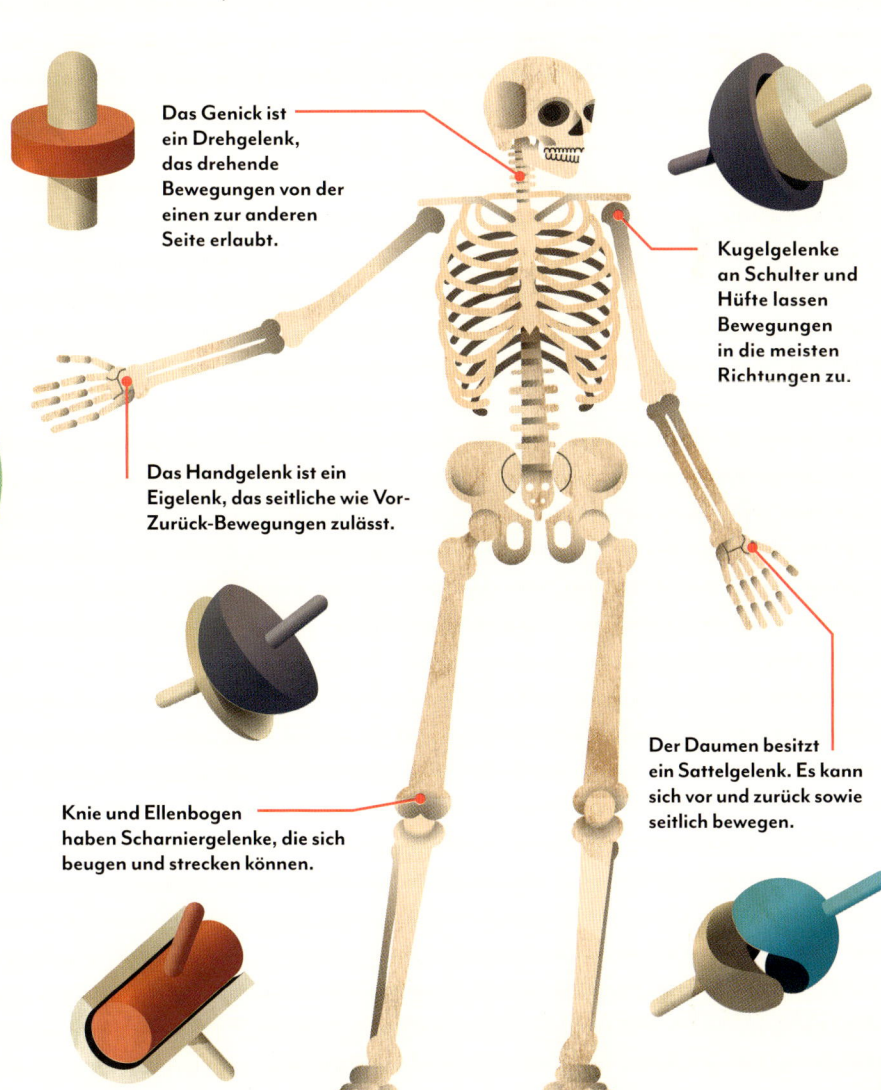

Das Genick ist ein Drehgelenk, das drehende Bewegungen von der einen zur anderen Seite erlaubt.

Kugelgelenke an Schulter und Hüfte lassen Bewegungen in die meisten Richtungen zu.

Das Handgelenk ist ein Eigelenk, das seitliche wie Vor-Zurück-Bewegungen zulässt.

Der Daumen besitzt ein Sattelgelenk. Es kann sich vor und zurück sowie seitlich bewegen.

Knie und Ellenbogen haben Scharniergelenke, die sich beugen und strecken können.

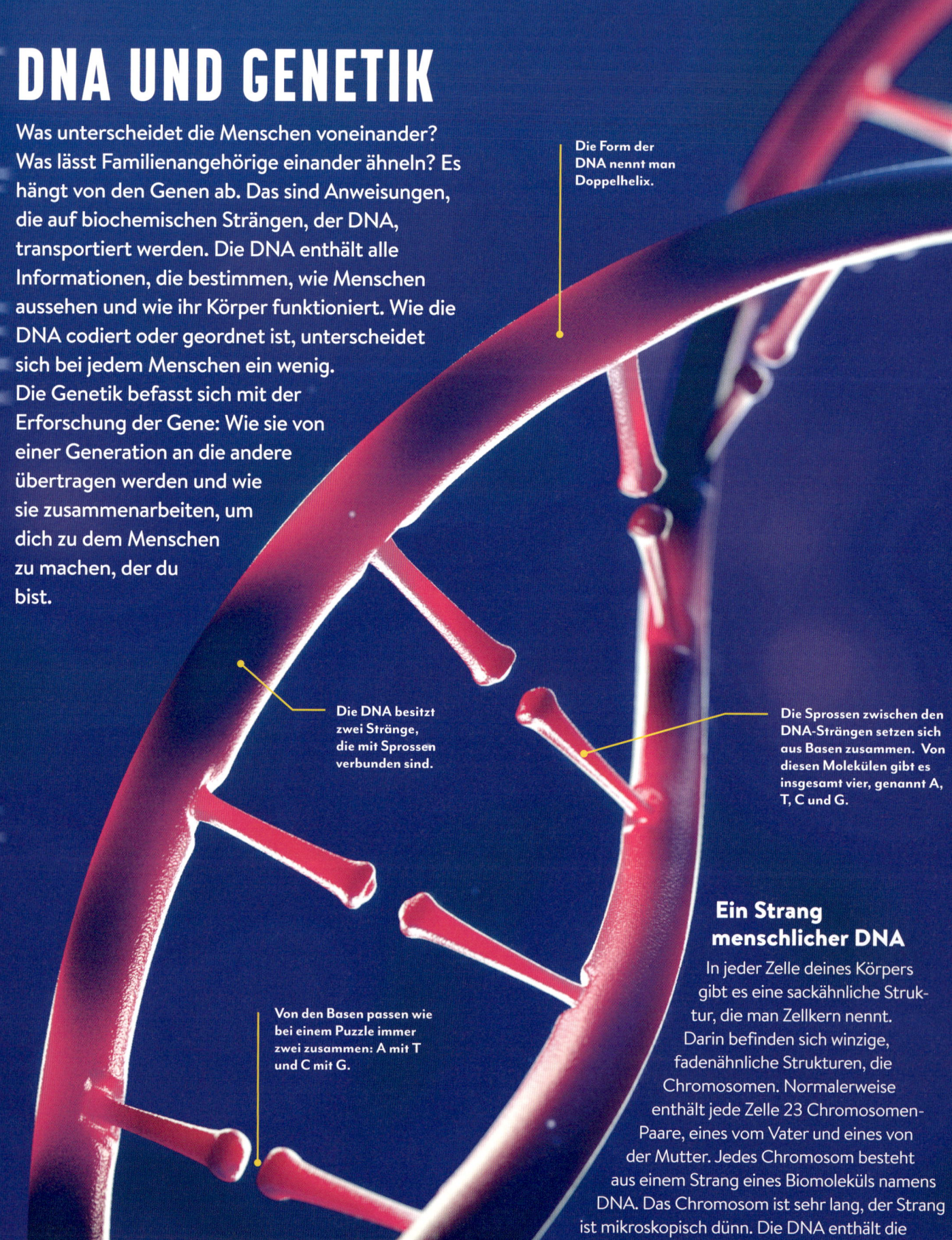

DNA UND GENETIK

Was unterscheidet die Menschen voneinander? Was lässt Familienangehörige einander ähneln? Es hängt von den Genen ab. Das sind Anweisungen, die auf biochemischen Strängen, der DNA, transportiert werden. Die DNA enthält alle Informationen, die bestimmen, wie Menschen aussehen und wie ihr Körper funktioniert. Wie die DNA codiert oder geordnet ist, unterscheidet sich bei jedem Menschen ein wenig. Die Genetik befasst sich mit der Erforschung der Gene: Wie sie von einer Generation an die andere übertragen werden und wie sie zusammenarbeiten, um dich zu dem Menschen zu machen, der du bist.

Die Form der DNA nennt man Doppelhelix.

Die DNA besitzt zwei Stränge, die mit Sprossen verbunden sind.

Die Sprossen zwischen den DNA-Strängen setzen sich aus Basen zusammen. Von diesen Molekülen gibt es insgesamt vier, genannt A, T, C und G.

Von den Basen passen wie bei einem Puzzle immer zwei zusammen: A mit T und C mit G.

Ein Strang menschlicher DNA

In jeder Zelle deines Körpers gibt es eine sackähnliche Struktur, die man Zellkern nennt. Darin befinden sich winzige, fadenähnliche Strukturen, die Chromosomen. Normalerweise enthält jede Zelle 23 Chromosomen-Paare, eines vom Vater und eines von der Mutter. Jedes Chromosom besteht aus einem Strang eines Biomoleküls namens DNA. Das Chromosom ist sehr lang, der Strang ist mikroskopisch dünn. Die DNA enthält die Gene – Informationen, die der Körper benötigt, um Proteine herzustellen, die Grundbausteine des Körpers. Im Körper finden sich 20 000 bis 25 000 Gene.

Beratende Expertin: Abigail H. Feresten **Siehe auch:** Mensch werden, S. 194–195; Der menschliche Körper, S. 196–197; Gesetz und Verbrechen, S. 226–227; Meilensteine der Medizin, S. 306–307, Medizintechnik, S. 354–355; Der Mensch der Zukunft, S. 374–375

Familienmerkmale

Woher hast du die Nase, die lockigen Haare oder die dunkelbraunen Augen? Kinder erben Merkmale von ihren Eltern, das bedeutet aber nicht, dass sie genauso aussehen. Es hängt davon ab, wie die Gene sich im Körper verhalten, und von der Art des Merkmals. Die Form der Nase, oder zumindest der Bereich um die Nasenspitze, wird häufiger weitergegeben als andere Teile des Gesichts.

Mutationen und Augenfarbe

Die menschliche DNA stimmt bei allen Menschen zu 99,9 Prozent überein. Dennoch ist jeder Mensch anders. Die meisten Unterschiede liegen an kleinen Veränderungen, sogenannten Mutationen, in wichtigen Teilen der Gene. Mutationen ergeben neue Varianten von Genen, die sogenannten Allele. Die Hälfte dieser Allele kommt von der Mutter und die andere vom Vater. Die Augenfarbe wird durch zwei Gene bestimmt – das eine macht sie gelber, das andere macht sie röter. Wenn du keine starken Allele für beide Farben besitzt, dann bekommst du blaue Augen. Starke Allele für beide ergibt braune Augen. Ein starkes rotes Gen mit einem schwachen gelben lassen die Augen hellbraun werden.

Expertinnen-Kommentar

Verbrechensaufklärung

Fingerabdrücke helfen bei der Identifizierung von Verbrechern, denn jeder Fingerabdruck ist einzigartig. Forensiker verwenden eine Technik, mit der sie die Gene von hinterlassenen Hautzellen oder Fingerabdrücken kopieren, und erzeugen so von einem einzigen Fingerabdruck ein vollständiges genetisches Bild des Täters, das dann mit der DNA von Verdächtigen verglichen werden kann.

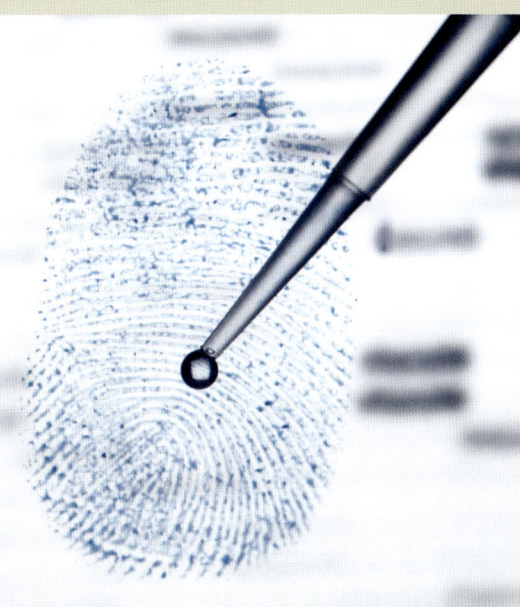

ABIGAIL H. FERESTEN
Genetikerin

Abigail H. Feresten studiert die Entwicklung des Gehirns bei mikroskopisch kleinen Würmern. Die Gene, die deren Gehirne kontrollieren, funktionieren beim Menschen genauso! Je mehr wir über die Gehirnentwicklung anderer Arten wissen, desto besser können wir Gehirnstörungen bei Menschen behandeln.

„Unser genetischer Code ist das, was jeden von uns einzigartig und uns alle zugleich menschlich macht."

199

DAS GEHIRN

Das Gehirn ist das Kontrollzentrum des Körpers. Es empfängt und sendet Botschaften, ermöglicht dem Menschen zu atmen, sich zu bewegen, zu sprechen und zu lernen. Es wiegt etwa 1,5 Kilogramm und besteht aus zwei Hälften, den sogenannten Hemisphären. Die rechte Hälfte kontrolliert die Muskeln auf der linken Körperseite, die linke hingegen die Muskeln auf der rechten Körperseite. Allerdings benutzen Menschen ständig alle Teile ihres Gehirns – auch im Schlaf.

Nervenzellen

Neuronen (Nervenzellen) sind Gehirnzellen mit langen, drahtartigen Verästelungen. An ihnen entlang senden sie elektrische Signale an andere Neuronen. Kommt ein elektrischer Impuls am Ende einer Leitung an, sendet er ein Signal, so als würde ein Licht angehen. Auf dieses Lichtsignal antwortet das Neuron auf der anderen Seite, nicht auf den elektrischen Strom.

Der Frontallappen kontrolliert Bewegung, Erinnerung, Verhalten und Intelligenz.

Der Parietallappen nimmt Temperatur und andere Sinneseindrücke wie Fühlen und Schmecken wahr.

Der Okzipitallappen ist verantwortlich für das Sehen.

GROSSHIRN

Das Kleinhirn lenkt Gleichgewicht, Bewegung und die Zusammenarbeit unserer Muskeln.

KLEINHIRN

Der Temporallappen steuert Erinnerung, Verhalten und Gefühle. Er ist zuständig für das Sprachverständnis.

STAMMHIRN

Das Stammhirn kontrolliert die automatischen Funktionen wie die Atmung.

Die Wirbelsäule schützt das Rückenmark.

Hauptbereiche des Gehirns

Das Gehirn hat drei Hauptbereiche: Großhirn, Kleinhirn und Stammhirn. Das Großhirn besteht aus vier Hirnlappen: Frontal-, Temporal-, Parietal- und Okzipitallappen. Jeder von ihnen steuert bestimmte Körperfunktionen. Neuronen – Nervenzellen im Gehirn, die Nachrichten senden und empfangen – kommunizieren mit den Sinnesorganen und anderen Körperteilen. Sie bewegen sich entlang des Rückenmarks – eines langen Bündels aus Nervensträngen im Inneren der Wirbelsäule.

Beratende Expertin: Abigail H. Feresten **Siehe auch:** Mensch werden, S. 194–195; Der menschliche Körper, S. 196–197; Gefühle, S. 202–203; Die Sinne, S. 204–205, Smart-Tech und anderes, S. 356–357; Der Mensch der Zukunft, S. 374–375

Gehirnwellen
AUFGELISTET

Gehirnwellen werden mit hochsensiblen Geräten gemessen, die feststellen, wie regelmäßig Neuronen Signale übermitteln. Das zeigt, wie aktiv die Zellen sind. Die Frequenz verändert sich, je nachdem, was Menschen denken und fühlen.

1. Delta Am langsamsten sind die Gehirnwellen während des Schlafs.

2. Theta Die sehr langsamen Gehirnwellen treten auf, wenn das Gehirn völlig entspannt ist, etwa kurz vor dem Schlafengehen.

3. Alpha Das Gehirn produziert große, langsame Wellen, wenn man entspannt und ruhig ist.

4. Beta Die Gehirnwellen werden kleiner und schneller, wenn das Gehirn sehr aktiv ist, etwa beim Sprechen.

5. Gamma Die schnellsten Wellen produziert das Gehirn beim aktiven Denken, etwa beim Lösen komplizierter Probleme.

Reflexe

Als Reflexhandlung bezeichnet man die, die dein Körper ausführt, ohne dass du darüber nachdenkst. Reflexe schützen deinen Körper vor Verletzungen – zum Beispiel bewegst du deine Hand automatisch von einer heißen Flamme weg. Ein Reflex zieht die Hand von der Hitze weg, bevor das Signal, das von deiner Hand zum Rückenmark gesendet wird, dem Gehirn mitteilt, dass du Schmerzen hast.

Sensorische Nervenzellen senden ein Signal ans Rückenmark, dass die Flamme heiß ist.

Das Rückenmark läuft vom Stammhirn die Wirbelsäule entlang.

Heiße Flamme

Zwischenneuronen im Rückenmark senden Signale an die motorischen Neuronen, das sind Nervenzellen, mit denen die Muskeln gesteuert werden.

Die Hand bewegt sich weg.

Das Gehirn austricksen

Zauberer tricksen das menschliche Gehirn aus, indem sie Illusionen für die Sinne erzeugen. Zum Beispiel lenken sie die Aufmerksamkeit des Gehirns darauf, eine Sache zu sehen und nicht die andere, so scheint das Objekt – etwa ein Hase – zu verschwinden. Oder das Gehirn glaubt Dinge weiter zu sehen, auch wenn sie nicht mehr da sind. Tricks wie diese helfen Neurowissenschaftlern herauszufinden, wie das Gehirn funktioniert.

BEKANNTE UNBEKANNTE

Warum träumen Menschen?
Mithilfe eines Geräts können Forscher die elektrische Aktivität des Gehirns während Schlaf und Traum studieren. Das limbische System des Gehirns, das unter dem Großhirn liegt und für Gefühle zuständig ist, ist beim Träumen sehr aktiv. Teile der äußeren Schichten des Großhirns bestimmen, wovon Menschen träumen.

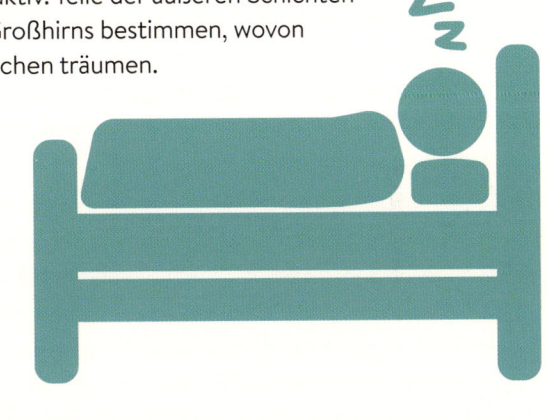

GEFÜHLE

Freude, Trauer, Angst. Das sind Gefühle – und wir empfinden eine ganze Menge davon. Mit Gefühlen reagieren wir auf die Welt um uns herum. Im Gehirn gibt es ein Zentrum, das sogenannte limbische System, das die Gefühle kontrolliert. Es besteht aus verschiedenen Bereichen. Einer ist der Hippocampus, der hilft, sich an Dinge zu erinnern und zu lernen. Die Amygdala, wegen ihrer Form auch Mandelkern genannt, hilft, Emotionen wie Ärger zu regulieren. Der kleine Hypothalamus kontrolliert, wie wir auf Gefühle reagieren. Zum Beispiel bekommen wir bei Furcht eine Gänsehaut.

Gemüt und Körper

Gefühle lassen deinen Körper unterschiedlich reagieren. Wenn du aufgeregt bist oder verängstigt, schlägt vielleicht dein Herz schneller. Du kannst weinen, wenn du traurig, wütend oder auch glücklich bist. Auch dein Gesichtsausdruck kann deine Gefühle zeigen. Sieben Gefühle, die ähnliche Gesichtsausdrücke bei allen Kulturen hervorrufen, haben die Forscher identifiziert: Glück, Trauer, Ekel, Wut, Angst, Überraschung und Zufriedenheit.

Beratende Expertin: Kara Rogers **Siehe auch:** Der menschliche Körper, S. 196–197; Das Gehirn, S. 200–201; Die Sinne, S. 204–205

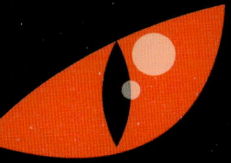

Kampf oder Flucht

Dein Gehirn hat ein automatisches Sicherheitssystem. Bei Angst sendet die Amygdala ein Alarmsignal an den Hypothalamus. Er veranlasst die Drüsen direkt über den Nieren, eine natürliche Substanz namens Adrenalin freizusetzen. Adrenalin lässt dein Herz schneller schlagen und füllt deine Lunge mit Sauerstoff. Das ist der Kampf-oder-Flucht-Instinkt: Wir sind bereit, dem, was Angst macht, ins Auge zu blicken oder die Flucht zu ergreifen.

Botenstoffe bei der Arbeit

Menschen fühlen sich oft besser, wenn sie Sport treiben oder Zeit mit Freunden verbringen. Der Grund dafür sind die Neurotransmitter, biochemische Boten, die das Gehirn aussendet, um bestimmte Gefühle und Verhaltensweisen auszulösen. Serotonin zum Beispiel hilft dabei, sich glücklich zu fühlen. Dopamin teilt dem Gehirn mit, dass man etwas Schönes erlebt hat. Noradrenalin hilft, mit Stress umzugehen.

FAKTastisch!

Ein Mensch kann mehr als 10 000 verschiedene Gesichter machen! Viele davon sind Reaktionen auf verschiedene Gefühle, du lächelst, wenn du glücklich bist, oder du rümpfst deine Nase über etwas Ekliges. Viele Gesichtsausdrücke sind winzige Bewegungen von weniger als einer Sekunde Dauer. Forscher fanden heraus, dass wir 43 Muskeln benutzen, um das Gesicht etwas ausdrücken zu lassen.

Wann ist ein Lächeln kein Lächeln?

Lächelt Mona Lisa in dem Gemälde von Leonardo da Vinci? Darüber streiten sich die Menschen seit Jahrhunderten. Es gibt etwa 18 verschiedene Formen eines Lächelns, doch nur eine zeigt wirkliche Freude. Ein echtes oder wirkliches Lächeln nennt man Duchenne-Lächeln. Dabei werden mehr Muskeln benutzt als bei einem falschen Lächeln, und um die Augen bilden sich Fältchen. Das geht nur beim wirklichen Lächeln.

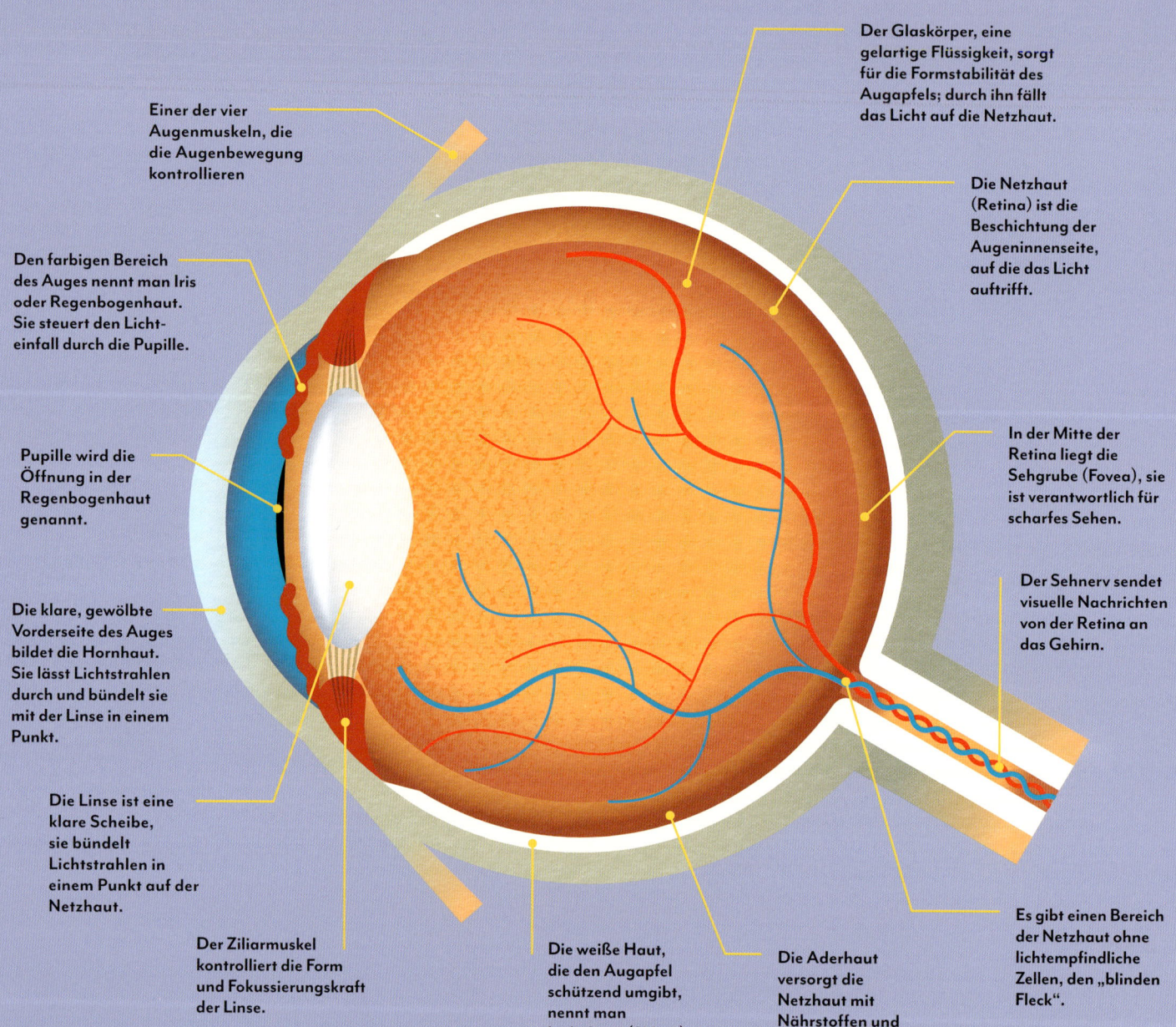

Einer der vier Augenmuskeln, die die Augenbewegung kontrollieren

Der Glaskörper, eine gelartige Flüssigkeit, sorgt für die Formstabilität des Augapfels; durch ihn fällt das Licht auf die Netzhaut.

Die Netzhaut (Retina) ist die Beschichtung der Augeninnenseite, auf die das Licht auftrifft.

Den farbigen Bereich des Auges nennt man Iris oder Regenbogenhaut. Sie steuert den Lichteinfall durch die Pupille.

In der Mitte der Retina liegt die Sehgrube (Fovea), sie ist verantwortlich für scharfes Sehen.

Pupille wird die Öffnung in der Regenbogenhaut genannt.

Der Sehnerv sendet visuelle Nachrichten von der Retina an das Gehirn.

Die klare, gewölbte Vorderseite des Auges bildet die Hornhaut. Sie lässt Lichtstrahlen durch und bündelt sie mit der Linse in einem Punkt.

Die Linse ist eine klare Scheibe, sie bündelt Lichtstrahlen in einem Punkt auf der Netzhaut.

Der Ziliarmuskel kontrolliert die Form und Fokussierungskraft der Linse.

Die weiße Haut, die den Augapfel schützend umgibt, nennt man Lederhaut (Sklera).

Die Aderhaut versorgt die Netzhaut mit Nährstoffen und Sauerstoff.

Es gibt einen Bereich der Netzhaut ohne lichtempfindliche Zellen, den „blinden Fleck".

DIE SINNE

Durch die Sinne – Sehen, Schmecken, Hören, Tasten und Riechen – können Menschen die Welt und andere Menschen verstehen und aufeinander reagieren. Augen, Ohren und Haut haben Sinneszellen, mit denen Reize aufgenommen werden. Sie übertragen die Informationen ans Gehirn. Das Gehirn entschlüsselt die Informationen, sodass der Mensch weiß, was er sieht, hört, fühlt und wahrnimmt. Außer diesen fünf elementaren Sinnesreizen können Tiere Bewegung, Hitze, Kälte, Druck, Schmerz und Gleichgewicht spüren.

Das Auge

Menschliche Augen sind leistungsfähige Organe, die Dinge und bis zu 10 Millionen Farben wahrnehmen können. Wenn du etwas anschaust, gibt es Lichtstrahlen ab, die in dein Auge fallen. Das Licht wird auf der Netzhaut im Hintergrund des Auges gebündelt. Millionen von Sehzellen, sogenannte Stäbchen und Zapfen, verwandeln es in elektrische Signale. Diese Signale reisen weiter zum Gehirn, das ein Bild von dem erzeugt, was du gerade siehst.

Beratende Expertin: Kara Rogers **Siehe auch:** Schall, S. 126–127; Licht, S. 130–131; Der menschliche Körper, S. 196–197; DNA und Genetik, S. 198–199; Das Gehirn, S. 200–201; Gefühle, S. 202–203; Der Mensch der Zukunft, S. 374–375

Die Zunge und der Geschmack

Der Mensch hat zwischen 2000 und 8000 Geschmacksknospen auf der Zunge, und jede davon besitzt 50 bis 75 Zellen. Die Zellen nehmen süßen, salzigen, sauren, bitteren und „umami", das heißt würzigen, Geschmack wahr und senden die Information ans Gehirn. Die Nase nimmt gleichzeitig Gerüche auf und trägt so zu dem Sinneseindruck bei. Deshalb schmeckt Essen manchmal anders, wenn man Schnupfen hat.

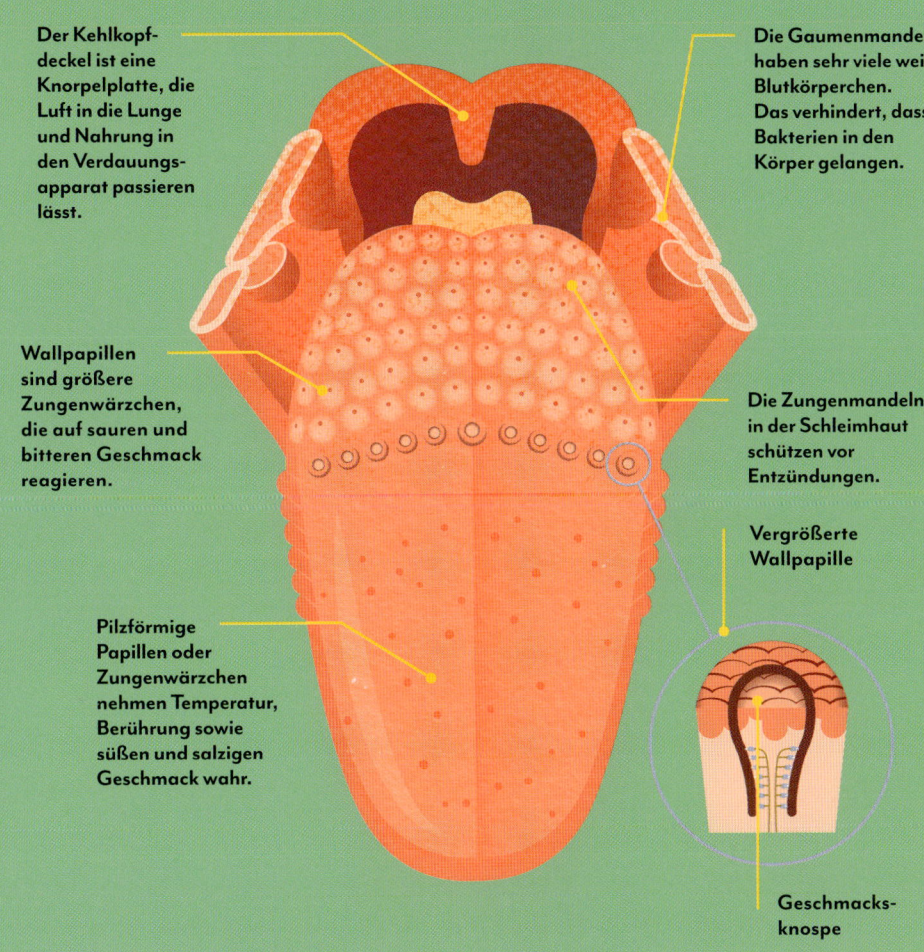

Der Kehlkopfdeckel ist eine Knorpelplatte, die Luft in die Lunge und Nahrung in den Verdauungsapparat passieren lässt.

Die Gaumenmandeln haben sehr viele weiße Blutkörperchen. Das verhindert, dass Bakterien in den Körper gelangen.

Wallpapillen sind größere Zungenwärzchen, die auf sauren und bitteren Geschmack reagieren.

Die Zungenmandeln in der Schleimhaut schützen vor Entzündungen.

Vergrößerte Wallpapille

Pilzförmige Papillen oder Zungenwärzchen nehmen Temperatur, Berührung sowie süßen und salzigen Geschmack wahr.

Geschmacksknospe

Gehör

Das Ohr nimmt Schallwellen wahr und sendet sie in das Mittel- und dann an das Innenohr. Im Innenohr nimmt die Hörschnecke (Cochlea) das Signal auf. Von dort sendet der Hörnerv die Information zum Gehirn. Man misst Geräusche in Dezibel (dB). Setzt man sich Geräuschen über 120 dB aus, kann das dem Gehör schaden.

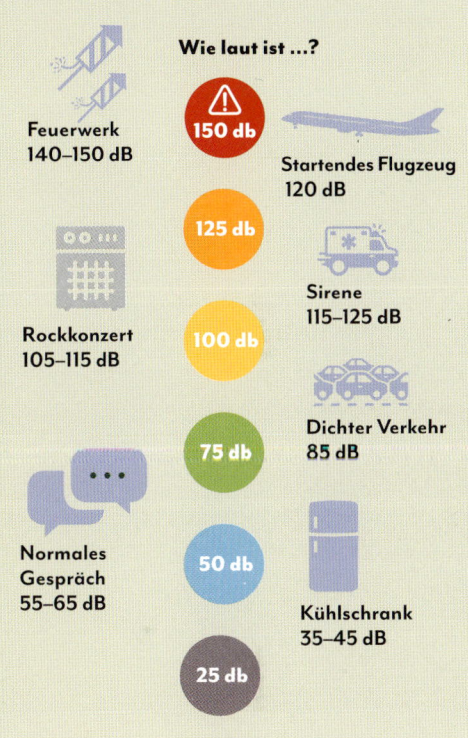

Wie laut ist …?

Feuerwerk 140–150 dB

150 db

Startendes Flugzeug 120 dB

125 db

Sirene 115–125 dB

Rockkonzert 105–115 dB

100 db

Dichter Verkehr 85 dB

75 db

Normales Gespräch 55–65 dB

50 db

Kühlschrank 35–45 dB

25 db

Die empfindsamste Stelle

Die Rillen deiner Fingerspitzen besitzen direkt unter der Haut Tausende von Tastzellen. So können deine Fingerspitzen die feinsten Unterschiede von Oberflächen und Temperaturen spüren. Wie andere Sinneszellen warnen die Tastzellen dein Gehirn. Das entscheidet sofort, wie sich etwas anfühlt, und identifiziert es als weich, rau, heiß, kalt, nass, trocken und so weiter.

FAKTastisch!

Die menschliche Nase kann mindestens eine Billion verschiedener Gerüche wahrnehmen. Die Nase saugt Luft ein, die Geruchsmoleküle enthält. Ganz oben in der Nase nehmen rund 400 verschiedene Typen von Geruchszellen diese Gerüche auf. Dann senden sie die Information zu dem Riechkolben in unserem Gehirn. Die menschliche Nase kann ein Stinktier, das einen Duft wie faule Eier absondert, aus einem Kilometer Entfernung riechen.

Nahrung und Geografie

Was Menschen essen, hängt davon ab, wann und wo sie leben. Früher aßen sie das, was in der Nähe lebte und wuchs. Die Inuit in der Arktis waren von Fisch und anderen Meerestieren abhängig. Die Inka in Peru bauten Kartoffeln an. In Mexiko pflanzte und aß man Tomaten. Europäische Entdecker brachten diese Nahrungsmittel mit nach Europa. Heute importieren zwar alle Länder Nahrungsmittel aus der ganzen Welt, doch jede Kultur hat eigene Zubereitungsweisen dafür.

In der Arktis nutzen die Inuit alles von den gejagten Tieren. Mäntel aus Rentierfell halten sie warm.

Inuit-Jäger nutzen Harpunen (lange Speere) zum Fangen von Seehunden.

Die Jäger treffen die Seehunde, wenn sie zum Luftholen in den Löchern im Eis auftauchen.

NAHRUNG UND KÜCHE

Alle Tiere, auch Menschen, brauchen Nahrung zum Leben und Wachsen. So bekommt unser Körper Energie. Die ersten Menschen jagten wilde Tiere und sammelten wilde Pflanzen. Ackerbau veränderte die Ernährungsweise, da die Gemeinschaften nun von selbst angebauten Pflanzen lebten. Die ersten Bauern in Nordamerika waren auf Bohnen, Mais und Kürbis angewiesen. Im Lauf der Zeit entwickelten die Kulturen rund um die Welt eigene Vorlieben für bestimmte Nahrungsmittel und Geschmacksrichtungen.

FAKTastisch!

Der dünne Überzug von Jelly Beans stammt von einem Insekt. Die Hülle besteht aus Schellack, das von den Weibchen der Lackschildlaus produziert wird. Sie lebt auf Bäumen in Indien und Thailand. Beim Erhitzen und Filtern wird der Lack zu Flocken, die anschließend in Ethanol, einer chemischen Substanz, gelöst werden. Dabei entsteht ein Film, der beim Abkühlen erhärtet.

Beratende Expertin: Suzi Gerber **Siehe auch:** Verbrennung, S. 110–111; Mensch werden, S. 194–195; Der menschliche Körper, S. 196–197; Überall gleichzeitig, S. 334–335; Die Welternährung, S. 338–339; Städte, S. 346–347; Ökologische Herausforderungen, S. 358–359; Städte von morgen, S. 372–373

BEKANNTE UNBEKANNTE

Wann begannen Menschen, Essen zu kochen?
Niemand weiß genau, wann sie damit anfingen. Alle anderen Tiere essen ihre Nahrung roh. Durch Kochen lässt sich Essen leichter kauen und verdauen. Der frühe *Homo erectus* lernte zwar Feuer zu machen, hinterließ aber keine Zeugnisse, ob er es zum Kochen nutzte. Von Neandertaler und dem frühen *Homo sapiens* sind hingegen verbrannte Tierknochen überliefert. Man vermutet daher, dass sie ihre Nahrung kochten.

Welche Nahrung benötigt der Körper?

Der Teller zeigt die Anteile an Obst, Gemüse, Vollkorn und Proteinen, die wir für eine ausgewogene, gesunde Ernährung brauchen. Menschen können Fleisch und auch Pflanzen essen. Veganer beschränken sich auf Pflanzen. Wir alle sollten aber Ballaststoffe, die in Vollkorn enthalten sind, essen, um gesund zu bleiben.

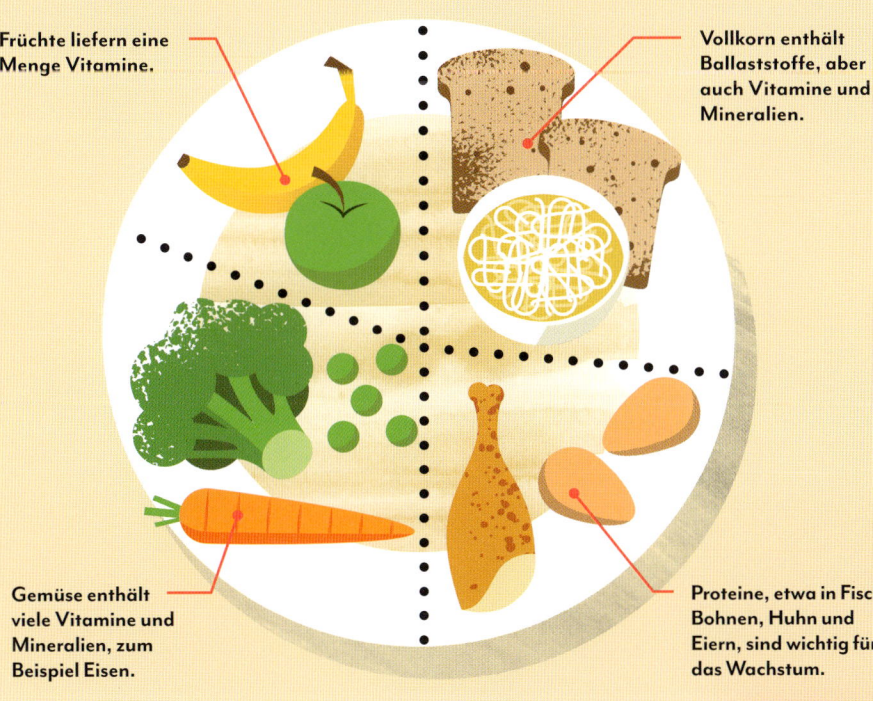

Früchte liefern eine Menge Vitamine.

Vollkorn enthält Ballaststoffe, aber auch Vitamine und Mineralien.

Gemüse enthält viele Vitamine und Mineralien, zum Beispiel Eisen.

Proteine, etwa in Fisch, Bohnen, Huhn und Eiern, sind wichtig für das Wachstum.

Nahrungsverschwendung

Oft wird Gemüse weggeworfen, das nicht der Norm entspricht, da niemand es kauft. Weltweit wird ein Drittel der produzierten Nahrung verschwendet, während mehr als 820 Millionen Menschen hungern. Nicht perfekte Lebensmittel zu kaufen, ist ein Weg, um Nahrungsverschwendung zu vermeiden.

Grundnahrungsmittel

Lebensmittel, die Menschen brauchen und die sie regelmäßig essen, nennt man Grundnahrungsmittel. Das sind Korn, Reis und Mehl. Diese drei machen mehr als die Hälfte der weltweiten Nahrungsversorgung aus, auch wenn etwa 50 000 verschiedene Gerichte damit zubereitet werden können. Für mehr als 3,5 Milliarden Menschen ist Reis das Hauptnahrungsmittel, in Teilen von Afrika und Asien sind dies Bohnen, Linsen, Kichererbsen und auch Kartoffeln.

KLEIDUNG UND KÖRPERSCHMUCK

Von Anfang an haben sich Menschen gekleidet und ihre Körper dekoriert. Wir wissen, dass frühe Menschen Schmuck trugen, ihre Körper bemalten und ihre Haut tätowierten. Kleidung und Schmuck können Symbole für Schönheit, Wohlstand, Status, Religion oder Gruppenzugehörigkeit sein. Oft möchten die Menschen nur dem neuesten Trend folgen oder ihren eigenen Stil ausdrücken.

FAKTastisch!

Im alten Rom kostete der Farbstoff Lila, der aus Purpurschnecken und Urin gewonnen wurde, fast so viel wie Perlen! Nur Könige und hochstehende Persönlichkeiten konnten sich die mit Purpur gefärbte Kleidung leisten. Um 30 Gramm des Farbstoffs zu produzieren, wurde der Schleim von 250 000 Purpurschnecken für zehn Tage in Urin getränkt.

Sieh mich an!

Menschen tragen Kleidung, um andere zu beeindrucken. Die amerikanische Rapperin Cardi B trug 2019 ein rotes Kleid von enormen Ausmaßen bei der Met Gala in New York. Bei solchen Ereignissen zeigen Berühmtheiten, wie glamourös sie sind. Bei Partys, Hochzeiten und ähnlichen Gelegenheiten können alle Menschen das tun.

Beratende Expertin: Pravina Shukla **Siehe auch:** Die Superreichen, S. 344–345; Das Gehirn, S. 200–201; Gefühle, S. 202–203; Darstellende Künste, S. 220–221; Feste, S. 234–235

Krone der Schöpfung

Schon immer haben Menschen Perücken getragen. Bereits die alten Ägypter ließen sich ihre Haare scheren und trugen Perücken. Vom 16. bis ins 18. Jahrhundert setzten sich in Europa wohlhabende Männer kunstfertige und luxuriöse Perücken auf. Der Cartoon nimmt diese Mode aufs Korn. Die Perücke des Mannes ist so hoch, dass sein Diener sie mit einem Stab richten muss.

Wertvolle Steine

In Indien haben die *navaratna*, die „neun Steine", eine besondere Bedeutung. Sie sollen Glück und Gesundheit bringen. Im Zentrum sitzt ein Rubin, der für die Sonne steht. Er ist umgeben von einem Diamanten, einer Perle, einer orangen Koralle, einem Granat, einem blauen Saphir, einem Katzenauge, einem gelben Saphir oder Topas und einem Smaragd.

Dieser Mann zeigt den Haka, einen Maori-Tanz, der bei besonderen Anlässen aufgeführt wird. Er lässt seine Augen hervortreten, um wild und kämpferisch auszusehen.

Während des Haka strecken die Tänzer ihre Zungen heraus.

Kulturgeschichte

Für die Maori in Neuseeland waren Tattoos heilig. Frauen ließen sich Lippen und Kinn tätowieren. Bei Männern konnte das Tattoo das gesamte Gesicht bedecken, aber auch Gesäß und Oberschenkel. Die Briten verboten die Tradition, als sie Neuseeland im 19. Jahrhundert zu einer Kolonie machten, doch heute haben die Maori sie wiederbelebt.

Erde, Luft und Wasser

Die farbenfrohen Stoffe und der Schmuck der Massai in Kenia und Tansania sind mehr als dekorativ. Jede Farbe hat eine Bedeutung. Die Shuka, ein traditionelles Gewand, ist meist rot, die Farbe des Blutes, die für Mut steht. Armreifen, Halsketten und Ohrringe zeigen den Status und die Clanzugehörigkeit an. Früher verwendeten die Massai Eisen und Knochen, heutzutage aber Glasperlen und Stoff.

Blau repräsentiert den Himmel, der für Regen sorgt – wichtig für Vieh und Landwirtschaft.

In der Massai-Kultur steht Rot für Tapferkeit, und mancher sagt, es vertreibe Löwen.

RELIGIÖSER GLAUBE

Woran glauben Menschen? Mit insgesamt 4,4 Milliarden Gläubigen sind Christentum und Islam weltweit die beiden größten Religionen. In beiden gibt es verschiedene Glaubensrichtungen. So ist der Katholizismus eine Richtung des Christentums und der Sunnismus eine des Islam. Manche Religionen bilden eine Mischung aus verschiedenen Glaubensansätzen und Praktiken. Es gibt auch Millionen Menschen, die keinen religiösen Glauben haben.

CHRISTENTUM
2,5 Milliarden

Das Christentum beginnt im ersten Jahrhundert unserer Zeitrechnung. Es beruht auf der Lehre von Christus, Jesus von Nazareth, den die Christen für den Sohn Gottes halten. Sie glauben nur an einen Gott. Die Bibel ist das heilige Buch des Christentums.

ISLAM
1,9 Milliarden

Der Islam wurde im 7. Jh. n. Chr. von dem Propheten Muhammed in Arabien begründet. Islam bedeutet „Hingabe". Die Gläubigen weihen ihr Leben nur einem Gott, Allah. Das heilige Buch des Islam ist der in arabischer Sprache verfasste Koran.

HINDUISMUS
1 Milliarde

Der Hinduismus entstand vor über 3000 Jahren in Indien. Hindus glauben an viele Götter und halten Brahman für den Erschaffer des Universums. Die Veden, in Sanskrit geschrieben, sind der älteste heilige Text des Hinduismus.

BUDDHISMUS
550 Millionen

Der Buddhismus basiert auf den Lehren von Siddhartha Gautama, dem historischen Buddha, im 5. Jh. v. Chr. in Indien. Der Buddhismus ist auf das Nirvana gerichtet, einen Zustand der Erleuchtung und des Friedens.

SIKHISMUS
28 Millionen

Auch die Anhänger des Inders Nanak, eines geistlichen Lehrers, der im späten 15. Jh. lebte, glauben an einen Gott. Das heilige Werk *Guru Granth Sahib* enthält die Lehren Nanaks.

JUDENTUM
15 Millionen

Die jüdische Religion entstand vor über 3000 Jahren dort, wo heute Israel liegt. Juden glauben an einen Gott und folgen den Lehren in den heiligen Schriften, Tanach, Midrasch und Talmud.

24,3 %

32,3 %

Beratende Expertin: Gina A. Zurlo **Siehe auch:** Die ersten chinesischen Dynastien, S. 248–249; Alte Götter, S. 252–253; Die Welt von Byzanz, S. 274–275; Das Goldene Zeitalter des Islam, S. 280–281; Europa im Mittelalter, S. 282–283; Afrikanische Reiche, S. 286–287; Das Mogul-Reich, S. 294–295

13,6 %

7 %

0,4 %
0,2 %
0,1 %

11,3 %

10,8 %

ANDERE RELIGIONEN
850 Millionen, darunter:

1. **Falun Gong** (10 Millionen): Verbindet Meditationstechniken und Ritualübungen. Gegründet in China, 1992.
2. **Cao Dai** (8 Millionen): Nimmt Ideen des Daoismus, Buddhismus, Konfuzianismus und Römischen Katholizismus auf. Gegründet in Vietnam, 1926.
3. **Bahaitum** (5–7 Millionen): Glaube, dass alle Menschen einer Religion mit einem Gott angehören. Gegründet im Iran, 1863.
4. **Konfuzianismus** (5–6 Millionen): Eine alte Religion, die den Lehren des großen chinesischen Denkers Konfuzius folgt.
5. **Jainismus** (4 Millionen): Ihm liegt der Glaube an die unsterbliche menschliche Seele zugrunde. Beginnt im 6. Jh. v. Chr. in Indien.
6. **Shinto** (3–4 Millionen): Anhänger glauben an „kami" (Geister) und besuchen Schreine. Gegründet im alten Japan.
7. **Wikka** (1–3 Millionen): Naturnahe spirituelle Bewegung, Magie stehen im Zentrum. Ging in den 1950er-Jahren von England aus.
8. **Rastafari** (1 Million): Religion und politische Bewegung, die in den 1930er-Jahren in Jamaika entstand.
9. **Tenrikyo** (1 Million): Religion, die auf Shinto basiert und deren Anhänger an einen Gott namens Tenri-O-no-Mikoto glauben. Entstand im 19. Jh. in Japan.
10. **Zoroastrismus** (1 Million): Anhänger huldigen dem hohen Gott Ahura Mazda. Kam im Iran des 6. Jh. v. Chr. auf.

DAOISMUS
9 Millionen

Die chinesische Religion entstand vor über 2000 Jahren. Anhänger glauben, in Harmonie mit dem Dao („dem Weg") zu handeln, und streben danach, den natürlichen Lauf der Dinge nicht zu unterbrechen.

NICHT-RELIGIÖSE
880 Millionen

Zu den nicht religiösen Menschen zählen Atheisten, Agnostiker oder solche mit keiner religiösen Zugehörigkeit. Viele glauben nicht an einen Gott oder ein höheres Wesen, nehmen aber an geistlichen Praktiken teil, wie Gebeten und Meditation.

KONFLIKT UND KRIEG

Es gibt viele Theorien, warum Menschen gegeneinander in den Krieg ziehen. Ein Krieg kann aus Angst vor Angriffen oder bei Streit um Geld, Religion, Nahrungsquellen oder Territorium ausbrechen. Bürgerkriege – Kriege zwischen Gruppen innerhalb eines Landes – drehen sich meist um die Frage, wer das Land regiert. Einige Wissenschaftler denken, dass Konflikte zur menschlichen Natur dazugehören, andere sehen das grundlegend anders.

Schlacht von Little Bighorn

Der Künstler Amos Bad Heart Buffalo vom Stamm der Oglala-Lakota malte die Schlacht von Little Bighorn. Am 25. Juni 1876 kämpften die Lakota und Cheyenne gegen die US-Armee. Die Armee vertrieb die Stämme von ihrem Land, um Platz für weiße Siedler zu schaffen.

Friedlicher Protest

Auch friedlicher Protest kann zu politischen Veränderungen führen. 2018 begannen Menschen im Sudan gegen die strengen Gesetze im Land zu demonstrieren. Der Präsident wurde angeklagt und kam ins Gefängnis. Nun ist eine neue Regierung an der Macht, doch das Land muss noch viele Probleme bewältigen.

Beratender Experte: Michael Ray **Siehe auch:** Religiöser Glaube, S. 210–211; Gesetz und Verbrechen, S. 226–227; Zeitalter der Revolutionen, S. 304–305; Erster Weltkrieg, S. 310–311; Zweiter Weltkrieg, S. 318–319; Der Kalte Krieg, S. 320–321; Entkolonisierung, S. 322–323; Moderne Kriegsführung, S. 342–343

Die Vereinten Nationen

Als 1945 der Zweite Weltkrieg endete, schlossen sich 51 Länder zu den Vereinten Nationen (UN) zusammen. Ziel war es, weltweit den Frieden zu sichern und den Schutz der Menschenrechte zu überwachen. Heute haben die UN 193 Mitgliedstaaten.

Die Toten identifizieren

Millionen Soldaten und Zivilisten starben während der Weltkriege. Viele wurden direkt und ohne Kenntnis ihrer Identität beerdigt. Seit 1990 kann die DNA von menschlichen Überresten wie Knochen mit Informationen von vermissten Personen verglichen werden. Manchmal hilft das Wissen, wer die Opfer waren, um ihre Mörder der Justiz zu übergeben.

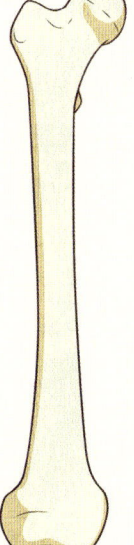

Die Folgen des Kriegs

Krieg zerstört Schulen, Krankenhäuser und ganze Stadtteile. Menschen müssen den Tod ihrer Angehörigen mit ansehen und manchmal hungern. Viele sind gezwungen wegzugehen, sie werden Flüchtlinge. Teile von Syrien, darunter Aleppo im Osten (unten), wurden im syrischen Bürgerkrieg seit 2011 zerstört. Millionen Menschen verließen ihr Zuhause, um sich in Sicherheit zu bringen – 5,6 Millionen Syrer leben nun außerhalb Syriens. Millionen sind innerhalb des Landes vertrieben.

Experten-Kommentar

Tötungsmaschinen

Das erste erfolgreiche Maschinengewehr war die Gatling-Kanone, 1862 während des amerikanischen Bürgerkriegs erfunden. Die Kanone veränderte die Kriegsführung. Anders als ein Gewehr kann sie mehrere Schüsse hintereinander abfeuern, ohne nachgeladen werden zu müssen. Die Maxim-Kanone wurde 1884 entwickelt. Dieses erste vollautomatische Maschinengewehr wurde in den Kolonialkriegen und im Ersten Weltkrieg eingesetzt.

MICHAEL RAY
Redakteur für Europäische Geschichte und Militärangelegenheiten

Michael Ray schreibt über Geschichte und Konflikte in der Welt für die „Encyclopedia Britannica". Er ist der Ansicht, die Kenntnis über vergangene Kriege könnte helfen, sie in Zukunft zu vermeiden.

„Wenn sich Geschichte wiederholt, sollten wir zumindest die Kämpfe nicht wiederholen."

213

SPRACHE UND GESCHICHTEN

Wir benutzen Sprache, um uns mit anderen zu verständigen. Mit Sprache können wir Gedanken, Gefühle und Ideen ausdrücken und über Vergangenheit und Zukunft sprechen. Sprache kann gesprochen oder mit Zeichen gezeigt werden, also mit der Hand, dem Gesicht oder körperlichen Gesten ausgedrückt werden. Sprache wird beim Erzählen zur Kunstform und sie verändert sich ständig.

Erzählkunst

Menschen gaben ihre Geschichte und ihr Wissen von einer Generation an die nächste weiter, lange bevor sie lernten zu schreiben. Sie nutzten das gesprochene Wort, um Geschichten zu erzählen und Lieder zu singen. Diesen Brauch gibt es in allen Kulturen auf der ganzen Welt. Er reicht von der Erzähltradition Marokkos bis zu modernen Rap-Texten.

Sprechen lernen

Von Geburt an ist es im Gehirn eines Babys angelegt, sprechen zu lernen. Das tut es, indem es die Menschen in seiner Umgebung beobachtet und sich mit ihnen austauscht. Erstes Gebrabbel, ob gesprochen oder gedeutet, wird zu Worten, die zu ganzen Sätzen werden. Mit fünf Jahren können die meisten Kinder fließend sprechen.

Beratende Expertin: Laura Kalin **Siehe auch:** Das Gehirn, S. 200–201; Lesen und schreiben, S. 216–217; Kunst, S. 218–219; Bildung, S. 228–229; Das alte Ägypten, S. 250–251; Das Internet, S. 348–349; Die Medien, S. 350–351

Zeichensprache

Manche Menschen verständigen sich mit ihren Händen – das nennt man Gebärdensprache. Es ist nicht dasselbe, wenn Menschen beim Sprechen ihre Hände gebrauchen – das ist gestikulieren. Auch Menschen, die Zeichen machen, nutzen ihre Hände. Zeichen- und Gebärdensprachen ähneln in vielen Punkten der gesprochenen Sprache. Weltweit gibt es Hunderte von Zeichensprachen.

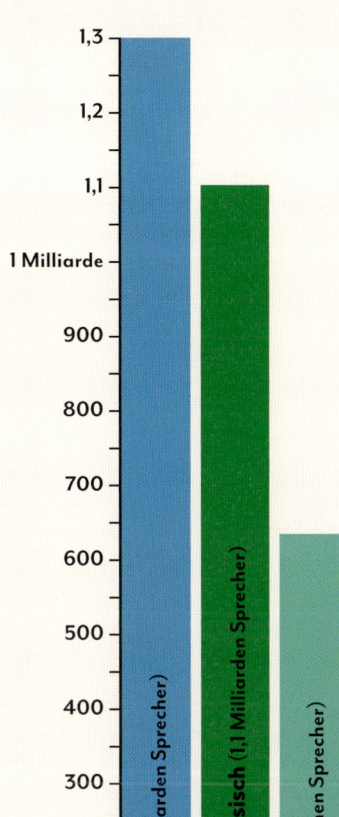

Weltsprachen

Die Tabelle zeigt die zehn Sprachen, die als Erst- oder Zweitsprache am gebräuchlichsten sind. Mandarin-Chinesisch hat die meisten Muttersprachler, Englisch wird am häufigsten als zweite Sprache gesprochen. Heute existieren mehr als 6000 Sprachen. Doch sind 40 Prozent aller Sprachen vom Aussterben bedroht. Im Durchschnitt erlischt alle 90 Tage eine Sprache.

- Englisch (1,3 Milliarden Sprecher)
- Mandarin-Chinesisch (1,1 Milliarden Sprecher)
- Hindi (637 Millionen Sprecher)
- Spanisch (537 Millionen Sprecher)
- Französisch (280 Millionen Sprecher)
- Arabisch (274 Millionen Sprecher)
- Bengali (265 Millionen Sprecher)
- Russisch (258 Millionen Sprecher)
- Portugiesisch (252 Millionen Sprecher)
- Indonesisch (199 Millionen Sprecher)

FAKTastisch!

Etwa 840 verschiedene Sprachen werden in Papua-Neuguinea gesprochen. Der kleine Inselstaat hat rund 7 Millionen Einwohner. Bei so vielen Sprachen werden die meisten von weniger als 3000 Menschen gesprochen. Englisch und Tok Pisin sind die Verkehrssprachen. Tok Pisin ist eine Kreolsprache, die sich aus einer Pidgin-Sprache entwickelt hat. Als Pidgin-Sprachen bezeichnet man vereinfachte Sprachformen, die entstehen, wenn Sprecher unterschiedlicher Herkunftssprachen sich miteinander verständigen müssen.

Expertinnen-Kommentar

LAURA KALIN
Sprachwissenschaftlerin

Selbst Sprachen, die eigentlich sehr unterschiedlich zu sein scheinen, haben ähnliche Eigenschaften, von Senaya im Iran zu Malagasy in Madagaskar und Hixkaryana in Brasilien. Professor Kalin versucht herauszufinden, welche Gemeinsamkeiten das sind und warum sie existieren.

„Überall, wo Menschen sind, gibt es Sprache."

LESEN UND SCHREIBEN

Was unterscheidet Schreiben und Sprechen? Auch wenn wir sprechen, benutzen wir Sprache, doch schriftlich können wir unsere Ideen besser ausführen und länger bewahren. Zwar hatten frühe Menschen kein Schriftsystem, hinterließen aber Zeichen in Stein und schufen Bilder. Daraus entstand Schrift als Form, um Erinnerungen und später Geschichten festzuhalten. Dann wurden sie benutzt, um Gedanken in einen Code zu bringen, den andere lesen und verstehen können. Wie beim Reden kommunizieren wir durch Lesen und Schreiben miteinander und geben Wissen weiter.

BEKANNTE UNBEKANNTE

Was kam zuerst – Ziffer oder Schrift?
Lange bevor es Zeichen für Zahlen gab, zählten Menschen mit den Fingern. Dann ritzten sie in Stein oder Ton. Vor über 5400 Jahren verwendeten Ägypter gerade Striche für kleine Zahlen und ein Symbol für 10. Entwickelte sich aus den Symbolen die Schrift? Man weiß es noch nicht.

Zeichen setzen

Vor über 5000 Jahren entwickelten die Sumerer das erste richtige Schriftsystem, die sogenannte Keilschrift. Die alten Maya nutzten Hieroglyphen – Zeichen, die Wörter, Objekte oder Töne repräsentieren. Sie schrieben vor allem auf Steine, aber fertigten auch Bücher aus Baumrinde.

Alphabete

Die Phönizier entwickelten um 1500 v. Chr. ein Alphabet, das die Griechen übernahmen und erweiterten. Auch das lateinische Alphabet, das noch heute im Deutschen und in den meisten europäischen Sprachen verwendet wird, lässt sich über andere Alphabete, darunter das etruskische (links), darauf zurückführen.

Den Code entziffern

Alte Schriften zu lesen ist wie einen Code zu entschlüsseln, wenn man die Symbole nicht mehr kennt. Grundlegend für die Entzifferung der ägyptischen Hieroglyphen war der Stein von Rosette (rechts). Darauf erscheint die gleiche Nachricht dreimal in verschiedenen Schriftarten. Die drei Inschriften sind dem Gedenken König Ptolemaios V. gewidmet.

Unter den Hieroglyphen steht ein kartuschen-ähnliches Symbol für Ptolemaios.

Die demotische Schrift entwickelte sich aus den Hieroglyphen der römischen Zeit.

Den Gelehrten, die Altgriechisch verstanden, gelang es, die anderen Schriften zu entschlüsseln.

Beratender Experte: Paul Dilley **Siehe auch:** Das Gehirn, S. 200–201; Das alte Mesopotamien, S. 244–245; Die ersten chinesischen Dynastien, S. 248–249; Das alte Ägypten, S. 250–251; Das Goldene Zeitalter des Islam, S. 280–281; Azteken und Inka, S. 290–291; Die Medien, S. 350–351; Smart-Tech und anderes, S. 356–357

Die Druckerpresse

Die ersten Bücher waren von Hand geschrieben. Sie waren sehr teuer und benötigen viel Zeit zur Herstellung. Um 1450 erfand Johannes Gutenberg die erste Druckerpresse in Europa. So konnte man viele Bücher in kurzer Zeit herstellen. Auch weniger wohlhabende Menschen konnten sich nun erstmals Bücher leisten.

Der Hebel bewegte eine hölzerne Spindel, mit der eine flache Platte heruntergedrückt wurde.

Dadurch wurde Papier auf mit Tinte beschichtete Buchstaben in einer Druckform gepresst.

Gutenberg druckte viele Exemplare der Bibel.

Der Drucker zog an einem Hebel.

Die Presse konnte etwa 250 Blätter in einer Stunde bedrucken – viel schneller als mit der Hand!

Papier wurde auf eine mit Tinte beschichtete Metallplatte in einer hölzernen Druckform gelegt.

Die Druckform auf dem Karren konnte sich vor- und zurückbewegen.

UND DANN KAM ...

MURASAKI SHIKIBU

Dichterin, 978–1014,
Kyoto, Japan

Vor über 1000 Jahren verfasste Murasaki Shikibu die erste Erzählung der Welt, *Die Geschichte des Prinzen Genji*. Shikibu war eine Hofdame am japanischen Königshof. Auf Deutsch umfasst die Erzählung 1800 Seiten. Das handschriftliche Manuskript ist nicht überliefert, der Dichter Teika hatte im 13. Jahrhundert eine Kopie angefertigt. Nur fünf der kopierten Kapitel wurden bislang gefunden, das fünfte erst 2019 in Tokio.

Chinesische Schrift

Die Chinesen entwickelten ihr Schriftsystem vor rund 4000 Jahren. Statt eines Alphabets verwendet es Schriftzeichen. Einige davon sind Piktogramme, wie das Zeichen für Mann, das aussieht wie eine stehende Person. Bis auf wenige Veränderungen ist das System noch heute in Gebrauch. Ein gebildeter Chinese kennt 5000 bis 8000 Schriftzeichen.

217

KUNST

Einige der frühesten, bekannten Kunstwerke sind Höhlen-
malereien, die vor mehr als 40 000 Jahren entstanden. Die
frühen Menschen schufen selten menschliche Figuren, sondern
meißelten und malten zumeist Tiere. Die Bedeutung der Werke
ist nicht bekannt. Vielleicht entstanden sie aus religiösen oder
geistigen Motiven oder um andere
zu unterrichten. Einige der
ältesten Beispiele wurden in
Höhlen in Indonesien,
Frankreich
und Bulgarien
gefunden.

Die Zeichnung eines
Bisons in der Covaciella-
Höhle wirkt durch die
dunkle Schattengebung
fast dreidimensional.

Tierbilder

Bilder von Bisons, Pferden und Hirschen
finden sich als Wanddekoration in Höhlen
Nordspaniens. Einige könnten 36 000 Jahre
alt sein. Für Tausende von Jahren waren
die Höhlen versperrt, was die Kunstwerke
vor Licht und Luft schützte. Da feuchte
Atemluft die Wandmalereien beschädigt,
hat man die Höhlen wieder geschlossen
und Nachbildungen für die Besucher
gebaut. Die Malereien in der spanischen
Covaciella-Höhle entstanden vor rund
14 000 Jahren – die Abbildung stammt aus
der nachgebildeten Höhle.

Die Schablonenzeichnungen in der „Höhle der Hände" in Argentinien entstanden vor 13 000 bis 9500 Jahren.

Handabdrücke machen

Handabdrücke und Schablonenzeichnungen
finden sich weltweit in vielen Höhlen und
Halbhöhlen, wie in der „Höhle der Hände"
in Argentinien. Um einen Handabdruck zu
erzeugen, legten die Künstler die Hände
auf die Wand und bliesen, mit dem Mund
oder einer Pfeife, Farbe darüber.

Beratender Experte: Mark Sapwell **Siehe auch:** Gestein und Minerale, S. 74–75; Reichtümer der Erde, S. 78–79; Sprache und Geschichten, S. 214–215; Die ersten Australier, S. 240–241; Minoer, Mykener und Phönizier, S. 258–259

Manchmal ritzten die Höhlenmaler zuerst die Umrisse in den Stein und malten dann darüber, meist mit Kohle oder Ruß.

Die frühen Künstler nutzten oft Unebenheiten in der Höhlenwand, um die Rücken der Tiere darzustellen.

Sie verwendeten roten Ocker, eine rötliche Erde, zur Darstellung von Rottönen.

DARSTELLENDE KÜNSTE

Schauspieler, Tänzer und Musiker spielen meist für ein Publikum. Sie setzen Körper, Stimme und Instrumente ein, um sich auszudrücken, teilweise auf traditionelle, lieb gewonnene Weise, teilweise mit neuen Klängen und Formen. In Theater, Tanz und Musik gibt es verschiedene Genres. Pop ist eine Musikrichtung, während Tango ein Tanzstil ist. Einige der aufregendsten Werke mischen unterschiedliche Genres miteinander. Ein Tanz kann zum Beispiel Elemente von Jazz, Ballett und Hip-Hop einbauen.

Entertainer

Bei Aufführungen geht es vor allem darum, das Publikum zu unterhalten und zu faszinieren. Erstaunliche akrobatische Kunststücke präsentiert der Cirque du Soleil (rechts). Akrobaten, Tänzer und Schlangenmenschen biegen und verdrehen ihre Körper auf außergewöhnliche Weise. In den ersten Zirkussen zu römischer Zeit wurden Wagenrennen, Tier- und Gladiatorenkämpfe gezeigt.

Die Spiele beginnen

Das Wort „Theater" stammt von dem griechischen *theasthai* ab und bedeutet „zu sehen". Im antiken Athen hielt man zu Ehren des Dionysos, des Gottes des Weins, im nach ihm benannten Amphitheater (links) jährlich ein Fest ab. Komödien, Tragödien und Satiren waren in Freilufttheatern zu sehen.

Beratende Expertinnen Abigail H. Feresten und Alicja Zelazko **Siehe auch:** Das Gehirn, S. 200–201; Gefühle, S. 202–203; Die Sinne, S. 204–205; Sprache und Geschichten, S. 214–215; Kunst, S. 218–219; F___te, S. 234–235; Antikes Griechenland, S. 264–265; Das Römische Reich, S. 272–273

Peking-Oper

Im späten 18. Jahrhundert entstand in China eine Form des Musiktheaters, Jingxi, die Peking-Oper. Es gibt mehr als 1000 verschiedene, die auf chinesischen Legenden basieren. In den Opern kommen Akrobatik und Schwertkämpfe vor, auch haben sie farbenfrohe Kostüme und Kulissen. Das Make-up symbolisiert Charakterzüge, Rot steht für Tapferkeit und Weiß für Verrat. Bis ins späte 20. Jahrhundert wurden alle Rollen von Männern gespielt.

UND DANN KAM ...

WILLIAM SHAKESPEARE
Dramatiker, 1564–1616, Großbritannien

Der berühmteste Dramatiker der Welt ist William Shakespeare, der vor über 400 Jahren lebte. Seine Theaterstücke waren in allen Gesellschaftsschichten, vom Königshaus bis zu Arbeitern, beliebt. Jeder konnte sich mit seinen Themen identifizieren, die von Rache wie in *Hamlet* bis zu tragischer Liebe in *Romeo und Julia* reichten. Shakespeare verfasste etwa 37 Theaterstücke. Sie wurden in mehr als 100 Sprachen übersetzt.

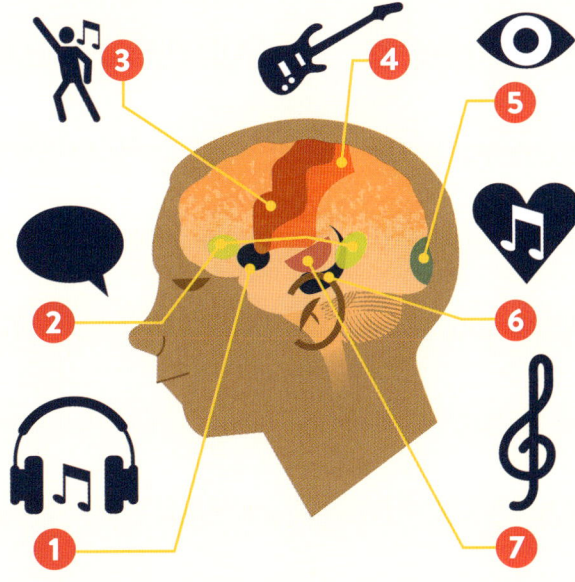

1	**Der Nukleus accumbens** Das Hormon Dopamin nimmt in diesem Bereich zu, wenn du Musik hörst, die dich begeistert.
2	**Broca-Areal und Wernicke-Areal** Wichtig für das Sprachverständnis in Wort und Schrift und in der Sprachproduktion.
3	**Motorischer Kortex** Wird aktiviert, wenn du ein Instrument spielst, tanzt oder dich zu Musik bewegst.
4	**Sensorischer Kortex** Wird ausgelöst, wenn du ein Instrument berührst, tanzt oder mit dem Fuß auftippst.
5	**Visueller Kortex (Sehrinde)** Wird benutzt, um Musik zu lesen, Tanzbewegungen zu folgen und Filme zu sehen.
6	**Hippocampus** Wo Musik Erinnerungen und Gefühle auslöst.
7	**Auditiver Kortex (Hörzentrum)** Dieser Gehirnteil verarbeitet Töne, auch Musik.

Das Gehirn anregen

Forscher haben festgestellt, dass viele Bereiche des Gehirns aktiviert werden, wenn man Musik hört. Verschiedene Typen von Musik wirken sich auf die biochemischen Prozesse im Gehirn unterschiedlich aus. Wenn du beruhigende Musik hörst, wird das Niveau von Kortisol, einem stresserzeugenden Hormon, gesenkt. Musiktherapie wird auch genutzt, um die Wahrnehmung von Demenz-Kranken anzuregen.

FAKTastisch!

2013 nahm der Astronaut Chris Hadfield ein Album im Weltall auf. Zu dieser Zeit arbeitete er auf der Internationalen Raumstation. Er nannte das Album *Space Sessions: Songs from a Tin Can* und veröffentlichte es 2015. Es enthält 12 Songs, darunter eine Coverversion von David Bowies „Space Oddity".

Streetdance

Einige der kreativsten Aufführungen entstehen durch lokale Jugendgruppen. Die ersten Breakdancer traten in New York in den späten 1960er-Jahren auf. Sie übernahmen Bewegungen des Kampfsports, die von Streetgangs entwickelt worden waren. Als Hip-Hop-Musik entstand, wurde Breakdance ein Teil der Kultur. Durch Sam Solomon kamen Boogaloo Style und Popping-Moves hinzu.

KALENDER

Antike Völker maßen die Zeit durch Beobachtung des Sonnenlaufs, der Sterne und des Monds am Himmel. Die ersten Kalender beruhten auf diesen Beobachtungen. Einen Tag benötigt die Erde für eine Umdrehung um ihre eigene Achse. Ein Mondmonat entspricht den 29,5 Tagen, die der Mond für einen Zyklus der Mondphasen von Vollmond zu Vollmond braucht. Es dauert etwa 365,25 Tage, bis die Erde die Sonne umrundet hat. Wir nennen dies ein Sonnenjahr. Weil sie auf verschiedenen Phänomenen beruhen, lassen sich Tag, Monat, Jahr nicht leicht aufeinander abstimmen. In den verschiedenen Kulturen entwickelte man Kalender, die das Problem auf unterschiedliche Weise lösten.

2600 v. Chr.
Der babylonische Kalender hat 12 Mondmonate mit 29 oder 30 Tagen. Jeder Tag ist in 12 gleiche Teile geteilt.

1400 v. Chr.
Der chinesische Mondkalender hat 12 Monate mit 29 oder 30 Tagen. Alle 2 bis 3 Jahre wird ein Schaltmonat eingefügt. Der Kalender hat einen 12-Jahres-Zyklus, benannt nach den Tierkreiszeichen.

534 v. Chr.
Der buddhistische Kalender folgt Mond und Sonne. Er hat 12 Monate, abwechselnd mit 29 oder 30 Tagen. Das ergibt 354 Tage, daher wird alle 3 Jahre ein Schaltmonat eingefügt.

57 v. Chr.
In Nepal und einigen indischen Regionen wird der Vikram-Sambat-Kalender mit Mondmonaten und Sternjahr benutzt. Neujahr liegt nach Diwali, einem Fest im Oktober oder November.

78 n. Chr.
Einige Völker in Bali und indischen Regionen folgen dem Saka-Mondkalender. Ein zusätzlicher Monat wird alle 30 Monate eingefügt, damit der Kalender mit dem Sonnenjahr übereinstimmt.

2500 V. CHR. — **350 V. CHR.** — **100 N. CHR.**

2500 v. Chr.
Der ägyptische Kalender hat 365 Tage mit jeweils 24 Stunden und 3 Jahreszeiten – Aussaat, Wachstum, Ernte. Seit 238 v. Chr. fügt er alle 4 Jahre ein Schaltjahr ein: der erste Kalender mit einem Jahr von 365,25 Tagen.

600 v. Chr.
Das jüdische Jahr hat 354 Tage, verteilt auf 12 Monate. Ein Schaltjahr kommt 7-mal innerhalb eines 19-Jahres-Zyklus vor. Dann wird der 13. Monat Adar scheni eingefügt.

500 v. Chr.
Die Maya nutzten ein komplexes System, die sogenannte Kalenderrunde. Sie besteht aus 3 Kalendern mit unterschiedlich vielen Tagen. Alle 52 Sonnenjahre stimmen die Kalender überein.

46 v. Chr.
Der julianische Kalender, benannt nach Julius Caesar, hat alle 4 Jahre ein Schaltjahr. Zu Ehren Caesars heißt der siebte Monat Juli. Kaiser Augustus ließ im Jahr 8 n. Chr. auch einen Monat nach sich benennen.

79 n. Chr.
In Indien folgt der Shakya-Sambat-Kalender dem Sternjahr, das der Zeit entspricht, in der die Erde die Sonne umrundet und zu derselben Position, auf die Sterne bezogen, zurückkehrt.

Beratender Experte: Daryn Lehoux **Siehe auch:** Die Erde im All, S. 59–59; Klima, S. 96–97; Lesen und schreiben, S. 216–217; Feste, S. 234–235; Antikes Griechenland, S. 264–265

Frühlingserwachen

Viele Kulturen feiern den Frühling mit Festen, um die Aussaat der Pflanzen zu begehen. Das Detail des Gemäldes *La Primavera* (Allegorie des Frühlings) des italienischen Renaissancemalers Sandro Botticelli zeigt Flora, die Göttin des Frühlings und der Blumen. Es ist inspiriert von dem römischen Mythos, der erzählt, wie die Nymphe Chloris in Flora verwandelt wird, als der Westwind Zephyrus sie zu küssen versuchte.

350 n. Chr.
Der äthiopische Kalender umfasst 12 Monate mit 30 Tagen und einen Monat mit 5 Tagen. Alle 4 Jahre hat der letzte Monat 6 Tage. Der Kalender ist verbunden mit christlichen Festen und Namenstagen von Heiligen.

1079
In Persien entwickeln Astronomen – Wissenschaftler, die Sterne und Planeten erforschen – den Dschululi-Kalender, der auf dem alten persischen Kalender beruht, aber Schaltjahre einfügt.

1300
Die Inka in Südamerika studieren Sonne, Mond und Sterne, um ihren Kalender zu berechnen. Sie haben 12 Mondmonate, die sich auf wichtige Daten für Aussaat und Ernte beziehen.

1400
Die Azteken verändern das Kalendersystem der Maya und fügen ein Jahr mit 365 Tagen ein. Wie die Maya glauben sie, dass die fünf Tage am Ende des Jahres Unglück bringen.

1000

1500

622 n. Chr.
Das muslimische Mondjahr hat 12 Monate mit 29 oder 30 Tagen und keine Schaltjahre. Daten von Festen liegen im Vergleich zum gregorianischen Kalender jedes Jahr 10 bis 11 Tage früher.

1084
Der alte armenische Sonnenkalender wird von dem armenischen Gelehrten Jowhannes Imastasser berichtigt, der alle 4 Jahre einen Schalttag einfügt.

1350
In Bali bestimmt der Pawukon-Kalender die Daten der meisten Feste und Feiertage. Ein Kalenderjahr hat 210 Tage sowie 6 Monate mit 35 Tagen.

1582
Der gregorianische Kalender korrigiert den julianischen, dessen Jahr 11 Minuten zu lang war. Seit 1923 ist er weltweit, außer in einigen muslimischen Ländern sowie in Äthiopien und Nepal, der offizielle Kalender.

GELD

Seit mehr als 4000 Jahren nutzen Menschen Geld, um damit für Dinge zu bezahlen. Die alten Ägypter stellten Goldbarren her, deren Wert von ihrem Gewicht abhängig war. Die Chinesen erfanden das Papiergeld um 806 n. Chr. Die meisten Länder haben ihr eigenes Geld, wie den Dollar in den USA, oder benutzen eine gemeinsame Währung, wie den Euro in großen Teilen Europas. Heute druckt das US Bureau of Engraving and Printing 26 Millionen Geldscheine am Tag, rund 974 Millionen US-Dollar.

Wie das Geld entstand

Als früheste Zahlungsmittel verwendete man Dinge aus der Natur wie Muscheln. Die ersten Münzen waren aus Kupfer, Silber oder Gold. Heute nutzen die Menschen Online-Banking zum Bezahlen.

Der Tausch-handel mit Getreide, Vieh und Tongefäßen entstand als Erstes.

Metallgeld entsprach dem Wert der Waren. Kostbare Metalle hatten einen größeren Wert.

Papiergeld war wie eine Garantie der Regierung. Es konnte gegen Gold getauscht werden.

Geld von Kreditkarten und Schecks entsprechen dem Geld, das Banken aufbewahren.

Der Wert von virtuellem Geld wie Bitcoins wird nicht von einer Bank oder Regierung garantiert.

Rechteckige Münzen

Die ersten Münzen waren rechteckig, nicht rund. Diese Goldmünze aus dem alten China heißt Ying Yuan. Darauf wird der Wert oder das Gewicht gedruckt. Metallgeld in Münzform war erstmals regelmäßig in Gebrauch um 600 v. Chr. in der Gegend der heutigen Türkei. Diese Münzen waren bohnenförmig und bestanden aus Elektron, einer Legierung von Gold und Silber.

Geldmaterialien
AUFGELISTET

Der Warenhandel wurde durch Geld einfacher. Es hatte einen festgelegten Wert und war leichter zu transportieren.

1. Metalle wie Gold und Silber werden seit Tausenden von Jahren benutzt. Die wertvollste Goldmünze der Welt ist die australische Känguru-Goldmünze mit einem Gewicht von einer Tonne. Sie ist über 36 Millionen Euro wert.

2. Papier wurde erstmals vor über 1000 Jahren in China verwendet. Heute wird Papiergeld meist aus Zellulose oder Polymer, einer Kunststoffart, hergestellt.

3. Stein wird als Geld auf der Pazifik-insel Yap verwendet. Große, runde Kalksteine können bis zu 4000 Kilogramm wiegen.

4. Muscheln sind die älteste Währung. In Afrika nutzte man Kaurimuscheln seit 1200 v. Chr. Einige indigene Völker Amerikas handelten mit Perlen.

Beratende Expertin: Silvana Tenreyro **Siehe auch:** Reichtümer der Erde, S. 78–79; Kleidung und Körperschmuck, S. 208–209; Arbeit, S. 230–231; Aufschwung und Niedergang, S. 316–317; Die Superreichen, S. 344–345

Kryptowährungen

Anders als die meisten Währungen werden Kryptowährungen wie Bitcoin und Ether nicht von Banken oder Regierungen ausgegeben. Sie besitzen einen Wert, weil Menschen sich darauf verständigt haben, dass sie einen solchen haben. Es gibt bereits mehr als 2000 davon, und ständig werden neue erfunden.

Was sind Zinsen?

Mit Geld, das bei einer Bank angelegt ist, kann man Geld verdienen. Das nennt man Zinsen. Sie werden prozentual auf die angelegte Summe bezahlt. Die Banken bezahlen die Zinsen für die Nutzung des angelegten Geldes. Sie können es auch einer Person oder einem Unternehmen leihen, die es mit Zinsen zurückzahlen müssen. Zinseszins (siehe unten) wird bezahlt für das angelegte Geld und die schon verdienten Zinsen.

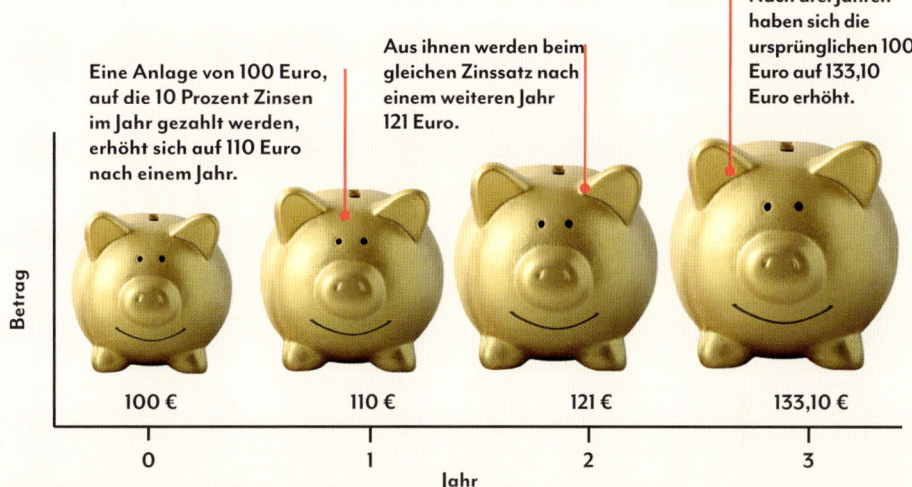

Eine Anlage von 100 Euro, auf die 10 Prozent Zinsen im Jahr gezahlt werden, erhöht sich auf 110 Euro nach einem Jahr.

Aus ihnen werden beim gleichen Zinssatz nach einem weiteren Jahr 121 Euro.

Nach drei Jahren haben sich die ursprünglichen 100 Euro auf 133,10 Euro erhöht.

Betrag

100 € — 110 € — 121 € — 133,10 €

0 — 1 — 2 — 3

Jahr

Wertpapiere und Aktien

Man kann Aktien eines Unternehmens kaufen. Dadurch wird man anteilig zum Eigentümer des Unternehmens und an dessen Gewinn beteiligt. Man kann dem Unternehmen in Form von Schuldscheinen auch Geld leihen, das Unternehmen verspricht, es mit Zinsen zurückzuzahlen. Aktien werden an Börsen gekauft und verkauft. Die New York Stock Exchange (links) in den USA ist die größte auf der Welt. Sie entstand 1792, als 24 Händler sich unter einem Baum trafen, wo heute die Wall Street liegt.

FAKTastisch!

Auf der 100-Billionen-Dollar-Note aus Zimbabwe stehen die meisten Nullen in der Geschichte der Banknoten. Das Land musste sie 2009 aufgrund der horrenden Inflation drucken. Die Preise stiegen so schnell, dass das Geld wertlos wurde. Eine 10-Pfund-Note ist nutzlos, wenn eine Rolle Toilettenpapier 145 000 Pfund kostet.

GESETZ UND VERBRECHEN

Regierungen erlassen Gesetze, um das Miteinander der Menschen zu regeln. Die Länder haben jeweils eigene Gesetze, auch was die Verurteilung von Verbrechen anbelangt. Mord ist in den meisten Ländern ein schweres Verbrechen, Diebstahl von Dingen mit geringem Wert gilt meist als kleineres Vergehen. Als organisierte Kriminalität bezeichnet man ein Netzwerk von Verbrechern, die zusammenarbeiten.

Frühe Gesetze und Gesetzgeber

Im Auftrag des byzantinischen Kaisers Justinian I. (auf der Goldmünze) entstand im 6. Jh. eine Gesetzessammlung. Sie bildet das Fundament der heute noch gültigen Gesetzgebung in Kontinentaleuropa, Südamerika sowie in Teilen von Asien und Afrika. Das andere wesentliche Rechtssystem ist das Common Law. Es entstand aus dem englischen Gerichtswesen des Mittelalters und wurde in den USA und anderen ehemaligen britischen Kolonien übernommen.

Die Magna Charta entsteht

In den englischsprachigen Ländern gilt das Rechtssystem des Common Law, es basiert auf der Magna Charta. Damit galt das Prinzip, dass alle Menschen, selbst der König, dem Gesetz unterworfen sind. Es war das erste Dokument, in dem die Idee freier Bürgerrechte festgehalten wurde, zum Beispiel das Recht auf ein Gerichtsverfahren vor einer aus Mitbürgern bestehenden Jury.

Im Jahr 1215 zwangen die englischen Adligen und Bischöfe den König, die Magna Charta zu besiegeln.

Die Magna Charta wurde auf Pergament verfasst – geglättete und getrocknete Tierhaut.

Beratender Experte: Jack Snyder **Siehe auch:** Das Römische Reich, S. 272–273; Europa im Mittelalter, S. 282–283; Britische und französische Kolonien in Nordamerika, S. 300–301; Sklaverei in Nord- und Südamerika, S. 302–303; Zeitalter der Revolutionen, S. 304–305; Die Bürgerrechte, S. 324–325; Frauenwahlrecht, S. 312–313

Hexenprozesse

Vom 14. bis ins späte 18. Jh. ließen europäische Gerichte 40 000 bis 60 000 Menschen wegen Hexerei hinrichten. Die Verdächtigen, zumeist Frauen, waren angeklagt, im Auftrag des Teufels zu handeln. In den Hexenprozessen von Salem in den USA wurden 1692 viele zu Gefängnisstrafen und 19 Personen zum Tode verurteilt. Solche Prozesse können heute nicht mehr stattfinden.

Wenn Verdächtige im Schandstuhl unter Wasser getaucht wurden, bekannten sie sich schuldig, ohne es zu sein.

FAKTastisch!

Hühner dürfen die Straße nicht überqueren! Ein Gesetz in der amerikanischen Stadt Quitman, Georgia, vertreibt Hühner, Enten und Gänse von der Straße. Man darf auch nicht mit Hühnern auf dem Kopf von Minnesota nach Wisconsin fahren. In Neuseeland war es illegal, einen Hahn in einem Heißluftballon mitzunehmen.

Vor Gericht ziehen

Es gibt verschiedene Gerichtsformen, etwa Strafgerichte, die sich mit Verbrechen befassen, und Zivilgerichte, die sich mit Streitfragen zwischen Personen oder Unternehmen beschäftigen. Der Internationale Strafgerichtshof entscheidet über Kriegsverbrechen. Alle Gerichte haben mindestens einen Richter. In einigen entscheidet und urteilt eine Jury von meist zwölf Personen.

Ein typischer Gerichtssaal. Der Richter entscheidet und stellt sicher, dass die Regeln des Gesetzes befolgt werden.

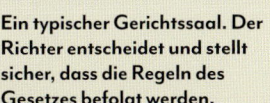

Zeugen erstatten Bericht über das Verbrechen oder geben Einschätzungen als Experten.

Rechtsanwälte vertreten die Menschen vor Gericht – als Verteidiger oder für die Anklage.

Die Jury hört die Argumente beider Seiten an und entscheidet über den Fall.

Wozu dienen Strafen?
AUFGELISTET

Es gibt fünf grundlegende Motive, weshalb Verbrecher bestraft werden.

1. Abschreckung Die Bestrafung soll den Täter davon abhalten, weitere Verbrechen zu begehen. Auch soll sie als abschreckendes Beispiel dienen, damit andere nicht dasselbe Verbrechen begehen.

2. Schutz Verbrecher werden so aus der Gesellschaft entfernt. Sie einzusperren, schützt die Bevölkerung davor, zu deren Opfern zu werden.

3. Bestrafung Verbrecher erhalten die Strafe, die sie verdienen. So soll eine dem Verbrechen angemessene Strafe festgelegt werden.

4. Wiedergutmachung Damit wird erreicht, dass die Verbrecher dem Opfer oder der Gesellschaft etwas zurückzahlen oder zurückgeben. Eine Geldstrafe kann eine Wiedergutmachung sein.

5. Besserung Verbrecher sollen sich bessern und zu gesetzestreuen Bürgern erzogen werden.

Experten-Kommentar

JACK SNYDER
Politikwissenschaftler

Professor Snyder forscht zum Internationalen Strafgerichtshof, der Personen, sogar Staatschefs, für Verbrechen gegen die Menschheit anklagen kann. Weltweit seien Gesetze an vielen Orten ungerecht. Daher müsse die internationale Gemeinschaft zusammenarbeiten und Gesetze, Polizei und Gerichte verbessern.

„Gute Gesetze, fair umgesetzt, sind nötig, damit die Menschen zusammenarbeiten können."

BILDUNG

Im alten Ägypten gab es die ersten Schulen der Welt. Schüler, zumeist Jungen, lernten Lesen, Mathematik, Naturwissenschaft und andere Fächer. Seitdem ist Bildung immer ein zentraler Bestandteil jeder Zivilisation gewesen. So erlangen die Menschen Wissen und Erkenntnis über die Welt. In der Allgemeinen Erklärung der Menschenrechte von 1948 heißt es, dass jeder Mensch das Recht auf Bildung habe, beginnend mit einer kostenlosen Grundbildung.

Höhere Bildung

Die heutigen Universitäten entwickelten sich aus Schulen, die vor Jahrhunderten gegründet wurden. Die Nationale Autonome Universität von Mexiko sieht modern aus (rechts), wurde aber schon 1551 eröffnet. Zu den Einrichtungen für höhere Bildung gehören auch Colleges und Fachhochschulen.

Gleiche Bildung

Weltweit gehen rund 130 Millionen Mädchen nicht zur Schule, Jungen an denselben Orten aber schon. Einige Mädchen müssen die Schule verlassen, um den Eltern zu Hause zu helfen. Andere sind nie dort gewesen und können weder lesen noch schreiben. Verschiedene Organisationen kämpfen darum, das zu ändern. Dürfen Mädchen in der Schule bleiben, leben sie gesünder, bekommen höher qualifizierte Jobs und tragen mehr zu ihren Gemeinschaften und der Gesellschaft bei.

Die Macht der Bildung
AUFGELISTET

Bildung hat viele Vorteile für den Einzelnen wie für die Gesellschaft.

1. Verringert Armut Forschungen zeigen, dass Grundkenntnisse im Lesen und Schreiben bereits Millionen von Menschen aus der Armut befreien können. Sie erhalten besser bezahlte Jobs und zahlen dann Steuern. Die Regierung kann das Steuergeld nutzen und es der Gesellschaft zugutekommen lassen.

2. Fördert die Wirtschaft Bildung führt zu Neuerungen, Wirtschaftsentwicklung und Ausbildung, die neue oder bessere Arbeitsplätze schafft.

3. Erhöht soziale Fähigkeiten Kinder lernen, mit anderen zusammenzuarbeiten und deren Meinungen wahrzunehmen. So werden sie stärker in die Gesellschaft einbezogen.

4. Stärkt die Selbstdisziplin Besonders durch Bildung lernen Menschen, ihre Zeit einzuteilen und für sich selbst verantwortlich zu sein. Sie haben meist mehr Erfolg in ihren Gemeinschaften.

5. Fördert soziale Gerechtigkeit Bildung ermöglicht Menschen mit unterschiedlichem Hintergrund, reich oder arm, ihre Ziele zu erreichen.

6. Erweitert den Horizont Durch Bildung erhalten die Menschen mehr Kenntnisse über die Welt, lernen verschiedene Perspektiven kennen und können die anderen besser verstehen.

7. Stärkt die Menschen Bildung ermutigt die Menschen zu eigenständigem Denken. Sie erlangen Entscheidungsfreiheit und Selbstbestimmung.

Beratende Expertin: Miranda Lin **Siehe auch:** Das Gehirn, S. 200–201; Sprache und Geschichten, S. 214–215; Lesen und schreiben, S. 216–217; Arbeit, S. 230–231; Das alte Ägypten, S. 250–251; Das Goldene Zeitalter des Islam, S. 280–281; Die Renaissance, S. 288–289; Ungleichheit, S. 336–336

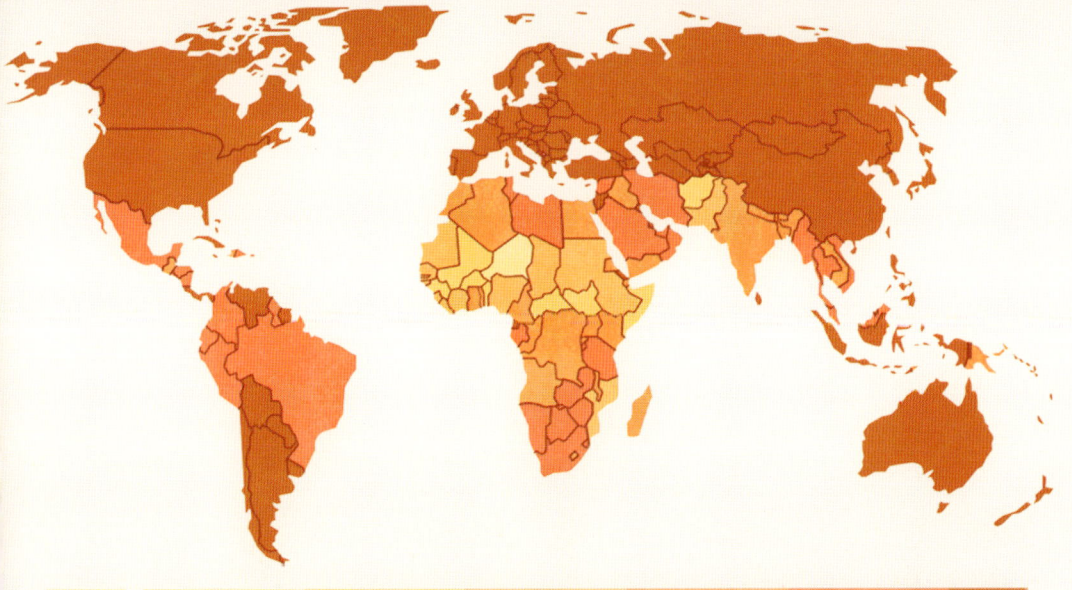

Schwimmende Schulen

In Bangladesch können die Kinder wegen der Überschwemmungen in der Monsun-Zeit nicht zur Schule gehen. Daher hat ein Architekt namens Mohammed Rezwan eine tolle Lösung gefunden: Schule auf Booten! Die schwimmenden Schulen (hier ist eine zu sehen) holen die Kinder jeden Morgen ab und bringen sie am Ende des Schultags nach Hause.

Lese- und Schreibfähigkeit weltweit

Lesen und schreiben zu können, hängt vor allem vom Zugang zu Bildung ab. Die Karte zeigt den Anteil der Menschen, die lesen und schreiben können, in den verschiedenen Ländern.

keine Angabe | 0 % | 20 % | 40 % | 60 % | 80 % | 95 % | 100 %

Arbeitswelt im Wandel

Schweißen setzt Kenntnisse voraus, aber es ist auch schmutzig und laut. Vielleicht möchten daher immer weniger Menschen diesen Beruf erlernen. Dadurch geht Wissen verloren. Bezahlung und Bedingungen sind nur zwei der vielen Faktoren, die beeinflussen, welchen Beruf Menschen ergreifen.

ARBEIT

Menschen arbeiten für Lohn, mit dem sie Essen, Unterkunft und anderes bezahlen können, aber auch, um etwas zu tun, das sie mögen. Manche stellen Dinge her, andere bieten Dienstleistungen an, wieder andere kochen, putzen oder arbeiten in Geschäften. Forscher entwickeln Dinge und helfen uns, die Welt besser zu verstehen. Künstler gestalten Werke, die das Leben lebenswerter machen.

Kinderarbeit

Mehr als 150 Millionen Kinder müssen weltweit arbeiten und zum Einkommen der Familien beitragen. Oft ist es gefährliche Arbeit, und sie können nicht zur Schule gehen. In einigen reicheren Ländern ist Kinderarbeit verboten. Internationale Organisationen wie UNICEF arbeiten daran, dass Kinderarbeit weltweit abgeschafft wird.

Beratende Expertin: Silvana Tenreyro **Siehe auch:** Reichtümer der Erde, S. 78–79; Geld, S. 224–225; Bildung, S. 228–229; Sklaverei in Nord- und Südamerika, S. 302–303; Die Industrielle Revolution, S. 308–309; Überall gleichzeitig, S. 334–335; Ungleichheit, S. 336–336

Unbezahlte Arbeit

Manche Menschen arbeiten ohne Bezahlung in ehrenamtlichen Tätigkeiten. Oft geht es darum, anderen zu helfen, etwa eine Mannschaft zu trainieren oder sich für einen guten Zweck zu engagieren, wie diese Frau, die in einer Tierstation in der Demokratischen Republik Kongo aushilft. Durch Ehrenamt sind Menschen stärker in ihrer Gemeinschaft eingebunden und können ihre Fähigkeiten teilen. Einige Menschen arbeiten zunächst ehrenamtlich, um Erfahrungen in einer Tätigkeit zu sammeln, die sie später ausüben möchten.

BEKANNTE UNBEKANNTE

Was werden die Jobs der Zukunft sein?

Manche Arbeiten können heute ganz von Maschinen übernommen werden, wie das Verladen von Paketen in einer Fabrik. Die Entwicklung neuer Technologien erzeugt eine Nachfrage nach neuen Fähigkeiten und macht alte überflüssig. Durch künstliche Intelligenz (KI) werden vielleicht auch hoch qualifizierte Tätigkeiten künftig überflüssig. Bereits heute unterstützen Roboter Chirurgen bei der Durchführung von Operationen.

Der Roboterarm nimmt die Pakete auf und lädt sie auf die Palette.

Computer scannen Barcodes, messen, zählen und wiegen die Pakete.

Roboter können die gleiche Tätigkeit immer und immer wieder ausführen, ohne zu ermüden.

Praxiserfahrung

Will man eine Arbeit gut machen, braucht man Praxiserfahrung. Wer Küchenchef werden will, geht in eine Kochschule. Anschließend kann er als Auszubildender bei einem erfahrenen Küchenchef anfangen. Ein Auszubildender lernt durch die Arbeit mit dem Experten, einen qualifizierten Job oder Handwerksberuf auszuüben.

Werde Hundefutter-Tester!

Tierhalter verlangen das beste Futter für ihre Tiere. Daher beschäftigen viele Hersteller menschliche Tester, um sicherzustellen, dass ihr Tierfutter schmackhaft und nahrhaft ist. Die meisten Tester spucken das Tierfutter aus, statt es zu schlucken. Erfahrene Tester können mehr Geld verdienen, indem sie bei der Entwicklung neuer Rezepte mitarbeiten.

SPIEL UND SPORT

Unsere Begeisterung für Spiele und Sport reicht mindestens 5000 Jahre zurück. Bevor sie zu Zuschauerveranstaltungen wurden, dienten sie der Ausbildung von Jägern und Kämpfern. Sport und Spiel erfüllen viele menschliche Bedürfnisse. Wir können so zueinander in Kontakt treten und Spaß haben, unsere physischen und mentalen Kräfte testen und erweitern, und sie sind eine gewaltfreie Methode, gegeneinander anzutreten, als Einzelperson oder in Gruppen.

Anfänge des Fußballspiels

Vor über 2000 Jahren gab es in China ein Spiel, das dem Fußball ähnlich war. Es hieß *cuju*, tsoo-joo ausgesprochen, was „Kick-" oder „Tretball" bedeutet. Es gab zwei Teams, in denen Männer und Frauen spielen konnten. Für einen Treffer kickten die Spieler einen Ball durch ein Tor. Die chinesische Armee ließ die Soldaten *cuju* spielen, damit sie fit wurden. Das heutige Fußballspiel entstand unabhängig davon im 14. Jahrhundert in Europa.

FAKTastisch!

Bei einer WM laufen Fußballspieler rund 15 Kilometer in einem Spiel. Das entspricht etwa 38 Runden einer olympischen Laufbahn. Im Durchschnitt laufen Fußballspieler 11 Kilometer in einem Spiel. Das ist mehr als Athleten in jeder anderen Sportart.

Die ersten Bälle waren mit Pelz oder Federn gestopft und hatten eine Lederhülle.

Spieler und Mannschaftskapitäne wählten einen Schiedsrichter, der für ein faires Spiel sorgte.

Beratender Experte: Martin Polley **Siehe auch:** Energie, S. 124–125; Mensch werden, S. 194–195; Der menschliche Körper, S. 196–197; Das Gehirn, S. 200–201; Nahrung und Küche, S. 206–207; Das alte Ägypten, S. 250–251; Olmeken und Maya, S. 260–261

Spiel der Könige

Das ägyptische Spiel Senet ist über 5000 Jahre alt. König Tutanchamun und andere Pharaonen amüsierten sich damit. Dabei bewegte man fünf bis sieben Spielsteine über Quadrate auf einem schmalen Brett. Das Spiel wurde immer ausgefeilter, bald enthielten die Quadrate Anleitungen in Form von Bildern und Symbolen. Die Ägypter glaubten an ein Weiterleben nach dem Tod, einige Quadrate boten Ratschläge dafür an. König Tutanchamun wurde mit mindestens fünf Senet-Boxen in seinem Grab bestattet. Das Spiel ist eine frühe Version eines anderen beliebten Brettspiels – Backgammon.

Ringen

Die beiden Griechen ringen miteinander. Wie alle griechischen Athleten in der Antike waren sie nackt. Ringen ist eine der ältesten und verbreitetsten Sportarten. Es wurde im Jahr 708 v. Chr. zur olympischen Disziplin. Griechisch-römisches Ringen, Freistil- und Sumo-Ringen sind heute beliebte Techniken.

Laufprothesen, Prothetik und Bionik

Durch Erfindungen wie Laufprothesen können Athleten mit Behinderungen an Wettbewerben auf hohem Niveau teilnehmen. Die in den 1970er-Jahren entwickelte Laufprothese wird aus etwa 80 Schichten von robusten, aber leichten Carbonfasern hergestellt. Einige davon sind dünner als ein menschliches Haar. Andere Athleten tragen künstliche Gliedmaßen zum Schwimmen, Klettern und anderen Sportarten. In der Zukunft könnten den Athleten bionische Gliedmaßen, die Gehirnsignale nutzen und elektronisch funktionieren, zur Verfügung stehen.

Laufschaufeln sind an der Prothese befestigt. Durch die j-förmige Schaufel wird schnelleres Sprinten möglich, wie beim Laufen auf dem vorderen Fuß.

Laufschaufeln sind wie Federn – durch das Gewicht des Läufers entsteht Druck, der beim Abstoßen vom Untergrund Energie freisetzt.

Junge Olympioniken
AUFGELISTET

Junge Athleten treten gegen Erwachsene an, gewinnen Medaillen und brechen Rekorde. Das sind einige der jüngsten Medaillengewinner.

1. Dimitrios Loundras, 10 Jahre
Der griechische Turner nahm 1896 teil und gewann mit seinem Team die Bronzemedaille am Barren.

2. Inge Sørensen, 12 Jahre
Inge Sørensen aus Dänemark gewann 1936 die Bronzemedaille im 200-Meter-Brustschwimmen.

3. Kim Yun-Mi, 13 Jahre
1994 erlief Kim Yun-Mi aus Südkorea im Eisschnelllauf olympisches Gold.

4. Marjorie Gestring, 13 Jahre
Die Amerikanerin holte 1936 beim Springen vom Dreimeterbrett Gold.

5. Nadia Comăneci, 14 Jahre
1976 holte die rumänische Turnerin eine glatte 10 – zum ersten Mal in der olympischen Geschichte. Sie gewann drei Gold-, eine Bronze- und eine Silbermedaille.

Chinesisches Neujahrsfest

Ein 15-tägiges Fest läutet in China mit Feuerwerk, leuchtenden Laternen und Prozessionen das neue Jahr ein. Ein großer Drache, Symbol für Glück, wird auf Stangen in der Mitte der Prozession getragen. Das Fest beginnt mit dem Neumond zwischen dem 21. Januar und dem 20. Februar und dauert bis zum Vollmond.

Der Drache hat Hörner und Krallen, da er aus den Gliedern verschiedener Tiere zusammengesetzt wird.

Ein chinesischer Drache kann bis zu 100 Meter lang sein!

Beratende Expertin: Michelle Duffy **Siehe auch:** Monde, S. 38–39; Raketen, S. 44–45; Verbrennung, S. 110–111; Kalender, S. 222–223; Das alte Mesopotamien, S. 244–245; Die ersten chinesischen Dynastien, S. 248–249; Das alte Ägypten, S. 250–251; Das Perserreich, S. 262–263.

FESTE

Tanz, Musik und Festmahle gehören weltweit zu vielen Festen dazu. Menschen kommen in Familien, Gemeinschaften und größeren Gruppen zusammen, um Kultur und Brauchtum zu pflegen oder religiöse Feste und die Jahreszeiten zu feiern. Zu einigen gehören Gebete und Fasten, die meisten aber feiern einfach das Leben. An den großen Ereignissen, wie dem Mardi-Gras-Festival in New Orleans in den USA, nehmen Tausende teil.

Neujahrsfeste
AUFGELISTET

Die unterschiedlichen Kalender beginnen das neue Jahr an verschiedenen Zeitpunkten – nicht alle am 1. Januar.

1. Diwali heißt das fünftägige Fest, das Ende Oktober oder November das hinduistische neue Jahr einläutet.

2. Rosch Haschana ist ein hoher Feiertag im hebräischen Monat Tischri zwischen dem 5. September und 5. Oktober, mit dem das jüdische neue Jahr beginnt.

3. Muharram ist der erste Monat des islamischen Jahres. Das neue Jahr fällt auf den ersten Tag dieses für Muslime heiligen Monats. Im Islam wandern die Monate innerhalb eines Jahres.

4. Songkran, das buddhistische Neujahrsfest Thailands, wird am 13. April mit einem Wasserfest gefeiert.

5. Shogatsu heißt in Japan der freudige Beginn des neuen Jahres am 1. Januar. Die Feierlichkeiten können bis zu einer Woche dauern!

6. Hogmanay in Schottland begrüßt das neue Jahr mit dreitägigen Festlichkeiten, beginnend am 30. Dezember.

7. Newroz, das persische Neujahrsfest, wird am 21. März in Iran, Indien und anderen Länder gefeiert.

8. Enkutatash, das äthiopische Neujahrsfest, wird zu Ende der Regenzeit im September mit Gesang, Gebeten und farbenfrohen Prozessionen gefeiert.

9. Ghaaji, das bedeutet Ende der Wachstumszeit und bezeichnet das Neujahr der Navajo. Es liegt im Oktober. Wie andere indigene Völker Amerikas bestimmen die Navajo das neue Jahr nach den Jahreszeiten.

10. Seollal, das traditionelle koreanische Neujahrsfest, wird – wie das chinesische – im Januar oder Februar gefeiert.

Rot, die Bartfarbe des Drachens, soll Glück bringen und das Böse fernhalten.

Totengedenken

In Mexiko wird am 1. und
2. November der Tag des Todes
gefeiert. Die Familien gedenken
den Verstorbenen mit Festmahlen
und Paraden, und jeder begrüßt
die Seelen der Toten mit Essen und
skelettartigen Puppen.

STERBERITUALE

Weltweit haben Kulturen unterschiedliche Formen,
das Ende des Lebens zu ehren. Todeszeremonien
wie Beerdigungen dienen der Trauer genauso wie
der Feier des Toten. Die meisten Rituale kommen
aus religiösen oder geistlichen Traditionen.
Hindus verbrennen die Toten, um die Seele für
die Wiedergeburt zu befreien. Jüdische Familien
„sitzen Schi'va", das heißt, sie trauen, beten und
gedenken dem Verstorbenen sieben Tage lang.

Antike Grabstätten

Felsgräber, sogenannte Dolmen, wie dieses in Wales,
stammen aus der Jungsteinzeit vor fast 6000 Jahren. Man
findet sie weltweit, besonders aber in Europa. Eine Felsnische
in Qafzeh, Israel, die vor mehr als 90 000 Jahren entstand, ist
vermutlich die älteste bekannte Grabstätte der Welt.

Beratender Experte: Nicola Laneri **Siehe auch:** Der Ursprung des Lebens, S. 148–149; Religiöser Glaube, S. 210–211; Das alte Ägypten, S. 250–251;
Alte Götter, S. 252–253; Afrikanische Reiche, S. 286–287; Europa im Mittelalter, S. 282–283; Azteken und Inka, S. 290–291; Neue Reiche, S. 298–299

FAKTastisch!

In Rumänien gibt es einen „fröhlichen" Friedhof mit mehr als 800 farbenfroh bemalten Holzkreuzen. Stan Pătras, ein Einwohner des Dorfes Săpânta, begann die Kreuze zu schnitzen, als er 14 Jahre alt war. Jedes Kreuz ist mit Bildern und lustigen Gedichten über das Leben des Verstorbenen versehen.

Geschenke für die Toten

In einigen Kulturen werden Festmahle und Geschenke zu den Gräbern gebracht, um die Toten zu ehren. In China verbrennen manche Menschen Blumen und Falschgeld (Geistergeld genannt) für das Leben nach dem Tod. In Nepal stellen sie dem Geist des Verstorbenen Kerzen, Reis und Blumen hin.

Kobra und Geier repräsentieren Gottheiten, die Tutanchamun beschützen sollen.

Der Krummstab steht für Tutanchamuns Recht zu regieren wie ein Schäfer, der eine Schafherde hütet.

Der Flegel wird mit dem Krummstab in den gekreuzten Händen gehalten und steht für die Macht des Königs. Beides sind Symbole des Gottes Osiris.

Der Körper des Königs wird in mehreren ineinanderliegenden Sarkophagen aufbewahrt. Der reich dekorierte mittlere ist mit Hieroglyphen, einer Art Schrift, übersät.

Das Leben nach dem Tod

Tutanchamun, ein ägyptischer Pharao, lag in drei ineinanderliegenden Sarkophagen. Jeder davon war mit Symbolen bedeckt. Sie sollten ihn im Jenseits beschützen, wo er dem Glauben nach ewig weiterlebte. In vielen Religionen hat sich der Glaube ausgebildet, dass ein Teil des Menschen – Geist oder Seele – nach dem Tod weiterlebt. Das kann an einem anderen Ort, wie das Jenseits im alten Ägypten oder der Himmel im Christentum, oder durch Wiedergeburt in einem neuen Körper auf der Erde, wie im Hinduismus, sein.

Die gigantischen Steinstatuen, Moai genannt, wurden seit dem 8. Jahrhundert von Menschen erschaffen, die auf den abgelegenen Osterinseln im Pazifischen Ozean lebten. Zwischen 1050 und 1680 wurden sie mutwillig zerstört – niemand weiß genau, warum. Es ist immer noch ein Rätsel der Geschichte.

KAPITEL 6
ALTERTUM UND MITTELALTER

Im Altertum entstanden weltweit die ersten Ansiedlungen und Städte. Neue Technologien wie das Rad wurden erfunden, und die ersten Karren und Wagen revolutionierten Handel, Transportwesen und Kriegsführung. Die Entwicklung der Schrift erlaubte den Händlern, Bücher über ihre Käufe und Verkäufe zu führen.

Gleichzeitig gelangten die ersten Könige und Königinnen, Kaiser und Pharaonen an die Macht. Ein chinesischer Kaiser versuchte, den Tod herauszufordern, indem er sich eine Armee aus 8000 Tonsoldaten bauen ließ. Doch Herrscher sind wie die Sonne, sie gehen auf und unter. Um das Mittelmeer herum wurden die Syrer von den Persern besiegt, die Perser von den Griechen und die Griechen von den Römern. In Amerika war das Reich der Maya aufgestiegen und untergegangen. Seuchen und Krankheiten suchten das mittelalterliche Europa heim. Künstler entfalteten sich an den Königshöfen und verherrlichten die neu aufkommenden Ideen, mit denen man die sich verändernde Welt zu erklären versuchte. Judentum, Christentum, Islam und Zoroastrismus kamen aus dem Nahen Osten, Buddhismus und Hinduismus aus Asien. Konkurrierende Weltsichten trafen aufeinander, es kam zu Fortschritt und Niedergang, Krieg und Frieden.

DIE ERSTEN AUSTRALIER

Die Aborigines in Australien gehören einer Kultur an, deren Ursprung Tausende von Jahren zurückgeht. Australien wurde vor über 50 000 Jahren erstmals besiedelt, als Menschen vermutlich aus Südostasien im nördlichen Teil des australischen Kontinents ankamen. Vor 35 000 Jahren hatten sie ihn ganz besiedelt. Zusammen mit einer anderen Gemeinschaft waren die Torres-Strait-Insulaner die ersten bekannten Einwohner.

Heilige Orte

Dem Glauben der Aborigines nach haben mythische Wesen alle Orte, Tiere und Menschen während einer Epoche, der Traumzeit, erschaffen. Daher sind viele Orte für die Aborigines heilig. Kata Tjuta (unten) ist die heilige Ruhestätte der Geister aus dem Aborigines-Stamm der Anangu.

Antike Zeugnisse

Stein- und Knochenwerkzeuge sowie Fossilien, die im heute völlig ausgetrockneten Lake Mungo, New South Wales, gefunden wurden, zählen zu den ältesten Zeugnissen menschlicher Siedlungen in Australien. Die Fossilienreste eines Mannes und einer Frau sind 42 000 Jahre alt.

26 Kilometer östlich davon liegt Uluru, ein ovaler hoher Inselberg, der sich 348 Meter über der Wüstenumgebung erhebt. Er ist für seine rote Farbe berühmt.

Kata Tjuta („viele Köpfe"), auch Olgas genannt, hat 36 Bergkuppen. Die Gruppe erstreckt sich auf mehr als 20 Quadratkilometer.

Beratender Experte: Dave Ella **Siehe auch:** Berge, S. 72–73; Fossilien, S. 80–81; Ökologie, S. 162–163; Wüsten, S. 162–163; Kunst, S. 218–219; Stonehenge, S. 246–247; Alte Götter, S. 252–253; Besiedlung des Pazifiks, S. 256–257; Bürgerrechte, S. 324–325

Schwingen und drehen

Die ersten Australier sind bekannt für die Erfindung des Bumerangs, eines bogenförmigen Wurfgeräts aus Holz. Sie benutzten ihn bei der Jagd, im Krieg und bei Zeremonien. Es gibt zwei Hauptformen. Der eine ist länger, gerader, schwerer und kommt nicht zurück. Der andere ist gebogener. Wenn er richtig geworfen wird, fliegt er in einem Bogen zurück zum Werfer.

Ein rückkehrender Bumerang sollte oberhalb der Schulter angesetzt und geworfen werden. Der Arm muss rasch nach vorn schwingen, mit einer Drehung des Handgelenks.

Kunst der Aborigines

Überlieferte Kunstwerke der ersten Aborigines zeigen verschiedene künstlerische Stile. Einige Stämme schufen heilige Objekte, indem sie Muster in Steine oder Holz ritzten, die in religiösen Zeremonien oder als Denkmal genutzt wurden. Andere malten mit Ocker auf Rinde oder schufen Malereien oder Gravierungen auf Stein, wie diese im Kakadu-Nationalpark, Northern Territory.

Experten-Kommentar

DAVE ELLA
Kulturvermittler

Dave Ella setzt sich für bessere Bildungschancen für Kinder der Aborigines ein, vermittelt ihnen Wissen über ihre Kultur, Geschichte und Heilpflanzen. Er zeigt Studierenden, wie man aus Holz Werkzeuge wie Speere, Jagdknüppel und Bumerangs schnitzt.

„Ich habe einen großartigen Job. Ich möchte Studierenden helfen, weiterzukommen – zu Bildung und Beschäftigung."

DER FRUCHTBARE HALBMOND

Vor etwa 10 000 Jahren begannen die Menschen in einer Region im Nahen Osten, dem Fruchtbaren Halbmond, mit dem Ackerbau. Sie mussten nicht länger umherziehen, um Nahrung zu finden. Diese Lebensweise brachte neue Herausforderungen mit sich. Einige Gemeinschaften meisterten sie mit Erfindungen wie der Schrift und dem Rad.

Zwischen zwei Flüssen

Durch die Wasser des Tigris und des Euphrat ist das zwischen ihnen gelegene Land Mesopotamien besonders gut geeignet für Landwirtschaft. Etwa um 5000 v. Chr. begannen die Menschen auch entlang des Nils in Ägypten Ackerbau zu betreiben. Die ganze Region bildet einen fruchtbaren Bogen in der Form eines Halbmonds.

Frühe Landwirtschaft

Im Fruchtbaren Halbmond benutzten Bauern Kanäle, um Wasser von den nahe gelegenen Flüssen zu ihren Feldern zu leiten. Sie begannen auch mit der Aufzucht dort lebender Tiere als Nahrung und für Feldarbeit. So zogen Auerochsen, die Vorfahren des heutigen Ochsen, den Pflug, ein Gerät, mit dem der Boden für das Saatgut aufgelockert wird.

Die beiden wichtigsten Getreidearten waren Gerste und Emmer.

Um 4500–4200 v. Chr. produzierten Bauern wahrscheinlich nicht nur für sich selbst, sondern auch für die Oberschicht.

Map labels: MITTELMEER · PHÖNIZIEN · ASSYRIEN · MEDIEN · TIGRIS · MESOPOTAMIEN · EUPHRAT · ELAM · TOTES MEER · UNTER-ÄGYPTEN · SINAI · SYRISCHE WÜSTE · PERSISCHER GOLF · ROTES MEER · OBER-ÄGYPTEN · NIL

Beratender Experte: Mark Sapwell **Siehe auch:** Domestizierung, S. 190–191; DNA und Genetik, S. 198–199; Nahrung und Küche, S. 206–207; Lesen und schreiben, S. 216–217; Das alte Mesopotamien, S. 244–245; Das alte Ägypten, S. 250–251

Die Erfindung des Rades

Um 4500 v. Chr. hatten die Menschen in Mesopotamien das Rad erfunden – aber nicht für den Transport. Räder wurden zur Herstellung von Gefäßen benutzt, um Ton zu drehen und zu formen. Die Sumerer im südlichen Mesopotamien stellten um 3500 v. Chr. erste Fahrzeuge mit Rädern her. Das waren einfache Schlitten, an die solide Räder montiert wurden. 500 Jahre später bauten sie Karren und Wagen. Speichenräder tauchten erstmals um 2000 v. Chr. im Nahen Osten auf.

Gegenstände konnten bewegt werden, indem man Rollen unterlegte.

Sie konnten leichter gezogen werden, wenn sie auf einem Schlitten lagen.

Die Rolle und der Schlitten wurden kombiniert.

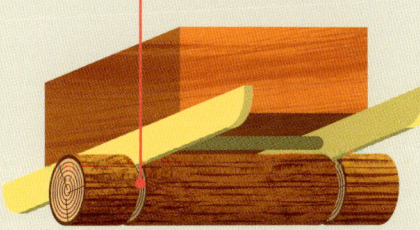

Durch Einkerbungen ließ sich der Schlitten bewegen, ohne eine zweite Rolle zu benötigen.

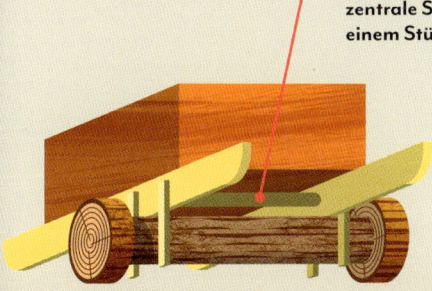

Räder und Achse (eine zentrale Stange) wurden in einem Stück entwickelt.

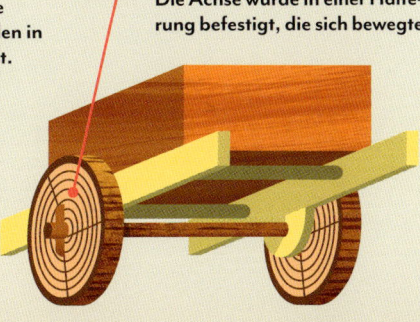

Die Achse wurde in einer Halterung befestigt, die sich bewegte.

Das erste Schriftstück

Das früheste Schriftstück stammt aus Mesopotamien. Etwa seit 3300 v. Chr. begannen die im südlichen Mesopotamien lebenden Sumerer, ein Symbolsystem zu verwenden, die sogenannte Keilschrift, um Dinge wie die Höhe der Ernte oder der bezahlten Steuern aufzuzeichnen. Dafür mussten sie Ziffern und Wörter entwickeln. Mit Schilfrohr ritzten sie Zeichen in feuchten Ton, der dann gebrannt und so zu einer dauerhaften Aufzeichnung wurde.

Domestizierte Wildpflanzen
AUFGELISTET

Die Bauern im Fruchtbaren Halbmond waren unter den Ersten, die Wildpflanzen anbauten und züchteten, um so nutzbare Sorten herzustellen.

1. Gerste wurde gemahlen und zu Brot verarbeitet, als eine Art Porridge gekocht und als Basis für Bier genutzt.

2. Emmer war das gebräuchlichste Getreide für Brot. Es wurde auch als Zahlungsmittel verwendet.

3. Hanf produzierte essbare Samen, wurde aber vor allem zur Herstellung von Leinen benutzt.

4. Datteln sind die Früchte eines Palmenbaums und waren besonders für ihre natürliche Süße geschätzt.

5. Die Bauern im Fruchtbaren Halbmond bauten auch **Pflaumen, Äpfel** und **Trauben** in Obst- und Weingärten an.

6. Hülsenfrüchte wie Kichererbsen, Erbsen und Linsen waren wichtig, weil sie leicht getrocknet und gelagert werden können.

DAS ALTE MESOPOTAMIEN

In dem zwischen den Flüssen Tigris und Euphrat gelegenen Mesopotamien entstanden die frühesten Städte der Geschichte. Als erste wurde um etwa 3300 v. Chr. in der Region Sumer die Stadt Uruk gebaut. Auch einige der frühesten Reiche waren in Mesopotamien angesiedelt. Gegen 2334 v. Chr. gelangten die Akkader an die Macht, gefolgt von den Babyloniern und den Assyrern, die sich im Kampf um die Herrschaft bekriegten.

Die Göttin Inana

Die Einwohner Mesopotamiens verehrten zahlreiche Götter. Inana, hier mit Augen aus Rubinen dargestellt, war die Göttin des Kriegs und der Fruchtbarkeit. Eine akkadische Priesterin widmete ihr Gedichte und Lobgesänge. Später ging Inana in der semitischen Göttin Ishtar auf.

In Stein gemeißelt

Das ist ein Fragment der sogenannten Geierstele. Eine Stele ist geschliffener Stein, der als Monument dient. Sie wurde zwischen 2600 und 2350 v. Chr. geschaffen und erinnert an den Konflikt zwischen zwei sumerischen Städten und den Sieg Königs Eannatum von Lagasch über seinen Rivalen König Enakalle von Umma.

Die Speere tragenden Soldaten von Lagasch marschieren hinter ihrem König.

Die Soldaten von Umma werden von der Armee von Lagasch niedergetrampelt.

König Eannatum von Lagasch führt seine Soldaten von einem Wagen an.

Zikkurats

Die Tempel der Mesopotamier, die Zikkurats, hatten stufenartige Rampen, auf denen die Priester Zeremonien abhielten. Da der Lehm, aus dem die Tempel bestanden, zerfiel, mussten sie alle 100 Jahre neu gebaut werden.

Wechselnde Machtverhältnisse
CHRONIK

Um 3300–1900 v. Chr. Die ersten sumerischen Städte entstanden. Zu Beginn wurden sie von Gruppen mächtiger Männer geleitet, seit 3000 v. Chr. hauptsächlich von Königen. Die Städte kämpften oft gegeneinander.

Um 2334–2154 v. Chr. Sargon der Große eroberte die anderen mesopotamischen Städte und schuf das Reich von Akkad. Nach seinem Niedergang 2154 v. Chr.

bestand Mesopotamien erneut aus einer Anzahl mächtiger Stadtstaaten.

Um 1850–1595 v. Chr. Die Stadt Babylon lag am Fluss Euphrat. Unter König Hammurabi wurden die umliegenden Gegenden erobert. Um 1595 v. Chr. beherrschte Babylon fast ganz Mesopotamien.

Um 1900–612 v. Chr. Anfänglich kontrollierten die Assyrer nur einen kleinen Teil Nordmesopotamiens. Um 900 v. Chr. waren sie am mächtigsten. Sie wurden 612 v. Chr. von den Babyloniern und anderen endgültig besiegt.

Beratender Experte: Mark Sapwell **Siehe auch:** Feste, S. 234–235; Der Fruchtbare Halbmond, S. 242–243; Das alte Ägypten, S. 250–251; Alte Götter, S. 252–253; Das Perserreich, S. 262–263; Das Goldene Zeitalter des Islam, S. 280–281

Das Reich der Assyrer

Assurbanipal (die Figur in Rot) war der letzte große Herrscher des Assyrischen Reichs. Er regierte von 668 bis 627 v. Chr. und ließ eine der ersten Bibliotheken der Welt in seiner Hauptstadt Ninive bauen. Man sagt ihm nach, dass er seine Feinde wie Hunde in Ketten legte und in Hundehütten hausen ließ.

Die assyrischen Könige töteten Löwen in zeremoniellen Opferungen für die Götter.

Bewaffnete Soldaten bewachten den König.

Die Löwen wurden oft gezüchtet und im königlichen Zoo aufgezogen.

UND DANN KAM ...

SARGON DER GROSSE

Anführer des Reichs von Akkad, regierte 2334–2279 v. Chr.

Der erste große Reichsgründer, Sargon, wurde in der Region von Babylon und Kish geboren. Der Legende nach soll er von einem Gärtner aufgezogen worden sein. Er war Diener des Königs von Kish, bevor er ihn stürzte und selbst die Macht ergriff. Von 2334 v. Chr. an begann er, Mesopotamien zu erobern, und ließ die Stadt Akkad erbauen, die zur Hauptstadt des Reichs werden sollte. Es ist nicht überliefert, wann er starb.

Die Gesetze des Hammurabi

Der babylonische König Hammurabi schuf eine der ersten Gesetzessammlungen der Welt. Damit die Bevölkerung im Babylonischen Reich seine Gesetze kannte und befolgte, ließ er sie um 1754 v. Chr. auf Steinsäulen gravieren, die im ganzen Reich aufgestellt wurden. In den 282 Paragrafen ging es um Themen von Handel bis Heirat. An jeder Säule war oben ein Relief von Hammurabi angebracht, wie er auf seinem Thron sitzt und die Gesetze von Šamaš, dem Sonnengott, empfängt.

STONEHENGE

Auf den Britischen Inseln errichteten Menschen in vorgeschichtlicher Zeit Steinkreise. Der berühmteste, Stonehenge in England, wird jährlich von mehr als einer Million Menschen besucht. Gebaut wurde er in fünf Abschnitten zwischen 3000 und 1600 v. Chr. auf einer kreidehaltigen Ebene nahe Salisbury. Die hohen, schweren Steine wurden (möglicherweise auf Schlitten) über 24 Kilometer dorthin transportiert. Die kleineren Blausteine für die nahe gelegenen Kreise von Bluehenge kamen sogar aus bis zu 240 Kilometer entfernten Orten.

Warum wurde Stonehenge erbaut?

Die ursprüngliche Bestimmung von Stonehenge ist unbekannt. Lange vermutete man, der Steinkreis sei als Tempel oder zur Vorhersage des Verlaufs von Sonne und Mond genutzt worden. Heute gehen Forscher davon aus, dass er ein Versammlungsort für viele Stämme und ein Denkmal für die Vorfahren gewesen sei.

Die Decksteine wiegen über 7 Tonnen.

Die meisten der großen, aufrechten Steine, die sogenannten Sarsen, wiegen über 30 Tonnen.

Beratender Experte: Mike Parker Pearson **Siehe auch:** Gestein und Minerale, S. 74–75; Religiöser Glaube, S. 210–211; Sterberituale, S. 236–237; Das alte Ägypten, S. 250–251; Olmeken und Maya, S. 260–261; Antikes Griechenland, S. 264–265

Monumente des Altertums
CHRONIK

Vor Tausenden von Jahren wurden beeindruckende Monumente errichtet. Die nachfolgenden existieren noch.

3200 v. Chr. Newgrange, Irland Im Inneren eines 12 Meter hohen Erdhügels liegt eine aufwendig gestaltete Grabkammer. Man gelangt durch eine unterirdische Passage hinein, umgeben ist der Hügel von einer Mauer.

3000–1600 v. Chr. Stonehenge, Großbritannien Im vorgeschichtlichen England wird dieser Kreis aus Steinen errichtet, umgeben von einem breiten Erdwall und Graben.

2500 v. Chr. Große Sphinx von Gizeh, Ägypten Im alten Ägypten gestalten Menschen diese enorme, 73 Meter lange Skulptur eines Löwen mit Menschenkopf.

515 v. Chr. Tempelberg, Israel Jüdische Könige lassen den Zweiten Tempel erbauen, der die Bundeslade beherbergen soll – einen Schrein, der die Steintafeln mit den Zehn Geboten hütet, die dem Glauben nach von Gott stammen.

432 v. Chr. Parthenon, Griechenland Der große Tempel, der der Göttin Athena geweiht ist, ist fertiggestellt. Er gehört zur Akropolis, einem Gebäudekomplex auf einem der Hügel von Athen.

600 v. Chr.–900 n. Chr. Tikal, Guatemala Das antike Zentrum der Maya entwickelt sich zu einer großen Stadt mit 3000 Bauwerken, darunter Paläste und Tempel in Pyramidenform.

1. Jh. n. Chr. Schatzhaus, Petra, Jordanien Die Nabatäer bauen das Gebäude als Tempel oder Grabstätte. Es hat eine etwa 40 Meter hohe, reich dekorierte Fassade und drei Räume. Sein arabischer Name lautet Al-Khazneh.

Jeder aufrechte Stein hatte einen aus Stein gehauenen Zapfen (Haken), der in ein Stemmloch (Loch) des Decksteins passte.

Viele der Steine wurden in der jüngeren Vergangenheit entfernt und hinterließen so Lücken in dem äußeren Kreis.

Die kleineren Blausteine wiegen bis zu 4 Tonnen und stammten aus Südwales.

DIE ERSTEN CHINESISCHEN DYNASTIEN

Das alte China wurde von mehreren Familien regiert, den sogenannten Dynastien. Die Dynastie der Xia von 2070 bis 1600 v. Chr. könnte die erste gewesen sein. Da das Wissen über sie nur in Legenden überliefert ist, ist man sich aber nicht sicher. Unter den Dynastien der Shang und der Zhou erblühten Kunst und Handwerk, wie Keramik und Bronzearbeiten. Auch die frühesten chinesischen Schriftzeugnisse entstanden in der Shang-Zeit.

BEKANNTE UNBEKANNTE

Hat die Große Flut in China tatsächlich stattgefunden?

Nur in der Frühzeit der chinesischen Zivilisation lebten Menschen am Gelben Fluss. Dort soll es zu einer gewaltigen Flut gekommen sein, die Yu der Große bändigen konnte. Deshalb sei er König geworden, was zur Gründung der Xia-Dynastie führte. Forschungen bestätigen, dass es um 1920 v. Chr. ein großes Hochwasser gab.

Die Shang-Dynastie

Erste schriftliche Zeugnisse sind von der Shang-Dynastie überliefert, die über 500 Jahre regierte. Sie begann als kleine Lokalmacht, doch der König strebte nach der Herrschaft über ganz China und stürzte die Xia-Dynastie. Zu dieser Zeit war China viel kleiner als der heutige Staat. Um 1300 v. Chr. bauten die Shang eine neue Hauptstadt, Yin, in der viele bedeutende Shang-Gräber gefunden wurden. Das besterhaltene Grab ist das von Fu Hao, einer Militärgeneralin, die mit König Wu Ding verheiratet war.

Chinas heutige Grenze

GELBER FLUSS

CHINA

YIN

SHANG-DYNASTIE

JANGTSE

Die alten chinesischen Könige
AUFGELISTET

Viele der alten chinesischen Könige, heißt es, wurden für ihre großen Taten verehrt. Andere habe man als grausame und strenge Herrscher gehasst.

1. König Jie von Xia Von dem letzten Herrscher der Xia-Dynastie erzählt man, er habe einen See bauen lassen, der mit Wein aufgefüllt worden sei.

2. König Tang von Shang Er soll ein guter König gewesen sein und die Lebensqualität der Bevölkerung verbessert haben.

3. König Wu Ding von Shang Er wurde 1250 v. Chr. gekrönt. Als Prinz lebte er unter einfachen Menschen und lernte so deren Leben kennen.

4. König Di Xin von Shang Er galt als grausamer Herrscher und wurde 1046 v. Chr. gestürzt.

5. König Wu von Zhou Mit einer Armee von 45000 Soldaten und 300 Wagen soll er Di Xin besiegt haben. Er ist der Gründer der Zhou-Dynastie.

6. König Cheng von Zhou Er herrschte von 1042 bis 1006 v. Chr. als zweiter König der Zhou-Dynastie.

7. König You von Zhou Seine Regierungszeit war geprägt von Erdbeben, Mondfinsternis und Dürren, die als böse Omen galten.

Beratender Experte: Man Xu **Siehe auch:** Lesen und schreiben, S. 216–217; Darstellende Künste, S. 220–221; Feste, S. 234–235; Tang-Dynastie, S. 278–279; Aufstieg des Kommunismus, S. 314–315

Aus der Zhou-Zeit stammen beeindruckende Bronzestatuen wie dieser Tapir.

Chinas erstes Schriftzeugnis

Während der Shang-Dynastie entstanden einige der ersten Schriftstücke Chinas. Das hier ist auf „Orakelknochen" geritzt, das waren Tierknochen oder Gerippe wie dieser Panzer einer Schildkröte. Bei Zeremonien bat man die Vorfahren des Königs um Beistand. Wahrsager erhitzten die Knochen mit heißen Metallschürhaken, bis sie brachen, und der König deutete dann die Bruchstellen. Die Fragen und Antworten wurden auf den Knochen aufgezeichnet.

Die Zhou-Dynastie

Mit dem Sieg über die Shang-Dynastie 1046 v. Chr. begann die Herrschaft der Zhou, die in zwei Perioden unterteilt wird. Bis 770 v. Chr. spricht man von den westlichen Zhou, dann verlegte der Zhou-König nach dem Aufstand eines lokalen Machthabers seinen Sitz nach Luoyang im Osten. Die östlichen Zhou regierten bis 256 v. Chr. Die Ära der Zhou war eine Zeit des technischen Fortschritts. Kunsthandwerker fertigten kleinteilige Objekte aus Bronze. Um 600 v. Chr. verbreiteten sich Werkzeuge und Waffen aus Eisen.

UND DANN KAM ...

KONFUZIUS

Philosoph, 551–479 v. Chr., China

Konfuzius stammte aus dem kleinen Staat Lu im Osten Chinas. Er stand im Dienst eines Fürsten, bevor er anfing, seine philosophischen Ideen an Schüler weiterzugeben und ihnen eine Gesellschaftsordnung zu vermitteln, die auf Respekt, Gelehrsamkeit und Ritualen beruht. Zu Lebzeiten war seine Lehre wenig anerkannt. Nach seinem Tod aber gewann sie in China und ganz Asien an Bedeutung.

Der chinesische Kalender

Heute wird in China der westliche Kalender benutzt. Der traditionelle chinesische Kalender, der zwischen 770 und 476 v. Chr. entstand, wird jedoch fortgeführt. Ein Zyklus hat zwölf Jahre. Jedes Jahr ist nach einem der zwölf Tiere benannt. Man vermutet, dass es die Persönlichkeit der in diesem Jahr Geborenen bestimmt. Menschen, die im Jahr des Tigers zur Welt kommen, seien tapfer und selbstbewusst, wer im Jahr der Ratte geboren wird, sei fleißig und kontaktfreudig.

Ratte: 2008, 2020

Büffel: 2009, 2021

Tiger: 2010, 2022

Hase: 2011, 2023

Drache: 2000, 2012

Schlange: 2001, 2013

Pferd: 2002, 2014

Ziege: 2003, 2015

Affe: 2004, 2016

Hahn: 2005, 2017

Hund: 2006, 2018

Schwein: 2007, 2019

DAS ALTE ÄGYPTEN

Um 3530 v. Chr. gedieh der Ackerbau entlang des Flusses Nil und sorgte für ein Aufblühen der Kultur. Der Legende nach soll ein Herrscher namens Menes im Jahr 2925 v. Chr. Ober- und Unterägypten vereint und sich zum ersten König gemacht haben. Die später als Pharao bezeichneten Könige galten als gottgleich. Nach dem Tod wurden sie mumifiziert und mit ihren Besitztümern in Pyramiden oder Gräbern bestattet.

Die große Pyramide von Gizeh

Die größte Pyramide, die je gebaut wurde, entstand um 2550 v. Chr. und wurde für König Cheops in Gizeh errichtet. Ursprünglich war sie 146,6 Meter hoch und bestand aus 2,3 Millionen Kalksteinen, der Bau dauerte fast 20 Jahre. Sie enthält mehrere Kammern und Durchgänge. Archäologen entdeckten kürzlich einen versteckten Hohlraum – sie setzen Kameras ein, um seine Maße und seinen Zweck zu bestimmen.

Fluss des Lebens

Der Nil war die zentrale Wasserquelle des Landes. Wenn er im Juli über die Ufer trat, bedeckte er das Land mit fruchtbarem schwarzem Schlamm. Daraus stellte man auch Ziegelsteine her. Zudem war er eine Art Straße: Er trug die Segelboote flussabwärts, der Wind brachte sie zurück.

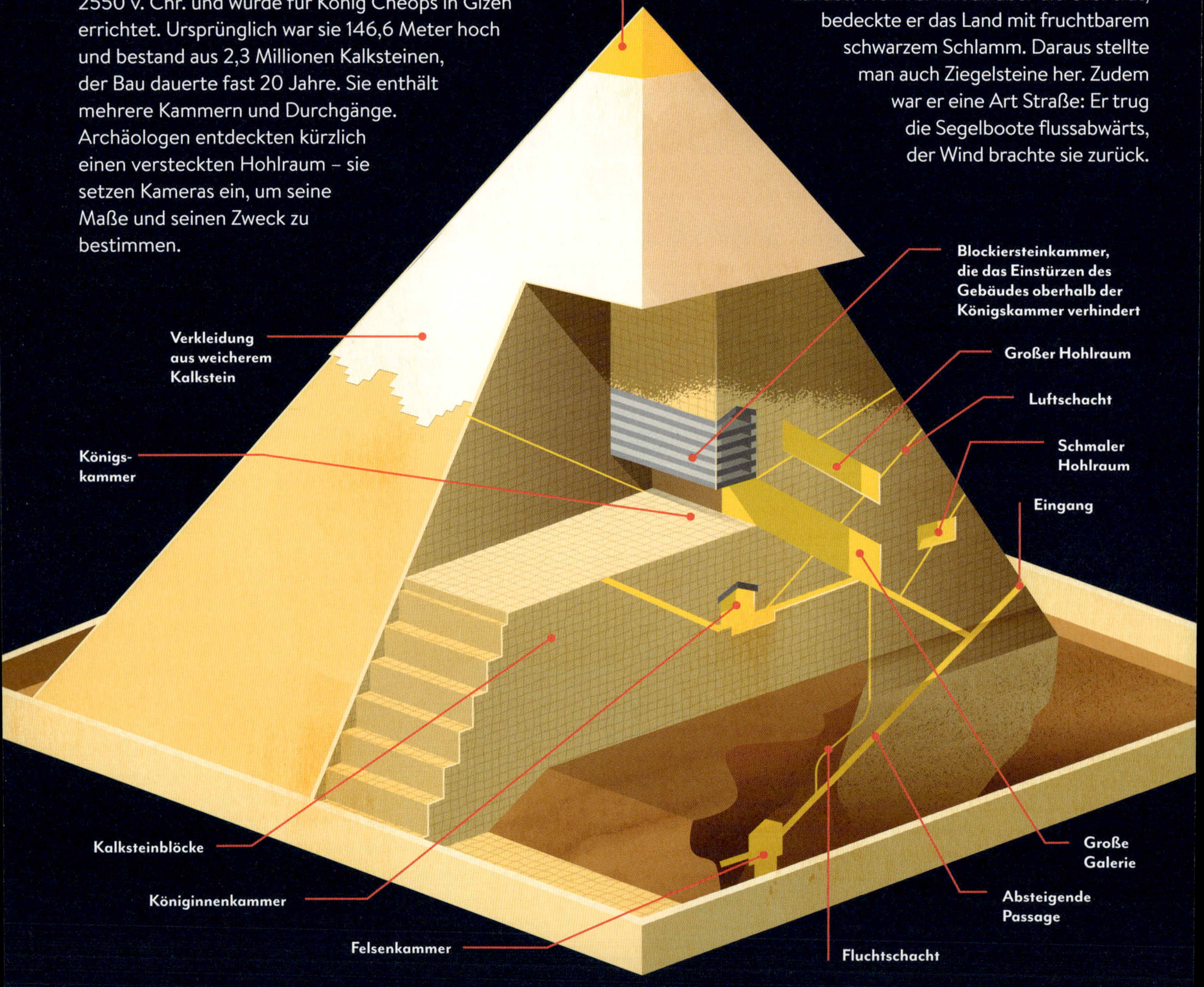

Die Spitze der Pyramide könnte mit Gold bedeckt gewesen sein.

Verkleidung aus weicherem Kalkstein

Königs-kammer

Kalksteinblöcke

Königinnenkammer

Felsenkammer

Blockiersteinkammer, die das Einstürzen des Gebäudes oberhalb der Königskammer verhindert

Großer Hohlraum

Luftschacht

Schmaler Hohlraum

Eingang

Große Galerie

Absteigende Passage

Fluchtschacht

Beratende Expertin: Salima Ikram **Siehe auch:** Lesen und schreiben, S. 216–217; Sterberituale, S. 236–237; Der Fruchtbare Halbmond, S. 242–243; Stonehenge, S. 246–247; Alte Götter, S. 252–253; Afrikanische Reiche, S. 286–287

Mumifizierung

Die alten Ägypter konservierten die Körper der Toten, da sie glaubten, die Seele würde so ewig weiterleben. Den Vorgang nennt man Mumifizierung. Zur Zeit des Königs Tut benötigte man dafür 70 Tage. Priester entnahmen alle inneren Organe bis auf das Herz, weil man es für den Sitz des Verstands und der Gefühle hielt. Die Menschen nahmen an, dass Anubis, der Gott der Totenriten, den Vorgang überwachte.

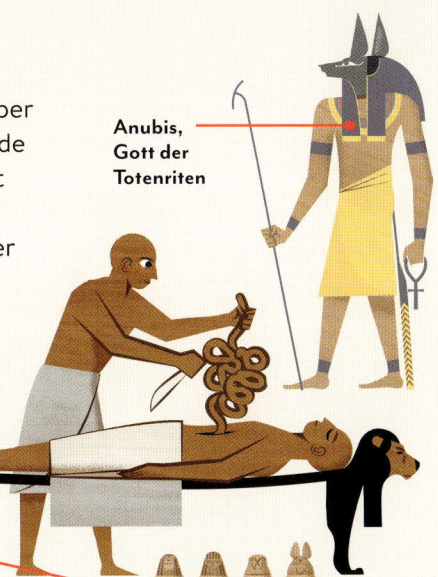

Anubis, Gott der Totenriten

Entnahme der Organe
Sie wurden in unterschiedliche Gefäße gelegt, die Gedärme in eines mit Falkenkopf, die Leber in eines mit menschlichem Kopf, die Lungen in eines mit Paviankopf und der Magen in eines mit dem Kopf eines Schakals.

Einsalzen des Körpers
Der Körper und die Bauchhöhle, in der sich die Organe befanden, wurden vollständig mit Natronsalz bedeckt, das die Feuchtigkeit aufsaugte. Nach etwa 40 Tagen war der Körper völlig trocken.

Umwickeln des Körpers
Zuletzt füllte man den Körper mit in Harz getränktem Leinen und umwickelte ihn mit Leinenbinden. Danach legte man ihn in einen Sarkophag, den man im Grab aufstellte, zusammen mit den Organgefäßen und anderen Gegenständen.

Hieroglyphen

Seit 3200 v. Chr. verwendeten die Ägypter Hieroglyphen als Schriftsystem. Mehr als 700 Symbole stehen für Wörter und Töne. Sie wurden in Stein geritzt oder auf ein Material geschrieben, das aus der Papyrus-Pflanze gewonnen wird – von ihr ist das Wort „Papier" abgeleitet.

A	A	B	C/K
D	F/V	G	H
H̱	I/Y/E	J	L
M	M	N	P
Q	R	S	SH
T	TH	U/W/O	
Y/E/I	Z		

UND DANN KAM ...

KÖNIGIN HATSCHEPSUT

Pharaonin, regierte 1473–1458 v. Chr., Ägypten

Um 1473 v. Chr. regierte Königin Hatschepsut in Ägypten für 15 Jahre. Ihre Herrschaft war eine friedliche, die auf Handel und nicht auf Krieg beruhte. Sie ließ einen großen Tempel errichten und sendete eine Seehandelsmission nach Punt am Roten Meer. Meist wird sie als männlicher Pharao mit falschem Bart als Symbol der Königswürde dargestellt. Hatschepsut starb 1458 v. Chr. und wurde im Tal der Könige nahe Luxor beerdigt.

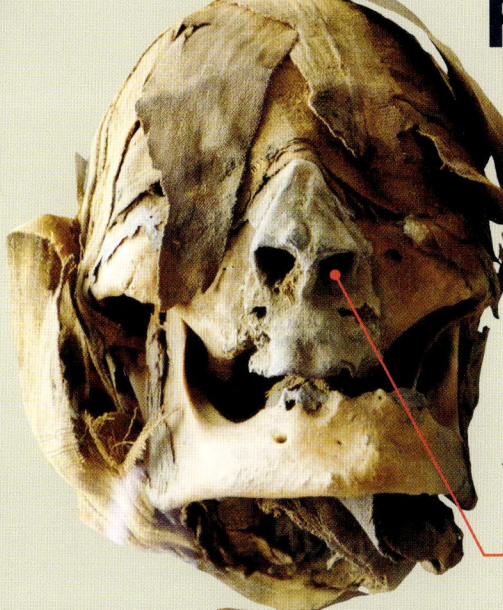

FAKTASTISCH!

Während der Mumifizierung wurde das Gehirn durch die Nase entfernt. Lange dachte man, dass ein Stab durch die Nase ins Gehirn gesteckt und es dann an einem Haken herausgezogen wurde. Heute vermuten die meisten Forscher, dass es durch ein Loch im Schädel „umgerührt" wurde. Das Gehirn wurde dadurch nach und nach flüssig und tropfte aus der Nase.

Das verflüssigte Gehirn lief zur Nase heraus.

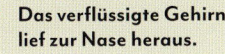

ALTE GÖTTER

In den alten Kulturen glaubte man, dass höhere Mächte für die Welt und ihre Erschaffung verantwortlich seien. Die meisten verehrten mehrere Götter; nur wenige hatten einen einzigen Gott. Von den Göttern dachte man, sie würden Naturphänomene wie Wetter und Nachthimmel beeinflussen oder den Ausgang von Kriegen, Krankheiten und Landwirtschaft bestimmen. Viele der alten Götter wurden in Kunst und Literatur auf vielfältige Weise, als Mensch oder Tier, dargestellt.

Ägyptische Götter

Im alten Ägypten gab es mehr als 2000 Götter. Die Menschen glaubten, die Götter könnten ihnen im Leben, aber auch im Tod helfen, daher pflegten sie Rituale zu Ehren der Götter, wie auf dieser Schriftrolle dargestellt. Die Pharaonen (Könige) waren für die Tempel, in denen die religiösen Zeremonien stattfanden, zuständig. Sie beanspruchten auch, Nachfolger der Götter und deren Stellvertreter auf der Erde zu sein.

1 Priester
Die Rituale im Tempel wurden von Priestern (siehe unten) und Priesterinnen zelebriert.

2 Pharao
Der Pharao trug auch den Titel „Hoher Priester jeden Tempels".

3 Ptah
Als Schöpfergott war Ptah auch Schutzgott der Handwerker und Architekten.

4 Sekhmet
Die Göttin von Krieg, Heilung und Medizin, Sekhmet, nahm die Form einer Löwin an.

5 Seth
Als Gegenspieler der Götter war Seth der Gott von Chaos, Stürmen und Feuer.

6 Hathor
Die Göttin des Himmels, der Frauen und der Fruchtbarkeit, oft mit Kuhohren dargestellt.

7 Isis
Die Göttin half bei der Heilung der Kranken und konnte Tote ins Leben zurückholen.

8 Osiris
Der Gott der Auferstehung war auch Gott der Fruchtbarkeit und des Ackerbaus.

Beratender Experte: Paul Dilley **Siehe auch:** Religiöser Glaube, S. 210–211; Das alte Mesopotamien, S. 244–245; Stonehenge, S. 246–247; Das alte Ägypten, S. 250–251; Anden-Kulturen, S. 254–255; Olmeken und Maya, S. 260–261; Das Maurya-Reich, S. 269–269; Das Römische Reich, S. 272–273

Alte Götter
AUFGELISTET

Im Altertum gab es Tausende von Göttern. Von den zehn bekanntesten werden einige noch heute verehrt.

1. Horus Der Sohn von Isis und Osiris war der nationale Gott des alten Ägypten, oft in der Form eines Falken oder falkenköpfigen Mannes.

2. Janus Der römische Gott der Zeit und des Übergangs wird häufig mit zwei Köpfen dargestellt. Die Pforten seines Tempels waren im Krieg geöffnet und im Frieden geschlossen.

3. Marduk Der wichtigste babylonische Gott war auch als Bel, das bedeutet „Herr", bekannt.

4. Mithra Der Gott des Rechts hatte seinen Ursprung im Iran, wurde aber in vielen Gegenden von Britannien bis Indien verehrt.

5. Quetzalcóatl Der mittelamerikanische Gott des Morgen- und des Abendsterns nimmt die Form einer gefiederten Schlange an.

6. Thor Der mit einem Hammer bewaffnete und mit dem Donner gleichgesetzte Thor wurde von den germanischen Völkern verehrt.

7. Die drei Reinen Den höchsten Göttern des Taoismus schreibt man die Erschaffung der Welt zu.

8. Trimurti heißt die Gruppe der drei hohen hinduistischen Gottheiten – Brahma, Vishnu und Shiva.

9. Zeus Der Gott des Himmels und des Donners herrschte über alle anderen griechischen Götter der Antike.

10. Jahweh Das ist der Name, der dem einen Gott in der hebräischen Bibel gegeben ist. Ursprünglich Gott der Israeliten wird er nun im Judentum, Christentum und Islam verehrt.

ANDEN-KULTUREN

In den Anden, dem Gebirge an der Westküste Südamerikas, lebten viele Völker, darunter die Norte Chico (3000–1800 v. Chr.), die Chavín (900–200 v. Chr.) und die Nasca (200 v. Chr.– 600 n. Chr.). Sie bauten Kultstätten wie Tempel und Bewässerungssysteme für das Land. Auch kultivierten sie Feldfrüchte und züchten Tiere, um Wolle für Kleidung zu produzieren. Mit diesen Gütern handelten sie ebenso wie mit Metallen und wertvollen Muscheln.

FAKTastisch!

Anhand von Kot können die Forscher mehr über die Norte Chico erfahren! Der versteinerte Kot zeigt, dass sie Getreide und Meeresfrüchte wie Sardellen aßen. Verbreitet waren auch Kartoffeln, Süßkartoffeln und Guaven. Der Anbau von Mais ist durch Werkzeuge belegt, auf denen Pollen gefunden wurden. Auch Baumwolle wurde angepflanzt.

Heilige Stadt

Caral im Norden Perus war eine der ersten Städte in Südamerika. Sie wurde von den Norte Chico zwischen 3000 und 1800 v. Chr. erbaut. Caral ist eine von mehr als 30 antiken Siedlungen, die Archäologen in dieser Gegend fanden. In der Stadtmitte gab es mehr als 32 Gebäude, auch Kultstätten, Marktplätze und Wohnhäuser. Die Stadt war ein wichtiges Zentrum für religiöse Zeremonien.

Die Überreste des Amphitheaters von Caral

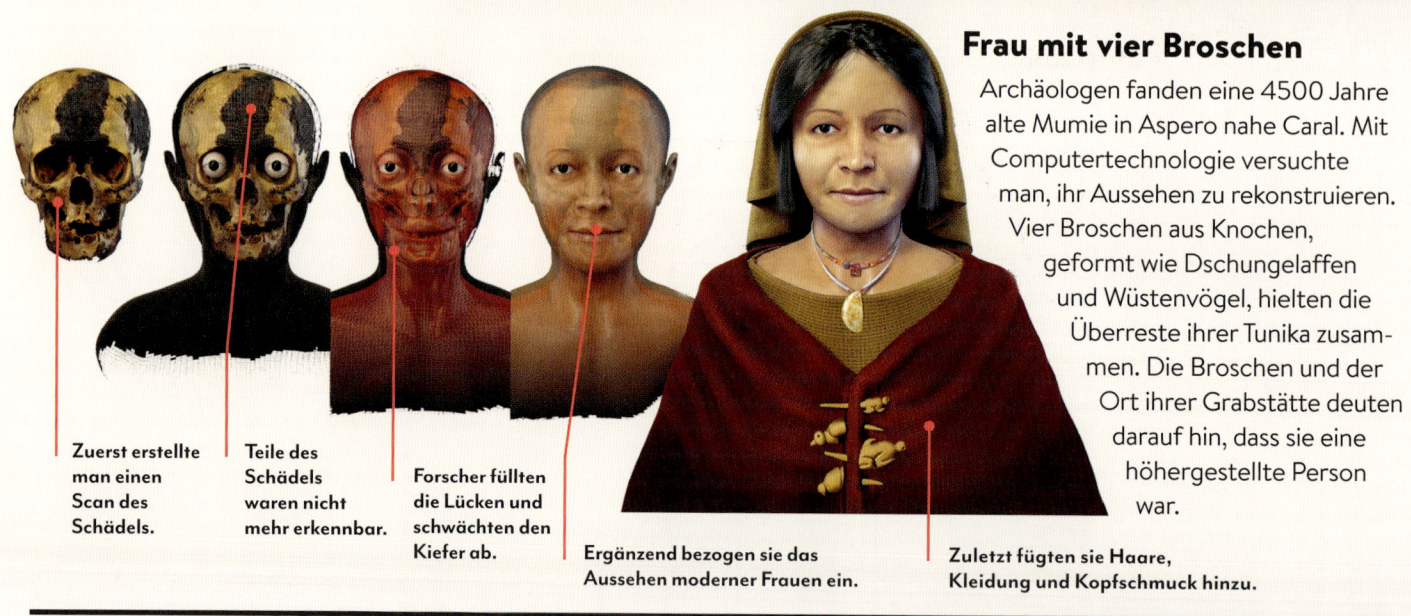

Zuerst erstellte man einen Scan des Schädels.

Teile des Schädels waren nicht mehr erkennbar.

Forscher füllten die Lücken und schwächten den Kiefer ab.

Ergänzend bezogen sie das Aussehen moderner Frauen ein.

Zuletzt fügten sie Haare, Kleidung und Kopfschmuck hinzu.

Frau mit vier Broschen

Archäologen fanden eine 4500 Jahre alte Mumie in Aspero nahe Caral. Mit Computertechnologie versuchte man, ihr Aussehen zu rekonstruieren. Vier Broschen aus Knochen, geformt wie Dschungelaffen und Wüstenvögel, hielten die Überreste ihrer Tunika zusammen. Die Broschen und der Ort ihrer Grabstätte deuten darauf hin, dass sie eine höhergestellte Person war.

Beratende Expertin: Alicia Boswell **Siehe auch:** Kleidung und Körperschmuck, S. 208–209; Alte Götter, S. 252–253; Olmeken und Maya, S. 260–261; Azteken und Inka, S. 290–291; Neue Reiche, S. 298–299; Sklaverei in Nord- und Südamerika, S. 302–303; Politische Weltkarte, S. 328–329

Göttliches Wesen

Der Stabgott ist eine zentrale Gottheit der Anden-Kulturen. Die Menschen glaubten, dass diese mächtige Gestalt die Welt erschaffen habe. Er wird oft als halbmenschlich mit Klauen dargestellt. Seinen Namen hat er von den zwei Stäben erhalten, die er in den Händen hält und die wie Schlangen geformt sein können. Die älteste Darstellung von diesem göttlichen Wesen geht zurück auf die Zeit um 2250 v. Chr.

Die Kultur der Chavín

Die Ruinenstadt Chavín de Huántar im Norden Perus war ein bedeutendes politisches und religiöses Zentrum. Für die Völker in den Zentralanden war der dort entstandene Glaube sehr prägend. Die Stadt wurde zur Pilgerstätte, für die Künstler zahlreiche religiöse Kunstwerke schufen. Die Tempel waren reich mit Schnitzereien und Skulpturen geschmückt, auf denen fantastische Wesen, Menschen und Tiere dargestellt sind.

Die Nasca-Linien

Vor über 2000 Jahren schufen die Nasca oder die Paracas, ein früheres Volk, in Peru die Nasca-Linien. Die Bilder entstanden, indem man Steine von der Oberfläche abtrug und den helleren Untergrund freilegte. Einige Linien sind kilometerlang, andere stellen Tiere oder menschenähnliche Formen dar. Die Gebilde, die wohl rituellen Zwecken dienten, sind nur aus der Luft sichtbar. Obwohl die Menschen, die sie herstellten, sie nie vollständig sehen konnten, sind sie perfekt geformt.

Expertinnen-Kommentar

ALICIA BOSWELL
Archäologin

Viele Gesellschaften hinterließen schriftliche Zeugnisse über ihre Geschichte. In den Anden-Kulturen gab es kein Schriftsystem. Stattdessen verwendete man Knoten und Seil, um Informationen festzuhalten. Gelingt es, dieses System zu entziffern, werden wir die frühen Gemeinschaften in den Anden viel besser verstehen können.

„Müll ist für Archäologen ein wahrer Schatzfund! Aus dem, was Menschen wegwerfen, lernen wir so viel."

BESIEDLUNG DES PAZIFIKS

Die indigenen Völker des Pazifischen Ozeans waren große Seefahrer. Vorfahren der Menschen im heutigen Neuguinea siedelten vor rund 40 000 Jahren im westlichen Melanesien. Andere, die zur austronesischen Sprachfamilie gehörten und vermutlich von Taiwan kamen, ließen sich auf den Inseln Mikronesiens und Polynesiens nieder. Sie erkundeten die vielen Inseln im Pazifik auf gewagten Reisen über weite Entfernungen. Von 1500 v. Chr. an besiedelten sie in 1500 Jahren ganz Ozeanien.

Das Kanu der Reisenden

Die Polynesier benutzten große hölzerne Kanus für ihre Entdeckungsfahrten. Einige waren sogenannte Auslegerboote mit Schwimmern auf einer Seite. Andere, wie dieses hier, hatten zwei Rümpfe. Die Polynesier setzten ihr Wissen über die Sterne und das Meer ein, um zu navigieren. 1970 baute die Polynesian Voyaging Society ein traditionelles polynesisches Kanu nach und segelte damit Tausende von Kilometern über den Ozean. Damit bewiesen sie, dass Polynesier in der Lage waren, große Entfernungen zurückzulegen.

Dreieckige Segel erlaubten das Zurücklegen größerer Entfernungen, als es mit Paddeln möglich gewesen wäre.

Die hölzernen Teile der Kanus wurden zumeist mit Kokosfasern zusammengebunden.

Bei Reisen über weite Entfernungen waren die Kanus häufig mit Schutzdächern für Passagiere und Ladung ausgestattet.

Die beiden Rümpfe aus Holz machten die polynesischen Kanus selbst für raue See tauglich. Sie waren groß genug, um all die Pflanzen und Tiere zu transportieren, die für die Besiedlung einer Insel nötig waren.

Beratender Experte: Patrick V. Kirch **Siehe auch:** Siehe auch: Sternbilder, S. 20–21; Kleidung und Körperschmuck, S. 208–209; Die ersten Australier, S. 240, 241; Alte Götter, S. 252–253; Zeitalter der Entdeckungen, S. 292–293; Neue Reiche, S. 298–299; Politische Weltkarte, S. 328, 329

Ozeanien entdecken

Die Austronesier erkundeten und besiedelten weit entfernt gelegene Inseln in Melanesien, Mikronesien und Polynesien. Bevölkerungswachstum könnte ein Grund für ihre Reisen gewesen sein. Manchmal gelangten sie möglicherweise zufällig an Land, wenn die Kanus vom Kurs abkamen. Doch meist starteten die Polynesier gezielt als Entdecker auf der Suche nach neuen Siedlungsgebieten und entwickelten dabei anspruchsvolle Segeltechniken.

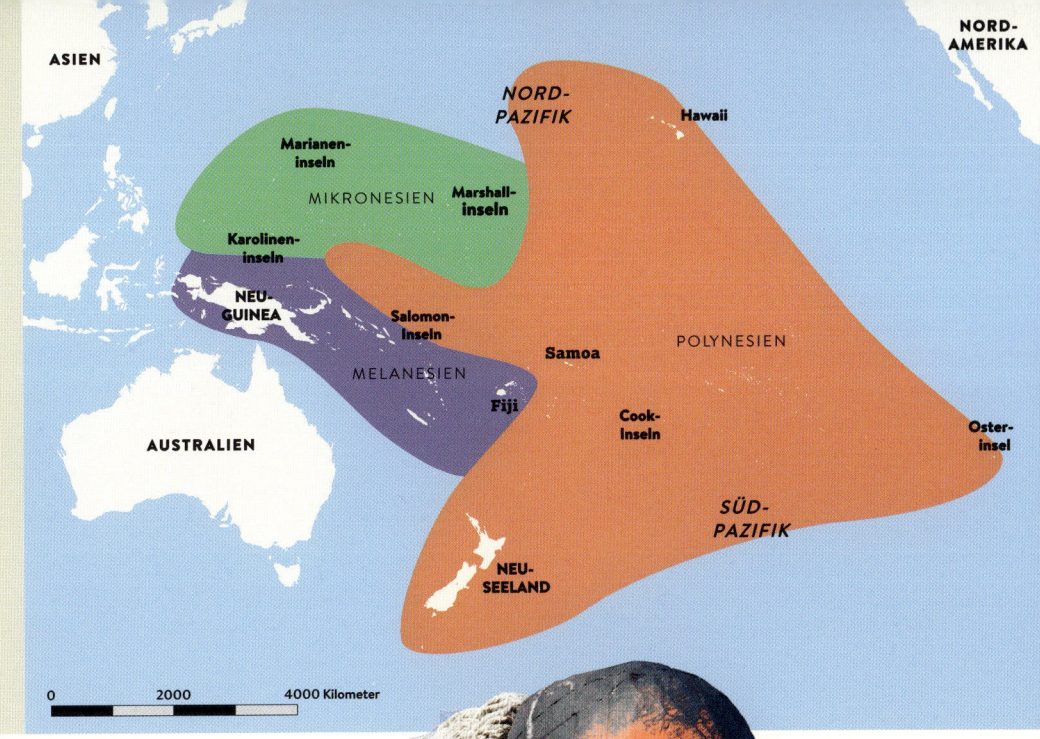

Lapita-Kultur

Von 1300 bis 800 v. Chr. besiedelten die aus Ostasien stammenden Lapita Inseln in Melanesien und Westpolynesien. Sie gelten als erste bedeutende Kultur im Pazifik. Man hat zwischen Neuguinea im Osten und Samoa im Westen Fundstücke ihrer mit aufwendigen Ornamenten (oben) dekorierten Keramiken gefunden.

Unglaublicher Māui

Māui, ein Betrüger und Held, spielt in vielen Erzählungen polynesischer Gesellschaften eine Rolle. Seine Geschichten werden noch heute erzählt. Māui wird darin mit erstaunlichen Heldentaten in Verbindung gebracht. So soll er das Feuer aus der Unterwelt gestohlen haben, um es den Menschen zu bringen, und mit seinem Fischerhaken Inseln vom Meeresgrund hochgezogen haben.

Dieser geschnitzte Pfosten in Neuseeland zeigt Māui, wie er den Riesenfisch hochzieht, aus dem die neuseeländische Nordinsel werden sollte.

257

Ein junger Mann macht einen Handstand über dem Rücken des Stiers.

Knossos

Auf einem Wandgemälde in Knossos, der größten Palaststadt der Minoer, ist der Stiersprung zu sehen – ein Sportritual, bei dem der Athlet einen Salto über einen angreifenden Bullen macht. Um ihre prachtvollen Paläste auf Kreta bauten die Minoer Städte. Knossos wurde um 1350 v. Chr. durch Feuer zerstört.

Stiere hatten eine besondere Bedeutung in der minoischen Kultur und wurden oft auf Malereien und Reliefs dargestellt.

Die helle Hautfarbe bedeutet, dass es sich um eine Frau handelt. Männer und Frauen nahmen an diesem Sport teil.

MINOER, MYKENER UND PHÖNIZIER

Zwei der frühesten Kulturen Europas entwickelten sich zwischen 3000 und 1000 v. Chr. in der und um die Ägäis. Die Minoer, benannt nach ihrem mythischen ersten König Minos, lebten auf der Insel Kreta mit der Hauptstadt Knossos. Die später aufkommende mykenische Kultur beherrschte Griechenland von 1500 bis 1200 v. Chr. Die Mykener eroberten Kreta um 1400 v. Chr., doch ihre Zivilisation zerfiel auf mysteriöse Weise 200 Jahre später. Inzwischen hatten die Phönizier im östlichen Mittelmeerraum eine Reihe von Handelshäfen entlang der Küste gegründet.

TROJA

ÄGÄIS

THEBEN

MYKENE · **ATHEN**
ARGOS · **MIDEA**
TIRYNS

PYLOS

KNOSSOS
KRETA

Die Ägäis

Die Ägäis ist ein Arm des östlichen Mittelmeers. Im Westen grenzt sie an Griechenland, Heimat der Mykener. Kreta, wo die Minoer lebten, liegt im Süden. Die heutige Türkei schließt am östlichen Rand an. Dort begründeten die Hethiter von 1700 bis 1200 v. Chr. ein Königreich.

Beratender Experte: John Bennet **Siehe auch:** Konflikt und Krieg, S. 212–213; Sprache und Geschichten, S. 214–215; Lesen und schreiben, S. 216–217; Sterberituale, S. 236–237; Antikes Griechenland, S. 264–265; Alexander der Große, S. 266–267

Der Minotauros

Einem griechischen Mythos zufolge hielt König Minos von Kreta den Minotauros – ein Wesen mit menschlichem Körper und Stierkopf – in einem Irrgarten, dem Labyrinth. Als die Athener einen seiner Söhne töteten, zwang Minos die griechische Stadt, sieben junge Männer und Frauen zu senden, die dem Minotauros geopfert werden sollten. Der Athener Theseus tötete schließlich das Wesen und entkam dem Irrgarten mithilfe Ariadnes, der Tochter des Minos, die sich in ihn verliebt hatte.

Der Minotauros, Sohn der Frau des Minos und eines weißen Stiers

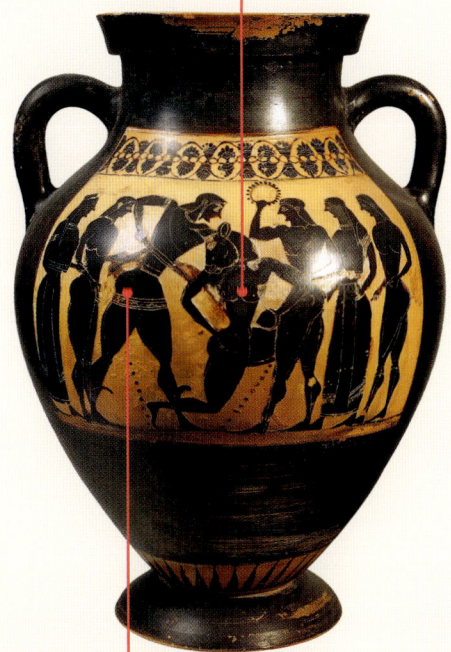

Der Held Theseus stieß sein Schwert in den Minotauros und tötete ihn.

Mykenische Städte

Eine goldene Maske, möglicherweise die Totenmaske des Königs Agamemnon, befand sich zwischen den vielen kostbaren Objekten, die in Grabstätten in Mykene, dem einstigen Zentrum der griechischen Kultur, gefunden wurden. Die Mykener verbreiteten sich weit auf dem griechischen Festland.

Die Phönizier

Im zweiten und ersten Jahrtausend vor unserer Zeitrechnung bauten die Phönizier, deren Ursprung im heutigen Libanon liegt, am östlichen Rand des Mittelmeers ein Handelsimperium auf, das sich bis nach Spanien im Westen erstreckte. Die Phönizier waren auch geschickte Schiffsbauer.

Der echte Trojanische Krieg

Nach der Legende soll sich ein griechischer Stoßtrupp in einem hölzernen Pferd versteckt haben, um einen Angriff auf die feindliche Stadt Troja durchzuführen. Die Trojaner zogen das Pferd in die Stadt und im Dunkeln griffen die Griechen an. Zwei wahre Ereignisse gab es: Belagerungsmaschinen, mit denen Geschosse geschleudert wurden, waren zum Schutz mit nasser Pferdehaut bedeckt, und die Mykener führten um 1200 v. Chr. Krieg nahe Troja.

BEKANNTE UNBEKANNTE

Wird die minoische Schrift jemals entziffert werden?

Die Minoer hatten zwei Schriftsysteme. Linearschrift A nutzte Symbole zur Darstellung von Tönen und Objekten wie Kuh, Schwein und Getreide. Bislang haben die Forscher dieses Schriftsystem noch nicht ganz entziffert, aber sie können Linearschrift B lesen, das ist die mykenische Schrift, die aus Linearschrift A entwickelt wurde. Sie ist auch die erste schriftliche Überlieferung des Griechischen.

Die Schrift auf dieser in Mykene entdeckten Tafel gehört zur Linearschrift B.

OLMEKEN UND MAYA

In den tropischen Wäldern Mittelamerikas entwickelten sich auf einem Gebiet, das von Mexiko bis Zentralamerika reichte, zwei große Kulturen. Um 1500 v. Chr. betrieben die Olmeken dort Ackerbau und lebten in Dörfern und Städten, von denen einige zu urbanen Zentren werden sollten. Ihre Kultur beeinflusste die Maya, die im südöstlichen Mexiko, Guatemala und Belize ansässig waren und deren Kultur bis 1200 v. Chr. andauerte.

Die olmekischen Spieler des mittelamerikanischen Ballspiels trugen solche Helme.

Olmekische Handwerker benutzten Werkzeuge aus Stein, um den Stein abzuschlagen und die Gesichtszüge zu formen.

Die riesigen Felsblöcke bestehen aus Basalt, einem vulkanischen Gestein.

Kolossale Köpfe

Die Olmeken schufen riesige Steinköpfe aus Felsen. Die behelmten Köpfe waren zwischen 1,5 und 3,4 Meter hoch und wogen mehrere Tonnen. Man hat 17 gefunden – einer davon ist größer als ein Elefant. Es könnten Porträts der olmekischen Herrscher oder von Ballspielern sein.

Handel und Kultur

Olmekische Handwerker verwendeten Materialien, die von weither stammten, um dekorative Gegenstände wie diese Statue herzustellen. Das Handelsnetz der Olmeken breitete sich weit über Mittelamerika aus. Sie tauschten Edelsteine und Muscheln gegen Federn, farbige Steine und Obsidian, ein vulkanisches Gesteinsglas, aus dem sie Klingen und Pfeilspitzen herstellten.

Errungenschaften der Maya
AUFGELISTET

Die hoch entwickelte Kultur der Maya zeichnet sich durch hervorragende Kenntnisse in Mathematik und Astronomie aus.

1. Mathematik Das Nummernsystem der Maya bestand nur aus drei Symbolen: einem Strich für 5, einem Punkt für 1 und einer Muschel für 0. Damit konnten sie jede Zahl schreiben.

2. Kalender Durch die Beobachtung von Planeten, Sternen, Sonne und Mond entwickelten die Maya eine genaue Zeitmessung. Sie hatten einen Monatskalender und eine Woche mit 20 unterschiedlich benannten Tagen.

3. Architektur Seit 600 v. Chr. erbauten die Maya große Städte. Hohe, terrassenartige Plattformen trugen Tempel, Paläste und städtische Gebäude auf großen Plätzen.

4. Kunst Ihre Gebäude dekorierten die Maya mit farbigen Friesen, gemeißelten Reliefs und Wandmalereien mit mythologischen Szenen.

5. Schrift Die Maya hatten eine Schrift mit über 800 Buchstaben, den Hieroglyphen. Die Zeichen repräsentieren auch Töne und können für ganze Wörter stehen. Papier stellten die Maya aus Baumrinde her.

Beratende Expertin: Elizabeth Graham **Siehe auch:** Konflikt und Krieg, S. 212–213; Spiel und Sport, S. 232–233; Stonehenge, S. 246–247; Alte Götter, S. 252–253; Anden-Kulturen, S. 254–255; Azteken und Inka, S. 290–291; Ökologische Herausforderungen, S. 358–359; Städte von morgen, S. 372–373

Das mittelamerikanische Ballspiel

Olmeken und Maya spielten, wie alle mittelamerikanischen Völker, ein Spiel mit einem Gummiball. Es war eine Art Mischung aus Volleyball und Squash und wurde oft auf einem Platz gespielt. Es gab zwei Mannschaften oder auch nur zwei Spieler. Der Ball musste über eine Mittellinie ins gegnerische Feld gespielt werden, wo der Gegner ihn im Spiel behalten musste oder einen Punkt verlor. Man konnte den Ball mit Ellenbogen, Knie oder Hüfte im Spiel halten.

Die Mannschaften verwendeten einen festen Gummiball.

Die Maya trugen oft kunstvollen Haarschmuck, wogegen die Olmeken meist Helme trugen.

Spieler trugen wattierte Baumwollkleidung, um sich vor Verletzungen durch den Ball zu schützen, der bis zu 4,5 kg wiegen konnte.

BEKANNTE UNBEKANNTE

Warum zerfielen einige Städte der Maya?

Von 800 bis 950 n. Chr. erlebten die Städte der Maya einen kontinuierlichen Niedergang. Einige in Guatemala und Mexiko wurden aufgegeben. Andere in Yucatán und an der Küste Belizes florierten. Nach dem Zerfall wurde der Handel, besonders auf dem Seeweg, immer wichtiger. Bis heute sind sich die Forscher nicht sicher, was zu Zerfall und Wandel führte. Einige halten Dürre oder Erosion für verantwortlich, andere eher Kriege. Das Geheimnis ist noch ungelöst.

Expertinnen-Kommentar

ELIZABETH GRAHAM
Archäologin

Die Maya bauten große Städte und ernährten Tausende von Menschen, ohne jemals Rinder oder Schafe zu züchten. Sie aßen eine auf Pflanzen basierende Kost, aber auch Truthähne, Enten, Fisch und Schildkröten und sie jagten Hirsche. Ihre Städte waren grün mit vielen Bäumen und Gärten.

„Moderne Städte könnten, wenn sie sich an den Städten der Maya orientieren würden, nachhaltiger werden."

DAS PERSERREICH

Die Meder und die Perser gingen aus iranischen Stämmen hervor, die sich in Zentralasien ausgebreitet hatten. 550 v. Chr. übernahm Kyros der Große, Gründer des Perserreichs, das Reich der Meder und besiegte später die Babylonier. Eroberungen unter Dareios dem Großen erweiterten das Imperium. Zwar misslang seinem Sohn Xerxes die Eroberung Griechenlands, dennoch blieb Persien für weitere 150 Jahre eine starke Macht. Es wurde schließlich 330 v. Chr. von Alexander dem Großen besiegt.

Gold

Hochrangige Männer und Frauen trugen mit Lapislazuli, Türkisen und anderen Steinen verzierten Goldschmuck. Diese bezaubernden Ohrringe stellen Bes, eine ägyptische Göttin, dar, die im ganzen Perserreich verehrt wurde. Oft kam es zu einem Austausch kultureller und religiöser Ideen zwischen den Persern und den von ihnen beherrschten anderen Kulturen.

Persische Krieger

Die Figur (links) auf einem Wandgemälde im Palast von Dareios dem Großen im iranischen Susa trägt die Kleidung eines persischen Kriegers und seine Waffen – Speer und Bogen. Die persische Armee bestand aus Fußsoldaten und Kavallerie, das sind Krieger auf Pferden.

Beratender Experte: John O. Hyland **Siehe auch:** Kleidung und Körperschmuck, S. 208–209; Konflikt und Krieg, S. 212–213; Geld, S. 224–225; Das alte Mesopotamien, S. 244–245; Antikes Griechenland, S. 264–265; Alexander der Große, S. 266–267

Persische Errungenschaften
AUFGELISTET

Unter den großen Herrschern entwickelte sich das Perserreich zu einer Hochkultur.

1. Der Kyros-Zylinder Eine Mitteilung von Kyros dem Großen auf einem Tonzylinder um 539 v. Chr. würdigt die Übernahme von Babylon und behauptet, der babylonische Hauptgott habe Kyros eingeladen, dort zu herrschen und das Volk zu retten.

2. Regierung Das Reich war unterteilt in 20 Satrapien (oder Provinzen), die je von einem Satrapen (Gouverneur) regiert wurden, der die Ordnung aufrechterhalten, Armeen aufstellen und Steuern eintreiben sollte.

3. Postservice Die persischen Könige richteten erste Postdienste ein. Berittene Boten verteilten Dekrete im ganzen Reich und nutzten dabei ein Netz von Relaisstationen.

4. Geld Unter Dareios dem Großen begann die Nutzung von Gold- und Silbermünzen, was den bisherigen Tauschhandel, vereinfachte.

UND DANN KAM ...

DAREIOS DER GROSSE

König, regierte 522–486 v. Chr., Persien

522 v. Chr. übernahm Dareios I. den persischen Thron. Durch Eroberungen in Indien und Thrakien (im heutigen Bulgarien) erlangte das Reich seine größten Ausmaße vom Balkan über 5000 Kilometer bis an das Tal des Indus. Die Befestigungstafeln von Persepolis erinnern an die Fähigkeiten der Beamten von Dareios, Arbeitskräfte zu beschaffen und Steuern im Zentrum des Reichs einzutreiben.

Eine Straße war 2400 Kilometer lang.

Das Persische Reich unter Dareios dem Großen

EUROPA · SCHWARZES MEER · KASPISCHES MEER · ASIEN · SARDIS · MITTELMEER · BABYLON · SUSA · PARSA · AFRIKA

Die Königsstraße

Um das Reich zu erschließen und die Wege von Armeen und Boten zu beschleunigen, ließen die persischen Könige ein komplexes Straßennetz anlegen, die Königsstraße. Sie verband die persischen Hauptstädte Susa und Persepolis mit Städten wie Sardis (in der heutigen Türkei) oder Babylon (im heutigen Irak).

Königin Atossa

Die persischen Königinnen erhielten große Besitztümer und viele Bedienstete als Geschenke des Königs. Manchmal reisten sie allein durch das Reich. Eine berühmte Königin war Atossa, die Tochter von Kyros dem Großen und eine der sechs Frauen von Dareios dem Großen. Sie sorgte mit dafür, dass ihr Sohn Xerxes 486 v. Chr. Dareios' Nachfolger wurde.

Prachtvolle Städte

Die Perser hatten mehrere große Königsstädte, darunter Babylon und Memphis, doch Susa und Parsa (bei den Griechen als Persepolis bekannt) besaßen die meisten Königspaläste. Beide Städte hatte Dareios der Große seit etwa 520 v. Chr. errichten lassen. In Parsa gab es zahlreiche offizielle Gebäude wie das Apadana, den Audienzsaal des Königs, der 10 000 Menschen aufnehmen konnte.

ANTIKES GRIECHENLAND

In der Antike war Griechenland keine Nation, die von einem einzigen Herrscher regiert wurde. Es bestand aus mehr als 1000 Stadtstaaten, jeder besaß eine eigene Armee, einen Marktplatz, Traditionen und Gesetze. Rivalisierende Städte bekämpften einander oft um Gebiete und Einfluss. Einige bauten auch rund um das Mittelmeer und darüber hinaus Kolonien auf und verbreiteten ihre Kultur. Der reichste Stadtstaat war Athen mit einer mächtigen Flotte.

Die Frauen Spartas

Der Stadtstaat Sparta, der berühmt für seine Krieger war, trainierte Frauen als Athletinnen. Diese Statuette einer jungen Frau aus Sparta stammt aus dem 6. Jahrhundert v. Chr. Obwohl Frauen nicht an den Olympischen Spielen teilnehmen durften, wurde Kyniska, eine Prinzessin aus Sparta und Reiterin, zur ersten Olympiasiegerin, als die von ihr trainierte Mannschaft 396 v. Chr. beim Pferderennen gewann.

> Frauen aus Sparta beteiligten sich an Sportarten wie Laufen, Ringen und Speerwerfen.

Zentrum von Handel und Bildung

Auf der Trinkschale ist eine Schule zu sehen. Sie wurde in Athen hergestellt, einem bedeutenden Studienzentrum, wo große Philosophen wie Platon, Sokrates und Aristoteles lebten. Solche Szenen waren beliebte Motive für griechische Trinkschalen, Amphoren (Gefäße für Olivenöl und Wein) und Vasen, die im Mittelmeerraum gehandelt wurden.

> Der Lehrer hält einen Stylus, eine Art Stift, und eine mit Wachs bezogene Schreibtafel.

> Die Schüler lernten Musik, Lesen, Dichtung und Redekunst.

> Die Lehrer waren streng und ließen ihre Schüler lange Gedichte auswendig lernen.

> Die Szene mit Schülern und Lehrern wurde um 500 v. Chr. auf eine Trinkschale gemalt.

Beratender Experte: Bill Parkinson **Siehe auch:** Religiöser Glaube, S. 210–211; Konflikt und Krieg, S. 212–213; Lesen und schreiben, S. 216–217; Gesetz und Verbrechen, S. 226–227; Bildung, S. 228–229; Spiel und Sport, S. 232–233; Sterberituale, S. 236–237; Das Perserreich, S. 262–263; Das Römische Reich, S. 272–273

Nachahmer

So groß war der Einfluss des antiken Griechenlands, dass andere Länder die Kunst und Architektur nachahmten. Diese Grabsklptur von Erbinna, dem Herrscher des lykischen Xanthos in der heutigen Westtürkei, damals Teil des Persischen Reichs, war mit Hopliten (Bürgersoldaten der griechischen Stadtstaaten) dekoriert. Der obere Teil des Grabmals, das als Nereiden-Monument bekannt ist, hatte die Form eines athenischen Tempels.

Griechische Regierungen
AUFGELISTET

Der griechische Staat kannte vier wesentliche Regierungsformen.

1. Monarchie Vor dem 9. Jh. v. Chr. wurde jeder Stadtstaat von einem König regiert, der den Thron an ein Familienmitglied (meist den Sohn) weitergab. Sparta hatte zwei Könige mit gleicher Macht, die gemeinsam regierten.

2. Oligarchie Das bedeutet „Herrschaft von einigen Wenigen", das heißt, eine kleine Gruppe von Bürgern (meistens aus adligen oder reichen Familien) regiert die Stadt gemeinsam.

3. Tyrannei Im antiken Griechenland war ein „Tyrann" nicht unbedingt böse. Es war jemand, der die Macht erobert hatte (statt sie wie ein Monarch zu erben) und allein regierte.

4. Demokratie Um 400 v. Chr. waren einige Stadtstaaten Demokratien, das heißt sie wurden „vom Volk regiert". Erwachsene männliche Bürger (nicht aber Frauen oder Sklaven) konnten die Beamten wählen.

Experten-Kommentar

BILL PARKINSON
Archäologe

Archäologen versuchen herauszufinden, warum menschliche Kulturen sich im Lauf der Zeit verändern. Zum Beispiel, seit wann Menschen in großen Siedlungen zusammenleben, aus denen sich dann Städte entwickelten. Archäologie blickt in die Vergangenheit vor der schriftlichen Überlieferung zurück und erschließt andere Quellen.

„Wir studieren Menschen. Und selbst aus antikem Kot gewinnen wir eine Unmenge an Informationen."

Zeus
Höchster griechischer Gott

Hermes
Götterbote

Poseidon
Gott des Meeres

Aphrodite
Göttin der Liebe

Apollon
Sonnengott

Hera
Göttin der Ehe

Artemis
Göttin der Jagd

Athene
Göttin der Weisheit

Demeter
Göttin der Fruchtbarkeit

Dionysos
Gott des Weins

Hephaistos
Gott des Feuers

Ares
Kriegsgott

Götter und Göttinnen

Die alten Griechen verehrten zahlreiche Götter, alle besaßen verschiedene Kräfte und Persönlichkeiten. Jeder der zwölf Hauptgötter, bekannt als die Olympier, da sie auf dem Olymp, einem Berg im Norden Griechenlands, gelebt haben sollen, war für einen anderen Teil des Lebens zuständig. Herrscher der Götter war Zeus und Herrscherin Hera, die Göttin der Ehe.

ALEXANDER DER GROSSE

Alexander III., der den Beinamen der Große erhielt, ist einer der mächtigsten Herrscher und Generäle der gesamten Weltgeschichte. Seit 334 v. Chr. machte er Eroberungen in Asien und Nordafrika und schuf ein enormes Reich, das von seiner Heimat Makedonien bis Ägypten im Süden und Indien im Osten reichte. Ein Jahrzehnt zogen er und seine furchterregende Armee umher, in allen Kämpfen blieben sie unbesiegt. 323 v. Chr. starb er mit 32 Jahren aus nie geklärter Ursache.

5 Bei der Schlacht von Issos (im Süden der heutigen Türkei) 333 v. Chr. spielte Alexander eine zentrale Rolle. Er kämpfte zu Fuß und zu Pferd gegen die Armee von König Dareios III. von Persien, der schließlich floh.

ALEXANDER III.

SCHWARZES MEER

THRAKIEN

1 Alexander wurde 356 v. Chr. in Pella, Hauptstadt von Makedonien, geboren.

PELLA

GRANIKOS
TROJA

MAKEDONIEN

3 338 v. Chr. kämpfte Alexander in der Schlacht von Chaironeia. Durch seinen Sieg kamen alle griechischen Stadtstaaten außer Sparta unter die Herrschaft seines Vaters, Philipp II. Vier Jahre später wurde Alexander König.

CHAIRONEIA

ATHEN

GORDION

ÄGÄIS

ISSOS

TIGRIS

GAUGAMELA

ARBELA

PHILIPP II.

MITTELMEER

MESOPOTAMIEN

ASSYRIEN

4 Alexander überquerte 334 v. Chr. den Hellespont (die heutigen Dardanellen, die Meerenge zwischen Europa und Asien). Er führte eine Armee von 30 000 Fußsoldaten und 5000 Reitersoldaten an, sein Ziel war die Eroberung des mächtigen Perserreichs.

TYROS

BABYLON
BABYLONIEN

2 343 oder 342 v. Chr. verpflichtete sein Vater, König Philipp II. von Makedonien, Aristoteles als Lehrer für ihn.

EUPHRAT

ALEXANDRIA

GAZA

7 Der große Sieg Alexanders 331 v. Chr. in der Schlacht von Gaugamela führte zum Niedergang des Perserreichs und erweiterte Alexanders Herrschaftsgebiet erheblich.

MEMPHIS

AMMON

ÄGYPTEN

NIL

ARABIEN

LEUCHTTURM VON ALEXANDRIA

ROTES MEER

6 332 v. Chr. eroberte Alexander Ägypten und gründete die Stadt Alexandria. Der enorme Leuchtturm der Stadt, hier auf einer antiken Münze, sollte eines der Sieben Weltwunder werden.

Beratender Experte: Duncan Keenan-Jones **Siehe auch:** Konflikt und Krieg, S. 212–213; Das alte Mesopotamien, S. 244–245; Das alte Ägypten, S. 250–251; Bildung, S. 228–229; Das Perserreich, S. 262–263; Antikes Griechenland, S. 264–265; Das Maurya-Reich, S. 269–269

FAKTastisch!

Alexander benannte eine Stadt nach seinem Lieblingspferd! Bukephalos war ein schwarzer Hengst, den Alexander zähmte und ritt. Als das Pferd 326 v. Chr. in der Schlacht am Hydaspes (heute Pakistan) starb, gründete Alexander dort Bukephala.

LEGENDE

✕ WICHTIGE SCHLACHTEN

→ ALEXANDERS FELDZUG

KASPISCHES MEER

SOGDIEN

OXUS

BAKTRIEN

BUKEPHALA

MEDIEN

EKBATANA

ROXANA

SUSA

INDUS

PERSEPOLIS

ARIANA

PERSIS

HYDASPES (JHELAM)

PERSISCHER GOLF

INDIEN

ARABISCHES MEER

9 327 v. Chr. führte Alexander seine Armeen weiter nach Osten, um Indien einzunehmen, das für die Griechen das Ende der bekannten Welt darstellte.

8 Alexander heiratete 328 v. Chr. in Zentralasien Roxane, die Tochter eines dortigen Fürsten.

10 Um 326 v. Chr. überquerten Alexanders Soldaten den Fluss Indus. Sie waren 18 000 Kilometer marschiert und hatten in Dutzenden von Schlachten gekämpft. Erschöpft und von Heimweh geplagt weigerten sie sich weiterzugehen, Alexander musste umkehren.

11 Nachdem er zur Rückkehr von seinem Eroberungszug gezwungen worden war, verbrachte Alexander viel Zeit in Babylon, wo er 323 v. Chr. starb. Manche glauben, er sei vergiftet worden, doch könnten auch Krankheiten seinen Tod verursacht haben.

Die Skulpturen auf dem Tor zeigen Ereignisse aus dem Leben Buddhas, aber ihn selbst nicht.

Die Kuppel soll den Himmel samt der Erde symbolisieren Der Durchmesser beträgt 36,6 Meter.

DAS MAURYA-REICH

Das 321 v. Chr. von Chandragupta Maurya begründete Reich gilt als erstes und größtes, das auf dem indischen Subkontinent existierte. Unter Chandraguptas Enkel Ashoka, der von 273 bis 232 v. Chr. regierte und Buddhismus zur Hauptreligion machte, umfasste es 5 Millionen Quadratkilometer. Nach Ashokas Tod wurde das Reich schwächer und ging schließlich 185 v. Chr. unter.

Buddhistischer Schrein

Der Weg zu dem Großen Stupa, einem kuppelförmigen Schrein in Sanchi in Zentralindien, ist mit kunstvollen Skulpturen geschmückt, deren Motive sich auf Buddha beziehen. Er wurde von Ashoka im 3. Jh. v. Chr. gebaut und gilt als Aufbewahrungsort der Asche Buddhas. Ursprünglich handelte es sich um ein einfaches Bauwerk, das im 2. Jh. v. Chr. stark erweitert wurde.

Beratender Experte: Dominik Wujastyk **Siehe auch:** Religiöser Glaube, S. 210–211; Konflikt und Krieg, S. 212–213; Stonehenge, S. 246–247; Alexander der Große, S. 266–267; Das Mogul-Reich, S. 294–295

Das Maurya-Reich
CHRONIK

321 v. Chr. Chandragupta, Herrscher von Magadha im nördlichen Indien, begründet das Maurya-Reich.

305 v. Chr. Chandragupta besiegt Seleukos Nikator, einen früheren General Alexander des Großen, und stoppt die Invasion der Seleukiden.

297 v. Chr. Als Chandragupta stirbt, folgt ihm sein Sohn Bindusara als Herrscher.

Um 273 v. Chr. Beim Tod Bindusaras erhebt Ashoka Anspruch auf den Thron. Der Legende nach soll er von seinen vielen Brüdern herausgefordert worden sein. Er kann seine Stellung als Herrscher erst um 268 v. Chr. sichern.

261 v. Chr. Der zehnjährige Kalinga-Krieg endet mit einem Sieg für Ashoka.

249 v. Chr. Ashoka unternimmt eine Pilgerreise nach Lumbini in Nepal, dem Geburtsort Buddhas, und errichtet dort eine Sandsteinsäule mit einem heiligen Text als Inschrift.

185 v. Chr. Der letzte Maurya-Herrscher Brihadratha wird von seinem Militärkommandanten Pushyamitra getötet, dessen Dynastie der Shunga Indien für 100 Jahre regieren wird.

100 v. Chr.–100 n. Chr. Kautilya verfasst die *Arthashastra* (Die Lehre materiellen Wohlstands), ein Lehrbuch über politisches Denken und Handeln.

320 n. Chr. Chandragupta I. gründet das Gupta-Reich, die nächste Herrschaftsmacht auf dem indischen Subkontinent. Sie wird bis in die Mitte des 6. Jh. n. Chr. eine zentrale Kraft bleiben.

UND DANN KAM ...
ASHOKA DER GROSSE
Regierte um 268–232 v. Chr., Indien

Ashoka gilt als nachdenklicher, gütiger und aufgeklärter Herrscher. 261 v. Chr. beendete er mit einem Sieg einen langen, blutigen Krieg gegen Kalinga, einen östlichen Küstenstaat. Erschöpft von all dem Blutvergießen, gelobte Ashoka, friedlich zu regieren, und konvertierte später zum Buddhismus. Bei seinem Tod erstreckte sich sein Reich fast über den gesamten indischen Subkontinent.

FAKTastisch!

Chandragupta schlief jede Nacht in einem anderen Bett. Der Gründer des Maurya-Reichs hatte Angst, seine Feinde würden nachts einbrechen und ihn ermorden. Seine Diener mussten sein Essen probieren für den Fall, dass es vergiftet war, und er hatte Spione, die ihn vor Verschwörungen warnten.

Buddhismus

Nachdem Ashoka ein Anhänger Buddhas geworden war, ermutigte er seine Untertanen, dem Buddhismus zu folgen. Ashoka half seinem Volk mit seinem Wohlstand. Er wurde Vegetarier und unternahm Wallfahrten, ließ Schreine errichten und sandte Mönche quer durch Asien, damit sie die Lehre Buddhas verbreiteten.

Die Steinedikte von Ashoka

Ein Löwe sitzt auf einer der vielen Säulen aus poliertem Sandstein, die Ashoka überall in seinem Reich errichten ließ. Handwerker schmückten sie mit buddhistischen Symbolen, Tieren, mit Motiven aus dem Leben Ashokas, seinen religiösen und politischen Ideen. Die Inschriften sind bekannt als Ashoka-Edikte. Mehr als 30 sind erhalten geblieben. Die meisten sind in Felsen graviert, einige aber auch auf Höhlenwände.

Die vergrabene Armee wurde 1200 Meter entfernt von der Außenmauer des Hauptgrabs gefunden.

Jede Statue wurde eigens gefertigt und besaß realistische Gesichtszüge.

Ein Drittel der Chinesischen Mauer bestand aus natürlichen Barrieren wie Flüssen oder Hügelketten.

Die Chinesische Mauer

Mit langen Mauern versuchten die chinesischen Herrscher, feindliche Stämme fernzuhalten. Als große Leistung von Ying Zheng wird die Verbindung aller vorhandenen zu einer Großen Mauer bewertet. Bei ihrem Bau starben Tausende an Erschöpfung oder bei Unfällen. Im Lauf der Jahrhunderte ließen andere Herrscher das Bauwerk erweitern, bis es mehr als 8850 Kilometer lang war.

Beratender Experte: Hou-mei Sung **Siehe auch:** Die Erde, S. 64–65; Konflikt und Krieg, S. 212–213; Sterberituale, S. 236–237; Die ersten chinesischen Dynastien, S. 248–249; Das alte Ägypten, S. 250–251; Tang-Dynastie, S. 278–279

DIE TERRAKOTTA-ARMEE

In den 1970er-Jahren entdeckten Archäologen rund 8000 lebensgroße Terrakotta-Figuren, die außerhalb des Grabs eines mächtigen chinesischen Herrschers namens Ying Zheng begraben waren. Ying Zheng hatte China 221 v. Chr. unter seiner Herrschaft vereint und nannte sich Qin Shihuangdi („Erster erhabener Gottkaiser"). Die Figuren sind seine Armee, die ihn im Jenseits bewachen sollte.

Zum Appell

Ying Zheng ließ sich vor seinem Tod ein riesiges Grab erbauen. Es erstreckte sich über 50 Quadratkilometer. Die Armee wurde zusammen mit Keramik und Bronzekarren in zahlreichen Gruben unter der Erde gefunden. Sie blickte nach Osten, bereit zum Kampf gegen die alten Feinde des Herrschers.

Die Entdeckung von zehn verschiedenen Gesichtstypen lässt vermuten, dass mindestens zehn Grundformen verwendet wurden.

Die Figuren waren von Hand modelliert und mit unterschiedlichen Farben bemalt. Die meisten haben heute ihre Bemalung verloren.

DAS RÖMISCHE REICH

Das Römische Reich wuchs von einer Stadt im heutigen Italien zu einem riesigen Imperium an, das von Britannien bis nach Nordafrika und in den Nahen Osten reichte. Es bestand 1000 Jahre, von etwa 500 v. Chr. bis 476 n. Chr., bis es von aus dem Norden kommenden Völkern besiegt wurde. Die Römer sahen sich als Erben der griechischen Antike. Sie setzten römische Götter mit griechischen gleich und experimentierten mit der Demokratie nach griechischem Vorbild.

Romulus und Remus

Der Legende nach wurde Rom von Romulus, dem Sohn der Prinzessin Rhea Silvia, gegründet. Er und sein Zwillingsbruder Remus wurden von einem Specht, einer Wölfin und einem Schäfer aufgezogen, nachdem ihr Onkel sie ertränken wollte. Gemeinsam bauten sie eine Stadt, doch dann zerstritten sie sich. Romulus tötete Remus, nannte die Stadt Rom und wurde ihr erster Herrscher.

Die Punischen Kriege

Hannibal war ein mächtiger General aus Karthago in Nordafrika, der gegen Rom kämpfte. Berühmt ist er vor allem, da er im Krieg Elefanten einsetzte wie andere Armeen Pferde. Im 3. und 2. Jh. v. Chr. führte Rom drei Kriege gegen Karthago. Die Punischen Kriege endeten 146 v. Chr. mit der Zerstörung Karthagos durch die römische Armee.

Julius Caesar

Nach der Eroberung Galliens (im Gebiet des heutigen Frankreich) kehrte der römische General Julius Caesar 49 v. Chr. nach Rom zurück und ernannte sich selbst zum Diktator. Fünf Jahre Bürgerkrieg folgten. Die Anhänger Caesars waren siegreich, doch einige Senatoren befürchteten, er wolle sich zum König ernennen. Senatoren erstachen ihn am 15. März 44 v. Chr.

Beratender Experte: Duncan Keenan-Jones **Siehe auch:** Vulkane, S. 68–69; Konflikt und Krieg, S. 212–213; Sprache und Geschichten, S. 214–215; Gesetz und Verbrechen, S. 226–227; Minoer, Mykener und Phönizier, S. 258–259; Antikes Griechenland, S. 264–265; Die Welt von Byzanz, S. 274–275

Der Ausbau des Reichs

Vom 5. Jh. v. Chr. bauten die Römer ihr Reich umfassend aus. Die Armee eroberte das heutige Italien, besiegte Karthago und besetzte Teile Nordafrikas und Hispaniens. Die Römer übernahmen Griechenland, Syrien und Kleinasien, eroberten Gallien und fielen in Britannien ein. Auf dem Höhepunkt, unter Kaiser Trajan (98–117 n. Chr.), erstreckte sich das Reich über 3700 Kilometer von Norden nach Süden und mehr als 4000 Kilometer von Ost nach West.

220 v. Chr. begann Rom mit der Invasion Hispaniens (heute Spanien und Portugal).

Die Römer hielten Britannien, die nördliche Grenze des Reichs, von 43 bis 410 n. Chr. besetzt.

Rom eroberte Griechenland 146 v. Chr.

Syrien fiel 64 v. Chr. an Rom.

BRITANNIEN
EUROPA
GALLIEN
HISPANIEN
ROM
KLEINASIEN
GRIECHEN-LAND
KAR-THAGO
SYRIEN
ÄGYPTEN
NORD-AFRIKA

Julius Caesar brachte um 50 v. Chr. ganz Gallien unter römische Herrschaft.

Karthago, die Hauptstadt des Karthager-Reichs, fiel 146 v. Chr. an Rom.

Ägypten wurde 31 v. Chr. römische Provinz, als Augustus die ägyptische Königin Kleopatra besiegte.

Die Römer und die Kunst

Farbenfrohe Wandmalereien (Fresken) wie diese von einer jungen Frau, die das griechische Zupfinstrument Kithara spielt, zeigen, wie wichtig die Künste für die Römer waren. Das Fresko stammt aus Pompeji, einer Stadt in Süditalien, die 79 v. Chr. bei dem Ausbruch des Vesuvs unter der Asche begraben und bewahrt wurde. Ausgrabungen in Pompeji legten Schmuck, Gemälde, Skulpturen und viele Details über das Alltagsleben der Römer frei.

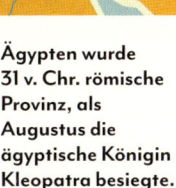

UND DANN KAM ...

AUGUSTUS

Regierte 27 v. Chr.–14 n. Chr., Rom

Caesars Erbe Augustus gab vor, nicht König werden zu wollen, festigte aber geschickt seine Macht, um Roms erster Kaiser zu werden. Nach Caesars Tod regierte er mit Mark Anton, bis sie sich schließlich gegeneinander wandten. 31 v. Chr. besiegte Augustus Mark Anton und die ägyptische Königin Kleopatra. Er förderte Kunst, gründete Städte und ließ Straßen bauen. Das Reich blühte auf und genoss Frieden und Wohlstand.

Roms Vermächtnis
AUFGELISTET

Die Römer beeinflussten Sprachen, Literatur, Gesetze, Regierung, Straßen und Gebäude aller Orte, über die sie herrschten.

1. Politik Zwischen 509 v. Chr. und 27 v. Chr., die Zeit der Römischen Republik, wurde die Monarchie durch eine Demokratie ersetzt, allerdings durften nur freie Männer wählen.

2. Sprache Die modernen Sprachen Französisch, Spanisch, Portugiesisch, Italienisch und Rumänisch wurzeln im Lateinischen, der Sprache der alten Römer.

3. Architektur Die Römer errichteten großartige Gebäude. Einige, wie das Colosseum in Rom, sind noch vorhanden.

4. Technik Die Römer bauten über Hunderte von Kilometern Straßen, die das Reich verbanden, und Aquädukte, mit denen Frischwasser in die Städte transportiert wurde.

5. Kriegsführung Der Erfolg der römischen Armee lag in der sehr guten Ausbildung und Organisation begründet. Sie war Vorbild für die Kriegsführung späterer Zeiten.

6. Literatur In Rom gab es bedeutende Autoren wie Vergil, Horaz und Ovid, deren Werke viele spätere Dichter, auch Shakespeare, beeinflussten.

DIE WELT VON BYZANZ

Eine neue Großmacht entstand, als sich das Römische Reich 395 v. Chr. in zwei Teile aufspaltete. Rom und das Weströmische Reich fielen an die Hunnen und an germanische Stämme. Der östliche Teil, das Byzantinische Reich, erstarkte und bestand fast 1000 Jahre lang, bis die Osmanen 1453 die Hauptstadt Konstantinopel eroberten.

Die frühen Christen

Das Christentum, eine Religion, die auf dem Leben und den Lehren Jesu Christi beruht, wurde 380 n. Chr. zur offiziellen Religion des Römischen Reichs. Als immer mehr Menschen zur neuen Religion konvertierten, zerstörten sie heidnische Tempel und bauten Kirchen. Einige davon waren mit prächtigen Mosaiken und Ikonen ausgestattet. In Versammlungen von Kirchenältesten wurde festgelegt, welche Glaubensgrundsätze über Christus gelehrt werden sollten.

Die Hagia Sophia

537 n. Chr. unter Justinian I. erbaut, war die Hagia Sophia in Konstantinopel für 1000 Jahre die größte Kathedrale der Welt. Die Kirche, deren Name „Heilige Weisheit" bedeutet, wurde zur Moschee umgewidmet, als Sultan Mehmet II. im Jahr 1453 Konstantinopel eroberte. Heute heißt die Stadt Istanbul und die Kirche ist eine Moschee.

Die Kathedrale ist mehr als 56 Meter hoch.

Die enorme Kuppel wurde wieder-aufgebaut, nachdem sie 558 durch ein Erbeben teilweise zerstört worden war.

Die Bogenfenster direkt unter der Kuppel füllen das Gebäude mit Licht.

Beratende Expertin: Eugenia Russell **Siehe auch:** Religiöser Glaube, S. 210–211; Konflikt und Krieg, S. 212–213; Das Römische Reich, S. 272–273; Das Goldene Zeitalter des Islam, S. 280–281; Europa im Mittelalter, S. 282–283; Gesetz und Verbrechen, S. 226–227

Ein Goldenes Zeitalter

Das Reich von Byzanz erreichte seine größten Ausmaße unter Justinian I. (dem Großen), Gesetzesstifter und Kunstpatron. Basileios II. (976–1025) sicherte als Feldherr die Vormachtstellung des Reichs in Südosteuropa und im Nahen Osten. Die Hauptstadt Konstantinopel war die größte und wohlhabendste Stadt Europas. Wandmalereien, Mosaiken und mit Kuppeln bekrönte Gebäude sind aus dieser Zeit erhalten geblieben. Das Bild links zeigt eine Witwe, die Kaiser Theophilus (829–842) um Hilfe bittet.

Das Byzantinische Reich
CHRONIK

395 Das Römische Reich wird geteilt. Im östlichen Teil entsteht das Byzantinische Reich; Konstantinopel wird zur Hauptstadt.

441–451 Hunnenkönig Attila fällt in das Byzantinische Reich ein, dann in Gallien (Gebiet im westlichen Europa) und Italien. Er stirbt 453.

527–565 Kaiser Justinian besetzt Gebiete in Persien, Nordafrika und Europa, Konstantinopel wird eine der größten Städte der Welt. Am Ende seiner Regierungszeit erstreckt sich das Byzantinische Reich vom Nahen Osten bis nach Spanien.

963 Auf dem Berg Athos in Griechenland wird das Kloster Megisti Lavra („Größtes Kloster") errichtet, ein Zentrum des byzantinischen Christentums.

1054 Das Große Abendländische Schisma trennt das Christentum in westliches und östliches Lager, später östliche Orthodoxie und römischer Katholizismus genannt. Die Östliche Orthodoxie wird zur Staatsreligion des Byzantinischen Reichs.

1071 Byzanz verliert den größten Teil Anatoliens (Türkei) an die Seldschuken.

1204 Die Kreuzritter (christliche Kämpfer) nehmen Konstantinopel ein. Michael VIII. erobert die Stadt 1261 für Byzanz zurück.

1453 Nach einer 55-tägigen Belagerung übernehmen die Osmanen Konstantinopel und das Byzantinische Reich zerfällt.

UND DANN KAM …

THEODORA
Kaiserin, regierte 527–565 n. Chr., Byzanz

Die Tochter eines Bärenführers wurde zur mächtigsten Frau der byzantinischen Geschichte. Nach ihrer Heirat mit Kaiser Justinian wurde sie seine wichtigste Ratgeberin. Sie nutzte ihren Einfluss, um religiöse und soziale Veränderungen voranzubringen, und sie war eine der ersten Herrscherinnen, die die Rechte der Frauen anerkannte. Sie setzte sich für den Schutz junger Frauen ein und verhalf geschiedenen Frauen zu mehr Rechten.

FAKTastisch!

Die Byzantiner warfen Feuer auf ihre Angreifer. Da sie ständig Angriffen ausgesetzt waren, entwickelten die Byzantiner eine Geheimwaffe: das griechische Feuer, ein auf Petroleum basierendes wasserfestes Gemisch. Sie spritzten es durch Tuben oder warfen damit befüllte Gefäße. Sie setzten es ein, um 673 eine angreifende arabische Flotte zu zerstören.

ALTE AFRIKANISCHE KÖNIGREICHE

Vor 1000 n. Chr. beherrschten mächtige Reiche weite Teile des riesigen und vielfältigen afrikanischen Kontinents. Einige von ihnen, wie das Reich von Ghana, wurden sehr reich, da sie die Handelsrouten quer durch Afrika, besonders durch die Wüste Sahara, kontrollierten.

Königtum und Imperium

Die alten afrikanischen Mächte erstreckten sich über den Kontinent von Karthago am Mittelmeer bis nach Ghana südlich der Sahara. Noch südlicher lag das Königtum von Aksum im heutigen Äthiopien und Eritrea. Zahlreiche Könige und Herrscher schufen mächtige Staaten, von denen einige größer als die heutigen Länder waren.

KARTHAGO
ÄGYPTEN
GHANA
SAHARA
KUSCH
AKSUM
AFRIKA
ATLANTIK

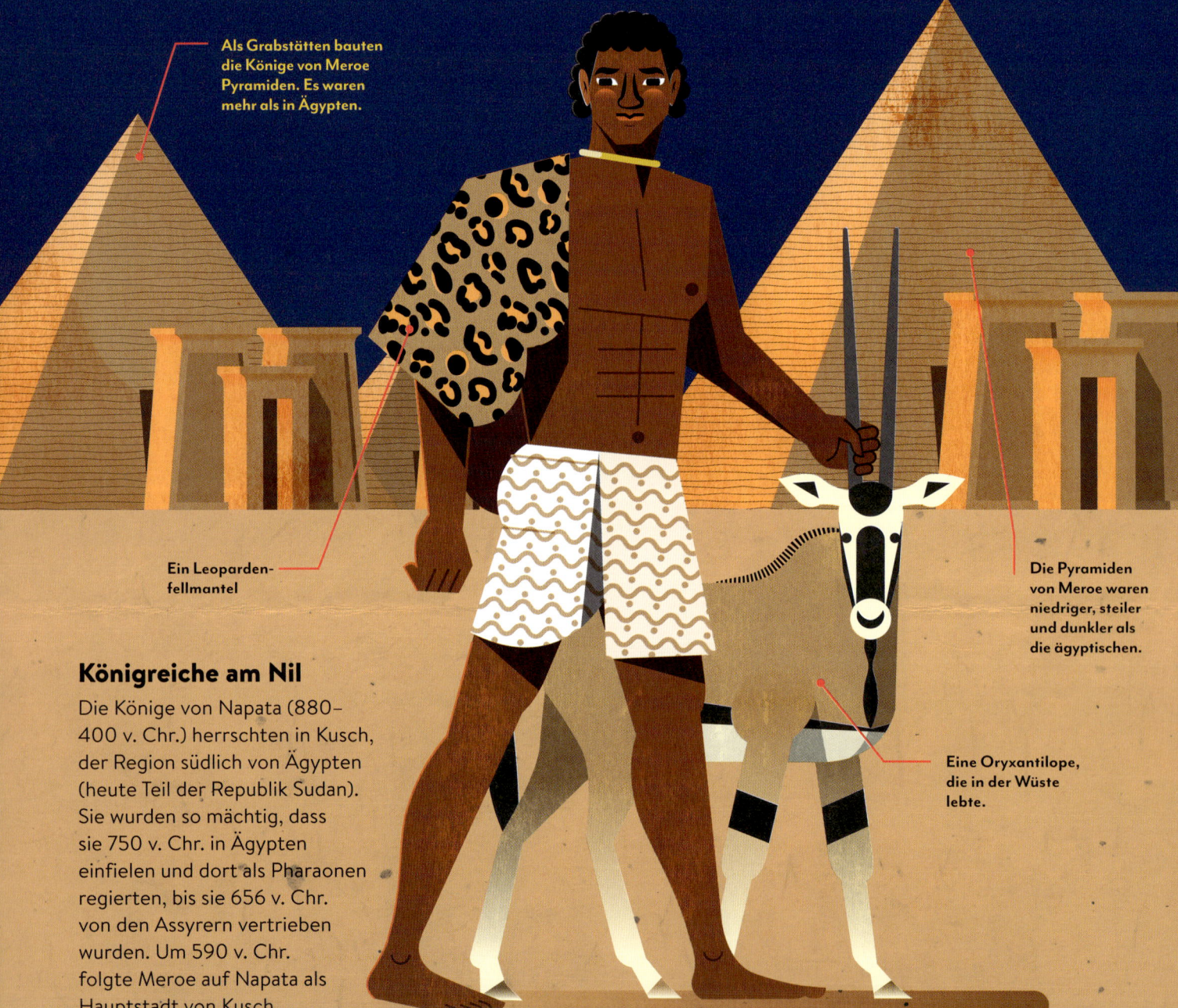

Als Grabstätten bauten die Könige von Meroe Pyramiden. Es waren mehr als in Ägypten.

Ein Leoparden-fellmantel

Die Pyramiden von Meroe waren niedriger, steiler und dunkler als die ägyptischen.

Eine Oryxantilope, die in der Wüste lebte.

Königreiche am Nil

Die Könige von Napata (880–400 v. Chr.) herrschten in Kusch, der Region südlich von Ägypten (heute Teil der Republik Sudan). Sie wurden so mächtig, dass sie 750 v. Chr. in Ägypten einfielen und dort als Pharaonen regierten, bis sie 656 v. Chr. von den Assyrern vertrieben wurden. Um 590 v. Chr. folgte Meroe auf Napata als Hauptstadt von Kusch.

Beratende Expertin: Ghislaine Lydon **Siehe auch:** Wüsten, S. 172–173; Der Fruchtbare Halbmond, S. 242–243; Das alte Ägypten, S. 250–251; Minoer, Mykener und Phönizier, S. 258–259; Das Römische Reich, S. 272–273

Mächtiges Karthago

Das im heutigen Tunesien gelegene Karthago in Nordafrika war Zentrum des großen Karthager-Reichs. Als Handelshafen im 9. Jh. v. Chr. von den Phöniziern gegründet, kontrollierte die Stadt später weite Teile der nordafrikanischen Küste, Südspanien und Mittelmeerinseln. Von 264 v. Chr. an kam es zu kriegerischen Auseinandersetzungen zwischen Karthago und Rom, den Punischen Kriegen. 146 v. Chr. eroberten die Römer schließlich Karthago.

Das ist eine Statuette der Göttin Tanit, die von den Karthagern zusammen mit dem Gott Baal Hammon verehrt wurde.

Monumente von Aksum

Das mächtige Königreich von Aksum im nördlichen Äthiopien entsprang einem Handelszentrum im 1. Jh. n. Chr. Um die Grabstätte bedeutender Persönlichkeiten hervorzuheben, bauten die Aksumer reich dekorierte Säulen, die Obelisken genannt werden. Die höchste, über 33 Meter hoch, steht nicht mehr. Sie war zum Gedenken an König Ezana, der von 330 bis 350 regierte, errichtet worden. Vom 6. Jh. an schwand die Macht Aksums. Es wurde im 10. Jh. von der Dynastie der Agau abgelöst.

Für die Obelisken verwendete man riesige Blöcke aus einem Stein namens Nephelinsyenit.

Die Formen auf der Oberfläche symbolisieren Türen und Fenster.

FAKTastisch!

Salz war fast so viel wert wie Gold! Salz zur Konservierung von Nahrung kam vor allem aus dem Norden mit Kamelen und wurde gegen Gold aus den Minen im heutigen Senegal, westlichen Mali und Guinea getauscht. Das Reich von Ghana, das vom 7. bis zum 13. Jahrhundert blühte, erlangte seinen Reichtum auch durch Steuern auf Handelstransporte.

Gold sorgte für den Wohlstand des Reichs von Ghana.

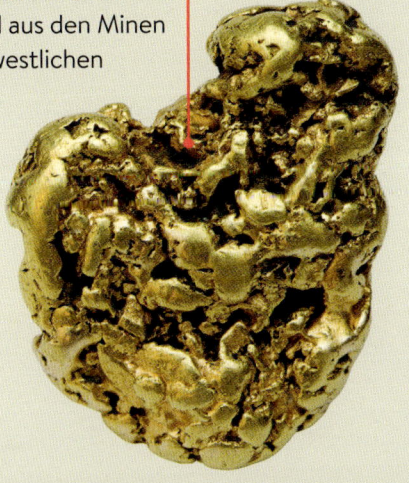

TANG-DYNASTIE

Die Tang-Zeit wird meist als Goldenes Zeitalter der chinesischen Geschichte beurteilt. Herrscher Gaozu begründete die Tang-Dynastie 618, und spätere Herrscher bauten das Reich nach Westen aus. Das Tang-Reich war mächtig und wohlhabend. Rebellionen im 8. Jahrhundert schwächten die Dynastie, 907 zerbrach das Reich in mehrere Königreiche.

Tang-Figuren

Kunsthandwerker stellten Figurinen (kleine Statuen) aus Ton her. Man legte sie in die Gräber bedeutender Persönlichkeiten, damit sie diese im Jenseits beschützten. Pferde, Krieger und Händler waren beliebte Motive.

Männer aus Zentralasien sind an ihren vollen, lockigen Bärten als fremdländisch erkennbar; Chinesen hatten dünne, gerade Bärte.

Musiker kamen von Zentralasien auf der Seidenstraße nach China.

Handelsleute nutzten häufig Kamele für den Warentransport auf der Seidenstraße.

Einige Tang-Keramiken verwendeten die aus drei Farben bestehende Sancai-Glasur.

Handelsnation

Antike chinesische Münzen hatten ein Loch in der Mitte, damit die Menschen sie zusammenbinden konnten. Diese Münze wurde unter dem Tang-Herrscher Gaozong hergestellt.

Beratender Experte: Man Xu **Siehe auch:** Religiöser Glaube, S. 210–211; Die ersten chinesischen Dynastien, S. 248–249; Die Terrakotta-Armee, S. 270–271; Zeitalter der Entdeckungen, S. 292–293; Der Aufstieg des Kommunismus, S. 314–315; Der Kalte Krieg, S. 320–321; Neue Spannungen, neue Hoffnungen, S. 326–327

Die Seidenstraße

Die Ausdehnung des Tang-Reichs schloss es an eine wichtige Handelsroute, die Seidenstraße, an. Diese verband China mit Zentral- und Südasien und brachte Karawanen mit Fremden in die Stadt Chang'an (heute X'ian) – Chinas damalige Hauptstadt. Auf diese Weise kam es auch zu einem Austausch der verschiedenen Kulturen.

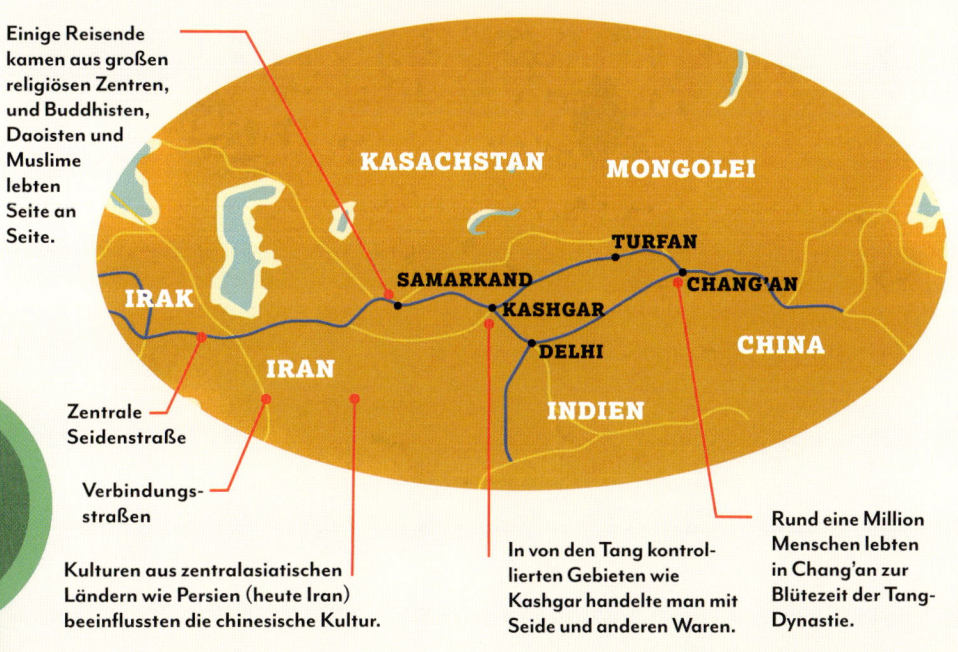

Einige Reisende kamen aus großen religiösen Zentren, und Buddhisten, Daoisten und Muslime lebten Seite an Seite.

KASACHSTAN

MONGOLEI

IRAK

IRAN

SAMARKAND

KASHGAR

DELHI

TURFAN

CHANG'AN

CHINA

INDIEN

Zentrale Seidenstraße

Verbindungs-straßen

Kulturen aus zentralasiatischen Ländern wie Persien (heute Iran) beeinflussten die chinesische Kultur.

In von den Tang kontrollierten Gebieten wie Kashgar handelte man mit Seide und anderen Waren.

Rund eine Million Menschen lebten in Chang'an zur Blütezeit der Tang-Dynastie.

UND DANN KAM ...

WU ZETIAN

Kaiserin, regierte 690–705, China

Wu Zetian war die einzige chinesische Kaiserin, die in ihrem eigenen Namen regierte. Sie übernahm die Macht, als ihr Mann erkrankte, und war für die letzten 23 Jahre seines Lebens die wahre Herrscherin Chinas. Nach seinem Tod regierte sie durch ihre Söhne, nahm ihnen jedoch 690 die Macht ab. Sie erklärte sich selbst zu Kaiserin und gründete ihre eigene kurzlebige Zhou-Dynastie.

FAKTastisch!

Tang-Kaiser führten ein Gesetz ein, das das Tragen gelber Kleidung verbot. Da Gelb Glück symbolisiert, trugen die Tang-Kaiser gelbe Gewänder. Auch die Herrscher der Sui-Dynastie (589–618) hatten solche, doch die Gesetze der Tang untersagte Beamten und einfachem Volk das Tragen dieser Farbe.

Die Künste der Tang
AUFGELISTET

Die Tang-Periode ist als Blütezeit von Kunst und Kultur bekannt.

1. Musik Es entstanden viele Orchester, die von großen Scharen höfischer Tänzer begleitet wurden.

2. Dichtung Fast 50 000 Werke überlebten. Die Zeit gilt als goldene Epoche der chinesischen Dichtung.

3. Malerei In leuchtenden Farben wurden das höfische Leben und vor allem die Hofdamen dargestellt.

4. Keramik Töpfer schufen weißes Porzellan, dreifarbige Keramik und Tonfiguren.

Die Verbreitung des Buddhismus

Unter den Tang verbreitete sich der buddhistische Glaube, auch dank Pilgern wie dem Mönch Xuanzang, der buddhistische Schriften aus Indien zurückbrachte. Menschen aller Schichten, inklusive der kaiserlichen Familie, Adligen und des Volks, unterstützten buddhistische Ideen. Zu dieser Zeit wurde in Leshan der größte Buddha der Welt errichtet.

DAS GOLDENE ZEITALTER DES ISLAM

Im frühen 7. Jahrhundert predigte der Prophet Mohammed in Arabien einen neuen Glauben, den Islam. Nach Mohammeds Tod 632 verbreitete sich der Islam nach Westen und Osten, von Spanien bis Indien. Die bedeutendste muslimische Dynastie war die der Abbasiden von 750 bis 1258. In dieser als Goldenes Zeitalter des Islam benannten Epoche kam es zu bedeutenden Fortschritten und Innovationen in Mathematik, Philosophie, Naturwissenschaften, Medizin und Literatur.

EUROPA

SPANIEN

ASIEN

BAGDAD ●

PERSIEN

AFRIKA

Die Welt des Islam

Um 750 erstreckte sich die islamische Welt von Spanien bis Indien. Die Hauptstadt der Abbasiden, die große neue Stadt Bagdad, war Zentrum der Wissenschaften. Menschen aller Glaubensrichtungen, Sprachen und Hintergründe kamen und erschufen eine neue Kultur. Bagdad war bis zu seiner Zerstörung durch die Mongolen 1258 der kulturelle Mittelpunkt des Islam.

Mechanische Kunstfertigkeit

Der muslimische Erfinder al-Dschazari, bekannt für seine fantastischen Maschinen, schrieb um 1205 sein Buch über mechanische Apparaturen. Eine der detailreichsten war eine Elefantenuhr. Der Mahut reitet den Elefanten, auf dem ein Schreiber, ein Drache und ein Falkner sitzen. Jede halbe Stunde setzt eine wasserbetriebene Mechanik im Inneren des Elefanten verschiedene Teile in Bewegung.

Der Vogel oben auf dem Turm dreht sich im Kreis.

Der Falkner lässt den Ball in das Maul des Drachen fallen.

Der Mahut schlägt einen Elefanten mit einem Knüppel oder einer Axt.

Der Drache lässt den Ball in eine Urne fallen.

Der Schreiber dreht sich. Sein Stift deutet auf die Anzahl der vergangenen Minuten.

Beratender Experte: David J. Wasserstein **Siehe auch:** Religiöser Glaube, S. 210–211; Der Fruchtbare Halbmond, S. 242–243; Das Perserreich, S. 262–263; Die Renaissance, S. 288–289

Islamische Bücher

Der Koran ist die Heilige Schrift des Islam. Hier sind zwei Seiten eines Koran aus dem 9. Jahrhundert zu sehen. Zu dieser Zeit wurden dank der Förderung der Abbasiden zahlreiche griechische, persische und andere Texte ins Arabische übersetzt und führten so zu Blüte und Weiterentwicklung der Wissenschaften in islamischer Zeit. Arabisch wurde zur Hauptsprache von Spanien bis zum Irak.

Wundervolle Ornamente

In der islamischen Kunst ist es nicht gestattet, Gesichter lebender Menschen abzubilden. Die Darstellung menschlicher Formen wird vermieden. Stattdessen sind Gebäude wie Moscheen mit aufwendigen Ornamenten verziert. Sie erinnern an Pflanzen oder haben geometrische Muster, die von den mathematischen Entdeckungen des Goldenen Zeitalters inspiriert sind.

Gelehrte des muslimischen Goldenen Zeitalters

AUFGELISTET

Viele der größten Gelehrten des Goldenen Zeitalters des Islam gelten als Gründerväter ganzer Studienfelder.

1. Dschabir ibn Hayyan (um 721–815)
Etliche naturwissenschaftliche Werke, besonders in Chemie, werden diesem Autor zugeschrieben.

2. Al-Khwarizmi (um 780–850)
Der Astrologe und Mathematiker aus Bagdad erfand Algebra. Das Wort ist von seinem Namen abgeleitet.

3. Al-Kindi (um 800–870)
Er schrieb rund 250 Werke und wird als „Philosoph der Araber" verehrt. Er war auch an der Einführung der indischen Zahlen im Nahen Osten beteiligt, von wo sie sich dann in Europa verbreiteten.

4. Al-Sufi (903–986)
Al-Sufi verzeichnete die erste Sichtung der Andromeda-Galaxie. Um 964 verfasste ein Standardwerk der Astronomie, *Das Buch der Fixsterne*.

5. Ibn al-Haytham (um 965–1040)
Im Westen als Alhazen bekannt, verfasste er mehr als 100 Werke zu Naturwissenschaft, Mathematik und Philosophie. Sein *Buch der Optik* erklärt das Sehen durch die Nutzung von Licht.

6. Ibn Sina (um 980–1037) In der westlichen Welt als Avicenna bekannt, war er der einflussreichste islamische Wissenschaftler und Philosoph. Sein medizinisches Lehrbuch galt jahrhundertelang als Standardwerk.

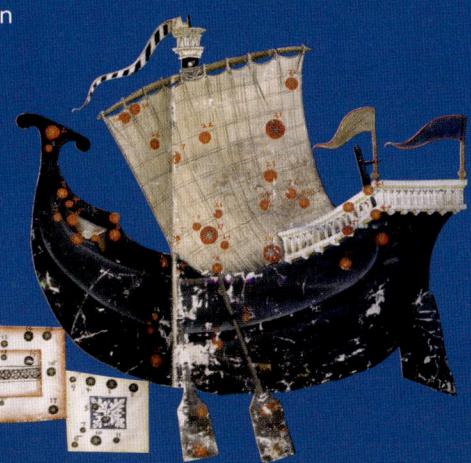

Die Abbildung aus al-Sufis *Buch der Fixsterne* zeigt Argo Navis, eine Sternenkonstellation als Schiff.

Al-Andalus

Von 711 bis ins 13. Jahrhundert standen weite Teile Spaniens unter islamischer Herrschaft. 756 ernannte der muslimische Herrscher Abd ar-Rahman Cordoba zu seiner Hauptstadt. Als Zentrum eines mächtigen Staats war es für Handel und Kultur bekannt. Die Große Moschee war eines der größten islamischen Gebäude der Welt. Sie wurde später zu einer christlichen Kathedrale umgewidmet. Heute dient das Minarett (ein Turm, von dem die Muslime zum Gebet gerufen werden) als Glockenturm.

EUROPA IM MITTELALTER

Das Wort „Mittelalter" ist vom lateinischen *medium aevum* (Mitte der Zeitalter) abgeleitet und umschreibt eine Epoche von 500 bis 1500 n. Chr., eine Zeit großer Veränderungen. König und Heerführer Karl der Große vereinte viele Königreiche zu einem Imperium. Das Christentum breitete sich über das Festland bis zu den britischen Inseln aus, und tödliche Krankheiten suchten die Völker auf dem ganzen Kontinent heim.

Die mittelalterliche Burg

Mittelalterliche Herrscher sicherten sich die Kontrolle über ihre Königreiche durch das System des Feudalismus. Könige vergaben gegen Treue und Militärdienst Land an Lehnsmänner. Diese wiederum gaben Teile des Landes an Bauern ab. Die Bauern bewirtschaften das Land ihrer Lehnsherren so wie ihr eigenes. Könige und Adlige errichteten Burgen zur Verteidigung.

Massive Steinmauern schützten die Burg und ihre Bewohner gegen Angriffe feindlicher Mächte.

Menschen lebten in einem Wohnturm. Der gehörte zum am besten verteidigten Teil der Burg.

In Britannien brauchte ein Lord die Genehmigung des Königs, um Zinnen bauen zu lassen. Das sind Mauern mit Lücken, durch die man Pfeile schießen kann.

Gemüsegärten und Vieh versorgten die Küche mit Nahrungsmitteln.

Köche, Gärtner, Diener, Handwerker und viele andere lebten und arbeiteten innerhalb der Burgmauern.

Burgen besaßen meist einen Wassergraben. Die Bewohner ließen eine Zugbrücke über den Graben, um Menschen eintreten zu lassen.

Lehnsherren oder Könige dinierten, unterhielten Gäste und führten ihre Geschäfte in der großen Halle der Burg.

Burgen waren die privaten Wohnungen der adligen oder königlichen Familien. Sie stellten Ritter zu ihrer Verteidigung ab.

Beratender Experte: Michael Ray **Siehe auch:** Natürlicher Klimawandel, S. 98–99; Religiöser Glaube, S. 210–211; Konflikt und Krieg, S. 212–213; Das Goldene Zeitalter des Islam, S. 280–281; Die Folgen des Klimawandels, S. 364–365

Die Wikinger

Wiking ist ein altes Wort für „Pirat". Es bezieht sich auf skandinavische Seefahrerkrieger, die zwischen dem 9. und 11. Jahrhundert entlang der Küsten Europas handelten und plünderten. Zudem besetzten sie Länder und siedelten dort, wie in Frankreich, wo aus ihnen die Normannen hervorgingen. Auch in Russland fielen sie ein, dort wurden sie wegen des roten Haares Rus genannt (*rus* bedeutet rot). Russland ist nach ihnen benannt.

Ein Langschiff der Wikinger hatte ein einziges Segel. Wenn kein Wind wehte, konnte es mit Rudern bewegt werden.

Galionsfiguren stellten oft furchterregende Bestien wie Drachen, Bären oder Wölfe dar.

Wikinger bauten Langschiffe, deren ausgeklügelte Form es möglich machte, auf Flüssen und auf offener See zu fahren.

BEKANNTE UNBEKANNTE

Wie viele Menschen starben am Schwarzen Tod?

Die Pest, auch Schwarzer Tod genannt, breitete sich von 1347 bis 1351 in ganz Europa aus. Anfangs wurde sie von infizierten Flöhen übertragen, die von Ratten auf Menschen übersprangen. Historiker nehmen an, dass 25 Millionen Menschen, etwa ein Drittel der damaligen Bevölkerung Europas, daran starben. Andere schätzen die Zahl doppelt so hoch.

Die mittelalterliche Warmzeit

Zwischen 900 und 1300 profitierten Teile Europas von einer leichten Klimaerwärmung. Das führte besonders in Nordeuropa zu Veränderungen in der Landwirtschaft. In Norwegen wuchs Getreide, und Weintrauben wurden sogar in England angebaut. Während dieser Zeit siedelten sich die Wikinger in Grönland an, wo die wärmeren Temperaturen den Arktischen Ozean teilweise vom Eis befreit hatten.

Die Kreuzzüge

Der christliche Glaube einte viele Europäer. Von 1095 zogen westeuropäische Armeen auf Kreuzzüge. So nannte man eine Reihe von Feldzügen, mit denen die Europäer frühere christliche Gebiete von den muslimischen Eroberern zurückgewinnen und die Kontrolle über nicht christliche Gebiete übernehmen wollten. Die ersten drei Kreuzzüge hatten einen gewissen Erfolg, und im Nahen Osten wurden christliche Staaten gegründet. Spätere Kreuzzüge wurden jedoch niedergeschlagen, es gelang den Europäern nicht, das Land zu halten.

283

Als der Erfinder Richard Trevithick seine
simple Hochdruck-Dampfmaschine
entwickelte, ahnte er nicht, was er durch seine
Experimentierfreude auslösen würde! Seit
1830 revolutioniert Hochdruckdampfenergie
die Welt und erlaubt den Menschen, große
Distanzen zu überwinden, etwa in dieser
Dampflok. Auch heutige Atomkraftwerke
wandeln Wasser in Dampf um, der dann
Turbinen antreibt, mit denen Strom erzeugt
wird.

KAPITEL 7

MODERNE ZEITEN

Modern ist ein seltsames Wort. Einerseits benutzen wir es, wenn wir über Dinge sprechen, die gerade geschehen. Andererseits, wie in diesem Kapitel, bezeichnet es die ganze Epoche seit dem Mittelalter – was mehr als 500 Jahre zurückliegt! Während dieser Zeit führt die Entdeckung neuer Gebiete zu rasant anwachsenden Reichen. Kolonialismus verändert, mehr noch, er zerstört das Leben unzähliger indigener Völker.

Siege für einige und Unglück für andere ziehen sich durch Revolutionen, Weltkriege und den Terrorismus des 21. Jahrhunderts. Doch geht es nicht nur um Eroberung und Elend. In der Moderne werden große Sprünge in Kunst, Medizin und Technologie gemacht. Werde Zeuge des Könnens italienischer Renaissance-Künstler. Entdecke die Fortschritte in der Medizin, mit denen schmerzfreie Behandlungen möglich werden. Neue Maschinen beenden zwar das Zeitalter des für sich arbeitenden Handwerkers, versorgen aber das einfache Volk mit Wärme, Nahrung und Elektrizität. Die Menschen heben von der Erde zu einem Wettlauf ins All ab. Und Schritt für Schritt erlangen diskriminierte und als minderwertig behandelte Gruppen Rechte, die ihnen zuvor verweigert wurden. Es wird eine holprige Fahrt, also schnallt euch an.

AFRIKANISCHE REICHE

In Afrika gab es viele Imperien und Königreiche. Das Mali-Reich erstreckte sich von der Atlantikküste Westafrikas nach Osten bis in die Wüste Sahara. Das Äthiopische Königreich umfasste das heutige Äthiopien und Eritrea. Es bestand sieben Jahrhunderte lang und ist somit eines der langlebigsten Reiche der Weltgeschichte. Das Königreich der Aschanti lag im heutigen Ghana an der westafrikanischen Küste.

Mansa Musa von Mali

Einer der reichsten Männer aller Zeiten war Mansa Musa, ein Mali-Herrscher. Er bestieg den Thron um 1307. Seinen Reichtum verdankte er dem Handel und den Goldminen. Zwar sind keine Details bekannt, doch Historiker schätzen das Vermögen, das Mansa Musa mit dem Handel von Gold und Salz machte, auf einen Wert von 336 Milliarden Euro.

Islamische Studien

Die Handelsstädte Gao und Timbuktu gehörten zum Mali-Reich. In Timbuktu ließ Musa viele Gebäude errichten, darunter drei Moscheen, muslimische Andachtsorte. Die 1327 gebaute Djinger-ber-Moschee (Abbildung oben) wurde zu einem Zentrum islamischer Studien.

1324 begab sich Musa auf eine große Reise oder Pilgerfahrt in die heilige Stadt der Muslime, Mekka im heutigen Saudi-Arabien.

Musa verteilte Gold an die Menschen, an denen er vorbeikam.

Neben 60 000 Menschen umfasste sein Gefolge 80 Kamele, von denen jedes 135 Kilogramm Gold trug.

Beratender Experte: Etana H. Dinka **Siehe auch:** Reichtümer der Erde, S. 78–79; Metalle, S. 116–117; Religiöser Glaube, S. 210–211; Europa im Mittelalter, S. 282–283; Sklaverei in Nord- und Südamerika, S. 302–303; Politische Weltkarte, S. 328–329

1 Mali-Reich
Vom 13. bis zum 15. Jh. war das Reich von Mali das bedeutendste in Westafrika.

2 Äthiopisches Reich
Das Äthiopische Reich gelangte unter der Salomonischen Dynastie, die von 1270 an regierte, zur vollen Blüte.

3 Aschanti-Reich
Das westafrikanische Königreich bestand in Ghana vom späten 17. bis Ende des 19. Jh.

BEKANNTE UNBEKANNTE

Wer erbaute die Felsenkirchen von Lalibela?
Äthiopien ist seit 330 n. Chr. christianisiert. Die Herrscher führten ihre Abstammung auf den biblischen König Salomon zurück. In der Stadt Lalibela gab es elf Kirchen, die in den Felsen gemeißelt wurden. Die meisten entstanden während der Regierungszeit von König Lalibela zwischen dem 12. und 13. Jahrhundert, doch niemand weiß, wer sie baute. Die Einheimischen glauben, dass es Engel waren.

Imperiale Territorien

Die Reiche Mali und Äthiopien entsprechen nicht den heutigen Staaten mit diesen Namen. Äthiopien liegt ungefähr dort, wo sich das Äthiopische Reich befand, doch das moderne Mali unterscheidet sich geografisch vom Mali-Reich. Und die Menschen des Aschanti-Volks leben heute in drei afrikanischen Ländern: Ghana, Togo und Elfenbeinküste.

Kente-Stoff

Die Aschanti von Ghana stellten bunte Webstoffe her. Sie bestanden meist aus der vor Ort angebauten Baumwolle. Farbiges Garn wurde in komplizierten Mustern in 10 Zentimeter breite Stoffstreifen gewebt. Dann nähte man die Streifen zusammen und stellte daraus Kleider her. Dieser Stil ist als Kente-Stoff bekannt. Noch heute wird er, als Original oder Imitation, in Ghana und auf der ganzen Welt getragen. In vielen Mustern dominiert die Farbe Gold. Sie steht für Königswürde, Wohlstand, hohen Status, Pracht und spirituelle Reinheit.

Westafrikanisches Gold

Goldminen gab es in mehreren afrikanischen Regionen, auch in Westafrika, das man eine Zeit lang als Goldküste bezeichnete. Die westafrikanischen Völker der Fulanti und Aschanti, Südafrikaner und die alten Ägypter stellten wundervolle Gegenstände aus Gold her. Dieser Löwe ist ein Aschanti-Ornament. Für die Aschanti symbolisierte Gold die Seele und den Wohlstand eines Landes.

Beratende Expertin: Jane Long **Siehe auch:** Kunst, S. 218–219; Antikes Griechenland, S. 264–265; Das Römische Reich, S. 272–273; Das Goldene Zeitalter des Islam, S. 280–281; Zeitalter der Entdeckungen, S. 292–293

DIE RENAISSANCE

Seit ihrem Beginn im Italien des 14. Jahrhunderts erneuerte die Renaissance („Wiedergeburt") in Europa das Interesse an den antiken Kulturen der Griechen und Römer. Wissen rückte in den Vordergrund, vor allem ging es um besseres Verständnis der Welt und größere Naturnähe in der Kunst. Die Ideen der Renaissance verbreiteten sich rasch, auch dank der Erfindung der Druckerpresse 1439. Es entstanden großartige Werke der Kunst, Literatur und Wissenschaft.

Die Schule von Athen (1509–1511)

Der italienische Renaissance-Künstler Raffael malte das Fresko für die Bibliothek von Papst Julius II. im Vatikan in Rom. Es illustriert zentrale kulturelle und künstlerische Ideen der Renaissance. Dargestellt sind Männer, die ihre Kenntnisse von der Welt miteinander teilen. Auf dem Gemälde sind keine Frauen zu sehen, denn damals war nur wenigen Frauen der Zugang zu Bildung erlaubt.

1. Die Architekten der Renaissance bewunderten die Symmetrie und die enormen Ausmaße antiker römischer Bauwerke.

2. Jeder Bogen ist kleiner als der „davor liegende". Dadurch entsteht der Eindruck von Tiefe auf der flachen Wandoberfläche.

3. Die Figuren sehen aus wie reale Menschen. Alle haben individuelle Gesichtszüge, Körper und Kleider und bewegen sich natürlich.

4. Platon und Aristoteles, die beiden berühmtesten Philosophen der griechischen Antike, stehen im Zentrum des Gemäldes.

5. Raffael spielt auf das Goldene Zeitalter des Islam an, indem er den muslimischen Philosophen Averroes in das Bild aufnimmt.

6. Die zentrale Gestalt dieser Gruppe ist Pythagoras, ein wichtiger Denker und Mathematiker der griechischen Antike.

7. Die Künstler der Renaissance versuchten, in ihren Werken die menschliche Anatomie und Haltung genau abzubilden.

8. Mit Lichteffekten auf Haut und Kleidung erzeugt Raffael den Eindruck, dass natürliches Sonnenlicht von rechts einfallen würde.

9. Globen verweisen auf das Studium der Sterne und der Erde. Zu dieser Zeit gab es große Fortschritte in der Astronomie.

10. Stolz auf sein Wissen von der Welt, fügt Raffael ein Selbstporträt von sich ein (mit schwarzer Kopfbedeckung).

11. Mathematische Instrumente weisen auf das große Interesse der Gelehrten an den Naturwissenschaften hin.

12. Die Tür zur päpstlichen Bibliothek, über der das Fresko gemalt wurde

AZTEKEN UND INKA

Zu den bedeutenden Kulturen des amerikanischen Kontinents gehören die Azteken, die im heutigen Mexiko lebten, und die Inka, deren Gebiete sich entlang der pazifischen Küste Südamerikas ausdehnten. Die Herrscher beider Kulturen beanspruchten für sich, von Gott auserwählt zu sein. Beide bauten riesige Städte und schufen weite Handelsnetze.

NORDAMERIKA

GOLF VON MEXIKO

PAZIFISCHER OZEAN

SÜD-AMERIKA

1 Das Azteken-Reich im heutigen Mexiko hatte seine Blütezeit vom 14. bis ins frühe 15. Jh.

2 Die Inka gründeten 1100 ihre Hauptstadt Cusco dort, wo heute Peru liegt, und erlebten ihre Blüte im frühen 15. Jh.

Stadt im See

Die aztekische Hauptstadt Tenochtitlan befand sich dort, wo heute Mexiko-Stadt liegt. Sie wurde auf einer weitgehend künstlichen Insel im See Texcoco gegründet. Im frühen 15. Jahrhundert lebten dort etwa 300 000 Menschen. Im Zentrum lag ein beeindruckender Zeremonienbezirk, umringt von Palästen wie dem des aztekischen Herrschers Montezuma II.

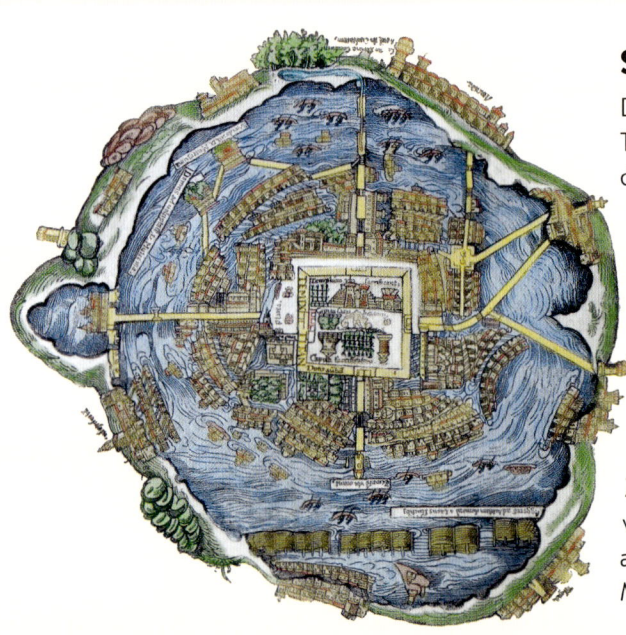

Herrschaftsausdehnung

Das Inka-Reich erstreckte sich vom heutigen Ecuador und Kolumbien bis 80 Kilometer südlich von Santiago de Chile. Die Bevölkerung zählte 12 Millionen Menschen. Das Reich der Azteken dehnte sich vom Pazifischen Ozean bis zur Golfküste und vom heutigen Zentralmexiko bis nach Guatemala aus. Die Bevölkerung erreichte 5 bis 6 Millionen.

Quipus der Inka

Die Inka entwickelten Quipus, um wichtige Informationen und historische Ereignisse festzuhalten. An einer dicken Schnur befestigten sie Fäden aus gefärbter Lamawolle, in die sie Knoten machten. Die Abfolge der Fäden entlang der Hauptschnur, die Anzahl und Art der Knoten und die Abstände zwischen ihnen verschlüsselten große Datenmengen.

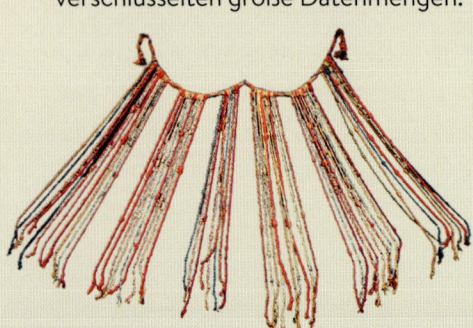

Fähige Ingenieure

Die Inka waren brillante Ingenieure. Eine ihrer größten Errungenschaften war der Bau von 38 500 Kilometern an Transportwegen. Im gebirgigen Terrain spannten sie Seilbrücken über tiefe Schluchten. Sie nutzten Lamas statt Räderkarren für den Transport von Gütern und Waren.

Hohe Gehwege Seilbrücken überzogen Schluchten und Flüsse.

Gewebtes Gras Die Inka webten Brücken aus Ichugras, das in Bündeln wuchs und sehr robust war.

Seile Sie mussten jährlich erneuert werden, damit die Brücke stabil blieb.

Beratender Experte: Javier Urcid **Siehe auch:** Biegen und Brechen, S. 142–143; Sprache und Geschichten, S. 214–215; Kalender, S. 222–223; Olmeken und Maya, S. 260–261; Neue Reiche, S. 298–299; Zeitalter der Revolutionen, S. 304–305; Politische Weltkarte, S. 328–329

Solider Stein
Der Stein ist etwa 91 Zentimeter dick und hat einen Durchmesser von 3,65 Meter.

Höchster Gott
Sonnengott Tonatiuh, Herr des Himmels, sitzt im Zentrum.

Sonnengötter
Vier Figuren in rechteckigen Rahmen umgeben Tonatiuh. Sie repräsentieren vier frühere Weltzeitalter („Sonnen").

Himmel
Die Randsymbole scheinen den Nachthimmel mit der Unterwelt zu verbinden.

Zyklus
Der innere Zyklus zeigt 20 benannte Tage. Beide Kalendersysteme arbeiten mit Zyklen, die auf diesen 20 Tagen basieren.

Gegensätze
Xiuhtecuhtli, Gott des Feuers (links), und Tonatiuh, Gott des Windes (rechts), personifizieren den verzweifelten Kampf zwischen Nacht und Tag.

Feuer
Dieser Ring stellt die mythologischen Feuerschlangen *xiuhcocoah* und ihre starken Flammen dar.

Der Kalenderstein der Azteken

Archäologen entdeckten diesen „Sonnenstein" im Jahr 1790. Die Azteken benutzten ihn als eine Art Kalender. Er ist sehr komplex und besteht aus zwei Systemen – einem landwirtschaftlichen aus 365 Tagen und einem rituellen aus 260 Tagen. Ursprünglich war der Stein mit leuchtenden Farben bemalt.

ZEITALTER DER ENTDECKUNGEN

Die Zeit von 1400 bis 1700 wird oft als Zeitalter der Entdeckungen beschrieben. Zwar war der Wunsch, die Welt zu erforschen, nicht neu – auch früher schon hatten Menschen auf der Suche nach neuen Welten große Distanzen überwunden. Doch nun kam es zu einigen der folgenreichsten Entdeckungen für die Zukunft.

Der magnetische Kompass

Bereits um 1100 nutzten chinesische Entdecker magnetische Kompasse. Diese Instrumente enthielten magnetisierte Nadeln, die auf das Magnetfeld der Erde reagierten und immer nach Norden zeigten. Der magnetische Kompass wurde zum nützlichen Werkzeug für Entdecker, die sich zudem an den Sternen und Windrichtungen orientierten.

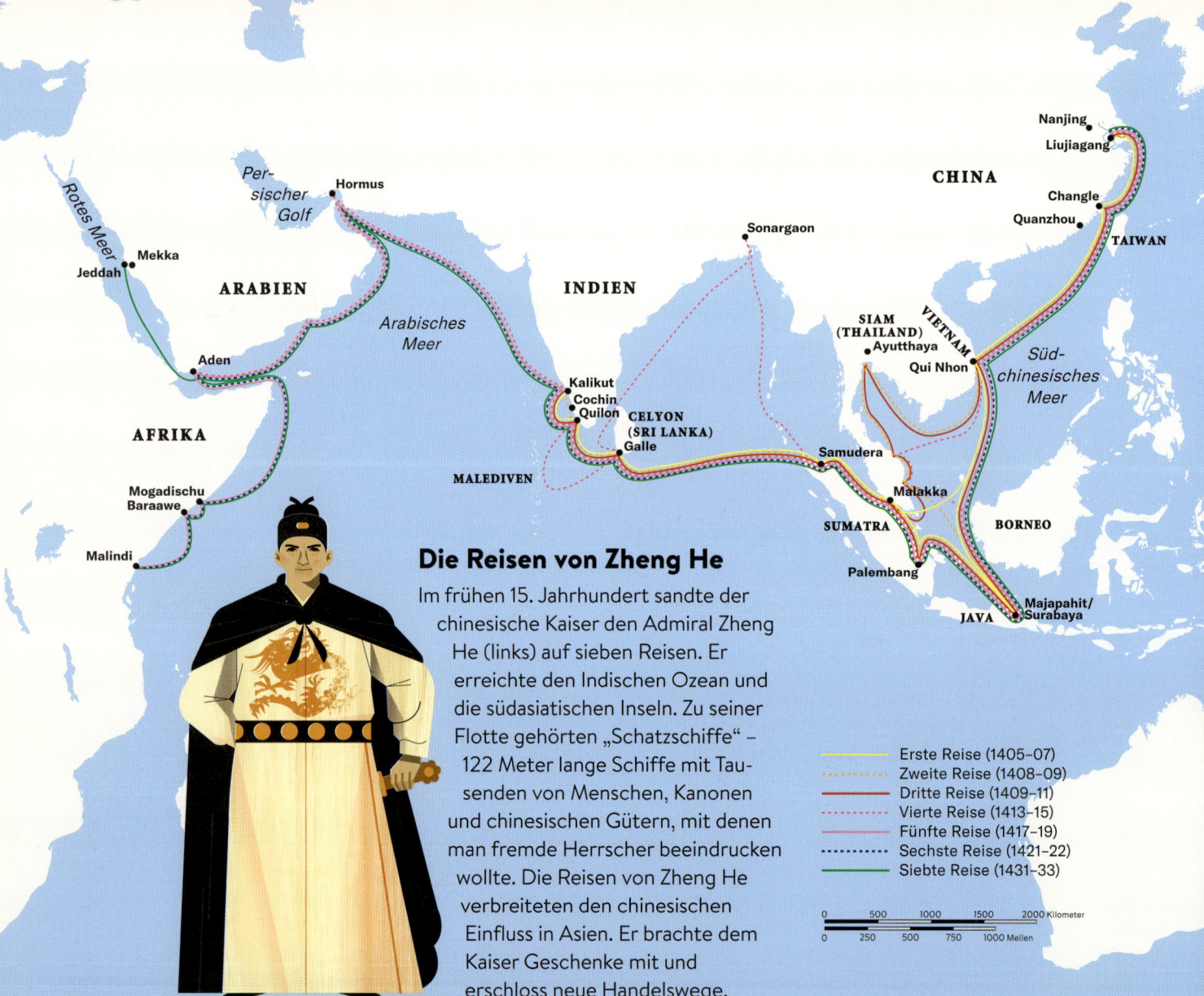

Die Reisen von Zheng He

Im frühen 15. Jahrhundert sandte der chinesische Kaiser den Admiral Zheng He (links) auf sieben Reisen. Er erreichte den Indischen Ozean und die südasiatischen Inseln. Zu seiner Flotte gehörten „Schatzschiffe" – 122 Meter lange Schiffe mit Tausenden von Menschen, Kanonen und chinesischen Gütern, mit denen man fremde Herrscher beeindrucken wollte. Die Reisen von Zheng He verbreiteten den chinesischen Einfluss in Asien. Er brachte dem Kaiser Geschenke mit und erschloss neue Handelswege.

- Erste Reise (1405-07)
- Zweite Reise (1408-09)
- Dritte Reise (1409-11)
- Vierte Reise (1413-15)
- Fünfte Reise (1417-19)
- Sechste Reise (1421-22)
- Siebte Reise (1431-33)

Beratender Experte: Lorenzo Veracini **Siehe auch:** Im Inneren der Erde, S. 62–63; Azteken und Inka, S. 290–291; Neue Reiche, S. 298–299; Britische und französische Kolonien in Nordamerika, S. 300–301; Sklaverei in Nord- und Südamerika, S. 302–303; Zeitalter der Revolutionen, S. 304–305; Entkolonisierung, S. 322–323

FAKTastisch!

Von 250 Personen, die 1519 mit der Weltumrundungs-Expedition Ferdinand Magellans Spanien verließen, kehrten nur 18 zurück. Die übrigen starben während der Reise. Der portugiesische Entdecker startete 1519 von Spanien. Nur eines von fünf Schiffen kam 1522 nach Europa zurück, doch Magellan war nicht mehr an Bord. Er fiel 1521 im Kampf gegen indigene Insulaner auf den Philippinen.

BEKANNTE UNBEKANNTE

War die Franklin-Expedition durch ihre eigenen Vorräte dem Untergang geweiht?

Am 19. Mai 1845 startete eine britische Expedition unter Leitung von Captain Sir John Franklin von England, um die Arktis zu entdecken. Auf den beiden Segelschiffen, *HMS Erebus* und *HMS Terror*, waren 128 Offiziere und Matrosen. Sie wurden Ende Juli 1845 zuletzt nördlich von Baffin Island in der heutigen kanadischen Region Nunavut gesehen. Beide Schiffe verschwanden und blieben für mehr als 150 Jahre verborgen. Forscher denken, dass die Männer an Bleivergiftung litten, verursacht durch Metall in ihren Konservendosen. Das könnte sie das Leben gekostet haben, als die Schiffe im Eis gefangen waren.

Zeitalter der Entdeckungen
CHRONIK

1417–1419 Der chinesische Admiral Zheng He erreicht Ostafrika.

1492 Der italienische Admiral Christoph Kolumbus landet in der Karibik.

1497 Der italienische Entdecker und Seefahrer Giovanni Caboto erreicht die Ostküste Nordamerikas.

1498 Der portugiesische Entdecker Vasco da Gama erreicht als erster Europäer Indien auf dem Seeweg.

1500 Der portugiesische Kommandant Pedro Álvares Cabral segelt von Europa nach Brasilien.

1519 Der spanische Entdecker Hernán Cortés kommt in Mexiko an.

1606 Der holländische Seefahrer Willem Janszoon landet als erster Europäer in Australien.

1642 Der holländische Händler Abel Tasman trifft als erster Europäer in Neuseeland ein.

Experten-Kommentar

LORENZO VERACINI
Historiker

Dr. Veracini erforscht die Geschichte der vielen verschiedenen Kolonien. Ihm ist es wichtig, herauszufinden, warum die Welt erkundet worden ist: Handel, Diplomatie, Lebensraum, Ansehen und Wohlstand.

„Mich interessiert sehr, wie die Gegenwart von der Vergangenheit geformt wurde."

DAS MOGUL-REICH

1516 gründete Herrscher Babur das indische Mogul-Reich. Bis zum 17. Jahrhundert wurde es zu einem der mächtigsten Staaten der Welt. Den muslimischen Mogul-Herrschern gelang es, die Kulturen der Hindu und der Muslime zu vereinen, und sie regierten erfolgreich zwei Jahrhunderte lang. Ihr Wohlstand und die Pracht ihrer Kultur waren landauf, landab bekannt. Das Reich blühte, bis die Briten in der Mitte des 18. Jahrhunderts Indien kolonialisierten.

Koh-i-Noor

Der Koh-i-Noor ist ein berühmter Diamant. Er soll den mit Edelsteinen besetzten Pfauenthron des Mogul-Herrschers Shah Jahan geschmückt haben. In der Zeit der britischen Kolonialisierung gelangte er in den Besitz von Königin Victoria und verblieb bis heute in Großbritannien.

Der Taj Mahal

Am Ufer des Flusses Yamuna in Agra steht der Taj Mahal, eine Krone der Schöpfungen des Mogul-Reichs. Herrscher Shan Jahan beauftragte 1631 nach dem Tod seiner Lieblingsfrau Mumtaz Mahal den Bau dieses Mausoleums. Er ist dort mit ihr begraben. Der Bau des in seiner Anlage vollkommen symmetrischen Bauwerks dauerte mehr als 15 Jahre.

Die Bronzespitze auf der Kuppel ist mit dem aufgehenden Mond, einem Symbol für Weltherrschaft, geschmückt.

Minarette (schlanke Türme) umgeben den Taj Mahal. Sie sind der Architektur türkischer Moscheen nachgebildet.

Muslimische Ornamente beruhen meist auf Naturmotiven. Blumen stehen für den himmlischen Paradiesgarten.

Architektonische Perfektion und Harmonie basieren auf geometrischen und symmetrischen Prinzipien.

Der feine, weiße Marmor des Taj Mahal symbolisiert Reinheit.

Das Wasser im Charbagh (einem vierteiligen Garten) kommt direkt aus dem Fluss Yamuna.

Beratender Experte: Taymiya R. Zaman **Siehe auch:** Religiöser Glaube, S. 210–211; Entkolonisierung, S. 322–323

FAKTastisch!

Akbar der Große, der von 1556 bis 1605 regierte, besaß 101 Elefanten.
Viele von ihnen gehörten vermutlich zu seiner Armee – die Moguln ritten auf gepanzerten Elefanten in den Kampf. Die riesigen Tiere rannten gegen die feindlichen Soldaten an, die bei ihren Angriffsversuchen riskierten, totgetrampelt zu werden.

Mogul-Frauen

Frauen begleiteten die Armee auf Feldzügen, waren am Bau von Monumenten beteiligt und engagierten sich in Handel und bei Wohltätigkeitsprojekten. Die Tochter des Herrschers Babur, Gulbadan Begum, verfasste eine der ersten Chroniken des Reichs. Zeb un-Nisa, die Tochter des Herrschers Aurangzeb, war Dichterin. Jahan (oben) ließ für ihren Vater, einen Adligen namens Itimad ud-Daula, ein weißes Marmorgrab errichten.

UND DANN KAM ...

AKBAR DER GROSSE
Regierte 1556–1605,
Sindh (heutiges Pakistan)

Akbar der Große war der dritte Mogul-Herrscher. Er dehnte seine Macht über den größten Teil des indischen Subkontinents aus. In seinem Reich konnten ganz unterschiedliche Personen in Machtpositionen aufsteigen. Er ist besonders bekannt für sein Interesse an den Künsten.

„Ein Monarch soll immer auf Eroberung bedacht sein, sonst erheben seine Nachbarn ihre Waffen gegen ihn."

Herrscher Babur spricht mit Akbar (in oranger Kleidung) im Palastgarten.

Viele Miniaturen waren als Illustrationen für Bücher bestimmt.

Die Maler benutzten sehr feine Pinsel zur Darstellung der bezaubernden Muster auf den kleinen Leinwänden.

Natur und Tiere waren beliebte Motive in der Kunst des Mogul-Reichs.

Miniaturmalerei der Moguln

Im Mogul-Reich wurden überwiegend Miniaturen gemalt, die Szenen am Hof, aus Geschichte und Literatur darstellten. An jedem Werk war oft ein Team von Künstlern beschäftigt, jeder war für einen anderen Teil zuständig – bis hin zu dem Künstler, der die Porträts ergänzte. Diese Form der Malerei findet sich in der Autobiografie des Herrschers Babur.

JAPANS GROSSER FRIEDEN

Von 1603 bis 1867 herrschte eine Reihe von Kriegsführern, die sogenannten Shogune, in Japan. Edo (heute Tokio) war die Hauptstadt. Ungeachtet ihres kriegerischen Titels wollten die Herrscher eine friedliche Nation aufbauen. Durch ihre Politik der Abschließung beschränkten sie die Beziehungen zu anderen Ländern und handelten nur mit China, Holland, Korea und dem Königreich Ryukyu (heute Okinawa). Diese Epoche wird auch als Edo-Zeit bezeichnet. Außer Edo wuchsen auch die Handelsstadt Osaka und die antike Stadt Kyoto während dieser Zeit.

Der Tee

Die japanische Teezeremonie, *sadō*, existierte bereits vor der Edo-Zeit, wurde aber erst dann in der Bevölkerung beliebt. Grünen Tee zu trinken, war ein formelles Ereignis, das bis zu vier Stunden dauern konnte und nach bestimmten Regeln und mit besonderem Zubehör stattfand. Es war eine Möglichkeit für die Menschen, dem Alltag zu entfliehen.

Gesellschaftsstruktur der Shogunate

Die soziale Hierarchie oder das Statussystem mit dem Kaiser an der Spitze war in Japan streng geregelt. Der Shogun, ein Kriegsführer, besaß die wirkliche Macht. Unter ihm gab es fünf Klassen: Fürsten (*daimyo*), Krieger (*samurai*), Bauern, Künstler und Händler. Die Menschen konnten nicht von einer in die andere Klasse wechseln.

Shogun
Der oberste militärische Führer und tatsächliche Herrscher, der alle Entscheidung traf

Samurai
Die Krieger des Landes, die auch als Beamte der Regierung arbeiteten

Bauern
Die bäuerliche Bevölkerung sicherte dem Reich eine stabile Wirtschaft.

Kaiser
Repräsentierte den Staat, besaß aber keine wirkliche politische Macht

Daimyo
Ein Fürst, der bestimmte Gebiete kontrollierte und regierte

Kunsthandwerker
Personen, die Waffen und Ausstattung für die Samurai herstellten

Händler
Gehörten zu den wohlhabendsten Menschen der Gesellschaft, standen aber unterster Stelle

Beratender Experte: Katsuya Hirano **Siehe auch:** Darstellende Künste, S. 220–221; Zweiter Weltkrieg, S. 318–319; Politische Weltkarte, S. 328–329

Fenster zum Westen

Die japanische Politik der Landesabschließung hielt die Japaner davon ab, das Land zu verlassen. Sie konnten auch nicht nach Japan zurückkehren, wenn sie vor dieser Zeit woanders gelebt hatten. Japan brach 1639 den Handel mit den Europäern ab, außer mit den Holländern, die Waren wie Gewürze, Stoffe, Seide und Porzellan (links) handelten. 1641 errichteten die Holländer ein Handelskontor in Nagasaki. Das war der einzige Hafen, der bis 1854 den Handel mit dem Westen fortführen konnte. Daher nannte man die Stadt das Fenster zum Westen.

FAKTastisch!

Nicht weniger als 7 Prozent der Bevölkerung waren Samurai. Neben ihrer kriegerischen Tätigkeit studierten sie Mathematik und Kalligrafie und schrieben Gedichte. *Onna-bugeisha*, weibliche Samurai, erhielten die gleiche Kampfausbildung wie männliche, wurden aber zusätzlich an der *Naginata* trainiert, einer langen Waffe, die extra für die weibliche Körperhaltung entwickelt wurde.

Theaterikonen

Kabuki ist eine traditionelle japanische Form des Musiktheaters, bei dem die Schauspieler dick aufgetragenes, buntes Make-up tragen, um ihre Charaktere darzustellen. Die als *ukiyo-e* bekannten Bildnisse von berühmten Kabuki-Darstellern, meist in Form von Holzschnitten, waren sehr beliebt in der Edo-Zeit. Die Schauspieler wurden zu Stilikonen – auch dank der günstigen *ukiyo-e*, die zu Tausenden produziert wurden.

Experten-Kommentar

KATSUYA HIRANO
Historiker

Katsuya Hirano beschäftigt sich mit dem Leben während der Edo-Zeit, in der der Glaube an Geister sehr ausgeprägt war. Weil die Menschen noch keine Elektrizität hatten und Kerzen sehr teuer waren, regte die Dunkelheit, sobald es Nacht wurde, die Vorstellungskraft an.

„Viele Menschen glaubten, Geister und Gespenster erschienen am ehesten morgens gegen halb drei!"

NEUE REICHE

1494 unterzeichneten die Könige von Kastilien und Portugal den Vertrag von Tordesillas. Darin teilten sie die Welt unter sich auf. Als Kolonialherren überrannten sie viele Zivilisationen, die seit langer Zeit auf dem amerikanischen Kontinent ansässig waren. Sie wollten von Amerikas Reichtum an Silber und Gold profitieren und zwangen die indigene Bevölkerung, für sie zu arbeiten. Auch waren sie überzeugt, sie müssten die Einheimischen zu ihrem Glauben, dem Katholizismus, bekehren.

Konquistadoren

Die Führer der spanischen Eroberung Amerikas nennt man Konquistadoren oder Eroberer. Sie versuchten, mit wertvollen Ressourcen nach Europa zurückzukehren, die ihnen Wohlstand bringen sollten. Die indigene Bevölkerung zwangen sie, zum Katholizismus überzutreten, und zerstörten viele der indigenen religiösen Symbole (oben).

Überlieferte Kunst
Diese Goldfigur eines aztekischen Kriegers wurde zwischen 1345 und 1575 geschaffen.

Waffen
Der Krieger hält eine Pfeilschleuder, Pfeile und einen Schild.

Getrieben vom Gold

Die Gier nach Gold trieb die europäische Expansion an. Der aztekische König Montezuma II. schickte Vertreter mit Geschenken aus Gold und Silber zu dem Eroberer Hernán Cortés. Er hoffte, die Spanier davon abhalten zu können, die aztekische Hauptstadt einzunehmen. Doch Cortés drang in die Stadt ein und nahm den König gefangen. Montezuma wurde kurze Zeit später in Gefangenschaft getötet.

FAKTastisch!

Der spanische *peso de ocho* oder „Achterstück" war die erste Weltwährung. Die Spanier stellten enorme Mengen dieser Münzen mit Silber aus den Minen ihrer südamerikanischen Kolonien her, besonders aus El Potosí im heutigen Bolivien. 15 Jahre nach der ersten Prägung 1497 wurde die Münze überall in Asien, Europa, Afrika und Amerika verwendet. Über 300 Jahre blieb sie die zentrale Handelswährung.

Tödliche Krankheiten

Die spanischen Eroberer brachten europäische Krankheiten mit, die zuvor in Amerika unbekannt waren. Dazu gehörten Pocken und Masern. Die indigenen Völker waren diesen Krankheiten schutzlos ausgeliefert, sodass viele starben. Historiker schätzen, dass allein den Pocken ein Drittel der indigenen Bevölkerung zum Opfer fiel.

Beratende Expertin: Ivonne del Valle **Siehe auch:** Religiöser Glaube, S. 210–211; Geld, S. 224–225; Azteken und Inka, S. 290–291; Zeitalter der Entdeckungen, S. 292–293; Entkolonisierung, S. 322–323

Die spanische Mission

Spanische und portugiesische Entdecker gaben vor, die Welt zu kolonisieren, um den katholischen Glauben zu verbreiten. Zu diesem Zweck errichteten sie Kathedralen und Kirchen. Schließlich begannen die Spanier Missionsstationen zu bauen – Gemeinschaften, in die sie die indigenen Völker zwangen, damit sie sich der spanischen Kultur anpassten. Sie errichteten 21 Missionen dort, wo heute Kalifornien liegt, und verbanden sie entlang einer 965 Kilometer langen Straße, El Camino Real, dem Königsweg.

Die Abbildung ist der Mission San Juan Capistrano in Kalifornien nachgebildet, die von spanischen Franziskaner-Missionaren 1776 gegründet wurde.

Kilometerweite Flächen im Umland dienten als Gemüsegärten, Gärten, Felder und für die Viehhaltung, um die Einwohner mit Nahrung und Kleidung zu versorgen.

Die Indigenen waren gezwungen, zum Christentum zu konvertieren und an der katholischen Messe in der Kirche teilzunehmen.

Die Anlage einer typischen Missionsstation war rechteckig.

Der heilige Friedhof bot eine letzte Ruhestätte für die Indigenen, die in der Mission gelebt hatten.

UND DANN KAM ...

AMERIGO VESPUCCI

Entdecker, 1454–1512, Portugal

Es war der portugiesische Entdecker Amerigo Vespucci, der als Erster erklärte, Amerika sei kein Teil von Asien, wie die Europäer dachten, sondern eine völlig andere Landmasse. Statt die vorhandenen Namen zu übernehmen, benannten die Europäer die Neue Welt nach ihm Amerika.

„Diese neuen Regionen ... sollten wir besser eine neue Welt nennen."

Die aus Lehmziegeln gebauten Missionsgebäude benötigten dicke Mauern, um das Dach zu tragen.

Die Missionsstationen bestanden meist aus Konvent, Schlafsälen, Werkstätten und Lagerräumen.

BRITISCHE UND FRANZÖSISCHE KOLONIEN IN NORDAMERIKA

Im frühen 17. Jahrhundert begannen die Europäer, den Atlantik zu überqueren, um in Nordamerika ein neues Leben zu beginnen. Die meisten Siedler kamen aus England und Frankreich. Einige suchten nach neuen Möglichkeiten. Andere flohen aus ihrem Land, weil ihnen dort nicht gestattet war, ihren Glauben frei zu wählen. Die Engländer siedelten zuerst in Virginia, dann in Massachusetts. Die Franzosen gründeten anfangs Siedlungen in Akadien an der heutigen Grenze zwischen den USA und Kanada.

Die ersten Siedler

Die *Mayflower*, von der hier eine Nach-bildung zu sehen ist, verließ England im September 1620 und landete nach 66 Tagen auf See in Plymouth, Massachusetts. Unter den Passagieren war auch eine Gruppe von Menschen, die Religionsfreiheit suchten. Sie wurden später als die Pilgerväter bezeichnet.

Oberdeck
Wo die Seeleute arbeiteten und ihren Dienst versahen

Krähennest
Diente als höchster Ausguck

Kampf der Kulturen

Die Europäer siedelten auf Land, das der indigenen Bevölkerung gehörte. Einige davon begrüß-ten die Neuankömmlinge als mögliche Verbündete im Kampf gegen andere Stämme. Andere waren misstrauisch. Es gab viele gewaltsame Auseinandersetzungen.

Hauptdeck
Historiker gehen davon aus, dass viele der Passagiere dort schliefen.

Laderaum
Platz zur Aufbewahrung von Nahrung, Werk-zeugen und Ausstattung. Einige Passagiere könnten auch dort geschlafen haben.

Beratender Experte: Jeff Wallenfeldt **Siehe auch:** Religiöser Glaube, S. 210–211; Zeitalter der Entdeckungen, S. 292–293; Neue Reiche, S. 298–299; Sklaverei in Nord- und Südamerika, S. 302–303; Zeitalter der Revolutionen, S. 304–305.

Die echte Pocahontas

Pocahontas, deren Geburtsname Matoaka lautete, war die Tochter eines mächtigen indigenen Häuptlings im heutigen Virginia. Englische Kolonialherren entführten sie 1613 als Jugendliche. Kurze Zeit später konvertierte sie zum Christentum und heiratete den Tabakfarmer John Rolfe. Pocahontas war zur Lösegeld-Erpressung festgehalten worden, und viele Historiker glauben, dass sie zur Konversion gezwungen wurde.

Die Zunahme des Handels

Europäer und indigene Völker kämpften um Land und Ressourcen, doch sie handelten auch miteinander. In Kanada tauschten die Wendat-Huronen, die Algonkin und andere indigene Völker mit den Franzosen Pelze gegen Metallwaren und Stoffe, die sie für ihre traditionellen Schenkungsriten verwendeten. Europäer erwarben auch lokales Kunsthandwerk wie diese mit Stachelschwein-Nadeln verzierte Schachtel.

Krieg um Land

Während Engländer und Franzosen sich in Europa bekriegten, kämpften auch englische und französische Truppen und Siedler in Nordamerika. Die Konflikte in den Kolonien sind bekannt als Franzosen- und Indianerkrieg (1754–1763). Beide Seiten rekrutierten indigene Völker als Verbündete, indem sie ihnen versprachen, ihre Bodenrechte zu schützen. Später brachen die Siedler diese Bündnisse. Der Krieg endete mit der Übergabe Kanadas und anderer Gebiete durch die Franzosen an die Engländer.

FAKTastisch!

Der Legende nach trug der furchterregende Pirat Blackbeard brennende Streichhölzer im Haar. Die langsam verglühenden Streichhölzer (die zum Anzünden der Schiffskanonen benutzt wurden) sollen sein Gesicht mit Feuer und Rauch umgeben haben. Blackbeard war einer der vielen Piraten, die die Siedler in Virginia, North Carolina und der Karibik terrorisierten. Die skrupellosen Bösewichte griffen englische und französische Schiffe auf ihrem Weg zurück nach Europa an und raubten die Schiffsladung.

SKLAVEREI IN NORD- UND SÜDAMERIKA

Sklaverei gab es bereits, aber im 16. Jahrhundert begannen Europäer, in großer Zahl Menschen in Afrika zu kaufen und nach Amerika zu versklaven. Die Produkte, die sie herstellten oder in Minen abbauten, wurden in Europa und den amerikanischen Kolonien verkauft. Es entstand ein Ausbeutungssystem, in dem die am härtesten arbeitenden Menschen am schlechtesten behandelt wurden.

Wie es dazu kam

Man brauchte Ersatz für die indigenen Arbeiter, von denen viele aufgrund der Zwangsarbeit und eingeschleppter Krankheiten starben. Händler versklavten 12,5 Millionen Afrikaner. Auf der anderen Seite des Atlantiks wurden sie wie Besitz behandelt. Sie hatten keine Rechte. Man konnte sie kaufen oder verkaufen, schlagen und sich zu Tode arbeiten lassen.

Nahrungsmittel und Arbeitstiere wurden von North Carolina in die Karibik transportiert.

Baumwolle und Tabak wurden vom amerikanischen Kontinent nach Westeuropa exportiert.

GROSSBRITANNIEN

EUROPA

PORTUGAL

NORDAMERIKA

ENGLISCHE KOLONIEN

Von Sklaven produzierte Produkte aus der Karibik, wie Rum, wurden nach Westeuropa exportiert.

Waffen, Metalle, Stoffe und Wein wurden von Europa zu Handelskontoren in Afrika verschifft.

KARIBIK

Melasse und Zucker wurden aus der Karibik nach Nordamerika exportiert.

WESTAFRIKA

AFRIKA

SÜDAMERIKA

WESTZENTRALAFRIKA

BRASILIEN (Portugiesische Kolonie)

ATLANTIK

SÜDOSTAFRIKA

- ■ Waren
- ■ Versklavte Menschen

Der größte Importeur von gefangenen Menschen war Portugiesisch-Brasilien. Händler sandten fast 6 Millionen Afrikaner zur Zwangsarbeit dorthin.

Der Sklavenhandelsweg

Die Reise der versklavten Menschen über den Atlantik dauerte bis zu 90 Tage. Mindestens 1,5 Millionen Menschen starben auf der Reise an Nahrungsmangel oder Krankheiten. Das Leben auf den Plantagen war kaum besser. Die Menschen arbeiteten auf dem Feld von Sonnenaufgang bis Sonnenuntergang sechs Tage die Woche. Das Essen war weder ausreichend noch nahrhaft.

Bis zu 600 Personen wurden in ein Schiff gepfercht.

Männliche Sklaven kettete man aneinander, um zu verhindern, dass sie die Besatzung während der Reise angriffen.

Beratender Experte: Joseph E. Inikori **Siehe auch:** Gesetz und Verbrechen, S. 226–227; Zeitalter der Entdeckungen, S. 292–293; Neue Reiche, S. 298–299; Britische und französische Kolonien in Nordamerika, S. 300–301; Zeitalter der Revolutionen, S. 304–305; Entkolonisierung, S. 322–323; Bürgerrechte, S. 324–325

FAKTastisch!

Henry Brown verschickte sich in einer Kiste aus der Sklaverei. Er entkam in einer 90 x 60 x 76 Zentimeter großen Kiste nach Pennsylvania. Mitglieder der Underground Railroad halfen ihm bei der Flucht. Die Organisation von freien Schwarzen und Weißen arbeitete mit einem Netzwerk von Geheimwegen und sicheren Häusern. Außer Henry „Box" Brown ermöglichten sie zwischen 30 000 und 100 000 versklavten Menschen die Flucht in freie Bundesstaaten und nach Kanada.

Aufhebung der Sklaverei und Bürgerkrieg

Im ersten Jahrhundert der Geschichte der Vereinigten Staaten entwickelte sich im Norden, der weniger abhängig von Sklavenarbeit war als der Süden, eine mächtige Bewegung gegen die Sklaverei. Schließlich versuchte der Süden, die Vereinigten Staaten zu verlassen und ein neues Land zu gründen, in dem Sklaverei legal bleiben sollte. Der Norden zog in den Krieg, um den Austritt des Südens zu verhindern, und gewann. Die Sklaverei wurde abgeschafft, aber der Kampf für die gleiche Behandlung aller Menschen ist bis heute nicht beendet.

Atlantischer Sklavenhandel
CHRONIK

1502 Der spanische Kaufmann Juan de Córdoba sendet die ersten versklavten Afrikaner nach Amerika.

1619 Die ersten versklavten Afrikaner in den britischen Kolonien kommen in Jamestown, Virginia, an.

1804 Die Revolution auf Haiti beendet die französische Kolonialherrschaft und die Sklaverei auf der Insel.

1807 Durch Beschluss des britischen Parlaments wird der Handel mit Sklaven auf britischem Territorium verboten.

1808 Der Transport versklavter Afrikaner in die USA wird verboten, doch die Sklavenhaltung bleibt erlaubt.

1863 Präsident Abraham Lincolns Emanzipations-Proklamation ist der erste Schritt zur Abschaffung der Sklaverei in den Vereinigten Staaten.

1888 Sklaverei wird in Brasilien verboten.

Experten-Kommentar

JOSEPH E. INIKORI
Historiker

Der Beitrag der Sklaverei zur Entwicklung der modernen Welt ist enorm – insbesondere was die Versklavung der Afrikaner auf dem amerikanischen Kontinent anbelangt. Alle sind sich einig, dass Sklaverei in jeder Gesellschaft ein Übel ist.

„Historiker achten darauf, dass persönliche Überlegungen nicht ihr Studium der historischen Probleme beeinflussen."

ZEITALTER DER REVOLUTIONEN

Durch die Idee von Unabhängigkeit und Freiheit ermutigt, begannen im späten 18. Jahrhundert Menschen, gegen ihre Unterdrücker zu rebellieren. Die Stimmung dieser Aufstände verbreitete sich über die ganze Welt. In Europa fanden 1848 so viele Revolten statt, dass es als Jahr der Revolutionen in die Geschichte einging.

Die Amerikanische Revolution

Im späten 18. Jahrhundert protestierten die Menschen in 13 der britischen Kolonien Nordamerikas (Kolonisten) gegen die von Britannien auferlegten Steuern für einen früheren Krieg und für die Verteidigung der Kolonien. Repräsentanten der Kolonien trafen sich zu Beratungen. Nach monatelangen Diskussionen stimmten sie dafür, die 13 Kolonien zu einem unabhängigen Staat zu erklären. Nicht alle Bürger waren der Meinung, dass das die richtige Entscheidung war. Ein Krieg brach aus, wobei sich einige Kolonialkräfte (Loyalisten) auf die Seite der Briten schlugen. Unten ist eines der vielen Gefechte, die Schlacht von Princeton, zu sehen. Mit dem Sieg der revolutionären Kräfte (Patrioten) gründeten die 13 Kolonien die Vereinigten Staaten von Amerika.

Die Boston Tea Party

Bevor der Krieg ausbrach, besteuerten die Briten Tee, um ihrem Recht, Steuern in den Kolonien zu erheben, wieder Geltung zu verschaffen. Am 16. Dezember 1773 protestierten Kolonisten in Boston, Massachusetts, gegen die Tee-Steuer. Einige waren gekleidet wie die indigenen Einwohner. Sie enterten drei britische Schiffe im Hafen und warfen 342 Kisten Tee über Bord. Die Briten verhängten Strafen und brachten so noch mehr Kolonisten gegen sich auf.

Soldaten benutzten Musketen, langsame und unhandliche Gewehre mit Bajonett (messerartige Klinge).

George Washington, General der Revolutionstruppen, wurde erster Präsident der neuen Vereinigten Staaten.

Auf den Flaggen der britischen Truppen war oft der Union Jack, die Flagge Großbritanniens, abgebildet.

Britische Truppen wurden aufgrund ihrer roten Uniformjacken als Rotröcke bekannt.

Die Soldaten nutzten Trommeln, um Signale zu geben oder während des Gefechts medizinische Hilfe zu rufen.

Beratende Expertin: Cindy Ermus **Siehe auch:** Zeitalter der Entdeckungen, S. 292–293; Britische und französische Kolonien in Nordamerika, S. 300–301; Sklaverei in Nord- und Südamerika, S. 302–303; Frauenwahlrecht, S. 312–313; Entkolonisierung, S. 322–323; Bürgerrechte, S. 324–325

Die Ideale der Aufklärung

Viele der Revolutionen, die im späten 18. und im 19. Jahrhundert über Europa und den amerikanischen Kontinent hinwegfegten, waren von den Ideen der Aufklärung beeinflusst. Das ermutigte die Menschen zum Beispiel, in Zweifel zu ziehen, dass Könige das Recht besaßen, über alle Einwohner eines Landes zu bestimmen, ohne selbst dem Gesetz gehorchen zu müssen.

Individualität
Jeder Mensch ist einzigartig und für sich selbst verantwortlich.

Rationalismus
Vernunft und Logik sind bessere Quellen für Erkenntnis als Glaube und Gefühl.

Gleichheit
Alle Menschen sind gleich und haben die gleichen Rechte.

Säkularismus
Menschen können selbstständig denken, statt zu glauben, was ihnen die Kirche erzählt.

Demokratie
Alle Mitglieder einer Gemeinschaft haben ein Mitspracherecht, wie ihr Land regiert wird.

Französische Revolution

1787 begannen die Franzosen, gegen die absolutistische Monarchie aufzubegehren. Eine neue wohlhabende Schicht strebte nach Macht, Denker setzten sich für Gleichheitsrechte ein. Bauern waren wütend über die unfairen Steuern. Eine Revolution beendete für kurze Zeit die Monarchie. Eine Republik wurde gegründet, doch ein Regime des Terrors folgte. Diejenigen, die die Macht übernahmen, töteten viele, die ihre Form der Revolution nicht unterstützten – oft durch Enthaupten mit der Guillotine (unten).

Eine Stahlklinge wird an einem Metallgewicht befestigt.

Der Kopf liegt zwischen zwei bogenförmigen Holzteilen.

Eine hölzerne Bank stützt den Körper.

UND DANN KAM ...

SIMÓN BOLÍVAR

Revolutionär, 1783–1830, Venezuela

Simón Bolívar war ein Vorkämpfer der südamerikanischen Unabhängigkeit. Als militärischer und politischer Anführer half er, einige Gebiete von der spanischen Kolonialherrschaft zu befreien. Das führte zu der Gründung von Kolumbien, Bolivien, Ecuador, Panama, Peru und Venezuela. Bolivien ist nach ihm benannt.

„Ein Volk, das die Freiheit liebt, wird am Ende frei sein."

Revolution in Haiti

Die Haitianische Revolution (1791–1804) fand in der französischen Kolonie von Saint-Domingue (Haiti) statt. Mehr als 500 000 Menschen afrikanischer Abstammung lebten dort. Die meisten von ihnen waren Sklaven. Von 1791 an kämpften sie für ihre Unabhängigkeit. Ihr Anführer war Toussaint Louverture (rechts), ein ehemaliger Sklave, der Soldat und Politiker wurde. Er starb 1803 als Gefangener der Franzosen. Als die von Jean-Jacques Dessalines, einer von Toussaints Leutnants, angeführten Truppen die Franzosen 1804 besiegten, war Haiti die erste unabhängige schwarze Republik der Welt.

MEILENSTEINE DER MEDIZIN

Seit dem Mittelalter helfen wachsende Kenntnisse des menschlichen Körpers Ärzten und Chirurgen, die Behandlung Kranker zu verbessern. Wichtige medizinische Fortschritte führen zu einem besseren Verständnis von Anatomie (dem Aufbau des Körpers) und Krankheitsursachen. Neue Erfindungen und medizinische Methoden verlängern die Lebenszeit der Menschen. Die medizinische Technik hat sich seit dem 18. Jahrhundert rasant entwickelt, aber es gibt noch viele Rätsel zu lösen.

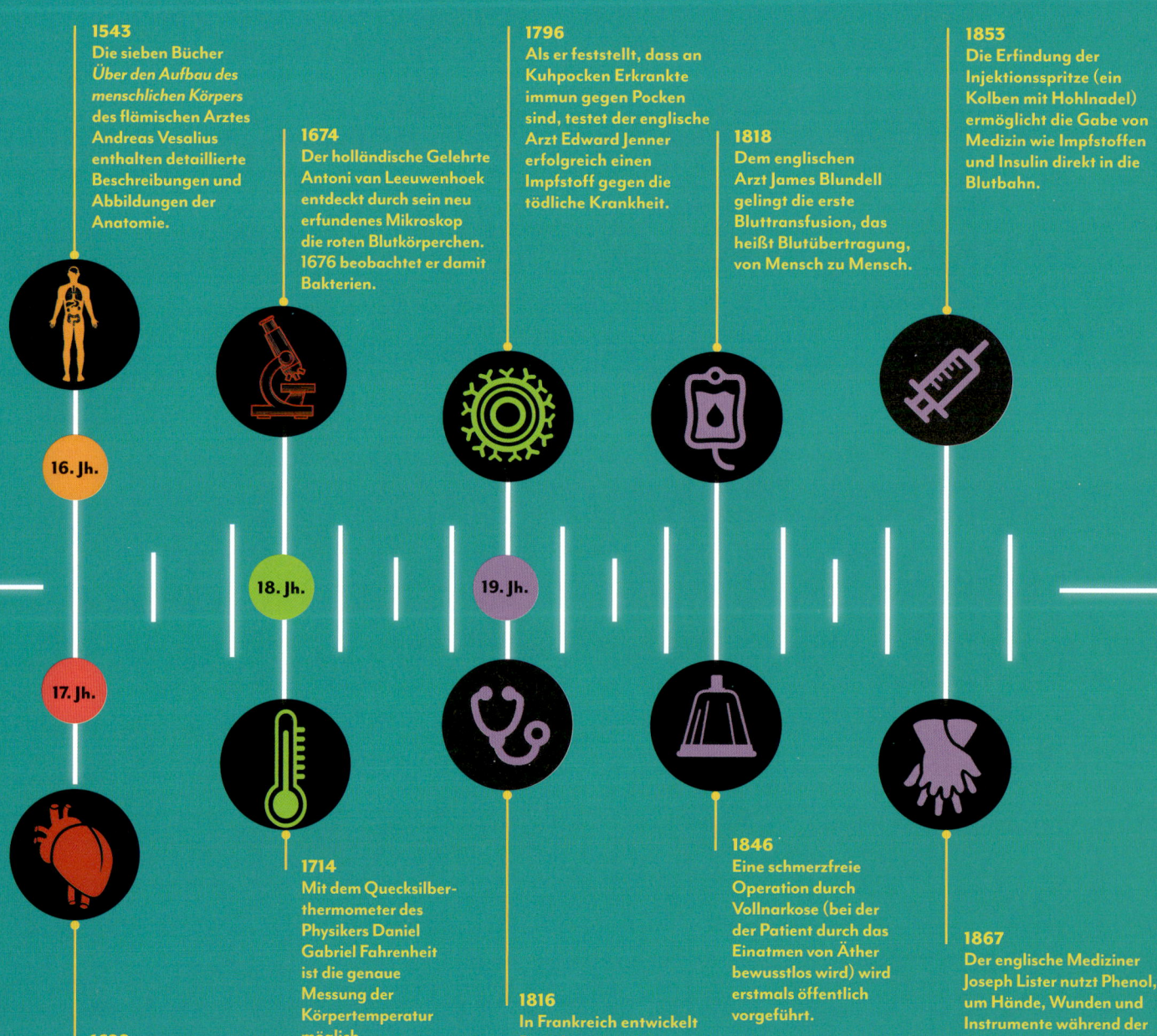

1543
Die sieben Bücher *Über den Aufbau des menschlichen Körpers* des flämischen Arztes Andreas Vesalius enthalten detaillierte Beschreibungen und Abbildungen der Anatomie.

1674
Der holländische Gelehrte Antoni van Leeuwenhoek entdeckt durch sein neu erfundenes Mikroskop die roten Blutkörperchen. 1676 beobachtet er damit Bakterien.

1796
Als er feststellt, dass an Kuhpocken Erkrankte immun gegen Pocken sind, testet der englische Arzt Edward Jenner erfolgreich einen Impfstoff gegen die tödliche Krankheit.

1818
Dem englischen Arzt James Blundell gelingt die erste Bluttransfusion, das heißt Blutübertragung, von Mensch zu Mensch.

1853
Die Erfindung der Injektionsspritze (ein Kolben mit Hohlnadel) ermöglicht die Gabe von Medizin wie Impfstoffen und Insulin direkt in die Blutbahn.

16. Jh.

18. Jh.

19. Jh.

17. Jh.

1628
Der englische Arzt William Harvey entdeckt, dass das menschliche Herz das Blut durch den Körper pumpt.

1714
Mit dem Quecksilberthermometer des Physikers Daniel Gabriel Fahrenheit ist die genaue Messung der Körpertemperatur möglich.

1816
In Frankreich entwickelt René Laënnec das Stethoskop, als er eine Papierrolle benutzt, um die Brust eines Patienten abzuhören.

1846
Eine schmerzfreie Operation durch Vollnarkose (bei der der Patient durch das Einatmen von Äther bewusstlos wird) wird erstmals öffentlich vorgeführt.

1867
Der englische Mediziner Joseph Lister nutzt Phenol, um Hände, Wunden und Instrumente während der Behandlung zu reinigen. Die chemische Säure wirkt antiseptisch (sie verhindert die Ausbreitung von Bakterien).

Beratender Experte: Mike Jay **Siehe auch:** Die Chemie des Lebens, S. 122–123; Der menschliche Körper, S. 196–197; DNA und Genetik, S. 198–199; Medizintechnik, S. 354–355; Der Mensch der Zukunft, S. 374–375

3-D-Medizin

2018 half die 3-D-Drucktechnologie bei der Entfernung eines Tumors aus einer menschlichen Niere. Ärzte im Belfast City Hospital in Nordirland behandelten eine junge Mutter wegen Nierenversagens. Ihr Vater spendete eine Niere, darin befand sich aber eine Zyste (unnatürlicher Gewebehohlraum). Eine Medizintechnologie-Firma druckte ein exaktes Modell dieser Niere. Durch das Studium des Modells planten die Ärzte die Entfernung der Zyste. Danach führten sie die Transplantation erfolgreich durch.

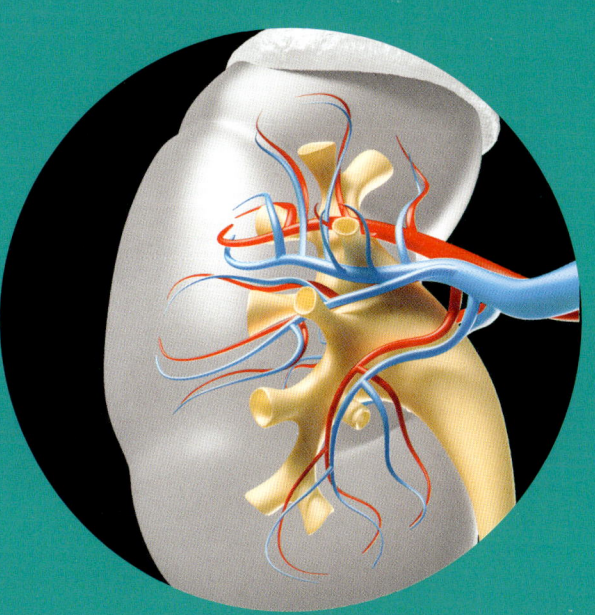

1870er- und 80er-Jahre
Der Deutsche Robert Koch und der Franzose Louis Pasteur belegen mit der Krankheitskeim-Theorie, wie Menschen Krankheiten durch Erreger oder Keime bekommen und weitergeben.

1952
Die US-amerikanische Ärztin Virginia Apgar entwickelt den „Apgar-Index", eine Methode, um festzustellen, ob Neugeborene dringende medizinische Hilfe benötigen.

1964
Die schottischstämmige June Almeida, eine Pionierin der Virologie, entdeckt das erste menschliche Coronavirus.

1983
Forscher stellen fest, dass HIV (Humanes Immundefizienz-Virus) die Immunschwächekrankheit AIDS verursacht, was die Entwicklung von Behandlungsmethoden möglich macht.

 20. Jh.

21. Jh.

1895
Der deutsche Arzt Wilhelm Conrad Röntgen entwickelt den Röntgenapparat, mit dem Ärzte ohne chirurgische Eingriffe in den Körper hineinsehen können.

1928
Der schottische Forscher Alexander Fleming entdeckt Penicillin, das erste natürlich vorkommende Antibiotikum.

1952
Die englische Biochemikerin Rosalind Franklin stellt Röntgenaufnahmen her, die die Doppelhelix-Struktur der DNA erkennen lassen.

1978
Louise Brown, das erste „Reagenzglas-Baby", wird in Großbritannien geboren. Die Eizelle ihrer Mutter wurde im Labor befruchtet.

2006
Der HPV-Impfstoff, der erste gegen eine Ursache von Krebserkrankungen, wird zugelassen. Humane Papillomviren (HPV) verursachen u. a. Krebs in weiblichen Geschlechtsorganen.

Die Industrielandschaft

Mit der Industrialisierung veränderte sich das Aussehen der Länder. Fabriken, Kohleminen, Stoffwebereien und Eisenwerke entstanden überall, und viele Menschen gaben die Landwirtschaft auf, um dort zu arbeiten. Die Bevölkerung der Städte wuchs rasch. Fabrikanten errichteten neue Infrastrukturen um ihre Industriebetriebe – Wohn- und Lagerhäuser ebenso wie Kanäle und Eisenbahnen.

In der Hoffnung, sich die Loyalität ihrer Arbeiter zu sichern, sorgten einige Fabrikanten für Kirchen, Krankenstationen und Schulen in ihren Fabrikdörfern.

Die Industrialisierung breitete sich allmählich auch in ländlichen Gegenden aus.

Arbeiterhäuser wurden in der Nähe gebaut.

Hohe Schornsteine spien den Rauch der Kohlefeuer aus, die zum Antrieb der Dampfmaschinen benötigt wurden.

In den großen und stabilen Fabrikgebäuden mussten schwere Maschinen Platz finden.

Flüsse versorgten die Webereien mit Energie.

Neue Straßen und Eisenbahnen verbanden die Städte miteinander.

DIE INDUSTRIELLE REVOLUTION

Gegen Ende des 18. Jahrhunderts setzte in Großbritannien die Industrielle Revolution ein. Im Lauf des 19. Jahrhunderts breitete sie sich über Europa, die Vereinigten Staaten und Japan aus. Statt in kleinen Werkstätten Güter von Hand herzustellen, produzierten Arbeiter sie in den Fabriken massenweise. Dampf- und wasserbetriebene Maschinen halfen, schneller und effizienter zu arbeiten. Die Städte wuchsen, da die Menschen ihr bäuerliches Leben aufgaben, um Arbeit in den neuen städtischen Zentren zu finden.

Kinderarbeit

Viele in Armut lebende Familien schickten ihre Kinder zur Arbeit in die Fabriken. In den USA zählte man 1870 mehr als 750 000 Arbeiter unter 15 Jahren. Die Kinder mussten unter furchtbaren Bedingungen schwere körperliche Arbeit in Schichten von 12 oder mehr Stunden verrichten.

Beratender Experte: Brian Duignan **Siehe auch:** Metalle, S. 116–117; Energie, S. 124–125; Elektrizität, S. 128–129; Einfache Maschinen, S. 144–145; Bildung, S. 228–229; Arbeit, S. 230–231; Sklaverei in Nord- und Südamerika, S. 302–303; Die Superreichen, S. 344–345; Smart-Tech und anderes, S. 356–357

Arbeitsteilung

Oft führten Arbeiter bestimmte Tätigkeiten aus, wie eine Spinnmaschine zu bedienen oder Absätze an Schuhen anzubringen. Jeder einzelne machte immer wieder die gleiche Arbeit, wiederholte dieselbe Bewegung als kleinen Teil eines größeren Herstellungsprozesses. Daraus entstand das Fließband, ein mechanisches System, das ein Produkt von einem Arbeitsplatz zum nächsten bewegt, damit Arbeiter nacheinander ihre Aufgaben ausführen.

Niedrige Löhne, besonders für Frauen

Dank der Massenproduktion sanken die Kosten für viele Güter, und mehr Menschen konnten erstmals Geld sparen. Doch mussten Fabrikarbeiter und andere Werktätige viele Stunden schwer für wenig Geld arbeiten. In England lagen die Löhne von Frauen zwischen einem und zwei Dritteln unter denen der Männer. Historiker diskutieren darüber, ob es an der Geschlechterungleichheit lag oder weil Frauen andere, weniger anspruchsvolle Tätigkeiten ausübten.

 Britische Männer, 10–15 Schilling pro Woche

 Britische Frauen, 5 Schilling pro Woche

 Britische Kinder, 1 Schilling pro Woche

FAKTastisch!

Andrew Carnegie verschenkte sein Vermögen. Der in Schottland geborene Carnegie wurde ein Pionier der Stahlindustrie in den USA. Als er 1901 in den Ruhestand ging, versprach er, sein Geld zu verschenken (4 Milliarden heutige US-Dollar). Zehn Jahre später hatte er 90 Prozent seines Vermögens vor allem an Schulen und Bibliotheken gestiftet.

Neuerungen des industriellen Zeitalters

Die Industrialisierung brachte die Entwicklung bahnbrechender Maschinen und Transportarten mit sich. Einige davon sind unten aufgelistet. Die neuen Technologien waren zur Energieversorgung auf fossile Brennstoffe wie Kohle und Gas angewiesen. Das führte zu einem Anstieg der Umweltverschmutzung und schließlich zum weltweiten Klimawandel – mit den Konsequenzen leben wir heute.

 **Spinnmaschinen**
Die Spinning Jenny (1764) und Spinning Mule (1779) stellten hochwertige Textilien in Massen her.  18. Jh.

 **Dampfmaschine (um 1765)**
Die Dampfmaschine von James Watt trieb Züge und Industriemaschinen an.

 **Elektrische Maschine und Motor (1831)**
Michael Faradays Erfindungen legten den Grundstein für die weitere Nutzung von Elektrizität.  19. Jh.

Telegraf (1837)
Der Telegraf von Samuel Morse erlaubte es, Nachrichten schneller über weite Entfernungen zu senden.

 **Telefon (1876)**
Alexander Graham Bell erfand das Telefon und revolutionierte die menschliche Kommunikation.

Glühlampe (1878–1879)
Der Chemiker Joseph Swan erzeugte die erste Glühfadenlampe.

 **Verbrennungsmotor (um 1859)**
Karl Benz entwickelte den ersten Kraftwagen mit Verbrennungsmotor (1885).

 20. Jh. **Erstes Flugzeug (1905)**
Die Flugpioniere Wilbur und Orville Wright bauten das erste funktionsfähige motorisierte Flugzeug der Welt.

ERSTER WELTKRIEG

Im Ersten Weltkrieg, auch der Große Krieg genannt, trafen einige der mächtigsten Staaten der Welt aufeinander. Deutschland, Österreich-Ungarn, das Osmanische Reich und Bulgarien (Zentralmächte) kämpften auf der einen Seite, Großbritannien, Frankreich, Russland, die Vereinigten Staaten und ihre Verbündeten (Alliierte) auf der anderen. Es war der erste globale Krieg mit Konflikten in Europa, im Nahen Osten, in Afrika, Asien und im Pazifik.

Grabenkrieg

Die Soldaten legten ein System von Schützengräben an. Die Fläche zwischen den Gräben der gegnerischen Armeen nannte man Niemandsland. Um sich vorzukämpfen, mussten sich die Soldaten aus den Gräben in das Niemandsland wagen. Dadurch waren sie feindlichen Schüssen und Bomben ausgesetzt. Doch das Leben in den Gräben war nicht sicherer – oft standen die Soldaten knietief im Schlamm, und Krankheiten breiteten sich rasch aus.

Gasattacken

Die deutsche Armee setzte bei der zweiten Schlacht bei Ypern (1915) giftige Chlorgase ein. Der Wind trug die Gaswolke in die Gräben der Alliierten und Tausende starben daran. Beide Seiten entwickelten immer effizientere chemische Waffen. Darunter waren Phosgen, durch das sich die Lunge mit Salzsäure füllte, und Senfgas. Etwa 91 000 Soldaten wurden durch Gas getötet.

Die zum Feind gerichtete Vorderseite des Grabens nannte man Parapett.

Durch das Periskop etwas unterhalb des Parapetts ließ sich der Feind beobachten.

Wachen beobachteten rund um die Uhr, ob der Feind das Niemandsland betrat.

Soldaten erholten und schützten sich vor dem Wetter in Unterständen, die sie in die Wände gegraben hatten.

Sandsäcke sorgten für Deckung – sowohl vor dem Feind als auch vor dem Wetter.

In die Gräben eingelassene Bretter dienten als Stufe, auf der Soldaten standen, um ins Niemandsland zu schießen.

Holzlatten sorgten für einen stabileren Untergrund.

Beratende Expertin: Lora Vogt **Siehe auch:** Die Industrielle Revolution, S. 308–309; Frauenwahlrecht, S. 312–313; Der Aufstieg des Kommunismus, S. 314–315; Aufschwung und Niedergang, S. 316–317; Zweiter Weltkrieg, S. 318–319

Die Dicke Bertha

Eine der größten Kanonen, die im Krieg benutzt wurde, erhielt den Spitznamen „Dicke Bertha". Das war eine Haubitze – ein Geschütz mit einem Rohr, das Granaten hoch in die Luft schießen konnte. Die Deutschen bauten während des Krieges zwölf davon und setzten sie zum Angriff auf französische und belgische Festungsanlagen ein.

Die Kanone feuerte Projektile mit einem Gewicht von bis zu 810 Kilogramm.

Geschosse konnten bis zu 12 Meter Beton und Erde durchschlagen.

Bei einem Gewicht von 47 Tonnen musste die Dicke Bertha für den Transport auseinandergebaut werden.

Einheiten von 240 Männern bedienten und warteten jede Haubitze.

Einige Geschosse hatten Verzögerungszünder und explodierten erst, nachdem sie ihr Ziel durchdrungen hatten.

Neuerungen des Kriegs
AUFGELISTET

Der Erste Weltkrieg war ein Konflikt mit vielen Neuerungen.

1. Stahlhelme Die Franzosen benutzten Stahlhelme als Erste.

2. Mobiles Röntgen An der französischen Front konnten Verwundete geröntgt werden.

3. Unterseeboote Die Deutschen nutzten U-Boote.

4. Panzerkrieg Die britische Armee setzte 1917 als Erste erfolgreich Panzer in der Schlacht von Cambrai ein.

5. Luftkrieg Beide Seiten entwickelten Flugzeuge mit Maschinengewehren, um die feindlichen Flieger abzuschießen.

6. Flugzeugträger Die britische *HMS Argus* war der erste Flugzeugträger.

7. Drahtlose Kommunikation Der Erste Weltkrieg war der erste Konflikt, in dem diese Technologie im großen Stil eingesetzt wurde.

FAKTastisch!

Am Weihnachtstag 1914 legten einige deutsche und britische Einheiten ihre Waffen für kurze Zeit nieder und trafen sich mit dem Feind. Soldaten teilten ihre Weihnachtspakete, sangen gemeinsam und spielte sogar Fußball mit provisorischem Ball und Toren. Andere nutzten den zeitweiligen Waffenstillstand, um die Toten zu beerdigen.

Brieftauben

Brieftauben stellten während des Kriegs Nachrichten zu – in Kanistern an ihren Füßen. Sie flogen über Schlachtfelder und waren besonders nützlich auf See. Eine Taube flog 35 Kilometer in 22 Minuten, um eine Nachricht zu überbringen, die zwei gestrandete Flugbootpiloten rettete. Cher Ami, eine Taube der US-Armee, erhielt sogar das Croix de Guerre, Frankreichs höchste Militärauszeichnung.

Die Kosten des Krieges

Der Erste Weltkrieg betraf die gesamte Gesellschaft, nicht nur die Kämpfenden. 5 Millionen Menschen starben im Kampf für die Alliierten und 3,5 Millionen aufseiten der Zentralmächte. Auch 13 Millionen Zivilisten kamen ums Leben, viele von ihnen mussten ihr Heim auf der Flucht vor Kämpfen verlassen.

311

FRAUENWAHLRECHT

Die Frauenstimmrechtsbewegung war ein weltweiter Kampf der Frauen für Wahlbeteiligung. Anfangs trieben Gruppen in Großbritannien und den USA die Bewegung voran. Der erste Sieg wurde aber in Neuseeland errungen, wo Frauen 1893 das Wahlrecht erhielten. In vielen Ländern wurde den Frauen das Wahlrecht als Anerkennung für ihren Beitrag während des Kriegs zugestanden.

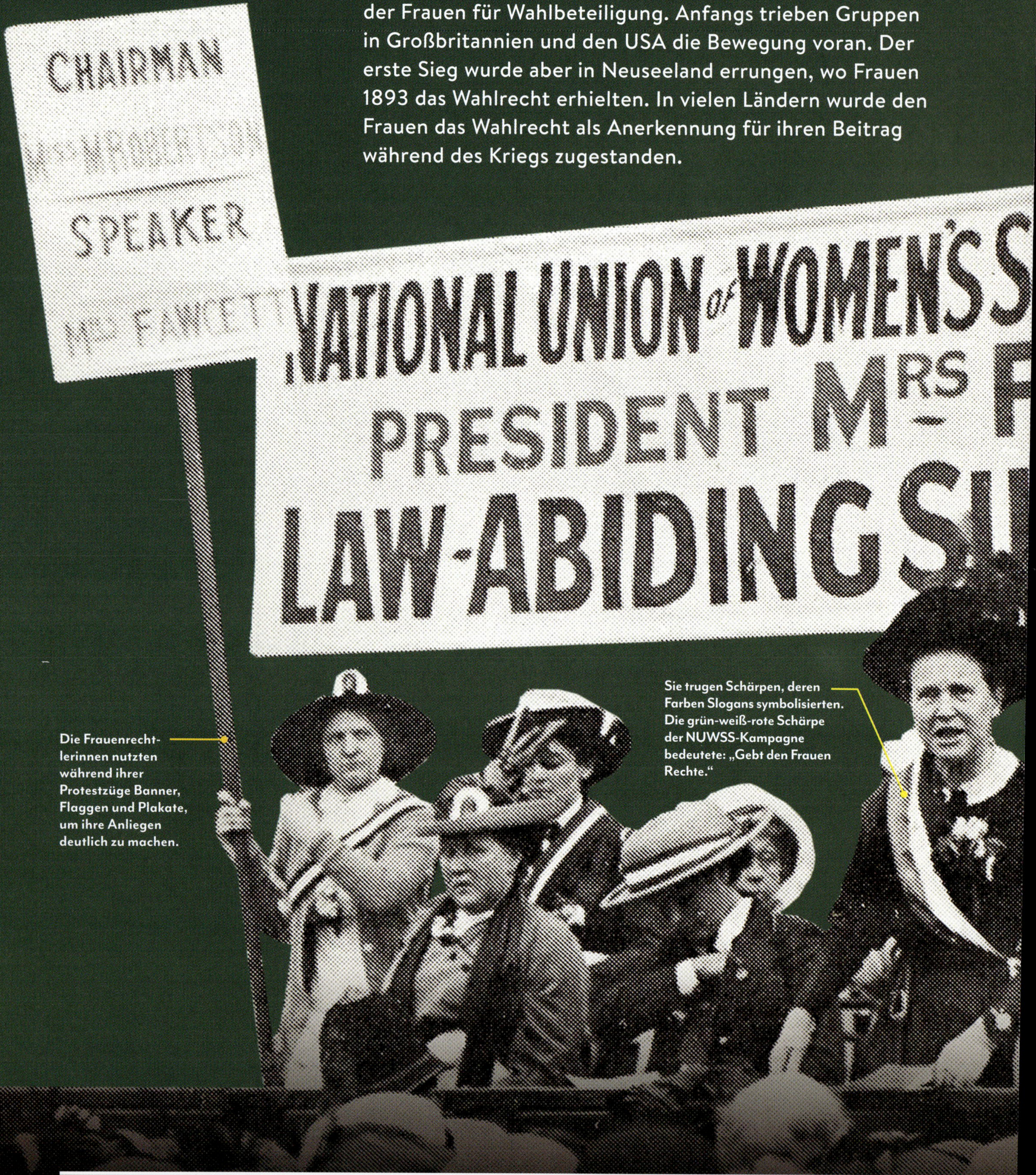

CHAIRMAN
Mrs M^c ROBERTSON
SPEAKER
Mrs FAWCETT

NATIONAL UNION of WOMEN'S S
PRESIDENT M^rs F
LAW-ABIDING SU

Die Frauenrechtlerinnen nutzten während ihrer Protestzüge Banner, Flaggen und Plakate, um ihre Anliegen deutlich zu machen.

Sie trugen Schärpen, deren Farben Slogans symbolisierten. Die grün-weiß-rote Schärpe der NUWSS-Kampagne bedeutete: „Gebt den Frauen Rechte."

Beratende Expertin: Lori Ann Terjesen **Siehe auch:** Bildung, S. 228–229; Die Industrielle Revolution, S. 308–309; Erster Weltkrieg, S. 310–311; Aufschwung und Niedergang, S. 316–317; Bürgerrechte, S. 324–325

Die britische Nationale Union der Gesellschaften für Frauenwahlrecht (NUWSS) war nur eine der Suffragettengruppen. Auch in anderen Ländern gab es Frauenwahlrechts-Vorkämpferinnen.

Einführung des Frauenwahlrechts
CHRONIK

1893	Neuseeland	**1944**	Jamaika
1902	Australien	**1945**	Italien
1906	Finnland	**1946**	Vietnam
1913	Norwegen	**1947**	Argentinien
1915	Dänemark	**1947**	Japan
1917	Russland	**1947**	Mexiko
1918	Kanada	**1947**	Pakistan
1918	Deutschland	**1949**	China
1918	Großbritannien	**1949**	Indien
1919	Niederlande	**1955**	Äthiopien
1920	USA	**1957**	Simbabwe
1930	Südafrika	**1963**	Marokko
1931	Spanien	**1967**	Ecuador
1931	Portugal	**1971**	Schweiz
1931	Sri Lanka	**1972**	Bangladesch
1932	Thailand	**1999**	Katar
1932	Uruguay	**2002**	Bahrain
1934	Türkei	**2005**	Kuwait
1935	Myanmar	**2006**	Ver. Arab. Emirate
1944	Frankreich	**2011**	Saudi-Arabien

Versammlung der Suffragetten

Auf diesem Foto wendet sich die englische Suffragette und Bildungsreformerin Dame Millicent Fawcett an eine Versammlung im Hyde Park, London. Fawcett war von 1897 bis 1919 Präsidentin der NUWSS.

Wenngleich einige Männer gegen das Frauenwahlrecht protestierten, hatten die Stimmrechtlerinnen auch männliche Unterstützer, sogar aus dem britischen Parlament.

DER AUFSTIEG DES KOMMUNISMUS

Im 19. Jahrhundert arbeiteten mehr und mehr Menschen in Fabriken. Die wenigen Fabrikbesitzer waren wohlhabend, doch die vielen Arbeiter waren arm. Die Sozialisten meinten, der erwirtschaftete Reichtum sollte allen zugutekommen. 1848 veröffentlichte Karl Marx das Kommunistische Manifest, in dem er vorschlug, die Arbeiter sollten das Eigentum der Kapitalisten (Fabrikbesitzer) übernehmen und einer neuen, von den Arbeitern kontrollierten Regierung übergeben.

Revolution! „Arbeiter aller Länder, vereinigt euch! Ihr habt nichts zu verlieren als eure Ketten!"

Sozialismus: Das Wohlergehen der Menschen sollte wichtiger sein als Profit.

Kommunismus: Arbeiter sollten die Kontrolle über die Regierung übernehmen und sie in den Dienst der Arbeiterklasse stellen.

DAS KAPITAL

In *Das Kapital* erklärt Marx, warum der Kapitalismus seiner Meinung nach nicht funktioniert.

Karl Marx

Karl Marx war politischer Journalist, Ökonom und Philosoph. Sein Werk beeinflusste die kommunistischen Regierungen des 20. Jahrhunderts. Marx glaubte, die Gesellschaft entwickle sich durch „Klassenkämpfe" weiter. Er formulierte den zentralen Gedanken des Kommunismus, dass unzufriedene Arbeiter sich gemeinsam gegen die kapitalistischen Industriellen auflehnen müssen.

Beratender Experte: Benjamin Sawyer **Siehe auch:** Die Industrielle Revolution, S. 308–309; Zweiter Weltkrieg, S. 318–319; Der Kalte Krieg, S. 320–321; Die Superreichen, S. 344–345

Sowjetischer Symbolismus

In den ersten kommunistischen Ländern war die gemeinsame Arbeit aller Menschen für den Staat das Wichtigste. Das Hammer-und-Sichel-Symbol steht für die Union von Industriearbeitern (Hammer) und Landarbeitern (Sichel). Heutige kommunistische Staaten verbinden Kommunismus mit Elementen des Kapitalismus. Man wird ermutigt, auch für eigenen Wohlstand zu arbeiten.

Kommunistische Länder
AUFGELISTET

Heute sind noch fünf Länder kommunistisch geblieben, haben aber Aspekte des Kapitalismus übernommen. Sie repräsentieren 20 Prozent der Weltbevölkerung.

1. China Die Kommunistische Partei Chinas errichtete 1949 die Volksrepublik China unter dem Anführer Mao Zedong. Bevölkerung: 1,45 Milliarden Menschen.

2. Vietnam Ho Chi Minh erklärte Vietnam 1945 zu einem kommunistischen Staat, kontrollierte aber nur den Norden. Das gesamte Land wurde 1976 kommunistisch. Bevölkerung: 97 Millionen Menschen.

3. Nordkorea Das Land kam nach dem Zweiten Weltkrieg unter sowjetische Kontrolle. Es wurde 1948 ein kommunistischer Staat. Bevölkerung: 25,8 Millionen Menschen.

4. Kuba 1958 führte Fidel Castro den Umsturz in Kuba an, wurde danach selbst Diktator eines kommunistischen Kuba. Bevölkerung: 11,3 Millionen Menschen.

5. Laos Kommunistische Revolutionäre übernahmen 1975 die Macht in Laos. Bevölkerung: 7,3 Millionen Menschen.

UND DANN KAM ...

WLADIMIR ILJITSCH ULJANOW (LENIN)

Sowjetischer Parteiführer, 1870–1924, Simbirsk, Russland

Lenin führte die bolschewistische Partei an – die erste marxistische politische Partei, die in einem Land die Regierung übernahm. Er und seine Verbündeten ergriffen 1917 in der russischen Hauptstadt Petrograd die Macht. Nach dem Bürgerkrieg (1918–1921) war Lenin das erste Oberhaupt der 1922 entstandenen Sowjetunion.

Die Kubanische Revolution

Die Kubanische Revolution war eine Bewegung, die dem kubanischen Volk die Kontrolle über Kuba zurückgeben sollte. Sie begann 1953 und endete mit dem Sturz des Diktators Fulgencio Batista am 31. Dezember 1958. Batistas Unbeliebtheit und das Versprechen, den ausländischen Besitzern das Land abzunehmen und die Reichtümer Kubas für Bildung und Gesundheitsversorgung einzusetzen, sicherte der Bewegung um den Anführer Fidel Castro (sitzend) die breite Unterstützung der kubanischen Bevölkerung.

Die Menschen auf diesem Plakat halten das *Kleine Rote Buch*, das 267 Aussprüche Mao Zedongs enthält.

Maos China

Mao Zedong, Anführer der Kommunistischen Partei Chinas (KPCh), verbrachte Jahre damit, unter der Landbevölkerung Chinas für die kommunistischen Ideen zu werben. Für viele, die glaubten, dass das Land nicht im Interesse der Menschen regiert würde, war er ein Held. Mao führte seine Anhänger zum Umsturz der Regierung. Die Kommunisten gewannen den Krieg und Mao wurde 1949 zum Vorsitzenden der Regierung. Nach seinem Tod 1976 übernahm Deng Xiaoping, der an Maos Seite in der chinesischen Revolution gekämpft hatte, den Vorsitz.

AUFSCHWUNG UND NIEDERGANG

Nach dem Ersten Weltkrieg erlebten viele westliche Nationen eine Phase des Aufschwungs und Wohlstands. Doch der Boom war von kurzer Dauer. In den USA kam es 1929 zu einem großen Börsenkrach. Dieser „Abschwung" verschlimmerte die vorhandenen wirtschaftlichen Probleme. Es begann die Zeit der Großen Depression – zehn Jahre weltweiter Konjunkturabschwung.

Die Goldenen Zwanziger

Die zehn Jahre, die auf den Ersten Weltkrieg folgten, waren von raschen Veränderungen im Westen geprägt. Viele Menschen erlebten einen Wohlstand wie nie zuvor. Neue gesellschaftliche und kulturelle Trends kamen auf, dazu gehörte auch die Erscheinung der modernen Frau als „Flapper".

Alkoholverbot und Zeitalter des Jazz

In den Jahren des Aufschwungs besuchte man Klubs, wo man Alkohol trank und zu Jazzmusik tanzte. Die US-Regierung beschloss 1919 die Prohibition, das waren Gesetze, die Kauf und Verkauf von Alkohol verboten. Kriminelle Organisationen betrieben Bars, sogenannte Mondscheinkneipen, in denen Alkohol illegal verkauft wurde.

Die Frauen im Westen wurden unabhängiger, nachdem sie während des Ersten Weltkriegs Aufgaben der Männer übernommen hatten.

Fabrikanten schalteten Werbung für ihre Waren in Zeitungen und Zeitschriften. Das ist eine Anzeige für Autos der Marke Renault.

Viele Industrien erlebten einen Boom, da mehr Menschen Geld für Waren ausgaben.

Durch die Herstellung größerer Stückzahlen wurden Gegenstände wie Autos günstiger.

Beratende Expertin: Margaret C. Rung **Siehe auch:** Die Industrielle Revolution, S. 308–309; Erster Weltkrieg, S. 310–311; Frauenwahlrecht, S. 312–313; Zweiter Weltkrieg, S. 318–319; Neue Spannungen, neue Hoffnungen, S. 326–327; Die Medien, S. 350–351

FAKTastisch!

Als Charles Lindbergh erstmals den Atlantischen Ozean allein im Flugzeug überquerte, konnte er kaum sehen, wohin er flog! Für die 5800 Kilometer lange Reise benötigte er zusätzlichen Treibstoff, sodass Benzintanks in den Flügeln und über seinem vorderen Sichtfenster befestigt waren. Um etwas zu sehen, benutzte er ein Periskop. Alle Extras (Radio oder Fallschirm) hatte er zurückgelassen, um mehr Platz für Treibstoff zu haben.

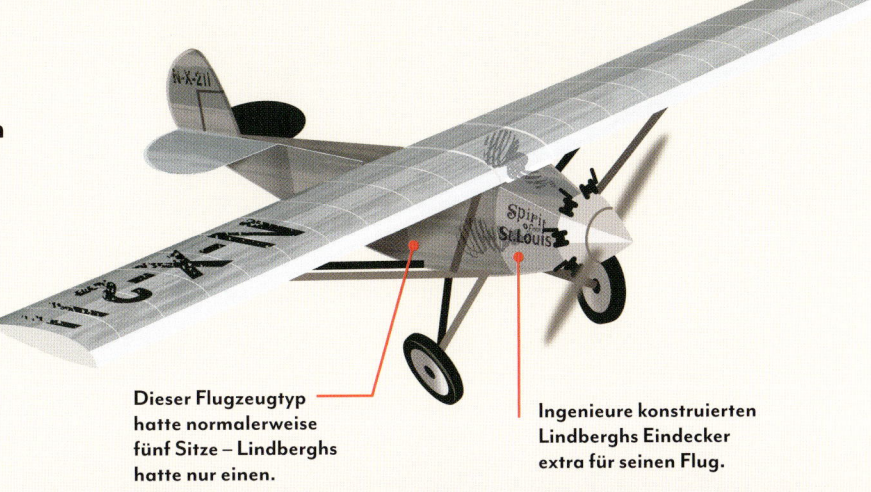

Dieser Flugzeugtyp hatte normalerweise fünf Sitze – Lindberghs hatte nur einen.

Ingenieure konstruierten Lindberghs Eindecker extra für seinen Flug.

Das Goldene Zeitalter Hollywoods

Die 1920er-Jahre gelten als „Goldenes Zeitalter" für Hollywood, da Filme zu einem beliebten Freizeitvergnügen wurden. Die Stummfilmzeit brachte viele berühmte Stars hervor wie Laurel und Hardy (Dick und Doof, Abbildung). Der erste Spielfilm mit Ton war *Der Jazzsänger* von 1927. Disneys Micky Maus erschien zum ersten Mal 1928 in dem Film *Steamboat Willie*.

Der Aufstieg des Faschismus

Die Wirtschaftskrise verhalf in den 1930er-Jahren faschistischen Anführern zur Macht. Faschismus nennt man eine Regierungsform, die auf die Stärke einer Nation statt auf das Wohlergehen des Einzelnen abzielt. In Deutschland versprachen die Nationalsozialisten Adolf Hitlers die Verbesserung der Lage und die Wiederherstellung der einstigen Größe nach den Verlusten im Ersten Weltkrieg. Nationalstolz oder Nationalismus brachte auch Benito Mussolini in Italien an die Macht. Hitlers Politik gehört zu den Auslösern des Zweiten Weltkriegs.

Große Depression

Die Weltwirtschaftskrise war der längste und massivste Zusammenbruch der Weltwirtschaft. Sie begann 1929 in den USA und breitete sich schnell weltweit aus. In den USA war der Einbruch von Wirtschaftswachstum und Einkommen im ersten Jahr der Krise am stärksten. Die Arbeitslosenrate stieg auf dem gesamten Globus an, die Menschen verarmten und hungerten.

Produktion
Zwischen 1929 und 1933 sank in den USA die Produktion in Fabriken und Bergwerken fast um die Hälfte.

Kaufkraft
Die durchschnittlichen Ausgaben der Amerikaner sanken um die Hälfte.

Marktwert
Die Aktienkurse brachen in den USA auf ein Siebtel ihres Vorkrisenwerts ein.

Jobs
Die Zahl der arbeitslosen Amerikaner stieg zwischen 1929 und 1933 von 1,4 auf 10,6 Millionen.

Armut
Suppenküchen öffneten im ganzen Land, um die hungernden Menschen kostenlos mit Essen zu versorgen.

DER ZWEITE WELTKRIEG

Der Zweite Weltkrieg war der größte und blutigste Krieg der Menschheitsgeschichte. Die Achsenmächte – Deutschland, Italien und Japan – kämpften gegen die alliierten Mächte Frankreich, Großbritannien, USA, Sowjetunion und China. Von Europa bis in den Pazifik und nach Nordafrika wurde heftig gekämpft. Die Alliierten wollten Hitlers Deutschland auf dem Eroberungszug in Europa stoppen. Im pazifischen Raum versuchte Japan, nach dem Einmarsch in China auch Südostasien und den Südwestpazifik einzunehmen.

Der Holocaust

Die Nazis zwangen die jüdische Bevölkerung, Abzeichen zu tragen, die sie als Juden kennzeichneten, und man brachte sie in Konzentrations- und Vernichtungslager. Die Nazis töteten mindestens 6 Millionen Juden, Hunderttausende Sinti und Roma, Menschen mit Behinderung, LGBT-Personen, Osteuropäer und andere Menschen, die sie für minderwertig hielten.

In Sicherheit gebracht

Bomben waren eine Bedrohung für Kinder, besonders in Städten wie London, die ein leichtes Ziel waren. Quer durch Europa wurden Kinder zur Sicherheit aufs Land gebracht. Finnland kämpfte von 1939 bis 1944 gegen die benachbarte Sowjetunion. 80 000 von einem sowjetischen Einmarsch bedrohte finnische Kinder wurden in dieser Zeit nach Schweden und Dänemark evakuiert. Der Krieg machte 21 Millionen Menschen obdachlos, zumeist durch Bombardements und feindliche Besatzung ihres Landes.

Der Krieg in China

1937 erklärte Japan China den Krieg und besetzte weite Teile des Landes. Bis 1945 kämpften sie gegeneinander. In China sollten patriotische Filme und Plakate die Stimmung der Bevölkerung hochhalten und Widerstand fördern.

Überraschungstaktiken

Die kriegsführenden Länder entwickelten neue Kampfmethoden. Die deutsche Armee baute die Strategie des „Blitzkriegs" aus. Dabei wurden Angriffe der Luftwaffe mit schnell vorrückenden Panzertruppen zu Boden verbunden. Japanische Kamikaze-Piloten stürzten ihre Flugzeuge auf Schiffe der Alliierten, wobei sie den eigenen Tod in Kauf nahmen. Eine andere Überraschungstaktik war der Beschuss mit Torpedos aus U-Booten (rechts).

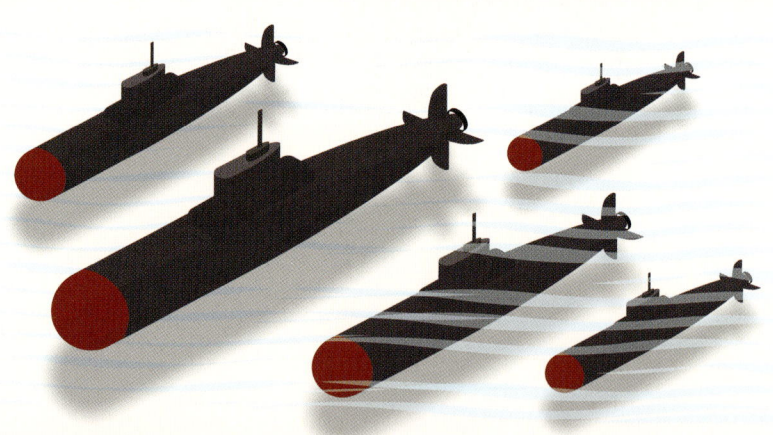

Beratender Experte: Keith Huxen **Siehe auch:** Konflikt und Krieg, S. 212–213; Die Industrielle Revolution, S. 308-309; Erster Weltkrieg, S. 310–311; Der Aufstieg des Kommunismus, S. 314–315

Größe
Der Panzer war
5,95 Meter lang,
2,4 Meter hoch und
3 Meter breit.

Roter Stern
Der rote Stern
symbolisiert die
sowjetische Armee.

Geländer
Soldaten standen hier,
wenn der Panzer als
Transportfahrzeug
verwendet wurde.

Schusskraft
Der T-34 besaß
neben der Haupt-
kanone zwei
Maschinengewehre.

Panzer T-34

Während des Zweiten Weltkriegs entwickelten die Sowjetunion
und Deutschland größere, leistungsfähigere Panzer. Eine der
größten Neuerungen war der 1940 eingeführte russische
Panzer T-34. Er war den deutschen Panzern überlegen, ein
deutscher Marschall bezeichnete ihn sogar als „besten Panzer
der Welt". Der in einer riesigen Anzahl (40 000–60 000 Stück)
produzierte Panzer half, den deutschen Vormarsch in der
Sowjetunion zu verlangsamen und schließlich zu stoppen.

Schräge Panzerplatte
Die abgeneigte Platte
diente der Abwehr
feindlicher Treffer.

Groß und schnell
Obwohl er 24 Tonnen
wog, konnte der Panzer
54 km/h fahren.

Die Atombombe

Die tödlichste Waffe des Kriegs war die Atombombe. Japan
war in den Krieg eingetreten, in der Hoffnung das Reich zu
vergrößern. 1941 griffen die Japaner die US-Militärbasis in
Pearl Harbor, Hawaii, an. Das löste den Kriegsbeitritt der USA
aus. 1945 warf die US-Luftwaffe Atombomben auf die Städte
Hiroshima und Nagasaki, um die Japaner zur Kapitulation zu
zwingen. Mehr als 200 000 Menschen starben dabei.

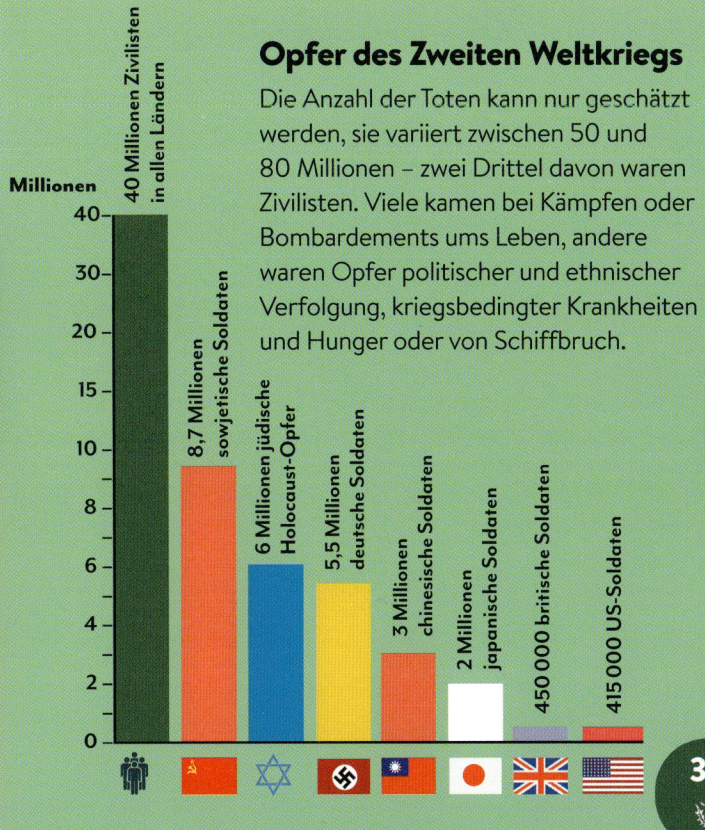

Opfer des Zweiten Weltkriegs

Die Anzahl der Toten kann nur geschätzt
werden, sie variiert zwischen 50 und
80 Millionen – zwei Drittel davon waren
Zivilisten. Viele kamen bei Kämpfen oder
Bombardements ums Leben, andere
waren Opfer politischer und ethnischer
Verfolgung, kriegsbedingter Krankheiten
und Hunger oder von Schiffbruch.

Millionen

40 Millionen Zivilisten
in allen Ländern

8,7 Millionen
sowjetische Soldaten

6 Millionen jüdische
Holocaust-Opfer

5,5 Millionen
deutsche Soldaten

3 Millionen
chinesische Soldaten

2 Millionen
japanische Soldaten

450 000 britische Soldaten

415 000 US-Soldaten

DER KALTE KRIEG

Nach dem Zweiten Weltkrieg befürchteten die USA und Westeuropa die Ausbreitung kommunistischer Ideen durch die Sowjetunion und China. Beide Seiten stellten Nuklearwaffen her und erhöhten so die Spannung. Der Konflikt wurde zu einem „kalten" Krieg, da keine Seite je eine Waffe abfeuerte. Die Androhung gegenseitiger Zerstörung verhinderte es.

Atombunker

Nach einer atomaren Explosion wäre die Luft auf der Erde voller tödlichem radioaktivem Gas. Daher boten einige Firmen unterirdische Bunker als Schutzmöglichkeit an. Heute weiß man, dass sie die Bewohner nicht vor atomarer Strahlung schützen würden.

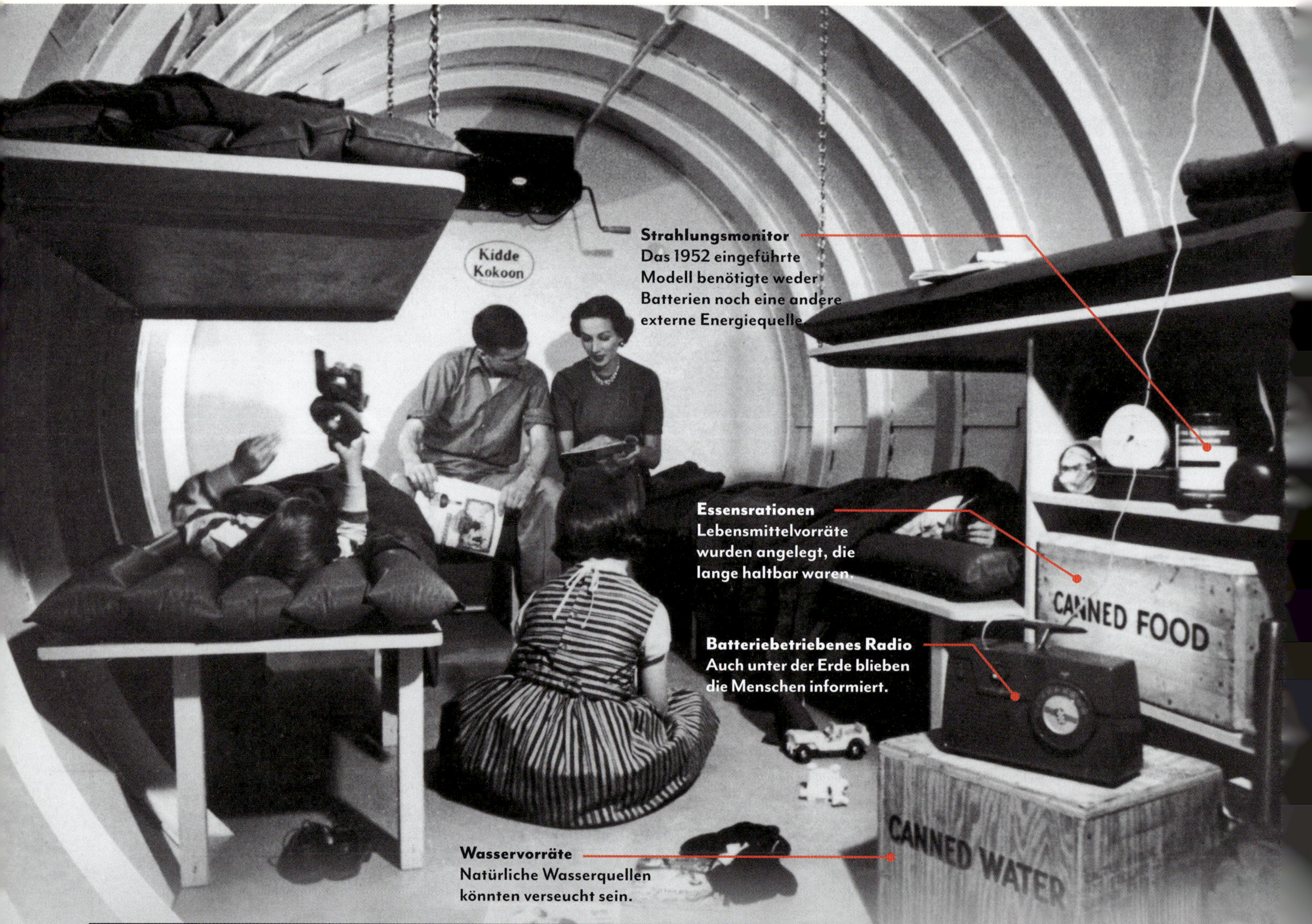

Atomkoffer

Der US-Präsident hat eine Notfallaktentasche. Sie geht zurück auf den Kalten Krieg und wird ironisch „Nuklear-Fußball" genannt. In ihr ist alles Nötige enthalten, um von außerhalb der Kommandozentrale einen atomaren Schlag auszulösen. Wenn der Feind einen Atomangriff gegen die USA unternehmen würde, könnte der Präsident sofort zurückschlagen.

Strahlungsmonitor
Das 1952 eingeführte Modell benötigte weder Batterien noch eine andere externe Energiequelle

Essensrationen
Lebensmittelvorräte wurden angelegt, die lange haltbar waren.

Batteriebetriebenes Radio
Auch unter der Erde blieben die Menschen informiert.

Wasservorräte
Natürliche Wasserquellen könnten verseucht sein.

Kidde Kokoon

CANNED FOOD

CANNED WATER

Beratender Experte: Henry R. Maar III **Siehe auch:** Monde, S. 38–39; Raketen, S. 44–45; Radioaktivität, S. 106–107; Konflikt und Krieg, S. 212–213; Der Aufstieg des Kommunismus, S. 314–315; Zweiter Weltkrieg, S. 318–319

Heiße Kriege
AUFGELISTET

Durch die Spannungen des Kalten Kriegs kam es weltweit zu einer Reihe bewaffneter Konflikte.

1. Koreakrieg (1950–1953) Etwa 2,5 Millionen Menschen starben im Krieg zwischen dem kommunistischen Nordkorea und dem von den USA unterstützten Südkorea.

2. Vietnamkrieg (1954–1975) Das kommunistische Nordvietnam (von der UdSSR und China unterstützt) kämpfte um die Kontrolle Südvietnams (Unterstützung durch die USA).

3. Ungarische Revolution (1956) Die Ungarn rebellierten gegen den sowjetischen Einfluss. Sie versuchten, den Warschauer Pakt, der sie mit der UdSSR verband, zu verlassen. Die Sowjets sandten Truppen nach Ungarn.

4. Prager Frühling (1968) Die Mitgliedstaaten des Warschauer Pakts sandten 200 000 Soldaten, um die Kontrolle über die frühere Tschechoslowakei zu übernehmen. Dort hatte die Regierung Reformen umgesetzt und mehr Freiheiten eröffnet.

Wettlauf ins All

Während des Kalten Kriegs wetteiferten die UdSSR und die USA um die Erkundung des Weltalls. Die UdSSR sandte 1957 nicht nur den ersten Satelliten ins All, sondern auch den ersten Mann (Jurij Gagarin, 1961), die erste Frau (Valentina Tereškova, 1963) und das erste Tier (die Hündin Laika, 1957). 1969 schickten die USA den ersten Mann, Neil Armstrong, zum Mond.

FAKTastisch!

China nutzt Pandas, um Bündnisse zu besiegeln, und das seit Jahrhunderten. In den 1950er-Jahren sandte China Pandas als Geschenke zu seinen kommunistischen Verbündeten in der UdSSR und Nordkorea. Doch die Beziehung zwischen China und der UdSSR zerbrach während des Kalten Kriegs. 1972 trafen zwei Pandas in den USA ein als Symbol, dass China den Westen und den Kapitalismus akzeptiert hatte.

UND DANN KAM ...

MICHAIL GORBATSCHOW

Sowjetischer Staatschef, geb. 1931, Privolnoje, Russland

Michail Gorbatschow war der letzte Generalsekretär der 1922 unter Wladimir Iljitsch Lenin gegründeten UdSSR. Er führte die Politik von *Glasnost* (Transparenz) und *Perestroika* (Wiederaufbau) ein, die das Ende des Kommunismus in der UdSSR mit vorbereiteten. Seine Verhandlungen mit den USA beendeten den Kalten Krieg.

Wiedervereinigtes Deutschland

Das nach dem Zweiten Weltkrieg in einen kommunistischen Osten und einen kapitalistischen Westen geteilte Deutschland war ein Schauplatz der Spannungen des Kalten Kriegs. Durch Berlin verlief eine von Grenztruppen der DDR bewachte Mauer. Mit dem Zerfall der UdSSR 1989 wurde die Mauer niedergerissen und das Land ein Jahr später wiedervereint.

ENTKOLONISIERUNG

Nach dem Zweiten Weltkrieg forderten viele unter Kolonialherrschaft stehende Länder Selbstbestimmung. Sie wollten unabhängig sein von den Staaten, die sie beherrschten, und ihre Länder selbst regieren. Die Kolonialmächte waren Großbritannien, Frankreich und die Niederlande. Von 1945 bis 1970 wurden weite Teile der Welt, darunter Südasien, fast ganz Afrika, Südostasien und die Karibik, unabhängig. Die Unabhängigkeitsbewegungen in diesen Regionen verliefen unterschiedlich. Einige waren friedlich, andere mit Aufständen und Kriegen verbunden.

Die 1946 herausgegebene Banknote zeigt den ersten indonesischen Präsidenten Sukarno.

Neue Währungen

Die gerade unabhängig gewordenen Länder begannen eigene nationale Identitäten aufzubauen. Dazu gehörte die Schaffung eigener Währungen. Indonesien wurde zum Beispiel zuvor von den Niederländern beherrscht und hatte den Niederländisch-Ostindien-Gulden benutzt. 1949 ersetzte das Land den Gulden vollständig durch die indonesische Rupie.

Gandhi und die Teilung Indiens

Mahatma Gandhi führte die indische Unabhängigkeits-bewegung gegen das britische Empire an. Er und seine Anhänger nutzten friedliche Methoden, wie die Weigerung, ausländische Nahrungsmittel zu kaufen, um die Zustimmung der Briten zu ihren Forderungen zu erhalten. Indien erlangte 1947 die Unabhängigkeit. Es teilte sich dann aufgrund der zunehmenden Gewalt zwischen den Gruppen in zwei eigenständige Nationen: Indien mit einer Hindu-Mehrheit und Pakistan mit mehrheitlich muslimischer Bevölkerung.

Der „Notting Hill Carnival"

1948 erhielten alle Menschen aus dem früheren britischen Empire die Staatsbürgerschaft. Großbritannien ist daher Heimat für viele Menschen mit Wurzeln in den ehemaligen Kolonien. Einige feiern zu bestimmten Anlässen die Kultur ihrer Herkunftsländer, aus der Karibik stammende Menschen zum Beispiel den Notting Hill Carnival, der erstmals 1966 stattgefunden hat.

Beratende Expertin: Robtel Neajai Pailey **Siehe auch:** Afrikanische Reiche, S. 286–287; Neue Reiche, S. 298–299; Erster Weltkrieg, S. 310–311; Der Aufstieg des Kommunismus, S. 314–315; Zweiter Weltkrieg, S. 318–319; Der Kalte Krieg, S. 320–321; Bürgerrechte, S. 324–325; Politische Weltkarte, S. 328–329

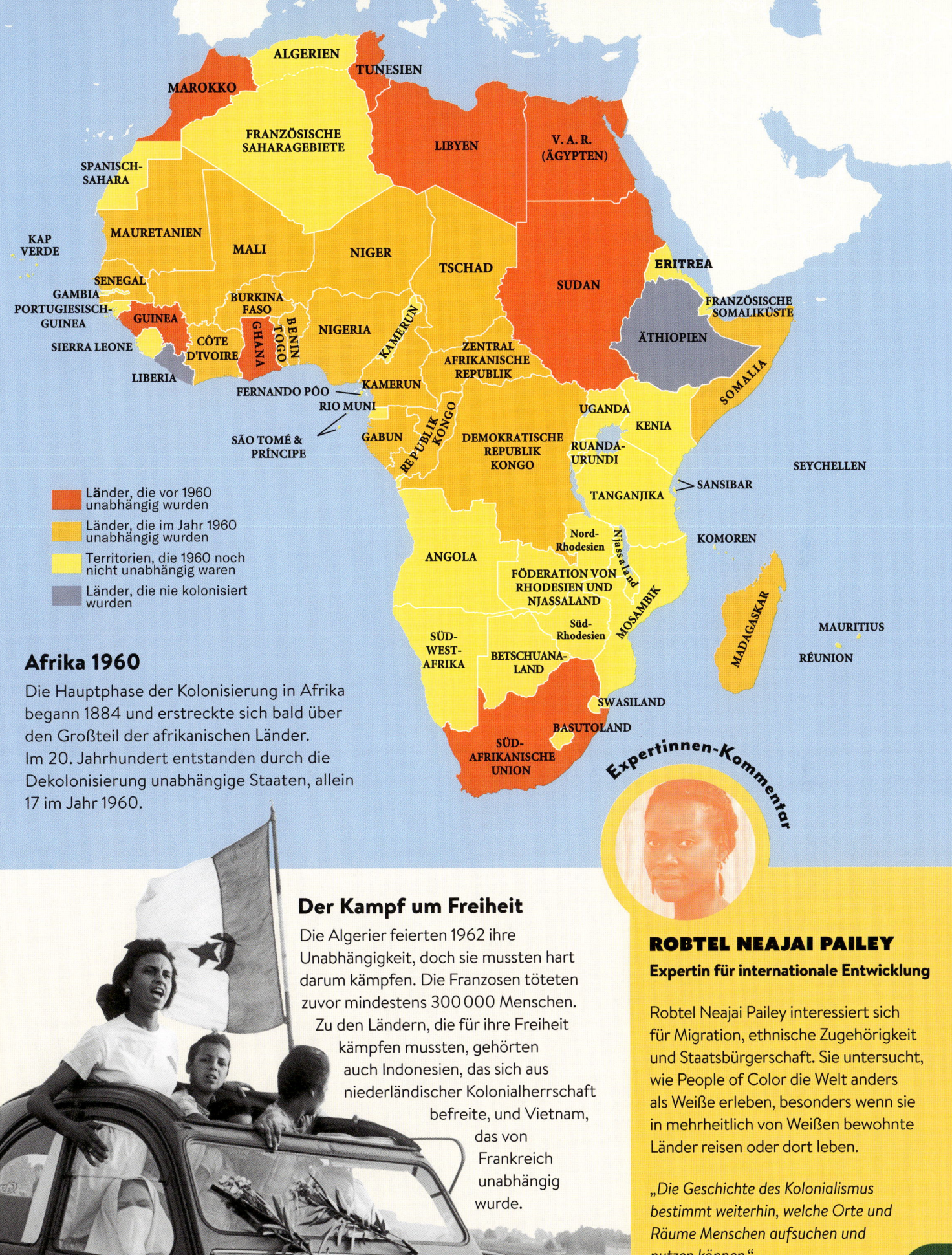

ALGERIEN

TUNESIEN

MAROKKO

FRANZÖSISCHE SAHARAGEBIETE

LIBYEN

V. A. R. (ÄGYPTEN)

SPANISCH-SAHARA

KAP VERDE

MAURETANIEN

MALI

NIGER

TSCHAD

ERITREA

SUDAN

FRANZÖSISCHE SOMALIKÜSTE

SENEGAL

GAMBIA

PORTUGIESISCH-GUINEA

BURKINA FASO

GUINEA

SIERRA LEONE

CÔTE D'IVOIRE

GHANA

BENIN

TOGO

NIGERIA

KAMERUN

ÄTHIOPIEN

LIBERIA

ZENTRAL-AFRIKANISCHE REPUBLIK

FERNANDO PÓO

KAMERUN

RIO MUNI

SÃO TOMÉ & PRÍNCIPE

GABUN

REPUBLIK KONGO

DEMOKRATISCHE REPUBLIK KONGO

UGANDA

KENIA

RUANDA-URUNDI

SOMALIA

SEYCHELLEN

TANGANJIKA

SANSIBAR

Nord-Rhodesien

KOMOREN

ANGOLA

Njassaland

FÖDERATION VON RHODESIEN UND NJASSALAND

MOSAMBIK

MADAGASKAR

MAURITIUS

Süd-Rhodesien

RÉUNION

SÜD-WEST-AFRIKA

BETSCHUANA-LAND

SWASILAND

BASUTOLAND

SÜD-AFRIKANISCHE UNION

Länder, die vor 1960 unabhängig wurden

Länder, die im Jahr 1960 unabhängig wurden

Territorien, die 1960 noch nicht unabhängig waren

Länder, die nie kolonisiert wurden

Afrika 1960

Die Hauptphase der Kolonisierung in Afrika begann 1884 und erstreckte sich bald über den Großteil der afrikanischen Länder. Im 20. Jahrhundert entstanden durch die Dekolonisierung unabhängige Staaten, allein 17 im Jahr 1960.

Expertinnen-Kommentar

Der Kampf um Freiheit

Die Algerier feierten 1962 ihre Unabhängigkeit, doch sie mussten hart darum kämpfen. Die Franzosen töteten zuvor mindestens 300 000 Menschen. Zu den Ländern, die für ihre Freiheit kämpfen mussten, gehörten auch Indonesien, das sich aus niederländischer Kolonialherrschaft befreite, und Vietnam, das von Frankreich unabhängig wurde.

ROBTEL NEAJAI PAILEY
Expertin für internationale Entwicklung

Robtel Neajai Pailey interessiert sich für Migration, ethnische Zugehörigkeit und Staatsbürgerschaft. Sie untersucht, wie People of Color die Welt anders als Weiße erleben, besonders wenn sie in mehrheitlich von Weißen bewohnte Länder reisen oder dort leben.

„Die Geschichte des Kolonialismus bestimmt weiterhin, welche Orte und Räume Menschen aufsuchen und nutzen können."

323

Bürgerrechtsbewegung in den USA

Der amerikanische Bürgerkrieg beendete die Sklaverei, doch er verhalf Afroamerikanern nicht zu gleichen Rechten und Möglichkeiten. Im Süden schloss die Segregation legal schwarze Bürger davon aus, neben Weißen zu leben, zu arbeiten, zu spielen oder im Bus zu fahren. Staatliche und regionale Gesetze erschwerten ihnen die Teilnahme an Wahlen. Auch im Norden hatten die Afroamerikaner selten die gleichen Möglichkeiten wie Weiße. Seit den 1950er-Jahren organisierten Afroamerikaner das Civil Rights Movement, eine Bürgerrechtsbewegung, und forderten Gleichstellung. Afroamerikaner und ihre weißen Mitstreiter veranstalteten friedliche Proteste im ganzen Land wie den Marsch auf Washington 1963. Vor Gericht erreichten sie wichtige Veränderungen. Obwohl der Oberste Gerichtshof der USA Segregation für illegal erklärt hat und der US-Kongress Gesetze zum Schutz des Wahlrechts verabschiedete, haben Afroamerikaner in den USA immer noch mit vielen Schwierigkeiten zu kämpfen.

Ein Leben als Anführer
John Lewis war ein erfahrener Protestorganisator und Vorsitzender des Student Nonviolent Coordinating Comittee zur Zeit des Marsches. Er widmete sein Leben dem Kampf für Gleichheit, auch als Kongressabgeordneter für Georgia.

Martin Luther Kings Traum
Reverend Martin Luther King Jr. führte den Marsch auf Washington an, wo er seine berühmte Rede „Ich habe einen Traum" hielt. Darin, erzählt er, habe er von Kindern geträumt, die in einer Welt leben, in der Menschen nicht „nach ihrer Hautfarbe, sondern nach ihrem Charakter beurteilt werden".

Unterstützung von Geistlichen
Viele religiöse Gruppen schlossen sich dem Civil Rights Movement an. Eugen Carson Blake war Generalsekretär der Vereinigten Presbyterianischen Kirche der USA. Joachim Prinz (mit Sonnenbrille Zweiter von rechts neben Blake) war Präsident des Jüdischen Weltkongresses.

BÜRGERRECHTE

Bürgerrechte umfassen politische Rechte wie das Wahlrecht genauso wie gesellschaftliche Freiheit und Gleichheit. In vielen Ländern werden verschiedene Gruppen diskriminiert, das heißt, sie besitzen nicht die gleichen Rechte wie andere. Gründe dafür sind Geschlecht, ethnische Zugehörigkeit, Religion oder andere Faktoren. Seit Jahrzehnten organisieren sich Gruppen, um Bürgerrechte zu fordern, die ihnen bislang verweigert wurden – und zum Teil noch werden.

Niederknien

Seit August 2016 protestieren US-Athleten gegen Rassismus und Polizeigewalt, indem sie vor einem Spiel während der Nationalhymne niederknien. Normalerweise stehen alle dabei, der Kniefall lenkt also Aufmerksamkeit auf ihre Botschaft. Football-Star Colin Kaepernick (links) zeigte als Erster diesen gewaltfreien Protest.

Beratender Experte: Jeff Wallenfeldt **Siehe auch:** Religiöser Glaube, S. 210–211; Die ersten Australier, S. 240–241; Sklaverei in Nord- und Südamerika, S. 302–303; Frauenwahlrecht, S. 312–313; Zweiter Weltkrieg, S. 318–319

Keep us flying!

Indigene Rechte

Indigene Völker in Nord-, Mittel- und Südamerika, Australien, Afrika, Asien und Europa haben lange für die Gleichbehandlung im Land ihrer Vorfahren und den Respekt für ihre heiligen Orte gekämpft. Die australischen Anangu haben 2019 einen wichtigen Sieg errungen, als die Regierung ihnen erlaubte, Touristen den Zutritt zum Uluru (Ayers Rock), einem heiligen Inselberg, zu verbieten.

FAKTastisch!

Der Zweite Weltkrieg befeuerte die amerikanische Bürgerrechtsbewegung.
Etwa 1,2 Millionen Afroamerikaner dienten in nur für Schwarze vorbehaltenen Einheiten – viele wurden ausgezeichnet. Die Tuskegee-Piloten flogen 1578 Missionen, zerstörten 261 feindliche Flugzeuge und erhielten mehr als 850 Medaillen. Sie hatten für ein Ende des Rassismus der Nazis gekämpft und erlebten danach den Rassismus in ihrem Land als grausamer denn je.

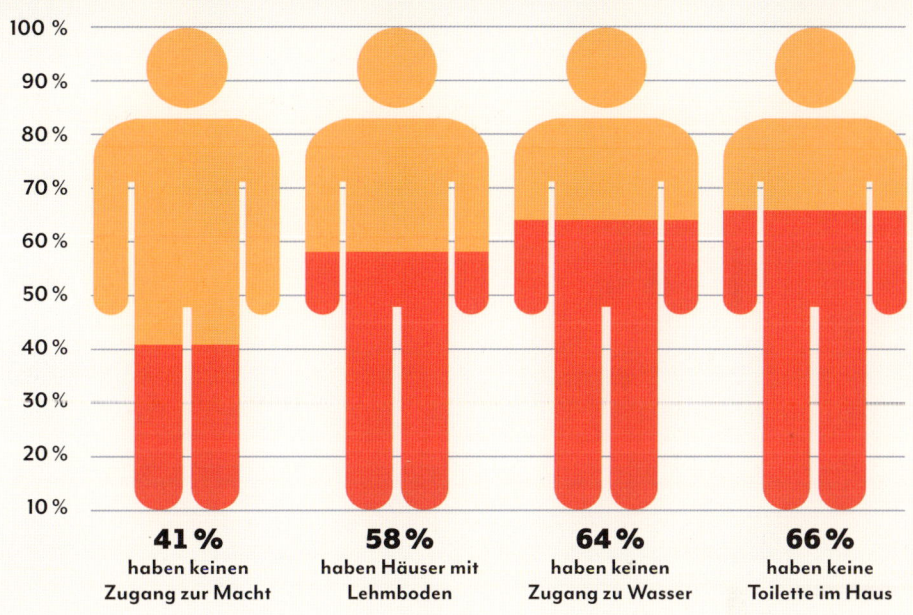

41 %	58 %	64 %	66 %
haben keinen Zugang zur Macht	haben Häuser mit Lehmboden	haben keinen Zugang zu Wasser	haben keine Toilette im Haus

Indiens „gelistete Kasten"

Das hinduistische Kastensystem in Indien teilt die Gesellschaft in fünf Gruppen. Angehörige der untersten Gruppe, der „Scheduled Caste", werden meist als Dalits bezeichnet. In der Vergangenheit wurden sie als minderwertig behandelt und durften nur den unbeliebtesten Arbeiten nachgehen. Zwar wurde 1949 die Diskriminierung für illegal erklärt, wird aber fortgesetzt. Laut der Volkszählung von 2011 leben mehr als 200 Millionen Dalits in Indien, viele davon in Armut.

UND DANN KAM ...

NELSON MANDELA

Präsident, regierte 1994–1999, Mvezo, Südafrika

Nelson Mandela schloss sich der Bewegung gegen die Apartheid an, das war ein System, das schwarze Südafrikaner diskriminierte. Er kam für seinen Protest ins Gefängnis und wurde zu einem Symbol des Kampfes. Als die Apartheid-Gesetze abgeschafft wurden, kam er frei und wurde der erste schwarze Präsident Südafrikas.

„Wenn es nötig ist, bin ich bereit, für dieses Ideal zu sterben."

Rechte von LGBTQ+

Die Massenbewegung für Rechte von LGTBQ+ kam in den 1970er-Jahren auf. Seitdem hat es, besonders im Westen, Fortschritte gegeben. Zu den Erfolgen gehören die Legalisierung von Heirat und das Adoptionsrecht. In vielen Städten werden jährlich Pride-Paraden veranstaltet, um errungene Freiheiten zu feiern und Forderungen für Rechte stark zu machen, für die die Community noch kämpft.

NEUE SPANNUNGEN, NEUE HOFFNUNGEN

Als das letzte Jahrtausend endete, war die Menschheit weltweit besser vernetzt als je zuvor. Doch viele Menschen erleben Auseinandersetzungen um Territorien und Ressourcen wegen ethnischer und religiöser Unterschiede. Seit Beginn des 21. Jahrhunderts haben die Menschen mit Ängsten durch die angeschlagenen Volkswirtschaften und die zunehmende Bedrohung der Umwelt zu kämpfen. Angesichts dieser Herausforderungen geben manche Vorkämpfer uns neue Hoffnung für die Zukunft.

9/11 und der Terrorismus

Am 11. September 2001 kamen 2977 Menschen bei vier Angriffen auf die USA ums Leben. Terroristen der islamistischen Terrorgruppe al-Qaida hatten sie ausgeführt. Zwei Angriffe fanden in New York City statt, wo die Terroristen Flugzeuge in die Türme des World Trade Centers steuerten. US-Präsident George W. Bush rief zu einem weltweiten „Krieg gegen Terror" auf. Es hat seitdem weitere Terroranschläge gegeben, doch keiner hatte mehr dieses Ausmaß.

Beratender Experte: Jeff Wallenfeldt **Siehe auch**: Religiöser Glaube, S. 210–211; Bildung, S. 228–229; Frauenwahlrecht, S. 312–313; Bürgerrechte, S. 324–325; Ökologische Herausforderungen, S. 358–359; Die Folgen des Klimawandels, S. 364–365; Den Klimawandel stoppen, S. 366–367; Städte von morgen, S. 372–373

Technikriese Apple Inc.

2018 wurde Apple zur weltweit ersten Aktiengesellschaft (von der jeder Aktien besitzen kann) mit einem Wert von einer Billion US-Dollar. Amazon, Microsoft und Alphabet (Mutterkonzern von Google) folgten. Dieser Meilenstein markiert den wachsenden Einfluss einer kleinen Anzahl großer Unternehmen, von denen einige reicher und mächtiger als viele Staaten sind. Daher werden sie von Aktivisten (Menschen, die für sozialen oder politischen Wandel eintreten) aufgefordert, Probleme bei Menschenrechten und Datenschutz zu beachten.

Die Stimme erheben

In Pakistan verbietet die extremistische Taliban-Bewegung jungen Mädchen, zur Schule zu gehen. Malala Yousafzai, ein elfjähriges Mädchen aus Swat im Norden Pakistans, bloggte über ihr Leben unter den Taliban. Als sie 15 Jahre alt war, schoss ihr ein Taliban-Schütze in den Kopf, um sie zum Schweigen zu bringen. Sie überlebte und ist heute Aktivistin für Mädchenbildung. 2014 erhielt Malala den Friedensnobelpreis für ihre Arbeit.

FAKTastisch!

Bis 2050 werden mehr als zwei Drittel der Weltbevölkerung in Städten leben. Man erwartet, dass mehr als 40 Städte bis 2030 zu Megacitys mit über 10 Millionen Einwohnern anwachsen. Tokio, die größte Megacity von heute, hat etwa 37 Millionen Bewohner – genauso viele Menschen wie in Kanada leben. Städte haben viele Vorteile. Die Grundversorgung – Wasser, Elektrizität, Schulen, Transport – ist effizienter, je mehr Menschen zusammenleben. Doch zu schnelles Wachstum kann zu Übervölkerung und dem Risiko von Pandemien führen.

Grüner werden

Die Abholzung der Wälder bedroht Lebensräume von Tieren und ist Hauptursache der weltweiten Erwärmung. Im 21. Jahrhundert versuchen viele Länder, durch Aufforstung dagegen anzukämpfen und neue Waldgebiete zu schaffen. Zum Beispiel pflanzten 2019 die Äthiopier im ganzen Land 350 Millionen Bäume innerhalb von nur 12 Stunden.

POLITISCHE WELTKARTE

Die heutige Welt setzt sich aus 193 Staaten zusammen, die von den Vereinten Nationen (UN) anerkannt werden. Diese Anzahl könnte sich verändern, da einige Länder wie bereits andere zuvor die Unabhängigkeit anstreben. Ein anerkannter Staat zu werden, ist eine komplizierte Angelegenheit. Nicht alle Länder können sich über Namen und Grenzen für sich und andere einigen. Die 1945 gegründeten UN setzen sich für globalen Frieden, Sicherheit und Menschenrechte ein.

Arktischer Ozean

GRÖNLAND (DÄNEMARK)

Grönlandmeer

Baffin Bay

ISLAND

Tschuktschen-see

Beaufortsee

ALASKA (USA)

Hudson Bay

Labrador-see

Beringmeer

Golf von Alaska

KANADA

Nordamerika
In Nordamerika gibt es 23 unabhängige Staaten, von dem riesigen Kanada bis zu dem winzigen St. Kitts und Nevis in der Karibik.

VEREINIGTE STAATEN (USA)

Atlantischer Ozean

MEXIKO

Golf von Mexiko

BAHAMAS

KUBA

DOMINIKANISCHE REPUBLIK

HAITI

HAWAII (USA)

JAMAICA

PUERTO RICO

GUATEMALA   BELIZE
EL SALVADOR   HONDURAS
NICARAGUA

Karibisches Meer

TRINIDAD & TOBAGO

COSTA RICA

PANAMA

VENEZUELA

GUYANA
SURINAME
FRANZÖSISCH-GUAYANA

KOLUMBIEN

GALÁPAGOS-INSELN (ECUADOR)

ECUADOR

Pazifischer Ozean

PERU

BRASILIEN

BOLIVIEN

PARAGUAY

PITCAIRN-INSELN (VEREINIGTES KÖNIGREICH)

Südamerika
Es gibt 12 unabhängige Staaten in Südamerika. Fast die Hälfte der Menschen auf dem Kontinent lebt in Brasilien.

CHILE

ARGENTINIEN

URUGUAY

FALKLANDINSELN (VEREINIGTES KÖNIGREICH)

Amundsensee

Weddelmeer

Karibik-Detailkarte

Golf von Mexiko

Atlantischer Ozean

BAHAMAS

KUBA

DOMINIKANISCHE REPUBLIK

HAITI

ST. KITTS & NEVIS
ANTIGUA & BARBUDA

JAMAICA

PUERTO RICO

DOMINICA

BELIZE
GUATEMALA   HONDURAS
EL SALVADOR   NICARAGUA

Karibisches Meer

ST. LUCIA

BARBADOS

GRENADA

ST. VINCENT & DIE GRENADINEN

TRINIDAD & TOBAGO

COSTA RICA   PANAMA

VENEZUELA

GUYANA

FRANZ. GUYA

SURINAME

KOLUMBIEN

ECUADOR

PERU

BRASILIEN

Karibik
Als Teil von Nordamerika umfasst die Region Tausende von Inseln und 13 unabhängige Staaten. Die UN bezeichnen weitere 12 Territorien als abhängig, was bedeutet, dass sie noch unter der Kontrolle oder Verwaltung anderer Länder stehen.

Beratender Experte: Jeremy Crampton **Siehe auch:** Zeitalter der Entdeckungen, S. 292–293; Neue Reiche, S. 298–299; Zeitalter der Revolutionen, S. 304–305; Zweiter Weltkrieg, S. 318–319; Entkolonisierung, S. 322–323

Europa
Von den 44 Ländern des europäischen Kontinents sind 27 Mitglieder der Europäischen Union (EU). Diese politische und ökonomische Union wurde geschaffen, um nach dem Zweiten Weltkrieg Frieden, Demokratie und Zusammenarbeit in Europa zu fördern. Heute leben 500 Millionen Menschen in der EU und sprechen 24 offizielle Sprachen. Großbritannien hat die EU im Januar 2020 verlassen.

Asien
Auf dem größten Kontinent, Asien, leben 61 Prozent der Weltbevölkerung in 47 Ländern; davon allein 1,44 Milliarden in China.

Afrika
Heute besteht der am längsten besiedelte Kontinent der Welt aus 54 Staaten – mehr als jeder andere.

Ozeanien
Die 14 Länder Ozeaniens verteilen sich über viele Inseln im Pazifischen Ozean. Die größte und bevölkerungsreichste ist Australien.

Antarktis

ANTARKTIS

ANTARKTIKA

0   1000   2000   3000   4000   5000 Kilometer

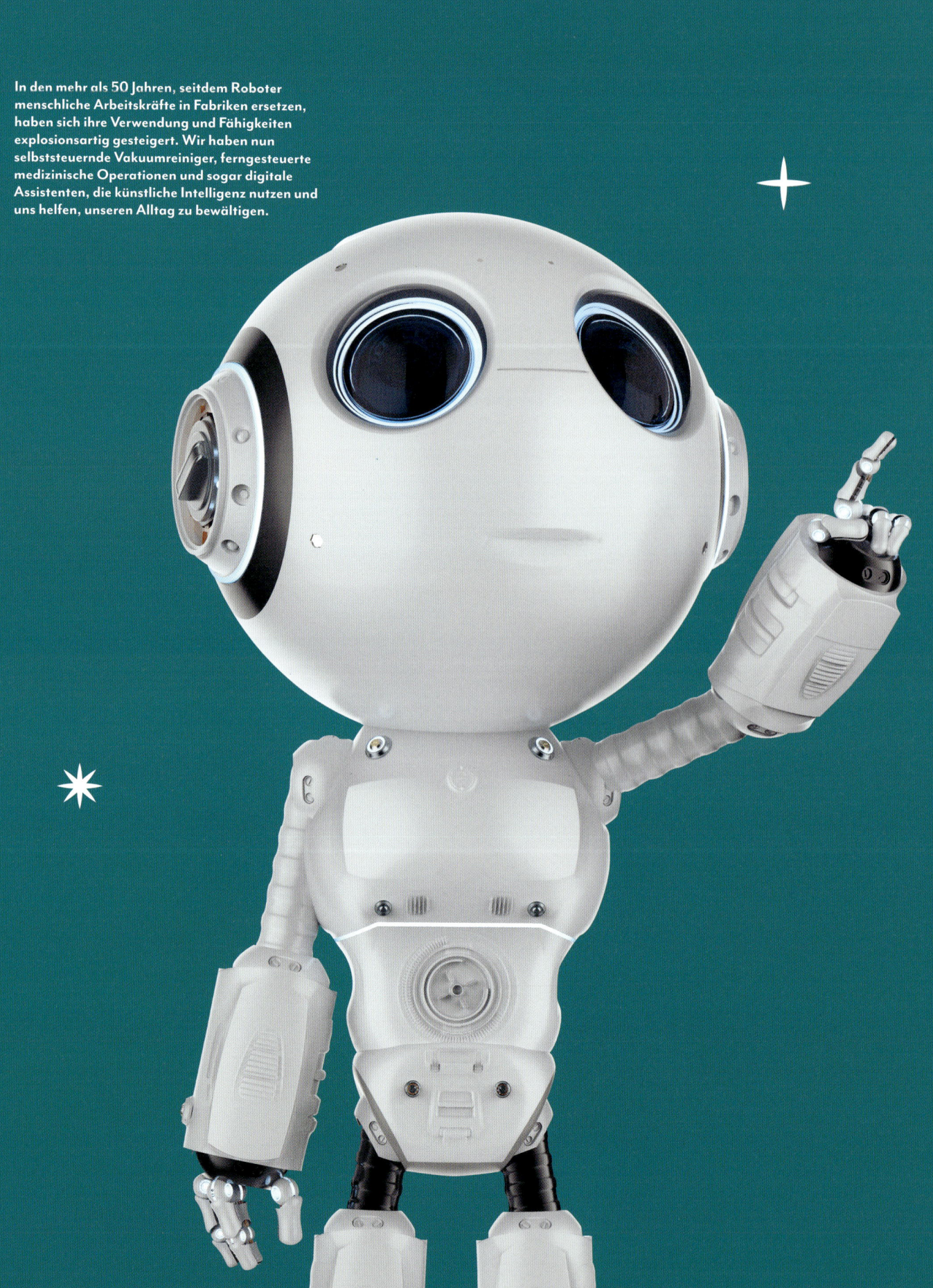

In den mehr als 50 Jahren, seitdem Roboter menschliche Arbeitskräfte in Fabriken ersetzen, haben sich ihre Verwendung und Fähigkeiten explosionsartig gesteigert. Wir haben nun selbststeuernde Vakuumreiniger, ferngesteuerte medizinische Operationen und sogar digitale Assistenten, die künstliche Intelligenz nutzen und uns helfen, unseren Alltag zu bewältigen.

KAPITEL 8

HEUTE UND MORGEN

Nun sind wir endlich hier – in der vertrauten Welt von heute. Unser kostbarer Planet, Heim für fast acht Milliarden Menschen, ist mit riesigen Städten überzogen. Satelliten umkreisen die Erde und sorgen für unsere ständige Vernetzung. Mehr als vier Milliarden Menschen verbinden sich täglich mit dem Internet, um sich zu informieren, einzukaufen und sich zu unterhalten. Und Forscher erschließen immer neue Wege für ein längeres und gesünderes Leben.

Doch diese Fortschritte haben ihren Preis. Unser Konsumhunger, von Autos und Flugreisen bis zu modischer Kleidung, führt zu Plastikmüll, Wassermangel und zunehmender Ungleichheit. Wir sind Zeugen eines massiven Artensterbens, unser Planet erwärmt sich, und unsere weltweite Vernetztheit ist ein perfekter Nährboden für einen uralten Feind des Menschen – Krankheiten.

Und so treffen wir auf unseren größten bekannten Unbekannten. Was wird die Zukunft bringen? Werden Regierungen und Forscher uns vor künftigen Pandemien schützen können? Werden Ingenieure den Klimawandel anhalten? Vielleicht wird es deine Generation sein, die einen Weg finden wird, wie wir Menschen und all die anderen wertvollen Lebewesen noch lange gut auf der Erde leben können.

EINE WELT

Die Erdbevölkerung nimmt kontinuierlich zu, von einer Milliarden Menschen um 1800 auf 7,5 Milliarden heute. Das belastet die Ressourcen unseres Planeten. Heute sind wir besser miteinander verbunden als je zuvor. Durch das Internet können wir einfach und sofort mit anderen Nutzern weltweit kommunizieren. Handel wächst über nationale Grenzen hinweg. Kulturen und Menschen vermischen sich, Ideen und Ressourcen werden geteilt. Doch in unserer vernetzten Welt können sich auch Probleme wie Krankheiten rasch über Kontinente ausbreiten.

Pandemien

Eine Krankheit, die sich über weite Teile des Globus verbreitet, wie Covid-19 seit Ende 2019, nennt man Pandemie. Regierungen versuchen, die Ausbreitung zu stoppen, indem Personen getestet, Kontakte der einzelnen Fälle verfolgt, Grenzen und Orte, an denen Menschen zusammentreffen, geschlossen werden. 2020 ließ die chinesische Regierung in weniger als zwölf Tagen zwei neue Krankenhäuser für die Behandlung von Covid-19-Patienten bauen. Das Huoshenshan-Krankenhaus (unten) wurde in Wuhan gebaut, dem Zentrum des Krankheitsausbruchs.

Gemeinsame Bemühungen

Im Januar 2020 entschlüsselten chinesische Wissenschaftler das Erbgut des Coronavirus und gaben die Informationen weiter. Forscher auf der ganzen Welt konnten dann das Virus studieren.

Dutzende Bagger planieren den Boden für das Huoshenshan-Krankenhaus.

Millionen Menschen sahen beim Bau des Krankenhauses live zu.

Beratende Expertin: Charlotte Greenbaum **Siehe auch:** Der menschliche Körper, S. 196–197; DNA und Genetik, S. 198–199; Politische Weltkarte, S. 328–329; Überall gleichzeitig, S. 334–335; Das Internet, S. 348–349; Die Medien, S. 350–351, Ökologische Herausforderungen, S. 358–359

Multinationale Konzerne

Da die Welt immer stärker vernetzt ist, wachsen einige Unternehmen zu sogenannten multinationalen Konzernen an. McDonald's ist eines von ihnen. Es ist in mehr als 110 Ländern präsent und eine der bekanntesten Marken der Welt. Auch wenn es auf diesem Schild in Arabisch steht, erkennt auch der, der die Schrift nicht lesen kann, die goldenen Bögen.

Die Welt sehen

Die Menschen verreisen aus verschiedenen Gründen. Einige wollen mitten im Winter in die Sonne, andere fremde Städte und historische Stätten besuchen. Billigflieger machen Flugreisen erschwinglicher, und Inlands- und Auslandreisen sind ein Riesengeschäft geworden.

Kommunikation

Über 50 Prozent der Menschen weltweit nutzen das Internet. Über Social Media und Apps können wir uns per Knopfdruck mit Menschen in anderen Ländern verbinden. Mit Videoanrufen können wir sie von Angesicht zu Angesicht sehen, ohne das Haus zu verlassen. Breitbandverbindungen machen das Internet noch schneller und erlauben es, immer größere Daten, Filme und Spiele herunterzuladen. Doch es gibt noch viel zu tun, um allen Menschen den Zugang zum Internet zu ermöglichen.

UND DANN KAM ...

STEVE JOBS

Unternehmer, 1955–2011, USA

Der Computerpionier Steve Jobs gründete Apple Inc. und trug zur Verbreitung des PC bei. Die Einführung des iPhone mit Touchscreen, Apples Version des Smartphones, einer Kombination aus Mobiltelefon und Computer, veränderte 2007 die Art und Weise, wie wir kommunizieren. Apple setzte seinen Weg, eines der erfolgreichsten Unternehmen der Welt zu werden, fort.

Bevölkerungswachstum

In den letzten beiden Jahrhunderten ist die Gesamtzahl der Menschen rasant gestiegen. Verbesserung des medizinischen Wissens und der Lebensbedingungen sorgen in vielen Teilen der Welt für ein gutes Leben. Doch Bevölkerungswachstum kann zu Überbevölkerung führen und Ressourcen wie Nahrung, Wasser und Elektrizität stark belasten. Bevölkerungsforscher schätzen, dass die Weltbevölkerung um 2100 aufhört zu wachsen und sich bei etwa elf Milliarden einpendelt.

Milliarden Menschen

Gesamte Weltbevölkerung

1800 1900 2000 2100

Jahr

INTERNATIONALER HANDEL

Von einem Land zum anderen werden Waren und Rohstoffe verkauft. Riesige Containerschiffe transportieren jedes Jahr Milliarden Tonnen an Ladung rund um die Welt. Sie werden in Tiefwasserhäfen mit enormen Lagerflächen beladen und entladen. Durch die Erfindung des Containers, einer rechteckigen Kiste in der Größe eines Busses, ist der Warentransport schneller und billiger geworden. Container können einfach zwischen Schiff, Lastwagen und Zügen verlagert werden. Es gibt mehr als 5000 Containerschiffe auf der Welt.

Mit riesigen Kränen werden Versandcontainer vom Dock auf das Schiff geladen. Ein Containerschiff benötigt nur eine 20-köpfige Besatzung.

Rund 11 Prozent der Waren, die auf dem Seeweg transportiert werden, lagern in Containern.

Zu jedem Zeitpunkt befinden sich über 20 Millionen Container auf See.

Die Motoren können 17 Meter hoch sein (so groß wie drei Giraffen) und sind 1000-mal stärker als der eines Autos.

Beratender Experte: Richard Meade **Siehe auch:** Metalle, S. 116–117; Plastik/Kunststoff, S. 120–121; Einfache Maschinen, S. 144–145; Das offene Meer, S. 180–181; Eine Welt, S. 332–333; Ungleichheit, S. 336–337

Die Container sind gefüllt mit Waren, von Nahrungsmitteln bis zu Fernsehern. Jeder Container kann bis zu 30 Tonnen wiegen – das ist so viel wie fünf Elefanten. Die Container werden aufeinandergestapelt.

Spezielle Kühlcontainer werden für den Transport verderblicher Nahrung wie Früchten und Gemüse verwendet.

Schiffbruch

1992 fiel auf dem Weg von China in die USA ein Container mit Badespielzeug aus Plastik in den Pazifischen Ozean. Meeresströme transportierten 28 000 Spielwaren wie gelbe Entchen, rote Biber, blaue Schildkröten und grüne Frösche rund um die Welt. Über viele Jahre schwammen einige weit nach Süden bis Australien, andere durch die Arktische See nach Maine und sogar westlich bis nach Schottland.

Container werden auch im Schiffsrumpf verstaut. Sie kommen in Befestigungsvorrichtungen, damit sie auf See nicht zu sehr in Bewegung geraten.

Ein Container kann 8000 Schuhkartons aufnehmen. Das größte Containerschiff könnte also mit nur einer Schiffsladung ein neues Paar Schuhe für jede Person in Deutschland liefern.

UNGLEICHHEIT

Nicht alle auf der Welt haben Zugang zu Ressourcen. In den ärmsten Ländern gehen viele Kinder nicht zur Schule und erhalten keine Ausbildung. Einige leben in überfüllten Behausungen ohne Zugang zu sauberem Trinkwasser. Sogar in reichen Ländern, wo die meisten Menschen genug zum Leben haben, verdienen einige sehr wenig. Und das Einkommen ist nicht gleich verteilt: Ein Prozent der Erwachsenen besitzt 40 Prozent des weltweiten Vermögens.

Arm und reich

Arme Menschen leben in reichen Ländern und reiche Menschen leben in armen Ländern. Dieses Foto von São Paolo in Brasilien zeigt schicke Wohnungen mit Swimmingpools neben überfüllten Elendsvierteln oder Favelas, in denen die Häuser Blechdächer haben. Viele, die in den Favelas leben, haben kein fließendes Wasser und keine Elektrizität.

Beratende Expertin: Charlotte Greenbaum **Siehe auch:** Bildung, S. 228–229; Bürgerrechte, S. 324–325; Neue Spannungen, neue Hoffnungen, S. 326–327; Eine Welt, S. 332–333; Die Superreichen, S. 344–345; Städte, S. 346–347; Ökologische Herausforderungen, S. 358–359; Den Klimawandel stoppen, S. 366–367

Gleicher Lohn für gleiche Arbeit

Männer und Frauen werden für ihre Arbeit nicht immer gleich bezahlt. Das gilt sogar für Tennisstars wie Serena Williams und Roger Federer. Seit Beginn der Moderne verdienen Frauen gewöhnlich weniger, auch wenn sie die gleichen Aufgaben haben. In den USA erhalten Frauen durchschnittlich nur 80 Prozent dessen, was Männer für den gleichen Job bekommen. Das nennt man Gender-Gap. Einige Länder wie Dänemark und Norwegen haben Gesetze beschlossen, um das Lohngefälle zwischen Männern und Frauen zu senken.

Medizinische Versorgung

In reicheren Ländern wie den USA ist die medizinische Versorgung besser als in ärmeren Ländern. Doch die Behandlungen in den USA sind teuer. Viele Menschen können sich keine Hilfe leisten und gehen daher in die Free Clinic, eine kostenlose Sprechstunde (rechts). Einer von zwölf Amerikanern hatte 2018 keine Krankenversicherung. In europäischen Ländern wird das Gesundheitswesen durch Steuern oder Versicherungen finanziert und ist für alle gratis, egal ob reich oder arm.

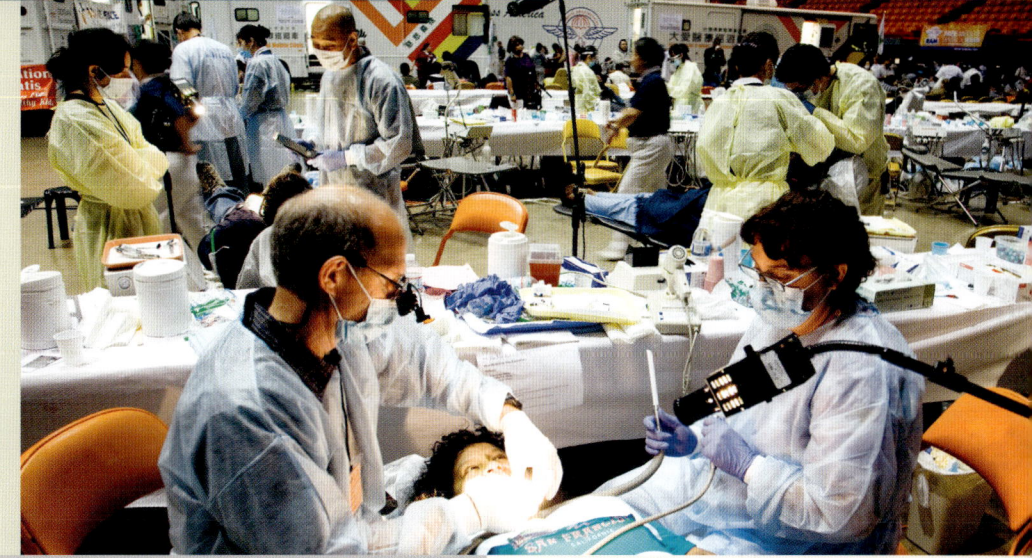

Wasserungerechtigkeit

Viele Menschen weltweit haben keinen Zugang zu sauberem Wasser. Allein in Indien sind es 90 Millionen Menschen – mehr als in jedem anderen Land. Und vier von fünf Menschen haben dort keine Toilette. Das Fehlen von Sanitäreinrichtungen erhöht das Risiko der Ausbreitung von Krankheiten. Durch den Klimawandel wird der Zugang zu grundlegenden Ressourcen wie Wasser weiter erschwert.

Oft sind es in Indien die Frauen, die das Wasser holen.

Ein Eimer wird in einen Brunnen hinabgelassen.

Globale Armut

Rund 10 Prozent der Weltbevölkerung leben von weniger als 1,65 € am Tag, dem Preis von zwei Schokoriegeln in Deutschland. Fast die Hälfte aller Menschen lebt von weniger als 5,00 € am Tag. Seit 1990 leben jedoch 35 Prozent weniger Menschen auf der Welt in extremer Armut.

DIE WELTERNÄHRUNG

Die meisten Menschen sind auf Nahrungsmittel angewiesen, die von Bauern produziert werden. Bei einer Weltbevölkerung von 7,6 Milliarden Menschen ist es eine große Herausforderung, genug Nahrung für alle bereitzustellen. Mehr als 820 Millionen Menschen haben nicht genug zu essen, und diese Zahl könnte ansteigen. Zwar wird genug Essen für alle hergestellt, doch wir werfen ein Drittel davon weg – während des Transports, der Lagerung und bei uns zu Hause. Wir müssen dringend aufhören, Essen wegzuwerfen, aber wir müssen auch neue Nahrungsquellen und Anbaumethoden finden.

Insekten essen

Menschen haben immer Insekten gegessen. Weltweit tun das zwei Milliarden Menschen regelmäßig. Essbare Insekten wie Mehlwürmer (unten) sind nahrhaft und können in großer Zahl produziert werden. Man sagt, geröstete Mehlwürmer haben einen nussigen Geschmack, während Heuschrecken wie Popcorn schmecken.

Saatgut sichern

Was würde passieren, wenn einige Pflanzenarten durch Krankheit oder Atomkrieg aussterben? Wie würden die Menschen überleben? Dann könnte der Weltweite Saatgut-Tresor in Norwegen helfen, der mehr als eine Million Samenarten von Getreide bis Tomaten aufbewahrt. Tief im Inneren eines Bergs lagert dort die größte Sammlung gefrorener Pflanzenarten.

Fleisch und Milchprodukte

Viele von uns nehmen lebenswichtige Proteine über eine Ernährung mit Fleisch und Milchprodukten auf. Allerdings kann Tierhaltung der Umwelt schaden. Kühe zum Beispiel stoßen große Mengen des Treibhausgases Methan aus, wenn sie pupsen oder rülpsen. Wenn wir weniger Fleisch essen und weniger Kühe aufziehen, können wir Treibhausgase senken, die zur Erderwärmung beitragen. Würde jeder in den USA ein Jahr lang einen Burger weniger pro Woche essen, hätte es den gleichen Effekt, wie zehn Millionen Autos von der Straße zu nehmen.

Eine einzelne Kuh kann bis zu 180 Kilogramm Methan pro Jahr produzieren.

Beratende Expertin: Melissa Petruzzello **Siehe auch:** Die Atmosphäre, S. 90–91; Klima, S. 96–97; Nahrung und Küche, S. 206–207; Ungleichheit, S. 336–337; Strom für den Planeten, S. 340–341; Städte, S. 346–347; Ökologische Herausforderungen, S. 358–359; Die Folgen des Klimawandels, S. 364–365

Wie die Welt ernährt werden kann
AUFGELISTET

Um weiter die ganze Welt ernähren zu können, müssen wir bessere Methoden für Anbau und Herstellung von Nahrung entwickeln. Diese innovativen Technologien könnten helfen.

1. Senkrechter Anbau Pflanzen in vertikal angelegten Gärten anzubauen, bedeutet, mehr zu produzieren und weniger Platz zu nutzen. Das ist hilfreich, wenn Land nicht verfügbar oder für den Anbau ungeeignet ist. Besonders gut funktionieren urbane Gärten in Städten, wo Gemüse an Hochhäusern angepflanzt werden kann.

2. Vernetzte Kühe Bauern können aus der Ferne das Wohlbefinden ihrer Kühe verfolgen, indem Sensoren an ihren Körpern angebracht werden. So sagt ein Sensor am Huf, ob sich das Tier zu wenig oder zu viel bewegt.

3. Smart Farming Ferngesteuerte Traktoren, Drohnen, die Pflanzen überwachen, und Maschinen, die genaue Saatportionen abmessen, sind Technologien für eine produktivere Landwirtschaft.

4. Treibhaustechnologie Mithilfe von künstlichem Licht und automatischen Anbausystemen lassen sich klimatische Bedingungen in hochtechnisierten Treibhäusern kontrollieren. Diese Technologie steigert Erträge und Schnelligkeit des Wachstums.

Fleischersatz

Burger aus pflanzlichen Zutaten (oben) mit dem Geschmack und der Konsistenz von Fleisch werden immer beliebter. Fleischersatz soll dazu beitragen, Nahrungsmittel zu produzieren, ohne die Umwelt oder Tiere zu schädigen. Forscher arbeiten auch daran, Fleisch im Labor herzustellen. Dafür züchten sie tierische Zellen in einem Bioreaktor.

BEKANNTE UNBEKANNTE

Wie können wir alle Menschen mit Nahrung versorgen?
Etwa 60 Prozent der Kalorien, die wir zu uns nehmen, kommen von Reis, Getreide und Soja. Um alle ernähren zu können, müssen wir Pflanzen anbauen, die sich an den Klimawandel anpassen, für bessere Transporte vom Bauernhof auf den Tisch sorgen und zu Hause kein Essen wegwerfen.

Ein Kuh-Rülpser enthält mehr Methan als das Gas, das hinten herauskommt.

ATLANTISCHER OZEAN

GRÖNLAND

NORDAMERIKA

New York City, New York, USA

London, Großbritannien

Lissabon, Portugal

Los Angeles, Kalifornien, USA

Atlanta, Georgia, USA

NORD-ATLANTIK

Honolulu, Hawaii, USA

Mexiko-Stadt, Mexiko

Georgetown, Guyana

PAZIFISCHER OZEAN

AMAZONAS-REGENWALD

SÜDAMERIKA

Rio de Janeiro, Brasilien

Santiago, Chile

Buenos Aires, Argentinien

SÜD-ATLANTIK

ANTARKTISCHER OZEAN

STROM FÜR DEN PLANETEN

Das Bild unserer Erde bei Nacht zeigt die an Elektrizität
angeschlossenen Orte. Aus dem All sehen wir mehr Licht in den
dicht besiedelten Gebieten. Andere sind dunkler, weil dort weniger
Menschen leben – zum Beispiel im Amazonas-Regenwald und
in Sibirien. Ein anderer Grund für die Dunkelheit ist die geringe
Versorgung mit Elektrizität. Einige Länder haben kein Geld, um
Kraftwerke zu bauen und Stromkabel zu den Häusern zu legen.
Sahara und Antarktis sind hell, da sie das Mondlicht reflektieren.

Beratender Experte: Erik Gregersen **Siehe auch:** Die Sonne, S. 30–31; Energie, S. 124–125; Ungleichheit, S. 336–337; Städte, S. 346–347;
Das Internet, S. 348–349; Ökologische Herausforderungen, S. 358–359

ARKTISCHER OZEAN

EUROPA

SIBIRIEN

Moskau, Russland

Warschau, Polen

Paris, Frankreich

ASIEN

Rom, Italien

Peking, China

Tokio, Japan

Jerusalem, Israel

Kairo, Ägypten

Delhi, Indien

SAHARA

Mekka, Saudi-Arabien

Hongkong, China

AFRIKA

Manila, Philippinen

KONGOBECKEN

Bangkok, Thailand

INDISCHER OZEAN

Jakarta, Indonesien

PAZIFISCHER OZEAN

AUSTRALIEN

Johannesburg, Südafrika

Perth, Australien

Kapstadt, Südafrika

Sydney, Australien

ANTARKTISCHER OZEAN

ANTARKTIS

Solarlampen

Fast eine Milliarde Menschen hat keinen Zugang zu Elektrizität. Sieben von zehn Personen in Afrika zum Beispiel leben ohne Strom. Eine Lösung ist die Nutzung von Sonnenenergie. Das Sozialunternehmen Little Sun stellt Lampen her, die am Tag Sonnenenergie speichern und bei Nacht leuchten. Die Lampen funktionieren ohne Steckdose. So haben Menschen ohne Stromanschluss trotzdem im Dunkeln etwas Licht.

MODERNE KRIEGSFÜHRUNG

Die Armeen der reichen und mächtigen Länder nutzen immer neuere Technologien, um in militärischen Konflikten überlegen zu sein. Satelliten, Drohnen und fortschrittliche Waffen haben das Schlachtfeld verändert. Und der Cyberkrieg ist eine neue Art Kriegsführung, bei dem Staaten Computer für Angriffe gegen andere Länder einsetzen, etwa um Militärgeheimnisse zu stehlen oder falsche Informationen zu verbreiten.

Die Drohne ist mit einer Kamera ausgestattet und kann Bilder zurück zum Stützpunkt senden.

Diese Drohne ist eine Tarantula Hawk. Sie kann senkrecht vom Boden starten.

Drohnenkriege

Drohnen sind kleine ferngesteuerte Fahrzeuge ohne Insassen. Das können auch Geräte wie unbemannte Flugobjekte (UAV) sein, die über ferne Ziele fliegen und Geschosse abfeuern. Die Menschen, die sie kontrollieren, können sich Tausende Kilometer entfernt aufhalten. Soldaten setzen kleinere Drohnen zur Überwachung aus der Luft ein, sie überblicken damit weite Flächen. Kampfdrohnen werden auch benutzt, um auf einzelne Personen zu zielen, ohne dass ein Soldat das Schlachtfeld betreten muss.

Diese Drohne ist so leicht, dass sie in einem Rucksack getragen werden kann.

Die Beine der Drohne

Soldaten können Drohnen als zusätzliche Augen nutzen, um verdeckte Minen aufzuspüren.

Beratender Experte: Jack Snyder **Siehe auch:** Künstliche Satelliten, S. 46–47; Vermessung der Erde, S. 60–61; Konflikt und Krieg, S. 212–213; Erster Weltkrieg, S. 310–311; Zweiter Weltkrieg, S. 318–319; Neue Spannungen, neue Hoffnungen, S. 326–327; Politische Weltkarte, S. 328–329

Kriegsflüchtlinge

Weltweit gibt es etwa 26 Millionen Flüchtlinge, die ihr
Zuhause verlassen mussten – oft ist Krieg der Grund. Dazu
gehören auch sechs Millionen Menschen, die vor dem Krieg
in Syrien geflohen sind. Viele werden nie zurückkehren.
2017 zwang die Armee von Myanmar die Rohingya-Muslime,
das Land zu verlassen. Mit einer Zeremonie gedenken die
Rohingya-Flüchtlinge in einem Lager in Bangladesch dem
zweiten Jahrestag dieser gewaltsamen Vertreibung (Foto).

Satelliten können
sich gegenseitig
ausspionieren,
indem sie nahe
vorbeifliegen.

Ein Laser kann
einen Satelliten
treffen und in die
Erdatmosphäre
stoßen, sodass er
verglüht.

Satelliten nehmen
Fotos von der Erde
auf.

Kriegsführung im Weltall

Heute werden Satelliten auch eingesetzt, um andere
Länder auszuspionieren. Doch durch die Kriegsführung
im All können Satelliten selbst zum Ziel werden. Werden
sie zerstört, kann das gravierende Folgen haben. Wir
verlassen uns auf sie für Dienste wie GPS, Übertragung
von TV-Signalen und Telefonanrufen rund um die Welt.

Asymmetrische Kriegsführung

Trifft eine schlecht ausgerüstete Armee auf eine hochgerüstete,
nennt man das asymmetrische Kriegsführung. Vielleicht benutzt
die schwächere Armee ältere Waffen wie dieses Kalaschnikow-
Gewehr. Um einen mächtigeren Gegner zu schlagen, könnte
sie terroristische Taktiken einsetzen oder einen Guerillakampf
führen, etwa aus dem Hinterhalt angreifen.

Aushungern als Waffe

Manchmal greifen Armeen
Versorgungslieferungen an, um
einen Krieg zu gewinnen. Das
geschieht oft im Bürgerkrieg –
einem Konflikt zwischen verschiedenen Gruppen eines Landes –
und soll beim Gegner zu Hunger
führen. Im Jemen (rechts) wurde
diese Waffe eingesetzt, um die
Menschen davon abzubringen, die
Rebellen zu unterstützen.

DIE SUPERREICHEN

Eine kleine Anzahl Menschen weltweit besitzt eine Menge Geld. Tatsächlich sind 40 Prozent des weltweiten Vermögens im Besitz von nur einem Prozent aller Menschen. Das schafft große Ungleichheit. Viele der Superreichen protzen mit ihrem Wohlstand, indem sie Sportwagen, Jachten, Villen und andere Luxusgüter kaufen, doch einige setzen ihr Geld ein, um anderen Menschen zu helfen. Das nennt man „Philanthropie".

Die Milliardäre

Auf der Welt gibt es mehr als 2000 Milliardäre – Personen, deren persönlicher Besitz mehr als eine Milliarde US-Dollar beträgt (845 Millionen Euro). In den USA und in China leben die meisten. Kylie Jenner wurde mit nur 21 Jahren durch ihre Kosmetikfirma zur Milliardärin. Der älteste Milliardär war der aus China stammende Chang Yun Chung, Gründer einer Reederei aus Singapur, der über 100 Jahre alt wurde.

Kylie Jenners Vermögen betrug 2020 rund eine Milliarde US-Dollar.

Kylie Jenner trägt ein Designerkleid von Versace. Ihre Juwelen, Diamanten und lila Saphir-Ohrringe und Ringe waren 4,9 Millionen US-Dollar wert – mehr als 4 Millionen Euro.

Die zehn Reichsten der Welt
AUFGELISTET

1. Jeff Bezos Der Gründer des Online-Unternehmens Amazon.com ist mehr als 159,4 Milliarden Euro schwer.

2. Elon Musk Das Vermögen des Gründers von Tesla und SaceX hat sich binnen einen Jahres nahezu verdoppelt. Es beträgt 151,4 Milliarden Euro.

3. Bernard Arnault Der Inhaber vieler Modefirmen, darunter Louis Vuitton, besitzt 127,8 Milliarden Euro.

4. Bill Gates Microsofts Mitgründer stiftet eine Menge von seinen 100,9 Milliarden Euro durch die Bill & Melinda Gates-Stiftung.

5. Mark Zuckerberg Der Mitgründer und CEO von Facebook besitzt rund 79,7 Milliarden Euro.

6. Zhang Shanshan ist mit einem Vermögen von 78,9 Milliarden Euro der reichte Unternehmer Chinas.

7. Larry Ellison Der Mitgründer der Softwarefirma Oracle (Datenbanksystem) ist 73,3 Milliarden Euro schwer. Er ist heute der Cheftechnologe des Unternehmens.

8. Warren Buffett Dieser Investor und Philanthrop besitzt rund 72,9 Milliarden Euro.

9. Larry Page Der Mitgründer von Google ist 65 Milliarden Euro schwer. Gemeinsam mit Sergey Bin hat er den Algorithmus für Suchmaschinen entwickelt.

10. Sergey Brin Der Kollege von Larry Page besitzt rund 63,2 Milliarden Euro.

Beratende Expertin: Silvana Tenreyro **Siehe auch:** Kleidung und Körperschmuck, S. 208–209; Geld, S. 224–225; Antikes Griechenland, S. 264–265; Der Aufstieg des Kommunismus, S. 314–315; Aufschwung und Niedergang, S. 316–317; Ungleichheit, S. 336–337; Die Medien, S. 350–351; Smart-Tech und anderes, S. 356–357

Philanthropie

Einige wohlhabende Menschen spenden Geld für gute Zwecke. So stiften Bill und Melinda Gates Milliarden an Dollar für Armutsbekämpfung und medizinische Versorgung wie die Forschung zum Coronavirus. Sie fördern auch ein Projekt zur Bekämpfung von Malaria. Diese Krankheit wird von Moskitos übertragen und tötet jährlich Hunderttausende. Daneben fördert die Stiftung Bildung vor Ort in Entwicklungsländern und mit Stipendien für Studierende in den USA.

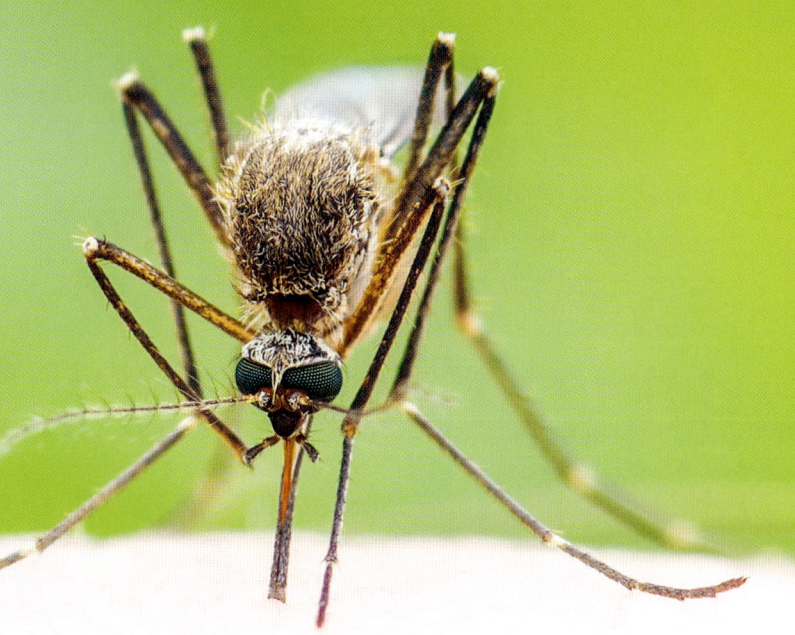

Pures Gold

Diese goldene Toilette mit einem kugelsicheren Sitz, verziert mit 40 000 Diamanten, wurde 2019 bei einer Messe in Shanghai ausgestellt. Dinge zu kaufen, um mit seinem Reichtum zu protzen, nennt man Prestigekauf. Eine goldene Toilette, ein Luxuswagen oder ein diamantenverziertes Hundehalsband sind Dinge, mit denen man seinen Status in der Gesellschaft zeigen kann.

FAKTastisch!

Ein durchschnittlicher Arbeiter in den USA müsste 200 Jahre lang arbeiten, um eine Milliarde zu verdienen. Andersherum betrachtet, verdienen viele der Superreichen den durchschnittlichen Jahresverdienst von 50 000 US-Dollar (42 290 Euro) in weniger als einer Minute.

Leben wie ein Millionär

Manche Leute, die sehr reich sind, lieben es, Luxusautos zu kaufen oder – noch teurer – Supersportwagen. Der Bugatti La Voiture Noire (rechts) ist ein solches Auto. Mit einem Preis von 16 Millionen Euro ist er einer der teuersten Wagen, die je gebaut wurden. Oft dienen die kostspieligen Autos nur der Zurschaustellung des Reichtums oder als Investment. Man fährt nicht viel damit herum.

STÄDTE

Städte sind große bebaute Gebiete, wo viele Menschen mit verschiedenen Geschichten eng zusammenleben und arbeiten. Mehr als die Hälfte der Weltbevölkerung lebt in Städten oder in städtischen Räumen. Das Leben in Großstädten hat Vorteile. Es gibt mehr Jobs, Schulen, Geschäfte und Kulturangebote als in Kleinstädten und Dörfern, das öffentliche Nahverkehrsnetz ist besser. Aber städtische Gebiete sind auch dreckiger als ländliche und können gefährlicher sein. Bis 2050 werden zwei Drittel der Weltbevölkerung in Städten leben.

Urbanisierung

Das Bild zeigt die Stadt Manchester in England aus einem Flugzeug. Viele Städte breiten sich vom Zentrum in die Umgebung aus. Das nennt man Urbanisierung. Zahlreiche Menschen leben in den Randgebieten oder Vororten. Um ins Zentrum zu gelangen, müssen sie mit dem Auto fahren oder Busse, U-Bahnen oder Züge benutzen.

Luftverschmutzung

Verschmutzte Luft enthält kleinste Partikel, die in die Lunge geraten und gesundheitliche Probleme verursachen können. Hauptverursacher der Luftverschmutzung in London sind Fahrzeuge. Großbritanniens Hauptstadt setzt daher elektrische Doppeldeckerbusse ein (rechts), um die Luftqualität zu verbessern. Die von der Luftverschmutzung am stärksten betroffene Stadt ist Ghaziabad in Indien. Luftverschmutzung tötet allein in Indien jährlich insgesamt mehr als eine Millionen Menschen.

Beratende Expertin: Shauna Brail **Siehe auch:** Fossile Energie, S. 124–125; Die Atmosphäre, S. 90–91; Klima, S. 96–97; Verbrennung, S. 110–111; Nicht-Metalle, S. 116–117; Wildtiere in der Stadt, S. 188–189; Die Industrielle Revolution, S. 308–309; Eine Welt, S. 332–333; Ökologische Herausforderungen, S. 358–359

Wolkenkratzer

Sehr hohe Gebäude werden als Wolkenkratzer bezeichnet. Meistens sind es Bürogebäude, in denen viele Menschen arbeiten. In anderen finden sich auch Wohnungen. In Seoul, der Hauptstadt Südkoreas, gibt es mehr Gebäude mit mehr als 12 Stockwerken als in jeder anderen Stadt. Mit 123 Etagen überragt der Lotte World Tower (links) alle anderen hohen Gebäude. Allerdings ist er nur der fünfthöchste Wolkenkratzer der Welt. Der höchste ist mit 828 Metern zurzeit der Burj Khalifa in Dubai.

Die grünsten Städte
AUFGELISTET

Auch wenn viele Städte weltweit übervölkert sind, setzen die Regierungen Maßnahmen um, die sie grüner und umweltfreundlicher machen. Das trägt zur Verbesserung der Gesundheit aller Einwohner bei.

1. Kopenhagen In der Hauptstadt Dänemarks gibt es mehr Fahrräder als Autos. Sie will bis 2025 die erste klimaneutrale Stadt der Welt sein.

2. Curitiba Die „grüne" Stadt in Brasilien recycelt 70 Prozent des Mülls, um neue Produkte und Energie zu erzeugen.

3. Reykjavik Die isländische Hauptstadt will bis 2050 den Gebrauch fossiler Energie wie Öl und Kohle einstellen. Die Energieversorgung soll durch Erschließung von Erdwärme (Hitze aus dem Erdinneren) gewährleistet werden.

4. Singapur In dem asiatischen Stadtstaat gibt es viele Gärten, einige auf Hausdächern. In einem Park stehen futuristische „Superbäume" – senkrechte Gärten auf riesigen, wie Bäume geformten Stahlgerüsten.

5. Vancouver In der ökofreundlichen kanadischen Stadt stammt 90 Prozent des Stroms aus erneuerbarer Energie. Es gibt dort auch viele Grünflächen.

Übervölkerte Städte

Tokio ist mit mehr als 38,5 Millionen Einwohnern heute die bevölkerungsreichste Stadt der Welt. Doch die japanische Hauptstadt ist nicht die überfüllteste Stadt. In Tokio leben 6000 Menschen auf einem Quadratkilometer. Dhaka in Bangladesch ist deutlich voller. Dort leben neunmal so viele Menschen auf dem gleichen Raum.

Einige der übervölkertsten Städte der Welt
Durchschnittliche Zahl von Menschen pro Quadratkilometer

Stadt	Menschen pro km²
Dhaka, Bangladesch	41100
Mogadischu, Somalia	28200
Surat, Indien	27400
Mumbai, Indien	26800
Hongkong, China	26100

DAS INTERNET

Das Internet, ein gewaltiges weltweites Netzwerk von Computern, hat die Welt verändert. Die Möglichkeit, Informationen sofort und gratis zu teilen, ändert die Art und Weise, wie Menschen kommunizieren, Geschäfte betreiben oder Kontakte knüpfen. In vielen Ländern verbringen die Menschen einen Großteil ihres Tages online – sie kaufen und verkaufen Dinge, suchen Informationen, sehen Filme, spielen Spiele und sprechen mit Freunden.

World Wide Web

Was ist der Unterschied zwischen Internet und World Wide Web (WWW)? Als Internet bezeichnet man das weltweite Netzwerk von Computern, die alle miteinander verbunden sind, einige mit Glasfaserkabeln, hier als Lichtnetzwerke zu sehen. World Wide Web bezieht sich auf Websites und Apps, über die du Inhalte im Internet anschaust.

Beratender Experte: Erik Gregersen **Siehe auch:** Künstliche Satelliten, S. 46–47; Die Medien, S. 350–351; Smart-Tech und anderes, S. 356–357

Das Internet
CHRONIK

1969 Das US-Militär entwickelt das ARPANET (Advanced Research Projects Agency Network), um die Kommunikation seiner Computer miteinander zu ermöglichen.

1973 Verschiedene Computernetzwerke in unterschiedlichen Ländern werden verlinkt, es entsteht ein richtiges globales Internet.

1982 Telefonleitungen ermöglichen den Netzwerken in verschiedenen Ländern die Kommunikation.

1985 Die erste „.com"-Website wird registriert.

1991 Das World Wide Web wird eröffnet und erlaubt den Menschen, Informationen im Internet einfacher zu finden und zu teilen.

1995 Amazon.com wird gegründet, gefolgt von Google 1998 und Facebook 2004.

2020 Etwa 4,5 Milliarden Menschen (mehr als die Hälfte der Weltbevölkerung) haben Zugang zum Internet.

UND DANN KAM ...

TIM BERNERS-LEE
Informatiker, geboren 1955, Großbritannien

1989 hatte Tim Berners-Lee die Idee, Informationen zwischen Universitäten und Instituten zu teilen. Sie entstand am CERN in der Schweiz, dem weltweit größten Zentrum für physikalische Grundlagenforschung. Das Web hat „Websites" – das World Wide Web (WWW) – eingeführt, miteinander verbundene Webseiten, die von Einzelpersonen oder Organisationen online bereitgestellt werden.

Digitale Kluft
Weltweit haben rund drei Milliarden Menschen keinen Zugang zum Internet. Für den Ausbau des Netzes werden verschiedene Maßnahmen ergriffen, etwa mehr Kabel verlegt, um die Orte anzuschließen. Der Ort Supai im Grand Canyon (rechts) war bis 2019 nicht angebunden. Türme am Rand des Canyons senden nun ein Signal nach unten, sodass die Menschen in Supai Village online gehen können.

Eine Minute im Internet
Das Diagramm zeigt die weltweiten Internetaktivitäten während einer Minute im Jahr 2019. Social-Media-Dienste wie Twitter und Instagram und Unterhaltungskanäle wie YouTube und Netflix machen einen Großteil unserer Zeit im Internet aus.

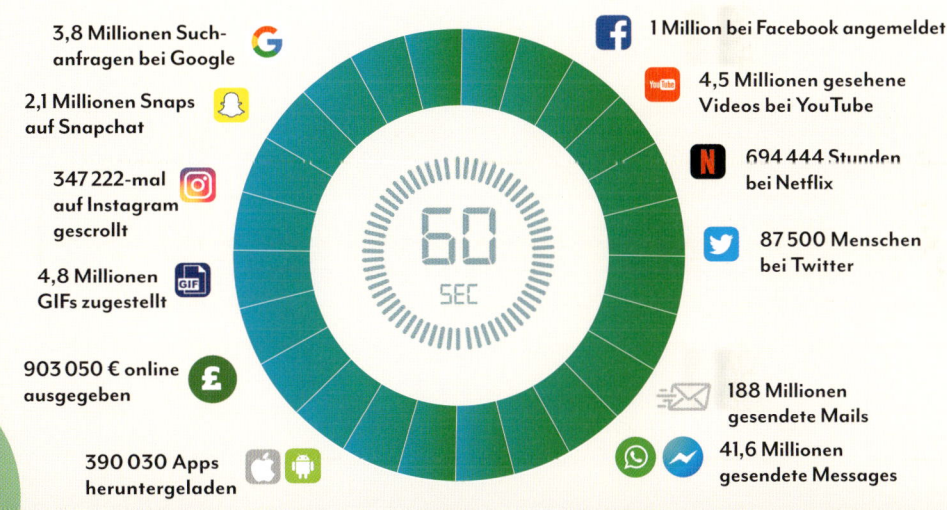

3,8 Millionen Suchanfragen bei Google

2,1 Millionen Snaps auf Snapchat

347 222-mal auf Instagram gescrollt

4,8 Millionen GIFs zugestellt

903 050 € online ausgegeben

390 030 Apps heruntergeladen

1 Million bei Facebook angemeldet

4,5 Millionen gesehene Videos bei YouTube

694 444 Stunden bei Netflix

87 500 Menschen bei Twitter

188 Millionen gesendete Mails

41,6 Millionen gesendete Messages

60 SEC

Space-Internet
Einige Firmen wie SpaceX installieren Satelliten, die das Internet durch die Nutzung von Radiowellen aus dem All zur Erde senden. Die Idee ist dabei, Hunderte oder Tausende von Satelliten in einem weiten Netz um die Erde zu platzieren, damit sich jeder überall mit dem Internet verbinden kann. Doch bestehen auch Vorbehalte gegenüber dem Projekt. Zum Beispiel könnten die Satelliten bei der großen Anzahl im All zusammenstoßen.

Ein gewaltiges Satelliten-Netzwerk würde die Erde umgeben.

DIE MEDIEN

Über die Medien beschaffen wir uns Nachrichten, Informationen und Unterhaltung. Dazu gehören Zeitungen, Zeitschriften, Fernsehen und Videospiele wie Apps und virtuelle Realität. Wir bedienen uns fast täglich der Medien, wenn wir Artikel lesen, auf Social Media mit Freunden sprechen oder unsere Lieblingssendung schauen. YouTube ist ein Beispiel für ein Online-Medium. Radio, Bücher und sogar Werbeschilder gehören zu den Offline-Medien.

Überschriften

Pass auf, wenn die Überschrift eine Sprache benutzt, die dich emotional berührt, oder etwas verspricht, was zu gut klingt, um wahr zu sein. Wie wahrscheinlich ist es, dass ein Wombat ein anderes Tier rettet? Recherchiere ein wenig nach einer anderen Quelle für diese Information, bevor du sie glaubst.

Qualität

Sei vorsichtig, wenn der Artikel Rechtschreibfehler, nur Großbuchstaben oder falsche Zeichensetzung enthält. Nur Verlage haben Lektoren, die sicherstellen, dass Artikel richtig geschrieben sind und Sinn haben.

Von wem ist es?

Wenn Autorennamen angegeben sind, kannst du herausfinden, was sie qualifiziert, den Artikel zu schreiben. Vielleicht stehen Angaben zu ihnen neben dem Text. Falls nicht, kannst du über eine Suchmaschine mehr erfahren. So lernst du einzuschätzen, ob Texte wahrscheinlich objektiv oder voreingenommen sind.

Fotografie

Sei auf der Hut, wenn das Foto komisch und unnatürlich aussieht. Hast du schon ein Tier mit rosa Fell gesehen? Recherchiere nach anderen Bildern. Ist es ein echtes Foto oder ist es bearbeitet worden? Verantwortungsvolle Quellen verändern ihre Fotos nicht.

Checke die Fakten

Viele Artikel legen offen, woher ihre Informationen stammen, oder geben Links zu ihren Quellen an. Tut eine Website das nicht, nutze die Suchmaschine, um Fakten zu checken, die dir verdächtig vorkommen.

Webadresse

Pass auf, wenn die Webadresse, die URL, nicht seriös klingt oder du noch nie davon gehört hast. Ein Link „Über uns" ist oft vorhanden. Hier solltest du sowohl die Adresse erfahren als auch, von wem die Seite finanziert wird und was ihre Ziele sind.

cuddly n' cute

Wombats zur Rettung!

Von unserem Geheimredakteur!

Wombats treiben kleine süße Tiere in ihre Höhlen und retten sie so vor Buschbränden. *Wie süß!!! Mann muss sie einfach lieben!*

Die einzigen Nachrichten, die du brauchst.

www.cuddlyncutenews.com

Falsche Information

Nicht alles, was du online liest, ist wahr. Nachrichten können irrtümlich falsch sein. Andere werden mit Absicht geschrieben, um uns etwas glauben zu machen. Manche Menschen oder Organisationen wollen dich beeinflussen, etwa damit du ihr Produkt kaufst. Es ist immer wichtig, mit Informationen kritisch umzugehen, doch sei bei Internetquellen extra vorsichtig.

Beratende Expertin: Heaven Taylor-Wynn **Siehe auch:** Lesen und schreiben, S. 216–217; Bildung, S. 228–229; Das Internet, S. 348–349; Smart-Tech und anderes, S. 356–357

Meilensteine der Printmedien
AUFGELISTET

Bücher, Zeitungen und Zeitschriften sind Printmedien. Jahrhundertelang informierte man sich auf diese Weise. Mit den digitalen Medien ändert sich das.

1. Die Druckerpresse wird um 1440 von Johannes Gutenberg in Deutschland erfunden. Mit ihr können schnell viele Exemplare gedruckt werden.

2. Das erste Nachrichtenflugblatt wird 1513 in England gedruckt. Es berichtet von einer siegreichen Schlacht der Engländer gegen Schottland.

3. Das erste Magazin erscheint 1672 in Frankreich und enthält Nachrichten über das Königshaus, Gedichte und Geschichten.

4. Die erste Fotografie wird 1848 in einer französischen Zeitung gedruckt. Sie zeigt Paris während eines Aufstands.

5. Die erste vollständig farbige Tageszeitung, *USA Today*, wird 1982 in den USA gedruckt.

UND DANN KAM ...

MARK ZUCKERBERG

Mitgründer von Facebook, geboren 1984, Kalifornien, USA

2004 fiel dem Harvard-Studenten Mark Zuckerberg eine geniale Lösung ein, wie er online mit seinen Schulfreunden in Kontakt bleiben könnte. Er nannte es Facebook, und es sollte die weltweit erste Social-Media-Plattform werden. Facebook hat heute mehr als zwei Milliarden Nutzer, und Mark Zuckerberg ist einer der reichsten und einflussreichsten Menschen der Welt.

Fernsehen

Fernsehen ist ein Rundfunkmedium – es wird als Signal über Radiowellen übertragen. Es wurde im 20. Jahrhundert entwickelt und ist noch immer beliebt. In den späten 1950er-Jahren hatten die meisten amerikanischen Haushalte einen Fernseher. Etwa 600 Millionen Menschen sahen 1969 der Mondlandung live zu. Heute nutzen wir das Internet, um auf Smartphones oder anderen Geräten fernzusehen, und entscheiden selbst, wann wir etwas anschauen.

Social Media

Die meisten Menschen nutzen Social Media, um Fotos und Informationen zu teilen, mit Freunden zu sprechen oder Videos anzuschauen. Apps wie YouTube und Instagram, sogenannte Plattformen, sind heute riesige Marken. Das Diagramm zeigt, wie lange die Menschen durchschnittlich welche Plattform nutzen. 2019 verbrachten sie mehr Zeit mit Social Media auf ihren Smartphones als vor dem Fernseher.

Minuten

- Facebook 58 Minuten
- Instagram 53 Minuten
- YouTube 40 Minuten
- Snapchat 35 Minuten
- Twitter 3 Minuten

Milliarden Klicks

Im Dezember 2012 war das Musikvideo „Gangnam Style" des koreanischen Popstars Psy das erste Video, das mehr als eine Milliarde Mal gesehen wurde. Der „Baby Shark Dance" wurde auch Milliarden Mal angeklickt. Die Liste der meistaufgerufenen YouTube-Videos zeigt, wie Informationen sich verbreiten können, wenn viele Menschen sie teilen. Man nennt das „viral gehen".

351

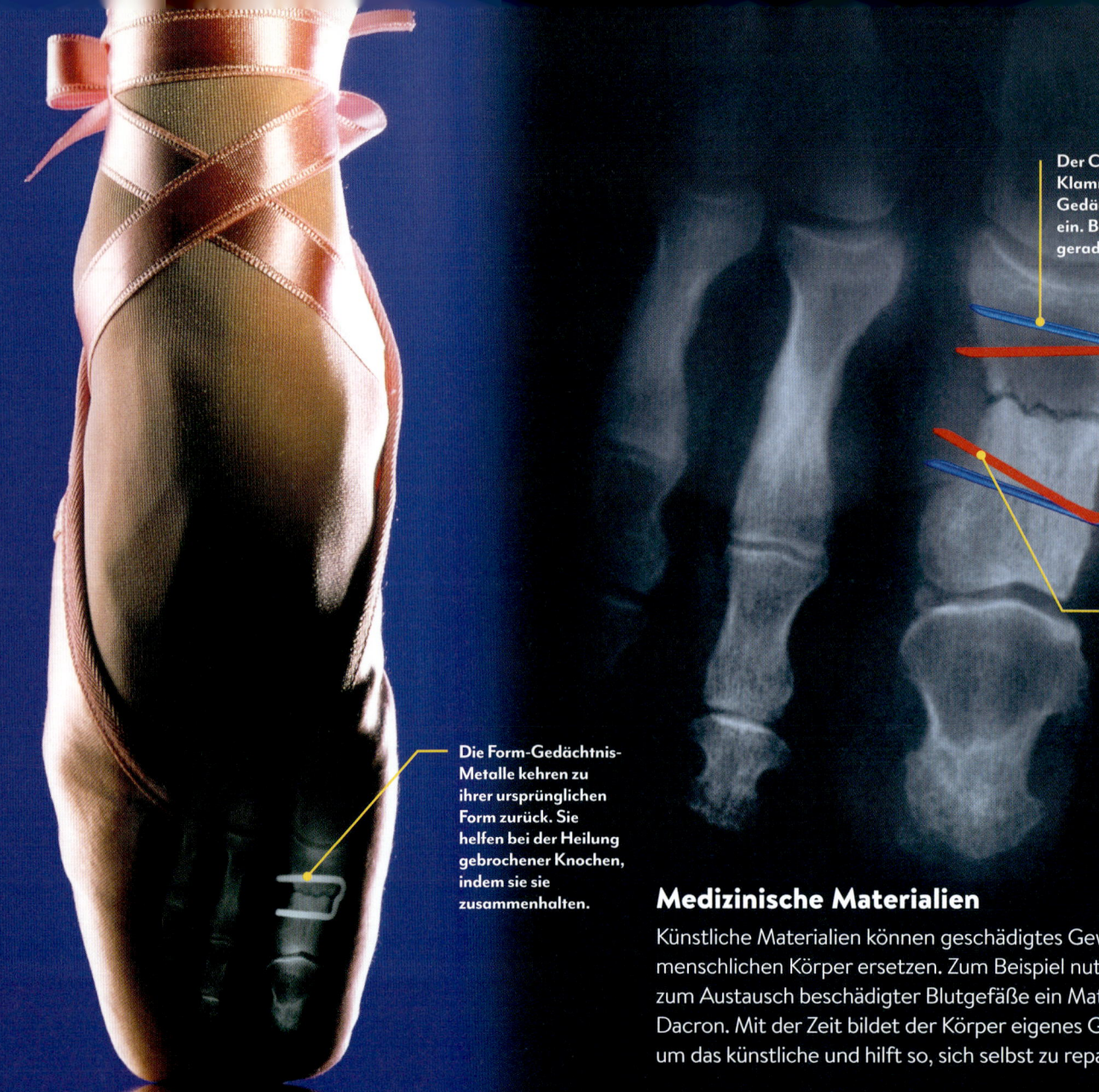

Der Chirurg führt eine Klammer aus einer Form-Gedächtnis-Legierung ein. Beim Einsetzen ist sie gerade.

Durch die Körperwärme verformt sich die Klammer und hält die beiden gebrochenen Teile zusammen, während der Knochen heilt.

Die Form-Gedächtnis-Metalle kehren zu ihrer ursprünglichen Form zurück. Sie helfen bei der Heilung gebrochener Knochen, indem sie sie zusammenhalten.

Medizinische Materialien

Künstliche Materialien können geschädigtes Gewebe im menschlichen Körper ersetzen. Zum Beispiel nutzen Forscher zum Austausch beschädigter Blutgefäße ein Material namens Dacron. Mit der Zeit bildet der Körper eigenes Gewebe rund um das künstliche und hilft so, sich selbst zu reparieren.

KÜNSTLICHE MATERIALIEN

Beim Herstellen künstlicher Materialien werden oft Eigenschaften natürlicher Stoffe wie Holz, Kohle und Ton verändert. Plastik wird aus Kohle und Öl gemacht, andere künstliche Materialien sind Glas, Fiberglas und Ziegelstein. Fiberglas nutzt man zum Bau von Autos und Flugzeugen, Nylon vom Fallschirm bis zur Saite von Musikinstrumenten.

Öl aufsaugen

Holzschwamm ist ein neues künstliches Material. Die Holzoberfläche wird mit Chemikalien behandelt, um sie aufnahmefähiger zu machen. Dann wird sie mit einem Material beschichtet, das Öl bindet. Der Schwamm kann Ölteppiche auf dem Meer und in Flüssen aufsaugen und die Natur schützen, wie diesen Vogel, dessen Federn durch Öl wie Gummi werden.

Beratender Experte: Duncan Davis **Siehe auch:** Elemente, S. 104–105; Metalle, S. 116–117; Plastik/Kunststoff, S. 120–121; Medizintechnik, S. 354–355; Ökologische Herausforderungen, S. 358–359

Neue Materialien
AUFGELISTET

Forscher entwickeln ständig neue, faszinierende Materialien, die die Welt verändern können.

1. Kohlenstoff-Nanoröhrchen Superdünnes Graphen besteht aus Kohlenstoffatomen. Rollt man es zu Zylindern, entstehen Kohlenstoff-Nanoröhrchen – fester als Stahl, aber dünner als Haar. Sie werden zum Beispiel in Radios und Maschinen eingesetzt.

2. Galinstan Die meisten Metalle sind bei Zimmertemperatur fest, einige wie Gallium sind flüssig. Daraus wird das nicht giftige flüssige Metall Galinstan erzeugt. Es passt sich der jeweiligen Form an und leitet Elektrizität weiter, daher ist es ideal für Schaltkreise.

3. Metallschaum Macht man viele kleine Löcher oder Poren in ein festes Metall und füllt sie mit Gas, entsteht Metallschaum. Meist nutzt man dafür superleichtes Aluminium. Es wird als Dämmmaterial in Gebäude und als Superaufpralldämpfer in Autos eingebaut.

4. Metallisches Glas Beim Einfrieren von Flüssigmetall entsteht ein Material, das viel härter ist als normale Metalle. Es wird u. a. für Golfschläger und Flugzeuge verwendet.

5. Nitinol Beim Erwärmen bildet sich Nitinol, eine Legierung aus Nickel und Titan, zu seiner ursprünglichen Form zurück. Mediziner nutzen es für Herzimplantate und Zahnspangen. Es hält auch gebrochene Knochen während der Heilung zusammen (links).

FAKTastisch!

Forscher entdeckten Graphen mithilfe eines Klebebands.
Graphen wird aus Kohlenstoff erzeugt. Es ist äußerst dünn und leicht und trotzdem 200-mal stärker als Stahl. Die Forscher entdeckten es auf ungewöhnliche Weise. Mit Klebeband wollten sie einzelne Kohlenstoffschichten von Grafit, dem Material im Bleistift, ablösen. Das machten sie so lange, bis sie eine hauchdünne Schicht von Kohlenstoffatomen freilegten – und hatten das Graphen entdeckt.

Kevlar

Kugelsichere Westen von Polizei und Soldaten werden aus Kevlar hergestellt. Dieses Material besteht aus Kunststofffasern. Beim Verspinnen der Fasern entsteht ein festes Material, das nicht einmal Kugeln durchdringen können. Da Kevlar sehr dünn ist, wird es zum idealen Material für Wirbeltrommeln.

Die Trommelhaut aus Kevlar kann sehr fest gespannt werden.

Fiberglas

Fiberglas ist ein mit Glasfasern verbundener Kunststoff, leicht und sehr robust. Daher ist es ein gutes Material für Kajaks. Aber es eignet sich auch zum Dämmen und als Hitzeschutz, ist also vielseitig verwendbar.

MEDIZINTECHNIK

Moderne Technologie hat die Welt der Medizin
verändert. Ärzte setzen neue Technologien ein, um
Krankheiten zu erkennen und zu behandeln.
Viele Menschen nutzen digitale Geräte
und Fitness-Apps zum Messen von
Herzfrequenz, Schlafmustern und
anderen Aktivitäten, um alles für ihre
Gesundheit zu tun. Wissenschaftler
entwickeln ständig neue Technologien, die helfen, ein längeres
und gesünderes Leben zu führen.
Schon heute übernehmen Roboter
schwierige chirurgische Behandlungen,
und mittels 3-D-Druck werden künstliche
Körperteile hergestellt.

Im Auge behalten

Die gebräuchlichsten
tragbaren Geräte sind
Smartwatches und
Fitness-Tracker. Sie
messen, wie schnell
dein Herz das Blut
durch den Körper
pumpt. Andere
tragbare Geräte
können zum Beispiel
die Bewegung deiner
Muskeln oder sogar deine
Gehirnaktivität messen.

Mikrotechnologie

Nachdem man sie geschluckt hat, kann diese Endoskop-Kamera
Aufnahmen aus dem Inneren des Verdauungssystems machen.
Es gibt sogar noch winzigere Technikformen, die sogenannte
Nanotechnologie. Medizintechnik, die darauf basiert,
heißt Nanomedizin. Unter anderem wird Nanotechnologie
eingesetzt, um von Krebs betroffene Körperzellen mit Hitze
abzutöten und das Wachstum von Muskelzellen anzuregen.

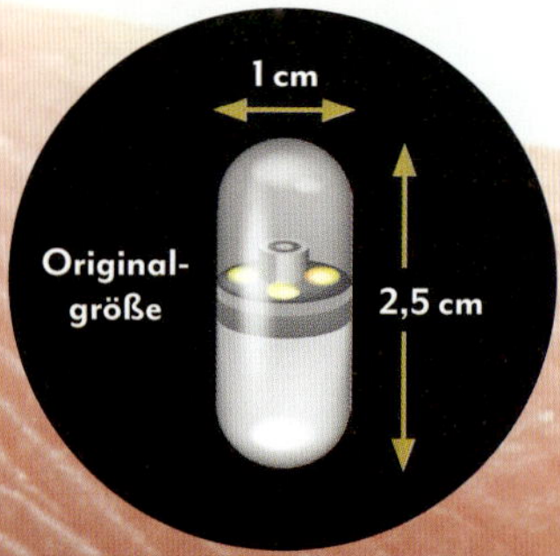

Diese Pillenkamera
ist abgerundet, damit
sie einfach durch das
Verdauungssystem
rutscht.

1 cm

Original-
größe

2,5 cm

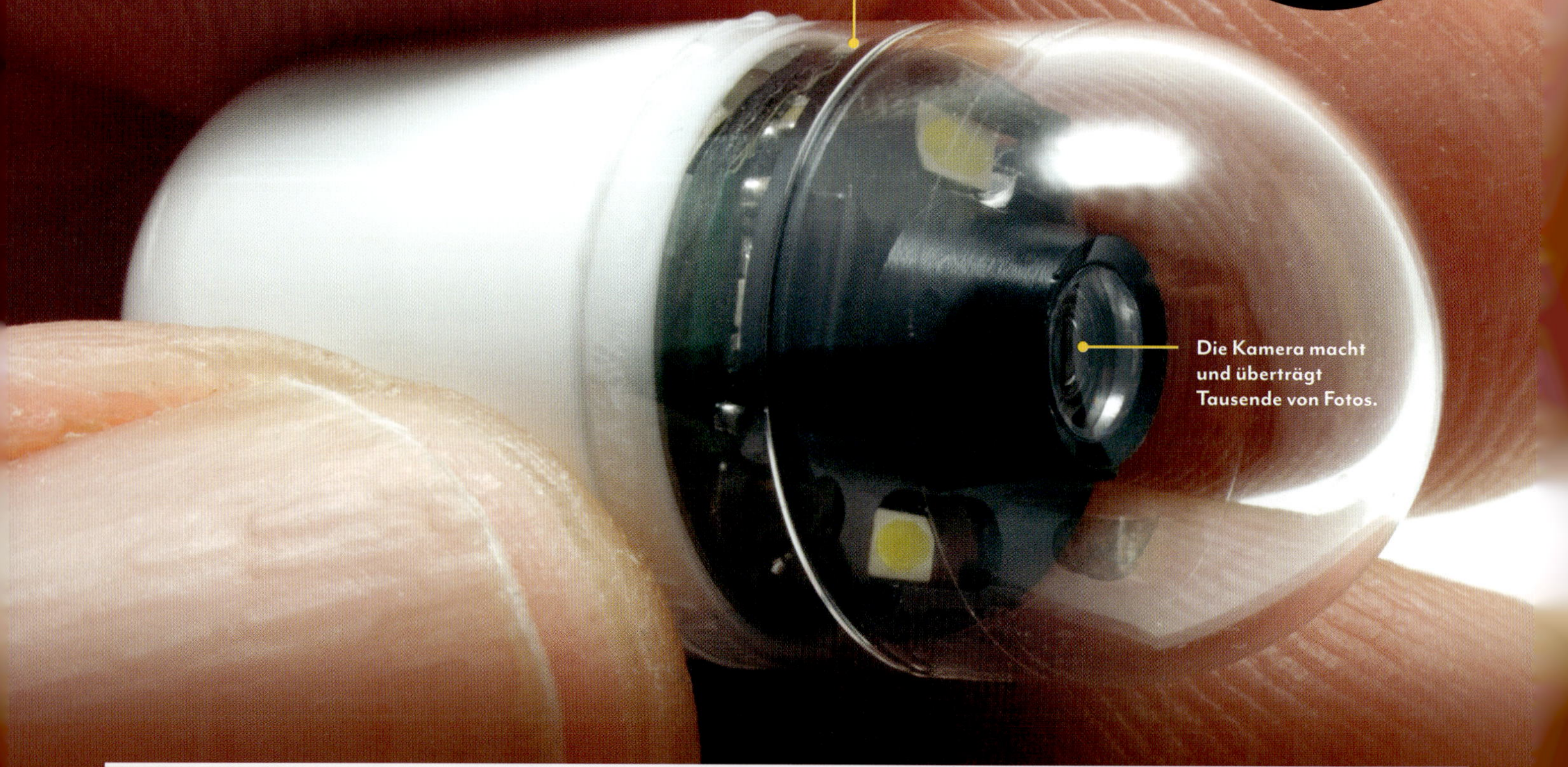

Die Kamera macht
und überträgt
Tausende von Fotos.

Beratender Experte: Mike Jay **Siehe auch:** Der menschliche Körper, S. 196–197; Das Gehirn, S. 200–201; Meilensteine der Medizin, S. 306–307;
Künstliche Materialien, S. 352–353; Der Mensch der Zukunft, S. 374–375

Roboter-Chirurgie

Viele chirurgische Eingriffe werden inzwischen von Robotern ausgeführt. Ärzte kontrollieren an einem Computer in der Nähe die Arme des Roboters. Die können präziser als die menschliche Hand arbeiten und dem medizinischen Team helfen, schwierige Operationen durchzuführen. Durch größere Präzision wird für Patienten auch die Genesung nach dem Eingriff einfacher.

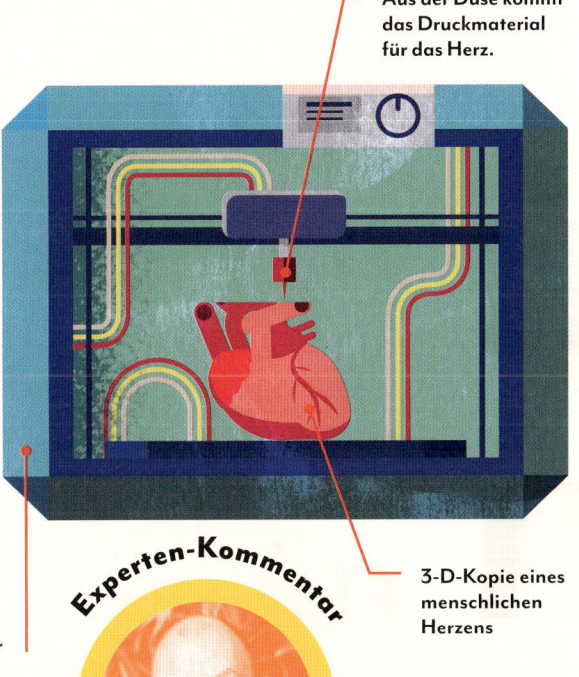

FAKTastisch!

Die ersten künstlichen Nieren ähnelten Waschmaschinen! Die Nieren reinigen unser Blut von Giftstoffen. Wenn sie nicht arbeiten, erkranken die Menschen. 1966 stellte der holländische Arzt Willem Kolff fest, dass durch die Bewegung in der Waschmaschine Flecken, etwa aus Blut, ausgewaschen werden. Also baute er eine künstliche Niere, die wie eine Waschmaschine das Blut von Schadstoffen reinigt. Für Patienten übernehmen solche Maschinen die Arbeit ihrer Nieren.

3-D-Druck

Die Herstellung eines dreidimensionalen Objekts, das Schicht um Schicht gedruckt wird, nennt man 3-D-Druck. Statt Papier nutzt man Plastik, Gummi und Metalle. In der Medizin werden damit künstliche Gliedmaßen hergestellt, an künstlichen Organen können Chirurgen üben oder eine Operation vorbereiten. Künftig, glauben Wissenschaftler, wird man Organe auch aus menschlichen Zellen drucken können.

Da die Technik günstiger wird, verbreiten sich 3-D-Drucker immer mehr.

Aus der Düse kommt das Druckmaterial für das Herz.

3-D-Kopie eines menschlichen Herzens

Experten-Kommentar

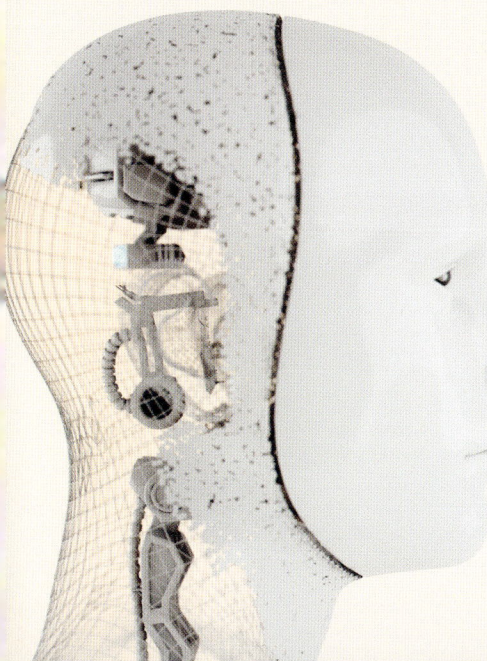

BEKANNTE UNBEKANNTE

Werden wir künftig menschliche Gehirne an Computer anschließen können?
Einige Menschen glauben, dass Mensch und Maschine eines Tages verbunden sein und Computer uns intelligenter machen werden.
Diese Idee wird von der Firma Neurolink des südafrikanischen Ingenieurs Elon Musk erforscht, der die Gehirnleistung der Menschen steigern will. Nicht alle denken, dass es funktionieren wird. Das menschliche Gehirn ist schon sehr komplex!

MIKE JAY
Medizinhistoriker

Mike Jay sieht Medizin als einen wesentlichen Teil aller menschlichen Gesellschaften und findet es faszinierend, die unterschiedlichen Methoden zu erforschen, mit denen Menschen im Lauf der Geschichte Krankheiten zu heilen versuchten.

„Technik verändert die Arbeit von Ärzten und Pflegern, doch sie kann sie nicht ersetzen. Heilen ist ebenso eine Kunst wie eine Wissenschaft."

SMART-TECH UND ANDERES

Intelligente elektronische Geräte kommunizieren mit Menschen und anderen Maschinen über WiFi-Netzwerke. Auf Kommando können wir smarte Maschinen Aufgaben erledigen lassen. Dazu gehören KI-Assistenten wie Amazons Alexa. Künstliche Intelligenz (KI) ist die Fähigkeit von Maschinen, zu denken, zu lernen und Dinge zu tun, die man eigentlich intelligenten Wesen wie dem Menschen zuschreibt.

Smart Home

In einem intelligenten Haus kommunizieren Geräte über ein Netzwerk miteinander. Der Kühlschrank teilt dem Smartphone mit, dass zu wenig Milch da ist, oder das Heizungssystem springt an, wenn es vom Smartphone erfährt, dass wir gleich zu Hause sind. Saugroboter gibt es schon, bald werden wir mehr Hilfsroboter haben.

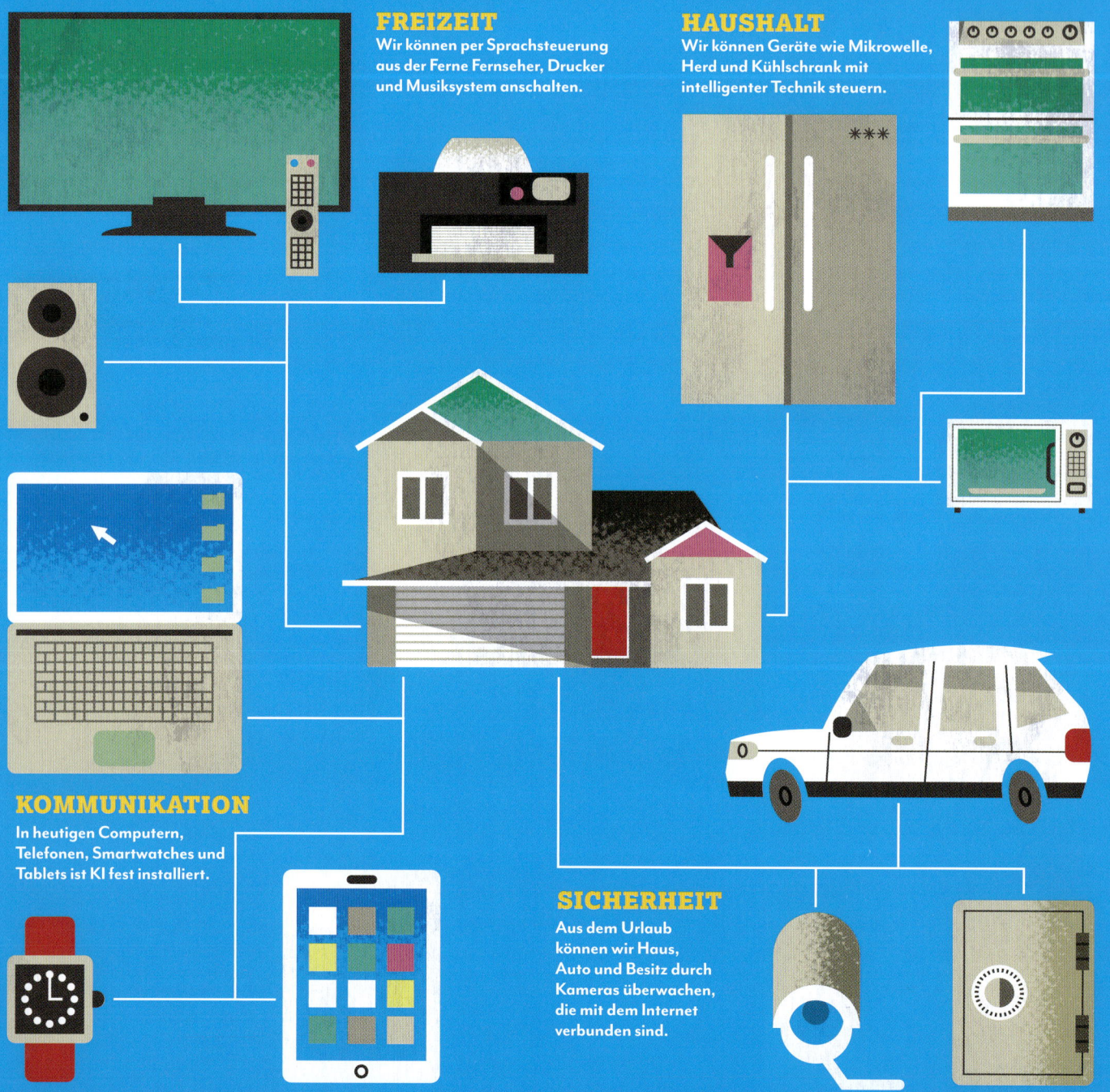

FREIZEIT
Wir können per Sprachsteuerung aus der Ferne Fernseher, Drucker und Musiksystem anschalten.

HAUSHALT
Wir können Geräte wie Mikrowelle, Herd und Kühlschrank mit intelligenter Technik steuern.

KOMMUNIKATION
In heutigen Computern, Telefonen, Smartwatches und Tablets ist KI fest installiert.

SICHERHEIT
Aus dem Urlaub können wir Haus, Auto und Besitz durch Kameras überwachen, die mit dem Internet verbunden sind.

Beratender Experte: Yingjie Hu **Siehe also:** Reichtümer der Erde, S. 78–79; Gefühle, S. 202–203; Moderne Kriegsführung, S. 342–343; Das Internet, S. 348–349; Medizintechnik, S. 354–355; Städte von morgen, S. 372–373

Das Internet der Dinge
CHRONIK

1990 Ein Forscher entwickelt den „Smart Toaster", der über Internet an- und ausgeschaltet wird.

1999 Erstmals wird der Begriff „Internet der Dinge" (IdD) für die Idee verwendet, unsere Alltagsgeräte mit dem Internet zu verbinden.

2000 Der südkoreanische Elektrokonzern LG erfindet den ersten „Smart Kühlschrank".

2008 Erstmals gibt es mehr Online-Geräte als Menschen auf der Welt.

2009 Google entwickelt die ersten kommerziellen selbstgesteuerten Autos. Autohersteller nehmen rasch die Arbeit an eigenen Prototypen auf.

2014 Amazon bringt Echo, einen intelligenten, internetbasierten Lautsprecher, auf den Markt. Er ist verbunden mit dem sprachgesteuerten KI-Assistenten Alexa.

2020 Weltweit liegt die Anzahl internetbasierter Geräte bei mehr als 20 Milliarden.

UND DANN KAM ...

RANA EL KALIOUBY
Informatikerin, geboren 1978, USA

Die ägyptisch-amerikanische Informatikerin ist eine Pionierin der intelligenten Technologien. Ihr Schwerpunkt ist die künstliche emotionale Intelligenz. Diese Technologie erkennt Gefühle, indem sie Gesichter analysiert. Rana el Kaliouby baut die größte Gefühlserkennungs-Datenbank weltweit auf. Bislang hat ihr Unternehmen 4,8 Millionen Gesichtsvideos in 75 Ländern untersucht.

Gesichtserkennung

Mit dieser Technologie kann ein Mobiltelefon oder Computer zur Identifizierung einer Person auf einem Foto oder in einem Video genutzt werden. Sie sucht nach Mustern in dem Gesicht und erstellt davon ein Raster. In einigen Ländern setzt die Polizei solche Kameras auf der Straße ein, um vermisste Personen zu finden oder Verbrecher aufzuspüren.

BEKANNTE UNBEKANNTE

Werden Roboter jemals Gefühle empfinden wie ein Mensch?
Die Forscher sind sich diesbezüglich noch nicht sicher. Es müssten Maschinen mit ähnlichen Denkprozessen wie beim Menschen sein, doch die sind schwer herzustellen. Zwar können Roboter Menschen beim Schach oder in einem Videospiel besiegen, doch es wird noch lange dauern, bis sie sich über einen Sieg auch freuen können.

ÖKOLOGISCHE HERAUSFORDERUNGEN

Die Welt von heute ist durch menschliches Handeln und dessen Auswirkungen mit ökologischen Problemen konfrontiert. Unsere Städte wachsen schneller als je zuvor, und unser Handeln trägt zum Klimawandel und zur Erderwärmung bei, verändert Niederschlagsmuster und führt zu mehr extremen Unwettern. Wenn die Erdbevölkerung wie erwartet bis 2050 auf fast zehn Milliarden Menschen ansteigt, wird die Belastung der Erde zunehmen.

Dürre

Durch den Klimawandel steigen weltweit die Temperaturen an. Das hat in einigen Ländern bereits zu extremen Wetterphänomen wie Dürren geführt. Dazu kommt es, wenn es lange Zeit nicht genug regnet. Der Boden trocknet aus und die Pflanzen sterben. Ohne Wasser kämpfen Tiere und Menschen ums Überleben. Dürre kann auch Waldbrände verursachen, da die vertrockneten Pflanzen schneller brennen. Ende 2019 wüteten in Australien aufgrund der langen Dürrezeit enorme Buschfeuer.

Kohlenstoffemissionen

Kohlendioxid (CO_2) ist ein Treibhausgas, es speichert Hitze und heizt den Planeten auf. Menschen produzieren eine Menge Kohlendioxid, vor allem durch das Verbrennen fossiler Kraftstoffe wie Kohle, Öl und Gas. Die sogenannte Keeling-Kurve (rechts) zeigt die schnell ansteigende Konzentration von CO_2 in der Erdatmosphäre seit 1958. Der Anstieg spiegelt den zunehmenden Verbrauch fossiler Kraftstoffe wider.

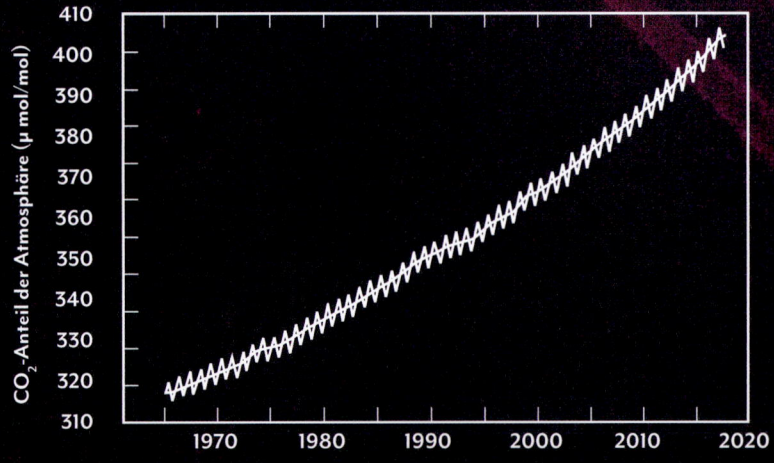

CO_2-Anteil der Atmosphäre (µ mol/mol)

410 – 400 – 390 – 380 – 370 – 360 – 350 – 340 – 330 – 320 – 310

1970 · 1980 · 1990 · 2000 · 2010 · 2020

Beratender Experte: Nicholas Henshue **Siehe auch:** Fossile Brennstoffe, S. 84–85; Die Atmosphäre, S. 90–91; Klima, S. 96–97; Natürlicher Klimawandel, S. 98–99; Plastik/Kunststoff, S. 120–121; Die Industrielle Revolution, S. 308–309; Die Folgen des Klimawandels, S. 364–365; Den Klimawandel stoppen, S. 366–367

Kahlschlag

Die Blätter von Bäumen und Pflanzen nehmen einen Teil des Kohlendioxids aus der Atmosphäre auf und wandeln es in Sauerstoff um. Wenn die Wälder gerodet oder kahl geschlagen werden, verlieren wir diese natürliche Verteidigung gegen den Klimawandel.

Manchmal werden Bäume illegal gefällt, wie dieses Holz auf einem Boot in Peru.

Methanausstoß

Kohlendioxid ist nicht das einzige Treibhausgas. Ein anderes, Methan, wird von Tieren, Mülldeponien, Fabriken und beim Kompostieren produziert und freigegeben, wenn der Permafrostboden auftaut. Auch fossile Brennstoffe wie Öl setzen Methan frei (rechts). Es speichert noch mehr Hitze in der Atmosphäre als Kohlendioxid, hält aber nicht so lange an. Beide sorgen allerdings für den Temperaturanstieg.

Chemiemüll

Doch nicht nur die Atmosphäre ist gefährdet. Industrien wie der Bergbau können gefährliche Chemikalien in nahe gelegene Gewässer absondern, was Tiere und Menschen bedroht. In einigen Minen wird Schwefelsäure genutzt. Wenn sie ins Trinkwasser gelangt, ist es nicht mehr trinkbar.

Verschmutzung aus der Rio-Tinto-Kupfermine in Südspanien hat das Wasser orange gefärbt.

Menschliche und natürliche Prozesse bewirken, dass einige der trockenen Gebiete auf der Welt zu Wüsten werden. Man nennt diesen Prozess Verwüstung.

1. Klimaveränderungen Da das Klima wärmer wird, ändern sich Niederschlagsmuster und es regnet an manchen Orten weniger.

2. Rodung von Wäldern Werden Bäume zur Brennstofferzeugung gefällt, wird der Boden nicht länger durch ihre Wurzeln festgehalten. Neue Pflanzen müssen ums Überleben kämpfen.

3. Exzessiver Anbau Werden zu viel Pflanzen angebaut, entzieht das dem Boden Nährstoffe, was den Anbau neuer Pflanzen erschwert und die Bauern zwingt, alte Felder aufzugeben.

4. Überweidung Fressen Tiere zu viele Pflanzen, haben die es schwer, nachzuwachsen. Wind und Regen führen zur Erosion des Bodens, und seine Qualität nimmt weiter ab.

5. Bevölkerungswachstum Nimmt die Bevölkerung in einer Wüstengegend zu, beanspruchen mehr Menschen das verfügbare Wasser.

Müll

Menschen produzieren eine Menge Müll. Ein Teil wird recycelt, doch das meiste wird verbrannt oder auf Mülldeponien gelagert. Die Anzahl der recycelbaren Materialien nimmt zu. Es ist wichtig, die örtlichen Recycling-Vorgaben und die Angaben auf den Verpackungen zu befolgen. Sonst werden recycelbare und nicht recycelbare Teile zusammengeworfen, und alles landet auf der Müllhalde.

359

MASSENAUSSTERBEN

Sterben viele Tierarten in kurzer Zeit, spricht man von Massenaussterben. Fünf große gab es im Lauf der Erdgeschichte. Jedes Mal wurden unzählige Lebewesen ausgelöscht. Viele Forscher sind überzeugt, dass es gerade zu einem sechsten, teilweise durch unser Handeln und die Erderwärmung verursachten Artensterben kommt. Sie glauben auch, dass es heute 1000-mal schneller abläuft als vor Millionen von Jahren.

Besondere Überlebende

Das ist das Fossil eines Trilobiten, ein mit Insekten, Krebsen und Spinnen verwandtes Meerestier. Als es vor rund 525 Millionen Jahren auftauchte, war es die fortschrittlichste Lebensform auf der Erde. Trilobiten waren unterschiedlich groß, von winzig klein bis zu 45 Zentimeter lang, mit einem Gewicht bis zu 4,5 Kilogramm. Es war die erfolgreichste frühe Art, wurde aber am Ende des Perms ausgelöscht.

Massenaussterben
CHRONIK

Ordovizium (vor 444 Mio. Jahren)
In einer großen Eiszeit konnten 85 Prozent der Tier- und Pflanzenarten nicht überleben.

Devon (vor 409–359 Mio. Jahren)
Durch raschen Klimawandel, Kometeneinschläge und Absinken des Sauerstoffgehalts im Meer starben etwa drei Viertel der Tierarten aus.

Perm (vor 265–253 Mio. Jahren)
Im größten Massenaussterben wurden mehr als 95 Prozent des Lebens im Meer und 70 Prozent an Land vernichtet. Ursachen waren die Erwärmung des Meerwassers und Vulkanausbrüche, die das Sonnenlicht verdunkelten.

Trias (vor 201 Mio. Jahren)
Der Verlust von rund 76 Prozent der Arten kam vermutlich durch Klimawandel und enorme Vulkanausbrüche zustande.

Kreide (vor 66 Mio. Jahren)
Ein Meteorit oder Komet traf die Erde und setzte eine Reihe von Ereignissen in Gang, die auch die Dinosaurier auslöschten.

Stark gefährdete Populationen retten

Gefährdete Tierarten, die vom Aussterben bedroht sind, können in Aufzuchtprogramme aufgenommen werden. So versucht man, ihre Anzahl wieder zu erhöhen. Die Tiere werden in Gefangenschaft aufgezogen und dann in die Wildnis entlassen. Beim kalifornischen Kondor ist es gelungen. Seine Anzahl stieg von 22 in den frühen 1980er-Jahren auf mehr als 500 heute.

Beratender Experte: John P. Rafferty **Siehe auch:** Fossilien, S. 80–81; Klima, S. 96–97; Natürlicher Klimawandel, S. 98–99; Insekten, S. 160–161; Ökologie, S. 162–163; Der Regenwald, S. 164–165; Schmelzendes Eis, S. 186–187; Gefährdet, S. 362–363; Die Folgen des Klimawandels, S. 364–365; Den Klimawandel stoppen, S. 366–367

Zum Aussterben verdammt?

Für das Aussterben einiger Tierarten sind hauptsächlich Menschen verantwortlich. Jäger töteten so viele Nördliche Breitmaulnashörner für ihre wertvollen Hörner, dass nur wenige übrig blieben. Außerdem besiedeln Menschen den Lebensraum des Nashorns in Afrika und nutzen ihn für Ackerbau und Gebäude. Es gibt nur noch zwei weibliche Breitmaulnashörner.

Breitmaulnashörner wurden vor allem wegen ihres Horns gejagt, das illegal in asiatischen Ländern verkauft und dort in der traditionellen Medizin eingesetzt wurde.

BEKANNTE UNBEKANNTE

Erleben wir das sechste Massenaussterben?

Da manche Arten schneller als je zuvor verschwinden, vermuten Forscher, dass es ein durch Menschen verursachtes Massenaussterben gibt. Es heißt Holozän-Artensterben. Ein solcher Prozess dauert Hunderte oder Tausende von Jahren, wir haben also noch Zeit, den Trend umzukehren. Aber wir müssen schnell handeln.

Bedrohte Bienen

Die durch den Klimawandel hervorgerufene Erderwärmung betrifft viele Tierarten. Besonders Bienen kämpfen mit der zunehmenden Hitze. Rund 90 Prozent der blühenden Pflanzen weltweit sind von Bestäubern wie ihnen abhängig. Daher ist es für unser eigenes Überleben wichtig, dass wir sie am Leben erhalten.

GEFÄHRDET ...
AUFGELISTET

Eine Tierart, die vor dem Aussterben steht, nennt man gefährdet. Klimawandel und menschliches Handeln, die Lebensraum zerstören, sind meist daran schuld. Heute sind mehr als 16 000 Tier- und Pflanzenarten gefährdet oder vom Aussterben bedroht. Wildtiere zu zählen, ist schwierig. Die Zahlen vermitteln aber einen Eindruck, wie wenige noch übrig sind.

1. Mendesantilope Durch Überjagung sind weniger als 100 Exemplare in der afrikanischen Sahara übrig geblieben.

2. Adriatischer Stör Weniger als 250 Exemplare dieser Fischart leben noch in der Adria und im Po in Italien.

3. Amur-Leopard Dieser seltene Leopard lebt im weiten Osten Russlands und Chinas. Weniger als 60 erwachsene Tiere sind übrig.

4. China-Alligator Verlust des Lebensraums, Umweltverschmutzung und Jagd haben dazu geführt, dass nur noch wenige in chinesischen Feuchtgebieten leben. Schätzungen variieren von 86 bis 150.

5. Cross-River-Gorilla Weniger als 250 bis 300 sind in Nigeria und Kamerun noch am Leben. Schuld daran ist die Zerstörung ihres Lebensraums für Holzgewinnung und Landwirtschaft.

6. Riesenibis Weniger als 100 brütende Paare des Nationalvogels von Kambodscha leben noch. Jagd und menschliches Handeln haben ihren Lebensraum, die Feuchtgebiete, zerstört.

7. Kakapo Dieser große flugunfähige Papagei kann bis zu 90 Jahre alt werden, nur 211 von ihnen leben noch in den Wäldern Neuseelands. Sie werden von nicht heimischen Säugetieren gejagt.

8. Malaysia-Tiger Weniger als 250 dieser mächtigen Raubtiere überleben in den Regenwäldern Malaysias. Sie werden gejagt, weil ihre Körperteile in der traditionellen Medizin eingesetzt werden.

9. Atlantischer Nordkaper Forscher schätzen, dass nur noch 300 bis 400 dieser Wale übrig geblieben sind. Viele starben, weil sie in Fanggeräte gerieten.

10. Panamaischer Goldfrosch Die durch Krankheiten ausgerottete, giftige Froschart ist seit 2009 nicht mehr wild gesichtet worden.

11. Saola Der Bestand dieses antilopenartigen Säugetiers, das in Vietnam und Laos entdeckt wurde, könnte unter 100 liegen.

12. Sumatra-Nashorn Weniger als 80 leben noch. Die größte Bedrohung ist für sie der Verlust ihres Lebensraums.

13. Kalifornischer Schweinswal Weniger als 10 dieser Meeressäuger leben vielleicht noch im Golf von Kalifornien. Sie werden aussterben, wenn das Vaquita-Rettungsprogramm nicht erfolgreich ist.

14. Jangtse-Glattschweinswal Von dieser Schweinswalart im chinesischen Jangtsekiang gibt es nur noch weniger als 1000.

Orang-Utans gefährdet

Der Borneo-Orang-Utan lebt auf der Insel Borneo in Südostasien. Er ist seit 2016 vom Aussterben bedroht, da Holzgewinnung seinen Lebensraum zerstört. Illegale Jäger gefährden zusätzlich den Bestand, der in den letzten 60 Jahren um die Hälfte reduziert wurde. Die am meisten bedrohte Gruppe ist die des Nordwestlichen Borneo-Orang-Utans.

Beratender Experte: Joel Sartore **Siehe auch:** Natürlicher Klimawandel, S. 98–99; Der Regenwald, S. 164–165; Taiga und gemäßigte Wälder, S. 166–167; Mount Everest, S. 170–171; Schmelzendes Eis, S. 186–187; Ökologische Herausforderungen, S. 358–359; Massenaussterben, S. 360–361; Die Folgen des Klimawandels, S. 364–365

Orang-Utans bekommen alle acht Jahre Junge. Die Populationen benötigen viel Zeit, um sich zu erholen.

Vermutlich gibt es nur noch 105 000 Borneo-Orang-Utans auf der Welt.

DIE FOLGEN DES KLIMAWANDELS

Durch Verbrennung fossiler Brennstoffe wie Öl und Kohle werden eine Menge Gase in die Atmosphäre freigesetzt. Wenn mehr verbrannt wird, werden die Gase dichter und binden mehr Wärme. Es gibt heute mehr Treibhausgase in unserer Atmosphäre als je zuvor in den letzten 800 000 Jahren. Wir nennen das globale Erwärmung.

ARKTISCHER OZEAN

NORDAMERIKA

PAZIFISCHER OZEAN

SÜDAMERIKA

Weltweite Folgen

Einige Folgen des Klimawandels sind auf dieser Karte zu sehen. Klimawandel löst einen Dominoeffekt aus, und einige der Folgen heizen die Erde noch stärker auf. Zum Beispiel reflektieren Eis und Schnee einen Großteil der Sonnenstrahlung. Schmelzen sie, nimmt die dunklere Land- und Meeresoberfläche Wärme auf und sorgt für weitere Erwärmung. Eine stärker aufgeheizte Welt führt zu Waldbränden, die ihrerseits Kohlendioxid in die Atmosphäre entlassen und zur Erwärmung beitragen.

 Schmelzen des Eisschilds
Verursacht Anstieg des Meeresspiegels und Überflutungen

 **Flächenbrände**
Höhere Temperaturen und fehlende Regenfälle führen zu Waldbränden.

 **Eisschmelze**
Verlust des Eises von Arktis und Grönland lässt den Meeresspiegel ansteigen.

 **Golfstrom**
Seit den 1950er-Jahren verlangsamen sich die Meeresströme. Noch wissen die Forscher nicht, welche Folgen das haben wird.

 Unwetter
Heftige Unwetter wie Hurrikans nehmen durch die Erwärmung zu.

 Dürre
Höhere Temperaturen führen zu Dürren.

 Auftauen des Permafrostbodens
Der gefrorene Boden setzt beim Auftauen Kohlendioxid und Methan frei.

Sterben der Korallenriffe
Korallenriffe sterben durch die Erwärmung und Übersäuerung der Ozeane.

Anstieg der Temperaturen und des Meeresspiegels

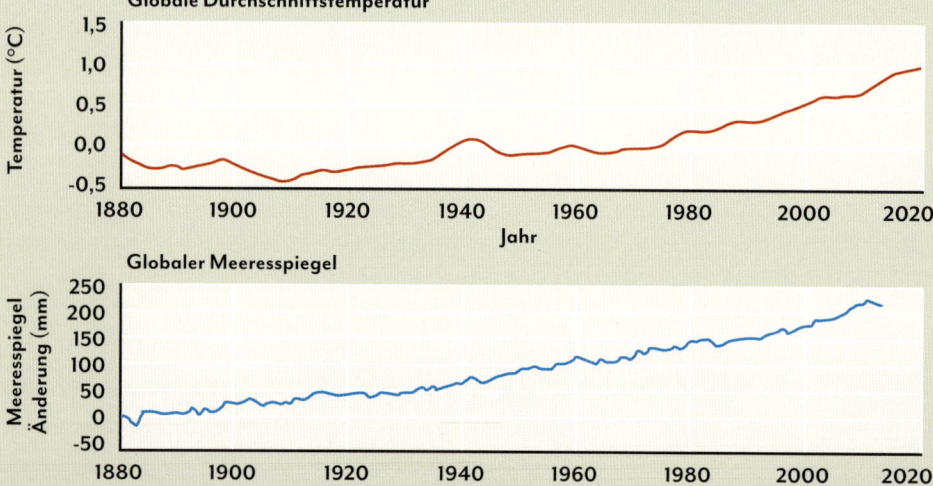

Globale Durchschnittstemperatur

Temperatur (°C)

Jahr

Globaler Meeresspiegel

Meeresspiegel Änderung (mm)

Jahr

Meeresspiegelanstieg

Die Erhöhung der Temperatur verursacht den Anstieg des Meeresspiegels, da das Eis in den Polarregionen schmilzt. Die globale Temperatur ist seit 1850 bereits um einen Grad gestiegen. Wenn sie noch weitere 0,5 Grad ansteigt, könnte es sich für einige Gebiete katastrophal auswirken, meinen Forscher. Niedrig liegende Küstenstädte könnten durch den Anstieg des Meeresspiegels völlig verschwinden. Orte wie Bangkok sind bereits durch ansteigende Wasserpegel im Golf von Thailand bedroht.

Beratender Experte: Jaise Kuriakose **Siehe auch:** Die Sonne, S. 30–31; Das Eis der Erde, S. 88–89; Die Atmosphäre, S. 90–91; Wetter, S. 92–93; Wirbelstürme, S. 94–95; Klima, S. 96–97; Natürlicher Klimawandel, S. 98–99; Korallenriffe in der Krise, S. 178–179; Das offene Meer, S. 180–181; Schmelzendes Eis, S. 186–187

ARKTISCHER
OZEAN

ATLANTISCHER
OZEAN

ASIEN

EUROPA

PAZIFISCHER
OZEAN

AFRIKA

INDISCHER OZEAN

AUSTRALIEN

ATLANTISCHER
OZEAN

ANTARKTIS

Wie der Klimawandel das Leben auf der Erde beeinflusst

AUFGELISTET

Der Klimawandel hat kurzfristige und langfristige schädliche Folgen für Menschen, Pflanzen und Tiere.

1. Überflutungen Durch heftige Regenfälle und steigende Meeresspiegel verursachte Überflutungen zerstören Lebensräume für Wildtiere ebenso wie Besitz, Straßen und Verkehrsnetze, Kraftwerke und Kommunikationstechnik. Sie führen zu Reisebeschränkungen und auch zu Todesfällen.

2. Wetterextreme Pflanzen sterben, wenn schlechtes Wetter Dürre oder Überflutungen verursacht. Es wird an vielen Orten zu Nahrungsmangel und Mangelernährung kommen.

3. Hitzewellen Hohe Temperaturen und Hitzewellen schädigen Straßen, Gebäude und Infrastruktur. Menschen bekommen gesundheitliche Probleme, auch Flächenbrände können entstehen.

4. Dürre Die Nahrungsmittelproduktion wird durch Dürren beeinträchtigt, das führt zu Lebensmittelmangel und Mangelernährung in einigen Ländern und Regionen. Tiere leiden auch. Die Buschfeuer in Australien 2019 zerstörten Eukalyptusbäume, von denen Koalabären leben.

5. Massenauswanderung Wetterextreme können Orte unbewohnbar machen. Menschen müssen sie verlassen und an andere Orte ziehen, wo sie sicher sind und genug zu essen haben.

Klimaproteste

2019 protestierten weltweit Millionen Menschen gegen die Klimapolitik der Regierungen, wie diese Unterstützer von Extinction Rebellion (XR) in London, Großbritannien. XR ist eine weltweite Protestbewegung, die von den Regierungen fordert, Sofortmaßnahmen zu ergreifen, um die Treibhausgase bis 2025 auf null zu reduzieren und das Artensterben zu stoppen.

DEN KLIMAWANDEL STOPPEN

Wir wissen, dass der Klimawandel unserem Planeten schadet und dass wir Menschen viel dazu beitragen. 2015 wurde in Paris ein internationales Abkommen vereinbart. Die Staaten wollten die globalen Temperaturen durch eine Reduzierung der Treibhausgase unter einem sicheren Limit halten, aber es geht nur langsam voran. Nun fordern die Menschen, dass dringendere und drastischere Maßnahmen ergriffen werden, um den Schaden für Ökosysteme, Arten und unsere gemeinsame Zukunft zu begrenzen.

Auf erneuerbare Energien wie Wind- und Solarkraft umsteigen

Herstellungsprozesse nutzen, die weniger Emissionen verursachen

Mehr pflanzliche Produkte essen, Wild-pflanzen wiederaussäen

Elektroautos und -bikes oder öffentliche Verkehrs-mittel nutzen

Energieeffizient sein

Den sicheren Grenzwert erreichen

Forscher warnen, dass eine globale Erwärmung von 2 Grad Ökosysteme, menschliche Gesundheit, Lebensräume, Sicherung von Nahrungsmitteln und Wasser, Infrastruktur nachhaltig schädigen würde. Ein sicherer Grenzwert müsste unter 1,5 Grad liegen. Um diesen einzuhalten, müssen Regierungen, Unternehmen und jeder Einzelne nun handeln.

Beratender Experte: Jaise Kuriakose **Siehe auch:** Fossile Brennstoffe, S. 84–85; Energie, S. 124–125; Korallenriffe in der Krise, S. 178–179; Schmelzendes Eis, S. 186–187; Ökologische Herausforderungen, S. 358–359; Massenaussterben, S. 360–361; Gefährdet, S. 362–363; Die Folgen des Klimawandels, S. 364–365

Modebewusst

„Fast Fashion" ist schlecht für die Umwelt. Kleidung wird schnell und billig produziert, da sie, wenn die Mode wechselt, ohnehin ausgetauscht wird. Die Modeindustrie verursacht ein Zehntel der weltweiten Kohlendioxid-Emissionen. Diese speichern Hitze in der Atmosphäre und tragen zum Klimawandel bei. Die Herstellung eines Baumwolle-T-Shirts erzeugt genauso viele Schadstoffe wie eine Autofahrt von 56 Kilometern. Stell dir vor, was Millionen T-Shirts anrichten! Um dem Planeten zu helfen, kauf weniger neue Kleidung, recycle deine alte oder kauf in Secondhand-Shops.

BEKANNTE UNBEKANNTE

Ist Geoengineering die Antwort?

Als Geoengineering werden Eingriffe in das Klimasystem zur Reduzierung des Klimawandels bezeichnet. Spiegel im All (links) könnten das Sonnenlicht von der Erde wegleiten, um die globale Erwärmung zu senken. Aber vielleicht funktioniert es gar nicht, und die Veränderung in der Erdatmosphäre führt zu anderen Problemen. Die meisten Forscher meinen, die Reduzierung der Emissionen sei besser.

UND DANN KAM ...

GRETA THUNBERG

Umweltaktivistin, geboren 2003, Schweden

Greta Thunberg ist eine der einflussreichsten Klimaaktivistinnen aller Zeiten. Durch ihren Einsatz machte sie 2019 den Klimawandel zu einem viel diskutierten Thema. Seitdem hat sie Schulkinder rund um den Globus inspiriert, gegen die globale Erwärmung zu demonstrieren. Sie hielt beeindruckende Reden zum Klimawandel vor den Vereinten Nationen und dem Weltwirtschaftsforum.

Was du tun kannst
AUFGELISTET

Wir alle können dazu beitragen, den Kohlendioxidausstoß zu reduzieren und den Klimawandel zu verlangsamen.

1. Weniger Dinge kaufen Bei der Herstellung von Waren wird Kohlendioxid ausgestoßen. Je mehr wir recyceln und wiederverwenden, umso mehr Emissionen können wir reduzieren.

2. Autofrei bewegen Nimm den Bus, geh zu Fuß oder fahr Rad, statt mit dem Auto zu fahren.

3. Computer und Fernseher ausschalten Sie brauchen Strom im Schlafmodus wie alle Geräte, die mit Fernsteuerung angeschaltet werden. Zieh den Stecker raus, wenn sie nicht genutzt werden.

4. Weniger Fleisch essen Rind- und Schafzucht produzieren große Mengen Kohlendioxid. Iss eher Gemüsegerichte.

5. Heizung runterdrehen Und im Sommer die Klimaanlage nicht anschalten. Das spart Strom.

6. Weniger fliegen Flugzeuge stoßen viel Kohlendioxid aus. Versuche, andere Transportmittel zu nutzen.

ATOMENERGIE

Atomenergie ist eine nützliche und saubere Energieart, aber sie ist umstritten. Atomkraftwerke nutzen radioaktives Material, das sorgfältig überwacht und kontrolliert werden muss. Bei einem Unfall kann Radioaktivität austreten und schwerwiegende Schäden für Menschen und Umwelt verursachen. Es passiert zwar selten, aber es gibt Unfälle. Atomenergie macht rund 10 Prozent der weltweiten Energie aus.

Wie funktioniert Atomenergie?

Durch das Erhitzen von Wasser mittels Atomenergie wird Dampf erzeugt. Dieser Dampf treibt dann große Räder oder Turbinen an, die Elektrizität produzieren. Um die Wärme freizusetzen, werden Uranatome (ein radioaktives metallisches Element) geteilt, den Prozess nennt man Kernspaltung. Er findet im Inneren eines Atomreaktors statt. Ein mit einem Kühlturm verbundener Kondensator sorgt dafür, dass der Dampf nicht zu heiß wird. Es werden keine Treibhausgase freigesetzt, die die Umwelt schädigen, da kein Kraftstoff verbrannt wird.

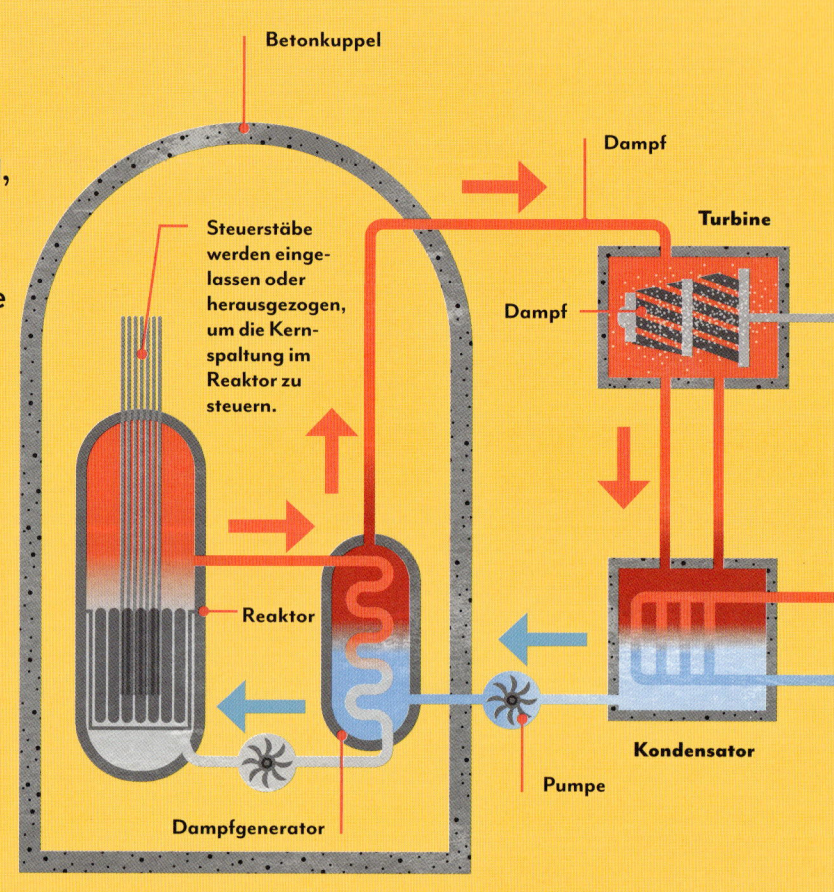

Betonkuppel

Dampf

Turbine

Steuerstäbe werden eingelassen oder herausgezogen, um die Kernspaltung im Reaktor zu steuern.

Dampf

Reaktor

Kondensator

Pumpe

Dampfgenerator

Atomreaktor

Kernspaltung und Kernfusion

Atomenergie kann durch Kernspaltung oder Kernfusion erzeugt werden. Kraftwerke nutzen Kernspaltung, das heißt die Teilung der Atome. Bei Kernfusion werden zwei Atomkerne zu einem neuen verschmolzen. Das ist aufwendiger, produziert aber keine atomaren Abfälle. Es ist ein Prozess, der in der Natur im Kern eines Sterns, wie der Sonne, stattfindet. Forscher bauen gerade an dem weltweit ersten Kernfusionsreaktor.

Durch riesige Kühltürme wird die Hitze vom Reaktor abgeleitet. Es sieht aus, als würden sie rauchen, sie geben jedoch nur Wasserdampf ab, damit der Reaktor nicht überhitzt.

Beratender Experte: Michael Mauel **Siehe auch:** Sterne, S. 16–17; Die Sonne, S. 30–31; Das Atom, S. 102–103; Elemente, S. 104–105; Radioaktivität, S. 106–107; Feststoffe, Flüssigkeiten und Gase, S. 112–113; Energie, S. 124–125

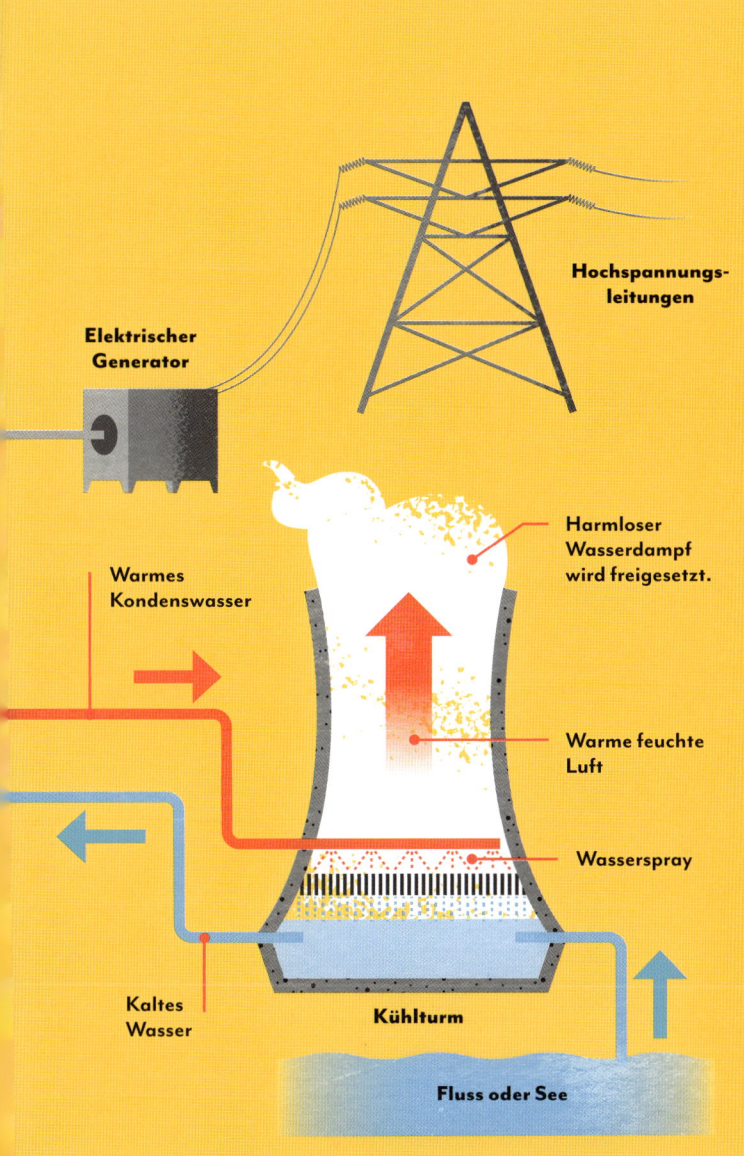

Elektrischer Generator

Hochspannungs-leitungen

Harmloser Wasserdampf wird freigesetzt.

Warmes Kondenswasser

Warme feuchte Luft

Wasserspray

Kaltes Wasser

Kühlturm

Fluss oder See

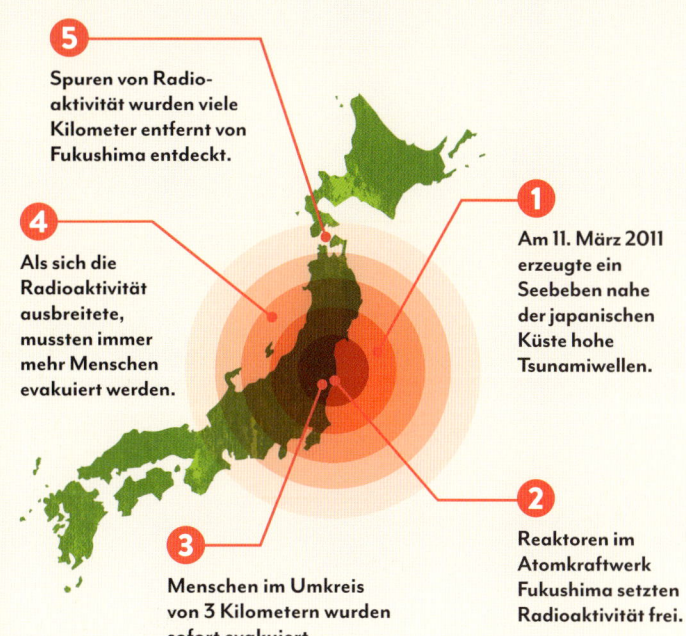

5 Spuren von Radio-aktivität wurden viele Kilometer entfernt von Fukushima entdeckt.

4 Als sich die Radioaktivität ausbreitete, mussten immer mehr Menschen evakuiert werden.

3 Menschen im Umkreis von 3 Kilometern wurden sofort evakuiert.

1 Am 11. März 2011 erzeugte ein Seebeben nahe der japanischen Küste hohe Tsunamiwellen.

2 Reaktoren im Atomkraftwerk Fukushima setzten Radioaktivität frei.

Atomkatastrophe

Im März 2011 wurde Japan von einem Seebeben und Tsunami heimgesucht. Dadurch kam es zu einem Unfall im Atomkraftwerk Fukushima Daiichi. Radioaktivität trat aus dem Reaktor aus, Tausende Menschen mussten ihre Häuser verlassen. Einige kehrten 2017 zurück. Das Kraftwerk kann abgebaut werden, wenn es sicher ist – in etwa 30 bis 40 Jahren.

Atomkraft im All

Wenn wir auf dem Mars leben oder zu entfernt liegenden Welten reisen wollen, benötigen wir eine lang anhaltende Energiequelle. Atomenergie könnte die Antwort sein. Sie erfordert recht wenig Brennstoff, liefert aber viel Energie. Die NASA entwickelt gerade kleine Atomreaktoren, sogenannte Kilopower-Systeme (unten), die eines Tages menschliche Lebensräume auf dem Mars mit Energie versorgen könnten. Mit Atomenergie betriebene Raumschiffe könnten künftig über lange Strecken fliegen.

Atom-Eisbrecher

Ein Eisbrecher der russischen Arktika-Klasse drückt sich durch dickes Eis auf seinem Weg zum Nordpol. Eisbrecher wie dieser arbeiten mit Atomenergie, damit ihnen auf ihren langen arktischen Fahrten nicht der Treibstoff ausgeht. Reaktoren an Bord erzeugen die benötigte Energie. Atomenergie ist auch nützlich für andere Fahrzeuge, zum Beispiel U-Boote und sogar Weltraumfahrzeuge.

Windparks

Windräder produzieren Elektrizität, indem sie mit der Rotation ihrer Flügel einen Generator antreiben. Als dieser Offshore-Windpark 2001 in Dänemark eröffnet wurde, war er der größte der Welt. In den windigsten Monaten erzeugt er mehr als 6000 Megawatt Strom pro Monat. Die 20 Windräder stellen 3 Prozent des von der dänischen Hauptstadt Kopenhagen benötigten Stroms her.

ERNEUERBARE ENERGIE

Anders als Energie aus fossilen Brennstoffen werden die erneuerbaren Energien aus Quellen gewonnen, die vermutlich nicht versiegen. Dazu gehören Sonne, Wind, Flüsse, Ozeane und Biomasse. Obwohl auch Biomasse verbrannt wird, ist die erneuerbare Energie ziemlich sauber im Vergleich zu der aus fossilen Brennstoffen.

BEKANNTE UNBEKANNTE

Können wir im All Solarkraftwerke bauen?

Sonnenkollektoren im All wären effektiver als auf der Erde, denn dort wird das Sonnenlicht nicht durch Wolken oder die Tageszeit beeinflusst. Theoretisch können wir Sonnenenergie bündeln und auf die Erde zurückbeamen. Allerdings gibt es noch keinen Weg, wie die Energie zur Erde geleitet werden kann.

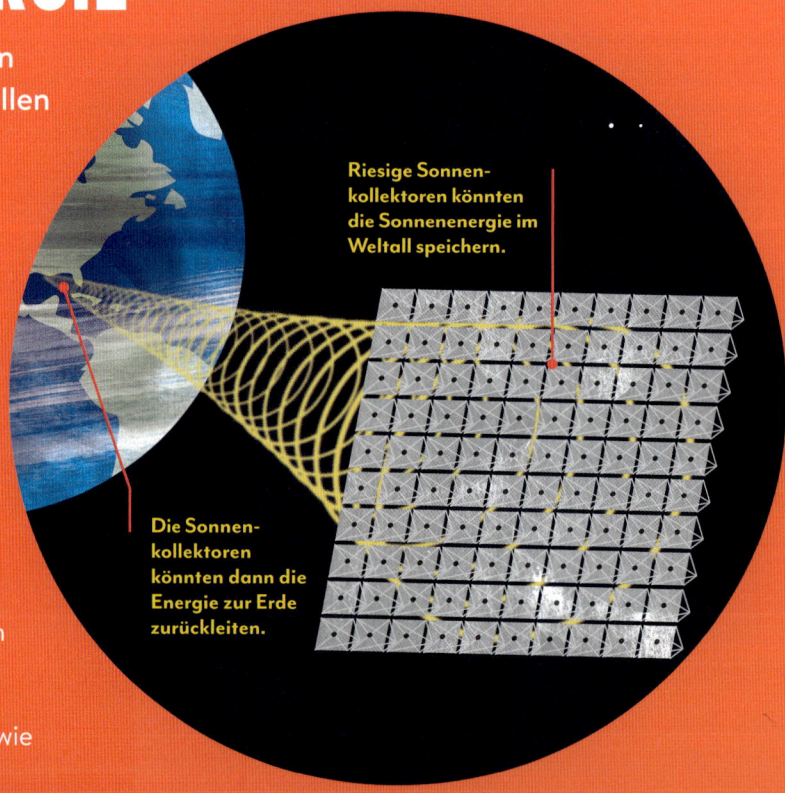

Riesige Sonnen-kollektoren könnten die Sonnenenergie im Weltall speichern.

Die Sonnen-kollektoren könnten dann die Energie zur Erde zurückleiten.

Beratender Experte: Jaise Kuriakose **Siehe auch:** Die Erde im All, S. 58–59; Fossile Brennstoffe, S. 84–85; Energie, S. 124–125; Schwerkraft, S. 136–137; Strom für den Planeten, S. 340–341; Ökologische Herausforderungen, S. 358–359; Den Klimawandel stoppen, S. 366–367; Atomenergie, S. 124–125

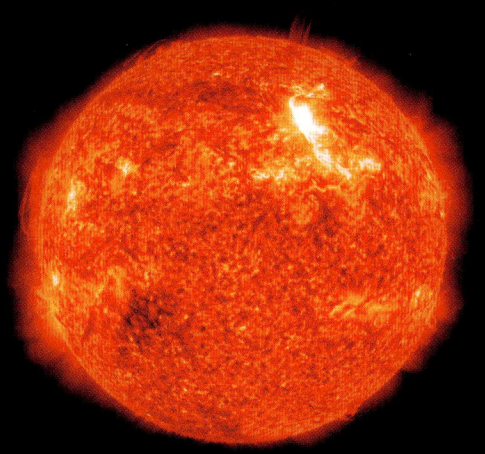

FAKTastisch!

Die Sonne setzt in einer Sekunde mehr Energie frei, als in der gesamten Menschheitsgeschichte verbraucht worden ist. Richtig genutzt könnte die Sonne den gesamten künftigen Energiebedarf decken. Man erwartet, dass Solarenergie in den nächsten Jahren noch stärker eingesetzt wird. Es gibt unendlich viel davon, und sie ist umweltverträglich.

Erdwärme 2 % Sonne 6 %

Biomasse 46 % Wind 21 %

Wasserenergie 25 %

Gezeitenkraftwerk

Auch die Gezeiten können zur Energieerzeugung genutzt werden. Ebbe und Flut bewegen große Turbinen unter Wasser und produzieren sauberen Strom. Die Strömungsbewegung der Gezeiten wird an einer Art Wehr (unten) in beide Richtungen zur Stromgewinnung genutzt.

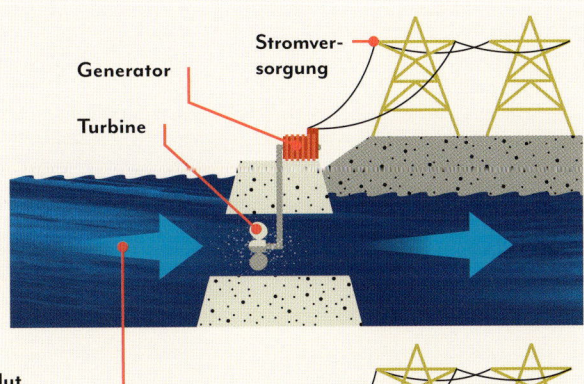

Stromversorgung

Generator

Turbine

Flut

Ebbe

 Bei Flut wird das Wasser durch die Turbinen gedrückt und dreht sie.

 Die Turbine treibt einen Generator an, der Energie produziert.

 Bei Ebbe dreht das Wasser die Turbine in die Gegenrichtung.

 Das herausfließende Wasser produziert also auch Energie.

Erneuerbare Energie nutzen

Rund 27 Prozent der weltweiten Energie stammt von erneuerbaren Quellen wie Wind, Wasser und Sonnenlicht. In Zukunft könnten es 100 Prozent sein. In den USA stammten 2018 11 Prozent der verbrauchten Energie aus erneuerbaren Quellen. Das Diagramm zeigt, wie viel Energie in diesem Jahr von welcher Quelle kam. Biomasse sind Bioabfälle (wie Holzabfall oder Mist), Biobrennstoffe und Holz.

Experten-Kommentar

JAISE KURIAKOSE
Elektroingenieur

Dr. Jaise Kuriakose entwickelt kohlendioxidfreie Energien, die fossile Brennstoffe ersetzen. Er ist optimistisch für die Zukunft und weist darauf hin, dass erneuerbare Technologien wie Sonnenkollektoren und Elektroautos günstiger und schneller entwickelt werden als zuvor.

„Ich möchte daran mitarbeiten, den gefährlichen Klimawandel zu stoppen."

Biomasse

Auch Pflanzen sind Quellen für erneuerbare Energie. So wird Raps zur Gewinnung von Öl angebaut, das als Treibstoff verwendet wird. Wenn wir aber weite Flächen zum Anbau von Treibstoff nutzen, verlieren wir nicht nur Biodiversität, sondern auch Land, das für den Nahrungsmittelanbau benötigt wird. Und viele Menschen haben nicht genug zu essen.

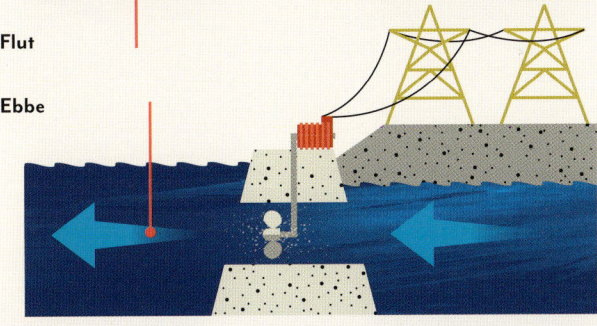

STÄDTE VON MORGEN

In der Zukunft könnten neue, unglaubliche Technologien völlig verändern, wie Städte aussehen und funktionieren. In „smarten Städten" würde es selbstfahrende Autos oder „Schwebebahnen" geben. Hoffentlich wird die Stadt der Zukunft grüner sein und mit sauberer Energie versorgt werden, damit weniger Emissionen erzeugt und die Auswirkungen auf die Umwelt reduziert werden.

Selbstfahrende Autos

Seit einem Jahrhundert fahren die Menschen Autos, doch bald könnten Maschinen das übernehmen. Selbstfahrende Autos nutzen Computer und künstliche Intelligenz, sodass man nicht lenken, auf die Pedale treten oder irgendetwas tun muss. Zurzeit wird die Technologie intensiv getestet und weiter verbessert.

Selbstfahrende Autos könnten Unfälle reduzieren, die durch menschliche Fehler entstehen.

Selbstfahrende Autos nutzen Kameras, um die Straße zu überblicken.

Sensoren teilen dem Auto mit, wie nah man anderen Dingen kommt.

Der Maglev von Shanghai zum Pudong International Airport in China ist die älteste Maglev-Linie in Betrieb. Für die Strecke von 30 Kilometern braucht der Zug nur acht Minuten.

Stadtdschungel

Die Zukunft ist grün! Die Hitze von Autos und Klimaanlagen staut sich in Städten auf und lässt es dort viel wärmer werden als auf dem Land. Doch Pflanzen kühlen Städte ab. Diese Computeranimation zeigt, wie Städte künftig aussehen könnten. Gebäude wären mit Pflanzen und Bäumen bewachsen. Bäume nehmen Kohlendioxid auf, daher senken mehr Bäume die Treibhausgase in der Atmosphäre. Auch die Menschen würden sich damit besser fühlen.

Schwebebahnen

Magnetschwebebahnen nutzen Magneten, um den Zug schwebend in der Spur zu halten. Seit 1984 sind sie für Passagiere in Gebrauch, doch nur wenige Länder, wie China, nutzen sie zurzeit. Sie sind viel schneller als normale Züge und benötigen bis zu 30 Prozent weniger Energie.

Beratender Experte: Erik Gregersen **Siehe auch:** Fossile Brennstoffe, S. 84–85; Klima, S. 96–97; Städte, S. 346–347; Ökologische Herausforderungen, S. 358–359; Die Folgen des Klimawandels, S. 364–365; Den Klimawandel stoppen, S. 366–367; Erneuerbare Energie, S. 370–371; Der Mensch der Zukunft, S. 374–375

Sonnenkollektoren an den Außenwänden erzeugen Elektrizität.

Einige Häuser sollten niedriger gebaut werden, damit mehr Licht und Luft zum Boden gelangen.

Dachgärten nehmen Kohlendioxid auf und locken wilde Tiere und Pflanzen an.

Der Hovenring

In den Niederlanden hat man für Fahrradfahrer und Fußgänger den Hovenring gebaut, einen schwebenden Kreisverkehr. So müssen sie sich nicht länger die Straße mit den Autos teilen. Der Hovenring hängt an einem 70 Meter hohen Mast.

Zukunftsprognosen
CHRONIK

2030 Laut den Vereinten Nationen wird es weltweit 43 „Megacitys" mit mehr als zehn Millionen Einwohnern geben.

2040 Schätzungen zufolge wird die Hälfte aller Autos auf den Straßen Elektroautos sein. Autos, die mit fossilen Brennstoffen fahren, werden mancherorts bereits verboten sein.

2050 Die Weltbevölkerung soll auf fast zehn Milliarden angewachsen sein. Mehr als zwei Drittel werden in städtischen Gebieten leben.

2050 Wenn die Städte immer weiter nach oben bauen, könnte der höchste Wolkenkratzer der Welt eine Höhe von mehr als 1,6 Kilometern erreichen.

2050 Steigt der Meeresspiegel durch den Klimawandel an, werden ganze Städte oder Teile davon, wie Bangkok in Thailand und Mumbai in Indien, unter Wasser stehen.

2070 Die geografische Gesamtfläche der Städte soll sich verdoppelt haben.

DER MENSCH DER ZUKUNFT

Manche Menschen sind auf Maschinen in ihrem Körper angewiesen, damit es ihnen gut geht, zum Beispiel auf Herzschrittmacher. Eines Tages könnten solche Geräte uns helfen, intelligenter und stärker zu werden. Schon jetzt können Menschen nur durch ihre Gedanken Computer, Prothesen und andere Geräte steuern, indem ihr Gehirn mit Maschinen verbunden wird.

Gene bestimmen

Stell dir vor, deine Eltern hätten deine Haar- oder Augenfarbe ausgesucht, indem sie vor deiner Geburt bestimmte Gene auswählt hätten. Die Erzeugung solcher Designer-Babys – Kindern mit den Merkmalen, die ihre Eltern wollen – ist sehr umstritten. Allerdings kann die Genbestimmung auch eingesetzt werden, um die Weitergabe von Erbkrankheiten zu verhindern.

Beratende Expertin: Cynthia Chestek **Siehe auch:** Der menschliche Körper, S. 196–197; DNA und Genetik, S. 198–199; Das Gehirn, S. 200–201; Lesen und schreiben, S. 216–217; Spiel und Sport, S. 232–233; Smart-Tech und anderes, S. 356–357; Medizintechnik, S. 354–355; Städte von morgen, S. 372–373

Cochlea-Implantate

Ein Cochlea-Implantat ist ein elektronisches Gerät, mit dem Hörgeschädigte wieder hören können. Es teilt Töne direkt dem Nerv mit, der Tonsignale an das Gehirn überträgt. Es gibt zwei externe Teile. Eines sieht aus wie ein Hörgerät und hat ein Mikrofon. Es ist mit einem Empfänger verbunden, der im Gehirn verankert und in einem Teil des Ohrs, der Cochlea, eingebaut wird.

Länger leben

Menschen leben länger, aber oft lassen ihre Körper sie im Stich. In naher Zukunft könnten kleine Geräte, sogenannte Nanobots, nicht mehr funktionierende Organe reparieren oder Medikamente direkt zu bestimmten Körperstellen bringen. Noch weiter in der Zukunft sind wir vielleicht in der Lage, unser Gehirn auf einen Computer hochzuladen. Dann könnten die Gedanken einer Person gesichert und für künftige Generationen aufbewahrt werden.

Gedankengesteuerte künstliche Prothesen

Wenn Menschen ihre Hand aufgrund einer Nervenschädigung nicht mehr benutzen können, können sie eine „bionische" Hand angepasst bekommen. Das ist eine Handprothese, die aus elektronischen Kreisläufen besteht und nicht aus Haut und Knochen. Sie wird durch das Gehirn gesteuert.

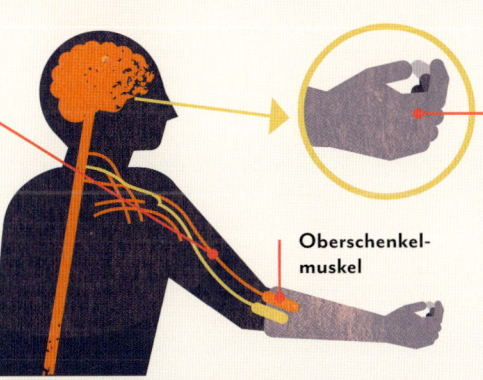

1 Die Muskeln im Arm werden mit Oberschenkelmuskeln neu aufgebaut und die Nerven werden mit der bionischen Hand verbunden.

Oberschenkelmuskel

2 Die Person kann die bionische Hand mit ihrem Gehirn kontrollieren.

BEKANNTE UNBEKANNTE

Werden Menschen in der Lage sein, nur durch Einsatz ihres Gehirns zu sprechen?

Forscher arbeiten an einer Technologie für Menschen, die durch Krankheit oder Verletzung nicht mehr sprechen können und Wörter über einen Computer buchstabieren müssen, wie der Physiker Stephen Hawking (links). Es werden bereits erste Schritte unternommen, Sprache direkt im Gehirn zu entschlüsseln. Man hat Elektroden auf der Oberfläche des Gehirns eines Freiwilligen befestigt. Als er einen Satz laut vorlas, konnte der Computer ihn entschlüsseln und die Wörter aussprechen.

QUELLENNACHWEIS

Die Recherchen für dieses Buch wurden mit größter Sorgfalt durchgeführt. Die Autoren nutzten viele zuverlässige Quellen, Faktenchecker zogen zusätzliches Material heran, und die Ausarbeitung jedes Themas hat ein Experte auf Richtigkeit überprüft. Nachfolgend ist für jeden doppelseitigen Beitrag eine kleine Auswahl der verwendeten Literatur aufgeführt.

Kapitel 1. Universum S. 10–11 ‚The Big Bang Theory: How the Universe Began', www.livescience.com; Dunkley, Jo. *Our Universe: An Astronomer's Guide.* (London, UK: Pelican, 2019); Howell, Elizabeth. ‚What is the Big Bang Theory?', www.space.com; ‚NASA Science Space Place', spaceplace.nasa.gov; ‚The Planck Mission', plancksatellite.org.uk. **S. 12–13** Cartwright, Jon. ‚What Is a Galaxy?', www.sciencemag.org; Fountain, Henry. ‚Two Trillion Galaxies, at the Very Least', www.nytimes.com; Greshko, Michael. ‚Galaxies, explained', www.nationalgeographic.com. **S. 14–15** Hurt, Robert. ‚Annotated Roadmap to the Milky Way', www.spitzer.caltech.edu; Imster, Eleanor und Deborah Byrd. ‚New map confirms 4 Milky Way arms', earthsky.org; Taylor Redd, Nola. ‚Milky Way Galaxy: Facts About Our Galactic Home', www.space.com. **S. 16–17** ‚The Life Cycles of Stars: How Supernovae Are Formed', imagine.gsfc.nasa.gov; ‚What is the Life Cycle Of The Sun?', www.universetoday.com. **S. 18–19** Dunbar, Brian. ‚The Pillars of Creation', www.nasa.gov; Simoes, Christian. ‚Types of nebulae', www.astronoo.com; Williams, Matt. ‚Nebulae: What Are They And Where Do They Come From?', www.universetoday.com. **S. 20–21** ‚The Constellations', www.iau.org; Sagan, Carl. *Unser Kosmos. Eine Reise durch das Weltall.* (München: Droemer Knaur, 1989). **S. 22–23** ‚Comparison of Hubble and James Webb mirror (annotated)', www.spacetelescope.org. ‚Engineering Webb Space Telescope, www.jwst.nasa.gov; JWST Instruments Are Coming In From The Cold', www.sci.esa.int. **S. 24–25** ‚Anatomy of a Black Hole', www.eso.org; O'Callaghan, Jonathan. ‚Astronomers reveal first-ever image of a black hole', horizon-magazine.eu; Wood, Johnny. ‚Stephen Hawking's final theory on black holes has been published, and you can read it for free', www.weforum.org. **S. 26–27** Brennan, Pat. ‚Will the "first exoplanet", please stand up?', exoplanets.nasa.gov; ‚Nasa's Kepler Mission Discovers Bigger, Older Cousin to Earth', nasa.gov; Summers, Michael und James Trefil. *Exoplanets.* (Washington, D.C.: Smithsonian Books, 2018); Tasker, Elizabeth. *The Planet Factory: Exoplanets and the Search for a Second Earth.* (London, UK: Bloomsbury Sigma, 2017); Wenz, John. ‚How the first exoplanets were discovered', astronomy.com. **S. 28–29** O'Callaghan, Jonathan. ‚Voyager 2 Spacecraft Enters Interstellar Space', www.scientificamerican.com; Williams, Matt. ‚How Long is Day on Mercury?', www.universetoday.com. **S. 30–31** Gleber, Max. ‚CME Week: The Difference Between Flares and CMEs', www.nasa.gov; ‚The Mystery of Coronal Heating', www.science.nasa.gov; ‚Sun Facts', www.theplanets.org. **S. 32–33** Choi, Charles Q. ‚There May Be Active Volcanoes on Venus: New Evidence', www.space.com; Howell, Elizabeth. ‚What Other Worlds Have We Landed On?', www.universetoday.com; ‚Mars Curiosity Rover', www.mars.nasa.gov. **S. 34–35** ‚An Interior Made Up of Different Layers', www.seis-insight.eu; ‚Mercury Transit on May 7, 2003', www.eso.org; Pyle, Rod und James Green. *Mars: The Missions That Have Transformed Our Understanding of the Red Planet.* (London, UK: Andre Deutsch, 2019). **S. 36–37** Mathewson, Samantha. ‚Jupiter's Great Red Spot Not Shrinking Anytime Soon', www.space.com; Williams, Matt. ‚What are Gas Giants?', www.universetoday.com. **S. 38–39** Greshko, Michael. ‚Discovery of 20 new moons gives Saturn a solar system record', www.nationalgeographic.com; ‚Inside the Moon', moon.nasa.gov; ‚A unique look at Saturn's ravioli moons', www.mpg.de. **S. 40–41** Black, Riley. ‚What Happened the Day a Giant, Dinosaur-Killing Asteroid Hit the Earth', www.smithsonian.mag; Starkey, Natalie. *Catching Stardust: Comets, Asteroids and the Birth of the Solar System.* (London, UK: Bloomsbury Sigma, 2018); Stern, Alan und David Harry Grinspoon. *Chasing New Horizons: Inside the Epic First Mission to Pluto.* (New York: Picador, 2018). **S. 42–43** ‚Dwarf Planets: Science & Facts About the Solar System's Smaller Worlds', www.space.com; ‚Kuiper Belt', Space.com; ‚The Oort cloud', spaceguard.rm.iasf.cnr.it. **S. 44–45** Lieberman, Bruce. ‚If It Works, This Will Be the First Rocket Launched From Mars', www.airspacemag.com; ‚Robert Goddard: A Man and His Rocket', www.nasa.gov; ‚Saturn V', www.nasa.gov. **S. 46–47** ‚ESA commissions world's first space debris removal', www.esa.int; Howell, Elizabeth. ‚CubeSats: Tiny Payloads, Huge Benefits for Space Research', www.space.com; ‚Point Nemo, Earth's watery graveyard for spacecraft', phys.org. **S. 48–49** Hadfield, Chris. *Anleitung zur Schwerelosigkei.* (München: Heyne, 2014); Tyson, Neil deGrasse und Avis Lang. *Space Chronicles: Facing the Ultimate Frontier.* (New York: W. W. Norton, 2012). **S. 50–51** ‚Juno', www.nasa.gov; ‚Space Probes', www.history.nasa.gov. **S. 52–53** Clegg, Brian. *Dark Matter and Dark Energy.* (London, UK: Icon Books, 2019); Moskowitz, Clara. ‚5 Reasons We May Live in a Multiverse', www.space.com; Woollaston, Victoria. ‚A Big Freeze, Rip or Crunch: How Will the Universe end?', www.wired.com.

Kapitel 2. Die Erde S. 56–57 Hazen, Robert M. *The Story of Earth: The First 4.5 Billion Years, from Stardust to Living Planet.* (New York: Viking, 2012); Stanley, Steven M. und John A. Luczaj. *Earth System History.* (New York: W. H. Freeman, 2015). **S. 58–59** Chown, Marcus. *Das Sonnensystem. Eine Entdeckungsreise zu allen Planeten, Monden und anderen Himmelskörpern, die um unsere Sonne kreisen.* (Köln: Fackelträger, 2012); Cox, Brian und Andrew Cohen. *The Planets.* (Glasgow, Scotland: William Collins, 2019); Howell, Elizabeth. ‚How Fast Is Earth Moving?', www.space.com. **S. 60–61** Allain, Rhett. ‚A Modern Measurement of the Radius of the Earth', www.wired.com; Choi, Charles Q. ‚Strange but True: Earth Is Not Round', www.scientificamerican.com; Sobel, Dava. *Längengrad. Die wahre Geschichte eines einsamen Genies, welches das größte wissenschaftliche Problem seiner Zeit löste.* (München: Malik, 2013). **S. 62–63** ‚Earth's Interior', www.nationalgeographic.com; Luhr, James F. und Jeffrey Edward Post (Hrsg.). *Die Erde.* (Starnberg: Dorling Kindersley, 2011); Powell, Corey S. ‚Deep Inside Earth, Scientists Find Weird Blobs and Mountains Taller than Mount Everest', www.nbcnews.com. **S. 64–65** *National Geographic Atlas of the World.* (Washington, DC: National Geographic, 2019). **S. 66–67** Andrews, Robin George. ‚Here's What'll Happen When Plate Tectonics Grinds to a Halt', www.nationalgeographic.com; Ince, Martin. *Continental Drift: The Evolution of Our World from the Origins of Life to the Far Future.* (New

York: Blueprint Editions, 2018); Molnar, Peter Hale. *Plate Tectonics: A Very Short Introduction*. (Oxford, UK: Oxford University Press, 2015). **S. 68–69** Parfitt, Liz und Lionel Wilson. *Fundamentals of Physical Volcanology*. (Oxford, UK: Blackwell, 2008). **S. 70–71** Dvorak, John. *Earthquake Storms: The Fascinating History and Volatile Future of the San Andreas Fault*. (New York: Pegasus Books, 2014); Taylor Redd, Nola. ‚Earthquakes & Tsunamis: Causes & Information‘, www.livescience.com. **S. 72–73** Frisch, Wolfgang, Martin Meschede und Ronald C. Blakey. *Plattentektonik. Kontinentverschiebung und Gebirgsbildung*. (Darmstadt: Wissenschaftliche Buchgesellschaft 2021); ‚Mountains‘, www.nationalgeographic.com. **S. 74–75** ‚Minerals and Gems‘, www.nationalgeographic.com; Pellant, Chris. *Steine und Minerale*. (Starnberg: Dorley Kindersley 2006); Zalasiewicz, J. A. *Rocks: A Very Short Introduction*. (Oxford, UK: Oxford University Press, 2016). **S. 76–77** ‚These human-size crystals formed in especially strange ways‘, www.nationalgeographic.com; Packham, Chris et al. *Natural Wonders of the World*. (London, UK: DK Publishing, 2017). **S. 78–79** Fossen, Haakon. *Structural Geology*. (Cambridge, UK: Cambridge University Press, 2016); Klein, Cornelis und Anthony R. Philpotts. *Earth Materials: Introduction to Mineralogy and Petrology*. (Cambridge, UK: Cambridge University Press, 2017). **S. 80–81** Hendry, Lisa. ‚How Are Dinosaur Fossils Formed?‘, www.nhm.ac.uk; Parker, Steve. *The World Encyclopedia of Fossils & Fossil-Collecting*. (London, UK: Southwater, 2016); Ward, David. *Fossilien*. (Starnberg: Dorling Kindersley, 2005). **S. 82–83** Brusatte, Stephen. *Aufstieg und Fall der Dinosaurier. Eine neue Geschichte der Urzeitgiganten*. (München: Piper 2020); Jaggard, Victoria. ‚Why did the dinsoaurs go extinct?‘, www.nationalgeographic.com; Osmólska, Halszka, Peter Dodson und David B. Weishampel. *The Dinosauria*. (Berkeley, CA: University of California Press, 2007). **S. 84–85** Nunez, Christina. ‚Fossil Fuels, Explained‘, www.nationalgeographic.com; Pirani, Simon. *Burning up: A Global History of Fossil Fuel Consumption*. (London, UK: Pluto Press, 2018). **S. 86–87** Brutsaert, Wilfried. *Hydrology: An Introduction*. (Cambridge, UK: Cambridge University Press, 2005); Jha, Alok. *The Water Book*. (London, UK: Headline, 2015); Leahy, Stephen. ‚From Not Enough to Too Much, the World’s Water Crisis Explained‘, www.nationalgeographic.com; ‚Our water cycle diagrams give a false sense of water security‘, www.birmingham.ac.uk. **S. 88–89** ‚Glaciers and Icecaps‘, www.usgs.gov; Marshall, Michael. ‚The History of Ice on Earth‘, www.newscientist.com; Wadhams, Peter und Walter Munk. *Abschied vom Eis : Ein Weckruf aus der Arktis*. Berlin–Heidelberg: Springer, 2020). **S. 90–91** ‚Atmosphere‘, www.nationalgeographic.org; Lutgens, Frederick K. und Edward J. Tarbuck. *The Atmosphere: An Introduction to Meteorology*. (Boston, MA: Pearson, 2016); Wallace, John M. und Peter Victor Hobbs. *Atmospheric Science: An Introductory Survey*. (Boston, MA: Elsevier Academic Press, 2006). **S. 92–93** ‚Learn About Weather‘, www.metoffice.gov.uk; Shonk, Jon. *Introducing Meteorology*. (Edinburgh, Scotland: Dunedin Academic Press, 2013); ‚Ten Basic Clouds‘, www.weather.gov. **S. 94–95** Mogil, H. Michael. *Extreme Weather*. (New York: Black Dog & Leventhal, 2010). **S. 96–97** Neelin, J. David. *Climate Change and Climate Modeling*. (Cambridge, UK: Cambridge University Press, 2013). **S. 98–99** Cornell, Sarah, Catherine J. Downey, Joanna I. House und I. Colin Prentice (Hrsg.). *Understanding the Earth System*. (Cambridge, UK: Cambridge University Press, 2012).

Kapitel 3. Materie S. 102–103 Close, Frank E. *Particle Physics: A Very Short Introduction*. (Oxford, UK: Oxford University Press, 2004); Sharp, Tim. ‚What Is an Atom?‘, www.livescience.com. **S. 104–105** Emsley, John. *Nature’s Building Blocks: An A–Z Guide to the Elements*. (Oxford, UK: Oxford University Press, 2011); Gray, Theodore W. *Moleküle. Die Elemente und die Architektur aller Dinge* (Köln: Delphin, 2019); Parsons, Paul und Gail Dixon. *The Periodic Table: A Field Guide to the Elements*. (London, UK: Quercus, 2013). **S. 106–107** L’Annunziata, Michael F. *Radioactivity: Introduction and History, from Quantum to Quarks*. (Cambridge, MA: Elsevier Academic Press, 2016). **S. 108–109** Helmenstine, Anne Marie. ‚These Compounds Have Both Ionic and Covalent Bonds‘, www.thoughtco.com. **S. 110–111** Glassman, Irvin, Richard A. Yetter und Nick Glumac. *Combustion*. (Waltham, MA: Academic Press, 2015). **S. 112–113** Grossman, David. ‚All the States of Matter You Didn’t Know Existed‘, www.popularmechanics.com; Miodownik, Mark. *Wunderstoffe : zehn Materialien, die unsere Zivilisation ausmachen*. (München: DVA, 2016); Silberberg, Martin S. und Patricia Amateis. *Chemistry: The Molecular Nature of Matter and Change*. (New York: McGraw-Hill Education, 2018). **S. 114–115** Peratt, Anthony L. *Physics of the Plasma Universe*. (New York: Springer, 2014); Rovelli, Carlo. *Sieben kurze Lektionen über Physik*. (Reinbek: Rowohlt, 2015). **S. 116–117** *Das Physik-Buch. Big Ideas – einfach erklärt*. (München: Dorling Kindersley, 2021). **S. 118–119** Cobb, Allan B. *The Basics of Nonmetals*. (New York: Rosen Publishing Group, 2013); Pappas, Stephanie. ‚Facts About Silicon‘, www.livescience.com. **S. 120–121** Bellis, Mary. ‚The History of Plastics‘, www.theinventors.org; Gray, Alex. ‚This Plastic Bag is 100% Biodegradable‘, www.weforum.org; Perkins, Sid. ‚Explainer: What Are Polymers?‘, www.sciencenewsforstudents.org. **S. 122–123** Castro, Joseph. ‚How Do Enzymes Work?‘, www.livescience.com; Hanel, Stephanie. ‚Dorothy Hodgkin: The Queen of Crystallography‘, www.lindau-nobel.org. **S. 124–125** Jaffe, Robert L. und Washington Taylor. *The Physics of Energy*. (Cambridge, UK: Cambridge University Press, 2018); Kuhn, Karl F. *Basic Physics*. (New York: Wiley, 2007). US Department of Energy. ‚How a Wind Turbine Works‘, www.energy.gov; Woodford, Chris. ‚The Conservation of Energy‘, www.explainthatstuff.com. **S. 126–127** Goldsmith, Mike. *Sound: A Very Short Introduction*. (Oxford, UK: Oxford University Press, 2015); Rossing, Thomas D., F. Richard Moore und Paul Wheeler. *The Science of Sound*. (Harlow, UK: Pearson Education, 2014); ‚The Science of Sound‘, www.nasa.gov. **S. 128–129** Dwyer, Joe. ‚How Lightning Works‘, www.pbs.org; Woodford, Chris. ‚Electricity‘, www.explainthatstuff.com. **S. 130–131** Feynman, Richard P. *QED: Die seltsame Theorie des Lichts und der Materie*. (München: Piper, 1992); Kenney, Karen. *Science of Color: Investigating Light*. (North Mankato, MN: Abdo Publishing, 2015); Watzke, Megan K. und Kimberly K. Arcand. *Light: The Visible Spectrum and Beyond*. (New York: Black Dog & Leventhal, 2015); ‚What Is Light?— An Overview of the Properties of Light‘, www.andor.oxinst.com. **S. 132–133** ‚Latest Bloodhound High Speed Testing Updates‘, www.bloodhoundlsr.com; McNamara, Alexander. ‚Land speed record: the 18 fastest cars in the world and their drivers', www.sciencefocus.com. **S. 134–135** Hesse, Mary B. *Forces and Fields: The Concept of Action at a Distance in the History of Physics.* (Mineola, NY: Dover Publications, 2005); Pask, Colin. *Magnificent Principia: Exploring Isaac Newton's Masterpiece.* (Amherst, NY: Prometheus Books, 2019). **S. 136–137** Clifton, Timothy. *Gravity: A Very Short Introduction.* (Oxford, UK: Oxford University Press, 2017); Goldenstern, Joyce. *Albert Einstein: Genius of the Theory of Relativity.* (Berkeley Heights, NJ: Enslow Publishing, 2014); Strathern, Paul. *Newton & die Schwerkraft.* (Frankfurt: Fischer, 1998); Wood, Charlie. ,What Is Gravity?', www.space. com; Zeleny, Enrique. ,Galileo's Experiment at the Leaning Tower of Pisa', www.demonstrations.wolfram.com. **S. 138– 139** ,Hydraulic Machinery', www.sciencedirect.com; ,The Skin They're In: US Navy Diving Suits', www.history.navy.mil. **S. 140–141** Burton, Anthony. *Balloons and Air Ships: A Tale of Lighter than Air Aviation.* (Barnsley, UK: Pen and Sword, 2020). **S. 142–143** Inwood, Stephen. *The Man Who Knew Too Much: The Inventive Life of Robert Hooke, 1635-1703.* (London, UK: Pan Macmillan, 2003); Woodford, Chris. ,How Do Shape-Memory Materials Work?', www.explainthatstuff.com und ,Springs', www.explainthatstuff.com. **S. 144–145** Gray, Theodore W. und Nick Mann. *How Things Work: The Inner Life of Everyday Machines.* (New York: Black Dog & Leventhal, 2019); Lucas, Jim. ,6 Simple Machines: Making Work Easier', www.livescience.com.

Kapitel 4. Leben S. 148–149 Dodd, Matthew S. et al. ,Evidence for early life in Earth's oldest hydrothermal vent precipitates', *Nature* 543 (2017); Marshall, Michael. ,Fossilised microbes from 3.5 billion years ago are oldest yet found', www.newscientist.com. **S. 150–151** Buffetaut, Eric. ,Tertiary ground birds from Patagonia (Argentina) in the Tournouër collection of the Musée National d'Histoire Naturelle, Paris', *Bulletin de la Société Géologique de France* 185 (2014); ,Peppered Moth Selection', www. mothscount.org. **S. 152–153** ,Classification of Life', www. moana.hawaii.edu; Panko, Ben. ,What does it mean to be a species?', www.smithsonianmag.com. **S. 154–155** Biello, David. ,How Microbes Helped Clean BP's Oil Spill', www. scientificamerican.com; Makarova, Kira S. et al. ,Genome of the Extremely Radiation-Resistant Bacterium *Deinococcus radiodurans* Viewed from the Perspective of Comparative Genomics', *Microbiology and Molecular Biology Reviews* 65 (2001). **S. 156–157** ,Bee orchid', www.wildlifetrusts. org; Forterre, Yoël, Jan M. Skothem, Jacques Dumais und L. Mahadevan. ,How the Venus flytrap snaps', www. nature.com. **S. 158–159** ,Deep sea corals may be oldest living marine organism', www.linl.gov; Marshall, Michael. ,Zoologger: A primate with eyes bigger than its brain', www. newscientist.com; Spelman, Lucy. *Animal Encyclopedia.* (Washington, DC: National Geographic, 2012). **S. 160–161** Mora, Camilo, Derek P. Tittensor, Sina Adl, Alastair G.B. Simpson und Boris Worm. ,How Many Species Are There on Earth and in the Ocean?' *PLOS Biology* 9, 2011. **S. 162–163** Dorling Kindersley (Hrsg.). *Das Ökologie-Buch.* (München: Dorling Kindersley, 2021); ,Feral European Rabbit', www. environment.gov.au; ,Giant Panda', www.nationalgeographic. com; Singer, Fred. D. *Ecology in Action.* (Cambridge, UK: Cambridge University Press, 2016). **S. 164–165** Martin, Glen. ,Humboldt County/World's Tallest Tree, A Redwood, Confirmed', www.sfgate.com; ,Western Lowland Gorilla',

wwf.panda.org. **S. 166–167** Bachman, Chris. ,Do Bears Really Hibernate?', www.nationalforests.org; Grant, Richard. ,Do Trees Talk to Each Other?', www.smithsonianmag.com; ,Tree Rings (Dendrochronology)', www.scied.ucar.edue; Waleed. ,Siberian Tiger Facts', www.siberiantiger.org. **S. 168–169** Slobodchikoff, C.N. und J. Placer. ,Acoustic structures in the alarm calls of Gunnison's prairie dogs', *The Journal of the Acoustical Society of America* 119 (2006); Smith, Paul. ,Giant Anteater', www.faunaparaguay.com; Suttie, J. M., S. G. Reynolds und C. Batello (Hrsg.). *Grasslands of the World.* (Rome: Food and Agriculture Organization of the United Nations, 2005). **S. 170–171** Chatterjee, Souvik. ,High Altitude Plants Discovered in the Himalayas', www.glacierhub.org; Wanless, F. R. ,Spiders of the Family Salticidae from the Upper Slopes of Everest and Makalu', www.britishspiders.org. **S. 172–173** Hamilton, Wiliam J. III und Mary K. Seely. ,Fog Basking by the Namib Beetle, *Onymacris unguicularis*', *Nature* 262 (1976); ,Scorpions glow in the dark to detect moonlight', www.newscientist.com. **S. 174–175** Keeling, Jonny. *Sieben Kontinente – Ein Planet.* (München: Frederking & Thaler, 2021); Riley, Alex. ,The fish that makes long and short-range water missiles', www.bbc.co.uk. **S. 176–177** Clark, Nigel. ,Getting to the Arctic on time: Horseshoe Crabs and Knots in Delaware Bay', www.sovon.nl; *Ocean: a visual encyclopaedia.* (London, UK: DK Publishing, 2015). **S. 178–179** ,In What Types of Water Do Corals Live?', www.oceanservice.noaa. gov. **S. 180–181** ,Blue Whale', www.acsonline.org; Brassey, Charlotte. ,A mission to the Pacific Plastic Patch', www.bbc. co.uk; ,Sailfish', www.floridamuseum.ufl.edu. **S. 182–183** Fox-Skelly, Jasmin. ,What does it take to live at the bottom of the ocean?', www.bbc.co.uk; ,Layers of the Ocean', www.weather. gov; McGrouther, Mark. ,Spiderfishes, Bathyerois spp', www. australianmuseum.net.au. **S. 184–185** Chapelle, Gauthier und Lloyd S. Peck. ,Polar gigantism dictated by oxygen availability', *Nature* 399, 114–115 (1999); Egevang, Carsten. *Migration and Breeding Biology of Arctic Terns in Greenland.* (Denmark: Greenland Institute of Natural Resources and National Environmental Research Institute (NERI), 2010); ,Emperor Penguins', www.antarctica.gov.au. **S. 186–187** ,Arctic summer 2018: September extent ties for sixth lowest', www.nsidc.org; Leahy, Stephen. ,Polar Bears Really Are Starving Because of Global Warming, Study Shows', www.nationalgeographic.com. **S. 188–189** Beans, Carolyn. ,Lizard gets to grips with city life by evolving stickier feet', www.newscientist.com; Wiley, John P. Jr. ,When Monkeys Move to Town', www.smithsonianmag.com. **S. 190–191** Blakemore, Erin. ,Ancient DNA Study Pokes Holes in Horse Domestication Theory', www.nationalgeographic.com; Kole, C. (Hrsg.). *Oilseeds, Genome Mapping and Molecular Breeding in Plants.* (Heidelberg, Germany: Springer, 2007).

Kapitel 5. Menschen S. 194–195 ,Australopithecus Afarensis', www.australianmuseum.net.au.; Gowlett, J. A. J. ,The Discovery of Fire by Humans: A Long and Convoluted Process.' *Philosophical Transactions of the Royal Society B: Biological Sciences* 371 (2016); Wayman, Erin. ,Becoming Human: The Evolution of Walking Upright', www. smithsonianmag.com. **S. 196–197** ,Anatomy of a Joint', www. stanfordchildrens.org; Neumann, Paul E. and Thomas R. Gest. ,How Many Bones? Every Bone in My Body.' *Clinical Anatomy* 33 (2020). **S. 198–199** Briggs, Helen. ,DNA from Stone Age Woman Obtained 6,000 Years On', www.bbc.

com; Fieldhouse, Sarah. ‚We've Discovered a Way to Recover DNA from Fingerprints without Destroying Them', www.phys.org; ‚What Is DNA?', www.ghr.nlm.nih.gov. **S. 200–201** ‚Brain Basics: Genes At Work In The Brain', www.ninds.nih.gov; Kieffer, Sara. ‚How the Brain Works', www.hopkinsmedicine.org; Martinez-Conde, Stephen L. und Susana Macknik. ‚How Magicians Trick Your Brain', *Scientific American*, www.scientificamerican.com. **S. 202–203** Callaway, Ewen. ‚Mona Lisa's Smile a Mystery No More', www.newscientist.com; Hwang, Hyi Sung und David Matsumoto. ‚Reading Facial Expressions of Emotion', www.apa.org; ‚Understanding the Stress Response', www.health.harvard.edu. **S. 204–205** ‚Anatomy of the Eye', www.kelloggeye.org; ‚How Does Loud Noise Cause Hearing Loss', www.cdc.gov; Munger, Steven D. ‚The Taste Map of the Tongue you Learned at School is All Wrong', www.smithsonianmag.com. **S. 206–207** Foley, Jonathan. ‚Feeding 9 Billion', www.nationalgeographic.com; ‚Food Loss and Food Waste', www.fao.org; Pariona, Amber. ‚What Are the World's Most Important Staple Foods?', www.worldatlas.com. **S. 208–209** Jahangir, Rumeana. ‚How Does Black Hair Reflect Black History?', www.bbc.com; Keller, Alice und Terri Ottaway. ‚Centuries of Opulence: Jewels of India', www.gia.edu; Schultz, Colin. ‚In Ancient Rome, Purple Dye Was Made from Snails', www.smithsonianmag.com. **S. 210–211** Armstrong, Karen. *Die Geschichte von Gott*. (München: Droemer, 2015). Smith, Huston. *The World's Religions*. (New York: HarperOne, 2009). **S. 212–213** Ferguson, R. Brian. ‚War Is Not Part of Human Nature', www.scientificamerican.com; ‚Medicine in the Aftermath of War', www.sciencemuseum.org.uk. **S. 214–215** Jackendoff, Ray. ‚FAQ: How Did Language Begin?', www.linguisticsociety.org; Lustig, Robin. ‚Can English remain the "world's favourite" language?', www.bbc.co.uk; ‚What are the top 200 most spoken languages?', www.ethnologue.com. **S. 216–217** Boissoneault, Lorraine. ‚How Humans Invented Numbers—And How Numbers Reshaped Our World', www.smithsonianmag.com; Mark, Joshua J. ‚Cuneiform', www.ancient.eu; Schmandt-Besserat, Denise. ‚The Evolution of Writing', www.utexas.edu. **S. 218–219** Pettitt, P. B., et al. ‚Hand Stencils in Upper Palaeolithic Cave Art', www.dur.ac.uk; Vergano, Dan. ‚Cave Paintings in Indonesia Redraw Picture of Earliest Art', www.nationalgeographic.com. **S. 220–221** ‚Music and the Brain: What Happens When You're Listening to Music', www.ucf.edu; ‚Performing Arts (Such as Traditional Music, Dance and Theatre)', www.ich.unesco.org; ‚William Shakespeare', www.bl.uk. **S. 222–223** Longstaff, Alan. ‚Calendars from Around the World', www.rmg.co.uk; ‚Mystery of the Maya—Maya Calendar', www.historymuseum.ca; Stern, Sacha. *Calendars in Antiquity: Empires, States und Societies*. (Oxford, UK: Oxford University Press, 2012). **S. 224–225** ‚How Money is Made–Paper and Ink', www.moneyfactory.gov; Kishtainy, Niall. *A Little History of Economics*. (New Haven, CT: Yale University Press, 2017); ‚Tonne Gold Kangaroo Coin', www.perthmintbullion.com. **S. 226–227** Eleftheriou-Smith, Loulla-Mae. ‚Magna Carta: What is it—and why is it still important today?', www.independent.co.uk.; Levack, Brian P. *Hexenjagd. Die Geschichte der Hexenverfolgungen in Europa*. (München: Beck, 2020). **S. 228–229** Beaubien, Jason. "Floating Schools" Make Sure Kids Get To Class When The Water Rises', www.npr.org; ‚Girls' Education', www.worldbank.org; Patrinos, Harry A. ‚Why Education Matters for Economic Development', www.blogs.worldbank.org. **S. 230–231** ‚Data on the future of work',

www.oecd.org; Ferguson, Donna. ‚From Dog Food Taster to Eel Ecologist', www.theguardian.com. **S. 232–233** Geere, Duncan. ‚Bionic Bolt: The Future of Performance Enhancing Sports Robotics', www.techradar.com; Solly, Meilan. ‚The Best Board Games of the Ancient World', www.smithsonianmag.com. **S. 234–235** Boomer, Ben. ‚Ghaajj Navajo New Year', www.shamaniceducation.org; Crump, William D. *Encyclopedia of New Year's Holidays Worldwide*. (Jefferson, NC: McFarland, 2016). **S. 236–237** Ebenstein, Joanna. *Death: A Graveside Companion*. (London, UK: Thames & Hudson, 2017); ‚Egyptian Mummification', www.spurlock.illinois.edu.

Kapitel 6. Altertum und Mittelalter S. 240–241 Flood, Josephine. *The Original Australians: Story of the Aboriginal People*. (London, UK: Crows Nest, 2006); Macintyre, Stuart. *A Concise History of Australia*. (Cambridge, UK: Cambridge University Press, 2009). **S. 242–243** Bottéro, Jean. *Everyday Life in Ancient Mesopotamia*, trans. Antonia Nevill. (Edinburgh, UK: Edinburgh University Press, 2001); Kramer, Samuel Noah. *History Begins at Sumer: Thirty-Nine Firsts in Man's Recorded History*. (Philadelphia, PA: University of Pennsylvania Press, 2001); Kriwaczek, Paul. *Babylon: Mesopotamia and the Birth of Civilisation*. (London, UK: Atlantic Books, 2010). **S. 244–245** Hunter, Erica C. D. *Ancient Mesopotamia*. (New York: Chelsea House, 2007); Rathbone, Dominic (Hrsg.). *Civilizations of the Ancient World: A Visual Sourcebook*. (London, UK: Thames & Hudson, 2009). **S. 246–247** Chippindale, C. *Stonehenge Complete*. (London, UK: Thames and Hudson, 2004). **S. 248–249** Loewe, Michael und Edward L. Shaughnessy (Hrsg.). *The Cambridge History of Ancient China: From the Origins of Civilisation to 221 BC*. (Cambridge, UK: Cambridge University Press, 1999). **S. 250–251** *Oxford Encyclopedia of Ancient Egypt*. (Oxford, UK: Oxford University Press, 2001). **S. 252–253** Iles Johnston, Sarah (Hrsg.). *Religions of the Ancient World*. (Cambridge, MA: Harvard University Press, 2004); Lloyd, Alan B. (Hrsg.). *A Companion to Ancient Egypt*. (Chichester, UK: Wiley-Blackwell, 2010). **S. 254–255** Conklin, William J. und Jeffrey Quilter. *Chavin: art, architecture and culture*. (Los Angeles: Cotsen Institute of Archaeology Press, 2008); Conklin, William J. *Ancient Nasca Settlement and Society*. (Iowa City: University of Iowa Press, 2002). **S. 256–257** Craig, Robert D. *Handbook of Polynesian Mythology* (Santa Barbara: ABC-CLIO, 2004); Lal, Brij V. und Kate Fortune (Hrsg.). *The Pacific Islands: An Encyclopaedia*. (Honolulu: University of Hawaii Press, 2000). **S. 258–259** Lal, Brij V.(Hrsg.)., *The Cambridge Illustrated History of Ancient Greece*. (Cambridge, UK: Cambridge University Press, 2002); Speake, Graham (Hrsg.). *Encyclopedia of Greece and the Hellenic Tradition*. (London, UK: Fitzroy Dearborn, 2000). **S. 260–261** Coe, Michael D. und Rex Koontz. *Mexico: From the Olmecs to the Aztecs*. (London, UK: Thames & Hudson, 2002); Foster, Lynn V. *Handbook to Life in the Ancient Maya World*. (Oxford, UK: Oxford University Press, 2005). **S. 262–263** Harrison, Thomas (Hrsg.). *The Great Empires of the Ancient World*. (London, UK: Thames & Hudson, 2009); Potts, D. T. (Hrsg.). *The Oxford Handbook of Ancient Iran*. (Oxford, UK: Oxford University Press, 2013). **S. 264–265** Boardman, John. *The Oxford History Of Greece & The Hellenistic World*. (Oxford, UK: Oxford University Press, 2002); Konstam, Angus. *Das antike Griechenland*. (Bindlach: Gondtrom, 2004). **S. 266–267** Bosworth, A. B. *Conquest and Empire: the Reign* of Alexander the Great. (Cambridge, UK: Canto, 1993); Lane Fox, Robin. *Alexander der Große: Eroberer der Welt.* (Stuttgart: Klett-Cotta, 2004). **S. 268–269** Avari, Burjor. *India: The Ancient Past, A history of the Indian sub-continent from c. 7000 BC to AD 1200.* (Abingdon, UK: Routledge, 2007); Lahiri, Nayanjot. *Ashoka in Ancient India.* (Cambridge, MA: Harvard University Press, 2015); Singh, Upinder. *A History of Ancient and Early Medieval India.* (Delhi, India: Pearson Longman, 2008); Thapar, Romila. *The Penguin History of Early India: From the Origins to AD 1300.* (London, UK: Penguin, 2002). **S. 270–271** Ebrey, Patricia Buckley (Hrsg.). *China. Eine illustrierte Geschichte.* (Frankfurt - New York: Campus, 1996). **S. 272–273** Coarelli, Filippo. *Rom. Der archäologische Führer.* (Darmstadt: Philipp von Zabern, 2019); Wilson Jones, Mark. *Principles of Roman Architecture.* (New Haven, CT: Yale University Press, 2000). **S. 274–275** Angold, Michael. *Byzantium: The Bridge from Antiquity to the Middle Ages.* (New York: St. Martin's Press, 2001); Mango, Cyril (Hrsg.). *The Oxford History of Byzantium.* (Oxford, UK: Oxford University Press, 2002); Rosen, William. *Justinian's Flea: Plague, Empire and the Birth of Europe.* (London, UK: Penguin, 2008). **S. 276–277** Miller, Joseph C. (Hrsg.). *New Encyclopaedia of Africa.* (Farmington Hills, MI: Gale, 2008); Phillipson, David W. *Ancient Ethiopia: Aksum: Its Antecedents and Successors.* (London, UK: British Museum Press, 1998). **S. 278–279** Dash, Mike. ,The Demonization of Empress Wu', (*Smithsonian* magazine, August 10, 2012); Lu, Yongxiang (Hrsg.). *A History of Chinese Science and Technology.* (London, UK: Springer, 2015). **S. 280–281** Al-Hassani, Salim T. S. (Hrsg.). *1001 Inventions: The Enduring Legacy of Muslim Civilization.* (Washington, DC: National Geographic, 2012); ,The Elephant Clock', www.metmuseum.org. **S. 282–283** Backman, Clifford R. *The Worlds of Medieval Europe.* (Oxford, UK: Oxford University Press, 2014). Bauer, Susan Wise. *The History of the Medieval World.* (New York: W. W. Norton, 2010).

Kapitel 7. Moderne Zeiten S. 286–287 Campbell, Gordon. *The Oxford Illustrated History of the Renaissance.* (Oxford, UK: Oxford University Press, 2019); Paoletti, John T. und Gary M. Radke. *Art in Renaissance Italy.* (London, UK: Pearson, 2011). **S. 288–289** ,Asante Gold', www.vam.ac.uk; Sansom, Ian, ,Great Dynasties of the World: The Ethiopian Royal Family', www.theguardian.com; ,Wrapped in Pride', www.africa.si.edu. **S. 290–291** Anderson, Maria. ,5 Reasons the Inka Road is One of the Greatest Achievements in Engineering', www.insider.si.edu; Cossins, Daniel. ,We thought the Incas couldn't write. These knots change everything', www.newscientist.com; ,Heilbrun Timeline of Art History. Tenochtitlan', www.metmuseum.org; Mavrakis, Emily. ,Ominous new interpretation of Aztec sun stone', www.floridamuseum.ufl.edu. **S. 292–293** Fernandez-Armesto, Felipe. *Pathfinders: A Global History.* (New York: W. W. Norton, 2006); Worrall, Simon. ,How the Discovery of Two Lost Ships Solved an Arctic Mystery', www.nationalgeographic.com; ,Zheng He', exploration.marinersmuseum.org; **S. 294–295** Boissoneault, Lorraine. ,The True Story of the Koh-i-Noor Diamond And Why the British Won't Give It Back', www.smithsonianmag.com; ,Taj Mahal Architecture with Design and Layout', www.tajmahalinagra.com. **S. 296–297** Gordon, Andrew. *A Modern History of Japan.* (Oxford, UK: Oxford University Press, 2019); ,Kabuki Actors: Masterpieces of Japanese

Woodblock Prints' (from the Collection of the Art Institute of Chicago, www.artic.edu) 1988. **S. 298–299** Machemer, Theresa. ,Spanish Conquistadors Stole This Gold Bar From Aztec Emperor Moctezuma's Trove', www.smithsonianmag.com; Pringle, Heather. ,How Europeans Brought Sickness to the New World', sciencemag.org; Townsend, Camilla. *Fifth Sun: A New History of the Aztecs.* (New York: Oxford University Press, 2020). **S. 300–301** ,French and Indian War/Seven Years War 1754–63', www.history.state.gov; ,The Mayflower Story', www.mayflower400uk.org; ,The Pocahontas Archive', www.digital.lib.lehigh.edu. **S. 302–303** Hochschild, Adam. *Sprengt die Ketten. Der entscheidende Kampf um die Abschaffung der Sklaverei.* (Stuttgart: Klett-Cotta, 2007); ,Slavery and Freedom', www.nmaahc.si.edu; Thomas, Hugh. *The Slave Trade.* (London, UK: Weidenfeld & Nicolson, 2015). **S. 304–305** ,Boston Tea Party History', www.bostonteapartyship.com; ,Enlightenment', www.plato.stanford.edu; ,Touissant Louverture', www.slaveryandremembrance.org. **S. 306–307** Hajar, Rachel. ,History of Medicine Timeline', www.ncbi.nlm.nih.gov; Hernandez, Victoria. ,Photograph 51, by Rosalind Franklin', www.embryo.asu.edu; *Medicine: The Definitive Illustrated History.* (London, UK: DK Publishing, 2016). **S. 308–309** Stearns, Peter N. *The Industrial Revolution in World History.* (New York: Routledge, 2018); Weightman, Gavin. *The Industrial Revolutionaries.* (New York: Grove Press, 2007). **S. 310–311** ,Cher Ami', www.americanhistory.si.edu; ,First World War', www.iwm.org.uk; Gregory, Adrian. *The Last Great War: British Society and the First World War.* (Cambridge, UK: Cambridge University Press, 2008); Howard, Michael. *The First World War.* (Oxford, UK; Oxford University Press, 2002); ,Medicine in the First World War', www.kumc.edu. **S. 312–313** Neuman, Joanna. *And Yet They Persisted.* (Hoboken, NJ: Wiley-Blackwell, 2020); ,Women and the Vote', www.parliament.uk. **S. 314–315** Chang, Jung und Jon Halliday. *Mao.* (New York: Knopf, 2005); Sperber, Jonathan. *Karl Marx. Sein Leben und sein Jahrhundert.* (München: Beck, 2013). **S. 316–317** ,Walt Disney'. moma.org; Spivack, Emily. ,The History of the Flapper', www.smithsonianmag.com; Taylor Redd, Nola. ,Charles Lindbergh and the First Solo Transatlantic Flight', www.space.com. **S. 318–319** Carter, Ian. ,The German Lightning War Strategy of the Second World War', www.iwm.org.uk; Holmes, Richard (Hrsg.). *Der Zweite Weltkrieg. Die visuelle Geschichte.* (München: Dorling Kindersley, 2019); ,Life in Shadows: Hidden Children and the Holocaust', www.ushmm.org. **S. 320–321** ,Soviet Invasion of Czechoslovakia', www.history.state.gov; ,The Soviet Space Program', www.nationalcoldwarexhibition.org; ,Why China Rents Out Its Pandas', www.economist.com. **S. 322–323** Kennedy, Dane Keith. *Decolonization.* (Oxford, UK: Oxford University Press, 2016); Mahaffey, James. *Atomic Awakening.* (New York: Pegasus Books, 2009); Shipway, Martin. *Decolonization and Its Impact.* (Malden, MA: Blackwell, 2008). **S. 324–325** Conwill, Kinshasha Holman (Hrsg.). *Dream a World Anew.* (Washington, DC: Smithsonian Books, 2016); Sampson, Anthony. *Mandela.* (New York: Vintage Editions, 2000); ,Sorry Rocks', www.environment.gov.au. **S. 326–327** ,Malala's Story', www.malala.org; Regan, Helen und Sharif Paget. ,Ethiopia plants more than 350 million trees in 12 hours', www.edition.cnn.com. **S. 328–329** ,Countries', www.europa.eu; ,Member Countries', thecommonwealth.org; ,Member States', www.un.org.

Kapitel 8. Heute und morgen S. 332–333 Cumming, Vivien. ‚How many people can our planet really support?', www.bbc.co.uk; Khandelwal, Rekha. ‚McDonald's Global Presence and the Three-Legged Stool', marketrealist.com; Roser, Max, Hannah Ritchie und Esteban Ortiz-Ospina. ‚World Population Growth', ourworldindata.org; Spence, Michael. *The Next Convergence.* (New York: Farrar, Straus and Giroux, 2011). **S. 334–335** Harford, Tim. ‚The simple steel box that transformed global trade', www.bbc.co.uk; Statista Research Department. ‚Container Shipping—Statistics & Facts', www.statista.com. **S. 336–337** ‚Demographia World Urban Areas 16th Annual Edition 2020.04', www.demographia.com; Hodgson, Geoffrey M. ‚What the world can learn about equality from the Nordic model', theconversation.com; The World Bank. ‚Nearly Half the World Lives on Less than $5.50 a Day', www.worldbank.org. **S. 338–339** Reuters/ABC. ‚Arctic "doomsday" seed vault welcomes millionth variety amid growing climate change concerns', www.abc.net.au; World Health Organisation. ‚Global hunger continues to rise, new UN report says', www.who.int. **S. 340–341** Firstenberg, Arthur. *Die Welt unter Strom. Eine Geschichte der Elektrizität und ihrer übersehenen Gesundheitsgefährdung.* (Kandern: Unimedica, 2021); www.littlesun.com; Quak, Evert-jan. ‚The costs and benefits of lighting and electricity services for off-grid populations in sub-Sahara Africa', assets.publishing.service.gov.uk. **S. 342–343** ‚Figures at a Glance', www.unhcr.org; Firth, Niall. ‚How to Fight a War in Space (and Get Away with It)', www.technologyreview.com; ‚Hunger Used as a Weapon of War in Yemen, Experts Say', www.actionagainsthunger.org. **S. 344–345** Milanovic, Branko. *Haben und Nichthaben. Eine kurze Geschichte der Ungleichheit .* (Darmstadt: Theiss, 2017); ‚The richest in 2020', www.forbes.com; Warren, Katie. ‚13 countries that have only one billionaire', www.businessinsider.com. **S. 346–347** ‚11 Most Eco-Friendly Cities of the World', interestingengineering.com; Broom, Douglas. ‚6 of the world's 10 most polluted cities are in India', www.weforum.org; Kolb, Elzy. ‚75,000 people per square mile? These are the most densely populated cities in the world', eu.usatoday.com. **S. 348–349** ‚The birth of the web', home.cern; Gralla, Preston. *So funktioniert das Internet.* (München: Markt und Technik, 2001); Zimmermann, Kim Ann und Jesse Emspak. ‚Internet History Timeline: ARPANET to the World Wide Web', www.livescience.com. **S. 350–351** Hutchinson, Andrew. ‚People Are Now Spending More Time on Smartphones Than They Are Watching TV', www.socialmediatoday.com; Nimmo, Dale. ‚Tales of Wombat "Heroes" Have Gone Viral. Unfortunately, They're Not True', www.theconversation.com. **S. 352–353** Arrighi, Valeria. ‚Five Synthetic Materials with the Power to Change the World', www.scitechconnect.elsevier.com; McFadden, Christopher. ‚Inspired by Nature but as Tough as Iron: Metal Foams', www.interestingengineering.com. **S. 354–355** Berger, Michele W. ‚A Wearable New Technology Moves Brain Monitoring from the Lab to the Real World', www.medicalxpress.com; Nawrat, Allie. ‚3D Printing in the Medical Field: Four Major Applications Revolutionising the Industry', www.medicaldevice-

network.com; ‚Robotic Surgery', www.mayoclinic.org. **S. 356–357** Brynjolfsson, Erik und Andrew McAfee. *The Second Machine Age. Wie die nächste digitale Revolution unser aller Leben verändern wird* (Kulmbach: Plassen, 2018); Goddard, Jonathan. ‚Alumna Rana El Kaliouby named in BBC's 100 influential women of 2019', www.cst.cam.ac.uk; Reese, Byron. *The Fourth Age.* (New York: Atria Books, 2018); Shapiro, Jordan. *The New Childhood.* (New York: Little, Brown Spark, 2018); ‚Smart Motorways – What Are They and How Do You Use Them?', www.rac.co.uk. **S. 358–359** ‚How Big Is the Great Pacific Garbage Patch? Science vs. Myth', www.response.restoration.noaa.gov; ‚Methane: The Other Important Greenhouse Gas', www.edf.org; Nunez, Christina. ‚Desertification, explained', www.nationalgeographic.com. **S. 360–361** Aldhous, Peter. ‚We Are Killing Species at 1000 Times the Natural Rate', www.newscientist.com; Kolbert, Elizabeth. *Das sechste Sterben. Wie der Mensch Naturgeschichte schreibt* (Frankfurt: Suhrkamp, 2016). **S. 362–363** ‚The IUCN Red List of Threatened Species', www.iucnredlist.org; Platt, John R. ‚Bornean Orangutan Now Critically Endangered', www.blogs.scientificamerican.com; Sartore, Joel. *Artenreich. Eine Hommage an die Vielfalt.* (München: National Geographic, 2017). **S. 364–365** ‚Could the Domino Effect of Climate Change Impacts Knock Us into "Hothouse Earth"?', www.eia-international.org; Lenton, Timothy M., et al. ‚Climate Tipping Points—Too Risky to Bet Against', www.nature.com; Nunez, Christina. ‚What is global warming, explained', www.nationalgeographic.com. **S. 366–367** Dunne, Daisy. ‚Explainer: Six ideas to limit global warming with solar geoengineering', www.carbonbrief.org; Gore, Al. *Eine unbequeme Wahrheit.* (München: Riemann, 2006); ‚Is it too late to prevent climate change?', www.climate.nasa.gov; Klein, Naomi. *Die Entscheidung. Kapitalismus vs. Klima.* (Frankfurt: Fischer, 2016); Milman, Oliver. ‚Greta Thunberg Condemns World Leaders in Emotional Speech at UN', www.theguardian.com; Wallace-Wells, David. *Die unbewohnbare Erde.* (München: Ludwig, 2019). **S. 368–369** Humpert, Malte. ‚Russia's Brand New Nuclear Icebreaker "Arktika" to Begin Sea Trials', www.highnorthnews.com; ‚What Is Nuclear Power and Energy?', www.nuclear.gepower.com. **S. 370–371** Hartley, Gary. ‚What Role Does Biomass Have to Play in Our Energy Supply?', www.energysavingtrust.org.uk; Shinn, Lora. ‚Renewable Energy: The Clean Facts', www.nrdc.org. **S. 372–373** Carr, Nicholas. *Surfen im Seichten. Was das Internet mit unserem Hirn anstellt.* (München: Pantheon, 2013); Cronon, William. *Nature's Metropolis.* (New York: W. W. Norton, 1992); Demtriou, Steven J. ‚We Can Build Cities Fit for the Future—but We Need to Think Differently', www.weforum.org; Dobraszczyk, Paul. *Future Cities.* (London, UK: Reaktion Books, 2019); Garfield, Leanna. ‚These Will Be the World's Biggest Cities in 2030', www.businessinsider.com; Giermann, Holly. ‚Vincent Callebaut's 2050 Vision of Paris as a ‚Smart City', www.archdaily.com. **S. 374–375** Anumanchipalli, Gopala K., Josh Chartier und Edward Chang. ‚Speech synthesis from neural decoding of spoken sentences,' *Nature* 568 (2019); Walsh, Fergus. ‚Woman receives bionic hand with sense of touch', www.bbc.co.uk.

BILDNACHWEIS

Der Verlag dankt den nachfolgenden Bildgebern und Rechteinhabern für die freundliche Genehmigung zum Abdruck ihrer Werke in diesem Buch.

Abkürzungen:

oben (o), unten (u), links (l), rechts (r), Mitte (M)

S. 8 istock/hadzi3; **S. 11 o** WMAP Science Team/NASA; **Ml** istock/Bullet_Chained; **M** 123rf.com/creepycube; **Mr** m. frdl. Genehmigung v. Sarah Tuttle; **uM**Cavan Images/Superstock; **S. 12 r** Alan Dyer/VWPics/Superstock; **S. 13 o** NASA Image Collection/Alamy; **Ml** GL Archive/Alamy; **uM** 123rf.com/Nikolia Titov; **S. 17 or** ESA/Hubble/NASA; **Mr** m. frdl. Genehmigung v. Ian Morison; **S. 18 Ml** NASA; **S. 18–19 M** 123rf.com/nasaimages; **S. 19 or** NASA; **oMr** Giusseppe Carmine Iaffaldano/Roberto Colombari/NASA; **uM** istock/erierika; **S. 20 ul** Library of Congress; **ur** 123rf.com/Dmytro Kozyrskyi; **S. 21 Mr** istock/habari1; **ul**Bettman/Getty; **S. 22–23** NASA (Hintergrund); istock/alex-mitt (Teleskop); **S. 24** Xinhua/Alamy; **S. 25 Ml** 123rf.com/Olga Popova; **ul**Goddard Space Flight Center/NASA; **uM** istock/vladwel; **S. 26 oM** NASA; **b** Science Photo Library/Lynette Cook; **or**CXC/M. Weiss/NASA; **S. 27 Mr** Southwest Research Institute; **uM**Ames/JPL-Caltech/T. Pyle/NASA; **ol**JPL-Caltech/SwRI/MSSS/Gerald Eichstädt/Seán Doran © CC NC SA/NASA; **S. 28 ul** istock/OstapenkoOlena; **ur**Dreamstime/Planetfelicity; **S. 29 Ml** World History Archive/Superstock; **S. 30–31** Stocktrek Images/Superstock; **S. 32** JPL-Caltech/MSSS/NASA; **Ml** JPL-Caltech/MSSS/NASA; **ul**NASA; **S. 33 o** NASA/Superstock; **Mr** m. frdl. Genehmigung v. Rudi Kuhn; **ul**JPL/NASA; **S. 34 ul** NASA Image Collection/Alamy; **ur**Dreamstime/Nitoshevikova; **S. 35 o** JPL/USGS/NASA; **u** NASA; **S. 36** istock/3quarks; **S. 37 or** istock/CoreyFord; **Ml** ESA, A. Simon (Goddard Space Flight Center) und M.H. Wong (University of California, Berkeley)/NASA; **Mr**Encyclopaedia Britannica, Inc.; **ul** istock/3quarks; **S. 37 or** Neil A. Armstrong/NASA; **S. 39 or** MediaNewsGroup/Boulder Daily Camera/Getty; **Mr** Foster Partners/ESA; **S. 40** istock/estt; **or** Kike Calvo/Getty; **ol** Dreamstime/Mircovon; **or**Science Photo Library/Superstock; **ur** JAXA/A. IKESHITA/MEF/ISAS; **S. 42 Ml** NASA Photo/Alamy; **r** NASA; **S. 43 ul** Science Photo Library/Mark Garlick; **S. 44 or** istock/VickiVector; **S. 45 ol** Space X/NASA; **r** NASA; **ul**istock/Yevhenii Dorofieiev; **S. 47 Ml** NASA; **Mr** m. frdl. Genehmigung v. Dr. Clifford Cunningham; **ul** ESA; **S. 48 uM** NASA; **S. 49 oM** istock/Samtoon; **or** NASA; **Ml** NASA; **uM** NASA; **ur** NG Images/Alamy; **S. 50** JPL/NASA; **S. 51** Stocktrek Images/Alamy; **S. 52 o** NASA; **S. 53 ol** NASA; **Ml** NASA; **r** istock/sakkmesterke; **S. 54-55** NASA; **S. 56 or** 123rf.com/snake3d; **S. 57 oM** istock/dartlab; **oMr** John Cancalosi/age fotostock/Superstock; **Mr** Catherine Frawley; **ul** Jon Astor/Alamy; **S. 58** GSFC/NASA; **S. 59 Ml** istock/koya79; **Mr** 123rf.com/pakhnyushchyy; **S. 60 or** istock/intararit; **ul** Joshua Stevens/NASA; **S. 61 Ml** INTERFOTO/Alamy; **ur** istock/Moinia; **S. 62 or** istock/Wittayayut; **S. 63 uM** istock/RobertKacpura; **S. 66 or** 123rf.com/tinkivinki; **S. 67 ol** Ragnar Th. Sigurdsson/age fotostock/Superstock; **Ml** National Oceanic and Atmospheric Administration (NOAA); **Mr** m. frdl. Genehmigung v. Brendan Murphy; **S. 68** tom pfeiffer/Alamy; **S. 69 or** Radius/Superstock; **c** ClickAlps/Mauritius/Superstock; **S. 70 or** © Encyclopaedia Britannica, Inc.; **S. 71 oM** istock/dutourdumonde; **cl** istock/Beboy_ltd; **Mr** istock/Ashva73; **S. 72 or** istock/AVIcons; **S. 74 or** 123rf.com/Atcharaphon Chawanna; **S. 75 ol** istock/VvoeVale; **oM** istock/reeisegraf; **or** 123rf.com/Trygve Finkelsen; **Ml** Dreamstime/Bjorn Wylezich; **uM** Dreamstime/Daniel127001; **S. 76–77** Carsten Peter/Speleoresearch & Films/National Geographic Creative; **S. 78 or** istock/midkhat; **u** F1 Online/Superstock; **S. 79 oM** istock/Eriklam; **or** 123rf.com/yupiramos; **Ml** Science and Society/Superstock; **ur** istock/yomka; **S. 80 oM** 123rf.com/Stock Photo; **S. 81 or** MERVYN REES/Alamy; **Mr** m. frdl. Genehmigung v. Dr. Nathan Smith; **uM** 123rf.com/Erlantz Perez Rodriguez; **S. 82–83** Xinhua/Alamy; **S. 84 ul** istock/nito100; **uM** istock/stephenallen75; **ur** istock/CreativeNature_nl; **S. 85 ol** 123rf.com/normaals; **ul** Birke/Mauritius/Superstock; **ur** 123rf.com/Farhad Zobrabbayov; **S. 86 or** istock/ikryannikovgmail.com; **S. 87 or** Maxar/ASU/P.Rubin/JPL-Caltech/NASA; **Mr** m. frdl. Genehmigung v. David Hannah; **ul** istock/smietek; **S. 88 Mr** istock/kimrawicz; **S. 89** istock/NicoElNino; **or** istock/kappaphoto; **S. 90–91 uM** istock/PutyCzech (Globus); **S. 90** istock/a-r-t-i-s-t; Dreamstime/Tatianazaets; Dreamstime/Mogilevchik; istock/Roman Bykhalets; **S. 91** istock/kathykonkle; istock/filo; istock/4x6; istock/leremy; Dreamstime/Andrew7726; **S. 92** © 2012 Encyclopaedia Britannica, Inc.; **oM** © 2010 Encyclopaedia Britannica, Inc.; **S. 93 ol** Dreamstime/Vladimir Velickovic; **or** Michael Durham/Nature Picture Library; **Ml** © 2013 Encyclopaedia Britannica, Inc.; **uM** © 2015 Encyclopaedia Britannica, Inc.; **S. 94 o** Jason Persoff Stormdoctor/Cultura Limited/Superstock; **ur** NASA; **S. 95 or** Ryan McGinnis/Alamy; **Ml** Dreamstime/Ratpack2; **S. 96 or** istock/antpun; **S. 97 ul** istock/Veronika Ziminia; **ul** istock/ET-ARTWORKS; **ul** istock/VICTOR; **ur** istock/Lucezn; **S. 98 oM** Stocktrek Images/Superstock; **u** istock/Wildnerdpix; **S. 99 M** istock/hidesy; **Mr** m. frdl. Genehmigung v. Paul Ullrich; **ul** 123rf.com/Adrian Hillman; **uM** istock/oleg7799; **S. 100** istock/manfredxy; **S. 103 ur** Dreamstime/Petrovich11; **S. 104** NASA; **ur** istock/yvdayd; **S. 105 o** © Encyclopaedia Britannica, Inc.; **Ml** Wikimedia Commons; **S. 106 oM** 123rf.com/Chaowat Rittizin; **u** stockeurope/Alamy; **S. 107 ol** Fred Tanneau/AFP/Getty; **Ml** Library of Congress; **S. 108** istock/agnormark; **S. 109 ol** istock/PeterHermesFurian; **or** istock/PrettyVectors; **Ml** US Department of Defense; **uMl** Fine Art Images/Superstock; **ur** istock/desertsolitaire; **S. 110 o** © Encyclopaedia Britannica, Inc. (Flamme); **S. 110–111** 123rf.com/Denis; istock/Tilegen; istock/omar mouhib; istock/Barbulat; istock/Fidan Babayeva; istock/Enis Aksoy; istock/appleuzr; istock/Neselena; istock/Arnaphoto; istock/lumpynoodles; istock/fairywong; istock/Skarin; istock/Nastasic; istock/Vectorios2016; istock/Anastasia Shafranova; istock/Rashad Aliyev; **S. 112 or** istock/ados; **S. 113 ol** agefotostock/Alamy; **or** 123rf.com/Ivan Kokoulin; **u** istock/scubaluna; **S. 114–115** istock/Renato_Pessanha; **S. 116 ol** Fine Art/Getty; **ul** istock/demarco-media; **S. 117 o** istock/Fabvietnam_Photography; **ul** E. R. Degginger/Alamy; **ur** STRINGER/Getty; **S. 118 l** Tyson Paul/Superstock; **Mr** istock/Coldmoon_photo; **S. 119 ol** istock/BanksPhoto; **Ml** 123rf.com/Jozsef Szasz-Fabian; **ul** istock/pixinoo; **S. 120 or** istock/meskolo; **Ml** Dreamstime/DigitalBazaarr; **Mr** istock/karandaev; **ul** istock/MariyaKolyago; **S. 121 ul** istock/pcess609; **ur** 123rf.com/Phong Giap Van; **S. 122–123** istock/Chris LaBasco; **S. 123 or** istock/egal; **Ml** Keystone Press/Alamy; **c** 123rf.com/yayasyaya; **ur** istock/luchschen; **S. 124 or** istock/AVIcons; Dreamstime/Kutukupretkw2; 123rf.com/Chi Chiu Tse; Dreamstime/Fourleaflover; istock/dar woto; istock/chege011; istock/Moto-rama; istock/M-Vector; **S. 125 r** Dreamstime/Broker; **ul** istock/nixoncreative; **S. 126–127 o** istock/Craig Lambert; **S. 126 or** NASA (Sterne); **ur** Dreamstime/Curvabezier (Astronaut); **S. 127 or** Dreamstime/Denys Kurbatov; **Mr** Science Photo Library/Andrew Brookes/National Physical Laboratory; **ul** Dreamstime/Andrey Nyrkov; **S. 128** Clarence Holmes Photography/Alamy; **S. 129 ol** Science and Society/Superstock; **or** 123rf.com/Kom Kunjara Na Ayuthya; **Ml** Dreamstime/Dennis Jacobsen; **Mr** m. frdl. Genehmigung v. Cristina Lazzeroni; **S. 130** istock/Marc_Hilton; **S. 131 or** 123rf.com/starsstudio; **ul** istock/Pat_Hastings; **S. 132–133** Ben Stansall/AFP/Getty; **S. 134 or** 123rf.com/seventysix; **u** Science Photo Library/Cern/Julien Marius Ordan; **S. 135 oM** NASA; **Ml** 123rf.com/Georgios Kollidas; **uM** istock/Tanya St (Shopping); **ur** 123rf.com/_fla; **S. 137 o** Dreamstime/The Skydiver; **Ml** Library of Congress; **Mr** NASA; **ur** juniors@wildlife Bildagentur G/Juniors/Superstock; **S. 138 o** 123rf.com/Jose Angel Astor; **ur** istock/Denys; **S. 139 ol** istock/OstapenkoOlena (Lkw); **ol** © Encyclopaedia Britannica, Inc. (Hydraulik); **or** istock/Aleksandr Durnov (Flugzeug); **or** istock/C-mere (Berge); **ul** istock/BoValentino; **ur** Nature Picture Library/Michael Pitts; **S. 140–141** Dreamstime/Eos5dmii; **S. 142** Scott Ramsey/Alamy; **S. 143 Mr** Nicola Lyn Evans; **ul** istock/Nirian; **S. 144** Dreamstime/Alexey Silin; **S. 145 Mr** Dreamstime/Artizarus; **M** Dreamstime/Azmet Tlekhurai (Zahnräder); **M** istock/Macrovector (Hand); **Mr** Dreamstime/Maksim Bazarov; **uMr** istock/Barbulat; **S. 146** istock/marcouliana; **S. 148 or** 123rf.com/alexutemov; **S. 149 o** istock/Samtoon; **o** istock/runLenarun; **o** istock/vectorwin; **oMr** 123rf.com/Alexey Romanenko; **uMr** m. frdl. Genehmigung v. Michael D. Bay; **ul** istock/Totajla; **S. 151 Ml** istock/Ivan Mattioli; **M** Dreamstime/Yehor Vlasenko; **ur** Dreamstime/Elena Shvoeva; **S. 153 M** 123rf.com/neyro2008; **Mr** istock/Anolis01; **ul** istock/Vectorios2016; **S. 154 o** Science Photo Library/Eye of Science; **ur** Science Photo Library/Power and Syred; **S. 155 ol** 123rf.com/William Roberts; **or** Science Picture Co/SF/Superstock; **Mr** istock/DavorLovincic; **ul** 123rf.com/Steven Heap; **S. 156 oM** Kevin Sawford/imageBROKER/Superstock; **ur** Dreamstime/Olga Deeva; **S. 157 Mr** m. frdl. Genehmigung v. Matthew S. Nelsen; **ul** 123rf.com/Albertus Engbers; **S. 158** 123rf.com/Daranee Himasuttidach; 123rf.com/Ansnasiia Lavrenteva; 123rf.com/Brankica Vlaskovic; 123rf.com/Elena Kozyreva; 123rf.com/Evgenii Naumov; 123rf.com/archivector; 123rf.com/Loveleen Kaur; 123rf.com/seamartini; 123rf.com/robuart; 123rf.com/route55; 123rf.com/Liane Nothaft; **S. 159 oMr** Dreamstime/Nurlia Rasmi; **Mr** m. frdl. Genehmigung v. Karen McComb; **S. 160–61** Anton Sorokin/Alamy; **S. 160 Ml** 123rf.com/Oleksandra Sosnovska; **S. 162 or** Superstock; **S. 163 Ml** Dreamstime/Chase Dekker; **ul** 123rf.com/Levente Janos; **ul** 123rf.com/Veronika Gotovceva; **S. 164 Mr** istock/ANDREYGUDKOV; **S. 165 r** 123rf.com/Yevgenii Movliev; **ul** 123rf.com/Sergey Siz'kov (Frosch); **ul** istock/Mark Kolpakov (Schädel); **S. 166 or** Animals Animals/Superstock; **S. 167 oM** Dreamstime/Philip Kinsey; **ul** 123rf.com/Ljubisa Sujica (Insekt); **ul** Dreamstime/Elena Tumanova (Baum); **ur** Marli Miller/Alamy; **S. 168–169 u** Dreamstime/Jo Reason; **S. 168 o** Morales/age fotostock/Superstock; **c** Dreamstime/Roman170976; **S. 169 Mr** m. frdl. Genehmigung v. Tal Avgar; **S. 170 Ml** 123rf.com/Dennis Jacobsen (Tahr); **oM** 123rf.com/Oleg Serkiz (Spinne); **or** Dreamstime/Agami Photo Agency (Gans); **S. 171 oM** Dreamstime/Walter Arce (Leopard); **ul** istock/gui00878 (Panda); **uM** Dreamstime/Akhilesh Sarfare (Langur); **Mr** istock/ePhotocorp (Fasan); **S. 172 r** Nature Collection/Alamy; **S. 173 or** Dreamstime/Delstudio; **Ml** istock/Diane Labombarbe; **Mr** m. frdl. Genehmigung v. Kristin H. Berry; **uM** Animals Animals/Superstock; **S. 174 or** Nature Picture Library/Stephen Dalton; **cl** NaturePL/Superstock; **ul** Stephen Dalton/Minden Pictures/Superstock; **S. 175 or** istock/Tombolato Andrea; **S. 176 or** istock/TrevorFairbank; **Ml** Dreamstime/Daseaford; **Mr** Dreamstime/Julio Salgado; **ul** Dreamstime/Natakuzmina; **ur** istock/rockptarmigan; **S. 177 ol** Nature Picture Library/Laurie Campbell; **oM** robertharding/Superstock; **or** Peter Lilja/age fotostock/Superstock; **c** Dreamstime/Lorrainehudgins; **Mr** m. frdl. Genehmigung v. Dr. Gil Rilov; **uM** Dreamstime/Jarous; **S. 178–179** Alexis Rosenfeld/Getty; **S. 178 oMl** 123rf.com/wrangel (Fisch); **S. 179 or** 123rf.com/designua; **S. 181 o** istock/cienpies; **or** Dreamstime/Vladimir Velickovic; **M** istock/Nigel Marsh; **Mr** istock/vladoskan; **S. 183 Mr** m. frdl. Genehmigung v. Monika Bright; **ul** Nature Picture Library/Jeff Rotman; **S. 184 or** 123rf.com/Taras Adamovych; **S. 185 or** Minden Pictures/Superstock; **Mr** Encyclopaedia Britannica, Inc.; **S. 187 or** 123rf.com/Vladimir Seliverstov; **S. 188 ol** istock/FRANKHILDEBRAND; **cl** Dreamstime/Dimityr Rukhlenko; **Mr** istock/yhelfman; **ul** istock/Shelly Bychowski; **S. 189 ol** paul kennedy/Alamy; **oM** 123rf.com/Feng Yu; **Mr** istock/gan chaonan; **ul** Dreamstime/Taras Adamovych; **ur** istock/dzphotovideo; **S. 190 or** Wikimedia Commons; **S. 191 Ml** Dreamstime/Ivonne Wierink; **Mr** Gilles Barbier/imageBROKER/Superstock; u istock/Eriklam (Hunde); **ur** istock/ValerijaP (Wolf); **S. 192** istock/derno; **S. 194 or** GODONG/BSIP/Superstock; **S. 195 ol** paolo siccardi/SYNC/Marka/Superstock; **Ml** Ottfried Schreiter/imageBROKER/Superstock; **ul** istock/GlobalP; **ur** istock/mdesigner125; **S. 197 Ml** fototeca gilardi/Marka/Superstock (Trota); **S. 198** istock/Artem_Egorov; **S. 199 oM** 123rf.com/bzh22; **Ml** Charlotte Cox; **Mr** Tom Bjorklund; **uMr** m. frdl. Genehmigung v. Abigail H. Feresten; **uM** Cultura Creative/Superstock; **S. 200 oM** istock/Henrik5000; **S. 201 ul** istock/MediaProduction; **ur** istock/zygotehasnobrain; **S. 202** istock/calvindexter; **S. 203 ol** 123rf.com/luckybusiness; **or** istock/Vintervarg; **Ml** istock/monkeybusinessimages; **ur** Wikimedia Commons; **S. 205 Mr** istock/VikiVector; **Mr** istock/appleuzr; **Mr** istock/Rakdee; **Mr** istock/mechanick; **Mr** istock/soulcid; **uM** istock/ByM; **ur** istock/GlobalP; **S. 206 or** Dreamstime/Chernetskaya;

AN DIESEM BUCH HABEN MITGEARBEITET

TEXTE

Michael Bright hat als Produzent bei der BBC-Abteilung für Naturgeschichte in Bristol gearbeitet. Er ist Autor, Ghostwriter und Mitglied der Royal Society of Biology.

John Farndon lebt in London, hat eine Vielzahl naturwissenschaftlicher Bücher verfasst und war fünfmal in der engeren Wahl für den Young People's Book Prize der Royal Society.

Dr Jacob F. Field ist Historiker, Lehrer und Autor. Er studierte Geschichte an der Universität von Oxford. Das Thema seiner Doktorarbeit war das große Feuer von London.

Abigail Mitchell ist Historikerin mit Schwerpunkt Mittelalter und Neuere Geschichte. Nach Abschlüssen der Universitäten von Cambridge und Southern California arbeitete sie an mehreren Buchprojekten mit, darunter *The Vietnam War* und *Book of World Records*.

Cynthia O'Brien lebt und arbeitet in England und Kanada. Sie verfasste u. a. die Bücher *Amazing Brain Mysteries*, *Women Scientists* und *Encyclopedia of American Indian History and Culture*.

Jonathan O'Callaghan ist freiberuflicher Raumfahrt- und Wissenschaftsjournalist. Er lebt in London und schreibt u.a. für *Scientific American*, *Forbes*, *New Scientist* und *Nature*.

ILLUSTRATIONEN

Mark Ruffle arbeitet seit 20 Jahren als Illustrator und Buchgestalter. Er zeichnet am liebsten Tiere, Menschen und alles, was mit Wissenschaft zu tun hat.

Jack Tite ist Illustrator und Kinderbuchautor aus Leicester. In seiner Freizeit beobachtet er gern Vögel in den regionalen Wildparks.

WISSENSCHAFTLICHE BERATUNG

Roma Agrawal, Bauingenieurin, London (GB); **Tal Avgar**, Utah State University, Logan (USA); **A. Jean-Luc Ayitou**, Illinois Institut für Technologie, Chicago (USA); **Michael D. Bay**, PhD, East Central University, Ada (USA); **Tracy M. Becker**, Southwest Research Institute, San Antonio (USA); **John Bennet**, Britische Schule in Athen (GR); **Kristin H. Berry**, Western Ecological Research Center, US Geological Survey, Riverside (USA); **Alicia Boswell**, University of California, Santa Barbara (USA); **Shauna Brail**, University of Toronto (CAN); **Monika Bright**, Universität Wien (A); **Dr. Toby Brown**, McMaster University, Hamilton (CAN); **Cynthia Chestek**, University of Michigan, Ann Arbor (USA); **Jeremy Crampton**, Newcastle University, Newcastle upon Tyne (GB); **Dr. Clifford Cunningham**, University of Southern Queensland, Toowoomba (AUS); **Lewis Dartnell**, University of Westminster, London (GB); **Duncan Davis**, PhD, Northeastern University,

Boston (USA); **Pablo De León**, University of North Dakota, Grand Forks (USA); **Ivonne Del Valle**, University of California, Berkeley (USA); **Paul Dilley**, University of Iowa, Iowa City (USA); **Etana H. Dinka**, Oberlin College, Oberlin (USA); **Michelle Duffy**, University of Newcastle, Callaghan (AUS); **Brian Duignan**, Encyclopaedia Britannica, Chicago (USA); **Dave Ella**, Catholic Education Office, Broken Bay Diocese, Pennant Hills (AUS); **Cindy Ermus**, PhD, University of Texas, San Antonio (USA); **Abigail H. Feresten**, Simon Fraser University, Burnaby (CAN); **Paolo Forti**, Italienisches Institut für Höhlenforschung, Universität von Bologna (I); **Professor Kevin Foster**, University of Oxford, Oxford (GB); **Suzi Gerber**, Geschäftsführung von Haven Foods, medizinische Forscherin für Inova Medical System, Somerville (USA); **Elizabeth Graham**, University College, London (GB); **Charlotte Greenbaum**, Population Reference Bureau, Washington, DC (USA); **Erik Gregersen**, Encyclopaedia Britannica, Chicago (USA); **David Hannah**, University of Birmingham, Birmingham (GB); **Nicholas Henshue**, PhD, The State University of New York, Buffalo (USA); **Katsuya Hirano**, University of California, Los Angeles (USA); **Yingjie Hu**, The State University of New York, Buffalo, (USA); **Professor Alexander D. Huryn**, University of Alabama, Tuscaloosa (USA); **Keith Huxen**, The National WWII Museum, New Orleans (USA); **John O. Hyland**, Christopher Newport University, Newport News (USA); **Salima Ikram**, American University in Cairo, Kairo (EGY); **Joseph E. Inikori**, University of Rochester, Rochester (USA); **Kimberly M. Jackson**, PhD, Spelman College, Atlanta (USA); **Mike Jay**, Autor und Medizinhistoriker, London (GB); **Laura Kalin**, Princeton University, Princeton (USA); **Duncan Keenan-Jones**, University of Queensland, St Lucia (AUS); **Patrick V. Kirch**, University of California, Berkeley (USA); **Dr. Erik Klemetti**, Denison University, Granville (USA); **Rudi Kuhn**, South African Astronomical Observatory, Pretoria (ZAF); **Dr. Jaise Kuriakose**, University of Manchester, Manchester (GB); **Nicola Laneri**, Universität von Catania, Sizilien, und Institut für Alte Geschichte des Mittelmeerraums und des Nahen Ostens CAMNES, Florenz (I); **Cristina Lazzeroni**, University of Birmingham, Birmingham (GB); **Daryn Lehoux**, Queen's University, Kingston (CAN); **Miranda Lin**, Illinois State University, Normal (USA); **Jane Long**, Roanoke College, Salem (USA); **Janice Lough**, Australian Institute of Marine Science, Townsville (AUS); **Ghislaine Lydon**, University of California, Los Angeles (USA); **Henry R. Maar III**, University of California, Santa Barbara (USA); **Dino J. Martins**, Mpala Research Centre, Nanyuki (KEN); **Michael Mauel**, Columbia University, New York (USA); **Professor Karen McComb**, University of Sussex, Falmer (GB); **Richard Meade**, Lloyd's List, London (GB); **Ian Morison**, 35. Gresham-Professor für Astronomie, Macclesfield (GB);

Brendan Murphy, St. Francis Xavier University, Antigonish (CAN); **Robtel Neajai Pailey**, London School of Economics and Political Science, London (GB); **Matthew P. Nelsen**, The Field Museum, Chicago (USA); **Gregory Nowacki**, U.S. Forest Service, Milwaukee (USA); **Mike Parker Pearson**, University College London, London (GB); **Bill Parkinson**, The Field Museum, University of Illinois, Chicago (USA); **Melissa Petruzzello**, Encyclopaedia Britannica, Chicago (USA); **Martin Polley**, International Centre for Sports History and Culture, De Montfort University, Leicester (GB); **John P. Rafferty**, Encyclopaedia Britannica, Chicago (USA); **Michael Ray**, Encyclopaedia Britannica, Chicago (USA); **Dr. Gil Rilov**, National Institute of Oceanography, Israel Oceanographic and Limnological Research, Haifa (ISR); **Kara Rogers**, Encyclopaedia Britannica, Chicago (USA); **Margaret C. Rung**, Roosevelt University, Chicago (USA); **Eugenia Russell**, Privatgelehrte (GB); **Mark Sapwell**, PhD, Archäologe und Redakteur bei Archeology, London (GB); **Joel Sartore**, National Geographic Photo Ark, Lincoln (USA); **Dr. Benjamin Sawyer**, Middle Tennessee State University, Nashville (USA); **Mark C. Serreze**, National Snow and Ice Data Center, University of Colorado Boulder, Boulder (USA); **Pravina Shukla**, Indiana University, Bloomington (USA); **Professor Michael G. Smith**, Purdue University, West Lafayette (USA); **Dr. Nathan Smith**, Natural History Museum of Los Angeles County, Los Angeles (USA); **Jack Snyder**, Columbia University, New York (USA); **Hou-mei Sung**, Cincinnati Art Museum, Cincinnati (USA); **Heaven Taylor-Wynn**, The Poynter Institute, St. Petersburg (USA); **Silvana Tenreyro**, London School of Economics and Political Science, London (GB); **Lori Ann Terjesen**, National Women's History Museum, Alexandria (USA); **Dr. Michelle Thaller**, NASA Goddard Space Flight Center, Greenbelt (USA); **David Tong**, University of Cambridge, Cambridge (UK); **Sarah Tuttle**, University of Washington, Seattle (USA); **Paul Ullrich**, University of California, Davis (USA); **Javier Urcid**, Brandeis University, Waltham (USA); **Lorenzo Veracini**, Swinburne University of Technology, Melbourne (AUS); **Lora Vogt**, National WWI Museum and Memorial, Kansas City (USA); **Jeff Wallenfeldt**, Encyclopaedia Britannica, Chicago (USA); **Dr. Linda J. Walters**, University of Central Florida, Orlando (USA); **David J. Wasserstein**, Vanderbilt University, Nashville (USA); **Dominik Wujastyk**, University of Alberta, Edmonton (CAN); **Man Xu**, Tufts University, Medford (USA); **Taymiya R. Zaman**, University of San Francisco (USA); **Alicja Zelazko**, Encyclopaedia Britannica, Chicago (USA); **Gina A. Zurlo**, Center for the Study of Global Christianity, Gordon-Conwell Theological Seminary, Boston (USA)